1989 年，作者与敬爱的硕士导师刘兆吉先生

2008 年，作者与敬爱的博士导师黄希庭先生

作者简介

赵伶俐，文学学士、教育学硕士、心理学博士。西南大学教育学部教授，高等教育学博士生导师，美学博士生导师，心理学博士生导师。主要研究领域为高等教育、教师教育、跨学科综合教育、教育评价、学校美育、审美认知、美育心理等，并积极致力于学术成果向应用的转化。获教育部曾宪梓教育基金全国高校优秀教师一等奖，“重庆市名师”“西南大学研究生喜爱的十佳导师”等称号。创建并主讲国家精品课程“课堂教学技术与艺术”、国家精品视频公开课程“跨界思维”、中国大学 MOOC 课程“审美·跨界”等。

人生信念：忠于职守，沉迷创新；热情洋溢工作，美轮美奂生活。

"TVS: 视点结构教学" 书系

"TVS: 视点结构教学"（Teaching of Viewpoint-Structure，TVS）书系，是作者30余年深入幼儿园、小学、中学、大学等各级各类各科教学一线，收集案例、分析问题、研读千卷、凝聚思想、磨砺文字的成果结晶。共五部著作：

第1部 TVS《教学哲学》

第2部 TVS《课程逻辑》

第3部 TVS《教学行为体系》

第4部 TVS《高等教学论》

第5部 TVS《学术思维与写作》

书系以核心概念"TVS"即"视点结构教学"一以贯之而构成。TVS，指以学科知识系统中的核心概念或基本概念为视点，沿着视点概念定义的关键词，逻辑地延伸和链接学科内外相关知识点，建构起知识，乃至万物万事间的网络路径，以及认知、情感、价值和行为间有机联系的一种教学理论与实践行为体系。

书系源起教学，但远不限于教学。其辐射到更多学科、领域、行业、"智能化+"，甚至日常生活中，旨在以视点透视事物整体结构和细节，以概念透视事物本质与复杂联系，穿过丛林，经由必然王国，走向自由大道。与其说这是在探求准确（精准）、有效（高效）、美感（高峰体验）交织的理想教学，莫如说是，欲借教学问题之解，去探索建构一种广谱的宇宙观、知识观和方法论——TVS哲学。

谨以本书系

献给我敬爱的硕士导师刘兆吉先生

本书系受益于您跨学科创建美育心理学的学术取向指引

献给我敬爱的博士导师黄希庭先生

本书系受益于您严谨求实的精神与方法训练

献给古今中外的科学家、哲学家、教育家

本书系受益于你们前赴后继探索真理的信念与智慧启迪

献给努力于传道、授业、解惑的教师们

本书系受益于你们在教学前沿不懈探索与实践的支持

献给一批又一批渴求成长的学生们

本书系受益于你们在学习中的卓越表现与困惑的提示

献给全人类

TVS

“TVS：视点结构教学”书系，属于以下基金项目的综合研究成果

* 国家精品课程“课堂教学技术与艺术”（教）拓展与深化研究
* 国家精品视频公开课程“跨界思维”（教高〔2011〕104520-20700202）拓展与深化研究
* 中国大学 MOOC 课程“审美·跨界”建设项目（2017）拓展与深化研究
* 重庆市社会科学规划重点委托项目（2013TBWT02）：教师专业化发展与视点结构教学（TVS）理论技艺系统研究
* 国家教师教育创新平台建设项目（2010：105040-410000708）：综合教育专业创建与试点
* 西南大学研究生部教育质量提升工程项目：研究生共享课程“教育研究方法”MOOCS 建设研究
* 西南大学教育学部重大项目（西大教育学部：2012ZGXM07）：TVS 跨界思维与有效教学技术研究
* 西南大学社会科学创新优秀成果基金资助项目（2021.5）：学术思维与训练

"TVS：视点结构教学"书系·之五

学术思维与写作

赵伶俐　著

TVS

西南大學出版社
SWUP
国家一级出版社　全国百佳图书出版单位

图书在版编目(CIP)数据

学术思维与写作 / 赵伶俐著. -- 重庆 : 西南大学出版社, 2021.9

ISBN 978-7-5697-1048-9

Ⅰ. ①学… Ⅱ. ①赵… Ⅲ. ①学术研究②论文 – 写作 Ⅳ. ①G30②H152.3

中国版本图书馆CIP数据核字(2021)第151563号

学术思维与写作

XUESHU SIWEI YU XIEZUO

赵伶俐　著

责任编辑： 黄丽玉　杜珍辉
责任校对： 郑先俐
装帧设计： 殳十堂
排　　版： 重庆共点科技有限公司·刘伟
出版发行： 西南大学出版社（原西南师范大学出版社）
地址：重庆市北碚区天生路2号
邮编：400715
网址：http://www.xdcbs.com
市场营销部电话：023-68868624
印　　刷： 重庆紫石东南印务有限公司
幅面尺寸： 185mm×260mm
印　　张： 38.25
字　　数： 740千字
版　　次： 2021年9月第1版
印　　次： 2023年9月第2次印刷
书　　号： ISBN 978-7-5697-1048-9

定　　价： 119.00元

总序　TOTAL ORDER 1

从宇宙到教学

我想知道这是为什么。我想知道为什么我想知道这是为什么。我想知道究竟为什么我非要知道我为什么想知道这是为什么！

——费曼

真理不在蒙满灰尘的权威著作中，而是在宇宙、自然界这部伟大的无字书中。

——伽利略

只有站在宇宙高度，才能读懂人类教学这本天书，学校教学也才可能有足够高度、深度、宽度、精度、效度。夸美纽斯开辟了遵循自然秩序解决教学问题的先河，本书系只是在人工智能的今天，继续深化探究而已。

—— 本书作者

1. 基本问题

曾读到《上帝与新物理学》[1]，扉页上赫然列出关于宇宙自然秩序的四大基本问题，后发现，许多哲学和学科学说，也都不过是在提出和试图回答类似问题：

为什么大自然的规律是现在这样的？
为什么宇宙是由现在组成它的各种东西所组成？
这些东西是如何起始的？
宇宙如何获得了组织？

一切事物存在与发展的道理都在它的根源上。夸美纽斯在380多年前撰写的人类第一本阐述教学系统的著作《大教学论》(1632)[2]中就指出，遵循"自然秩序"是"把一切事物教给一切人们的全部艺术"的基本原则。因此，与宇宙自然秩序基本问题对应，学校知识与教学也应该存在类似四大基本问题：

为什么人类的教学会是现在这样的？
为什么学校课程主要由学科知识构成？
课程与教学的起点或基点是什么？
宇宙万物组织（秩序）的知识，是如何组成了学校课程，又如何通过教学再次在学生头脑中组织起来，并促进学生思维和身心多元发展的？

这就是本书系共5本著述，理论2本——TVS《教学哲学》、TVS《课程逻辑》，应用3本——TVS《教学行为体系》、TVS《高等教学论》、TVS《学术思维与写作》，所要共同回答和解决的学校教学四大基本问题。

2. 基本概念

TVS，即"视点结构教学"(Teaching of Viewpoint-Structure

① 保罗·戴维斯.上帝与新物理学[M].徐培，译.长沙：湖南科学技术出版社，1995：前言.
② 夸美纽斯.大教学论[M].傅任敢，译.北京：教育科学出版社，1999.

的缩写），指任何一门学科知识体系中的重要知识点或概念，都可以成为透视全系统（结构）的逻辑起点（视点）。教师引导学生从一个知识（视点）的定义及其关键词，逐步逻辑地建立起知识内部和学科之间的联系（结构），逐步形成或逻辑地建构起反映客观普遍联系的认识结构、思维方式、情感态度价值观和行为方式，进而提高教学有效性和学习成效，这样一种教学理论、课程模式和教学行为技术与艺术体系①，也是一种学习理论、模式与方法体系。

宇宙自然万物之间的普遍联系和网络，可用"点↔点"相互作用这个简化模式或符号来表达，科学认知和科学知识就是要反映和无限逼近这个真实的客观世界；而人类认知，永远都是从某个视点出发，去认知、推导或逼近这个客观世界的，因人因境不同"视点"就会不同，因此总是难免主观性。社会和人文艺术学科，承认这种主观选择的合理性，且认为这往往是人的主体性、自由性、独特性、创造性得以彰显的标志。于是，在客观性和主观性上，自然科学与人文社会科学就产生了严重分歧。

教师如何通过教学，让学生理解和掌握科学知识所反映的客观事物的真实面貌、本质和规律，同时还要保留和鼓励学生认知事物的主体性、独特性、自由性、创造性等，这是学校教学知识选择、课程建构、教学操作和教学评价的难点之难点。这就是通常所言"科学性与人文性"的有机统一问题。大量实验证明"学生分析、综合、抽象、概括能力及智力操作能力的发展水平，直接影响其对知识的理解"，学生们也不总是"能正确完成这项智力工作"，或者说"有大量学生都很难顺利完成这个任务"② 。而这种理性认知能力恰恰"是视点结构教学特别要培养学生的重要能力"③。教与学"从感知到理性"的过程，必然"是经过思维的抽象与概括活动而实现的。思维的抽象、概括过程在于进一步比较感性知识反映的东西，区分事物的各种属性与联系、关系，确定什么是本质与什么是非本质要素"

① "视点结构教学"原定义为："指以一个清晰的点为基点和起始点将客观事物普通联系（结构）移入学生大脑，形成相应知识架构和思维方式的教学"（赵伶俐.视点结构教学技术原理.上海百家出版社 2002：39）。作者的博士导师黄希庭先生对该定义"移入"提出异议，为此修改了定义，增加了必要解释。在此，谨黄先生的严格指教，致以崇高敬礼。

② 万云英等.当代国外教学流派[M].武汉：湖北教育出版社，1990：234-236.

③ 赵伶俐.视点结构教学技术原理[M].上海：百家出版社，2002：39.

等。这种“感性知识的抽象化”是非常艰巨、复杂的智力操作过程，直接决定了知识理解的水平，教学水平。

视点结构教学（TVS），围绕视点和通过视点建立结构而展开。而最佳视点，就是反映事物本质的概念，尤其是学科的“大概念”或核心概念、高级概念、某些基础概念。这些概念普适性较强，具有培养学生科学认知方式和建构知识逻辑体系的功能。视点无论多么独特，最终还是要逻辑地指向或走向对客观真理的掌握上，如此才能证明和发扬人类认知优势，体现真正人性自由、选择、创造性的价值。所有这些主客观特质，在本书系中简化为科学性、审美性、跨学科性三大要素。

完整的TVS，有四个层级的理论和操作体系：(1) 以视点结构内在逻辑支持的“视点结构教学”(Teaching of Viewpoint Structure，简称TVS)；(2) 在TVS内在逻辑基础上，还拥有了个性化的形象、生动、新颖、自由、时尚和创新等品质的“审美化视点结构教学”(Aesthetic Teaching of Viewpoint-Structure，简称A-TVS)；(3) 在TVS内在逻辑支持基础上的，多学科有机联系的“跨界视点结构教学”(Interdisciplinary Teaching of Viewpoint-Structure，简称I-TVS)；(4) 融合TVS逻辑、审美与跨学科等多因素的“审美跨界视点结构教学”(Aesthetic Interdisciplinary Teaching of Viewpoint-Structure，简称AI-TVS)。巧的是“AI”，还是人工智能(artificial intelligence) 的英文缩写，这似乎早已预示了“TVS”是“人工智能+教学”深度融合的逻辑路径。

TVS体系，提升到更具普适的哲学层面，是为TVS哲学。指：客观宇宙世界万物万事，都是由“点↔点”相互作用构成的有机整体，人类认知都是以“视点↔点”来反映和建构万物万事普遍联系的。这一认知方式，也影响着人的情感体验模式、态度和价值取向的形成。TVS教学，不过是TVS哲学的第一来源和重要实践领域而已。

因此说到“TVS”，首先指TVS教学，包括TVS理论、课程、教学行为、教学评价；也指TVS哲学，包括TVS宇宙观、认识论、方法论和价值观。只不过，本书系是相反的一个阐释逻辑，首先从TVS 哲学开始，后讨论TVS教学系统问题，同时辐射到更多应用领域。

3. 书系构成

全书系理论进行曲2本和应用三部曲3本，其中理论进行曲为TVS《教学哲学》、TVS《课程逻辑》，应用三部曲为TVS《教学行为体系》、TVS《高等教学论》、TVS《学术思维与写作》。

从宇宙到教学，再从教学到宇宙。全书系如同一首求真求善求美的多重交响组诗，有逻辑的、浪漫的回旋曲，在宇宙、学校、课堂时空中回荡，泛起壮阔而细腻的涟漪[注：修改本稿，写到这句话时，我正坐在海口文昌面朝大海的一幢楼房的房间窗口边，抬眼看到阳光下波光闪烁的海面，正如我与学生们以知识为媒介，在宇宙、学校、课堂时空中交相呼应的心潮。这有形无形的波动，从宇宙的奇点出发，将我们与整个宇宙间所有事物联系在一起（TVS模式），美妙至极。]精湛于内，炫目于外……

4. 智能化与教学深度融合

联合国教科文组织发布的《教育2030行动框架》（2015），将教育使命扩大至"全纳、公平和全民终身学习"。中国官方响应认为，这就"应该是更加开放的"，"突破时空界限和教育群体的限制，人人、时时、处处可学"的智能化教育（《中国教育现代化2035》）。智能化"是实现教育现代化2030发展目标的必由之路"（2018，教育部《高等学校人工智能创新行为计划》），"以教育现代化支撑中国现代化"（《2017政府工作报告》），要将教育纳入国家"互联网+"行动（《国家教育事业发展"十三五"教育事业发展规划》），"推动中小学阶段设置人工智能相关课程"（教育部《2019年教育信息化和网络安全工作要点》），"坚持促进信息技术与教育教学深度融合"（《教育信息化"十三五"规划》）的理想。

"人工智能+教育+教学"，这一巨大时代浪潮扑面而来。可利用的智能技术和平台层出不穷：各硬件软件厂商搭建的交流、游戏、生活、创作、阅读与赏析平台，如QQ、微信、陌陌、E都市、易信、来往、美丽说、蘑菇街等；各出版传媒集团、互联网巨头、教育科技公司、社会教育培训机构等，推出的扇贝、猿题库、百词斩、有道词典、K12教育、STEM教育、松鼠AI教育；还有5G乃至未来的6G、7G、nG与智能手机，VR、AR、MR

虚拟仿真技术等。有专家甚至已断言“AI+VR可能成为终极性的教育技术”①，这有些绝对，但至少表明了智能化技术对教育教学改革的积极介入和巨大影响。

然而，所有这一切技术问题，或教学现代化问题的背后，都必定是知识、知识表达式和知识体系的支撑。2018年国家自然科学基金评审标准调整有三大指向：人工智能、知识系统与内在逻辑、管理机制[李静海（在第八届国家自然科学基金委第一次全体会议上的讲话）2018-06-19]。可见知识与人工智能的高度关联。人工智能有很多定义，基本上都没有离开约翰·麦卡锡（John McCarthy）1955年第一次提出这个概念时的描述：“让机器的行为看起来就像是人类表现出来的智能行为一样。”②然而人类智能行为背后是知识。“知识是一切智能的基础，因此首先要研究知识表示方法，只有这样才能把知识存储到计算机中，供求解现实问题使用”③，这些就“离不开对知识的研究与认知”。但是“目前人类对知识的结构及机制还没有完全搞清楚”，“关于知识表示的理论及其规范尚未建立起来”，故只能在机器能够识别的层面上，提出和使用“一些知识表示方法”，如“符号表示法和连接机制表示方法”④等。

关键还是目标与知识，而知识是培养人的目标达成的中介或桥梁。课程与教学作为学校教育主渠道，是用学科知识铺设的学生学习与发展跑道。智能与教学融合，就必须是与学科知识在完备化、精准化、结构化和系统化前提下的融合，是与系统解决教学问题能力的融合。这是学校各门学科课程与教学及人工智能深度融合，不可逾越的关键和难题所在。否则，任何先进智能技术，都流于形式，终与“智能”渐行渐远。正如有教师网友说：“我也下载了几款APP，上面很多答案都是不完整，甚至是错误的”，所以“我常和学生说。有问题还是来找老师”。

别有意味的是，视点结构教学（TVS），就首先是关于宇宙万物、人类认知、知识构成、学校课程内容与教学构成的基本理论、逻辑模式与操作

① 沈阳，逯行，曾海军.虚拟现实：教育技术发展的新篇章——访中国工程院院士赵沁平教授[J].电化教育研究，2020(1).

② 杰瑞·卡普兰.人人都应该知道的人工智能[M].汪婕舒，译.杭州：浙江人民出版社，2018:2.

③ 王万良.人工智能导论[M].北京：高等教育出版社，2011:8.

④ 王万良.人工智能导论[M].北京：高等教育出版社，2011:8.

技术。它明确阐述了宇宙万事万物共有的“点↔点”结构模式和人类认识或学习的“视点↔点”模式，论证了万物结构、人脑结构、认知结构、知识结构、电脑芯片结构等的高度相似性。这也是人类课程与教学必须遵循，也必须传授给学生的。合乎逻辑，也不失美感。

本书系从实践、研究，再实践、再研究，反复30年，撰写10余年。所做的这一切，似乎冥冥之中都有先知先觉引导，都是在准备着与今天这“个人工智能+教学”的时代相遇，都是为了等待这个新时代的到来，而孕育，而终于诞生的！

真的，感觉好美！

人才培养目标的实现，核心必是教学（广义：课程及其实施）。教学的本质也就是，以知识传授和学习使得人的全面性、专业性、个性与创造性和谐发展。本书系，力图从宇宙高度和知识的本源，结合学生发展目标，来解决学校教学的知识的选择与组织，以便于教学实施。当然也包括学生如何学习等问题。即达成夸美纽斯理想的“把一切事物教给一切人们的全部艺术”，使所有人“都毫无例外地，全都迅速地、愉快地、彻底地懂得科学、纯于道德、习于虔敬”①。

5. 历史·致谢

从小学到博士，幸遇得好老师，他们是指引我实现教学理想的灯塔。小学语文老师彭润之，因眼病从中学转来，她的语言精妙动人，令我仰望；高中物理老师黄铁桥，把一个个概念和定律讲得轻松利落，课堂惊呼声不断；班主任化学老师余洪军举起试管，总是头一歪问“看看，有什么变化”，还带着全班晨练立志运动会夺冠；数学老师陈祖直纤瘦，亲和，一丝不苟。大学苏天辅教授的“逻辑学”，“逻辑是研究思维形式的学科”，“思维有三大基本形式：概念、判断、推理”，“概念是……”，环环相扣；毛秀月教授的“语言学概论”课程，“结构主义语言学家索绪尔……”，清晰温婉，让人沉醉；查有梁教授讲“三论与教育学”（三论：系统论、控制论、耗散结构论），前卫、开阔、风趣、顽皮；刘兆吉先生念念不忘“中国本土心理学”和“创建美育心理学”；黄希庭教授讲多门课程，始终贯穿他

① 夸美纽斯.大教学论[M].傅任敢，译.北京：教育科学出版社，1999.

的“基础知识，获取知识的方法，发现、分析和解决问题”——“三基与创新教学”思想与方法，言简意赅，令学生们深深折服。

为什么A教师讲课，学生很容易理解，也很喜欢；B教师上课，学生就很难听懂，也烦。留校当大学教师后，我特别有意识地琢磨这个问题，结合理论观摩、记录、评析了成百上千堂各级各类各科一线教学课。在西南师范大学（现西南大学）创设了执教技能训练课程“课堂教学技术与艺术”（1991），出版了同名教材（1993），提炼和建构了各级各类各科教师的通用教学行为技术系统，因此获曾宪梓教育基金优秀高校教师一等奖（1998）。后进一步简化为准确、有效、美感教学行为三大要素（2010），也是教师专业发展和TVS三维质量标准。

惊讶380多年前夸美纽斯在《大教学论》（1632）中指出的各种教学问题，至今尚存，其所追求的有效、准确、愉悦的教学艺术，至今距离尚远。布鲁纳的《教育过程》（1964），其结构主义课程和教学理论，引发了20世纪60年代美国著名的理科教学改革，世界范围影响深远，被认定为中国当代基础教育课程改革（2001— ）的一大理论基础，但在实践中并没有真正落实。诺贝尔物理学奖得主费曼的《费曼讲物理》，那精准与生动有机交融的教学被世界公认为典范，仅我国就有多个译本，但物理教师们却鲜有人知。主流舆论认为美国现当代教育完全是以主题和个性化为主的，但兰英教授送给我她的两本译作《以概念为本的课程与教学》[（美）H.林恩·艾里克森]和《教学模式》[（美）布鲁斯·乔伊斯]却证明，这种看法分明失之偏颇。前者阐释学科概念在课程编制中的要核作用，后者阐释各种教学模式的逻辑与价值，与我所研究的“以概念为视点”的TVS，深有共识。这一桩桩疑问，一次次与经典及大师相遇，就是一次次刻骨铭心的教学思想与信念的洗礼。

本书系正式起笔于2009年底，至今10年有余。应时任重庆市教委副主任的牟延林教授推荐，教育部袁贵仁部长之邀，本人在国家教育行政学院参加《国家中长期教育改革与发展规划纲要（2010—2020）》编制研讨会，集中了解到中国教育尤其是教师问题的尖锐性，当即决定将研究已久的视点结构教学理论和行为系统再提炼出版。原中央教科所教师教育研究中心于发友主任，为我约见了教育科学出版社刘灿主任，他们的肯定和赞赏，是我坚持至今完成本书系撰写不可或缺的动力。

我工作所在单位西南大学教育学部，朱德全部长有着温润的性格与博大的胸怀，任我在学术和教学领域自主自由驰骋，全力支持建成了我理想的“美育和国家精品课程教学实验室”(2018.9)，还与我合作完成了好多项目（包括本书系的TVS《学术思维与写作》）。相当一批坚持TVS实践探索的，国家精品课程“课堂教学技术与艺术”团队的教师们（邓翠菊、汪宏、潘丽、余立新、都沙、白智宏、陈本有、李倩、王天平、李静、周玲、李莉等）；山西骨干教师培训小山班、二山班的50多位学员，北碚区教委高端人才第三期18位学员；北京海淀区、上海浦东区、四川成都青白江区和绵阳科技城、云南昭通市、吉林长春市、重庆渝中区和北碚区等地的领导、教研员、学生们；国家精品视频“跨界思维”和中国大学MOOC“审美·跨界”课程的我的博士教学团队；在全国各地教师培训中热烈呼应我的教师们；经常与我探讨信息化、智能化、电磁学和量子力学进展的友人“风声”；帮助我查实书中插图出处的硕士生温霞和夏婧；还有任由我在家里任何感觉舒适的地方半躺着打电脑，及时提供营养平衡、样式丰富的一日三餐的我的爱人；他们都给了我无比珍贵的支持。

全书系签订出版合同为6本，初步排版后决定重组为目前的5本。其间数次大幅易稿，调改思路与结构，完善系统，斟酌细节。感谢西南大学出版社原社长米加德和高教分社社长郑持军无条件的信任与耐心等待。

与这么多信任、帮助和欣赏自己的人，相遇相知相爱扶助共舞，无疑是人生一大幸事，也当然是本书系得以完成不可或缺的前提！谨此，一并深深致谢！

赵伶俐

目 录

第四章 文献

第五章 选题

第六章 方法

第七章 过程

代序：学术境界

王国维，是中国近代享有国际声誉的学术大师，所著《人间词话》，是晚清以来体现中华传统学术精神与学术成果的扛鼎之作。该书以“境界”这一核心概念为视点，对中国历代诗人词人的名篇名作或瑕疵败笔，进行纵横比较，精准点评。这部居高临下，逻辑连贯，文笔洗练，句句惊艳的学术著作，还从历史长河的万千诗句中淘炼出著名的三条金句，以表达人生事业和做学问必须经历的三大境界：“古今之成大事业、大学问者，必经过三种之境界。‘昨夜西风凋碧树，独上高楼，望尽天涯路’，此第一境也；‘衣带渐宽终不悔，为伊消得人憔悴’，此第二境也；‘众里寻他千百度，蓦然回首，那人却在，灯火阑珊处’，此第三境也”。此三境界更彰显了他自己和中国文人求真，求善，求美，求精的传统内涵，成为了中华学术精神的典范。这也是今天，我们做硕士，做博士，做学者，做学问等，必经的三大境界。而要抵达其中的每一个境界，都必须具有相适应的心境、心态和使用恰如其分的方法。

“第一境界，‘昨夜西风凋碧树，独上高楼，望尽天涯路’”（晏殊《蝶恋花》）。这句词主要是喻指，唯有从浩瀚的文献阅读和分析中，去粗取精，去伪存真，方能“独上高楼”，看透纷繁现象背后的问题，选出一个独到的价值高远的“选题”。也只有勇于登高远望者，不畏怕孤独寂寞的勇者，才敢于去探索一个看似孤僻，但价值独特和高深的问题。入此境界，特别重要的是，要在文献阅读分析、思考与综述中，做到“三说”，即“有人说、大家说、自己说”。“有人说”就是要大量阅读文献，博采众长掌握不同学者的观点；“大家说”就是掌握不同流派的学者的观点；“自己说”就是在学习借鉴他人的基础上聚焦明确的问题，形成自己的学术观点和思想。

“第二境界，‘衣带渐宽终不悔，为伊消得人憔悴。’”（柳永《凤栖梧》）。这一词句，是对持续深入探究问题，不畏艰辛寻觅求解方案这一重要阶段研究工作的比喻。为了寻求真理或者追求自己的理想，废寝忘食、夜以继日，就是累瘦了也不觉得后悔。而这一阶段也需要掌握和使用多种方法，方能步步深入，走入佳境。可以采用以下几个学术方法：第一，自编不如学法。学术研究不能闭门造车，而是要大量阅读文献、广泛涉猎，主动参与读书交流沙龙，互相交流学习，从中获取更多的知识，学会各种思维和研究的基本方法，达到泉思汹涌，情不自禁，有感而发的境界。第二，学法不如悟道。科研有法但无定法，悟道比学法更重要，要开动脑筋，在文献、现象和多练笔实践中，寻求顿悟。第三，悟道不如寻路。“道可道，非常道”。要找准科研路径，掌握基本范式，把握好“应然、实然、必然”的科研论文逻辑框架。对任何一个思想、问题、观点都要去寻找“应该是如何”，要去探索时代背景下的规律和逻辑。实然是现有条件下的与规律背离的现实情况，必然是拉近应然与实然差距的解决方案。第四，寻路不如取经。取经就是欣赏和模仿学术大家的科研思想、思维、写作思路、框架、方法，通过团队交流、学术报告等方式开阔眼界，扩展资源，进而模仿，争取自我消化，力求超越。做到入团、入流、入心。要融入导师团队，加强学习交流，在团队中促进成长。要融入时代和学科大流，科研选题紧扣主流才靠谱。要全心投入博士阶段学习，要上心，要真心，不要存在蒙混过关的侥幸心理。第五，用好三个平台资源。用好学位点的平台资源；导师团队的智慧资源、同学间支持资源等后台；搭建自我发展与成长的舞台。

“第三境界，‘众里寻他千百度，蓦然回首，那人却在，灯火阑珊处’。”（辛弃疾《青玉案》）。这一词句，比喻经过长期的努力奋斗而无所收获，正值困惑难以解脱之际，突然获得顿悟和成功的心情，难以抑制的欣喜和高峰体验。诚如“崆峒访道至湘湖，万卷诗书看转愚。踏破铁鞋无觅处，得来全不费工夫”（宋·夏元鼎《绝句》）；“金满将大门闭了，两个促膝细谈。正是：踏破铁鞋无觅处，得来全不费工夫！”（明·冯梦龙《警世通言·金令史美婢酬秀童》）。显然，获得这个“得来全不费工夫”结果的逻辑大前提，是不可忽略的，这就是先要“踏破铁鞋”去寻觅。如上所述，反复阅读、思考、理论、实证、实践等，最后才会有“蓦然回首”，原来她就在身边的感觉。因此，第三境界，一定是在脚踏实地经历了第一、第二境界之后，最终得到的必然结果。“不经历风雨，怎能见彩虹”，流行歌曲《真心英雄》也是这样唱的。

总之，做学问要做到“在乎，在状态，在找感觉”，要历经跟着走、找感觉、到感觉真好这三个学习阶段。大家攻读硕士、博士或者今后作为学者，你都必须在乎这些身份的本真意义——探索真理，知识创新。认真求学、阅读、听课和研究的状态，长期“在线”并逐步进入到做学问的最佳感觉，方能体验到这一独特的“累并快乐着”的心路历程。如此一路走来，你就会发现选读硕士，攻读博士，做位名副其实的好学者，抵达三大学术境界，并不是想象的那样难。

朱德全

（西南大学教育学部部长、

入选国家重点人才工程项目特聘教授）

2021年9月10日

本书导读

学术形象

吾爱吾师，更爱真理。

——亚里士多德

热爱科学就是热爱真理，因此，诚实是科学家的主要美德

——费尔巴哈

科学是一件美好的事，如果人无须赖此维生的话。对一个人来说，所期望的不是别的，而仅仅是他能全力以赴和献身于一种美好事业。最重要的动力是工作中的乐趣，是工作获得结果时的乐趣以及对这个结果的社会价值的认识。

——爱因斯坦

科学只把最高的恩典赐给专心致志地献身于科学的人。

——费尔巴哈

学术，就是从事科学研究，探求真理的活动与方法。这种活动及方法有特定模式与规范，又复杂多样。其中，最基础的是学术思维，学术写作是学术思维的书面语言表达。本书是立足学术思维和学术写作两大能力的提升，以TVS哲学（见本书系第一部TVS《教学哲学》）和TVS教学理论（本书系第二部TVS《课程逻辑》）为指导，以TVS为操作行为（第三部TVS《教学行为体系》和第四部TVS《高等教学论》为技术和方法支持的学术训练体系，并配有200多个案例分析和点评。本书源于为教育博士生创设的"学术训练"课程的讲稿，继后有硕士生和访问学者旁听此课，再延伸到从事学术活动的各类研究者，包括大学教师、研究机构的学者、幼小中学教师、教研员和管理者，乃至各行各业的相关人员等，为其进行各种层次的学术思维和论文写作培训，这过程中收集了大量案例。相应课程也具体化为"学术思维与写作训练"。确切说，本书虽然是学术训练课程的教材，却适合所有希望提高学术思维和写作能力的人阅读、参考、实训实作，研究者层次和学术指向不同，或各有侧重。

也可以说，这是一本特别针对学者、研究生、博士生、应用性研究者等，从事学术活动，尤其是破解学术思维、学术写作的难点问题，以视点结构哲学和教学理论（TVS哲学和TVS教学理论），来提炼、构建和阐述学术思维与写作基本逻辑与规范的著述。因其中评析了大量（200多个）案例，因此，本书也可以用作学术教学和学术训练的教材。

1. 我们共同的故事

无法忘记在一次学位论文预答辩席上看见的那位男博士生，长相帅极了却提交了一篇文不对题的论文，疙疙瘩瘩念着陈述词还超了时，听着评委们严厉的批评数落，一副惊慌失措、魂飞魄散的样子。

我自己，也遭遇过同样的滑铁卢。硕士论文《审美教育对青年人生价值观影响的实验研究》[①]写出来了，自觉观点新颖、文笔漂亮，再包上了漂亮的封面。导师刘兆吉先生[②]委婉建议我，最好还是征求一下其他老师的意见。时任教"实验心理学"课程的黄希庭教授（后来我有幸成了他的博士生），看了几眼就不客气地说："这写的是什么论文？论文，又不是文学作品，快把这些花花形容词，无关紧要的话，通通删掉，直接写问题、假设、方法、论证、结果！"字字铿锵，句句穿心。后来我又补交了一篇课程论文《经验结构·知识结构·认知结构》，黄先生看后返回稿子。我只瞄了一眼，心就

① 赵伶俐.人生价值的弘扬——当代美育新论[M].成都：四川教育出版社，1991:附录：审美教育对青年人生价值观影响的实验研究.

② 赵伶俐.刘兆吉美育心理学创建研究[J].西南师范大学学报，2000(06).

怦怦狂跳起来，上面批满了红字，还间插了好多问号，黄先生说：“你倒是很敢创新的。不过胆子也太大了。你知不知道，这些都需要证据！证据!！证据呢?”我小心翼翼地问：“这里列出的参考文献，不算是证据吗?”黄先生无可奈何地看着我说：“我说的证据，是实证，是调查，是实验。”从小学到读中文本科，我的作文总是被当作范文当众宣读的，自认为早已是写作高手了。殊不知，到研究生读完才开始真正明白，这世界上还有另一类文章叫“学术论文”，写法与我们以前所熟知的文章很不一样。

这是所有研究者，所有学习研究者，都经历过或正在经历的故事。1999年至今，中国高校扩招已有20多年。研究生规模越来越大，但是仅从已受过一定学术方法训练的硕士生、博士生的论文看，文本质量普遍偏低，标题、问题、核心概念、综述、理论观点、方法设计表述、推导论证、判断结论等，举步维艰，具有高品质学术思维、批判性思维和创新思想能力的学生越来越少见。即使有些创新点，也最终被掩埋了，缺乏逻辑力量，语言生硬平淡。原因何在？学习目的功利化，难以沉下心来做学问，是其一；学术思维与学术写作能力严重不足，是其二，也是更关键的原因。

学术思维是以概念、判断、推理为主干的高理性思维，是从事学术研究、撰写学术论文、进行学术创建的最重要思维工具。换句话说，理性思维能力与学术撰写能力乃至学术创新能力是互为一体的。然而，研究生培养过程实在是太短促，用专门时间来系统训练学术思维，更改本已经固化的非学术思维，习得学术文本的写作规范与方法且还要有所创建，的确是一件很奢侈的事情。如何用最快时间让研究生、博士生和初涉学术的研究者们明白个中玄机，就成了导师们普遍面临的难题和挑战。

2. 学术价值：求真求善求美

为什么要做学术？这是学术价值问题。看似与学术思维和写作无关，其实深度相关。谋求一个较高职位，不幸已经成为当下很普遍的学术价值取向。在这样的价值观驱动下，不可能有纯净的深度的学术思维，认真精细的学术写作，因此也很难有优秀的学位论文、学术论文和学术创建的产生。

学术活动首先满足的是人类求真的愿望，这也是学术的第一价值。学术活动能达的最高境界，是满足人类求知、求善、求美的愿望。真善美三者完美的统一，是学术的终极价值。此外，才是各种实用价值。

求真，就是求知，就是探求和知晓真相、真知和真理。普通大众的求真活动，就是知晓常识、真实做事、真诚待人。学者的求真活动是一种探求事物本质与规律性知识或普适性真理的、严谨规范且富有创见的活动。亦称学术活动，因此才产生了科学知识，包括自然科学知识、人文社会科学知识等。

求善，就是求规范完好。普通大众求善，就是遵守人道或社会道德规范。学术活动则有严格的学术规范。要探求到真，体验到美，都必须首先学习和遵守学术活动的基本规范、程序与要领。坚守学术规范，就是学术求善。

求美，就是求身与心的和谐，人们认知与客观真相和规律的统一，求感性与理性的愉悦。普通大众的求美活动，只求身心愉悦体验。学者通过学术的求美活动，探究为什么而因此明了，而获得掌握事物本质和规律的精神快慰，于是就有了关于理性美感的科学美，有了科学美学、科学艺术等说法。但凡求真，满足了求知欲，都会让人感到愉悦；而艰难的科学求真的过程和成果，能使学者体验到极大的身心愉悦。因此，求真，这就是在求美。这就是（量子力学家）狄拉克所言的“即真美”[①]。

3. 学术思维与文本写作互为一体

学术活动全程，概括说就是发现问题（质疑），分析问题，解释问题，解决问题，或证实真伪（证实或证伪）。其中，由两个因素统摄全局，这就是学术思维和学术写作。前者是无形的，从头贯到尾；后者是有形的，从头看到尾，也可以从尾（文本）看到头。

两者皆从问题（质疑）开始，依据概念、判断、推理逻辑地展开，借助各种方法手段（包括各种思维、研究和写作方法，还有电脑、互联网、人工智能等现代科技手段）对相关信息进行加工，直到证实（或证伪）。而学术写作，就是用规范化语言文字和文章将这样的思维过程及其成果，简明表述出来。两个过程思维于内，写作于外，表里支撑，互为依存，互为相生：

学术思维：发现和分析问题—文献阅读、分析、分类、概括—聚焦问题—核心概念本质提取与概括—研究方法与范式—思维框架—价值与创新提炼—问题解释思路—思考问题解决办法—证明方法可行—建议，思考新问题。

学术写作：写出问题—文献卡片、归类与综述—表明问题（问题明确）—核心概念界定与句式—研究方法表述—论文逻辑结构—价值与创新表述—解释问题的理论表述—解决问题的方法表述—证明过程与结果撰写—撰写出建议，写出新问题。

---

① 杨建邺.物理学之美[M].北京：北京大学出版社，2011:170.

无论哪一领域的研究，采用何种研究方法，经历了怎样的过程，最终都将表现为以学术思维为内在支持的写作过程与文本成果。如何思路清晰地将所研究的内容、方法、过程、结果按照规范撰写出来，这是很多研究者做研究的一大难点，也是研究者将一生都从事的工作。只是所在领域不同，面对的问题不同，学术取向不同，判断学术水平或学术能力的标准也有不同。但是，学术思维逻辑与学术写作基本规范相同，学术求真、求善乃至求美的本质相同。

任何学术，都与一个人所拥有的专业知识及知识深广度紧密相关，而对于各类知识（陈述性知识、程序性知识、价值性知识、研究性知识、综合知识、符号性知识等）构成及特点的理解，又是学术思维与写作的前提之前提。有关问题建议参考本书系第一部TVS《教学哲学》，第三章 中“知识的分类”。

4. 课程与教学用书

在培养本科生、硕士生、博士生，参与各级各类教师和各行各业人员培训中，我执教过多门学术研究方法类课程，如教育科学研究方法、心理学实验与统计方法、中小学教师教研与写作方法等。校图书馆、院资料室和家庭书柜里，都摆放着大量研究方法类书籍，诸如教育研究方法、社会研究方法、心理研究方法、数学研究方法、物理研究方法、化学研究方法、文艺研究方法、音乐研究方法、人口与经济预测方法、质性研究方法、量化研究方法、实验方法指导、调查方法、SPSS统计等。相信看过这类书，听过这类课和讲座的研究者和准研究者不少。

但是很多导师，还有评审专家、审稿者等，仍不无遗憾地发现，质量不高的论文较多。论文作者也深感，提起笔来写论文，却思路不清，下笔艰难；好不容易写出来的文章，被批评为偏离主题、逻辑紊乱、材料稀薄、废话堆积等，令人深感纠结。

我所在西南大学教育学部的部长朱德全教授，他肯定其中一大原因就是在硕博研究生和各类研究者培养系统中，欠缺了相应培养环节。于是他特邀我一起，为教育学部的教育博士开设一门“学术训练”课（2013年开始）。后来不少硕士生、访问学者还有其他学院、专业的博士生选修了此课，其中部分内容，还用于了对各级各类教师、教研员、管理者，以及法律、安全、机场、政府机关等领域的人员，进行不同层面和深度的学术思维、方法与写作培训。2016年的“西南大学研究生公共课程改革项目”中，设置了一项由我主持（后由李珊泽教授接任主持）建构的“教育研究方法”MOOC必修和选修课程，拟面向全校硕士、博士和社会需求者开放。我把这些都看成是本书《TVS：学术思维与写作》立意、写成和逐步完善的过程与基础。

5. 致更多读者：学者、教师、学生

记得本科我选修了“红楼梦”课程，所提交的课程论文就源起于对红学界“褒黛贬钗”主流评价的斗胆质疑，论文标题大概是《论曹雪芹和现实中人皆喜爱的薛宝钗》。论文出乎意料得了95分，全班最高分。但于我更大的意义在于，从此开启了我勇于提问、善于质疑的学术生活历程。发展至今，如果说我的学术还有些成就，那就必须归功于时任“红楼梦”主讲教师的段启明教授（后调往首都师范大学文学院）给予我的及时肯定与指点。希望我们每一个人在成长过程中，在最幼稚的学术启蒙阶段，都能如此幸运。

进入职场或者继续学习，我们都会发现以前没有发现的许多新问题。很多时候我们也提出也分析也解决了问题，但是并没有写成论文，是为广义学术；有时候我们规范而富有创意地完成了学术活动全部内容，包括撰写了论文，是为狭义学术。本书重在狭义学术思维与写作的指导和训练。当然对广义学术也有启示，人的一生，其实就是一部人生问题探索的学术史。

因此即使不做一位学者，要当好一位富有探索精神的人，或成为有着解决问题的良好思维品质和行为品质的人，阅读本书也会有所启发。“儿童在解决问题时所使用的基本程序，如提出假设、检验假设、修正假设、证实或推翻假设的大体顺序与科学家基本一致”，只是“在上述每一个环境的操作上却与科学家具有本质的不同。这种差异也表现在因果关系的推理中”。[①]

做一名学术求真、学术求善、学术求美的探索者，无论狭义、广义，那都是一种很独特、很有乐趣、很迷人的生命历程与体验！

6. 特别说明

本书与全书系的其他四本著作一样，每章前面都引有名家名言，还有作者题记。本书各章前面的引言，多处引自爱因斯坦自传体式著作《相对论》[②]。爱氏相对论是物理学成果，但他对科学思维方法也有专门思考和独到见解。他所发现的物理定律，早就超越物理学而“不断被引向文学、艺术、哲学、宗教等几乎所有学科”，但此书副标题所表明的这是“一部开启现代科学及哲学思维模式的书”，却似乎并没有太引起学者们的关注。这本自传体《相对论》，仅从逻辑性、创建性、美感性等来看，也是学术思维和表达（写作）的典范。他对自己亲身经历的从学术问题到概念，从经验

① 陈英和.认知发展心理学[M].杭州：浙江人民出版社，1996：262.

② 阿尔伯特·爱因斯坦.相对论[M].易洪波，李智谋，译.重庆：重庆出版社，2009：编译者语2.

到思维，从形象到抽象等提升过程的精准表述，无疑也应该是所有理科和文科学者、准学者效仿的共同范例。

事实上，只要我们能沉下心来，耐心阅读几本著名科学家们的经典著作（例如量子力学家费曼的《物理定律的本性》①，同样是量子力学家的薛定谔的《生命是什么》②，同样还是量子力学家的狄拉克的《量子力学原理》③。他们三位都是诺贝尔物理学奖获得者），就会发现这也是一场场震撼心灵的学术思维与学术写作训练。特别是理性思维与形象思维交织的推理的训练。

附　2013年首届"学术训练"课程之教学大纲

1. 课程基本信息

课程类别	必修课	适用专业	教育专业博士、教育类所有博士
中文名称	学术训练	英文名称	Academic Training
开课单位	西南大学教育学部	负责人	赵伶俐　朱德全
总学时	54	学分	3

2. 课程性质、内容与任务

本课程"学术训练"，也称"学术思维与写作训练"，主要针对博士生在完成学术研究和学位论文过程中，所必须具有的基本学术思维方式和各种科研文本的基本写作方式及能力训练而设置。"学术"，是探求真理，发现新知的极具逻辑性和专业性的理性活动；而如何思维，如何写作，又具有极强操作性。本课程是学术思维逻辑与学术成果构成理论与操作实践相融合的课程。没有理论，操作就是盲目的。

本课程在教育博士培养方案中，属于方法类必修课程。与其他研究方法类课程如"教育科学研究方法"、"质性研究方法"和"量化研究方法"等有联系，更有不同。本课程的主要目的，是教导如何思考学术问题，如何撰写学术论文，重点是后者。以清晰的思维方式、思维规范和创新思维将所有研究因素、内容、思想观念、文献碎片有机连接成逻辑统一体，并以恰当、规范的文字方式呈现出来，体现为各种学术文

① 费曼.物理定律的本性[M].关洪，译.长沙：湖南科学技术出版社，2005.

② 埃尔温·薛定谔.生命是什么？[M].罗来鸥，罗辽复，译.长沙：湖南科学技术出版社，2005.

③ 狄拉克.量子力学原理[M].陈咸亨，译.北京：科学出版社，1965.

本。这是原教育博士课程中欠缺的内容，也是博士生进行学术研究和撰写学术文本，尤其学位论文最感困难的事。

本课程主要内容、任务与进程是（表 导读-1）：伴随博士生科研和学术文本撰写全程，以学术目的、问题、过程与结果为主要逻辑线索，选取大量学术文本案例，对其中出现的思维与写作问题进行分析，提出调整和修改的思路，以求对博士生学术能力的提高、博士学位论文水平的提高，有切实帮助。

表 导读-1“学术训练”课程内容、教学进度及方法(2013年)

章节	标题	教学内容	教学方法	时间进程(共18周)
绪论	学术为什么？	1.学者的职责与使命 2.学术目的与任务 3.本课程价值 4.内容框架 5.学习法、考评方式 6.参考书	案例法 纲要讲授法 讨论	第1周
第1章	学术过程、方法、思维、写作	1.学术活动的全过程：“科研方法”与“学术训练”的关系 2.学术训练的核心：思维方法与写作方法 3.学术思维类型：逻辑思维、批判思维、创新思维、思想实验。还有：抽象思维、形象思维；常规思维、创造思维；线形思维、立体思维；单向思维、多向思维；散点思维、系统思维；理想思维、感性思维；分析思维、综合思维；单科思维、跨科思维等 4.学术文本类型：小论文、大论文（学位论文）、选题报告、开题报告、答辩词 5.学术体裁：论说文、报告文、著作、教材、经验及教研叙事等	系统讲授法 文献检索分析法 文献综述法 学术写作样本 案例分析法	第2周 第3周 第4周
第2章	3000—5000字小论文撰写	1.小论文撰写，以此作为学术思维与写作方式的基础训练。为学位论文（大论文）撰写打下基础 2.选两篇已发表的论文（自己和他人的前学位论文），阅读并比较两者异同，评价优劣，特别关注： 问题，标题与核心概念 核心概念与全文逻辑结构 摘要与结语 格式规范：注释、图表、语言	案例阅读 讨论分析 教师点评 撰写论文 自我评价 修改论文	第5周 第6周 第7周

续表

章节	标题	教学内容	教学方法	时间进程（共18周）
第3章	学位论文（大论文）选题与报告	1.写出问题，筛选问题 2.问题分析与表述 3.问题证明（引证或实证） 4.问题转化为课题，核心概念 5.核心问题与核心概念，共同一以贯之	文献检索法 启发讲授法 课堂作业法 选题报告	第8周 第9周
第4章	开题报告（项目申报书）	1.阅读两个开题报告文本（案例） 2.基本框架与各部分逻辑关系分析 3.问题表述与核心概念定义（问题为价值视点，核心概念为理论视点，交织一体）是否准确，是否具有可操作性 4.文献综述要点提炼，与问题、课题和核心概念的相关度 5.研究方法的针对性，透彻性 6.价值与创新点	案例法 系统分析法 重点透视法	第10周 第11周 第12周
第5章	学位论文系统分析	以自己的硕士论文、他人的博士论文为例： 1.从标题审视问题和核心概念间的关系，审视（透视）全文基本逻辑 2.从目录看各部分的关联，看理论结构和理论逻辑力度 3.从大小标题的提炼水平、语言精练程度和新颖性，看论文逻辑与创新程度 4.比较“摘要”与全文内容和结论之间的关联 5.随机选取几个片段，认真阅读和推敲表述语句与用词	案例法 启发式 视点透视法 推理法 系统法 写作法	第13周 第14周 第15周 第16周
第6章	学位答辩与学术发言	是论文思维与写作水平总检阅： 1.答辩词撰写 2.PPT 制作 3.答辩口语 4.答辩形象 5.其他学术发言的意义与准备	资料检索法 学生讨论法 教师点评法 多案例比较法	第17周 第18周

3.课程目标

通过本课训练，应该达成如下目标：

1.能理解学术活动求实、求真的首要目的，以及求真、求善、求美的至高标准；有不畏艰难和反复训练以掌握学术思维与写作基本方法的心理准备。

2.能理解严谨的逻辑性是学术思维的基本要求，并逐步掌握学术思维的逻辑结构、方法与要领。

3.能从现实和已有研究中，提炼出实践问题和理论问题，并将问题准确地表达出来。问题是所有研究的逻辑起点，解释或解决问题，是价值和归属所在。

4.能确定学术论文的核心概念，并为核心概念下本质定义和操作性定义；能理解核心概念是思维和全文的理论逻辑起点与主线，能驾驭核心概念与全文内容的基本逻辑关系，并据核心概念定义及其关键词，一以贯之进行思考和写作。

5.会按照学术写作规范撰写学术文本，其用语、注释、图表格式、数据分析等符合既定学术文本规定。

6.会依据学术思维、学术写作格式与规范的基本标准，判定自己和他人学术论文的基本质量，拟出修改方案。

7.有阅读学术论文，收集并关注其思维逻辑性和写作技巧的良好习惯；有按规范收集资料、制作卡片、撰写大小文献综述的习惯。

8.有端正的学术态度，规范自身学术行为的自觉性。

9.有从纷繁复杂的日常现象和学术研究中，发现规律并用书面文字表达出来的兴趣，并能从中体验到有所成就的愉悦。

4.参考书：

1. 肯尼思·D.贝利.现代社会研究方法[M].许真，译.上海：上海人民出版社，1986.
2. Robert J.Sternberg：思维教学[M].赵海燕，译.北京：中国轻工业出版社，2001.
3. 莫提默·J.艾德勒.如何阅读一本书[M].郝明义，朱衣，译.北京：商务印书馆，2004.
4. 杜威.我们怎样思维·经验与教育[M]. 姜文闵，译.北京：人民教育出版社，2005.
5. 金岳霖.形式逻辑[M].北京：人民出版社出版，1979.
6. 李秉德.教育科学研究方法[M].北京：人民教育出版社，1986.
7. 舒华.心理与教育研究中的多因素实验设计[M].北京：北京师范大学出版社，1994.
8. 张敏强.教育与心理统计学[M].北京：人民教育出版社，1993.
9. 张文彤，闫洁.SPSS统计分析基础教程[M].北京：高等教育出版社，2004.
10. 赵伶俐.教育科学研究方法教程.西南师范大学高等教育研究所印，2001.

11. 杜兴梅.学术论文写作ABC[M].广州:广东高等教育出版社,2006.

12. 李达,李玉成,李春艳.SCI论文写作解析[M].北京:清华大学出版社,2012.

13. 布斯等著.研究是一门艺术[M].陈美霞,等译.北京:新华出版社,2009.

14. 罗伊娜·默里,萨拉·穆尔.学术写作手册[M].谢爱磊,译.上海:上海教育出版社,2011.

思考与训练:

1. 在有关权威刊物和著作中，找出你所研究的领域或方向中存在的理论问题3—5个（按上面“参考书”模式注明出处）。

2. 找出在你自己的实践中发现的与你的研究领域或方向有关的3—5个实践问题。

3. 查找和续写更多各学科思维和写作方法的参考书2—3本，参照上面的“参考书”注释方法注释。有选择性地阅读。

第一章 TVS：学术思维与写作概要

“思维”是什么？当我们接受感觉印象、产生记忆图像时，这还不是“思维”。而且，当这些图像形成系列，每一个图像都产生另一个形象，这也不是“思维”。可是，当某一形象在许多这样的系列中反复出现，它就形成了这种系列的组织要素，因为它把那些本身没有联系的系列联结了起来。这种要素便成了一种工具，一种概念。……思维就变得可以交流了。

——爱因斯坦

一个人只有以他全部的力量和精神致力于某一事业时，才能成为一个真正的大师。因此，只有全力以赴才能精通。

——爱因斯坦

思维是人脑加工这个世界信息的工具与过程，更是学术信息加工，探求感觉和记忆经验等中的真相，提炼概念（本质）和规律（本质联系），获取真知、真理的过程与工具。也当然是所有学术写作的基础和前提。

——本书作者

学术道路多样，条条道路通罗马，但离“罗马”（学术目标）有亲疏远近之别。TVS学术思维与写作方式，则是靠近学术目标、形成成果的一条最可靠的逻辑通道。

1.1 基本概念

TVS，原为“视点结构教学”（Teaching of Viewpoint-Structure），英文缩写TVS。视点结构教学经历了25年多的探索和演进，以本书作者1993年出版的《课堂教学技术与艺术》中第四章“教学逻辑技术”为起点，2002年出版的《视点结构教学技术原理》为独立标志，至今“TVS：视点结构教学”书系的出版为第三阶段发展，从学校教学、学生学员学习，步步走向更广阔的领域，成为一种普遍适用的理性逻辑与理性美感兼容的思维方式、行为方式、写作方式，乃至哲学理论。

TVS哲学和TVS教学，主要是基于客观宇宙万物的“点↔点”相互联系和相互作用基本模式的人类认知的“视点↔点”基本模式而言的，指以一个学科的基本概念为基点（视点），透视和辐射建构相关知识之间的逻辑关系（结构）的一种哲学理论与定律、教学哲学与定律、课程和教学模式及其教学行为体系。应用在学术活动中，就称为TVS学术思维和TVS学术写作。与其他学术思维和学术写作不相同的是：其特别强调围绕明确的视点（问题与核心概念），一以贯之建立整个学术思维逻辑和文本内容逻辑结构的过程与方法。

TVS学术思维，是研究者头脑的独特信息加工活动，指从质疑（即问题）开始，依据概念、判断、推理，对通过各种方法手段（各种传统和现当代科研方法，资料、事实和数据收集分析方法，以及电脑、手机、互联网传感器等现代科技手段）所获得的相关信息进行加工，直到证实（或证伪）的全过程。

TVS学术写作，就是将学术思维过程及其成果，用书面语言文字富有逻辑地、准确、简明或更好还是生动美感地表述出来。学术写作与其他文本或都是书面写作或创作，但二者性质与风格完全不同。记者写的是新闻报道，行政人员写的是政策文书文件，教师写的是讲稿，作家写的是诗歌小说……总之，天下文章形式多样，写作目的、范式和文笔文风，自然各有写法与门道。学术写作是最依赖理性思维，最讲究逻辑性、专业性和深刻性的，也是难度最大的一种写作，需要用心领会、学习和反复训练实践才能掌握。

1.2 学术文本

1.2.1 定义

学术文本，是学术研究过程尤其学术思维过程的书面呈现，或者说是学术思维和学术活动及其成果的书面表达，是在学术思维引导下，对学术活动全程中产生的前期、中间和末期成果，用合乎学术规范的文字语言（包括数据、图表、软件等）进行表达而产生的书面成果。

学术文本的行文架构与质量，就可以透视或实际上反映学术思维乃至整个学术研究活动的逻辑线路与品质。因此撰写学术文本，也就是按照学术文本规范，呈现自己的学术思维与研究活动。

有高质量的学术思维，才可能有高质量的学术活动及其书面表达。但是，并非有了高质量的学术思维，就一定、就必然有高质量的学术文本。因为，学术文本除了学术思维的内在支持以外，还需要遵守一系列书面文本的写作规范，还需要有驾驭语言文字的能力。

1.2.2 种类

学术文本种类诸多，总的包括一般学术文本和学位论文（及大型项目成果）文本两大类。

（1）一般学术文本，又包括期刊论文和一般课题研究文本。“一般论文”，主要指在学术杂志上发表的论文，包括理论文、实证报告、应用文和经验（实践性）论文等，各类杂志对这些论文都有类型侧重和明确规范要求。“课题研究文本”，主要指一项课题研究前期、中间过程、后期结题等所产生的书面表述文本，包括项目申报书、开题报告、中期进展报告、中期论文、结题报告、最终成果等。其中，也包括了在期刊上发表的相关论文（一般注有项目基金和编号）。其过程中各类报告文本，一眼看上去与期刊论文在形式上最大的不同是，篇幅字数相对较多，有目录，全文各部分的内容或基本构成框架，通常有规定或常规格式，如问题、核心概念、文献综述、研究框架、主要研究方法、价值与创新、正文（论证或若干章节）、参考文献等。这些形式上的规定，有点像做八股文。

（2）学位论文文本，是以获得相应学位为指向，反映研究学习者或准学者的学术研究过程与水平的重要文本。各专业学位论文文本格式有不同，但基本都与一般学术论文中的“课题研究文本”在构成要素与逻辑结构上相似。因其还有凭此获取学位的特殊功能，还必须通过学位答辩，因此还称为“答辩词文本”等。

（3）各类主要文本格式（参见本书第7、8章）。因为都包含一些重要构成因素和逻辑问题，所以需要先了解和掌握这些共同的东西（第1至6章）。

1.2.3 学术文本思维逻辑框架

任何真正的学术研究，任何类型和级别的“学术思维与写作”，都必须是一个多因素环环相扣的逻辑过程，也称思维逻辑结构。仅从写作形式上看，也都有基本的形式框架。只是因为学术目标和研究范式不同，因此侧重点和某些环节有所不同而已。例如先粗略比较一下学位论文中的学术型（理论型和实证型）、应用型（实践型）和期刊论文中的理论型、应用型、实践型等类型学术文本的基本构成要素与基本逻辑结构（图1–1；图1–2；图1–3；图1–4），即可见其相同与不同。相同点都是从问题出发到问题解释或解决；不同点在于要素与逻辑在某些方面或因素上有侧重，某些环节强化或弱化而已。

（1）学术型文本与思维（图1–1），在遵循学术思维基本逻辑结构（环环相扣的12大要素与逻辑步骤）基础上，起端“提出问题”更侧重理论性，针对理论问题，提出课题和假设，界定核心概念、建立理论框架等，探索和创新理论。常见于理论性或实证性分量较重的学术论文、学术型硕士、博士学位论文等，以及学术型科研机构和高等研究院的大型研究项目和成果。

课　题

1.提出问题（首先是理论问题；然后可见政策或实践问题）
2.提出假设（首先是理论假设）
3.核心概念界定（为明确核心概念，还需界定相关概念，建立理论框架
4.文献综述（检索、整理、分析；理论、实践、数据）
5.理论依据或建构新理论
6.提出解决理论问题的观点，严密论证
或解决实际问题的办法（模式、模型、方法、技术、策略等）
7.实证（或案例分析；或理论证据）
8.结论或提出新概念、新定律、新理论体系 （理论创新）
9.建议与应用
10.价值与创新
11.评审材料(学位论文评审;大型项目报告与成果评审)
12.答辩(学位论文答辩;学术交流与问答)

【图1–1】学术型（理论型、实证型）学位论文与思维全程基本要素与逻辑流程

（2）应用型学位文本与思维（图1–2），依然遵循上述（图1–1）环环相扣的12大基本逻辑要素与步骤，只是起端“提出问题”，会侧重实践性问题，在核心概念界定基础上，分析和借鉴已有相关理论并向应用转化，以提出新技术模式、解决问题为要旨。常见于专业硕士博士，如教育硕博士、法律硕博士、农业硕博士、艺术硕博士等应用型研究生的学位论文，以及应用型研究机构与大学、高职高专、行业服务性科研机构的项目与成果。

课　题

1.提出问题（必须是实践性问题；然后可以是政策问题，或有理论问题）
2.提出假设（首先是解决问题的模式、技术或方法的假设）
3.核心概念界定（为明确核心概念，还需界定相关概念）
4.文献综述（检索、整理、分析；理论、实践、数据）
5.理论依据
6.提出解决问题的办法（模式、模型、方法、技术、策略等）
7.实证（调查、实验、观察、测量、临床或案例分析）
8.结论
9.建议与应用
10.价值与创新（方法、技术、策略创新）
11.不足与展望
12.评审材料（学位论文评审；大型项目报告与成果评审）
12.答辩（学位论文答辩；学术交流与问答）

【图 1–2】应用型学位论文与思维全程基本要素与逻辑流程

（3）学术型期刊学术论文与思维，通常可由 5 个要素与基本部分构成（图 1–3），但本质上还是遵循环环相扣的 12 大逻辑要素与结构（图 1–1）。因为这种类型的学术被特别看重的是理论逻辑和理论创新，故需要作者有较高专业基本理论知识和理性思维素养水平。

课　题

1.提出问题，分析问题（提出一个明确的理论问题，或从实践问题中提炼出理论问题）
2.核心概念界定，建立相关理论维度或结构（成为全文二级标题，或基本观点）
3.理论辨析和理论推导，学术核心概念
4.如果可能，配以相应实证和数据分析
5.结论：回答理论问题，明确价值与价值拓展

【图 1–3】学术型期刊学位论文与思维全程基本要素与逻辑流程

（4）应用型期刊学术论文与思维，亦称实践型期刊学术论文与思维，通常可有 5 个要素与基本部分（图 1–4），但本质上还是遵循环环相扣的 12 大逻辑要素与结构，因为这种类型的学术论文被特别看重的价值点是提出和解决实践中某个具体的或十分棘手的问题，哪怕这个问题十分微观。所选择的“理论依据”最好是经典或前沿理论，只需最恰当的引用，忌大幅说理。因为是以实践性具体问题的解决为重点指向，

整个文本的其他环节就应浓缩或简化。这种文本或论文比较适合中小学、地区教研机构，或企业行业研究机构、管理部门的人员撰写。近年，如火如荼的基础教育改革以及职称评审标准的变化，将幼小、中学的教师和教研员、教育教学管理者，也推到了学术研究前沿，他们的学术研究和写作如果说有价值的话，那就是明确提出和切实解决了一个实践问题。

课 题

1.提出问题，分析问题（提出一个具体明确的实践问题）
2.核心概念界定，理论依据，文献检索分析（明确界定核心概念，并贯之全文）
3.提出解决问题的方略（模式、模型、方法、技术、策略等，首提为创新）
4.实证（数据与数据分析，或案例分析）
5.结论、价值与价值拓展

【图1-4】应用型（实践型）期刊学术论文与思维全程基本要素与逻辑流程

1.3 共同的内在逻辑：文本与思维的统一

上述可见各种学术文本与思维的基本要素与逻辑结构，虽有侧重或省略，但只要是有学术含量的文本，在逻辑思路上和结构上就没有本质区别。这种共性更鲜明地表现为以问题和核心概念一以贯之的逻辑，虽然这种逻辑是隐藏在所有学术研究、学术思维、学术写作内部过程中的，但却十分鲜明和肯定地决定了学术文本形式框架背后学术思维的共同内在逻辑性。这个逻辑就是TVS：视点结构模式。

1.3.1 内在逻辑模式：TVS

学术论文的内在逻辑，指学术论文形式在总标题、摘要、正文、大小标题层次、结语等各个要素之间，有着一条清晰明了、环环相扣的逻辑主线，及围绕这个主线延伸构建的各级分支。而贯穿所有这些形式因素的逻辑线索，即全文内容的逻辑起点，就是“视点”，或能够透视和建构全文内容逻辑机体的“视点”。这个“视点”是双面交织形成的，即问题面（A）与核心概念面（B）（图1-5）。学术文本和思维的所有其他因素，皆由此一以贯之而建构成完整体系。这就是“TVS学术思维和写作”最基本也最重要的逻辑操作体系。

如图1-5所示，学术思维与写作各要素的内在逻辑关系，其实就是一个坐标系，是一个问题与核心概念互为A、B两面构成的立体“视点”（原点O），由此出发纵

（纵轴y）横（横轴x）交织，共同一以贯之延伸推进而形成学术思维与书面语言的建构运动及成果（x，y，z）。更具体说就是一个：由问题与价值（A横坐标，问题提出为起点，历经分析、解释、解决和效果实证过程）和概念与理论（B纵坐标，核心概念及定义为起点，历经相关概念、各种命题或定律【观点】，到理论体系建构和实证过程）叠加推进，x横轴（问题与价值）与y纵轴（概念与理论）纵横交织（z斜轴），构成了全文本和思维的各个研究域（弧线）整合完成思维与文本的全过程。在这个TVS坐标系（学术思维与写作多因素构成的体系）内，每一个交织点，每一个小框格，也就是每一个思维步骤和写作步骤，也都不同程度与问题和核心概念有着密切关联。由x、y、z三条逻辑线的交织（图1-5），构成了一个强大的弧线区域，进一步说所有复杂因素的交织、相互影响和运动，构成了学术思维场和学术语言场。两大场互动相生，有机统一，如电场与磁场的和谐统一。

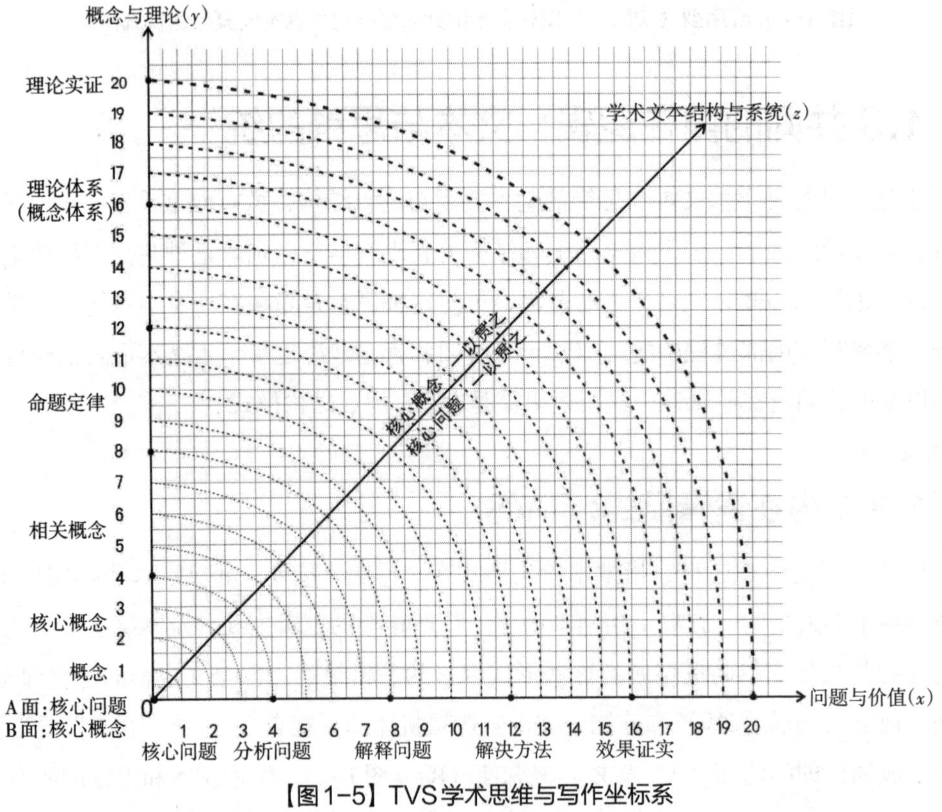

【图1-5】TVS学术思维与写作坐标系

没有学术思维，就没有学术写作，或者说，没有学术写作，学术思维就不能通过书面语言得以表达。前述无论何种学术文本的思维逻辑还是写作框架，无论是归纳为12大要素和步骤或浓缩为5大步骤（图1-1、图1-2、图1-3、图1-4），从TVS理论角度看，都可以归纳为以“问题”（A）与“核心概念”（B）两个面互为构成的“视点”，一以贯之统领整个学术思维过程与写作过程的，清晰严谨、标准规范、统一协调的建构运动。TVS逻辑模式（图1-5），特别有助于研究者驾驭长篇学术文本，是学位论文的一种十分重要的学术思维与写作的逻辑结构范式。需要特别说明的是，其与一般学术思维与写作逻辑，绝非对立或另辟蹊径之举，反而是对逻辑关节点及线路的强调和加强。

1.3.2 来源：TVS哲学与教学模式的迁移

学术思维与写作的内在逻辑模式——TVS坐标系（图1-5），与“TVS哲学与定律”构成（图1-6）和“TVS教学内在逻辑模式——坐标系”（图1-7），（参见本书系第一部TVS《教学哲学》第五章和第三部TVS《教学行为体系》相关章节论述）的延伸应用而已。

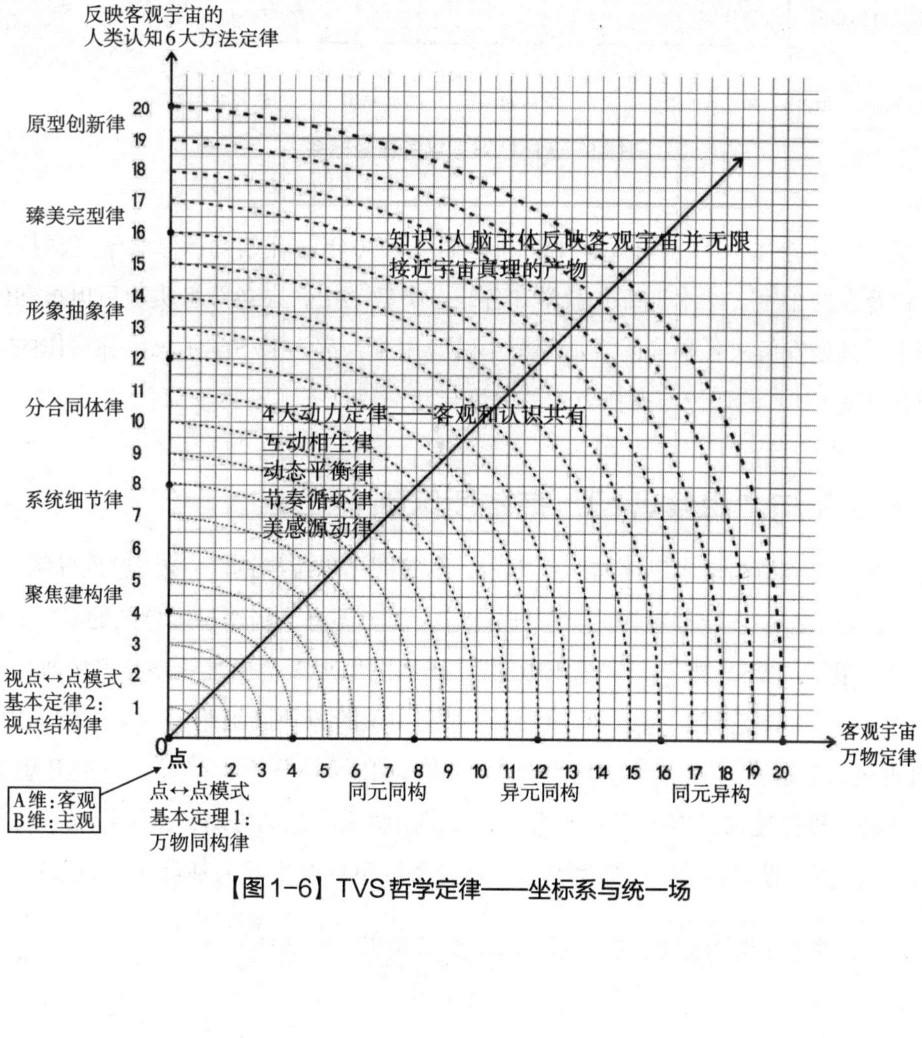

【图1-6】TVS哲学定律——坐标系与统一场

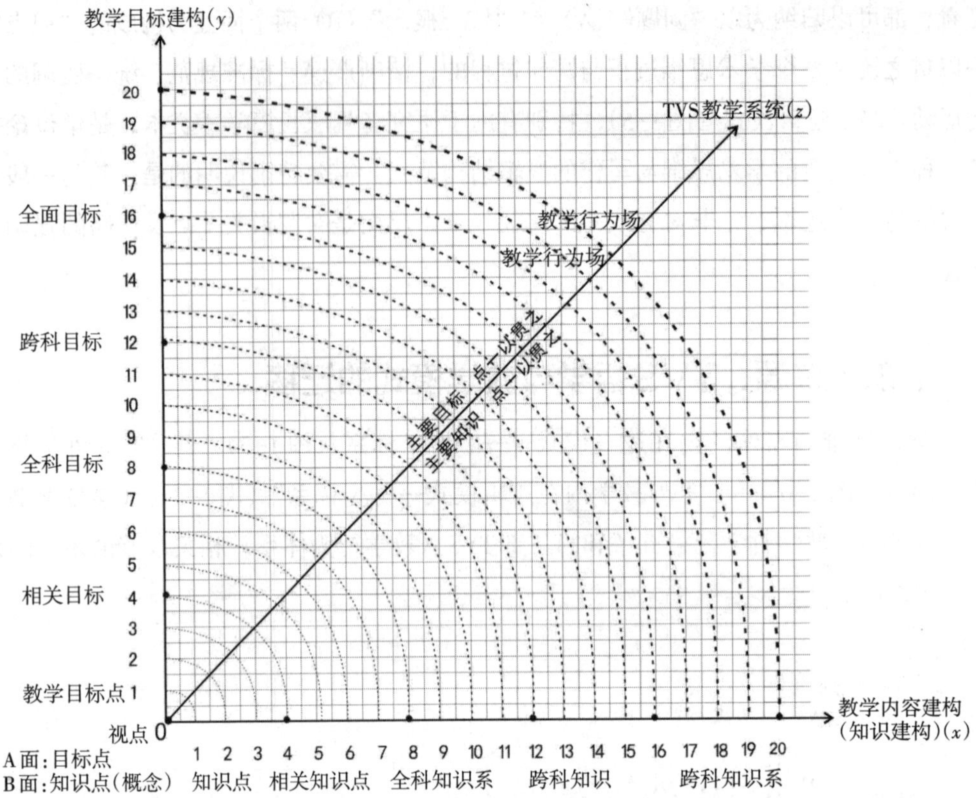

【图1-7】TVS教学逻辑坐标系

因此，本书系10年前开始的TVS哲学研究，30年前开始的课堂教学逻辑技术研究，以及在博士生“学术训练”教学和各级各类教学中，在各级各类项目申报和研究过程中，甚至在解决各种实际生活问题中的应用等，都为TVS学术思维和写作内在逻辑模式（图1-5）的理论与操作方式的提炼与建构，打下了坚实基础。

1.3.3 与“思维导图”有本质区别

TVS：视点结构学术思维与写作模式，不等同“思维导读”。受《思维导图》[①]一书影响，目前很多领域都看得见“思维导图”，甚至还有了制作思维导图的专门软件。

乍一看，“TVS思维”与“思维导图”，都用图形来表达思维线路，很相似，但实质很不一样。TVS思维，是以核心概念（理性知识的原子或细胞，一类事物的本质）和问题交织为基点（视点），以核心概念关键词和问题分析为引导，来展开思维逻辑，或进行理论建构，或进行实证研究，或提出解决问题的方略，或进行学术写作等（图1-5）；而“思维导图”一般都是以具体任务或事件或主题为基点（中心点），以任

① 东尼·赞博.思维导图[M].卜煜婷，译.北京：化学工业出版社，2015.

务分解和布局来展开，来建构任务完成（主题实现）的网络图（1-8、1-9），严格来说只是做事或活动的思路图即便有时也用于知识学习和建知识网，但所言“知识”也并非以知识或概念的本质及关键词为线索，或并非以概念定义及本质为知识网络中心点，以概念关键点来逻辑联结其他概念、下位概念和操作模式、方法体系（图1-10）。

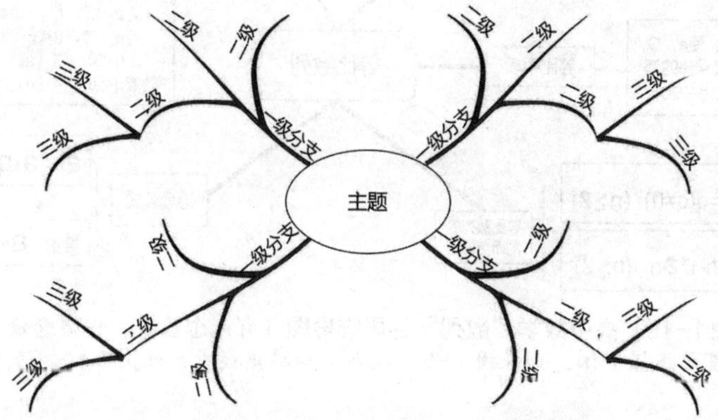

【图1-8】主题统摄思维导图：非概念统摄

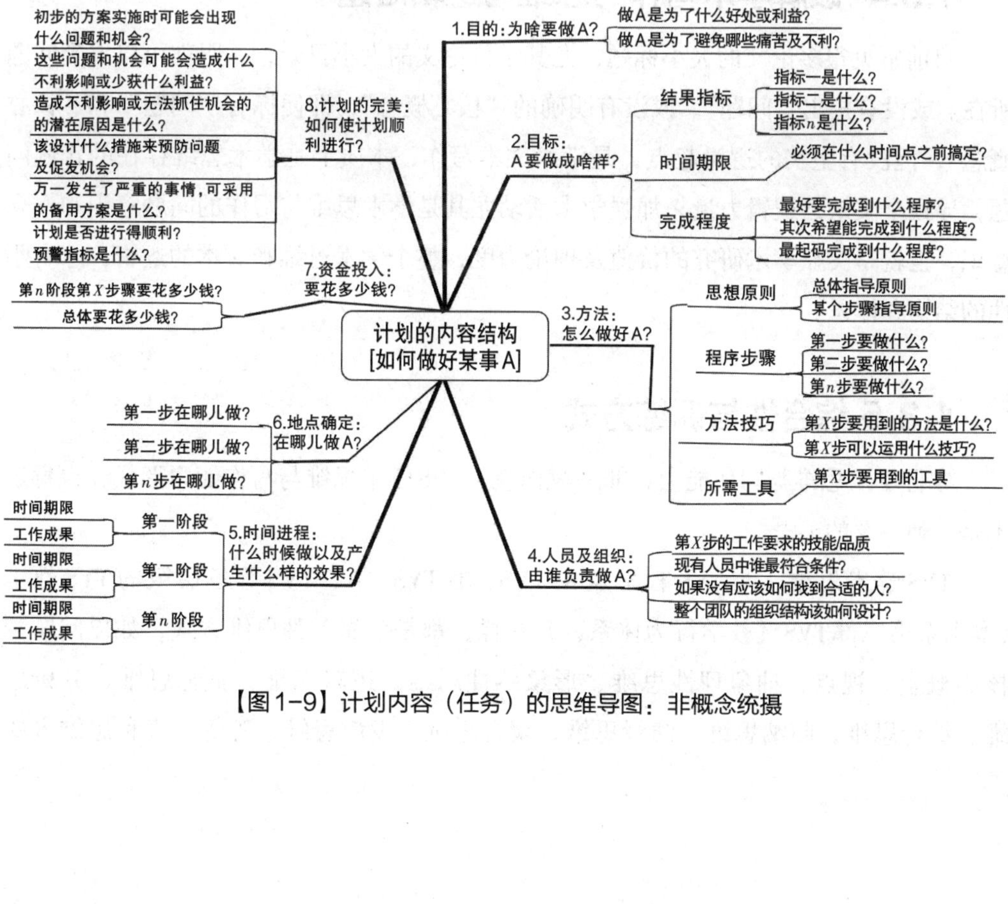

【图1-9】计划内容（任务）的思维导图：非概念统摄

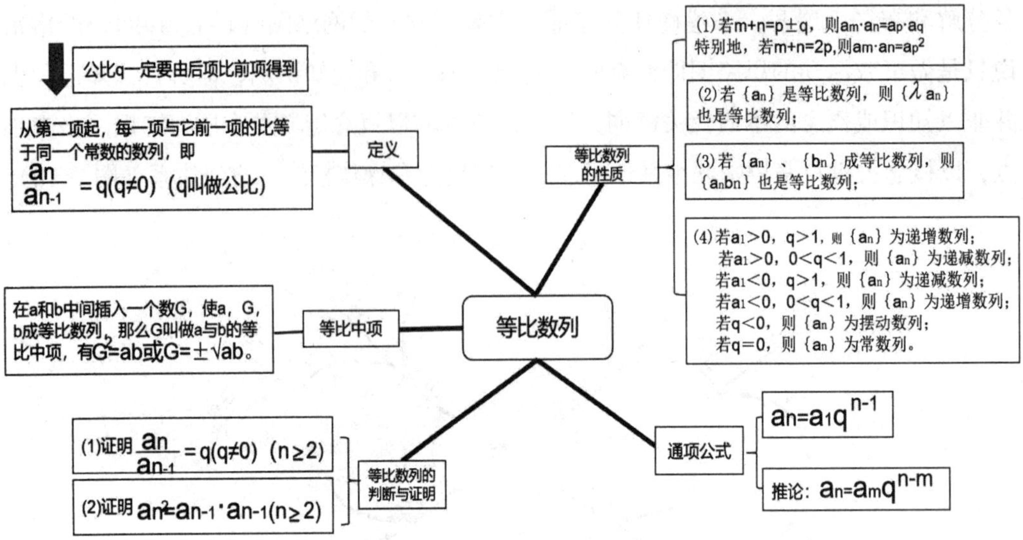

【图1-10】高中数学“数列”的思维导图（有概念基础，但概念没有一以贯之统摄全体，如果用TVS：视点结构思维模式，此图可以如何重构）

如果，用TVS思维来处理和重新建构“数列”（图1-10）的知识网络，这个图形会发生怎样的变化呢？这是本章“思考与训练”的第6题，请务必用心完成此作业！

1.3.4 破解学术写作的思维与逻辑难题

目前常见很多论文的大小标题，尤其学位论文的大小目录，一眼就可以看到问题所在。或没有提出“问题”，或没有明确的“核心概念”，即便标有“问题”和“核心概念”，但没有坚实的逻辑起点，是学术文本写作，本质上是学术思维存在的普遍问题，导致全文缺乏逻辑力量。加强学术活动尤其是学术思维与写作的问题意识和概念意识，也就是突显学术研究的价值及理论力度，整个学术思维和文本的逻辑，才有刚性的结构和体系。

1.3.5 综合性与训练方式

掌握学术思维与写作能力，非一蹴而就。TVS学术思维与写作能力形成，也肯定不是一朝一夕的工夫。

TVS学术思维，与TVS教学及A-TVS、T-TVS、AT-TVS等各层级的TVS教学（本书系第三部TVS《教学行为体系》）一样，都是依靠各种思维方式，如以问题和核心概念为视点，抽象理性思维、形象感性思维，逻辑思维、直觉思维，分析思维、综合思维，归纳思维、演绎思维，聚合思维、发散思维，等等，多种思维方式

（图1-11）交织加工完成的，并最终表现为TVS学术写作的行文、遣词造句和文本。

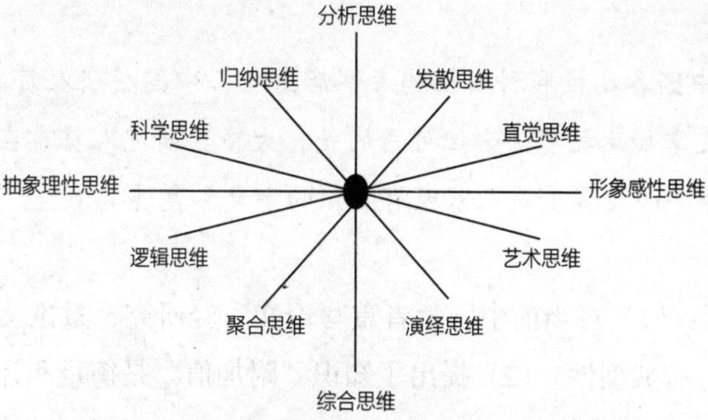

【图1-11】TVS学术思维：多重思维方式的交融推进

本书从第二章开始，也就是从学术视点的AB两个面“问题”（第2章）与“核心概念”（第3章）开始，一以贯之延伸展开建构各章内容（第4章到第9章）。也可以这样说，第4章至第9章，都是以第2和3章为“视点”，延伸交织而成的各个维度，指出了各个维度的构成与重要细节提示，包括理论阐释、案例分析、操作训练等。

事实上，学术思维与文本撰写，无论“视点”还是“维度”与“细节”，都是交织和同步进行的，是一个综合的不可切分的过程。所以，在阅读本书或践行之前，可以各种学术文本的成品各打印一份（在相关杂志上去查找和确定），作为实体范本。先阅读，有个整体印象，然后再以本书各章内容和案例为参照，去阅读和分析范本的相应部分，理解并按照各章最后的训练题，进行选择性训练。然后在实际论文撰写中（第8章学位论文和期刊论文）去综合思考、“应用”和建构。

案例1.1　写文章≠写学术论文

人们习惯将所有“文章”统称“论文”。但两者却不相等同。论文是一类文章，文章不都是论文，甚至很多文章都不是论文。“知识分子即知识的生产者”[①]，所谓“知识生产”，就是通过学术研究获得新的认知成果（知识），或对已有认知成果（知识）的补充、修订、重建等。“学术论文”也就是按照学术规范，对这种知识生产过程及其成果进行书面表述。换句话说，凡是没有经过学术研究，与知识生产无关的任何文章或文本，都不是学术论文。

然而，中国的大多数研究人员和学者是在“写”文章，而非在做任何有意义的研究和思考。而“写”的过程，则往往容易变成“抄袭”的过程。抄外国学者的，也有本国学者相互抄的，有学生抄老师的，还有老师抄学生的，无奇不有。很显然，写文

① 郑永年.中国的知识重建[M].北京:东方出版社,2018:出版说明.

章、抄文章是没有任何附加值的。……在这种压力下，尽管论文数量上去了，但毫无质量可言。①

一些专家对中国各高校和科研机构考察后感叹：中国科研人员的数量如此之多，他们所写的研究文章如此之多……但可惜的是，大多数研究人员都在重复地做低层次的简单的研究工作……大多是对人家现有知识的重复和复述。②

案例1.1评析：(1) 对当前中国学者重写论文、轻研究，重论文数量、轻论文质量的现象的揭示，有典型性。(2) 提出了知识"附加值"是衡量和评价学术论文内容质量的核心标准。

案例1.1建议：(1) 硕士生、博士生和年轻的学者们，必须清晰而坚定树立这一观念：没有进行过研究，仅仅是编写、抄写、复述他人文字构成的文章，都不是学术论文。只有认真参与学术研究活动，训练学术思维，训练撰写学术论文的能力，才可能产出高质量学术论文，或学位论文，进而成为名副其实的学者。(2) 即使来自实践一线作者的论文，应用了已有理论和观点，也必须在解决问题的模式与方法等方面，有自己的创建。(3) 用知识"附加值"作为一项标准，对专业学术期刊中的1—3篇论文和自己过去写过的论文，进行评价。

① 郑永年.中国的知识重建[M]. 北京:东方出版社,2018:31.

② 郑永年.中国的知识重建[M]. 北京:东方出版社,2018:29-30.

思考与训练

1.身份确认。你对自己目前的职业和作为研究者的身份的确认，对于你的学术思维与写作类型、方式和主要发展走向，有重要意义。你的身份是：研究生、博士生、大学教师、研究生导师、博士生导师、幼小中教师、教研员、教育教学管理者、机关人员、机关领导、企业人员、企业CEO?

年龄________职业_________研究者身份________________

2.熟悉或复习一般学术研究过程。无论你是否做过学术研究，是否写过学术论文，都请通过下面例子（案例1.2），快速熟悉或复习一下学术研究的全过程，这有助于理解后面各章关于学术思维与写作和全研究过程的关系。

案例 1.2　一项社会学课题的研究全程

自杀是一个难以理解的现象。人的生命只有一次，所以是最宝贵的，然而我们却总能听到有关自绝生命的消息。据报道，近些年自杀人数逐年上升，且年龄呈走低趋势……那么，为什么会有人自己结束自己宝贵的生命呢？（问题）

一般人对这类事件会感到震惊，议论议论也就过去了。然而作为学者，却不能就此了之。

法国社会学家埃米尔·杜尔干（Emile Durkheim，1858—1917）想弄清楚这个问题：究竟是什么原因会导致自杀呢？（问题和选题范围）杜尔干检索和分析了以往对自杀现象研究的文献，发现对自杀的原因已有很多研究，例如：贫困、突变、抑郁、失恋、疾病、恐惧、过度焦虑等，且采用的研究方法也多种多样（文献阅读、分析和综述）。他发现有一个原因没有人研究过，这就是：社会秩序好坏是否对自杀有影响？他决定就探究这个。（问题聚焦）他进一步检索分析文献，发现某些国家的自杀率似乎总是比另外的一些国家的自杀率要高，因此猜测自杀率的高低也许存在某种社会规律或影响因素（提出假设）。于是他决定证明一下自己这个假设是否正确，做“社会秩序对自杀率影响的调查研究”（确立课题和主要研究方法），并使最初的假设更具体化为“如果社会秩序不好，那么自杀率就会很高，反之就低”（明确假设）。为验证这个假设的真伪，首先必须明确课题中两个重要变量（或核心概念），和明确什么是“社会秩序”和“自杀率”（核心概念界定或主要变量界定），然后以界定的关键词作为维度，设计了一项调查，对社会秩序不同的两个（或几个）国家进行调查……收集并获得了数据（实证方法和数据统计方法），分析数据结果，得到结论（结论），提出解决问题的方案（建议）……

	A国	B国
时间1	比率高	比率低
时间2	比率高	比率低
时间3	比率低	比率高
时间4	比率高	比率低
……		

【案例1.2　图1】A、B两国自杀率调查与数据收集和统计方法

整个研究的核心部位是，他通过n个时间段（时间1，2，3，4，…，n）调查获得的数据，进行统计分析，发现A、B两国都有或高或低的变化，但是A国的比率总是高过B国的比率，经数据分析A国比率显著高于B国比率（统计）。而A、B两国最大的不同就是社会秩序的协调和安定性不同。B国好于A国。社会秩序的协调和安定性，又称社会的整合程度。他证实了社会秩序是影响自杀率升降的重要原因，“如果社会秩序不好，那么自杀率就会很高，反之就低”这一假设是真的（证实）。于是，他得出了一条定律（结论）：“自杀率的变化同社会的社会整合程度成反比。”

案例1.2评析：杜尔干的这项研究的全过程，也就是所有科学研究或学术活动必经的整个基本过程，也始终贯穿了学术思维的“问题”与“核心概念”（在实证中称为主要“变量”）这条逻辑主线：

（从现象中）1.发现问题—2.检索分析文献—3.聚焦问题，选定课题—4.提出假设—5.变量（核心概念）界定—6.证明假设（调查取证和推论）—7.数据分析—8.讨论和理论—9.结论（判断，回答问题）—10.提出解决问题的办法—12.问题解决—13.发现新问题……(再继续)

如果把这一研究和思维过程，按学术文本规范撰写出来，就是学术中的“实证报告”类论文；如果加深其问题、背景分析，拓展理论系统建构等，就可以写成“理论兼实证”类论文；如果以解决问题，加强社会制度有序性建设为主体，就可以写成“应用”或“实践”类论文。

案例1.2建议：请根据案例1.2的评析，对自己以往的研究、思路和论文，进行评析。

3.熟悉几种研究模式。请根据你自己的身份和具体需要，选择一个你感兴趣的专

业问题，再从四种最为基本的学术研究和思维模式（图1-1；图1-2；图1-3；图1-4）中选择一个，再模仿杜尔干研究案例的完整过程，设计和写出一个你的研究和思维过程。

4.区分“TVS思维”与“思维导图”。尝试用“TVS思维”来处理和重构“思维导图”中的“数列”导图（图1-10），绘制出以“数列”概念为基点（视点）的这一板块的数学知识网络图。比较观察和阐述两个图形发生了怎样的变化，根本差异是什么？（可参见后面第2章、第3章、第8章后，再来思考和完成这项作业）

第二章 问题（视点A）

问事弥多，而见弥博。

——王充《论衡·书解》

提出一个问题往往比解决一个问题更重要。因为解决一个问题或许只是一种技能，而提出新的问题、新的可能性，从新的角度去看问题，却需要有创造性的想象力，而且标志着科学的进步。科学是永无止境的，它是一个永恒之谜。我没有什么特别的才能，不过是喜欢寻根究底地追求问题罢了。

——爱因斯坦

打开一切科学之门的钥匙都毫无疑问的是问号；我们大部分的伟大发现都应归功于问题。

——巴尔扎克

当我们终于学会了、习惯了用学术思维方式去发现和提炼问题、去解释和解决问题的时候，我们才成了一名合格的学者。

——本书作者

2.1 问题

“问题”“问题的提出”或者“背景与问题”，是所有学术文本（参见1.2、1.3）的开端或开端部分必须涉及的内容（或显或隐），并逻辑地决定了研究、思维与文本的“价值与创新”有无与大小。在小论文，包括实验报告、应用文中，有的会明确以“问题”作为第一部分，有的则在论文“前言”或“选题缘起”等中包含问题。问题虽在开端，但由于多放在“前言”“序言”或“绪论”中，似乎并非正文，总会被误认为是论文形式的需要，忽视其实质和重要功能。

结果是，一般论文评审专家，学位论文评审和答辩专家几乎都会把注意力集中在你研究的问题是什么、研究价值何在、创新点何在等上。

2.1.1 何谓问题

什么是问题，在实践层面似乎并不难判断。门钥打不开、冰箱不制冷、工作和学习投入时间多但效率却不高等，都是问题。但要在理论上给“问题”下一个定义，进一步要在学术活动中准确找到“问题”并明确表述出来，就不那么容易了。诚如人人喜欢美追求美，但要定义“什么是美”，便难倒了众学者，2000多年前苏格拉底就感叹“美是难的”，这句名言至今在美学界仍有相当高的引用率。有好多研究者，论文都写成了，甚至里面隐隐约约也包含了问题，但他都还不知道或无法明确问题在哪里。没有问题，或不立足问题的研究、思维和论文，都是没有价值的。

简单说，问题就是质疑。我们为什么会有质疑，质疑的是什么呢？这就需要了解各领域对“问题”是如何定义的。信息科学技术领域，定义问题为眼前必须完成的“任务”，指凡是“需要思维去处理和解决的对象或目标。例如待做出解答的题目、待做出解释的命题、待研究的课题、待实现的目标亟待完成的任务等”[①]；认知心理学领域指“当人们面临一项任务而又没有直接手段去完成时，于是就有了问题。一旦找到了完成任务的手段或方法，问题就可以得到解决”[②]。用哲学话语来说，问题就是矛盾，就是事物之间关系不协调、对抗或者冲突。矛盾就是一个整体的两个及以上的面（部分、方面、因素），或两个及以上事物相互之间形成的不协调、对抗或者冲突关系。包括上述任务与目标、任务与手段、现象与现象、现象与本质、形式与内容等之间的矛盾或难以调和的冲突对抗。

在自然中、社会中，乃至教育教学中都存在这样的大大小小的矛盾、冲突和对

① 田运. 思维辞典[M]. 杭州：浙江教育出版社，1996：221.

② 王甦，汪安圣. 认知心理学[M]. 北京：北京大学出版社，1992：277.

抗，这些都是问题。影响了我们的生活，就是生活问题，如果进入学者的研究领域，就会转化为学术问题。

2.1.2 学术问题与价值

日常生活中，我们会遇到很多矛盾或问题，让人苦恼、焦虑，甚至痛不欲生。如：电视机没有图像且多次检修找不到原因；发觉自己太胖或太瘦，采取好多方法都不能改变现状；失恋，想挽回，情况反而更糟；病情难以确诊；房价越控制越涨；举棋不定；等等。所以，一般人不喜欢有问题。其实细想一下，日子里如果没有问题，也是很平淡寡味的。

从事学术活动，问题却是必需前提。发现问题，探索解释和解决问题真理，这本身就是学术的目的和价值所在。学术问题由日常存在的或显或隐的矛盾现象激发和转化而来。如经济发展较差、教学没有达到理想效果，城乡发展不平衡等，这些令人不安的社会问题，宇宙星体为什么不掉下来？万物是如何构成的？艺术和美的事物为什么会令人身心愉悦等，这些关于宇宙自然和人类精神存在的问题，都特别能激发学者探索求真的愿望。没有因为问题引发的，不断探究真相、真知、真理的学术活动，也就没有人类今天这样远在万物之上的智慧与灵性。"怀疑是理性的始祖"，"我思故我在"(笛卡儿)。

学术问题，是学术思维的引擎，并贯穿学术研究、思维与写作始终，从起点、过程到终点。"现代英国科学哲学家波普尔一反科学始于观察的传统观念，阐发了科学始于问题的思想。这一观点受到学术界的普遍重视"，"问题是科学研究的真正起点。选择、确定恰当的问题，对于开展卓有成效的社会科学研究具有前提性、基础性意义"[①]，"问题是科学的真正起点，是科学发展的动力。科学问题向科学家表明，在哪些方面有可能获得成功和突破"[②]。"问题使人的注意力具有明显的指向性与选择性，对持续进行有目标的思维、探索活动形式有显著的激励功能。问题的这些使其在各种思维活动中显示出重要的作用。"[③]"问题的重要作用"还在于它"贯穿于科学研究的全过程，是推进科学探索活动的最活跃的因素"，"在有关技术发明与创新的思维活动中起着举足轻重的作用。发明创造的过程就是发现问题与解决问题思维过程。创造学提出的许多创造技法在很大程度上就是按照一定的方式程序提出问题、思考问题的方法"。[④]

---

① 欧阳康，张明仓. 社会科学研究方法[M]. 北京：高等教育出版社，2001：101.

② 欧阳康，张明仓. 社会科学研究方法[M]. 北京：高等教育出版社，2001：105.

③ 欧阳康，张明仓. 社会科学研究方法[M]. 北京：高等教育出版社，2001：104.

④ 田运. 思维辞典[M]. 杭州：浙江教育出版社，1996：221.

2.1.3 批判性思维

问题的提出，依靠批判性思维（Critical Thinking）。批判性思维就是在一定理论和专业知识基础上，善于质疑，善于发现矛盾的思维。批判性意识和良好的思维习惯是一位学者最基本的学术和思维素养（理性逻辑思维是基础的基础，更多思维方式是必要的辅助，图1-8）。

批判性思维的起源，可以追溯到约2400年前的古希腊思想家苏格拉底。他认为，一切知识均从疑难中产生。苏格拉底的批判性思维实践被后来众多学者，包括记录其思想的柏拉图、亚里士多德等人所传承。这些学者都强调，人们所看到的事物多表面，往往其本质上有很大差别，只有受过专门思维训练的人才能从现象表面质疑和透过虚假的表面看到事物本质。批判性思维是学术思维和创造性思维的源泉。

20世纪40年代以来，美国等许多西方发达国家，甚至包括菲律宾、委内瑞拉这些发展中国家，也都把批判性思维的培养确立为教育特别是高等教育的目标之一。在中小幼阶段，批判性思维就是善于提问的“好奇心”。

2.1.4 问题的提出与学术价值

所有学术研究、思维和文本的起点都是问题。所有没有问题的想法和文本，都不属于学术研究和成果。一个好的、有专业知识支持的、有批判性和深度的问题的提出，就已经决定了其学术价值，而无论你是否能够很好地、圆满地解决这个问题。

案例2.1　爱因斯坦关于物理学基础概念的提问和相对论

当我还是四五岁的小孩时，父亲给我看了一个指南针，那时就体验过这种惊奇。这个指南针以如此确定的方式行动，与无意识的概念世界中可能发生的那些事件（由直接“接触”所产生的效应）根本不符合……这次经历给了我深刻的印象。一定有什么东西深深地隐藏在事物背后。

当某个经验同我们的已经充分根植在我们内部的概念世界产生冲突时，这种“惊奇”就产生了。①

在12岁时，我经历了另一种完全不同的惊奇。这次惊奇来自一本关于欧几里得平面几何的小书，它是在我手里的。书里有许多命题，比如：三角形的三条线交于一点。这些问题本身绝非自明，但是可以得到如此确定的证明，以至于对它们的任何怀

① 阿尔伯特·爱因斯坦. 相对论[M]. 易洪波，李智谋，译. 重庆：重庆出版社，2009：5.

疑似乎都不可能，这种明晰性和确定性给我留下了一种难以形容的印象……我记得，在这本几何小书（P5）到我手中之前，有位叔叔就曾经告诉过我毕达哥拉斯定理。费尽周折后，我利用三角形的相似性成功地证明了这条定理。[①]

案例2.1评析：爱因斯坦从小就喜欢提问，而且这些提问都深深根植在他大脑中，转化成为他后来进行科学探索的学术问题，成为他后来他研究光电效应（诺贝尔奖获奖理由）、创建狭义相对论和广义相对论的重要内在动力。

爱因斯坦自己关于相对论的一些论著，任何专业的学者准学者、都能读懂（除公式外，好多推理和表述都很形象）。只要你能静心耐心地读下去，就会发现他整个研究的逻辑思路，可以将我们在中小学就学过的一些物理学基本概念，如空间、时间、速度、光电、能量、质量、万有引力等，一个接一个的提问逻辑地串联起来；都是借助对以往一些科学成果的小心批判与合理吸取，来对这些一个接一个的问题进行重新阐释，从而建构起他的相对论理论体系的。

一个流行的谬误认为，狭义相对论似乎应该在一定程度上首先发现了，或者至少以新的方式引进了物理连续区的四维性。事实并非如此。经典力学也是建立在空间和时间的四维连续区之上的，但是在经典力学的连续区中，时间值恒定的截面有绝对的实在性，即与参照系的选取无关。因此，四维连续区就自然而然地分划为一个三维和一个维（时间），所以，四维的观点对于人们就不是必需的了。与此相反，狭义相对论使作为一方的实践坐标在进入自然规律的过程中，产生了一种形式上的依赖关系。[②]

“位置”和“空间”究竟应如何理解呢？这里不是很清楚。设一列火车正沿着路基匀速行驶，一乘客站在车厢窗口松手丢下，而非用力投掷一块石头到路基上。如果撇开空气阻力影响不谈，车厢窗口的乘客看见石头沿直线落下，而人行道（P16）上的人则看到石头沿抛物线落下。现在有一个问题，从车厢丢下的做匀速运动的石子所经过的各个“位置”是“的确在一条直线上，还是在一条抛物线上呢”。另外，“在空间中的运动”在此究竟是什么意思呢？根据“坐标系”中的论述，答案将不言自明。[③]（注：这也是爱因斯坦等科学家常用的“思想实验”）

光在真空中的速度c是恒定的，这一简单的定律已为学校里的孩童所确信。但谁

① 阿尔伯特·爱因斯坦. 相对论[M]. 易洪波，李智谋，译. 重庆：重庆出版社，2009：爱因斯坦讲述相对论5-6.

② 阿尔伯特·爱因斯坦. 相对论[M]. 易洪波，李智谋，译. 重庆：重庆出版社，2009：爱因斯坦讲述相对论27.

③ 阿尔伯特·爱因斯坦. 相对论[M]. 易洪波，李智谋，译. 重庆：重庆出版社，2009：第1章狭义相对论17.

会想到这个简单的定律竟会使逻辑思维周密的物理学家遇到极大的困难呢？

……我们再次选择路基作为参考系，不过路基的空气我们假设已经被抽空。如果一道光线沿着路基出发，根据上面的论述，光线的两端相对于路基是以速度c传播的。如果车厢仍然以速度v在路轨上行驶，其前行的方向与光线传播的方向相同，不过速度要比光速小得多。这条光线相对于车厢的传播速度就是我们需要研究的问题。前一节的推论显然在这里可以适用，因为光线在这里便是相对于车厢走动的人。人相对于路基的速度c由光相对于路基的速度代替，w是所求的光相对于车厢的速度，于是得到 $w=c-v$。于是光线相对于车厢的传播速度就出现了小于速度c的情况。

但是该结果与本章第五节的相对性原理相抵触。因为就像所有其他普遍的自然界定律一样，真空中光的传播定律，作为参考物体的不论车厢还是路轨，都必须是一样的。但是从前面的论述来看，这一点似乎不可成立。如果速度c是所有的光线相对于路基的速度，那么由于这个理由，相对于车厢传播的光就必须服从另一定律。这个结果与相对性原理相抵触。

在此种抵触下，似乎除了放弃相对性原理或真空中光速的传播的简单定律外，我们别无他法。（注：关于电磁学的理论，推导出真空中光速恒定的定律）……相对性原理因而就与光速的传播定律没有丝毫抵触之处。如果将这两个定律进行系统的贯彻，就能得到一个逻辑严谨的理论。

案例2.1建议：在人类所有学科和专业领域，都有代表性的经典著作，这些经典著作都是从发现问题、提出问题开始的。一个哪怕很微小，但却意义（价值）重大的问题，往往就是一个学科理论创新或新理论体系创建的开始。建议对你所在的学科和专业的经典论著或代表作，先从问题的角度切入去阅读，从问题提出、分析问题、解释问题和解决问题的过程，去追随其学术思维和写作的逻辑，这一定比单纯从内容的角度去阅读，效果更佳。

案例2.2　薛定谔关于“生命是什么？”的提问与生物科学的革命

一个生命有机体的范围内在空间和时间中发生的事件，如何用物理学和化学来解释？这本小册子力求阐明这些事件时显出的无能，绝不应成为怀疑它们原则上可以用这些学科来诠释的理由。①

这里我是指一位物理学家（注：是薛定谔指自己）可能会想到的那些观点。这位

① 埃尔温·薛定谔. 生命是什么？[M]. 罗来鸥，罗辽复，译. 长沙：湖南科学技术出版社，2005：2-3.

物理学家在学了物理学，特别是物理学的统计力学基础以后，开始思考有机体的活动和功能的方式。他自问：根据学到的知识，根据比较简明的基本的科学观点，能否对这个问题做出一些适当的解释呢？[①]像人类的大脑这样的器官以及附属于它的感觉系统，为什么必须由大量的原子来构成，才能使其变化着的物理状态密切地对应于高度发展的思维？大脑作为一个整体，以及它的直接同环境相互作用的某些外围部分，和一台精巧而灵敏的足以反映并记录来自外界的单个原子的碰撞的机器相比，为什么它们是不相同的呢？[②]

案例2.2评析：薛定谔是量子理学家，建立了波动力学，因此获诺贝尔物理学奖(1933年)，但他提出的是一个关于“生命是什么?”的重大而深刻的问题。(1) 提问的逻辑。他顺着自己所掌握的物理学最基本的知识或定律“世界都是原子构成的”想到，原子在物理学中只是用于无生命体的研究，那么如何用原子去解释生命的构成呢？如果这个解释不到位，那么物理学“世界都是原子构成的”就不成立。于是，他有了如上述那样的一系列提问和追问，以及为回答这些而撰写的著述《生命是什么?》。(2) 跨学科提问。这需要相关专业知识的支持。薛定谔的父亲是植物学家，幼时他就对生物学和达尔文进化论有浓厚兴趣，薛定谔作为一位成就卓越的物理学家，却提出了关于生命科学的重大而深刻的问题，推动了生命科学的革命。薛定谔是这样解释的：

人们普遍认为科学家总是对某一学科具有广博深邃的第一手知识的，因而他不会就并不精通的论题去著书立说……我的理由是：

我们从先辈那里继承了对于统一的、无所不包的知识的强烈渴望。最高学府（大学，大学一词在英文中和“普遍性”同字根）这个名称使我们想起了从古到今多少世纪以来，只有普遍性才是唯一可以打满分的。可是近100多年来，知识的各种分支在广度和深度上的拓展使我们陷入了一种奇异的两难境地。我们清楚地感到，一方面我们现在还只是刚刚开始在获得某些可靠的资料，试图把所有已知的知识综合成为一个统一的整体；可是另一方面，一个人想要驾驭比一个狭小的专门领域再多一点儿的知识，也已经是不可能的了。

除非我们中有些人敢于去着手总结那些世俗和理论，即使其中有的是属于第二手的和不完备的知识，而且还敢于去冒险把自己看成蠢人，除此以外，我看不到再有摆脱这种两难境地的其他办法了。那么，我们的真正目的永远不可能达到。[③]

---

① 埃尔温·薛定谔.生命是什么？[M].罗来鸥，罗辽复，译.长沙：湖南科学技术出版社，2005:4.

② 埃尔温·薛定谔.生命是什么？[M].罗来鸥，罗辽复，译.长沙：湖南科学技术出版社，2005:7.

③ 埃尔温·薛定谔.生命是什么？[M].罗来鸥，罗辽复，译.长沙：湖南科学技术出版社，2005:序言.

（3）好问题的价值和影响力。当代生命科学的变革，分子生物学科的建立，都起源于遗传分子DNA的发现，而“事实上，沃森和克里克就是在薛定谔的影响下分析遗传物质DNA的”，因此可以说“《生命是什么?》这本小册子，在生物学界极负盛名，被称为‘分子生物学中的《汤姆叔叔的小屋》’……像《汤姆叔叔的小屋》是黑奴文学的开端一样”[①]。牛津数学、物理学教授罗杰·彭罗斯说“很多在生物学中做出过重要贡献的科学家（如霍尔丹和克里克），都承认受到过这位具有高度独创性和缜密思维的物理学家在本书中提出的诸多观念的影响”，“它代表了一个物理学家力图理解一些真正生命之谜的有力尝试，这位物理学家的深刻洞察力在很大程度上已经改变了人们对世界组成的理解”[②]。伦敦大学物理学家保罗·戴维斯说：“在这本小书中薛定谔清晰地简明地回答了一个科学家企图解开生命奥秘时碰到的很大部分概念上的问题，它是大学生的必读书。”

案例2.2建议：一个有深度的、新颖的，甚至跨学科的好问题，需要深厚的专业基础知识和跨学科知识，还需要思考和推导问题的逻辑能力，以及足够的探索真理的勇气。这几点都是需要坚持不懈地积累和磨砺才能做到的。如果你决定做学问，或者决定探索“大道”做大学问，那就从反复训练自己去发现和提出一个好问题、一系列好问题出发。

案例2.3　夸美纽斯关于教学与和谐的提问和遵循自然秩序的《大教学论》

我们对于国家的贡献哪里还有比教导青年更好或更伟大的呢？……“教育人是艺术中的艺术，因为人是一切生物之中最复杂和最神秘的。”（因此）描绘艺术中的艺术是一件繁难的工作，需要非凡的批判……

所以，我们这本书尽管不完美，尽管距离我们所期望的目标还很远，但是考察的本身就可以证明，较之以往，它已经达到了一个较高的阶段，达到了一个前所未有的较近于目标的阶段。最后，我请求我的读者们，批评的时候注意要尽量集中，眼光要尽量犀利，这样才与关系最重大的问题相适应。[③]

有人提议过各种各样的改良办法；但是他们所根据的差不多全是些互不联系的、从肤浅的经验中拾来的方法，也就是说，他们的方法是后验的（a posteriori）……我们愿意用先验的方式（a priori）去证明这一切，也就是从事物本身的不变的性质去证

① 埃尔温·薛定谔. 生命是什么？[M]. 罗来鸥，罗辽复，译. 长沙：湖南科学技术出版社，2005：185.

② 埃尔温·薛定谔. 生命是什么？[M]. 罗来鸥，罗辽复，译. 长沙：湖南科学技术出版社，2005：185.

③ 夸美纽斯. 大教学论[M]. 傅任敢，译. 北京：教育科学出版社，1999：致意读者2-3.

明……这样去为建立普及学校的普及艺术打下基础。[①]

谁不喜欢一个长得美好的人，一匹精致的马，一张美丽的相片，或者一张媚人的图画呢？这原因若不是因为部分与颜色的比例令人喜悦又是什么呢？这种眼的快感是很自然的。并且谁不喜欢音乐呢？这又是什么缘故呢？是因为和谐的声音生出了一种悦耳的调和。烹调得法的食品谁不爱吃？因为合适的调味原是味觉所爱的……假如不是因为一切和谐的事物全部都合乎自然，能为自然增加生气，而一切缺乏节制的事情则与自然相反，对自然有害，此外还有什么原因呢？[②]

案例2.3评析：捷克教育家夸美纽斯的《大教学论》(1632年)，被誉为人类第一本系统的教育学，更确切说是教学论著作，"教学论（didactic）是指教学的艺术"[③]。该书出版年代，正是17世纪中期自然科学发展突飞猛进，科学家们信心百倍探索"先验"（先于人的经验存在，不以人的经验为转移的客观）的"自然秩序"，不断发现了诸多客观自然定律的时代。夸美纽斯的上述提问，表明他要探索教学问题的价值与难度，更显然表明了他受同时代科学主流思想影响，也要按照"事物本身的不变的性质"，即"先验"的"自然秩序"来探索有"节制"的"和谐"教学的思想，"一切和谐的事物全部都合乎自然"而"一切缺乏节制的事情则与自然相反"。他在明确的"问题视点"和遵循"自然秩序"的"理论视点"双重引导下，延伸提出和建构了一系列即使在今天信息化、智能化背景下仍有强大生命力的教学原则（循序渐进原则、理性感性结合原则、身心成长秩序、知识顺序原则、个性化原则等），根据这些原则建构了整个大教学论体系，包括教学目的、学科知识、教材编排、各科教法、基础教育和大学各阶段教学特征、班级授课制度等。

案例2.3建议：只有继续认真理解夸美纽斯提出的问题，及其在解决问题思路指引下提出的核心概念"自然秩序"，才能真正理解夸氏大教学理论的主旨和逻辑体系。有许多学者将夸美纽斯反复提及的"自然"，理解为或解读为无拘无束，自由自在的意思，称之为"自然主义教育"。但却没有注意到夸氏所说的"自然"是"自然秩序"的意思，恰恰是说要严格遵循自然秩序，像自然本性那样有节制，循序渐进地推进教学，才能收到理想教学效果。诸如以下这样的论述，全书比比皆是，完全没有无拘束，放任自由的意思：

① 夸美纽斯. 大教学论[M]. 傅任敢，译. 北京：教育科学出版社，1999：致意读者1.
② 夸美纽斯. 大教学论[M]. 傅任敢，译. 北京：教育科学出版社，1999：60.
③ 夸美纽斯. 大教学论[M]. 傅任敢，译. 北京：教育科学出版社，1999：致意读者1.

真正维系我们这个世界的结构以至于它的细枝末节的原则不是别的，只是秩序而已；就是，按照地点、时间、数目、大小和重量把先来的和后来的、高级的和低级的、大的和小的、相同的和相异的种种事物加以合适的区分，使每件事物都能实践它的功用。所以秩序就叫作事物的灵魂。因为一切秩序良好的东西，只要它能保持它的秩序，它就可以保持它的地位和力量；到了不能保持它的秩序的时候，它就变得脆弱，就倾跌和颠覆。这可以从自然与艺术的例证看得很明白。①

一切东西的部分，甚至最小的部分，都必须顾到它们的秩序、地位和彼此的关系去学习，不能稍有例外……

一切事物都必须按照适当的顺序去教授，一次不可教授一件以上。②

从问题透视基本观点，去透视或理解一种学问，一个知识体系，一部理论著作本意及其价值和创新性的最好方法，也是有助建立和理解核心概念内涵的重要方法。

案例2.4　张楚廷关于“人是什么”的提问

和以五条公理构成的Z-系统教育学

“人是什么”，“人的本质是什么”，这是两个不同的问题。“人是什么”的问题几乎伴随着文明史，人类一直思考着自己。数千年来，无数的思想家、学问家、科学家、哲学家研究着，试图寻找答案。这个历史事实本身表明，“人是什么”是比“宇宙是什么”“物质是什么”更困难的问题。虽然困难至极，但人类仍顽强地持续地思考和研究着。

…………

同样，“意识是什么”，“意识的本质是什么”也是不同的两个问题。眼下，科学家们所研究的是“意识是什么”这样与“人是什么”同等困难的问题而不是“意识的本质是什么”之类的问题。③

案例2.4评析：张楚廷教授是数学专业出身的当代中国教育学家。他借鉴古希腊欧几里得《几何原本》开创的，从公理出发来建立整个数学知识大厦的逻辑方法，探索建构教育学理论体系，具有原创性与独特性。他的五条公理，是从关于“人是什么”乃至“人的意识是什么”这个教育哲学问题出发提出来的，与其核心概念“教育

① 夸美纽斯. 大教学论[M]. 傅任敢，译. 北京：教育科学出版社，1999：60.

② 夸美纽斯. 大教学论[M]. 傅任敢，译. 北京：教育科学出版社，1999：147.

③ 张楚廷. 张楚廷教育文集[M]. 长沙：湖南人民出版社，2012：34.

学”是“关于人的教育”的学问，形成内在呼应关系，从这个有机结合的双重“视点”出发，他提出了与人和人的发展紧密相关的五条教育公理：

我们提出了五个基本命题，谓之公理，并构成了Z-系统。

从这五条公理来看，第一条是说人身上有一种存在，一种特殊的存在，甚至可直接说人是一种特殊存在。

第二条是指明人是一种能动的存在，指明这种存在的“能动的方面”。

第三条指明能动的展开所表现的基本过程，它以什么基本形式展开。

第四条指明这一展开过程中起基本作用的要素，这一条称为美学公理。

第五条指必然存在并发生作用的中介。

第一、二两条构成了教育发生的基础；第三条乃教育关注的基本过程；第四条乃教育必须提供的养料；第五条乃教育存在的空间状态。这也表明了这五条公理之间的关联与相容（不彼此矛盾）。

这是张楚廷教授从“人是什么”提问出发，得到五条教育公理，然后逐一论证这五条公理及其应用，试图建立起具有内在自洽性的教育学理论体系的逻辑原理。至于最终建立的这一“基于公理的教育学”，是否完全地实现了初衷，还不能就这样进行评论。仅这种探索本身，就十分值得欣赏。如夸美纽斯在自己撰写《大教学论》时所言：“我们这本书尽管不完美，尽管距离我们所期望的目标还很远，但是考察的本身就可以证明，较之以往，它已经达到了一个较高的阶段，达到了一个前所未有的较近于目标的阶段。”①

案例2.4建议：张楚廷教授有很敏锐的洞察教育教学问题和提出问题的能力，在他的所有著作中都有这种鲜明的特点。可以拓展阅读他的更多论著，从中不但可以发现一些值得深度研究的问题，且他的提问角度、提问方法和所提问题的尖锐性等，都值得研究者们学习。

案例2.5　赵伶俐关于教学与宇宙关系的提问和TVS哲学与TVS教学的建构

曾读到《上帝与新物理学》②，扉页上赫然列出关于宇宙自然秩序的四大基本问题。后来发现，许多哲学和学科学说，也都不过是在提出和试图回答类似问题：

① 夸美纽斯. 大教学论[M]. 傅任敢，译. 北京：教育科学出版社，1999：致意读者1.

② 保罗·戴维斯. 上帝与新物理学[M]. 徐培，译. 长沙：湖南科学技术出版社，1995：前言.

为什么大自然的规律是现在这样的？

为什么宇宙是由现在组成它的各种东西所组成的？

这些东西是如何起始的？

宇宙如何获得了组织？

一切事物的存在与发展的道理都在它的根源上。夸美纽斯400百年前撰写的人类第一本阐述教育系统，准确说是教学系统的著作《大教学论》（1632）[①]就指出，遵循“自然秩序”，是“把一切事物教给一切人们的全部艺术”的基础。与宇宙自然基本问题相对应，学校知识与教学也应该存在类似的四大基本问题：

为什么人类的教学会是现在这样的？

为什么学校课程主要由学科知识构成？

课程与教学的起点或基点是什么？

宇宙万物组织（秩序）的知识，是如何组成了学校课程，又如何通过教学再次在学生头脑中组织起来，并促进学生思维和身心多元发展的？

这就是本书系共五本著述——理论“进行曲”2本TVS《教学哲学》、TVS《课程逻辑》，应用“三部曲”3本TVS《教学行为体系》、TVS《高校教学论》、TVS《学术思维与写作》，要共同回答和解决的学校教学四大基本问题。

案例2.5评析：这是本书作者在“TVS：视点结构教学书系”导读的开篇提问，不仅表明了教学构成与宇宙构成之间的高度关联性，试图从客观宇宙和人类认知两者的结合中，去探索解决人类教学问题的立意。也表明了全书系5本书，都是围绕这几个核心问题而展开的。而且暗示了整个TVS即视点结构教学体系，不仅采纳了夸美纽斯以“先验”的“自然秩序”探索教学体系与方法建构的视点（A），还叠加采纳了“后验”的“人类认知”的视点（B），以AB交织的视点，共同来探索促进人的身心全面发展的教学规律与方法的逻辑结构。最为重要的是，20世纪60年代以来关于人脑反应直接的机制，认知科学、认知心理、认知美学等人类智能和人工智能研究的进展，为人类在各个领域，包括哲学和教学领域的新认识，提供了重要支持。TVS哲学和TVS教学是在这样的时代背景中诞生的，用以重新解释，乃至最终解决人类从古至今尚未很好解决的教学的“斯芬克斯之谜”，即最佳教学是如何构成的。

案例2.5建议：一般来说，当一个项目或论著的总问题或核心问题被提出来之后，其实就已经自然带出了核心概念。如果要较好地说明问题的内涵和价值，那就应该立即对核心概念进行简明阐释。这样，核心问题和核心概念，就一并明确了，有利

① 夸美纽斯. 大教学论[M]. 傅任敢，译. 北京：教育科学出版社，1999.

于核心问题与核心概念成为互为支撑的“视点”，以顺理成章，逻辑地展开建立系统的逻辑“结构”。例如，上述问题之下紧接的文字就是关于书系核心概念“TVS”的简介：

TVS，即“视点结构教学”（Teaching of Viewpoint-Structure）的英文缩写。指客观宇宙世界万物万事，都是一个“点↔点”相互联系相互作用的有机整体，而人类认知和知识，都是以一个基于万物万事“点↔点”联系的“视点↔点”的构型，都是以一个学科中的某点为逻辑基点或视点（视点），观测和透视或辐射建构关于这个系统的知识体系的。或者是以一个学科的某基本概念为基点（视点），透视或辐射建构知识之间的主旨体系或逻辑关系（结构）的，是一种普适的哲学理论与定律、教学哲学与教学定律、课程和教学模式及其教学行为体系。

通常，与核心问题直接有关的概念，就是核心概念。因此在提出问题后，对问题所涉及的概念进行解释，可以使所问题有一个比较明晰的理论落点。因为从文本上看来，这里的概念或核心概念解释，是紧跟在核心问题后呈现出来的，但就其思维和撰写过程来说，却是经过反复思考、提炼、修改、调整等，直到最后文本接近完成之时，才添加进去的。所以，与其说这是学术思维和写作应该有的环节，不如说这是一种逻辑技巧，需要反复训练方能掌握。

案例2.6　滕守尧关于“什么是传统文化”的提问和“反者道其动”的“中国怀疑论”学说

每当我坐在这个北部德国大学的庞大的中国图书馆里，面对着这一架架的发黄的线装古书时，便感慨万分；每当我的耳朵里传来一阵阵大鼻子蓝眼睛那夹杂着之乎者也的洋式中文交谈时，便感到愧喜交加；而当我看到那些操着地道而流利的外语的中国留学生，常常被一个外国学生提出的关于中国的问题弄得张口结舌的时候，又感到一种难言的悲哀。我深深地感到了我们的不足，这种不足不仅仅是在现代科学技术方面，还在深入研究自己的宝贵的文化遗产方面……假如在未来的某一天，一个外国人拿到研究中国文化的诺贝尔大奖，那我们将是怎么样的一种心情？[①]

我们不仅（禁）要问：这些曾引起一代代西方思想家们震动的中国文化的本色究竟是什么？是什么东西使得现代的学者们如此入迷？是那些同西方文化相同的东西还是那些同西方文化不同的东西？对这些问题做出回答是非常有意义的。然而要回答这

① 滕守尧. 中国怀疑论传统[M]. 沈阳：辽宁人民出版社，1992：中国文化与老庄怀疑论（代序）.

些问题，必然要涉及现代人所说的“寻根”。①

案例2.6评析：滕守尧是我国著名美学家，曾留学德国，翻译和组织翻译了多套西方美学和艺术学的论著到中国，对当代中国美学、哲学美学产生了很大的影响。他在《中国怀疑论传统》一书中提出的上述关于中国文化的一系列问题，基于对现象观察（案例第一段）和深刻理性思考（案例第二段），表达了中国古典文化受到国际关注，而我们自己却浑然不觉的矛盾现状；还灌注了自己对祖国文化的爱与哀的情感；在问题表述形式上，用了排比句，具有对称性、节奏性和层层叠加的艺术美感。这种感性理性交融的提问方式，在加强问题逻辑力量的同时，也提高了提问的感召力。同时也让人感受到一位学者冷静而激情、直率而智慧的性格特质。

案例2.6建议：再接着看该书在提出上述“什么是中国文化”问题之后的文字。其紧接着简述了学界关于中国文化的几种学说后归纳道：“具体地说，如果孔子的《论语》等是对中国文化思想的正面阐述，《道德经》和《庄子》等则是代表着对它的一种批判和怀疑论。”推出了中国文化自古就有批判与怀疑精神的命题，然后以此为焦点（视点）展开论证和建构。

如前所述，在所有成熟的学术提问中，或者说经过反复锤炼已写入正式学术文本中的提问、核心问题等，其实都已经包含或暗示着回答问题的理论走向或解决问题的技术路径。这也是“问题”提出的一个很重要的价值（“问题”的提出是研究学术思维和学术文本的逻辑起点，见图1–6）。

案例2.7　格莱姆齐的跨学科提问与“共同概念”方法

跨越自然科学—社会科学的边界的跨学科融合是不是面临着不可克服的困难，因而必定无法成功？或者，神经经济学是不是意味着，只要将脑成像仪和其他神经科学工具“集成”到现在的经济学体系内，这种跨学科努力就大功告成了？如果神经经济学真的成了一门稳稳屹立于自然科学—社会科学边界地带的交叉学科，那么它又能告诉我们一些什么？将来自神经科学、心理学和经济学的洞见融合起来，真的能让我们对人类决策行为有更新颖、更全面的认知吗？关于上面这些问题的答案，在神经经济学这个领域里一直存在着激烈的争论。②

很显然，我们缺乏的是一个全局性理论，一个可以统一所有这几门学科和它们对

① 滕守尧. 中国怀疑论传统[M]. 沈阳：辽宁人民出版社，1992：中国文化与老庄怀疑论（代序）.

② 保罗·W.格莱姆齐. 神经经济学分析基础[M]. 贾拥民，译. 杭州：浙江大学出版社，2017：2.

人类行为和动物行为的解释的理论。

但是，这种理论真的存在吗？如果存在，它又是什么样子的？我们怎么才能把这三个解释传统联系起来？如果我们完成了这项任务，我们又可以有什么收获呢？[①]

经济学理论体系是建立在一系列“逻辑基元”（logical primitive）的基础上的，它们包含效用、供给、需求和选择等等。而神经学处于另一个极端，它是建立在像大脑激活、神经元、神经突触和神经递质这样的“实体基元”的基础上的。我们真的有可能在这些看似完全无关的理论及其实证工具之间建立起联系吗？它们似乎毫无共同之处。[②]

案例2.7评析：美国当代学者，纽约大学教授保罗·格莱姆齐的上述跨学科提问，提出了能否将经济和神经科学这看上去“似乎毫无共同之处”的两大学科联系起来的问题，并期许能由此推进“自然科学与社会科学之间的跨学科综合”[③]。跨学科研究已经成为现当代学术创新的一种主流方式。但如何跨学科，则是一个令人纠结的理论难题。实践五花八门，仿佛只要能把不同领域或者学科的现象知识拉扯到一起，或者找一个“主题”将之凑到一起，就跨学科了。而利用概念对一门学科几个板块知识进行整合（如爱因斯坦）和对相邻几门学科知识（如薛定谔）进行跨界探索，被证明是较为成功的一种思路。但是如何通过概念跨界，又是各有思路和方法。在格莱姆齐的提问中，已经有了利用学科概念关系去解释和解决问题的思路，但是他具体的办法是什么？所说的“逻辑基元”和“实体基元”又是什么？读者也会针对他的问题产生问题。他对问题的解答（486万字的厚厚一本《神经经济学分析基础》）若不成功，反过来又会质疑起点问题的价值。

案例2.7建议：其实，每位学者在“提出问题”的同时，必须深度理解自己这个问题的意思，及其所要论证的解释问题的理论，所要提出的解决问题的方略。因此，上述跨学科提问，和伴之存在的要通过概念搭桥，去回答和解决的问题和难题，研究者必须具备一个基础前提，这就是，必须首先理解什么是概念，以及概念的内外构成。而这，又是好多学者包括跨学科学者，普遍缺乏的素养。因为他们普遍缺乏逻辑学的知识和训练，即关于理性思维的三大基本形式元——概念、判断和推理的知识与训练。如此，就没有办法判断格莱姆齐所提出的利用概念解决学科跨界综合问题的思路是否合理；如果格莱姆齐自己也缺乏逻辑学和逻辑思维的系统训练（欧美大学几乎都开设逻辑学或形式逻辑课程），他也很难确定自己这种方法是否合理或正确。

① 保罗·W. 格莱姆齐.神经经济学分析基础[M]. 贾拥民，译. 杭州：浙江大学出版社，2016:25.

② 保罗·W. 格莱姆齐.神经经济学分析基础[M]. 贾拥民，译. 杭州：浙江大学出版社，2016:5–6.

③ 保罗·W. 格莱姆齐.神经经济学分析基础[M]. 贾拥民，译. 杭州：浙江大学出版社，2016:5–6.

对于这个问题，对于居尔和佩森多费尔等人的质疑，我们的答案是，我们确实能够有意识地在这两种不同类型的理论之间建立起联系：我们可以直接将社会科学的概念对象向下合并到自然科学的理论结构中去。例如，我们可以直接把像“选择”这样的对象（它们来自“更高级”的理论体系——经济学）嵌入（“更低级”的）神经生物学理论当中。一旦“选择”等关键概念变成了这两个理论体系的共同元素，一旦这两个理论体系都拥有了一些共同的源于“更高级”的理论体系的逻辑对象，我们就可以把一组来自“更低级”的理论体系（神经科学）的概念与一组来自“更高级”的理论体系（经济学）的概念联系起来。例如，当“选择”这个逻辑对象变成了神经科学和经济学的共同元素之后，就可以通过它把大脑内侧前额叶皮层的平均几何程度与期望效用等概念联系起来。这种联系当然不可能是完美的，但是跨学科方法最强大的威力也就蕴藏在这里。①

不仅以概念为跨学科桥梁的学者需要懂得什么叫概念，就是不用跨学科的一般学科问题研究，也需要界定核心概念，因此也需要明确什么是概念（本书第3章）。然而在我国的大学，今天开设逻辑学课程的已经是寥寥无几了。所幸的是，我曾学习了逻辑学，还执教逻辑学多年，曾受到逻辑学教授苏天辅先生的系统传授和指点。

没有严谨的概念基础，没有严谨的逻辑思维基础，任何批判性思维和质疑提问等都是站不住脚的。如果一篇已经接近完成或者已经完成的学术论文，其解释问题的理论根基不成立，那么“问题的提出”就难以站住脚，意味着这个价值性逻辑起点有了问题。全文还能逻辑地成立吗？所以建议研究者和准研究者们，如果要提好问题、做好学问的话，先学习逻辑学和训练自己的逻辑思维能力。

2.1.5 没有问题，是最大问题

任何领域的学术研究，都是发现问题、分析问题、解释问题（理论）、解决问题（方法、技术、模式策略），以及问题解决效应证明的过程；也因此任何学科和领域的学术思维与学术论文，无论大小论文，无论是一般论文还是学位论文，都是基于问题，从“问题”开始，到问题解决为止，再从发现新问题开始下一轮研究……否则如上所言，你可能是写了一篇文章，但却不是学术论文，或者说没有学术价值。不仅自然科学，社会科学、人文科学等，概莫如此。所有学术研究活动“无非就是围绕既定

① 保罗·W. 格莱姆齐.神经经济学分析基础[M]. 贾拥民，译. 杭州：浙江大学出版社，2016：5-6.

问题而展开的解题活动”[①]，是从问题到答案的，问题一以贯之的过程。因此，是否明确提出了一个值得研究的问题，是一项研究是否成功的先决条件，也是判断一篇文章或者一本著作是否为学术研究成果的重要指标。

因此，没有问题就是学术思维与文本的最大问题！没有问题或者问题不明确，就等于不知道或不能够确知自己为什么要进行这项研究（想要毕业、换职业或晋升，不是学术本身的理由），因此思维和文本走向也一定是摇摆或模糊的，内容和研究价值也自会受到质疑。所以，任何真正的研究，都有一个共同的开端：“问题”“问题的提出”或“背景与问题”，即使篇幅较小的小论文（参见8.3）可能有时没有将问题作为一个独立部分单立出来。

遗憾的是，经常见到，不少学位论文已经撰写完毕，却不明确究竟研究了一个什么问题，甚至全部文本就没有“问题”这一栏，于是整篇论文最多是围绕一个所谓“主题”，堆砌了一大堆逻辑松散的理论、观点、资料和事例而已。

2.1.6 问题、选题、课题、标题、价值

从所发现的若干“问题”中选择一个主要问题来专门研究，称为“选题”；将确定要研究的问题转化为标准的学术研究题目，称为“课题”；为学术文本写上题目，称为“标题”。问题、选题与课题研究的意义，就是“价值”。它们是相互关联、相互转化的概念。

大型的论文和项目，往往不止涉及一个问题。处于中心统摄地位的就是“核心问题”，与之相关系列问题，就是“相关问题”。任何学术文本和各种学术项目、学术活动，都至少应该围绕一个问题，以一个问题为视点A展开思考、研究和撰写全文。问题越多，就越需要开动脑筋筛选选题，课题就越复杂，标题的涵盖面就越宽大。然而，研究的价值却并不取决于研究的内容有多复杂、宽大，而是取决于其问题的质量和解决问题的理论意义、实践意义，以及创新水平。所以，一切还是决定于问题本身。

2.2 核心问题：学术视点A

“学术视点”（如图1-1所示），就是学术思维和写作坐标系的逻辑原点、基点、起点，也是整个学术思维与文本逻辑结构的聚辐中心。这个聚辐中心即学术视点，是由AB两个面交织构成的。A面就是核心问题，是研究的逻辑起点和价值基点；B面是

① 欧阳康，张明仓. 社会科学研究方法[M]. 北京：高等教育出版社，2001：114.

核心概念，是理论的逻辑起点。视点的AB两面分别延伸为学术坐标系的X与Y两条主轴，并交织贯穿和推动（Z轴）学术研究、学术思维和学术写作进程。

2.2.1 聚焦核心问题

一项研究或一篇论文，很可能面对若干问题。就是完全相同的课题，也会面临多个不同问题。如何在多个问题中确定一个主要或核心问题，以核心问题为视点A来统摄派生问题建立其他问题结构，也就是研究一个核心问题，附带研究解决其他相关问题，是学术思维逻辑和文本撰写的重要策略。

因此，与其说提出问题，还不如说提出一个核心问题，才是学术研究、学术思维、学术写作及价值的逻辑起点，是学术视点A面（图1–1）的精准定位。虽然具体到论文中，自然科学领域的论文通常直接就以“问题”或“问题的提出”等作开端，但“问题”即使再复杂再层次多样，也必须概括为一个核心问题；人文社会科学领域的学位论文，则是在“前言”或“绪论”中提出问题。包括学术项目申报书、开题报告、中期报告、答辩报告等，从目录上看，通常在“前言”和“结论”中第一栏就首先是“问题的提出”，或“背景与问题”，“问题缘起”等；或一般论文（小论文、教研论文等）的“前言”部分，也都必须包含所涉及的核心问题。写法不同，实质相同，最终必须聚焦到核心问题上。

前述案例2.1至2.7等，各学科的提问，基本上都是核心问题，或是某理论创新的主要问题来源。可以作为本部分的正面案例来阅读。

案例2.8　问题层次、关联性与核心问题

学位论文《面向多数　强调基础——底线思维下的基础教育音乐课程与教学研究》，在开端的“背景与问题”部分，提出了如下一系列问题（原文有删减）：

（1）理论上来说。普通音乐教育，在内容和形式上，肯定都做不到像专业音乐教育那样完美。那么，有没有一个基本底线呢？严格的专业音乐教育就是完美的吗？普通音乐教育就注定是不完美的吗？完美的音乐教育（专业和非专业）标准是什么？杨启亮先生提出义务教育质量的标准“合格即优秀”，在此基础上创造性提出了“底线均衡”概念[杨启亮.底线均衡：义务教育优质均衡发展的解释.教育理论与实践.2010(1):3–7.]。将“底线均衡”概念，迁移到基础教育音乐教育中来，可以形成一种建构普通音乐教育课程与教学模式的基本目标、内容与教法的崭新的逻辑思路。这可以称为“底线思维”。

（2）在基础教育实践中，音乐教师们上课讲授的内容和方法，与专业音乐教育

（相比），除了水平低得多以外，没有什么区别。大多数教师最感困惑的是：专业音乐教育和普通音乐教育的根本区别在哪里？在教学上有什么不同？很多教师，一方面给自己戴上“尊重学生”的高帽子，采用一些非专业性的“名目繁多的招数”来“激趣”，结果学生还是觉得音乐没有多大的“趣”；另一方面又对音乐学科特点认识不清，认为只要加强了音乐的专业性，就一定会让学生反感。一位在美国访学的博士生，经常陪自己女儿上小学音乐课，她发现，这些课上并没有当前我们热衷的花哨的“激趣”和名目繁多的教学招数，教师就是实实在在、老老实实地教乐谱、唱歌、练乐器；采用的就是最原始的教学方法，一遍一遍地教，甚至一句一句地教，师生都关注音乐的本体，关注音乐最基本的技术：速度、力度、节奏、节拍、音准、调式感等等，学生们的兴趣就很高。这是为什么呢？

案例2.8评析：本案例有明确问题意识，提出了在基础教育音乐教学中存在的理论问题和实践问题等。但是作为操作性极强的音乐教学研究，除了受制理论以外，还受制有关政策。因此所提问题缺乏层次感，或问题考察还不太周全，且理论问题与实践问题之间的逻辑性还不太紧密，导致核心问题聚焦不集中。

案例2.8建议：（1）进行分类整理和逻辑排列；（2）在理论问题和实践问题之间，考察和提出政策问题，例如可以教育部颁发的普及性音乐课程标准和专业性音乐课程标准作为政策文本两相比较，看其是否在目标和内容标准上有过多同一性，或者面向全体普通学生的“底线”与面向专业学生的“底线”，有否混同；（3）在明确了“底线思维”、“底线标准”还是“底线教学”，哪个是核心概念后，再来修改问题和核心问题的表述；（4）通过上述的多层次整理和排列，你认为理论研究、政策研究和实践研究中哪一个是核心问题呢？这将决定你的提问顺序、研究价值与研究重心所在。

案例2.9　有核心问题，但逻辑、依据和聚焦乏力

学位论文初稿《全日制教育硕士“U-T-S”联合培养模式研究》开宗明义就是“问题的提出”（以下是节选）：

一、问题提出

2009年教育部决定对教育硕士专业学位研究生进行全日制培养，并以应届本科毕业生为招收对象，致力于推动教育硕士结构类型从培养学术型教师为主向以培养应用型教师为主转变。

（很多学者）将全日制教育硕士的培养质量问题归因于培养目标不明确；课程设置不合理，理论课程占比太大，实践课程比例较小；导师队伍建设不合理、实践导师

数量不足，校内导师的基础教育知识和技能缺乏；实习时间短，方式单一；学位论文选题学术化倾向严重；缺乏完善的评价制度等问题。针对问题产生的原因，学者们提出了相应的解决对策。

还有一些学者将全日制教育硕士的培养质量问题归因于培养模式的缺陷……学者们对研究生的培养模式进行了研究，但是对当前全日制教育硕士培养模式的瑕疵及其影响因素挖掘不够深入，因此，难以从根本上建构合适的全日制教育硕士的培养模式，也就无法解决全日制教育硕士的培养质量问题。

以东北师范大学为代表的“U-S”培养模式（U为大学，S为中小学），即高校与中小学合作形成的培养共同体，受到了很多高校的认同，但随着这一模式的实施，一些新的问题随之浮现。有的高校为了避免相关问题的出现，试图将政府纳入培养共同体中，探索建立高校、政府和中小学合作的“U-G-S”培养模式（G为政府），意欲借助政府的行政权力保持与基础教育的长期合作，然而在实际运行中政府往往出现“虎头蛇尾”的现象。

X大学在多年教育硕士培养实践的基础上，在对“U-S”和“U-G-S”两种培养模式优点和不足进行对比后，提出了全日制教育硕士“U-T-S”联合培养模式。经过几年来的探索，全日制教育硕士“U-T-S”培养模式已经取得初步成效。从一定程度上克服了“U-S”和“U-G-S”两种培养模式的不足，但是也凸显出一定的困境，比如合作三方对合作的战略意义认识不足，对利用分配存在分歧，非平等地位等因素造成“U-T-S”三方合作中异质性资源依赖程度偏低，进而消减了三方合作的动力问题；三方联合培养中的非合作博弈问题；“U-T-S”三方合作机制不健全导致联动培养效率低下等问题。本研究正是针对这些问题，试图从理论上对“U-T-S”培养模式进行全方位的研究，对合作三方的实然关系进行理论深耕，研究“U-T-S”培养模式的生存机理、内容架构以及运行机制，使合作三方始终处于动力充沛、合作博弈状态。

案例2.9评析：（1）问题逻辑有断裂。从教育专业硕士的培养质量问题的归因开始，排列了一系列原因，然后就提出了“培养模式的缺陷”及研究的“瑕疵及其影响因素挖掘不够深入”，因此就“无法解决”“教育硕士的培养质量问题”。没有揭示那一系列问题与培养模式问题及培养质量之间的关系，使后面关于“U-S”和“U-T-S”模式问题的提出，显得唐突。（2）核心问题政策依据不足，因此乏力。文本中指出的2009年的教育部政策中有规定，全日制教育硕士“以应届本科毕业生为招收对象”，这其实就为全日制教育硕士的培养质量埋下了难以排解的障碍。完全没有执教经验的本科生，通过2—3年的培养，绝大多数都难以实现在同一个政策文本中所设定的“从培养学术型教师为主向以培养应用型教师为主转变”的预设目标。因此，本文的核心问题应该是政策矛盾，因此才派生的培养模式的矛盾。培养模式从招生开始就埋下了偏离目标的隐患。(3) 本文写成于2017年。但主要政策引文是2009年的。事实上从2016年起，教育部已经将原在职教育硕士研究生与本科生教育硕士招生并轨，从政策上同时为解决本科生起点的教育硕士理论和实践都不足，也为解决在职教师有实践经验但理论不足，且培养过程松懈的问题，提供了问题解决的支持。如果说“U-G-S”培养模式与原“U-S”相比有进步，那么进步就是G（政府）的支持。(4) 因此，本文核心问题并没有明确聚焦在“G”与“U”和“S”的关系上，而只是泛泛指出“U-G-S”关系与机制问题，也没有反映政策变化G的价值，而直接就针对“U-G-S”，提出了新的“U-T-S”模式，消除了或否定了“U-G-S”模式。从而导致全文问题的焦点，与最后明确提出的“U-T-S”模式的问题及“本研究正是针对这些问题，试图从理论上对‘U-T-S’培养模式进行全方位的研究，对合作三方的实然关系进行理论深耕，研究‘U-T-S’培养模式的生存机理、内容架构以及运行机制，使合作三方始终处于动力充沛、合作博弈状态”等，产生了偏差。(5) 总之，本文开端“问题提出”部分的最后所指出的“主要研究问题”（核心问题），并没有聚焦到“U-S”和“U-G-S”培养模式的不合理性上，而是在“U-T-S”模式本身存在的问题上。或许事实上论文作者要研究的是该文所主张的“U-T-S”模式存在的问题。

案例2.9修改建议：(1) 弱化“U-T-S”与“U-S”和“U-G-S”的对立性，突出无论什么模式，只要是联合培养模式，都存在着联合各方之间的有机联系问题。(2) 密切关注教育部政策的变化，客观评价政府介入的积极和消极价值。因为迄今为止，中国的各专业硕士，包括教育专业硕士，都是在政策指导下开设的。因此在任何联合培养模式中，都应该考虑政府因素，政府如何更恰当介入和发挥积极作用的问题，值得研究。(3) 从联合培养模式的多方联合机制的建立、共享教育硕士培养成果等方面的“有机联系”角度来提出论证和确立此学位论文核心问题，如：全日制教育硕士几种联合培养模式的共同与不同问题是什么，关键问题是什么？“U-T-S”联合培养模式的有效联合机制是什么，如何建构有效的联合培养模式保障机制，等等。(4) 相应地，本论文标题可以修改为如：《全日制教育硕士联合培养模式比较研究》《全日制教育硕士“U-T-S”联合培养模式及共享机制研究》等。

案例2.10　调整问题位置，明确核心问题

开题报告《高校总会计师制度设立与有效性评估》初稿文本的开端，没有明确的

"问题的提出"或"背景与问题"部分，但这并不意味着其没有问题或没有核心问题，只是问题没有出现在最应该出现的地方。

一、选题思路

《国家中长期教育改革发展规划纲要（2010—2020年）》提出了在高等学校试行设立总会计师职务，提升经费使用和资产管理专业化水平的要求。教育部、财政部印发了《高等学校总会计师管理办法》并指出公办高等学校总会计师由政府委派。我系统阅读了教育经济、教育管理、财务管理、人力资源管理等方面的丛书，在财务管理理论的掌握上、在财务管理实际工作中的落实运用上等有比较清晰的认识。因此，我的博士论文选题为"高校总会计师制度的有效性研究"。

…………

四、研究内容与框架

早在1979年教育部颁发的《教育部部属高等学校〈会计人员职权条例〉实施细则》中就提出了建立总会计师的要求。国务院2010年颁发的《国家中长期教育改革和发展规划纲要（2010—2020年）》提出"在高等学校试行设立总会计师职务，提升经费使用和资产管理专业化水平，公办高等学校总会计师由政府委派"等。

这几个文件均规定：高校应设置总会计师，以进一步加强高等学校财务管理工作，提升经费使用和资产管理专业化水平。但实际上，总会计师制度在我国高校并未真正地实施及推广（案例2.10表1）。束缚这项制度施行的桎梏何在？如何打破这一桎梏使制度得以落实，并收到实效？如何评估高校总会计师财务治理的实效？

案例2.10表1　我国公办高等学校总会计师的总体设置情况

学校类型	学校总数	设置总数	设置比例
"985工程"	39所	6所	15%
"211工程"	74（含"985工程"）所	12所	16%
省属高校	66所	7所	11%
合计	179所	25所	14%

案例2.10评析：此开题报告的开端部分"选题思路"，主要在说国家颁布了高校总会计师制度和自己有高校负责财务工作的经验，所以自己要选目前这个"高校总会计师制度的有效性研究"题目来做学位论文，而没有提出高校总会计师制度在设立、实施及实施结果中出现的问题。好在文本的第四个部分"研究内容与框架"中，对问题有所分析。但是缺乏有意识提炼、聚焦、明确表述问题，且还需要提炼核心问题。

案例2.10修改建议：（1）将该选题报告第四部分中的问题分析部分前提到第一部分中来。（2）或者将问题表述为：①为什么从1979年到2012年的30多年来，教育部、财政部连连发文要求设置高校总会计师，但至今（2012年）只有14%的高校执行？②在高校设置总会计师的意义何在，与企业总会计师有何异同？③有总会计师与有总会计师制度尚有相当距离，如何建立总会计师制度以确保总会计师设立及其职能得到充分发挥（即有效发挥其功能）？（3）或者还可这样提问：①为什么高校总会计师制度政策上已提出多年，而至今几乎很少有高校执行？②影响高校总会计师制度执行力度的最主要因素是什么，对策是什么呢？

2.2.2 背景与问题

任何问题都不是孤立存在的，总是在一个大的系统（背景）中存在着。因此，学术问题的提出，不是直接把问题写出来，而是要从背景或系统中“提出来”。所谓的“背景”又有几大种类：理论背景、实践（含技术、方法）背景和政策背景或者一定的时代与社会条件。上述各案例（2.8、2.9、2.10），都已经分别涉及问题的背景。

但有不少学位论文或开题、结题报告对背景的概述很粗浅、褊狭，甚至即使有“背景与问题”这个标题，却不太明白什么是背景（问题产生的时代、社会、政策、理论、实践等的大环境）和什么是问题（在背景的各因素中所发生的矛盾），因此也很难将问题从背景中剥离出来。而且“背景”还有大小之分，还有具体时空，过去现在未来，社会事件场景等之分，因此，如何观察、概述背景，也与提出确定和表述问题、彰显问题和选题价值，乃至前后文献检索分析综述，以及全文本撰写思路和逻辑走向直接相关。

从恰当的背景中，提出一个核心问题或多个派生问题值得研究（即有价值：对理论或实践或政策的进步都具有推进意义）的新问题，论文就已经有了成功的开端。因此，这一“提出问题”的过程本身，就是一项相当艰辛的研究活动。如果缺乏充分的背景认知与分析过程，所提出的问题就不精准，表述也困难，所撰写的论文，就显然缺乏学术力度与价值感。

案例2.11　分析背景，提出系列问题，确立核心问题

学位论文《英语表达力与英语结构化教学模式研究》（举例时有删减）用了相当篇幅，来阐述背景和提出问题，需要耐心阅读，并尝试分析评价其背景层次、背景与所提问题之间的逻辑关系；根据论文标题，在诸多问题中确立其核心问题：

1. 问题的提出

全球化的社会中，外语教学和学习至关重要。“社会生活的信息化和经济活动的全球化使外语，特别是英语，日益成为我国对外开放和与国际交往的重要工具。学习和掌握一门外语是对21世纪公民的基本要求。”（2001年，教育部关于积极推进小学开设英语课程的指导意见）。“当今世界正处在大发展大变革大调整时期。世界多极化、经济全球化深入发展，科技进步日新月异，人才竞争日趋激烈。”[《国家中长期教育改革和发展规划纲要（2010—2020年）》]。

…………

目前的英语教学有效性的不良现状提出改革的需要。可是令人遗憾的是，学生经过漫长的学习对自己的英语学习满意度并不理想。2010年6月间，国家社科基金项目“转型时期大学英语教学发展现状调查及对我国外语人才培养政策制定的影响研究”(09BYY027)和上海市教委科研创新项目组，就学生英语学习满意程度和自我感知语言能力的水平，对8个省市16所本科院校1246名大二和大三学生进行了调查，结果发现：学生对自己学校大学英语教学“基本满意”的为20.54%；“比较满意”为31.38%；“勉强满意”的为35.39%；“不满意”的为12.6%。“现实教育中，就是在教育的高端——高等教育中大学里，英语教学‘问题’缠身。谈论的焦点集中在‘英语教学费时低效，高分低能，聋哑英语’等方面”（吴树敬，2003）。如何改变我国目前英语教学所花时间较长、效果相对较差的状况，已成为外语教学界的一个重要课题。

…………

面对这样的现实，未来该怎么办？为什么英语教学“费时低效”，为什么学生的语言能力难以提高，为什么多年的大量的语言知识教学却不能有效地促进EFL学习者相应的语言技能的提升……？是教师对方法的掌握和使用不当，是缺乏语言的学习环境，还是因为母语的负迁移所致……？教学是一个复杂的系统和过程，最后的教学效果是由多种因素决定的，有政策的、教师的、学习者的、教材的、环境的等等。原因是多方面的，种种问题有待解决。

…………

本研究将对以下三个方面的若干问题进行研究。

宏观层面：知识与技能关系的厘清。1.知识如何转化为技能？这是任何一个学科教学都需要回答的基本问题。知识是什么，技能是什么？知识与技能的关系是什么？尤其是在英语这门以能力培养为主要目标的课程中，EFL学习者如何建构知识，技能的获得需要怎么样的知识做支撑？英语知识和英语表达能力之间的关系是什么？不同的知识体系对技能的发展是否有不同的影响？在语言知识向语言技能转换过程中，关键性的因素是什么？2.语言表达能力的本质是什么？其核心的指标是什么？本质和核心指标间的关系是什么？EFL学习者语言表达中的常见问题能否体现上述本质和核心指标？

中观层面：建构新的教学模式。3. 在英语教学中，能否构建一种新的外语教学模式，既有利于知识本体的建构，又有利于思维的培养和技能的发展？这种模式将超越应用语言学的视野，从教育学和教学理论的视角，回归知识本体，以知识为培养语言技能的新的着力点。这种教学模式的理论依据、操作程式和支持系统是什么？

微观层面：教学模式在实践运用中的有效性探索。4. 将这种模式在教学实践中去试验，效果将是怎样？中观的教学模式如何着力于微观的课堂教学中？通过实证研究验证和完善上述教学模式，并发现问题和不足，从而进一步提出优化机制。

案例2.11评析：（1）本案例从背景提出了一系列英语教学问题。在背景中对社会需要与政策、英语教学实践现状及英语教学理论等都有所涉及，在此背景上通过较为充分的数据证明了大学英语教学效率低的问题，以及与此相关的各个层面（宏观层面、中观层面、微观层面）的若干系列问题和连锁问题。（2）但是，背景部分的各段落逻辑层次不太分明，尤其政策背景和实践背景交叉出现，其中涉及的英语教学和效果问题，应该是本文的核心问题，存在的证据不应该在“背景”中阐述，最好调到“问题”部分去集中呈现。背景是指问题背后的大格局，在这个大格局上产生的矛盾，才是问题。（3）这是一篇教育专业博士（应用型）论文，无论背景还是问题顺序，都应该实践或政策在先，理论在后（这并不意味着理论背景可有可无）。专业硕士研究生和一线教师、机关和企业等应用领域的人员的论文皆应如此。而学术型博士生研究生等的学位论文，则一般以理论为先，实践或政策为后的顺序写背景和问题。（4）所提出的问题有层次感。“宏观层次”，其实就是理论问题，“中观层次”和“微观层次”讲的都是英语教学的问题，且与背景（政策需求、实践需求和实践格局）有一定的关联。但是问题太多，而聚焦不够。虽然似有“英语教学效率低”这样一个核心问题，且力图将之聚焦到“知识与技能关系”处理不当上来，但因为其将知识与技能的关系（理论）作为“宏观层面”问题，将教学模式作为“中观层面”，将英语教学效果的证明作为“微观层面”的问题，每个层次问题罗列，但相互间关联度不大，反而使核心问题内核松散，缺乏深度和力度。

案例2.11修改建议：（1）将背景部分整理为社会需求、政策、英语教学理论三个逻辑层次；（2）然后集中揭示大学英语低效的现状（其中“个人兴趣和愿望”部分也要合理转化为问题发现的一个来源），再在三大背景联系基础上，明确提出和论证（实证）一个核心问题；（3）这个核心问题，还要与学位论文标题有直接关系，也就是说，要明确论文《英语表达力与英语结构化教学模式研究》究竟要面对和要解决的是什么问题。显然，目前这个论文标题隐藏着一个假设：因为英语教学没有结构化，所以才带来英语教学效率低下的问题。问题便是：英语教学为什么没有结构化或结构方式不合理？如何才能使之有良好结构？该论文的核心问题由比较泛的英语教学效率低，与标题结合后才具体明确为“英语表达力”方面的教学效率低，而且原因是“英语结构化”方面存在问题。因此，又必须对核心概念“英语表达力”和“英语结构”及“结构化”进行界定后，再来重新审视所提出的问题，精准表达核心问题。(4) 总之，在层次分明的背景上，在与论文标题显示的核心概念有紧密联系的走向中提出（表述出）的核心问题，才是准确的。其他问题精简后作为相关问题处理。

案例2.12　聚焦核心问题——案例2.11再修改

根据上述案例2.11的评析和修改建议，作者进行再思考和明确问题、聚焦核心问题（见如下文摘）后将原论文标题《英语表达力与英语结构化教学模式研究》修改为了《英语结构化教学模式对学生思维和英语表达力的影响研究》，相应问题部分表述为：

1.2 通过考察，我们发现英语教学效率不高是因为存在着一系列问题：

第一，外语语言教学中，知识（和技能）的教学零散不成系统，导致学习者缺乏对知识点及其相互关系的深层理解，容易断章取义，记住只言片语，容易遗忘，难以迁移和运用。系统的结构化的教学能够帮助学习者构建稳定牢固的知识体系，促进其迁移、深化知识及运用知识。那么，如何让知识教学系统化和结构化？

第二，外语教学将思维训练作为教学目标之一，但实际操作时方法缺乏一套理论支撑和科学具体的操作方法，思维训练和发展容易流于形式。概念是思维和知识最基本的单位。应促进学习者思维的发展，尤其是逻辑思维。以教学知识中的概念教学为切入点，可以实现。那么如何将思维训练落在实处，在教学中找到知识（概念）的着力点？

第三，外语教学提倡用外语思维去使用外语，但是外语思维何以在外语教学过程中形成？概念化是外语思维形成的首要条件。认知语言学认为，语言是语义概念化的表达形式。用外语中的概念及其系统去理解外语，用外语表达，形成外语思维。那么，如何在教学中去培养和发展外语学习者的外语思维？

第四，中国的外语学习者在经过近十年的学习，完成了语法的学习和积累了大量的词汇后，为何语言表达能力水平仍旧低下，除了语言环境、训练强度以外，是否还有更根本的深层原因？是否与概念的内化，知识的深化理解有关？

1.3 核心问题

上述四个问题汇集在一起，存在着一个根本问题，英语教学是否应该有一种英语知识、表达技能和英语思维等有机联系的教学模式？英语知识、技能、思维等要素之间的结构关系即有机联系的方式是什么？理论依据何在？“思维”在其中所起的作用是什么？实证效果如何？

语言是思维的外壳，思维是语言的内质。概念是思维的最基本形式，也是任何学科知识的一种表征，是人们认知的结果，是一切语言学习不可完全绕过的语义表达式。因此，本文以概念教学为切入点，以概念间的联系为线索构建知识网络；用外语语义概念去形成外语思维，理解和产出语言，这就是通过英语结构化教学，提高英语思维力，进而提高英语表达力的研究逻辑。

案例2.12评析：(1) 修改调整后的问题，尤其是核心问题，比前稿（案例2.11）指向性更清晰一些了，突显了语言和思维之间互为存在和互为生成的关系，以及作为逻辑性很强（也不失美感）的英语，其与思维的关系更是如此。但目前的英语教学模式却严重忽视了这种关系，如何突显和加强这种关系？有待进行结构化改进。

案例2.12建议：在明确了核心问题后，建议再继续修改。(1) 背景，包括对现实（英语应用范围越来越广）、政策（教育部历次关于英语教育教学的文件，基础教育和大学的英语课程标准等对英语课程目标的表述）和理论背景（关于英语教育教学的理论、语言学理论、语言与思维关系的理论、英语教学学说、流派评述等）进行阐述。如果背景文字太多，就放在“文献综述”部分去处理，在“背景”外只做各重点概述，因为文献分析综述其实也是之前的有关研究，即你所定研究问题的一大背景。(2) 背景与问题的论证逻辑思路可以是：尽管关于英语与学生思维发展的关系在政策和理论层面都有所触及，关于语言和思维之间不可分割联系的理论也很成熟，但在目前英语教学实践中思维和英语思维作为语言表达的重要中介作用，却并没有得到应有重视和实施，故导致一系列连锁问题，如知识（含技能）教学零散不成系统，导致学习者缺乏对有关知识及其相互关系的深层理解，容易断章取义，记住只言片语，容易遗忘，难以迁移和运用，思维训练和发展流于形式等。最后归向和明确提出核心问题如前述，也与论文标题有了直接关系。

2.2.3 核心问题缺位

很多学术论文不是明确以“问题”，而是以“前言”“选题缘由”等开篇的，且多在论述重要性、必要性、个人兴趣，或因为没有人研究过这个内容，所以我就来研究等。不写“问题”类标题，并不意味着不以问题为起点。而有些论文虽然以“问题”或“问题的提出”为开端，但是接下来的文字，通篇都没有明确问题，依然是在写重要性、必要性、个人兴趣等；有些论文如前所述提出了一系列问题，却没有一个统摄的核心问题，或者核心问题轻飘，缺乏深度和逻辑力度。根本上来说这都是问题意识淡薄，尤其是核心问题在头脑中严重缺位导致的。一位优秀研究者“有两项高于常人的本领：一是洞察问题的本领，二是解决问题的本领”①。善于提出问题，有清晰的问题意识，就是学者“洞察问题”的宝贵品质。

严格来说，已经成文且提交评审或答辩的文本，却没有一个明确的问题或核心问题，那就算不上是一个研究成果。因为任何研究都是从问题开始，在发现和提出问题的基础上，进一步考察分析问题、解释问题和解决问题的过程。没有问题，研究就没有起点，起点都没有，何来过程，或者说你的所有过程都无法证明这是一个研究过程。故此，长篇大论，有何意义？

案例2.13　“选题缘由”也必须基于和明确问题

开题报告初稿《基于利益相关者理论的大学治理中学生主体作用的发挥》就是以“选题缘由”开篇的，从中也看得见与问题相关的表述：

选题缘由

通过学习，我对大学生的能力培养与发展及其在大学治理中的作用发挥等有较浓厚的兴趣。为此我围绕此问题查阅了许多的文献资料，发现大学治理与公司治理有许多相似之处。

公司治理的利益相关者理论认为，企业是其与各种利益相关者结成的一系列契约，是各种利益相关者协商、交易的结果。而世界著名的比较高等教育家菲利普· C.阿特巴赫认为，大学是拥有一定自治权力的利益相关者组成的社会机构。

而学生是大学的核心利益相关者。学生参与大学治理对学校、学生、社会都有不同层面的积极意义。因此基于上述研究成果，并结合自己的工作实际，我的学位论文的选题拟定为《基于利益相关者理论的大学治理中学生主体作用的发挥》。

（有省略）

案例2.13评析：本案例“选题缘由”，基于“我……有较浓厚的兴趣”，而不是基于问题，所以该选题难以成立。（1）个人兴趣是研究的重要动力之一，但问题才是学术研究的起点和价值所在。兴趣必须基于问题才有价值。（2）大学治理与公司治理有

① 安德斯·艾利克森（Anders Ericsson），罗伯特·普尔（Robert pool）. 刻意练习——如何从新手到大师[M]. 北京：机械工业出版社，2016. Ⅵ-Ⅶ.

许多相似之处，也不是问题。对其相似性中本质的质疑，例如“大学生利益”与“公司利益”及相关者利益的本质不同，才是问题。(3) 引用某学者例如“比较高等教育家菲利普· C.阿特巴赫认为”的观点作为自己选题的依据，却没有注释。必须有详注和解析，这是学者与非学者、研究者和一般人不同的第一显著标志。

这类没有问题，仅凭个人兴趣、某个著名人物的观点，或一点儿工作经验等，就作为“选题理由”“问题的提出”“背景与问题”等的现象，在研究生的开题报告和学位论文中司空见惯，比比皆是。说明这些研究生的研究还没有真正开展起来，故开题必然是轻飘的，学术论文必然不是真正研究之成果。

案例2.13建议：根据目前的标题，应该是“大学治理”中出了什么问题，且与大学生参与度不同有关。应当明确自己究竟发现了什么核心问题，再写选题缘由、调整选题。

案例2.14　问题随意，逻辑不力

学位论文《“混班学习”模式下的特教教材开发研究》开端就是“问题与选题理由”：

问题与选题理由

特殊儿童与正常儿童在校混班学习的研究比较多，但特殊儿童在其中还是使用的正常儿童的教材（包括教材内容和形式）。混班学习中，特殊儿童的教材应该如何编写，是否就是日常教材用盲文表达即可等的研究非常少，且理论薄弱，应用研究稀缺。这与特殊教育日益重要的现实形成鲜明反差，说明混班教材问题还没有引起研究者的重视，对诸多问题也缺乏深入研究，存在相应研究的必要。

案例2.14评析: (1) 仅仅用“研究稀缺”、“薄弱”或“没有引起研究者重视”、“缺乏深入研究”等就提出一个学术研究课题或项目，太随意，也站不住脚。(2) 因为关注少等没有证据，反过来也可以毫无证据地说是“研究多”，这个世界上研究不多或没有研究过的东西很多，但研究多少并不成为你的研究的主要原因。其根本是由这个问题研究的价值确定的。不影响事物生存和发展的矛盾，那都不是问题。选题理由可以有诸多，但必有一个，是你发现了问题，有较充分的理由或数据证明这个问题是一个“真问题”，仅此证明，问题的提出都不能是一句随意的因为“研究少”，所以“我就来研究”。(3) 一个有价值的好问题的提出，通常会旁征博引，证明这个问题（选题）的存在，就会为形成一篇优秀的学术论文或报告打下基础。(4) 且用句上“这与……形成鲜明反差，说明混班教材问题还没有引起研究者的重视”，在逻辑上并不构成“说明”关系。

案例2.14建议：（1）明确特教的“混班教材”及使用究竟有没有可能，有没有必要，存在什么困难，最要核的问题是什么。（2）要提出一个恰当的、有逻辑力量的问题，这又涉及“混班教材”（核心概念）所指是什么，以及一些更为基础的问题，如需要教师有什么素质，应该有哪些相应制度保障。

2.3 相关问题

前述已经看到一篇论文涉及的问题肯定不止一个，从其与核心问题的关系和在论文中出现的位置，可以对相关问题大致做一个分类。如果不弄清或在表述上不明确与核心问题有何种关联性，那就可能到处是问题，没有层次，没有问题核心，也就等于没有问题。

2.3.1 相关问题分类

在核心问题明确之前提出的各项问题，只是为了提出核心问题而存在的，但不会作为文本撰写要去解决的问题，称为“前相关问题”。

在核心问题明确之后提出的各项问题，应该是核心问题派生的，文本撰写必须去一个一个回答和解决的问题，称为“后相关问题”。必须反复思考和精细化，它们与核心问题有密切内在关联。

相关问题，还以其与核心问题形成的逻辑关联，分为上位、平行和下位关联等问题。

2.3.2 系列问题的相关性

当一篇论文的问题不止一个的时候，所有问题的提出必须按照与核心问题的相关性讲究逻辑顺序。或先提出一系列相关问题，然后聚焦到核心问题（前相关问题）；或核心问题提出后，再逻辑延伸或派生一系列相关问题（后相关问题）。能恰当表述核心问题与前后相关问题之间的关系，尤其是后相关问题与核心问题关联的逻辑顺序，也体现出研究者的理性思维水平，居高临下驾驭全局的学术写作能力。

案例2.15　系列相关问题的逻辑顺序

开题报告《专业性：中学教师职前教育》“导言”中，在好几处，用了相当篇幅来提出问题：

"导言"开端提问：

就业不仅是每个师范生在求学阶段所纠结、烦恼的问题，更是令教师教育机构敏感、焦虑的问题。近几年师范生就业竞争加剧现象凸显……另一方面，中小学师资需求又不能满足，各级各类学校都反映很难招聘到理想的教师，主要矛盾是质量问题，高中阶段教学对提升学历层次和教师综合素质的要求愈加明显。

随着教师职业"门槛"水涨船高，各级各类学校都期待能力更强，素质更高的毕业生加盟教师队伍。当前大众化"普适化"模式培养的毕业生很难满足基础教育阶段学校的个性化、创新化需求。作为师资队伍的培养者与师范生就业市场的供应方，高等院校身处市场焦点之中，肩负维护社会稳定、促进人才发展的重大责任。这种责任决定了高等院校对教师职前教育的改革必须处于第一线。

那么，教师职前教育的改革究竟应该以何为出发点？有研究者指出，师范教育没有自己的特色，师范专业结构模式简单，师范毕业生不具备从业竞争优势等问题比较突出。

"导言"末尾提问：

本文研究的具体问题如下：

（1）以教师专业化作为理论依据，中学教师这一职业具有什么特点？教师的专业发展阶段如何划分？中学教师应该具备怎样的专业素养？

（2）从系统论的观点，中学教师职前教育涉及哪些重要的要素，它们之间的构成方式和内在关系如何？

（3）以教师专业化作为比较基石，发达国家中学教师职前教育在培养标准、培养模式、课程设置及对中学教师的资格认证等方面具有什么特点，可以提供什么样的启示或参照？

（4）以教师专业化作为衡量标准，我国现阶段中学教师职前教育存在哪些问题？引起这些问题的原因何在？

（5）我国当前教师教育的改革采取了哪些措施？取得了哪些成效？还存在什么不足之处？

（6）以教师专业化作为发展方向，我国中学教师职前教育从培养目标、培养模式、培养内容、教师资格认证等方面应该怎样进行科学的重构？

案例2.15评析：（1）本案例以"问题的提出"为开端，说明问题意识很明确；且用相当篇幅来提出和论证问题，说明其对问题的思考和撰写花了相当工夫。值得赞赏。但是，所提问题很多且很分散，散见于各章。（2）导言部分，从背景中提出了"那么，教师职前教育的改革究竟应该以何为出发点？"这个并不是明确的核心问题，最多只是前相关问题。因为从标题上看，核心问题应该是教师“专业化”方面的，而且是职前中学教师专业化不足而影响了教师培养质量的一个要核问题。在导言末尾提出的一系列问题，似乎都在努力靠向教师专业化，但仔细阅读这些问题会发现，它们要么是上下位关系，要么是平行关系，但依然没有一个核心。如果在开端提出的“教师职前教育的改革究竟应该以何为出发点”可视作指向核心的前相关问题的话，那么在此的一系列“具体”问题，就应该是后相关问题。还是缺了一个要害的核心问题。

案例2.15建议：(1) 补充阅读教师专业发展的理论书，梳理教师实践工作的流程。问题相关性的背后，是理论知识和实践的结构性。提出一个准确而有力度的核心问题及与之前后相关的，逻辑顺序清晰的系列相关问题，本质上反映的是研究者或作者的理论与实践系统性的水平。(2) 将所有问题调集到一起，明确核心问题，同时分辨前相关和后相关问题，补充和加强前后之间关系论说，使核心问题更突出和尖锐；相关问题的展开有序。(3) 根据核心问题和相关问题，调整和修改文本标题。

2.3.3 连锁问题，连带提问和追问

一个深刻的学术核心提问，往往是从一系列连锁性和有逻辑力的相关问题导出又派生展开的。我们将这种基于一个核心问题而前后生发的一系列相关问题所构成的一个层层递进的问题链，称为连锁问题；按照问题之间的逻辑关系提出的一串连锁问题，就过程来说，也称为连带提问；不间断地呈现出来的连锁问题或连带提问，称为追问。追问有步步递进、步步紧逼实质和要害的感觉，这一提问过程本身，具有震人心魄的力量。

案例2.16　《上帝与新物理学》前言的连锁问题，连带追问

如多年前我读到的《上帝与新物理学》①一书，打开书页，关于宇宙自然的四大基本问题就赫然矗立眼前：

为什么大自然的规律是现在这样的？

为什么宇宙是由现在组成它的各种东西所组成的？

这些东西是如何起始的？

宇宙如何获得了组织？

案例2.16评析：这种开门见山的连锁提问、连带的追问方式，干净利落，直逼根底。给了我震撼和启发，所以我也采用了这种方式提问（案例2.5）：

① 保罗·戴维斯. 上帝与新物理学[M]. 徐培，译. 长沙：湖南科学技术出版社，1995：前言.

“TVS：视点结构教学”书系总序前端的连锁问题和连带追问

为什么人类关于宇宙世界的知识会是今天这个样？

为什么学校课程内容要由学科知识构成？

基于知识的教学应该有怎样的起始点？过程与终极目标是什么？

学校知识是如何通过教学在学生头脑中建构起来，并促进学生多元发展的？

这也是“TVS：视点结构教学”书系五本著述，要共同回答的四大基本问题，几乎每一本著作要回答其中一个问题（各本书的核心问题），全书核心之核心问题是夸美纽斯提出的有效教学，或人类“准确、有效、美感”的教学，是如何构成的。回答这一核心问题及“回答这四大基本问题，价值不仅在今天的学校教学，还指向人类知识信息化深度发展的未来”。

案例2.16建议：请将本章各案例或自己正撰写的论文中的问题，围绕核心问题建立连锁和连带关系，并用追问的方式撰写出来。

案例2.17　打破砂锅问到底

学数学出身的教育理论家张楚廷教授的很多教育理论著作，都起于他对教育问题的思考和连锁提问、连带追问。《教育哲学》[①]可以说是他这种提问能力的集中呈现。全书共8章，仅看其目录（如一至四章的大小标题），就可以见到他明确以问题导向，以追问为表达式的学术思维与文本撰写风格：

第一章 从哪里开始考察教育

第一节 教育中有多少问

第二节 什么是最重要的

第三节 教育曾经怎样被考察着

第四节 从什么视角观察

第五节 “教育就是教育”

第二章 人是什么

第一节 教育的第一问

第二节 谁提出了第一问

第三节 反身性

第四节 我与我

第五节 人有没有本质

第六节 自增性

① 张楚廷. 教育哲学[M]. 北京：教育科学出版社，2006.

第七节 语言与人

第八节 “按照美的规律来构造”

第九节 人被考察得怎样了

第三章 关系中的人

…………

第五节 关系给人带来了什么

第六节 人怎样变小，怎样变大

第四章 人发展什么

…………

案例2.17评析：本案例中不仅目录，打开各章节内容，也可以看到遍布提问，尤其是连锁连带追问，且边问边答，边答边追问，非常痛快漂亮（以下括注页码为原参考书中的相应页码）：

若要回答“教育是什么”，就必须以弄清楚“人是什么”为前提。“人是什么”便是“教育第一问”（P11）。

教育为什么要关心人的全面发展呢？“人的全面发展意味着自己真正获得解放，外部世界对个人才能的实际发展所起的推动作用为个人本身所驾驭”，“是把人的世界和人的关系还给自己”[①]（P86–87）。

“只有美的观念才使人成为整体”[②]。美育为何有那么多、那么大的功能呢？（P103）因为正如马克思说：“人也按照美的规律来构造”[③]。“人按照美的规律构造自己的物质世界和精神世界，人因美而幸福的（地）生活，人因美的消逝而消逝”（P49），“美就是人的生活，美就是人的生命，人就是按美的规律来看待自己、看待自己与世界的关系，并按照这种规律来发展自己、表达自己、直观自己、构造自己”（P103）。因此，若把美育作为教育的附属品，那应当仍然需要重新郑重思考人是什么。而且，现在我们完全可以质疑，丢却了美育，教育还是人的教育吗？（P49–50）

案例2.17建议：追问是打破砂锅问到底的一种思维逻辑方法，也是科学求真精神的体现和科学创新的思维源泉：

我想知道这是为什么。我想知道我为什么想知道这是为什么。我想知道究竟为什么我非要知道我为什么想要知道这是为什么。

——物理学家费曼

① 中共中央马克思恩格斯列宁斯大林著作编译局.马克思恩格斯选集（第1卷）[M].北京：人民出版社，1995：286.

② 席勒.美育书简[M].北京：北京大学出版社，1985：145.

③ 中共中央马克思恩格斯列宁斯大林著作编译局.马克思恩格斯选集（第1卷）[M].北京：人民出版社，1995：47.

再推荐诺贝尔物理学奖获得者、量子力学家薛定谔写的《什么是生命?》一书，重点阅读作者是如何从物理学问题（万物由原子构成）层层追问到生物学基本问题（核心问题：无生命的原子是如何构成了有机生命基因的）的精彩片段（本书案例2.2）。

2.3.4 隐性多重问题

在一个问题中或显或隐包含着另外的问题，称为多重问题。显性的多重问题通常会表现为前相关、后相关和连锁连带提问等。在此所要面对的是隐性多重问题，指在文本中并没有明显地被提出来，但是要回答这些明确的问题（包括核心问题和各种相关问题），而必须回答的问题。这些问题是隐性多重问题，也是我们的学术思维和学术文本写作不可跳过的重要相关问题。这使得一项研究和文本问题的构成更为复杂。

案例2.18　隐性多重问题

△小王为什么不喜欢小张？这一显性问题中还隐含着一个基础问题：

小王不喜欢小张吗？而这一隐性问题决定着上一显性问题的真实性。

△目前学术界为什么存在腐败现象？这一显性问题还隐含着一基础问题：

目前学术界存在着腐败现象吗？而该隐性问题决定着上一显性问题的真实性。

△为什么理性水平越高，审美感性水平就越低？这一显性问题中还隐含着一些基础问题：什么是理性，什么是审美感性？理性水平越高，审美感性水平就越低，这是真的吗？

△为什么中国的学生比美国的学生学习负担重许多？其包含的隐性问题是：什么是学习负担？中国的学生比美国的学生学习负担重且重许多吗？

△怎样才能够减轻学生的学习压力？包含的三个隐性前提问题是：什么是学习压力？学生学习有压力吗？学习压力都是需要减轻的吗？

△为什么很多流行现象过去了就不会重来，而服饰流行趋势却具有很强的周期重复性？其包含的几个隐性问题是：什么是流行？很多流行现象过去了就不会重来吗？哪些？服饰流行趋势具有很强的周期重复性吗？

△为什么气候不稳定会导致自杀率升高？包含的两个互为存在的隐性问题是：气候不稳定导致自杀率升高了吗？或相反，气候稳定的时候自杀率就降低了吗？

案例2.18评析：（1）对问题中隐含的多重相关问题的考察，不仅是对核心问题和相关显性问题挖掘和深度分析能力的体现，更重要的是它是学术逻辑思维的应有素质和习惯。（2）很多隐性多重问题，不一定以问题方式写在文本中。在科学研究中，对问题本身的深度思考与解剖，也自然就会形成问题链、思维链、写作链，有助于所发现的核心问题以及所派生的后相关问题，切入深刻。“问题的深刻程度是科学水平的标志”①。

案例2.18建议：（1）收集学位论文或已发表的论文中的核心问题，剖析其中包含的隐性的多重问题，并用书面方式呈现出来。（2）你会发觉，撰写一篇或一部逻辑严谨的论文，不管是学术型还是应用型论文，无论论文大小，实际上都是在核心问题及显性隐性多重问题的牵引下，回答着各种问题。或者说一篇学术论文就是在不断（逻辑不间断）围绕核心问题思考分析大小问题，解释和解决大小问题的过程中撰写而成的，这些问题包括显性相关问题（连锁连带追问）和隐性多重或相关问题。

所以，提出一个问题也许不难，难的是提出一个有价值的、真实的且深刻的核心问题，并围绕核心问题提出和解析一连串逻辑递进的问题。这本身也就是一项很好的研究成果，是研究的良好开端。

2.4 学术问题质量判定

2.4.1 非学术问题

非学术性问题，就是日常比较随意，不用遵守学术规范和表达范式的那些问题。即使所发现和提出的问题，是比较严肃的、专业领域的，也可能有学术研究潜质的问题，但是如果没有按照学术规范提问，那也不算学术提问。

案例2.19　非学术性提问

本书作者曾于2014年8月到越南给在职研究生上教育研究方法课，学员都是中小学教育管理者。本书作者首先就要求他们基于各自经验，用一个词或短句，提出一个教育教学或教育管理问题。大家很踊跃，并将问题都写在了黑板上：

择校

网瘾

厌学

教师职业倦怠

早恋

学习负担

升学压力

教师很费力，学生兴趣很低

①欧阳康，张明仓. 社会科学研究方法[M]. 北京：高等教育出版社，2001:105.

案例2.19评析：（1）看着这些越南的教育问题，本书作者十分惊讶，竟然与中国目前教育存在的问题几乎完全相同。（2）这种以消极词汇或语句来表述问题的方式，是日常提问的普遍方式，在教师、学生、管理者、家长、社会人员表达对教育现象不满中都听得见，看得见。但这不是学术提问。（3）不过这种日常提问，也许内含有值得思考和研究的学术价值或潜质。很多学术问题也首先引发自这样的日常经验性问题，包括研究者个人的经验性问题。

案例2.19建议：（1）尽管并非学术问题，但也因此发现了越南教育存在的问题，与目前中国教育存在的问题，几乎完全相同。因此可以推想，这些问题或许也是当今世界各国教育在发展中面临的共同问题，进而提出一些跨国教育问题来研究。（2）或者如果有机会，可以同样简明的方式，在其他国家进行同样调查（网络调查、大数据分析等），以证明当代教育问题的国家性或人类普遍性。开展这种关于一个问题存在的普遍性调查，并从中分析提炼出人类教育中的一些普遍规律，这本身就是很有价值的学术研究与成果。（3）或将上述经验性问题，按照一定的学术规范转化为学术问题。

2.4.2 学术问题类型与性质

学术问题与日常生活中面临的问题一样复杂，种类繁多。且研究内容和目的不同，其提炼和确定的问题性质、倾向和重心也都会有所不同。

但是化繁为简。所有学术问题从表达形式上也都可以归为逻辑相关或递进的四大类，即：是什么（属性或本质）；为什么（原因或归因）；怎么做（技法或模式、策略）；怎么样（好坏优劣评价与反馈）。而四大类学术问题的规范表述方式都是疑问句。疑问句是典型的学术问题表述式，包括疑问单句和疑问复句。单句一般只表述了问题（矛盾）的一个方面，显得单调平淡；而复句往往表述了问题的对立面或对抗面，所以问题更显分明、突出和有力（表2.1）：

表2.1　学术问题基本类型与表述方式

问题类型	疑问单句表述	疑问复句表述 （将问题对立面或多重矛盾面表述出来，或提及一些隐性多重问题）
是什么 （属性或本质）	1.什么是教育均衡？ 2.什么是教学质量？ 3.什么是宇宙黑洞？ 4.什么是批判性思维？ 5.什么是科技美学？	1. 人的先天和后天条件都不相同，什么是教育均衡？ 2. 关于教学质量定义诸多，究竟哪个定义更合理？ 3. 宇宙深邃，黑暗看不见摸不着，还会有“洞”吗？什么是宇宙黑洞？ 4. 很多学者都研究批判性思维，但从各自定义看，大多将之等同于逻辑思维，究竟什么是批判性思维？ 5. 科技严格遵循理性逻辑；美学研究的是非逻辑的感性直觉及带来的愉悦体验，融这两个矛盾面于一体的“科技美学”，指的是什么？

续表

问题类型	疑问单句表述	疑问复句表述 （将问题对立面或多重矛盾面表述出来， 或提及一些隐性多重问题）
为什么 (原因或归因)	1.为什么教育不均衡？ 2.哪些原因会影响教学质量？ 3.为什么霍金的黑洞理论会前后矛盾？ 4.影响批判性思维发展的因素有哪些？ 5.为什么大学生对科技美学普遍陌生？（为什么要对大学生实施科技审美教育？）	1.为什么虽然颁布了若干均衡教育政策，但是城乡、区域学校教育离教育均衡还是差距巨大？（隐含问题：什么是教育均衡？如何评估教育是否达到了均衡？） 2.教学改革多年，但质量还是没有显著提高，影响教学质量的主要因素究竟是什么？（隐含问题：什么是教育质量？） 3.霍金20世纪70年代提出和论证了黑洞理论，21世纪初期又否定黑洞存在，其理由是什么？ 4.研究生的批判性思维普遍不高，影响因素有哪些？（隐含问题：什么是批判性思维？） 5.大学生应当是在德智体美劳全面发展基础上接受专业教育的人，理论上在基础教育阶段对科技与美学应该都有所认识和体验，但实际上他们对“科技美学”完全感到陌生，这是为什么？
怎么做 （技法或模式、策略）	1.如何实现教育均衡？ 2.怎样提高教学质量？ 3.怎样测定宇宙黑洞？ 4.如何提高研究生的批判性思维水平？ 5.怎样对大学生实施科技美学教育？	1.如何在兼顾城乡、区域学校特色和个人需求基础上，实现教育均衡？ 2.在较短时间内，可以采用什么模式和技术显著提高教学质量？ 3.霍金提出黑洞，只是一个假设，科学家们是用什么方法测定宇宙黑洞的？ 4.如何借鉴科学家探索真理、创新知识的过程与方法，来培养研究生的批判性思维？ 5.怎样结合专业学习，在不增加课时的条件下，对大学生实施科技美学教育？
怎么样 （好坏优劣评价与反馈）	1.×地区教育均衡水平提高了吗？ 2.×校教学质量如何？ 3.黑洞理论在现代物理学中的价值是什么？ 4.如何评价研究生的批判性思维水平？ 5.×校的科技美学教育成效如何？	1.媒体连篇报告×地区提高了教育均衡水平，是用什么指标评定的？ 2.教学质量是复杂因素的综合体，这个评价工具试图通过少数几个关键因素加以衡量，合理且有效吗？ 3.是否存在黑洞，至今还有争论，连黑洞提出者霍金也开始否定黑洞的存在，那关于黑洞的各种理论还有什么意义（价值）呢？ 4.如何通过学位论文文本，来评价研究生的批判性思维水平，结果可靠吗？ 5.某高校坚持多年开设了科技美学公选课，对学生专业素质的提升有积极影响吗？

2.4.3 学术问题质量基准

无论什么目的和类型的学术问题，都有一个质量问题。这需要一个比较复杂的多元标准来评判。标准也很多，但有几个标准是很确定的好问题标准：（1）所提问题，必须是一个真实存在的问题（用充分的案例、经验、文献或最好是数据来证明）；（2）有新颖性，有深度、有冲击力、逻辑力度强，证据充分；（3）在时空坐标中（历史与现实、理论与实践等）有代表性，有巨大学术推动价值（参见案例2.1、2.2、2.3）。尤其核心问题，更当如此。

案例2.20　提问的深刻性、逻辑性、证据力度

科技史学者江晓原教授的《科学外史》[①]，入选央视2014年“中国好书”。给人印象最为深刻的是，他通过对科学历史文献和事件的研究，发现、推导和提出了核心问题“谁告诉了中国人寒暑五带的知识?”整本书的内容，都是以此为逻辑起点或逻辑线索，并派生出一个个连锁连带问题：

早在古希腊天文学家那里，就已经具备了关于地球的这些知识：大地为球形、地理有经纬度、寒暑分为五个带等。其中，基于地球经纬度划分的“寒暑五带”知识，指：地球南纬23.5°至北纬23.5°之间为热带，两极处各23.5°的区域为南、北寒带，南纬23.5°至南纬66.5°和北纬23.5°至北纬66.5°之间则为南、北温带。这一知识在亚里士多德（公元前384—前322）的著作中已提及，在“地理学之父”埃拉托色尼（公元前275—前195）的《地理学概论》中得以完备。

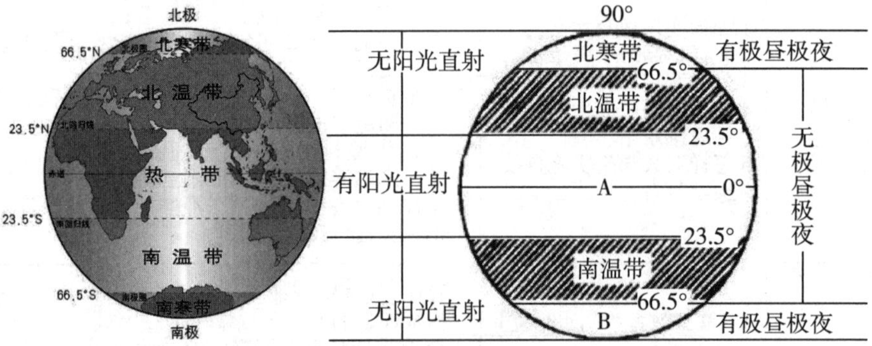

【案例2.20图1】地球五带的划分与纬度

现在我们不得不面临一系列尖锐的问题：天学说（注：公元前476或前453或前403—221间的《张衡浑仪注》[②]）中因没有正确的地球概念而不可能提出寒暑五带的

---

① 江晓原. 科学外史[M]. 上海：复旦大学出版社，2014.

② 浑天说，起源于中国古代战国时期（前476或前453或前403—221）东汉张衡的代表作《张衡浑仪注》：“浑天如鸡子。天体圆如弹丸，地如鸡子中黄，孤居于天内，天大而地小。天表里有水，天之包地，犹壳之裹黄。天地各乘气而立，载水而浮。周天三百六十五度又四分度之一，又中分之，则半一百八十二度八分度之五覆地上，半绕地下，故二十八宿半见半隐。其两端谓之南北极。北极乃天之中也，在正北，出地上三十六度。然则北极上规径七十二度，常见不隐。南极天地之中也，在正南，入地三十六度。南规七十二度常伏不见。两极相去一百八十二度强半。天转如车毂之运也，周旋无端，其形浑浑，故曰浑天。”可见浑天说比盖天说进了一步，它认为天不是一个半球形，而是一整个圆球，地球在其中，就如鸡蛋黄在鸡蛋内部一样。不过，浑天说并不认为“天球”就是宇宙的界限，它认为“天球”之外还有别的世界，即张衡所谓：“过此而往者，未之或知也。未之或知者，宇宙之谓也。宇之表无极，宙之端无穷。”

问题，那么《周髀算经》[①]中同样没有地球概念，何以却能记载这些知识？

《周髀算经》的作者身处北温带之中，只是根据越向北越冷、越往南越热，就能推衍出北极“夏有不释之冰”、热带“五谷一岁再熟”之类的现象，那浑天家何以偏就不能？

赵爽为《周髀算经》作注，他总该是接受盖天学说之人，何以连他都对这些知识不能相信？

这样看来，有必要考虑这些知识来自异域的可能性。……从年代上来说，古希腊天文学家确立这些知识早在《周髀算经》成书之前。《周髀算经》的作者有没有可能直接或间接地从古希腊人那里获得了这些知识呢？这确实是耐人寻味的问题[②]。

案例2.20评析：(1)“谁告诉了中国人寒暑五带的知识?”[③]全书这个核心提问看似简单，其实非也。文本是基于文献深度分析、严谨推理，从而提出的一个逻辑和证据都富有力度的，极富深度的问题。且边提问边追问边回答问题，思路和语言干净漂亮，掷地有声。(2) 以核心问题为视点的问题链建构，显然需要足够扎实且丰富的专业知识来支持，仅看其丰富精细的文献引用和注释即可知。中国古有的“地球寒暑五带”的知识，是基于“地球是圆形”的这个已知偏颇的前提知识得出的。此书作者不仅拥有中国传统天文常识，有深度的专业知识，还有发现问题的批判性思维。中国最古老的天文学著作《周髀算经》(约公元前1世纪)，就主要阐明的是当时流行的盖天说和四分历法，但当时还没有地球是“球形”的概念。江晓源教授惊异地发现，在其卷下第九节中，居然就有关于寒暑五带的知识，于是他敏感地找到问题，立即质疑，那是“谁告诉了中国人寒暑五带的知识呢?”并据这个问题连连查阅文献，连连推理，连连追问，然后再回到核心问题上来。(3) 本案例是一个典型的高质量提问，深刻、充满逻辑、举证确凿。仅看所引用文献的典型性和丰富性，以及作者自己发表的相关论文，还有图文并茂的特点等，就足见其研究、思维和写作的功力。

案例2.20建议：将本案例作为学术提问质量的一个标杆，学术提问逻辑和提问能力训练、核心问题与相关问题追问训练的范本。

---

①《周髀算经》乃是中国流传至今的一部最早的数学著作，算经的十书之一，也是我国最古老的天文学著作。约成书于公元前1世纪，原名《周髀》，主要阐明当时的盖天说和四分历法。其在数学上的主要成就是介绍了勾股定理及其在测量上的应用以及怎样应用到天文计算。唐初规定它为国子监明算科的教材之一，故改名《周髀算经》。

② 江晓原.谁告诉了中国人寒暑五带的知识? [J]. 新发现，2007(7).

③ 江晓原.谁告诉了中国人寒暑五带的知识? [J]. 新发现，2007(7).

案例2.21　这是一个真问题吗?

项目“新课程改革与教师职业倦怠问题研究”从标题上，就可推知核心问题就是教师职业倦怠。而在“问题的提出”部分，核心都将主要问题归结到“教师精神压力大”上，而且它是这样提出问题的：

有人认为从2001年正式开始的中国基础教育新课程改革让教师们感受到了很大的精神压力。媒体上有下面极端的事例报道：《上班三个月 女教师自杀》（《重庆晚报》，2004年12月1日），年仅22岁的大学优秀毕业生，重点中学高一数学教师，在同去的50多名同事中，因为工作出色，校长曾在全校大会上当众表扬，却在上岗才三个月后自杀，留下遗书曰："工作以来，除了第一个月相对开心以外，后面这段时间，我连笑是什么感觉都不清楚了……我感觉到我的生活没有阳光，一片灰暗，我觉得自己没有资格当一名教师……彻夜失眠，使得第二天精神不振，上课质量更差。教学工作做得不好，我自觉得没有脸面管理班上的学生……许多该做得来的题不会做，该讲得清的题不会讲，我觉得自己愧对教师这个称号，甚至当别人叫我“马老师”时，我真想叫他们别喊……按理说，作为一个数学专业的本科毕业生，教数学是不成问题的，可我做不到……”在此报道的旁边，还有另一段报道，“一些教师靠药物睡眠”，一位年轻女教师听说此事，“并不觉得吃惊”，说“压力太大，没有足够的心理承受能力，很容易出事”。一位高校心理学者说“教师压力除了来自教学和学生的压力，还有家长、舆论、社会的压力。目前，每周末有近10名教师前来咨询。其中有30%的教师靠药物维持睡眠”，为了提高教师们对新课程的适应性，地方教委还开设了“新课程与教师心理素质”的课题，要求每个中小学教师学习。

案例2.21评析：（1）“教师职业倦怠”与“教师精神压力大”不是同一个问题。“问题的提出”中所提问题与标题隐含的问题错位。（2）尽管经验上感觉到教师精神压力大，但仅凭一张地方报纸上的一条上岗女教师的自杀这一个别事件报道，或加上“在此报道旁边，还有另一段报道……”，远不足以证明“教师精神压力大”是一个普遍现象。尽管其中引高校心理学者说“目前，每周末有近10名教师前来咨询。其中有30%的教师靠药物维持睡眠”，但这也是个别估计，不可作为“普遍性”的证据。而且其他职业的人也有不少靠药物睡眠的，教师比例显著高于这些职业的人吗?（2）更没有证据证明，这些职业倦怠现象是因为新课程改革对教学工作的高要求所致。（3）证据不足，问题的真实性就受到质疑。

案例2.21建议：（1）首先协调标题与“问题的提出”中的问题的关系，或保留现标题，修改“问题的提出”中的问题。或者反之。（2）如果标题改为“新课程改革与考量精神压力问题研究”，那么就要提出教师精神压力问题，且证明这与新课程改革有关，需要合乎学术规范的现状调查案例分析，或借助信息技术进行大数据分析等。

2.4.4 提问意识与能力

所谓问题，本质上也就是被人所意识到，所发现（认识或体验）到的矛盾。生活中、工作中、学习与做学术过程中，矛盾时时发生，问题不断出现。但是并非所有人都能够意识到，能够发现甚至能够用口头语或书面语准确表达出来。

生活与学术不同。尽管完全没有问题，平淡缺少意味与智慧，但总是看到问题，生活就会变得很紧张和焦虑。因此日常生活中问题意识太强，未必是好事；相反有时刻意回避问题倒是一种很好的人生策略、态度甚至智慧，即所谓“难得糊涂”。

因此，作为常人，没有问题或许也是一种“知足者常乐”的福气。但是作为研究者，没有问题意识，乃至不能发现问题，那就是一种职业悲哀，因为这意味着他永远难以独立展开真正的研究；不能发现那些专业性强、潜藏深、复杂的问题，也就不能展开高水平的研究；而投入巨额时间成本，最后连研究的问题是什么都还不明白，或者所提出的根本就是一个假问题等，做出这样无意义的事情，无疑更是研究者一大憾事。

因此，培养问题意识，提高提问能力，是一位学者或准学者的基础学术修养。

（1）问题意识。就是对矛盾的存在很敏感，发现问题的速度很快，集中度高。“形成了‘问题意识’，就能够更敏锐地感受和觉察与该问题有关的信息，提高对无关信息的抗干扰能力”，因为“反映理论与实践的矛盾以及理论内在矛盾的问题是引发科学研究的首要环节”，所以“只有发现了问题，建立了问题意识，才能形成一定的探索方向，有目的地进行观察、安排实验、搜集资料、展开联想与分析推演，敏锐地觉察到有用的线索，捕捉到导致科学发现的机遇”。[①]所以作为研究生，作为未来的研究者，具有专业意识很重要，不具有问题意识，或者通过专业知识发现问题的意识，乃至通过专业知识和跨专业知识发现问题的意识更重要。

（2）提问能力。具体说就是提炼和提出问题的能力。问题不总是赤裸裸摆在眼前的，而是或显性或隐性地存在于一大片现象（信息、资料）中的。有问题意识，你还必须基于专业知识善于从一大堆现象中把它提取出来，凝聚成语言，按照学术规范表述出来。

提问能力的核心是问题思维。“问题也是一种思维形式……它既是在已有知识的基础上提出来的，又包含着探求未知的强烈倾向，总是立足于已知（条件）而指向未

① 田运. 思维辞典[M]. 杭州：浙江教育出版社，1996：221.

知（目标），是思维和认识由已知推进到未知的重要形式。”[①] 问题思维是问题意识与提问能力的核心逻辑活动，也可以说是基于敏感、快速发现问题的意识而提炼提出和表达问题的高级逻辑推理和批判性思维能力。

案例2.22　问题意识与问题思维：报刊问题的学术转化

像案例2.21这样的社会个别问题各大小报刊报道，虽然不能直接用作学术问题，但都是学术问题的重要来源。经过学术问题思维的加工，可以成为具备高度现实价值的学术问题乃至学术研究成果。再如报道如下：

“去年，我国因为诚信缺失导致了5855亿元的经济损失。质量问题尤其突出。”在19日召开的渝北区委中心组学习扩大会上，国家质检总局质量司原司长于献忠，谈及三鹿奶粉事件，认为商家的做法近乎残忍。与会的还有几十家企业代表。于献忠称，问题奶粉事件的发生，不仅会让企业和品牌受到毁灭性打击，对中国的企业形象也会造成伤害。

案例2.22评析：本案例关于国家质检总局质量司原司长和企业对“三鹿奶粉违规添加化学物质”的声讨，属于商品生产、消费和社会管理事件报道，不是学术问题。但可以引发有心者继续提出一连串问题。

案例2.22建议：其中一些问题，再根据报道提供的信息进行调查分析推理便可能转化为学术问题。例如：到国家质检总局收集资料，到厂家实地调查等，为什么如此庞大而恶劣的造假事件，竟然长期不在国家或地方有关部门的质检与监控视野中？质量问题仅仅是企业品牌、形象、声誉问题吗？转化为学术问题：“国家质量检控体系与机制的危机调查研究”“中国大型企业品牌造假现状与原因调查分析”“学术造假与学校制度设计拷问”，等等。

2.4.5 专业知识背景

如前所述，一个学术问题的提出，往往基于理论、政策、实践（包括时代背景）。而所有这些背景又都基于学者或准学者的专业知识背景。

一个优质的学术问题的提出，更要依靠学者或准学者的系统而扎实的专业知识。

一个人以往的知识积淀，专业知识或跨多学科知识的储备是研究者提问意识能力及问题思维构成不可或缺的最强大、最可靠背景。理论背景、政策背景、实践背景，都是要在专业知识背景下，才能建立起来以进行问题之答辩的。

① 田运. 思维辞典[M]. 杭州：浙江教育出版社，1996：221.

英国科学哲学家波普尔认为，问题实际上是“背景知识中固有的预期与其所提出的观察或某种假说等新发现之间的冲突”[①]。可以说，没有对背景知识的掌握、运用、反思和批判，任何现象都不可能成为学术问题，“就此而言，正是理论引起了问题，而问题又要求理论来解决，科学就是在问题与理论的相互作用中发展的”。[②]“对于可常规地处理的问题，就在背景知识的指导下，利用已知的原理、定律进行解题，以填补现有理论的空白点，使现有理论更加完善；而对于不能常规地处理的反常规问题，就必须抛弃现有理论，以新的理论、原理来解决问题，”因此，“问题的深刻程度是科学水平的标志”。[③]

一个有深度的高质量的问题的提出，必然基于相应的深度知识和专业高深知识，这也包括丰富的实践知识和政策性知识。在学位论文中“背景与问题”之“背景”的撰写水平，以及从这个“背景”中提炼出来的核心问题和相关问题，都充分透露出作者所具有的知识的专业性、系统性、广度和深度（案例2.1、案例2.2、案例2.3、案例2.20）。

所以，对于一位学者或准学者，认真阅读专业系统的、经典的论著（见第四章 文献），打好专业知识基础，并力求结合自己所学的专业提出学术问题和跨学科问题（如案例2.2），是尤其重要的学术提问能力和学术提问质量保障。

当然，也并非只要有牢固的专业知识、深厚的背景知识，乃至对政策的熟悉和实践的了解，你就必定能够从这些背景中发现和提炼出问题。因为“背景知识既是一个科学家从事研究工作的基础，同时也往往成为创建新思想的障碍”。因此，简单固守专业理论和以往知识，而不对自己的背景知识进行反思、怀疑、更新，那同样难以发现和提炼出一个好问题。

案例2.23　反省：对专业知识背景的质疑

收到一份研究生的作业，作业后附有一段问话，值得所有研究生和研究者深思和反省：

赵老师，我们这些心理学专业的同学，本来应当是比别的同学更能够解决心理问题的，但是我们要提出一个有专业深度的问题却很难，且对自己的心理问题也难以解决，这是为什么？

案例2.23评析：这一位心理学院的研究生，通过自我反省提出的一个很有趣、有

① K. Propper. Objective Knowledge: An Evoluttorlary Approach[M]. Oxford: Oxford University press, 1972.

② 欧阳康，张明仓.社会科学研究方法[M]. 北京：高等教育出版社，2001：102.

③ 欧阳康，张明仓.社会科学研究方法[M]. 北京：高等教育出版社，2001：105.

深度甚至也很尖锐的实际问题。表明了两种矛盾的认识：（1）学习了某专业知识或具有扎实的专业知识，就应该有专业学术提问能力，乃至解决问题的能力；（2）学习了某专业知识却没有专业提问能力和解决问题的能力。

案例2.23建议：（1）本案例启发我们对专业学习提出一连串质疑和拷问：为什么教育学专业出身的教育学教师，自己并不遵守自己讲的教育原则和教法？为什么美学专家自己并不具有审美和给他人带来美感的能力？为什么中国有贯穿幼小中大各级各类教育的德育课程和最庞大的德育教师队伍，但是德育教师自己的思想道德水平却并不那么高，价值信念也不那么坚定？（2）这些不仅仅是对专业知识背景的质疑和问题思维的逻辑，也是一系列值得立项深度研究的学术问题。例如上述研究生提问，就可以转化为“专业知识与学术质疑能力生成和培养的相关度有多大”的学术问题，进行研究。

拥有扎实专业知识和专业反省能力，是学术问题思维的开端，是培养批判性思维的重要路径。如波普尔肯定：“科学必须从问题开始，就是从那些以前对世界的解释或假定的框架所不可避免引发的问题开始。”[①]

2.4.6 永远的问题

旧问题解决了，新问题又产生了。问题永无止境，发现、提炼、思维、研究和学术表达，也永无止境。

在自然科学领域，17世纪牛顿的《自然定律》以万有引力和三大物理定律，解释了物理世界的基本运动与变化规律的问题，有人认为至此物理科学万事大吉了。但是20世纪又诞生了伟大的科学家爱因斯坦，他的相对论又创造性提出并解决了物理学质能统一、时空统一的难题。随着科研技术的发展，一系列新的尖端问题又产生了，于是有学者提出至少有“四大领域呼唤当代爱因斯坦”的出现，撰文公开“诚聘下一位爱因斯坦”[②]；宇宙学的“下一位爱因斯坦的任务：解释暗能量为何物”；基因组学的“下一位爱因斯坦的任务：找出垃圾DNA的作用，或证明它毫无用处”；气候学的“下一位爱因斯坦的任务：更精确地模拟云”；神经科学的“下一位爱因斯坦的任务：弄清记忆是如何贮存的”；等等。

在文艺领域，通过一段时间的努力，文艺创作脱离现实的问题解决了，又出现了缺乏理想和想象力的问题。目前这一问题被认为是当前文艺创作，乃至科学发现和知识创新的最大悲哀[③]。

---

① K. Propper. Objective Knowledge: An Evoluttorlary Approach[M]. Oxford: Oxford University press, 1972.

② J. R. 明克尔. 诚聘：下一位爱因斯坦。四大领域呼唤爱因斯坦，参考消息，2005.6.11(7).

③ 李喜先. 21世纪100个交叉科学难题[M]. 北京：科学出版社，2005：1.

在教育领域，中国21世纪开端至今的当代最大规模的基础教育“新课程改革”，为了重点解决课程和教学缺乏人文性、活动性、探索性等问题，做出了巨大努力，同时又产生了缺乏知识、概念与理性思维能力培养，及课程教学构成系统性、计划性、规范性等被削弱问题。高等教育大众化，有效解决了高等教育机会公平问题，同时又蕴藏着新的不公平与精英人才危机、人才培养质量下滑，以及学费贷款与还贷问题、自主招生的合理合法性等问题。

在心理学领域，因“把心理研究成果与经济学完美地结合在一起”而获得诺贝尔经济学奖的认知心理学的创始人之一H.A.西蒙（Simon）1957年雄心勃勃地预言：“到了1967年，心理学的理论将被编制为计算机程序。10年内，数字计算机将成为世界象棋冠军；10年内，数字计算机将会发现和证明一个重要的数学新定理。”1965年，西蒙再次预言：“20年内，机器将有能力完成人类所能做到的任何工作”。“然而，近30年过去了”，有心理学文献不无遗憾地阐述道，“西蒙的上述预言均未实现。有些心理学家开始对这些预言能否实现产生疑惑，认知心理学面临争议。”“争议的焦点并不在于西蒙预言的可信度（其他从事认知心理学研究的心理学家也说过同样的大话），而是信息加工理论的可信度。” 代表性言论例如J.梅勒和S.弗兰克在参加美国最具代表性的《认知》杂志创刊10周年庆贺活动（1981）时苦恼地说：“在认知心理学方面，进展并不明显。自1971年以来，该领域没有重大发展，实际上变化很小。” J.詹金斯认为，“在认知心理学中存在一种隐忧，那就是对一些琐事感兴趣，没有方向”，他还质疑道：“这个领域是否如我们认为的那样正在取得进展？这个领域是否能够使我们对认知原理、认知过程、问题解决等加深理解呢？”另一位认知心理学创始人U.奈瑟在他的《认知与现实》（1976）中说道：“认知心理学在过去几年的实际发展一直令人失望，而且很有限……它的总方向是否真正富有成效？……信息加工的概念值得仔细审查”[①]等。归纳这种种质疑，总的基本要点就是认知心理学的发展速度及实际成就并不像或者远不像西蒙当初预言的那么乐观。事情的发展真的如此吗？事实是，在认知心理学领域遇到的一些技术问题，今天正在为信息科学和人工智能所解决。同时认知心理学解决了人脑认知和电脑信息加工链接的许多难题，又产生了计算机与人性的许多因素对抗问题，例如自然语言、五官或商业审美认知等模糊信息的处理问题，计算机依赖、网络诈骗与犯罪等。

科学的每个门类都曾在某一点遇到艰巨的问题，而“旧的谜题一个个解开，新的谜题一个个出现，这就构成了我们人类的发展史”[②]，也构成了我们的学术研究史，

①《心理学百科全书》编辑委员会. 心理学百科全书[M]. 杭州：浙江教育出版社，1995：37-38.

② 龙海云. 世界未解之谜[M]. 北京：京华出版社，2002.

乃至人类发现、认识、体验自己生命独特意义的历史！

人类已知的知识总是有限的，未知才是无限的。宇宙万象，地球万物，社会万变，像高超的魔术师，不断在我们面前展现出光怪陆离、千奇百怪的问题，让人迷惑，也吸引着人类去不断探求背后的真相（本质和规律）。作为研究者和准研究者，我们有机会站在发现问题、探索未知的前沿，如果最后能解答一个有深度、有价值的问题，并给出精彩的答案，那就是攀登上了一座顶峰而“一览众山小”，观赏到宇宙中一处“无限风光”，怎不值得此生自豪与骄傲！

本章思考与训练

1.推荐阅读：《21世纪100个科学难题》[①]（1998），《21世纪100个交叉学科难题》[②]（2005）。

2.编制专业问题集。请推选专业小组长，组织同专业同学检索编制各专业及研究方向的《21世纪100个×××学科难题》，例如《21世纪100个教育学科难题》（包含综合、学前、小学、初中、高中、大学、职教、特教等部分）、《21世纪100个信息技术和智能化教育难题》、《21世纪100个思维发展难题》、《21世纪100个人类知识创新难题》等。

3.评判论文问题。请对自己所写论文，或专业杂志上自己感兴趣的论文进行评判、指出其研究的是什么问题等（高质量的学术论文，都或明或暗针对某特定问题而撰写）。

4.问题的提出。从自己所学专业或方向的若干问题中，选择一个按优质问题的标准转化成规范且有质量的学术问题。并进行论证，包括问题背景（理论、政策、实践）、问题证据、问题分析、问题表述与注释规范。

---

①《21世纪100个科学难题》是在经过118位科学家的共同努力，历时两年完成的。书中编入的科学难题以多种形式对国家制定大型的中长期计划起到了推动作用。

②《21世纪100个交叉学科难题》是在当年《21世纪100个科学难题》出版座谈会上，确定编辑出版的续集。编委会采取了自由征稿和定向征稿两种方式，发出1万余份征稿启事，返回约200份稿件。每篇稿件要经3位相关科学家评审，明显不满足要求的即退稿。争议很大的，反复评审，其中一篇争议很大的稿件还专门召开了香山科学会议讨论。此书遴选的100个交叉学科难题均由中国科学家提出，围绕自然科学4大基本难题（宇宙起源和演化、物质结构、生命起源和演化、智力起源）展开，涉及自然科学、社会科学、数学科学乃至哲学等之间的广泛交叉问题。从宇宙演化、粒子构成、出现生命现象，到最后出现人类精神现象和社会现象这种最高级形式，末尾涉及生命、脑与智力、社会现象等难题。（摘于《人民日报》2005年1月20日第十四版）。

第三章 概念(视点B)

我们所有的知识都开始于感性，然后进入到知性，最后以理性告终。没有比理性更高的东西了。

——康德

从自由联想或者“梦想”向思维过渡的标志，是由“概念”在其中所起的支配作用……在它的帮助下，我们能够更好地理解我们的感觉。一方面我看到感觉经验的总和，另一方面，我又看到书中记载的概念和命题的总和。概念和命题之间的关系是一种逻辑关系，而逻辑思维的任务则严格限定于按照一些既定的规则(这是逻辑学研究的问题)来建立概念和命题之间的相互联系。概念和命题只有通过它们与经验的联系，才获得“意义”和“内容”。……(这)正是科学“真理”同空洞幻想的区别所在。

——爱因斯坦

所谓理性思维，就是以概念为基本单元(细胞原子或元素)展开的认知活动。核心概念便是学术思维和文本的理论逻辑起点或视点，并一以贯之构成全文推论体系和理论结构。

——本书作者

任何一篇学术论文都有概念，甚至就是一个概念体系，其中必有一个是起统摄作用的核心概念。在学位论文或大型学术项目成果中，一般都会有“核心概念界定”或“概念界定”这个专项内容。较小论文中，即使没有这个专项内容，文中也应有核心概念界定这个内容。这基本上是国际学术惯例。从核心概念到相关概念，乃至全文概念体系和理论体系的建构，是撰写一篇有质量的学术论文最为重要的理论逻辑保障。在“第二章　问题”中，“问题的提出”，已经不可避免地涉及核心概念的确定和界定问题。

核心问题与核心概念，互为全系统“视点”的AB两面，纵横交织且一以贯之于研究、思考和论文撰写全过程（图1-5）。就像长途旅行的路标，这个坐标系应不时闪现在眼前和头脑中，提示自己正确的研究方向和路径，才不至于迷失在大量混杂的文献资料中，绞尽脑汁拼凑文字，堆砌辞藻，不得要领。

3.1 概念

首先必须明确什么是概念。这本来是一个思维学、逻辑学或哲学常识。在基础教育和本科有关课程中也都应该不同程度接触和学习过。但是，很多学生并没有透彻理解何为概念，也缺乏关于思维的“逻辑学”的系统学习、训练和修养，因此并不明白概念在理性思维和学习思维、研究与写作中不可或缺的原因，也没有形成应用概念进行判断和推理的理性思维能力。因此，到了硕士、博士乃至学者阶段，甚至对概念还感到特别陌生，更不能确切知道什么是概念、核心概念、如何为概念定义、如何应用概念去解释和解决问题等，导致学术思维混乱、脱轨和学术文本撰写理论水平欠缺。

3.1.1 何谓概念

概念“是反映对象特有属性或本质属性的思维形式”[①]，通俗地说，就是把所感知到的一类事物所具有的共同本质（其他类事物没有的“特有属性”）抽象出来，并加以概括和命名。如人们通过感性认识或科学观测认知到，某些在水里生存的动物，都有皮肤光滑无毛、变温、有浮力器（如鱼泡）和靠尾部摆动游走等特点，我们将这些共同特征概括起来并定义为“体被骨鳞、以鳃呼吸、通过尾部和躯干部的摆动以及鳍的协调作用游泳和凭上下颌摄食的变温水生脊椎动物”，并将其命名为“鱼”。有了“鱼”这个概念，就可以在这个概念所揭示的共同本质特征下，为全世界的鱼进行分类了。根据已故加拿大学者Nelson 1994年统计，全球属于这种概念的鱼共有24618

①《普通逻辑》编写组.普通逻辑[M].上海：上海人民出版社，1986：105.

种，且新的种类还在不断被发现。

概念在形式上由两大要素构成，即内涵（本质特征）和外延（分类），并有一个相应的用语词标志的名称。概念是从感性认知上升到理性认知的第一个环节、理性思维的第一种形式和理论成果。康德认为所谓见解，只是对个别事物的认识，而概念则是对多个事物共同点的想象和抽象。

德国工业标准2342将概念定义为一个“通过使用抽象化的方式从一群事物中提取出来的反映其共同特性的思维单位”。中华人民共和国国家标准GB/T15237.1-2000将概念定义为是对特征的独特组合而形成的知识单元。

3.1.2 理性思维的细胞、原子、元素或DNA

概念是人类理性构筑最基本的单元，是构成理性思维的细胞、原子、元素或DNA。理性思维是以概念为单位或出发点去进行和构成判断，再依据概念与判断构成逻辑推理的。概念、判断、推理及其之间的逻辑联系，就是亚里士多德创建的形式逻辑或者理性思维的这三大范式，后来成为人类理性思维、科学思维或学术思维的基本范式，迄今依然如此，而且今天在信息科学系统中应用广泛。要有良好理性思维能力，就应该有“形式逻辑”①学习和训练的基础，而首先就要有严谨的概念基础。

换句话说，没有概念基础，就没有理性思维。如同没有原子或元素就没有物质，没有细胞就没有生命体，没有DNA就没有生命的遗传、变异与发展。没有对概念的理解和定义概念的能力，就没有理解和表达理性思维和驾驭学术写作的基本能力。

一个学科或专业的稳定性，与其概念体系、核心概念和基本概念的构成与稳定性有直接关联。系统的学术论著，在理论上一定是一个概念之间逻辑联系构成的概念体系，这个概念体系可以形成一个金字塔结构，顶端就是核心概念。若将这个概念体系比作一个网络结构，中心点就是核心概念，周围结点就是一个个概念。通常一篇学术论文或一本学术著作，其标题上显示的概念，就是核心概念。在论著中的其他概念，与核心概念及其定义的关键词之间形成内在逻辑关联，环环相扣。由此，也构成了论文著作的理性思维逻辑框架和文本撰写框架。

3.1.3 环环相扣的概念结构

认知心理学通过大量实证，高度肯定了概念在人的思维和语言方面的价值。“自60年代以来，知觉中的范畴问题特别是词或概念在记忆中的表征问题都直接涉及概念的结

① 中国人民大学逻辑考研室编.形式逻辑[M].北京：中国人民大学出版社，1980；苏天辅.形式逻辑[M].北京：中央广播电视大学出版社，1983.

构”，并“在实验研究的基础上，提出了几个有关概念结构的理论。其中彼此对立的特征表说（Feature List Theory）和原型说（Prototype Theory）是两个重要的理论”。①

概念结构包括概念内部结构和概念间结构。概念内部结构指概念定义中所揭示的多个本质特征（亦称关键词）之间的逻辑关系、层次或上下左右关系（案例3.1）；概念间结构，指概念与概念之间的逻辑或上下左右结构。由概念内外结构或逻辑关系，环环相扣，才构成了知识体，包括判断、推理和理论知识体系。

基于大脑来说，概念结构也不过就是在人脑中实现的关于世界的抽象认识成果的基本单元（核心细胞）及其整合模型（定律或规律或原理、知识体系等）的网状知识体系。当然，结构严谨的知识体系并非人人具有，专业人士也未必做得到结构严谨。而所谓理性认识或思维，就是建立及运作这种知识结构或模型的过程。也可以说“所谓认知结果就是认知对象的模型（model），而所谓认知就是建立认知对象的模型，简称建模（modeling）”，“传统意义上的建模主要指建立数学模型和物理模型，普遍意义上的建模还包括建立心理模型”②乃至思维建模、知识建模等。大脑认知方式和基本概念模型，即知识（概念）结构的建立，是学术思维与写作能力形成的重要保障。

总之，概念是有结构的。概念内部结构，就是概念定义的关键词及其相互关系；概念外部结构，就是概念与概念之间相互联系构成的知识系统，或一篇学术论文的大小概念构成的理论逻辑。

3.1.4 概念稳定性与变化性

一般来说，一个学科的基本概念的内涵及结构都是比较稳定的。但是随着人类认知的发展，概念内涵和外延所包含的内在各因素间的结构关系，都有可能发生变化。

有些概念，从诞生之日至今，基本内涵十分稳定，但外延却随着社会历史和人类认识的发展而变化，或扩大，或缩小了。例如牛顿提出并界定的“力”概念：“力是物体间的相互作用”。其内涵至今未变，但是其中“物体”所指范围却发生了很大变化。当时仅指无生命的物质实体，现在已拓展至生命机体，社会群体及各种活动，视觉不可见的信息、数据、网络节点和区块链等等，一切有形无形的事物和事件。因此，“力”这个概念及“相互作用”这一本质特征，就不仅是用于当时界定的“物体”范围，而成为可以陈述发生在无生命的物质实体之间、生命有机体之间、宇宙和人类所有现象与事件之间互存互动关系的概念。

有的概念，内涵和外延都发生了很大变化。如“教育”这个概念，源自拉丁语单

① 王甦，汪安圣. 认知心理学[M]. 北京：北京师范大学出版社，1992：261–275.

② 李良炎. 信息依存句法标注模型[M]. 北京：学林出版社，2009：前言1–2.

词educare，意思是“引出”，迁用于教育就指通过一定的手段，把某种本来潜在于人体和心灵内部的东西引发出来，或者说把自然人所固有的或潜在的素质，自内而外引发，化为现实的发展状态。如今的“教育”概念，一方面内涵比最初的“引出”有了拓展性变化，含指“一切影响人发展的社会活动”，对人类“有目的、有计划、有组织”的影响和优化自身发展的活动与内涵，有了特别关注和植入；另一方面，外延（范围）也拓展了很多，除了指有目的、有计划、有组织的学校教育教学外，还包括了家庭、社会乃至政治、经济、文化和传媒等对人的发展有意无意的影响。不过最初所具有的“把潜在于身体和心灵内部的素质引发出来，转变为现实”的含义，依然是“教育”概念最为重要和基本的要义。再如“学术”这个概念，原仅指探求真理，发现真知的方法与活动，现在还包括了对应用真理或真知去进行有效行为技术、方法、策略的探索和建构。前者称为“基础性”学术，后者称为“应用性”学术。

概念内涵和外延的变化，与新概念的提出一样，都是人类社会与认知、知识进步和学术创新的一种重要知识成果。

3.1.5 概念界定与关键词

因为概念有稳定和变化的双重性，所以每项学术研究都必须在考察基础上对主要概念尤其核心概念进行明确界定，不可含混，也不可因为自以为很熟悉这个概念（或许实质上只是熟悉这个概念的名称）而不去界定，或不认真去界定。清晰界定概念尤其是核心概念，本身就是一项学术研究，是一篇学术文本，甚至也是一项严肃的工作、一个操作行动的十分重要的前提工作。否则，所有研究、思维、文本乃至工作和行动都会模模糊糊，似是而非，难以落到实处。

如前所述，所有概念都有内涵和外延，即概念含义（本质特征）及其适用范围（外延与分类）。而“概念界定”又称概念定义，就是明确指出这类事物共同的“内涵”（界定本质特征）和“外延”（界定外延范围和分类）的工作。实际上，也就是要将概念内部构成要素（本质特征、关键词）及其所指范围（外延、分类）界定分明，由此与其他概念明确区分开来。此就是所谓“界”和“定”，也就是笛卡儿和莱布尼茨等所言的概念的清晰度和分明度。

一句话，概念界定就是为概念确定内涵和划定外延。而每个概念的定义，包含了所指同类事物的共同的，区别于其他事物的特有属性或一个或多个本质特征，这些属性或本质特征就是概念定义的“关键词”。一个关键词指代一个本质特征，有几个关键词就有几个本质特征。而关键词之间不是绝对的线性或平行关系，往往又有不同逻辑层次和结构（参见3.1.3概念结构）。要明确界定一个概念的内涵和外延，并用简明语言将之表述出来，并非易事。

案例3.1　“教育”概念界定与关键词分析

对于教育，有种种定义。广义来说，一般指：

教育，是影响人类身心发展的社会活动。

案例3.1评析：（1）本案例明确界定了“教育”的概念。即教育的内涵：是一种“影响人类身心发展的社会活动”。其中有三个关键词——影响人类、身心发展、社会活动，即教育有三大本质特征，表明凡是具有这三大本质特征的或“教育”的本质属性的事物，都叫“教育”。（2）这三大本质特征（或称关键词），并非线性或平行关系，“社会活动”是上位概念，是统摄“影响人类”和“身心发展”的关键词，而“身心发展”又是从属“影响人类”的关键词，相互之间又构成上下左右的逻辑关系（结构），并共同将教育活动与其他活动或其他事物从本质上区分开来。（3）三大关键词在教育这一概念中有不同逻辑位置，同时又各有特定含义，因此也是较低级别的概念：“社会活动”，表述教育是其他动物或事物都不具有的，是人类群体（社会）一种独有的活动；“影响人类”，表述教育是对人类自身施加作用，而非对其他事物施加作用的活动；“身心发展”，表述教育是人类对自己身体和心灵的发展施加影响，而不是任由本能生长的活动。这三个关键词共同规定了教育的本质，是所有教育的共同本质特征，共同内涵，也是判定一种活动是否属于“教育”（是否属于“教育”范围）的三大基本标准。而所有合乎“教育”本质特征的活动，构成了“教育”概念的外延，是概念所指对象范围，也叫外延界定或分类（案例3.1图1）。

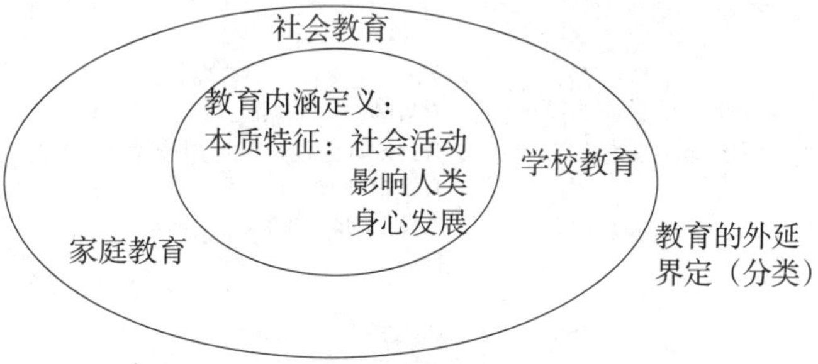

【案例3.1图1】“教育”概念界定与结构

教育，按操作性维度分，如学校教育、家庭教育、社会教育等；学校教育还可在进一步界定内涵后，分为学前、小学、中学、大学、硕士生和博士生教育等几类（案例3.2）。概念外延分类或维度或外延之和，要等于概念所指的全部范围，这叫外延必须周延。分类标准不同，结果会不同，但是任何外延、分类、维度之和都要等于概念全部所指。

案例3.1建议：（1）按照上述概念界定方法，再继续对各种教育，如学校教育、家庭教育、社会教育进行内涵界定。（2）根据内涵，界定各种教育的外延（范围与分类）。（3）按照上述概念界定方法，查阅自己本科专业学过的任何一个学科已有的概念界定，再整合进行内涵和外延界定。

案例3.2 "学校教育"概念界定与关键词分析

根据"教育"概念内涵界定，无论学校教育、家庭教育还是社会教育，任何种类的教育，都具有影响人类身心发展的相同本质属性。但它们也各有不同点。如"学校教育"就不仅有"教育"的本质特征，同时，又具有与社会教育和家庭教育相互区别的本质特征与外延：

学校教育内涵（本质定义）：指有目的、有计划、有组织地培养人（影响人身心发展）的社会活动。关键词：社会活动、培养人（影响人）、有目的、有计划、有组织、身心发展（图3–2）。

学校教育外延（范围划定和分类）：指学校教育本质定义（关键词）的所有构成部分和构成要素。学校教育各构成部分包括：学前教育、小学教育、中学教育、大学教育、职业教育、特殊教育（操作性定义2）等，这也是"学校教育"的分类；学校教育系统各维度包括：教师与学生、教育目标、教育内容与课程、教育过程与方法、教育评价与管理等维度及其相互关系（案例3.2图1）。

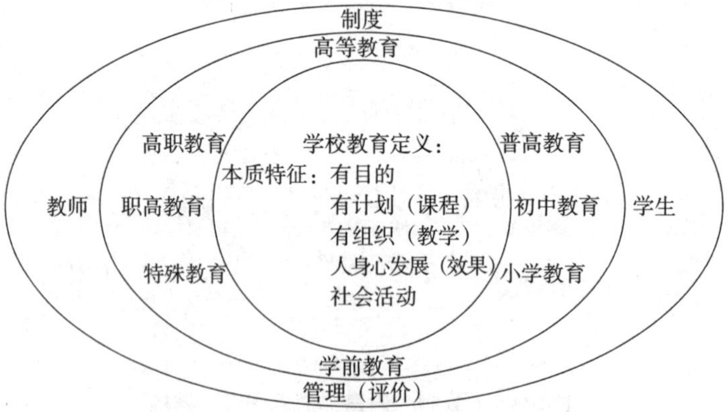

【案例3.2图1】"学校教育"概念结构

案例3.2评析：本案例关于学校教育的概念界定、内涵与外延完善，内涵关键词清晰和外延分类周延，是概念界定比较标准的范本。

案例3.2建议：（1）可进一步根据对学校教育定义的本质特征（内涵）即关键词再进行分析，即关键词逻辑分析，弄清学校教育内涵的多层次逻辑结构。此为学校教育研究的基本理论架构。（2）以本质定义（关键词）作为横轴（X，关键词），外延界定或操作性定义（分类）作为纵轴（Y，种类）和对角轴（Z，教育系统各部分或元素部分），画出学校教育全系统的三维表或三维图。（3）对三维图的每个交叉点上的要素或部分进行深度考察、解释和建构。

3.1.6 概念界定的逻辑规则

明确界定概念内涵和外延，即概念定义，是逻辑思维或理性信息加工最基础的环节，是学术理论建构的第一步重要工作。如原子构成元素之于物质体，细胞之于有机体，DNA之于遗传与变异、发展。细胞里面还有构成元素与物质，原子内部还有粒子，DNA里面还有碱基等。

概念界定实际上也就是对原子、细胞、DNA内部的更小单位及其结构进行刻画。不同学科的“刻画”也许有侧重，“刻画”方法（或界定方法）也不止一种，但是无论侧重什么、无论哪种方法都有共同原则或规则。

学术思维与写作活动最常用或学者最应该掌握的界定方法是“种差+属”或“属+种差”的方法。“最主要的定义方法是真实定义，或者实质定义，主要是采用‘属+种差’的形式构成的，故也称属加种差定义。”[①]上述案例3.1和3.2都采用的属加种差定义法，或种差加属定义法。

属+种差，或种差+属的定义法大致分三步进行。首先找出被定义项的邻近属概念，或上位概念（如“教育”是人类的一种“社会活动”，学校教育是一种“教育活动”）；其次是找出被定义项与其他同级种概念之间的差别，即种差（如教育是“影响人类身心发展的”社会活动，学校教育则是“有目的、有计划、有组织”的一种教育活动）；最后把邻近的属和种差加在一起，便构成了完整定义。用公式表示如下：被定义概念= 种差+属概念。

概念定义中，还必须遵循如下规则：（1）定义项外延与被定义项外延相等；（2）定义项中不能直接或间接包含被定义项（概念循环）；（3）不得用含混的语词，或用比喻代定义；（4）不能用否定词给正概念下定义[②]等。详述，请参见任何一本《形式逻辑》著述或教材。

在任何学术论文或学术成果文本中，都肯定会出现种种概念。严格来说，凡是学

①《普通逻辑》编写组. 普通逻辑[M]. 上海：上海人民出版社，1986：120.

② 田运. 思维辞典[M]. 杭州：浙江教育出版社，1998：353-354.

术文本中出现的概念都应该界定，哪怕是几乎众所周知或公认的概念，例如自然科学中的“力”“时间”“空间”“能量”“三角形”“勾股定理”等，人文社会科学中的“国家”“民族”“历史”“色彩”“图形”“材质”“节奏”“旋律”“音色”“美”等，都是十分常见的概念。事实上，在学术文本中，我们只是对核心概念和主要相关概念进行明确界定，要成为核心或主要相关概念，那就必须明确界定其内涵，即本质特征及关键词；明确界定外延，即所指事物范围，或要素或维度或分类。

非核心概念和非主要相关概念，可以不用太严谨的方法去表述含义，但也必须在正确意义上使用这些概念。

核心概念界定，则需要以十分严谨的态度、合规则的方法和参考大量文献或权威文献，花大量时间与精力去认真界定。

3.2 核心概念确定与界定

对于一项学术研究以及严谨的学术思维和学术文本撰写来说，核心概念界定必不可少。但要界定，则必先确定。核心概念确定不准确，则界定再准确，思维与文本逻辑也会发生错位进而导致全文理论不成立。

3.2.1 何谓核心概念

如果说概念是对事实本质特征的概况反映，是理性思维的第一逻辑形式，学术思维和学术论文理论建构的“元素”、“原子”或“细胞”。那么核心概念就是指一篇学术论文或一部学术著作的理论元素、“原子”、“细胞”，是整个论文理论体系的逻辑起点或视点（图1-5）。

简单说，核心概念就是学术论文标题上的概念，或课题、项目的标题，或主题（命题）中的概念。在实证类论文、项目、课题和标题中，又称为“变量”，包括自变量（x）和因变量（y）。例如《公共设施利用率研究》，从标题来看，核心概念就是两个：“公共设施”“利用率”。如果是《公共设施利用率调查研究》，这一实证研究也有公共设施（x）和利用率（y）两个变量。再如果是《公共设施利用率与用户健康水平相关调查研究》，这一实证类论文的自变量就是“公共设施利用率”（x），因变量就是“用户健康水平”（y），可以这样说，整个学位论文的思路和文本撰写，都是在论述或论证核心概念及其相互关系，或论证或实证变量之间关系是否成立。

有些论文标题只有一个概念，例如《社区公共设施调研》只有一个核心概念——“社区公共设施”，即变量；在《学术规范调研》中，也是只有一个变量——“学术规范”。

很多论文标题上不止一个概念，因此其核心概念就不止一个，通常在3个以内，核心概念越多，要陈述的关系就越复杂，研究、思维和文本撰写难度就越大。同时，这些核心概念在很多情况下又不是单纯的并立或平行关系，因此其中必有一个是最主要的核心概念，其他核心概念围绕这个核心概念形成上下左右的逻辑关系（核心概念间结构）。如《研究生学习质量研究——基于学位论文文本分析》，从标题看有三个核心概念：研究生、学习质量、文本分析。“研究生”是本文的对象，“文本分析”是本文采用的主要方法，而“学习质量”就是本研究及文本的主要内容或主要核心概念，且作为理论的逻辑起点（或视点B），与所提出的核心问题（或视点A）“研究生学习质量不高”直接关联，视点AB交织一以贯之全文，构成分析问题、解释问题、解决问题的逻辑主线与“场”（图1-4）。

总之，当一篇论文标题不止一个概念，即核心概念不止一个的时候，在这些核心概念中，又会有一个是起关键作用的，这个核心概念就称为主要核心概念或核心之核心概念。

且因为核心概念，乃至核心之核心概念，是连接问题的核心问题，规定全文理论逻辑的逻辑起点，全文所有其他概念皆与之形成或近或远的逻辑关系，建立了思维、写作与文体的逻辑主线和结构，因此，标题概念或核心概念，也是透视全文基本逻辑、文内大小标题逻辑性的一个重要窗口和视点。所以确定核心概念，以至确定主要核心之核心概念，是学位论文明确核心概念，界定核心概念，形成论文逻辑非常重要的前提工作。

3.2.2 确定核心概念

核心概念是论文标题概念。这听上去不难理解，但是当标题概念有多个，且相互关系也比较模糊或复杂时，要确定核心概念，且要按照逻辑学规则界定核心概念的内涵和外延，就有困难了。因为面对同一标题及概念，不同学者会有不同判定和理解。因此确定核心概念，具体操作起来，往往疑虑重重，难以决断。

案例3.3　此文核心概念是哪几个？

学位论文《应用型大学教师实践能力建设研究——基于制度非均衡的分析》，标题较长。在原开题报告时确定的核心概念是四个：

应用型大学、高校教师实践能力、高校教师管理制度、制度非均衡

案例3.3评析：（1）本学位论文因为标题较长，必然意味着核心概念不少，且之间关系复杂。所判定的这四个核心概念是否准确？其中哪一个是主要核心概念呢？（2）对照标题来看，首先要否定“高校教师管理制度”，它不是核心概念，因为标题上没有这个概念。（3）剩下的三个概念，还不能确定其是否为核心概念。因为标题中的概念会有多种组合，例如标题上还可以分解为这样三个核心概念：应用型大学教师、实践能力建设、制度非均衡。如果是这样的话，核心之核心概念就应该确定为“实践能力建设”。另外两个核心概念，其一“应用型大学教师”是用来规定或限制“实践能力建设”内涵与范围的；其二“制度非均衡”是用以框定“实践能力建设”的论证维度或视野的。这样，三个核心概念及主要核心概念，使全论文原有的思路与文本逻辑结构必须进行较大调整。（4）核心概念的模糊性。本论文标题概念“应用型大学教师”，在确定的核心概念中成了“高校教师”；而副标题中的“制度非均衡”是什么意思，直观上就令人生疑，翻看文本中的界定，也十分模糊。其与主标题与主副标题，及核心概念的关系难以确定。核心之核心概念更是纠结，是大学教师“实践能力建设”呢，还是批判“制度非均衡”？（5）如果全文主要概念确定为“大学教师实践能力”或者“高校教师实践能力”，那么大学或高校有不同性质和人才培养目标，涉及的教师实践能力是不一样的。应用型大学教师的实践能力，与综合性大学或学术型大学，与职业技术大学等相比，有什么特殊性？在文本的核心概念界定中并无区分；（6）猜想全文基本思路是，将应用型大学教师实践能力不佳的原因归咎于制度非均衡，然后在教师制度上做文章。但是从问题提出，到文献综述，乃至论文提纲等，都没有看到将这两者有机联系起来的论述。

案例3.3建议：（1）缩短和修改标题，调整核心概念。例如将标题修改为“应用型大学教师实践能力培养的制度建设研究”，其核心概念确定为“应用型大学”“教师实践能力培养”“培养制度建设”，其中主要核心概念可是“教师实践能力培养”或“培养制度建设”，根据作者对自己课题的理解与全文重心内容来确定；或者改为“应用型大学教师实践能力建设与评价模型研究”，核心概念是“应用型大学”“教师实践能力建设”“评价模型”。主要核心概念可以在后两者中确定一个，由此决定全文内容重心。（2）原标题和建议修改的两个标题，两个核心概念“应用型大学”“教师实践能力培养（建设）”都没变，区别在第三个核心概念，原“制度非均衡”改为了“培养制度建设”或“评价模型”，这样简化了标题，使核心概念及相互关系更明确，也便于操作。

案例3.4　核心概念与论文理论结构的关系

标题上的核心概念不仅决定学术思维与文本的理论起点，而且一以贯之决定全文的理论结构，并体现为全文文本框架和大小标题（目录）：

学位论文《区域资源共享的经济效益研究》，作开题报告时确定的是三个核心概念：

区域资源、共享经济、经济效益

该论文正文由五章构成：

第一章　区域资源的要素

第二章　区域资源共享的经济及其理论分析

第三章　区域资源共享效益现状

第四章　区域资源共享经济效益模型建构

第五章　区域资源共享机制建构

案例3.4评析：(1) 首先从标题上看，没有“共享经济”这个概念，因此，“共享经济”不是核心概念（可以作为重要相关概念）。剩下的两个核心概念应该是：区域资源共享、经济效益。(2) 然而，从全文章目文献综述和各章具体内容看，基本上是按照“共享经济”思路行文的，看上去是将“区域资源共享”等同了或不自觉置换成了“共享经济”，这明显犯了偷换概念和论证移位的逻辑禁忌。(3) 且看全文五大章，尤其第二章、第四章，都在反复使用共享经济、区域资源共享经济效益等，也说明作者是直接将“资源共享”当作了“共享经济”，使得第三章、第五章中的“共享效益”和“共享机制”也都成为“共享经济”的效益与机制研究，而不是“资源共享”的效益与机制研究。(4) 显然，论文原确定的三个核心概念，因与标题不一致，并使全文逻辑结构脱轨，因此必须加以调整或重新确认核心概念。

案例3.4建议：(1) 从目前的内容和思路来看，本文要么把“共享经济”添加到标题上，作为核心概念，并去掉相干扰的原核心概念。例如改标题为“区域共享经济的效益研究”，核心概念三个：区域、共享经济、效益。或者将全文标题修改为“区域资源共享效益评价模型研究”，核心概念应该是：区域资源、共享效益、评价模型等三个。(2) 根据新标题和核心概念，重构全文内容及结构。(3) 再特别提示：当有两个以上核心概念的时候，就出现了核心概念间的逻辑关系问题。核心概念间的逻辑地位并非都是平行的，很多时候有主次之分。最主要的核心概念，称为核心之核心概念或主要核心概念，其他核心概念的地位都取决于与这个主要核心概念内涵和外延的联系。所以，确定和界定核心概念和主要核心概念，对于全文理论逻辑建构是非常关键的一步。这一步将决定整个学术思维走向和论证逻辑重心，全文逻辑结构的大格局与关键细节的变化。

案例3.5　根据文本内容逻辑，调改核心概念

当学术文本已经定稿以后，才发现了核心概念界定或确定有问题。这时候，根据文本内容调整和修改核心概念及论文标题，就成了一种应对困局的策略。

学位论文《幼儿教师聘任制度合理性研究》，原确定核心概念包括：幼儿教师聘任制度、合理性，但这是两个具有从属性的核心概念，前概念是对后概念的限制，后概念“合理性”是对“幼儿教师聘任制度”的理性依据的讨论。在预答辩中，几位专家都针对“幼儿教师聘任制度”和“合理性”合的是什么理等进行了质疑。自然起点很好，但是对核心概念及理论的分析建构则有明显问题。论文相关部分如下：

（若干教师工作不合规的案例，受限篇幅，此省略）

《教师资格条例》确立了教师资格制度的宏观性框架，《实施方法》对教师资格的认定条件、认定申请等方面做了进一步明确化的规定，标志着教师资格制度法制规范的确立，其中幼儿园教师资格制度的具体内容概括如下：

案例3.5表1　幼儿园教师资格（聘任）制度内容

内容	负责部门
幼儿园教师资格认定条件	思想品德条件：应当遵守宪法和法律，热爱教育事业，遵守教师职业道德。学历条件：应当具备幼儿师范学校毕业及以上学历。
幼儿园教师资格考试	不具备《中华人民共和国教师法》规定教师资格学历的公民申请认定幼儿教师资格，应通过国家举办或认可的教师资格考试，考试科目全部及格的，发给教师资格考试合格证明。
幼儿教师资格认定申请	具备《中华人民共和国教师法》规定学历或经幼儿教师资格考试合格的公民，可依照本条例规定申请认定幼儿教师资格。
幼儿园教师资格认定	幼儿教师资格由申请人户籍所在地或申请人任教学校所在地的县级人民政府教育行政部门认定。
幼儿园教师资格证书管理	各级人民政府教育行政部门负责对幼儿教师资格证书的管理，幼儿教师资格证书由国务院教育行政部门统一印制。
幼儿园教师资格范围	取得教师资格人员可以在本级及以下各类学校或教育机构担任教师。

本文所谓“合目的性”是指主体具有自己的价值取向或发展目标，而这种取向或目标不但服从于社会发展和历史进步的方向，同时又能为社会发展提供价值指导。“合规律性”主要是指客体对象和所选用研究法则对于主体的研究活动或者研究方式具有制约作用，要求主体服从其要求。合目的性是强调人类选择的生存理想、所追求的社会理想等目标应该由理性权衡。合规律性决定了人类必须发挥自己主观能动性认识自然、社会，把握事物本质的理性能力。

合理性本质是合规律性与合目的性的统一，具体又表现为价值合理性与工具合理性、合情与合理的统一。

合理性是合理与合情的统一。合理与否是评价主体信息客观规律的前提，充分发

挥理性能力活动的过程。在此过程中，没有主体理性，就没有评价基础。因此，在评价过程中必须强调理性精神，否则就是一种片面的合理。但是主体必然会受到情感、信仰等非理性因素影响。因此合理的评价既要关注又要符合人的非理性要求，否则就是一种形而上的合理。忽视或者违反人的情感需要的理性是片面的合理性。合情是近乎人情、尊重人的各方面需要的表现。

案例3.5评析：（1）全文以几个典型案例，提出了幼儿教师不合乎职业要求的问题，并聚焦归因到学前教师聘任制度问题，案例生动，分析透彻，现实问题与制度问题交织突显了核心问题，作者在自己丰富的学前教育经验基础上，能独立思考和有一定深度的质疑，确定了全文逻辑起点（或视点A）值得赞赏。（2）但是因为本论文核心概念（视点B）确定的是：学前教师、教师聘任制度、合理性等三个。从标题上看这三个核心概念没有太大问题。“学前教师”是在现有“聘任制度”下被认可的教师，且“聘任制度”也是指现有的制度（案例3.5中的表1），因此其“合理性”就成为全文要重点阐释的内容，也就是核心之核心概念。但对于“合理性”的界定却十分随意和单薄，且并没有清晰指出“合”什么“理”，全文内容也没有就“合”什么“理”，“为什么合理”和“如何合这个理”来改进学前教师聘任制度，进行专门的或有深度的研究，甚至连这样的内容板块都没有。因此导致整个论文理论逻辑重心失衡。（3）但从全文所阐述的重心内容看，主要是集中在对幼儿教师聘任制度的分析上，且在后文部分中对幼儿教师制度的改进有很好的建议。换句话说，全文虽然理论性不足，三个核心概念与全文本内容的联系上有错位，但也有很可取的地方。

案例3.5建议：在基本保存本文主要内容基础上，提出三点建议。（1）放弃原有的“合理性”这个核心概念或标题概念，将论文标题改为“学前教师聘任制度批判与重构”。（2）放弃了“合理性”这个难点和盲点，新标题的核心概念为“学前教师聘任制度”“制度批判”“制度重构”三个。结合提出的问题（视点A），对现行“学前教师聘任制度”进行制度批判，即对学前教师聘任制度的审视质疑和解析，对学前教师聘任制度进行修订或重新建构。（3）文本最后应该补充一章，即学前教师聘任制度修订后的文本。

案例3.6　核心概念缺漏

原开题报告《以共治求善治：高职教学治理的公共理性逻辑》，确定了两个核心概念：

治理、教学治理

案例3.6评析：(1) 该文标题很长，概念太多，从左至右看有共治、善治、高职、教学治理、公共理性逻辑。一般来说，标题概念，即全文核心概念最多三个，这里有五个，而且还有几个是可以再分解或再重组的。例如“高职”与“教学治理”，也可以是“高职教学”和“治理”；“公共理性逻辑”也可以是“公共理性”“逻辑”。(2) 在这么长的标题下，所确定的核心概念只有两个，且“教学治理”与“治理”是所属关系，如果“教学治理”是核心概念，那么“治理”只能是上位相关概念。但本文不仅将“治理”作为核心概念，且用了大量篇幅去界定和辨析。(3) 这样一来，实际上作者确定的正确的核心概念就只有“教学治理”一个了，其他几个标题概念都不在核心概念中，也就是说这些内容并不在作者主要关注范围内。(4) 标题上的“公共理性逻辑”，或“公共理性”与“逻辑”，显然是一个很重要的概念，只是没有被确定为核心概念，没有定义，也在全文中没有阐述。因此，可有可无。仔细阅读和理解标题，查看与全文章标题的关系：

第一章　追本溯源：高职教学治理的意蕴诠释再比较
第二章　方向引导：高职教学治理的理性向度
第三章　现状扫描：高职教学治理的实然表征
第四章　法理透视：高职教学治理的共治前提
第五章　秩序规则：高职教学治理的疏导秩序
第六章　共生合作：高职教学治理的协同主体
第七章　机制设计：高职教学治理的协同机制
第八章　走向共治：高职教学治理的善治逻辑

可见各章标题都有“教学治理”这个概念，因此本文的主要核心概念是“教学治理”这确定无疑。但从标题上显示，核心概念还有共治、善治、高职、公共理性逻辑等，也都说明“治理”恰恰不是核心概念。

案例3.6建议：该案用了较大篇幅和精力论证“治理”，却对另外几个核心概念，尤其是比较深涩的“公共理性逻辑”没有给予关注，没有界定也没有给予一个突出的逻辑位置进行阐述，并与所有各章内容形式失联。如何解决本案例的这一最大问题呢？(1) 首先缩短标题，减少核心概念。例如改为“高职教学治理的公共理性逻辑研究”。核心概念即为高职、教学治理、公共理性逻辑三个，可将原“共治”和“善治”放到“教学治理”中，作为主要相关概念处理。(2) 原标题和修改后的标题，核心概念不同了，但主要核心概念（高职）“教学治理”是相同的。且原稿定义“教学治理是由教学利益共同体所组建的教学共同体，在为实现学生全面发展、教师专业提升以及共同体利益实现的基础上，通过一整套教学管理规则而进行的对教学事务的系统性、持续性管理活动”依然成立，全文相关内容亦成立。(3) 但是“公共理性逻辑”是本案例的另一核心概念，虽然不是主要核心概念，却也是非常重要的核心概念，应该补充界定，且要与主要核心概念（即教学治理）建立逻辑关联。或者可以考虑将“公共理性逻辑”从标题上去掉。但如果去掉，全文的理论性就会显得单薄，创新点也会削弱。因此，对该核心概念的处理，需要多方位权衡后再定。

3.2.3 界定核心概念

无论主要核心概念还是一般核心概念，对核心概念的界定，都是学术思维与文本撰写的理论部分的重中之重。显而易见，核心概念界定首先受制于核心概念的确定(3.2.2)。确定核心概念之后，再认真界定或定义核心概念，是整个论文最重要的理论和逻辑基石。换句话说，在确定了核心概念的基础上，认真界定其内涵和外延（本质特征、范围与分类），是最为重要的理论逻辑起点（视点B）的清晰化的过程，也是通过本质特征（关键词）和外延（范围和分类）搭建全文逻辑框架或内容及结构的重要一环，是学术思维与写作能力最重要的体现。

案例3.7　主要核心概念确定与界定对其他核心概念的影响

文本《小学数学语言能力发展的教学诊断研究》，确定了四个核心概念，即数学语言、数学语言能力、数学语言能力发展、教学诊断，并分别进行了如下界定：

数学语言是“数学的语言”，包括数学学科特有的概念、定理、公式和符号、图像等要素；从广义层面而言，数学语言包括“数学的语言”、“数学交流的语言”和“像数学一样的语言”。数学的语言指的是数学学科专有的知识，数学交流的语言指的是学习数学知识、思维方法所使用的语言，像数学一样的语言指的是语言带有数学特性。本研究认可数学语言的广义定义，即认为数学语言是一种传递数学知识、表达数学思想方法、体现数学学科特性的专业语言。

数学语言能力是数学语言的掌握与运用的能力。具体而言，就是掌握数学语言所独有的概念、术语、定理定义、思维方法和特性并运用数学语言有效解决问题和表达交流的能力。

数学语言能力发展是指学生数学语言（点评：还应该注明其与“数学学科知识用语”的异同）的掌握与应用能力通过教师有目的的训练和自我努力获得提升的一个过

程，具体表现为数学语言应用的精确性、严谨性、抽象性与简洁性水平的提升。

教学诊断分为三种：一是对学生学习进行诊断。其具有代表性的是美国卡拉克和斯塔尔的观点："教师看到学生学习中存在着困难，精确地找到这个困难是什么，并发现产生这个困难的原因，这就是诊断……诊断之后的教学必须纠正错误……或补足缺乏的东西。没有诊断，教学就没有方向。"……

案例3.7评析：数学是自然科学的工具，具有高度抽象性和逻辑性。关于数学教学及其学术思维和写作，更需要严密的逻辑支撑。(1) 该案确定的四个核心概念，其中有三个——"数学语言""数学语言能力""数学语言能力发展"，是彼此有递进逻辑关系的概念。而最主要的核心概念或基础概念是"数学语言"。如果"数学语言"这一主要核心概念的内涵和外延界定不精准，换句话说其关键词没有准确落实，其他两个递进概念"数学语言能力"和"数学语言能力发展"，就必然错位或显得漂浮不定。同时，也必然导致"教学诊断"这第四个核心概念的界定空泛，且与前述主要核心概念"教学语言"和其他两个递进核心概念难以形成内在关联。(2) 本案例明确采纳的是"广义层面"的"数学语言"定义，但最终的"数学语言"的定义为"数学语言是一种传递数学知识、表达数学思想方法、体现数学学科特性的专业语言"，而不是广义层面的"数学的语言"、"数学交流的语言"和"像数学一样的语言"。(3) 由此，便导致另两个递进核心概念"数学语言能力"和"数学语言能力发展"，与"数学语言"的内涵及外延没有相对应的逻辑。也因此导致"教学诊断"，准确说是"数学教师对学生数学学习效果的诊断"的界定，也与"数学语言"本身就不太明确的内涵和外延若即若离。因此文本曾表明要在三种教学诊断基础上明确采纳第一种，"本研究主要是对小学生数学语言能力发展情况进行诊断，即教师对学生学习情况的一种诊断，因此在具体定义上认同卡拉克和斯塔尔的观点，即认为教学诊断是教师针对学生学习中遇到的问题，利用科学的手段探析问题产生的原因并提出问题的解决方法策略的过程"，而这与前述所引卡拉克和斯塔尔观点"教师看到学生学习中存在着困难，精确地找到这个困难是什么，并发现产生这个困难的原因，这就是诊断……诊断之后的教学必须纠正错误……或补足缺乏的东西。没有诊断，教学就没有方向"，这样的"教学诊断"与数学专业学习即本文主要核心概念及所界定的"数学语言"学习（内涵与外延学习）直接相关的教学诊断内涵，就相距甚远了。(4) 总之，主要核心概念"数学语言"，既是数学语言能力及其发展的具体内容，也是教学诊断的主要内容和指标体系构成的依据。"数学语言"界定不清，其他核心概念的界定及全文也就缺乏了核心内容。

案例3.7建议：（1）从本案标题看，主要核心概念是“数学语言”，但也可以是“教学诊断”。前一个主要核心概念，需要有系统且深刻的数学知识与数学语言（表达式）的功力；后一个主要核心概念需要在一定“数学语言”基础上，有特别专业的“数学诊断”理论与技术功力。因此，采用哪一个为主要核心概念，这要再结合作者自身的专业基础和全文研究的主要内容和目的来确定。（2）如果主要目的是如何通过大学“教学诊断”来促进小学生数学语言能力发展，主要核心概念就是“教学诊断”；如果主要在于如何诊断小学生数学语言能力的发展，主要核心概念就是“数学语言”。（3）但无论主要核心概念是哪一个，四个核心概念都应该一一准确或递进界定。

案例3.8　核心概念界定及关键词质疑

学术文本《大学生批判性思维发展研究》，明确了大学生、批判性思维、发展等三个核心概念。因为“大学生”是研究对象，当然必须界定；而“发展”是针对“批判性思维”而言的发展，因此，主要核心概念显然是“批判性思维”。文本对“批判性思维”界定如下：

批判性思维指借助概念、进行判断和推理以解决问题的能力。

案例3.8评析：（1）本案例的核心概念和主要核心概念确定是正确的。（2）但是对主要核心概念“批判性思维”的这一界定不当。定义中三个关键词“概念”“判断”“推理”，这是所有抽象思维或理性思维都具有的基本特征，而不是批判性思维独具的本质特点。其中只有一个关键词“解决问题”与批判性思维的本质较接近，但也不是批判性思维独具的。一般逻辑思维也具有解决问题的功能。（3）“批判性思维”作为全文的主要核心概念，对另两个核心概念“大学生”和“发展”有强烈制约作用。为什么“大学生”要有批判性思维，其“批判性思维”如何发展，发展什么，发展水平怎么评判等，皆与“批判性思维”内涵、外延功能界定密切相关。不精准界定批判性思维，或将一般思维及特性等同于批判性思维及特性，则全文的论证框架就会发生严重逻辑错位，甚至完全不成立。

案例3.8建议：（1）应该说，批判性思维是“一般思维+批判性”的特性有机交织的产物或概念。批判性思维起于在原有认识和成果基础上发现了别人没有发现的新问题。因此，如何基于原有认识和成果而发现新问题，并力图用非常规的或自我创设的思路与方法去解决问题，才是批判性思维独有的本质。但在这个过程中，又必须同时遵循一般理性思维的逻辑方式与规则。（2）因此可以界定为：批判性思维指善于发现新问题，实事求是提出问题证据，通过科学的缜密考察、论证、判断、评价正误与是非，解释新问题或提出解决新问题办法的思维。由此，决定批判性思维的关键词或要素，或研究的维度就是：发现新问题（质疑）、问题证据、论证和判断正误是非、解释新问题、解决新问题等5个。即批判性思维的独特性：新问题、证据、论证、释问、解问。其同时也包含了一般理性思维或逻辑思维的全部活动过程（分析、综合、抽象、概括、概念、判断、推理）。(3) 这一定义或可以简化为：批判性思维是在一般抽象思维基础上，发现新问题并力证和判定是非、解释和解决问题的思维。(4) 根据“批判性思维”内涵和外延，界定或确定“大学生”概念及特质，界定相应“发展”概念的内涵与外延。

案例3.9　多个核心概念界定及逻辑关系

有某高校办学理念和定位的论证报告，主要是对该校“努力将学校全面建设成为特色鲜明、西部一流的高水平应用研究型大学”的办学定位的解读。其对这一办学定位的“关键词界定与分析”部分，有很多优点，值得一读和借鉴。但也有些许逻辑问题，修改后更完美。

二、关键词界定与分析

1.“应用研究型大学”

由于“西部一流”“高水平”是用来修饰“应用研究型大学”的，因此首先需要对“应用研究型高校”内涵及工作重点进行分析阐述。

…………

从人才培养方面来看，应用研究型大学主要培养有社会责任感、具有坚实理论基础和创新实践能力的卓越应用型人才，重点培养创新型工程师和高级管理人才。

从学科专业建设方面来看，应用研究型大学要主动适应国家和地方经济社会与行业产业发展需要，专业设置以优势特色学科为重点和发展导向，有效发展应用型交叉学科，推动优势特色学科专业进入国内先进行列，并以此为基础，积极发展紧缺急需的应用学科专业。

从教学改革方面来看……

从科学研究模式来看……

从教师发展来看……

总之，“应用研究型大学”的特点主要体现在人才培养、学科专业建设、实践教学改革、科学研究、师资队伍建设等方面。我校作为“应用研究型大学”不仅要具有这些特点，而且要达到或实现“西部一流的高水平”。

2. “西部一流”

…………

由此，“西部一流”代表学校综合实力排名位居西部应用研究型高校前列，即位于178所暂定为应用研究型大学的前十位。这一总目标可以分解为如下具体目标：推动学校重点学科进入西部一流行列，培养一批具有创新能力、实践能力的应用型人才，产出一批具有较强代表性的西部一流应用型研究成果，建立一支集“双师型”与高层次于一体的师资队伍。

3. “高水平”

高水平大学的概念是我国政府在“211 工程”和“985 工程”的背景下逐步形成的。1993 年正式启动的 “211 工程”的主要目标之一就是力争在 21 世纪初有一批高校和学科、专业接近或达到国际一流大学的水平。1998 年 5 月，教育部提出了“985 工程”，第一次在我国政府文件中提出“高水平大学”的概念。

…………

我校提出的是努力建成“高水平”的“西部一流”的应用研究型大学，不仅具有前瞻性，也具有可行性和可操作性。“高水平”主要表现在学校解决区域经济社会发展重大问题的能力和水平上，在（新）工科院校中形成一定影响力，学校综合办学实力和办学水平有较大提升。相应一是要有一支规模较大的、水平较高的双师型教师队伍；二是要建有一批应用型人才培养高端平台，如省部级重点实验室、工程中心等；三是拥有一批高水平的一流学科专业群；四是要产出一批较高水平的应用型研究成果；五是培养一批工程实践能力强、综合素质高的应用型卓越人才。因此，“高水平应用研究型大学”可以是在某几个方面达到较高水平，

从我校办学定位来看，“高水平”和“西部一流”都是定语，而且“西部一流”修饰的是“高水平应用研究型大学”，也就是说，没有“高水平”就不能达到“西部一流”。

案例3.9评析：（1）本案例虽然是某大学办学定位的解读，但其政策性、思想性、学术性兼具，且论证逻辑较严谨，3个关键词（在这里相当于核心概念）解析透彻，层层推进，有理有据，语言干净简洁（本书作者做了些许修改），还有必要的调查作为支撑，无异于一篇质量较高的学术小论文，非常值得称赞，不仅可以作为办学定位乃至政策性解读的范本，且也可作为学术文本核心概念界定的范本。（2）但是回看该校办学定位的完整表述是“特色鲜明、西部一流的高水平应用研究型大学”，应该有四个核心概念：“应用研究型大学”“特色鲜明”“西部一流”“高水平”。但该案

仅界定了“应用研究型大学”、“高水平”和“西部一流”三个概念，忽视了或者完全丢掉了“特色鲜明”这个核心概念。“特色鲜明”是什么特色、如何鲜明，恰恰是对“高水平”和“西部一流”的重要注解，也是要与其他同类“应用研究型大学”区别开来的重要概念，甚至可能就是主要核心概念。

案例3.9建议：（1）“应用研究型大学”在现有解释基础上，还要与学术研究型大学、高职院校进行对比区别。直接说有几个特征，还欠了点力度。（2）补充界定“特色鲜明”，且应该落实到特色办学模式、专业特色、特色专业、特色课程、特色教学、特色管理等上。这样，整个办学定位的解读就更为透彻，对办学全局更有系统而切实的指导性。（3）有些提法需要再斟酌。如“双师型”的说法，本来“双师型”是对中职教师的要求，即教师与技师的结合，目前很多学校学者直接将之移用到高职教师，有待商榷。本案例也直接用于“应用研究型大学”，无异于将高校或高职教师水平等同于中职教师水平，这样也就至少在观念上或办学定位上注定了难有“高水平”的教师和高水平人才培养结果。建议提“三师型”教师，即优秀教师+优秀技师+学术名师。

3.2.4 核心概念界定依据

理论上，所有概念的界定都需要依据。而核心概念，尤其主要核心概念因为是整个文本的理论逻辑起点，涉及全文逻辑框架的建构，因此需要更仔细的考察、更充分的依据。一个高质量的核心概念界定，需要花大量时间和精力，检索和分析大量相关文献，特别是对概念的以往定义一一查清，并通过分析提取关键词、筛选比较思考、概括提炼取舍等方能获得。十分遗憾的是，有不少学位论文和学术项目成果的核心概念界定过于随意，既无文献依据，也未在足够文献基础上进行足量的概念考察分析，而直接用自己的语言定义了，致使文本严重缺乏学术性。

案例3.10　核心概念考察与界定：文献举证与分析

学位论文《渔味：赫哲族审美趣味调查研究》，确定了三大核心概念：审美趣味、渔味、赫哲族。主要核心概念是“渔味”。三个核心概念的关系用一句话表示：“渔味”就是“赫哲族”的“审美趣味”。或者说是：“审美趣味”又称审美情趣，与“赫哲族”的渔业与生活方式的结合，构成其特殊的审美“渔味”（渔趣）。因此虽然本文主要核心概念是赫哲族的审美“渔味”，但是要解释清楚什么是“渔味”，则必须首先充分恰切界定好上位核心概念“审美趣味”。

案例3.10评析：（1）该文原“审美趣味”概念考察（案例3.10表1），收集分析了史上30个定义，原设置的考察项目为："观点""客体特征""方式""主体主观感受"，现表头栏目名画了删除号的是作者导师即本书作者所为。于是，在原有基础上，考察项目被调整为"定义或描述""关键词提取""概要与思考"，删除了其"客体特征"一栏（因为"客体特征"就相当于概念的"关键词"）。对"关键词提取"部分，做了比原表更细的提取。(2) 最后，从"关键词提取"栏中取其精要关键词，给予核心概念"审美趣味"界定。(3) 再将"审美趣味"定义的内涵，与"概要与思考"和"赫哲族"的渔业和生活方式结合，为本文核心概念"渔味"定义。(4) 表1中的30个已有定义，应该都有详注，注释在表下（案例3.10表1）。

案例3.10表1 "审美趣味"概念考察（部分调整补充后）

序号	学者	~~观点~~ 定义或描述	~~客体特征~~	~~方式~~ 关键词提取	~~主体主观感受~~ 概要与思考
1	【英】霍布斯	肯定了认识的来源是感觉经验，感觉来自事物本身的作用，它是对于感觉对象的种种性质或本性的观念。他反对用趣味作为审美判断的标准，认为审美趣味是主观的，并且容易陷入相对的，缺乏标准性和稳定性		感觉经验 对象观念 性质或本性的观念	感觉经验，是主观的，并且容易陷入相对的，缺乏标准性和稳定性
2	【英】沙夫兹博里	他所谈的"内在感官"不同于洛克(立于外在感官的基础上的，它要依靠外在感官才能起作用)，而是植根于人性的，是人类的一种先天禀赋。他把味觉提高到了审美感官的地位，认为味觉是一种可以体现秩序和比例的感官，它以自己的"先天感觉"和理性追忆而和先天的道德感一致；同时，在这种外在的趣味感官和内在的道德评价性感官达成一致的过程中，内在感官起了决定性的作用。认为趣味具有普遍有效性，并非指个体的判断，而是一个集体的判断		审美感官 根植人性 先天禀赋 先天感觉 趣味感官 内在道德 普遍有效 集体的判断	
3	【英】哈奇生	他把授受美的内在感官和审美趣味看成一回事，认为审美趣味或美感是一个人先天具有的能力，"是天生的，先于一切习俗、教育或典范"的能力。审美趣味是天赋的感觉、知觉能力，取决于"内在感官"，即"天生的心灵"		内在感官 先天能力 天赋感觉 天赋知觉 天生心灵	一个人先天具有的，是天生的，先于一切习俗、教育或典范
4	【英】休谟	从兴趣、爱好角度论述其特征，认为它是人的先天的功能，能产生美丑善恶的情感；人的主观趣味决定对象的美丑，各人趣味不同，获得的美也不同，不能以自己的趣味去支配旁人的趣味。审美趣味是主体的一种能力，这能力虽然并非人人都有，但却可以被分析、被培养，具有稳定性		先天功能 主体能力 可分析 可培养 稳定性	并非人人都有
5	【英】博克	给趣味下的定义是："我对趣味(原译作'鉴赏力'，以下引文全改作'趣味'。——引者注)这个词的解释只不过是指心灵的官能，或是那些受到想象力与优雅艺术作品感染的官能，或是对这些作品形成判断的官能，我认为这是该词最一般的观念。"博克的趣味观是建立在彻底的经验论基础上的，他通过对视、听、味、嗅、触五种感官在审美中的作用的研究，分析了人类的各种情感和审美的关系		经验论 心灵官能 受感染官能 判断的官能 五种感官	

续表

序号	学者	观点 定义或描述	客体特征	方式 关键词提取	主体主观感受 概要与思考
6	【德】莱布尼茨	鉴赏力(审美趣味)和理解力的差别在于鉴赏力是由一些混乱的感觉组成的，对于这些混乱的感觉我们不能充分说明道理。它和本能很近似		鉴赏力 理解力 混乱感觉 本能	由一些混乱的感觉组成的
7	【法】布瓦洛	布瓦洛为法国古典主义趣味的主要裁定者。他认为只有符合理性的艺术才是好的艺术，良好的趣味与真实本身一样是亘古不变的。强调真、善、美统一的理性主义趣味标准		古典主义趣味 合理性 真善美统一 理性	
8	【法】比帕斯卡	他认为趣味是因人而异的，根本就不存在什么统一的趣味标准		因人而异	
9	【英】艾迪生	他的审美趣味观是“建筑在内在感官、情感、情欲或直觉之上的那种审美趣味，较多的是倾向于布瓦洛的新古典主义原则，而不是倾向于奥吉尔的时间和地点的相对性”。他认为，要有好的审美趣味，必须同时具备想象力和判断力。提出了“心智鉴赏力”“敏锐鉴赏力”(即一种鉴别艺术品优劣的审美判断能力)。提出三种培养审美趣味的方法：第一，最自然的方法，精通最高雅的作者的作品；第二，与高雅的天才人物谈话；第三，精通古代和现代最杰出的批评家的著作		感官 情感 情欲 新古典主义 想象力 判断力 心智鉴赏力 敏锐鉴赏力	建筑在内在感官、情感、情欲或直觉之上
10	【美】雷纳·韦勒克	特别强调文学的道德功用和文学的真实性，认为文学的目的就是要通过快感而给人提供教益，而小说家的责任则是把人类的风尚公正地展示出来。他以道德和真实为主要内容的艺术趣味标准，认同趣味具有相对性的观点，肯定“趣味无争辩”的古谚具有一定的正确性		快感 教益 风尚 相对性 趣味无争辩	快感
11	【英】雷诺兹	强调审美趣味是艺术中最重要的力量，它可以决定一个艺术家的成功或者失败，不能简单地当成感觉来对待，而应当通过理性和哲学的力量形成一种合理的审美趣味。审美趣味是人的自然本性与自然形态和谐统一的状态，其核心内容是认识自然本性，认识人的本性，认识美，是一个固定不变的基础。他的观点其实是一种客观唯心主义		理性的 哲学的 合理的 自然本性与自然形态的统一 人的本性 客观唯心主义	
12	【德】莱辛	真正的鉴赏力是具有普通性的鉴赏力，它能够详细阐明每一种形式的美，但绝不妄求任何一种形式，以至于超出它可能提供的娱乐和陶醉的范围		普通性 鉴赏力 形式的美	娱乐和陶醉
13	【法】伏尔泰	他将趣味判断看成一种个体的心理直觉本能；将趣味判断看成个体的一种技能；认为其具有客观性、相对性，有好坏之分；肯定其普遍性，可以培养		个体的 心理直觉本能 技能 客观性 相对性 好坏之分 普遍性 可培养	

续表

序号	学者	观点 定义或描述	客体特征	方式 关键词提取	主体主观感受 概要与思考
14	【法】狄德罗	他没有专门讨论趣味的问题,但在他的许多论述中都涉及了。他的趣味观:一方面强调自然和真实,把自然和真实看成和高尚趣味最为接近的因素;一方面又十分强调审美趣味中善的作用		自然 真实 高尚 善的作用	
15	【德】康德	综合了感性和理性的趣味。从审美判断的角度提出"审美无利害关系"说和"先验的共通感"说;从量的方面来看,具有无概念的普遍性;按照目的的关系来看,趣味判断的先天原理是无目的的合目的性;从对象所感到的愉快的情状来看具有必然性		无利害 共通感 普遍性 合目的 必然性	
16	【法】丹纳	丹纳的艺术社会学对艺术趣味与种族、环境、时代三要素之间的关系的论述,有一定的唯物主义倾向,在一定意义上揭示了趣味的生成本质。他指出一个艺术家的存在不是孤立的,他的审美趣味不可能脱离他的流派或种族的共同特点而存在		种族 环境 时代 生成本质	不是孤立的
17	【英】罗斯金	他的研究揭示了艺术与宗教、伦理、政治、经济等社会因素之间的关系,同时显示了他的艺术趣味的标准和内容。他以道德作为艺术趣味的核心内容。他强调真与善,但没有美		道德核心 多因相关	
18	【英】达尔文	他认为美感非人所独有,但人的美感高于动物的美感;动物虽然也有一定的审美能力,但只有人才具有审美趣味,因为审美趣味要受文化传统和教育的影响;性选择对趣味的形成也具有一定的影响		非独有 动物审美力 传统 教育 性选择	
19	【美】路易·哈拉普	他的艺术理论是奠基在阶级分析的基础上的,他的趣味理论同样与阶级分析的社会学立场有关,是建立在他的马克思主义艺术理论的基础之上的,他认为趣味具有社会性、阶级性,是阶级斗争的晴雨表,时尚的本质是上层阶级的趣味竞赛、大众媒介控制下的大众艺术趣味		社会学立场 社会性 阶级性 时尚性	
20	【法】布迪厄	他认为趣味是某一阶级成员通过自己的生活方式和消费行为对自己的阶级归属的认同,它对分配的控制是通过消费进行的,不同的趣味就会产生不同的消费观,不同的消费观又决定了一个人在社会空间中的阶级归属。他以阶级理论为整体框架,以趣味分析为主要手段的社会学理论,结合了后工业社会的消费现实,深入地剖析了趣味的阶级性和社会性		生活方式 消费行为 阶级归属认同	
21	【意】克罗齐	他强调趣味与天才的统一,认为趣味和天才的有机统一才会产生真正的审美判断。他认为趣味标准具有绝对性		天才 审美判断 绝对性	

续表

序号	学者	观点 定义或描述	客体特征	方式 关键词提取	主体主观感受 概要与思考
22	【美】乔治·桑塔亚那	他坚决反对审美趣味方面的教条主义，指出审美趣味方面的教条主义把自己打扮得玄而又玄，自信自己是绝对正确的，但是却忘记了自己是“从一种特殊的心理气质所发展出来的”。他认为审美趣味具有多样性，而审美趣味的衡量标准只不过就是以深思熟虑形式表现出来的审美趣味的本身，是天然的，属于个人的，是独立自主的；他认为审美趣味的具体标准有社会标准和实用性标准。审美趣味的形成有四个要素：审美情感、技术与经验、欣赏朴素纯实的美的能力、理想与外部基础的有机统一		心理气质 多样性 天然的 个人的 独立自主的 社会标准 实用性标准 审美情感 技术与经验 理想与外部	
23	【日】竹内敏雄	趣味指享受美的对象、判定它的价值的能力。但是在德、英、法文中曾被用于种种意义，其本义为“味觉”，在广义上被引申为对一般快感的判定能力，狭义则用于对美的判定能力		享受美 价值判断味觉 快感判断能力 美的判断力	享受美的对象、判定它的价值
24	朱立元	“趣味”属于中国美学范畴。以“趣味”来表达审美感受		中国美学 审美感受	审美感受
25	陶明君	“趣”作为一种审美愉悦，原与作为审美体验的“味”相近，合为“趣味”，指人们的审美理想、审美情趣以及书法作品中能激起人们美感的内蕴与形式等特质		审美愉悦 美感内蕴 美感形式	激起人们美感的内蕴与形式
26	林同华	美学范畴。指艺术作品的情趣、意味，领略艺术作品的审美心理吸引力和情感		审美心理吸引力和情感	领略
27	冯契	中国美学史用语。指审美欣赏的一种情趣		情趣	审美欣赏
28	张岱年	趣味范畴由趣与味两者组合而成，指艺术作品所呈现的趣和味，也指人由一定的审美需要出发，对于对象之形式或内蕴的美学特性所产生的情感趋向和选择能力，如情趣、态度、兴味、好尚及追求等		趣与味 审美需要形式 内蕴 情感趋向选择能力 情趣、态度、兴味、好尚、追求	由一定的审美需要出发
29	史继林、朱英贵	事物等所具有的使人感到愉快、有趣、有吸引力的特性		愉快 有趣 有吸引力	感到愉快、有趣、有吸引力
30	董大年	使人愉快，感到有兴趣的特性		愉快 兴趣	使人愉快，感到有兴趣

专案分析上述定义，提取关键词，结合日常审美趣味的经验进行理性思考，将本文审美趣味和赫哲族的“渔味”内涵与外延界定如下：

审美趣味，指人们感受对象世界过程中，从感官生理快感体验向精神愉悦享受转化时，表现出的一种有选择的稳定的个性倾向。又称审美情趣、审美取向，是审美心理活动的核心要素与过程；是人类各种“趣味”中，最令人向往和陶醉的一种身心体验；是判断一项活动，一位公民、一个民族、一个社会、一所学校师生精神面貌、行为取向、人性特质与格调的重要指标。

“渔味”，指赫哲族人通过以渔为业、以渔为食、以渔为生、以渔为乐的生产与生活交互作用方式，而形成的与渔相关的趣味感官快感体验和精神愉悦享受，在赫哲族人生产与生活的方方面面无处不在，是独特的审美趣味。

或者说，赫哲族的审美“渔味”指：赫哲族人与他们的以渔为业、以渔为食、以渔为生、以渔为乐的生产与生活交互作用方式，而形成的无处不在的审美趣味。这正吻合了马克思主义美学的“美是人的本质力量的对象化”的基本观念。审美就是人的本质力量对象化的过程，人的特定的审美趣味，就是人与生产劳动交互作用的过程、特定的产物。(3) 对表中的“概要与思考”一栏，根据“定义与描述”“关键词提取”两栏和“审美趣味”“渔味”的定义，进行补充思考和补充相应内容。

案例3.10建议：(1) 本文在考察核心概念“审美趣味”(如案例3.10表1) 之前，还考察了与“审美趣味”有关的重要相关概念：“审美”和“趣味”等。可见其在基本概念考察方面投入了不少时间和精力。作为前期准备和学术素养训练来说，值得赞赏；但对于学术文本构成来说，对“审美”和“情趣”这些非标题概念（即核心概念不相关概念）的考察，用力和篇幅过大，有干扰重心的感觉。也最终会影响到核心概念的界定，因此，在此没有转用。(2) 对核心概念“审美趣味”的考察，检索了诸多文献，文献证据充分，但是原文本中对各定义关键词分析提取的功夫尚不够（现案例3.10表1已补充提取了关键词)。(3) 最后概念考察最终落点，是给核心概念一个本质特征尽量完整且明确的界定，从本案例所给出的核心概念“审美趣味”和主要核心概念“渔味”的定义，可见两个核心概念之间的紧密逻辑关联（上述案例后的定义，本书作者已做有关修改)

3.2.5 核心概念关键词功能：框架与维度

关键词有两个层面的含义。一是指大论文或学位论文与大型学术成果文本中的核心概念定义中的关键词；二是指小论文中摘要下面要明确标注的本文“关键词”，这个关键词是核心概念的意思，其定义中也有关键词，这个关键词等同于大论文中核心概念定义的关键词。

核心概念定义的关键词，或以关键词表达出来的核心概念，不仅反映了事物的本质特征或属性，且规定了全文的理论逻辑主线骨架或框架，以及实证研究部分的实证设计维度和数据分析维度。换句话说，无论是在理论还是实证研究中，核心概念定义中的关键词都有十分重要的作用，是理论分析框架和实证维度等构成的重要逻辑依据。核心概念中的关键词不准确，理论逻辑就会出现偏差，严重的就是脱轨，文不对题；实证维度就不合理，没有理论效度，与所证命题成假设错位，数据收集和分析不准确等，导致整个论文偏题。

核心概念的关键词，也就是概念所揭示的事物内涵（本质特征）和外延（范围与分类）（参见本章3.1.1、3.1.5），也就是学术思维和学术文本写作的基本逻辑结构，或者称为分析的理论框架、理论建构的基本框架等。例如，说到“教育”，就必须至少用教育定义（案例3.1）中的三个关键词“社会活动”“影响人类”“身心发展”等去分析、提炼、综合与建构；说到“学校教育”，就必须至少用其定义（案例3.2）中的“有目的”（学校的教育目的和目标，或学校教育功能，课程与教学目标、课堂目标等）、“有计划”（培养计划或培养方案、课程计划、教学计划、教学过程设计）、“有组织”（学校机构组织、课堂组织、班级授课制、走班授课制、学校组织管理、课堂组织管理、学校制度）、“社会活动”（学校活动与社会活动的互动）、“培养人”（学校教育适龄人群的分类、影响各类人群的手段、教学手段与方法等）、“身心发展”（各学校教育阶段学生身心发展指标、教学效果、教学质量评价）等六大关键词及关键词下位的概念（案例3.2）去分析、综合、提炼与建构。

形象地说，核心概念考察和界定，就是学术论文理念大厦的地基建设；而核心概念关键词，就相当于在这个地基上矗立而起的拟建大厦的几个主干大梁，然后再延伸搭建起纵横交错的大厦框架。因此，核心概念的关键词，也就基本框定了学位论文的思维线路、主要研究内容和论文框架。

案例3.11　以主要核心概念关键词建构文本逻辑骨架

如前案例3.10所述，学位论文《渔味：赫哲族审美趣味调查研究》，有三个核心概念，即“审美趣味”、“赫哲族”和“渔味”，主要核心概念是赫哲族的“渔味”，其以另一核心概念“审美趣味”的界定为首，再与“赫哲族”的日常生存方式和生活方式（渔业）直接相关，然后界定了赫哲族独特的审美情趣“渔味”这个主要核心概念：渔味，指贯穿在赫哲族与渔业直接相关的日常生活中的审美趣味或审美情趣，该定义的关键词有渔业、日常生活、审美情趣。结合核心问题（视点A）和主要核心概念（视点B）这三个关键词一以贯之，就得到了《渔味：赫哲族审美趣味调查研究》论文的基本内容和逻辑框架（草案，其中的“建议”为导师所提修改建议）：

绪论

1.问题的提出：《乌苏里船歌》还能够唱下去吗?

2.核心概念界定（核心概念：（1）赫哲族；（2）审美趣味；（3）渔味——赫哲族的审美趣味）

3.有关研究综述

4.研究内容框架

5.主要研究方法

6.价值与创新

第一章 乌苏里船歌——以渔为生为乐的赫哲族

（建议：如果有一些关于赫哲族人渔业生活或者渔业文化与审美活动的调查及数据分析最好）

第二章 赫哲族渔味的三大审美层次（特征）

第三章 赫哲族渔味的三大审美向度（取向）

（建议：如果将第二章和第三章的内容，以纵横二维坐标画一个“渔味——赫哲族审美趣味构成图谱”，就更理想了）

第四章 消失与新生

第五章 富有审美渔味的赫哲族教育

（建议：如果加上本地中小学教材内容成校本教材的调查，以上述构成图谱确定调查维度和项目，获得有关数据，进行分析得出结论，那就更理想了）

第六章 深情吟唱新乌苏里船歌

（建议：提出发扬和保护赫哲族审美文化，乃至更多中华民族传统审美文化精髓的政策建议）

结 语

后 记

案例3.11评析：该案主要核心概念定义明确，定义中关键词明确（修改后的），全文章节逻辑与问题与核心概念（关键词）一以贯之，形成全文论述和论证结构。

案例3.11建议：如果结合括号中的建议，增加实证调查的维度和统计分析维度内容，该案将是一篇逻辑合理且内容丰富的学位论文文本。进一步，再结合本文第二章的三大审美层次和第三章的三大审美向度的内容要义，修改和丰富“渔味”定义，例如：“渔味，指贯穿在赫哲族与渔业生产直接相关的日常生活中具有特定审美向度和层次区分的审美趣味或审美情趣的总和”，这样，全文问题、核心概念、关键词及全文逻辑结构就高度统一起来了！

案例3.12 核心概念界定、关键词与全文理论建构

学位论文《大学生学力发展研究》，核心概念为“学力”。通过大量检索和分析文献，反复提炼和解读关键词（案例3.12表1），最终界定了学力的本质定义（内涵）与操作性定义（外延）。

案例3.12表1 学力定义一览表

编号	定义	关键词
1	“所谓学力是作为学业成绩而表现出来的个人和集体的能力”[1]	学业成绩、能力
2	“学力是可以计测的，是学习了系统的教育内容后所达到的能力”[2]	计测、学习、教育内容、能力
3	“学力泛指个人所能实现的一切能力”[3]	能力
4	学力是“作为学习与发展的成果在现时点所能发挥的能力”[4]	学习成果、发展成果、能力
5	学力是“通过特定的学力调查或学力测验的结果所反映出来的能力”[5]	调查结果、测验结果、能力
6	“学力是在处理事物的能力中谁都能区分、授受的部分，由范畴、知识和技巧三要素组成的”[6]	处理事物、能力、范畴、知识、技巧
7	“所谓学力，意味着通过教学活动而达到的特殊能力的程度”[7]	教学活动、特殊能力
8	“所谓学力，是通过教学在儿童中所形成和发展的某种东西，把知识、能力、熟练这种所谓实力方面的因素叫作学力是适当的”[8]	教学、知识、能力、熟练
9	学力是可计测成果的，学习了系统的教育内容所达到的谁都能够区分、接受的能力[9]	可计测成果、能力、学习、教育内容
10	“学力是人后天习得的，在人世间起着活生生的能动作用的总体”[10]	能动作用
11	学力是指“努力学习”[11]	努力、学习
12	学力意味着学习的结果[12]	学习结果
13	学力是“主要由课程内容所培养的各种能力之中，测试出来的能力”[13]	课程内容、测试、能力
14	学力是“学问的功夫造诣”[14]	学问、功夫、造诣
15	“学力是学习学科教材的结果，表现为外显化的学业成就，即知识与技术；同时也是在掌握知识的过程中所获得的学习潜力，即学习方法、科学方法、探究能力等”[15]	学习结果、学科教材、学业成就、知识、技术、学习潜力、学习方法、科学方法、探究、能力
16	学力是指“文化程度”[16]	文化程度

[1]城户幡太郎.心理学和教育[M].国土社，1958：94..
[2]勝田守一.学力とはなたか[J].教育，1962(7)：10.
[3]大河内一男.教育学全集(第4卷)[M].小学馆，1968：320-321.
[4]大河内一男.教育学全集(第4卷)[M].小学馆，1968：320-321.
[5]大河内一男.教育学全集(第4卷)[M].小学馆，1968：320-321.
[6]中内敏夫.学力と评価の理论[M].国土社，1971：56.
[7]细谷俊夫等编.教育学(全集4)[M].小学馆，1975：318.
[8]细谷俊夫等编.教育学(全集4)[M].小学馆，1975：321.
[9]藤岡信勝.学力规定と教育实践はちつぅかかわるか[J].现代教育科学，1976(8)：34.
[10]船山谦次.学力论の变迁[J].教育评论，1976(11)：43.
[11]中国社会科学院语言研究所词典编辑室.现代汉语词典[M].北京：商务印书馆，1978.
[12]藤永保等编.教育心理学下册[M].有斐阁，1978：160.
[13]安彦忠彦.学校の教育课程编成と评估[M].明治闵书，1979：96.
[14]辞海编辑委员会.辞海(缩印本)[M].上海辞书出版社，1979：1125.
[15]木下繁弥.学力の形成と评估[M].明治闵书，1984：108.
[16]张念宏.教育学辞典[M].北京：北京出版社，1986：287.

续表

编号	定义	关键词
17	学力是"在学问上达到的程度"[1]	学问程度
18	学力是"学问的成就,造诣"[2]	学问、成就、造诣
19	学力是指"在学问上的造诣,有时泛指知识水平"[3]	学问、造诣、知识水平
20	"学力是学生通过学校的教育和教学活动而形成的能力或能力表现"[4]	学校教育、教学活动、能力
21	"学力(educational level),在学问上达到的程度"[5]	学问程度
22	"学力的概念不仅指与学科知识有关的能力,还指学生在思想品德、知识技能、体质、社会适应,以及劳动知能等各个方面的可教育性及实际发展水平"[6]	学科知识、思想品德、知识、技能、体质、社会适应、劳动知能、可教育性、发展水平
23	学力是指一个人在学问进修方面实际达到的水平[7]	学问水平
24	学力是学术成就"[8]	学术成就
25	"学力是指在学校这一特殊的教育组织中有意识地形成的非一般生活能力"[9]	学校教育、有意识、非一般生活能力
26	学力是指学校的学科教学形成的能力[10]	学校、学科教学、能力
27	"所谓学力,一般是指从事后续学习的学习基础"[11]	学习、学习基础
28	学力是指一个人在学问上达到的程度或学问上的功大造诣[12]	学问程度、功大、学问造诣
29	学力是指学问的成就、造诣[13]	学问、成就、造诣
30	学力应规定为认知要素、技能的习熟和情意要素的复合体[14]	认知、技能、情意
31	"所谓学力是指学问的功夫造诣,即在学问上到达的程度"[15]	学问、功夫、造诣、学问程度
32	学力是"学习者通过学习所达到的在知识、能力、技能技巧等方面的水平"[16]	学习、知识水平、能力水平、技能技巧水平
33	"所谓学力,广义地说,就是人们在日常学习、生活和工作中逐渐形成的学习经验和学习能力。狭义的学力,一般是指学生在学校教育过程特别是系统的学科教学过程中逐渐形成的后续学习的学习基础"[17]	学习经验、学习能力、学校教育、学科教学、学习基础
34	学力是"学问的力量或学问的效力"[18]	学问、力量、效力
35	学力"广义指借助学校教育所形成的能力,亦即通过学科教学及生活指导而形成的能力的总体。狭义指借助学科教学而形成的能力"[19]	学校教育、能力、学科教学、生活指导

[1]陈元晖.教育与心理辞典[M].福州:福建教育出版社,1987:646.
[2]广东、广西、湖南、河南辞源修订组.商务印书馆编辑部辞源[M].北京:商务印书馆,1988:431.
[3]张焕庭.教育辞典[M].南京:江苏教育出版社,1989:535.
[4]朱智贤.心理学大词典[M].北京:北京师范大学出版社,1989:811.
[5]王同忆.语言大典(下册)[M].海南:三环出版社,1990:3906.
[6]陈中永.现代学力的结构及其评价原则[J].教育评论,1990(4):18.
[7]王一秀.中国教育行政管理大事典[M].北京:光明日报出版社,1991.
[8]戴明钟,戴炜栋.汉英综合词典[M].上海:上海外语教育出版社,1991:997.
[9]奥田真丈.现代学校教育大事典(卷1)[M].东京:行政出版公司,1993:393.
[10]奥田真丈.现代学校教育大事典(卷1)[M].东京:行政出版公司,1993:393.
[11]戴汝潜.课程改革研究与实验[M].北京:教育科学出版社,1993:61.
[12]林崇德,姜璐,王德胜,等.中国成人教育百科全书(心理教育)[M].海口:南海出版公司,1994:343-344.
[13]倪文杰,等.现代汉语辞海[M].北京:人民中国出版社,1994:431.
[14]稻叶宏雄.对按学习程度编班的思考[J].教育,1994(2):29.
[15]薛红,谭育虹.浅析学力评价的功能与意义[J].哈尔滨体育学院学报,1995(11):11.
[16]柳斌.全面素质教育手册(上)[M].北京:九州图书出版社,1997:58.
[17]苏丹兰.论学力、基础学力的概念与要素构成[J].山东教育科研,1997(3):14.
[18]钟启泉.学力·学力论争·学力模型——日本学力说的演进[J].上海教育科研,1997(5):1-7.
[19]顾明远.教育大辞典[M].上海:上海教育出版社,1997:1801-1802.

续表

编号	定义	关键词
36	学力的内涵包括:"(1)兴趣、动机、态度;(2)思考力、判断力、表现力;(3)技能;(4)知识、理解"[1]	兴趣、动机、态度、思考力、判断力、表现力、技能、知识、理解
37	学力是"在学校的教学、学习过程中作为教学内容的结果所掌握的知识、技能、习熟的总和"[2]	学科教学、学习结果、知识、技能、习熟
38	学力是"主要依靠学校以学习教育内容为媒介形成的发展了的学习能力"[3]	学习、学校教育、学习能力
39	学力是指学科教学中形成的学术性能力[4]	学科教学、学术性能力
40	学力是通过后天学习与实践获得的态度、能力与知识的集合[5]	学习、实践、态度、能力、知识
41	学力,学问的功夫造诣[6]	学问、功夫、造诣
42	"学力是涵盖智力、成绩、学习动机、学习态度、学习效果、知识结构等的一种综合指标"[7]	智力、成绩、学习、动机、态度、效果、知识
43	学力是个人在学识上达到的程度[8]	学识程度
44	学力是通过学校教育而在学生身上所形成的各种能力的总和[9]	学校教育、能力
45	学力是指作为教学成果的知识与能力[10]	教学成果、知识、能力
46	学力是"学习动力、学习能力、学习毅力和学习创新力的总和"[11]	学习、动力、能力、毅力、创新力
47	学力是学生通过学校所获得的知识、技能与情意[12]	知识、技能、情意
48	"'学力'代表的是学习能力,从'学力'上反映的是一个人主动探求新知,适应新情况,解决新问题的能力"[13]	学习、探求、适应、解决问题、能力
49	学力是以知识为基础,以语言符号和数字逻辑为支撑,以情感为动力,以思维为核心的知识、情感、态度的综合[14]	知识、情感、态度、思维、语言符号、数字逻辑
50	学力是指学问的功力及造诣。有时亦泛指在科学文化知识上实际达到的水平[15]	学问、功力、造诣、科学文化、知识水平
51	学力是由学习动机、方法、可持续独立学习的态度组成[16]	动机、方法、态度
52	学力是通过学习获得的能力,是人的能力的基础部分[17]	学习、基础能力、能力

[1]钟启泉.素质教育与课程教学改革[J].教育研究,1999(5):47.
[2]驹林邦男.现代社会の学力[M].放送大学教育拯兴会,1999:38.
[3]驹林邦男.现代社会の学力[M].放送大学教育拯兴会,1999:38.
[4]钟启泉.关于"学力"概念的探讨[J].上海教育科研,1999(1):16.
[5]袁运开.再论培养学生发展性学力与创造性学力的内涵及意义[J].华东师范大学学报(教育科学版),1999(1):72-80.
[6]夏征农.辞海(中)[M].上海:上海辞书出版社,1999:3193.
[7]吴康宁.课堂教学社会学[M].南京:南京师范大学出版社,1999:95.
[8]周瑞枝.提高学力是实现素质教育的途径[J].辽宁师范大学学报,2000(2).
[9]车文博.心理咨询大百科全书[M].杭州:浙江科学技术出版社,2001:669.
[10]钟启泉.学力理论的历史发展[J].全球教育展望,2001(12):31-38.
[11]稻川三郎著.太阳舜译.第三种课堂教学——培养会学习的学生[M].上海:上海人民出版社,2002:8.
[12]徐小松.中学生学力评价研究初探[D].上海:华东师范大学,2004(6):5.
[13]张战勇,晁晶.当代本科生应该从追求"学历"走向追求"学力"[J].广州航海高等专科学校学报,2005(8):41.
[14]李庚南.论初中生学力及其形成[J].江苏教育研究,2006(9):21.
[15]杨学为.中国考试大辞典[M].上海:上海辞书出版社,2006.
[16]吴剑丽.新形势下大学生显性学力与隐性学力的培养——构建课堂教学—实践教学—自主学习三维循环教学平台[J].高教探索,2006(4):56.
[17]金娣,王钢.教育评价与测量[M].北京:教育科学出版社,2007:229.

续表

编号	定义	关键词
53	学力是“借助学校教育所形成的能力”[1]	学校教育、能力
54	“学力是后天学习与实践中获得的态度、能力与知识的集合”[2]	学习、实践、态度、能力、知识
55	“学力,学问的功夫造诣;在学问上达到的程度,广义是指通过学校教育所形成的能力;狭义是指借助学科教学而形成的能力”[3]	学问、功夫、造诣、学校教育、能力、学科教学
56	“所谓‘学力’是指作为主体的学生借助学校内外的学习过程所习得的能力的总体”[4]	学校内外、学习过程、能力
57	“学力的形成过程就是:扎实习得基础、基本的知识、技能,‘活用’这些基础知识、技能,形成思维能力、判断能力、表达能力,进而形成主体性的‘探究’的态度”[5]	知识、技能、思维、判断、表达、能力、探究、态度
58	学力是指到高中为止的学校教育中形成的基本课程上的学习能力,和与之相伴的文章读写能力和论理能力,以及课堂笔记的写法,与他人交流的能力等等,学力是成为学习基础的基本技术[6]	学校教育、课程、读写、论理、交流、能力、学习基础、技术
59	学力是学校教授内容的学业成就[7]	学校、教授内容、学习成就
60	学力是借助学科和教材有计划的系统的授受,是以知识技能为核心而形成的种种能力[8]	学科教学、知识、技能、能力
61	“学力是一种有关学习活动的综合性实力,它是个体学习者机体动能、心理动力、操作能力、认知结构力、习惯潜力和环境支持力等的全面聚合”[9]	学习活动、机体动能、心理动力、操作能力、认知结构力、习惯潜力、环境支持力
62	学力是学习者这个有机体在其自身环境中发育生长出来并应用于学习活动中的动能性力量[10]	学习活动、动能性力量
63	学力是“学习力的简称”,“可以改变学习者乃至学习组织学习状态的原因”[11]	学习力、改变学习
64	学力的要素包括认知的储备、技能的习熟、情意的物质[12]	认知、技能、习熟、情意物质
65	“‘学力’即学习能力”[13]	学习能力
66	学力是借助学校内外能动的、创造性的活动所习得的有益于现在和未来发展的知识、能力和情意等要素的综合[14]	学校内外、能动的、创造、知识、能力、情意
67	学力是学习者个体在学习过程中获得的知识、能力和情感态度的总和[15]	学习过程、知识、能力、情感、态度
68	“学力是基于学校教育之上,又是存在于学校教育之外的一种学习力、生存力与发展力,这是内化为主体素质与实践之间的无形的‘力’”[16]	学校内外、学习力、生存力、发展力、素质、实践

[1]徐征.从概念到模型研究的日本学力论[J].黑龙江高教研究,2008(1):57.

[2]刘智元,张军晖.农民学历的现状与分析——江苏农业科技入户行动的调查[J].中国职业技术教育,2008(1):3.

[3]夏征农,陈至立.辞海(第六版彩图本)[M].上海:上海辞书出版社,2009:2604.

[4]钟启泉.从日本的“学力”概念看我国学力研究的课题[J].教育发展研究,2009(Z2):1.

[5]方明生.日本新学习指导要领与学力结构研究的深化——访日本课程学会理事长水原克敏[J].全球教育展望,2009(9):7.

[6]金子元久著,徐国兴等译.大学教育力[M].上海:华东师范大学出版社,2009:7.

[7]佐藤学著,钟启泉译.叩问“学力”[J].全球教育展望,2010(6):3-10.

[8]雒力雯.美国劳工部“SCANS报告”对我国建构新学力观的启迪[J].牡丹江教育学院学报,2010(3):50-51.

[9]苏兴仁.学力形态论概述[J].人民论坛,2011(4):142-143.

[10]苏兴仁.学力形态论概述[J].人民论坛,2011(7):206-207.

[11]张嘉丽.远程学生学力及其应用研究[D].北京:北京邮电大学,2011:2.

[12]徐征.日本学力论研究中习熟论的出现[J].黑龙江高教研究,2011(5):17-20.

[13]殷燕燕.对社会学力观的研究:基于高考语文试卷的视角[D].沈阳:辽宁师范大学,2011:8.

[14]殷燕燕.对社会学力观的研究:基于高考语文试卷的视角[D].沈阳:辽宁师范大学,2011:52.

[15]吴庆华,钟云华.重视学力培养提高学习质量——第十一次全国高校学习改革与创新研讨会综述[J].中国大学教学,2012(9):94.

[16]孙得芳.学力概念的意蕴与发展[J].教育科学论坛,2013(10):11.

续表

编号	定义	关键词
69	"学生的学力主要指学生借助一定的教育环境资源和积极的综合实践活动，所形成的自我获取、自我构建、自我发展、自我超越的知识、能力、情感、态度的总和，其核心是学生积极自主的创造性思维和良好的精神品格"[1]	教育环境资源、综合实践活动、积极、自主、创造性思维、精神品格、自我获取、自我构建、自我发展、自我超越、知识、能力、情感、态度
70	"学力是个人在学识上表现出来的能力和水平，包括学习知识、理解知识、运用知识等方面"[2]	学识、能力、知识、学习、理解、运用
71	"学力泛指学生对学校教学内容的理解和掌握程度"[3]	学校、教学内容、理解、掌握
72	学力是"根据学校教育和训练所习得的认知能力"[4]	学校教育、训练、认知、能力
73	"学力是本科生能力和素质的总和，是通过学校教育所形成的能力"[5]	能力、素质、学校教育
74	学力是"学习之后获得的知识、能力，特别指根据学校教育所习得的能力"[6]	学校教育、学习、知识、能力
75	学力是"根据计划性学习所达成的能力，特指认知能力"[7]	计划性学习、认知、能力
76	学力是"(学生)在通过学校系统性的教育后所获得的能力，特指正确理解教学内容后将所学知识掌握，并使用知识进行新事物创造的能力"[8]	学校教育、能力、教学内容、正确理解、掌握、知识、创造
77	学力是"教学活动、教学过程中目标的达成"[9]	教学目标
78	"所谓学力是由学校教育以知识和技能为中心进行系统的传授，学生在成年时期所习得的基本能力，以促进所有的学生达到健全的人格"[10]	学校教育、知识、技能、能力、人格
79	学力是"对人类文化进行学习后所获得的能力"[11]	人类文化、学习、能力
80	学习的精力[12]	学习、精力
81	"学力"则指的是一个人主动探求知识，解决各种学习问题的能力[13]	主动、探求、知识、解决问题、能力
82	"学力"的内涵不仅包含基础知识、基本技能，也包含态度、情感、价值观等人格要素[14]	知识、技能、态度、情感、价值观

[1]李庚南."自学·议论·引导"教学法三十五年的实验研究[J].课程·教材·教法，2013(8)：10.

[2]张鹏君.论课堂教学中的虚假互动及其超载[J].中国教育学刊，2013(8)：56.

[3]严善平，周海旺.教育公平与户籍身份——基于上海市中小学生的调查[J].中国人口科学，2013(2)：110.

[4]佚名.フリタニカ国际大百科事典[EB/OL].https://kotobank.jp/word/学力-43871，2014-12-07.

[5]方燕.本科生的学力现状及影响因素研究[D].长春：东北师范大学，2013：1.

[6]池上秋彦，金田弘等.デジタル大辞泉[EB/OL].http://kotobank.jp/word/学力-43871，2014-12-07.

[7]佚名.百科事典マイペディァ[EB/OL].https://kotobank.jp/word/学力-43871，2014-12-07.

[8]宋村明.大辞林(第三版)[EB/OL].https://kotobank.jp/word/学力-43871，2014-12-07.

[9]佚名.世界大百科事典[EB/OL].https://kotobank.jp/word/学力-43871，2014-12-07.

[10]佚名.日本大百科全书ニッポニカ[EB/OL].https://kotobank.jp/word/学力-43871，2014-12-07.

[11]佚名.世界大百科事典(第二版)[EB/OL].https://kotobank.jp/word/学力-43871，2014-12-07.

[11]http://baike.baidu.com/view/102451.htm?fr=aladdin，2014-12-07.

[13]尹付.本科生英语学力的提升策略[J].常州大学学报(社会科学报)，2014(3)：100.

[14]万伟平.高职院校本科生学力评价指标体系构建——基于发展性评价的视角[J].当代职业教育，2015(4)：67.

根据对“学力”各种概念的考察和涉及的要求分析，得到学力的本质定义（内涵）：指获取知识或取得学业成绩的认知（思维）力、动力、行动力和效力的总和。

学力操作性定义（外延）：学力在外延或范围及种类上，包括对知识的认知力（感知力、记忆力、理解力、思维力、批判力）、行动力（学习方式、策略、时间投入）、动力（自觉性、主动性、积极性）、效力（成绩、应用、创新）。

学力与相关概念“学历”“学习能力”的区别：“学历”指具有某种学习经历或者经验，通常用学习年限或学段来表述，如高中一年级学历、研究生学历等。“学习能力”，主要是指获得和应用知识的智力本领。而“学力”，除学习能力以外，还含有非智力因素，如动力等。有高学历不等于有良好“学力”（这正是目前大学生普遍存在的问题），有学力需要一定学历（包括非正式学校学习的经历）。“学习能力”只是“学力”中若干“力”的一种，主要属于对信息的学习认知加工部分。

将“学力”定义的内部结构和外部结构结合，可归纳为一个比较完备的文本论证理论结构。

案例3.12评析：(1)“学力”这个核心概念的界定，因为受到大量相似概念干扰，费了很多周折。最终，是在字典、专业词典、辞典，国内外相关论著，代表性论文等中，查找出了80多个定义（案例3.12　表1），对各定义中的要素进行提炼，才最后确定了上述本质定义和操作性定义，并与相关概念学习能力、学历等进行了比较和区分，将本质定义和操作性定义获得的关键词，或称要素，进行了归纳，组建成了认知力（思维力）、行动力、动力、效力四大维度。(2) 于是，将这一核心概念为视点(B)，及核心概念定义的4个关键词及四大维度，贯穿于本学位论文“大学生学力发展调查”的问卷设计的四大维度和全论文章节内容构成的基本板块，形成了全文思维和文体撰写逻辑，也规定了全文大小标题及内在逻辑关系。

案例3.12建议：本文虽然就“学力”概念考察了80多个定义，但是对“学力”的相关理论分析和理论建构欠缺深度和高度。建议补充关于人的发展与学习、与学习力发展之间关系的阐述，哲学理论、心理学理论、脑科学和人类终身发展之关系的理论，再回头看大学本科生学力发展的重要意义，本文会有更高的学理性。

案例3.13　核心概念关键词

论文《公民社会责任感调查研究》，主要核心概念为“社会责任感”，定义为：

社会责任感，是在无任何制度或权力约束的情境下，个体对自己、家庭、他人、集体、国家和全人类积极地去完成某种道义上应该担当的事情的态度或情感体验。

案例3.13评析：解析这一核心概念的关键词有三：

1）无任何制度或权力约束；

2）道义上应该担当；

3）态度或情感体验。

但是从整个论文看，重心内容是阐述"个体对自己、家庭、他人、集体、国家和全人类"等"道义上应该担当"的任务，对另两个关键词（本质特征）"无任何制度或权力约束"与"态度或情感体验"并无相应阐述，且调查问卷设计的内容又主要是围绕几种责任感（社会责任感的外延或分类），如自我责任感、家庭责任感、他人责任感、集体责任感、国家责任感（缺人类责任感）等构成的，一共设计了102个问题，都与社会责任感的本质特征如"无任何制度或权力约束"、"道义上应该担当"和"态度或情感体验"等没有太大关系，导致论文内容与标题错位，且内容干瘪。

案例3.13建议：（1）重新界定社会责任感，或根据现存论文的主要内容，适当调改原"社会责任感"的定义，以使该概念的内涵和外延与全文内容逻辑和结构有高度吻合关系。（2）或者对关键词进行深度解读，使之血肉丰满、内容更丰富。如：

1）无任何制度或权力约束（但要受到道德和道义约束）；

2）道义上应该担当（应该担当与主动担当是两种不同境界）；

3）态度或情感体验（强调情感体验与价值认同有高度相关性）。

案例3.14　核心概念的组合关系、界定和内容逻辑

标题上的概念可能有多种组合关系，因此相同标题可能会得到不同核心概念，论文内容及结构也会随之发生变化。

学位论文《文科专业应用性研究》确定并分别界定了核心概念：

文科、专业、应用性

案例3.14评析：（1）本文《文科专业应用性研究》确定了三个核心概念"文科""专业""应用性"，但还有一种思路和组合——两个核心概念"文科专业"和"应用性"，主要核心概念是"应用性"。何为专业"应用性"和"文科专业"的"应用性"，是主要核心概念界定的重心所在。（2）结合内文看，研究重心并不在文科专业的"应用性"上，而是在应用性的评价上，且从所设计的应用性调查指标（案例3.14表1）的6个一级维度和20个项目看，更像是就业调查，导致后面章调查数据分析（案例3.14表2）以及提出的文科专业"改革设想"（第七章目录）等，也都严重跑题。

案例3.14建议：（1）合并为一个“文科专业应用性”核心概念并重新进行界定，定义要揭示的是“文科专业”的“应用性”是什么，而不是“就业状况”。“就业”与“应用性”有关，但绝不等同“应用性”，尤其“文科的应用性”，不能等同文科的“就业性”。（2）或将论文标题改为《文科专业就业现状调查》，删除原核心概念“应用性”。

经过访谈、相关研究以及问卷调查，本研究确定的文科专业应用性的评价维度体系包括6个一级维度，20个二级维度。具体见案例3.14表1。

案例3.14表1　文科专业应用性评价指标

一级维度		二级维度	
1	就业难易程度	1	获得初次就业机会的总费用
		2	获得初次就业机会的时间
		3	获得初次就业机会申请的单位数量
2	就业结构	4	就业区域结构
		5	就业行业结构
		6	工作与专业相关度
3	就业质量	7	薪资福利
		8	工作稳定性
		9	工作环境
		10	就业现状满意度
4	适应状况	11	岗位适应时间
		12	知识适应程度
		13	能力适应程度
		14	素质适应程度
5	发展前景	15	职位晋升情况
		16	薪资福利情况
		17	获得培训情况
		18	职业发展满意度
6	转换能力	19	适应不同工作岗位的迁移能力
		20	再次求职的竞争力

案例3.14表2　文科专业应用性调查结果

选择题	教师(93人)		毕业生(96个)		用人单位(98人)		合计(287人)	
	频数	百分比/%	频数	百分比/%	频数	百分比/%	频数	百分比/%
A. 就业难易程度	71	76	60	63	64	65	195	68
B. 就业结构	57	61	61	164	55	56	173	60
C. 就业质量	55	59	69	72	71	72	195	68
D. 适应状况	73	78	83	86	78	80	234	82
E. 发展前景	58	62	82	85	77	79	217	76
F. 转换能力	74	80	70	73	63	64	207	72
G. 社会认可度	41	44	46	48	50	51	137	48

3.3 相关概念

3.3.1 何谓相关概念

学术论文除了标题显示的核心概念外，由核心概念会派生出一系列相关概念。所谓派生，即这些概念都与核心概念有紧密逻辑关联。这些与核心概念之间有紧密或重要联系的概念，称为相关概念。应该说，在整个论文中出现的所有概念之间都应该有逻辑关联，也就是相关关系，只是相关有远近疏密之分而已。换句话说，一篇论文（无论大小）、一本著作、一个项目的结题报告等等，在理论上都是由核心概念为视点派生建构的一个层次关系分明的概念体系。

例如达尔文的《物种起源》，“物种”和“起源”是它的核心概念。这两个核心概念的上下左右（平行）逻辑关系，便派生出“物种”、“变种”、“杂种”、“自然选择”（天择）、“生存”、“适应”、“适者”等重要相关概念。如果说是“物种”和“起源”这两个核心概念的关键词构成了《物种起源》的逻辑主干，那么，由此派生的主要相关概念，也就构成了《物种起源》的枝干、横梁等，核心概念（理论视点）及关键词、各级相关概念及关键词，纵横交织便构成了《物种起源》这一学术论著理论大厦的地基和骨梁（理论结构）。

再如亚当·斯密的《国民财富的性质和原因的研究》（1776），后简称《财富论》，这一试图阐述欧洲产业和商业发展历史的学术著作，被认为是现代政治经济学研究的起点。其核心概念就是“国民财富”或“财富”，由财富派生出一系列相关概念：分工、劳工、资本、商品、土地、薪资、利润、租金、价格、交易、成品、非成品、金钱、节俭、勤劳等。最珍贵的是，他还提出了与社会财富分配高度相关的“美德”这个概念。马克思在《资本论》中对古典经济学家如亚当·斯密和大卫·李嘉图等人的理论进行了仔细分析与批判，一定意义上来说，《资本论》也是亚当·斯密经典经济学说的派生概念及创新概念。

马克思的《资本论》以“商品”为核心概念，并定义“商品是用于交换的劳动产品”。围绕“商品”这一核心概念，在以往经典经济学如资本、分工、劳工、利润、交易等概念基础上，提出了一系列新的相关概念，如商品价值、劳动价值、剩余价值、资本主义生产方式等。他认为“商品”是资本主义社会的最基本单元，商品的流通和对利润的追求，会导致社会经济与道德的冲突与分裂，主观道德价值和客观经济价值的分道扬镳。

再如《渔趣：赫哲族审美趣味调查研究》的核心概念：赫哲族、渔趣、审美趣味。涉及上位相关概念：趣味、审美；以及其他下位相关概念：渔趣审美习惯、渔趣审美向度、渔趣审美标准等。还如《基于身心机制的高校美育课程建构》，核心概念：身心机制、高校美育、课程建构。主要相关概念有下述四大类：（1）美育、艺术课程、专业艺术课程、艺术美育课程、生理、心理；（2）审美认知、审美体验（美感）、审美价值观、审美表现、审美创造；（3）大脑中枢、认知中枢、情感中枢、感觉神经传导、运动神经；（4）课程门类、课程目标、课程内容、课程实施、课程评价等。这些构成了该学位论文庞大的理论体系。

一项研究规模的大小、一篇论文的大小与核心概念的多少有关，更由相关概念的层次和数量决定。有时候，核心概念只有一个、两个，但相关概念或许就涉及了一门学科大部分概念，或除了核心概念外的学科全部概念。只是相关程度有疏密、远近之分而已。因此，如何在确定了核心概念的基础上，确定相关概念尤其是主要相关概念[有些主要相关概念还需要进行考察和界定，并阐明其与核心概念的关系（案例3.10）]，这也是对学术思维和学术写作系统驾驭力的重要考量。

3.3.2 确定主要相关概念

概念之间本来就有某种逻辑关系，有上位关系、下位关系、左右位关系和/或平行关系、限定关系。如核心概念是学校教育，那么“学校”和“教育”就是其最近相关概念；且“学校”是限定“教育”的相关概念；“教育”是“学校教育”的上位相关概念。再如“心理测量”是某论文的核心概念，其最近相关概念就是“心理”“测量”；“测量”是上位相关概念；“心理”是限定性相关概念。

有些核心概念本身就是由相关概念构成的，这些相关概念无疑就是主要相关概念的组成部分，例如上述“学校教育”“心理测量”。有些相关概念不会出现在标题上，例如《高校美育课程建设研究》，主要核心概念是“美育课程”，与之紧密有关的是“艺术课程”这个概念。人们很容易将艺术课程等同于美育课程，因此必须在界定“美育课程”这一核心概念之前或之后，界定“艺术课程”这个主要相关概念。那么如何确定主要相关概念呢？要看课题的标题是如何表述的，重心何在，相关何在。

案例 3.15　主要相关概念：与核心概念紧密相关

开题报告《面向多数　强调基础——底线思维下的基础教育音乐课程与教学研究》，标题过长，核心概念诸多，相关概念也多，且与核心概念的关系复杂。如何确定主要相关概念呢？前提当然是先确定核心概念。由于该文本原定的核心概念不很明确，稍加调整确定为：面向多数、基础教育、音乐课程、音乐教学、底线思维等五个。与这些核心概念有紧密逻辑关联的相关概念有（从该文本中梳理出来的）：顶线思维、底线均衡、音乐专业、音乐普及，以及更下位的音乐欣赏、音乐审美心理等等。而其中主要相关概念显然是与主要核心概念“底线思维”或“普通音乐教学的底线思维”最直接相关的“顶线思维”或“艺术音乐教学的顶线思维”：

普通音乐教育的“底线思维”就是：最少应该达到什么目的，用什么样的材料和途径来达到这个目的。由此，构成了本文的核心论点：底线思维的实质即普通音乐教育的灵魂，它决定了其最终目的是培养具有音乐素养的人。在人的发展与音乐学科性发生冲突时，选择的标准只能是前者，这就是底线思维的底线。

底线思维的另一层含义是：普通音乐教育的基本功能不是筛选性的“顶线教育”，培养音乐家是培养具有基本音乐素养的人，为其全面发展做出应有的贡献。普通音乐教育与专业音乐教育的对象不同，目的不同，功能也不同，因而也应该有完全独立的学科逻辑。而目前的真实情况则是：普通音乐教育就是变相的专业音乐教育，从功能预设到目标确定，再到课程与教学，表面上注重了普通学生的实际情况，进行了适当转化，但本质上仍然是完全按照专业音乐教育的体系来建设，无从谈及学科专业性与独立性。专业音乐教育的对象一般具有相当程度的音乐训练基础与坚定的艺术学习意志，否则就会一步步被淘汰，至少在逻辑上应该是这样。因而，它注重技术训练与“选拔”，属于“顶线教育”，与高考相同。虽然我们承认专业音乐教育对普通音乐教育具有相当程度的影响，但绝对不能以牺牲普通音乐教育的学科独立性为代价。

案例3.15评析：（1）本案例主要核心概念“顶线思维”的界定，依存其反向相关概念“底线思维”。但本案例没有提出“顶线思维”这个主要相关概念，更没有对此进行必要界定或说明。（2）主副标题加起来，虽可判断有5个核心概念：面向多数、基础教育、音乐课程、音乐教学、底线思维，但是，这五个核心概念都是由最近相关概念组成的，使本来就较多和较复杂的核心概念及关系，变得更为复杂。建议在保留“底线思维”前提下，缩短标题，减少核心概念和相关概念。（3）文本的“概念界定”部分并没有明确提出和分析与“底线思维”直接相关的“顶线思维”这个主要相关概念，但在文本中间某处有所提及：“顶线思维：专业音乐教育则是以‘顶线思维’为基本方式，重在选优，面向的是具有基本音乐天赋的少数专业学习者。”[①]从标题和内文关系来看，“底线思维”如果标识的是面向普通学生的音乐教育的最低水平或基础的话，那么“顶线思维”标志的就是专业音乐学生的音乐教育的最高水平或标准。底线与顶线，构成了整个音乐教育的知识系统、课程系统、教学系统。因此，这

① 金亚文. 初中音乐新课程教学法[M]. 北京：高等教育出版社，2003：7.

两个概念是紧密相关相存的。没有主要相关概念“顶线思维”的严格界定和详细论证甚至建构，就不可能有“底线思维”的确切界定以及全文主体内容的系统构成。

案例3.15建议：（1）明确提出“顶线思维”作为主要相关概念，并在界定核心概念“底线思维”之前，先界定相关概念“顶线思维”。（2）对文中所引用的“顶线思维：专业音乐教育则是以‘顶线思维’为基本方式，重在选优，面向的是具有基本音乐天赋的少数专业学习者”这一说法，进行解剖，完善定义，并引导建立一个“顶线思维”的专业音乐教育课程与教学，知识与训练体系，在此基础上，才能有明确的基于“底线思维”的面向普通学生的音乐教育课程与教学、知识与训练的“底线思维”。例如，利用对主要相关概念“顶线思维”的界定来明确界定“底线思维”：顶线思维指面向具有音乐天赋的少数学习者，重在培优选优的专业音乐教育构成的思维方式和建构逻辑。用最系统最严谨和高深的音乐知识、技能和作品，培优选优，这就是专业音乐教育的“顶线”，而按照这样的顶线去设计音乐课程和实施教学的思考过程与成果，就是顶线思维；而“底线思维”就是以音乐本体的基本知识和技术为根本，结合普通学生的可接受性和喜爱性，来设计面向普通学生的普通音乐课程与教学体系的思维方式与建构逻辑。所谓“底线”，就是对音乐学科和普通学生学习兴趣与可能性的尊重。（4）结合该论文提出的问题，将可能具有的价值，如创新价值和已成文的内容一并考虑，建议修改为《底线与顶线：音乐教育标准研究》，核心概念重新确定为：音乐教育标准、底线标准、顶线标准；相关概念确定为：音乐教育评价、顶线思维、底线思维。

案例3.16　简化核心概念，为相关概念

学位论文第一稿《高等教育办学规模预测与调控研究》草稿，核心概念确定了8个：

教育、高等教育、办学规模、预测、调控、办学、高等教育办学规模预测、高等教育办学规模调控

案例3.16评析：该案例一下就确定和分别界定了8个核心概念。与论文标题对照来看，好几个都不是核心概念，而只是与核心概念紧密相关的概念。这些相关概念如“教育”“办学”，以及结合了几个相关概念构成的“高等教育办学规模预测”“高等教育办学规模调控”等，不仅使本来很明确的核心概念变得繁复，而且一一界定，费力费神，十分琐碎且不明朗。核心概念太多或者遗漏，都会使得论文失去理论重心或高

清晰度的理论聚焦点，如同一幢大厦失去了明确而坚实的地基或基点，必然东倒西歪，结构松散，同时，还会使全文核心问题模糊，失去针对问题、解释问题和解决问题的思路。

例3.16建议：（1）将本文核心概念调整为4个：高等教育、办学规模、预测、调控。标题上原其他概念作为主要相关概念处理。（2）这些主要相关概念，如果需要界定，一般根据权威或有说服力的文献直接引用定义即可，且必须加注释，也要分析关键词。（3）主要核心概念“预测”和“调控”，需要考察史上已有的诸多定义，至少10条，提取关键词或基本元素，然后给予界定。再结合“高等教育”“办学规模”两个核心概念内涵和外延的界定，进行全文四个核心概念之间关系的简述（“办学规模”是主要核心概念）。再用一句话拉通表述标题中的“高等教育办学规模预测”的基本含义。

3.4 核心问题与核心概念：视点A与B的关联

学术思维与文本写作的“视点”，由问题（A面）和核心概念（B面）两者互为里外构成（参见第1章，图1-5），或者说，如果问题是学术思维和文本写作的价值起点或视点A，那么核心概念即论文标题概念，就是学术思维和文本写作的理论起点或视点B。一个硬币的两个面，交织延伸构成学术思维与全文本的逻辑主线和坐标系（参见图1-5）。如果全文视点不全，缺少核心问题（视点A）或缺少核心概念（视点B），或两者皆欠缺或虚弱，论文就丧失了学理性和一以贯之的完整系统，也失去了价值。

案例3.17　核心问题与核心概念双盲，全文无一以贯之的逻辑

学位论文初稿《×××美学思想体系研究》，从目录上就可以看到，其没有“问题”和“核心概念”两个部分，更缺乏核心概念界定和主要相关概念说明，或者说全文有观点，但完全缺乏问题与概念意识：

目　录

案例3.17评析：（1）在文科的学术文本中，缺乏问题和概念，缺乏核心问题和核心概念的现象十分普遍。（2）《×××美学思想体系研究》，从标题上看少则两个核心概念：×××、美学思想体系；多则三个核心概念：×××、美学思想、体系；或×××、美学、思想体系。但本案例不仅目录，打开全文看也没有关于×××美学思想体系研究的问题及核心概念的提出和解析。作为一项纯理论的研究，问题与核心概念欠缺，也就缺了价值认定和理论逻辑建构的焦点或视点。像这种视点双盲的现象，在文科大小论文中比较常见，这与问题意识与概念意识欠缺直接相关。（3）尽管本案例在目录上第一点就是“选题价值”，但是如果没有问题，价值就不成立。也就是说没有发现在×××美学思想研究（以往研究已经很多）中存在的问题，不针对问题进行选题确定并研究，就没有价值可言。因为很可能都是别人已研究东西的拼凑。选题的任何其他理由，如文中所言的因为×××是美学大师，而且自己又特别喜欢×××等都不能作为学术论文的价值所在。(4) 从标题上看，确定了有“思想体系”这一核心概念，那么相对应的问题必然是之前所有关于×××美学思想的研究，都没有研究他的美学思想体系，那么，“×××”的“美学思想”有“体系”吗？因此，什么是“体系”和“思想”，就是必须说明或界定的重要相关概念了。(5) 此外，标题上并没有体现×××美学思想的独特之处的核心概念，这表明作者并没有通过深度研究发现×××美学思想与众不同之处，或与其他研究论文之不同之处；也意味着全文论证在理论上缺乏新颖的逻辑视点（A、B），写作上也就很可能是对所占有的材料的梳理，平铺直叙，难有创意。

案例3.17建议：(1) 在大量阅读和分析×××美学论著和其他学者研究×××的文献基础上，在“选题价值”之前补充“问题的提出”或“背景与问题”。(2) 在问题提出与大量阅读解析文献基础上，有自己的新发现，并进行提炼概括，确定×××美学思想的独到之处，并转成标题概念或补充核心概念，后明确界定这些核心概念（本质上是对全文理论逻辑起点及基本内容结构的概括）；(3) 以核心问题与核心概念作为A、B两个面构成全文视点，一以贯之，重新梳理文本内容，重建文本内容体系，才能证明×××美学思想有体系。

案例3.18　从问题的提出，导出核心概念和相关概念

学位论文《面向多数　强调基础——底线思维下的基础教育音乐课程与教学研究》，在案例3.15中已涉及。此处本书作者根据案例3.15的建议进行了修改，包括标题、问题与核心问题、核心概念与相关概念等。

原文内容，详见案例2.8，此处略。

案例3.18评析：(1) 本案例是根据原文修改过后的“问题的提出”，在提出普通音乐教育的实践问题的同时，也连带提出了理论问题，问题清晰且实在，层层推进，连锁连带追问（参见本书2.3.2），有逻辑力量，同时也自然引导出了“底线思维”“顶线思维”“基础教育”“音乐课程”等核心概念和主要相关概念。(2) 当然，伴随提问已提出的核心概念和主要相关概念，还需要紧接着进行界定。也就是在学术论文的问题提出之后，紧接着的就是“核心概念界定”或“概念界定”（包含了相关概念说明或界定）。

案例3.18建议：在“实践问题”和“理论问题”的引导下，从教育部正式颁布的面向普通学生的《音乐课程标准》中的课程目标和课程内容两个板块中，提炼整理出面向全体普通学生音乐课程的“教学底线”，并与专业音乐教育的目标和内容进行比

较，建构音乐顶线教学与底线教学的时空距离，再确定和界定本论文的主核心概念“底线思维”，及其他核心概念和相关概念。

案例3.19　问题与核心概念逻辑错位

学位论文《研究生批判性思维研究》与案例3.8的《大学生批判性思维发展研究》是同一组研究，标题可见有两个核心概念：“研究生”和主核心概念“批判性思维”。全文开端“问题的提出”，采用的是理论提问和实践案例提问两个层面（本书作者在原文基础上有减缩、修改）：

（1）（理论问题）两位美国学者对关于大学生批判性思维的研究进行了调查。调查维度是思维的概括性、论证逻辑、分析性、综合性等四个维度，从这四个维度看，显然不纯是批判性思维所具有的特质。因此，虽然课题名曰“批判性思维”，实际上研究的内容更像一般思维，因此调查效度和结论也未必可信。国内有学者也参考美国该项调查进行了大学生批判性思维调查，调查维度调整为分析性、综合性、抽象概括性等，也发现一般逻辑思维特质没有凸显出批判性思维特质，得出的结论是中国大学生评判性思维水平显著低于美国大学生。美国和中国的这两项批判性思维研究，在核心概念或变量“批判性思维”的界定上，都与一般逻辑思维没有本质区别，这一理论逻辑上的偏差导致两项调查研究的结论都令人质疑。在已掌握的文献中，关于“批判性思维”的理论研究与分析，都或多或少存在类似问题——将一般思维混同为批判性思维。

（2）（实践问题）有一位研究生成了网络诈骗的受害者，自杀未遂，舆论哗然。而且像这样上当受骗的大学生越来越多，近期报道就有20多起。说明大学生、研究生们虽然有知识了，却严重缺乏洞察问题的能力与批判性思维。

案例3.19评析：（1）理论提问尚可，借两项调查的维度问题，指出了国内外学者的批判性思维研究在核心概念（变量）定义和理论上的偏差，为本文界定什么是“批判性思维”并与一般思维进行充分比较奠定了基础；（2）实践提问有遗憾，很勉强或牵强。简单列举了一研究生成为网上诈骗的受害者以及近期报道，就推定是因为缺乏洞察问题的能力与批判性思维所致。研究生的批判性思维，是研究生培养和学术能力培养的重要目标与任务。因此，问题的提出应该从研究生的学术思维与文本写作中来，而不应该是从日常生活被诈骗中来。当然，如果专题研究校园诈骗问题，是可以的。

案例3.19建议：如果维持原标题不变，那么：（1）精选研究生中批判性思维不足的案例，最好是选择研究生学习和撰写论文中的案例。（2）伴随问题，导出核心概念之后，明确清晰地界定核心概念“批判性思维”，需要基于“思维”和“批判性”主要相关概念的支持及关键词。（3）这样，理论问题、实践问题、核心概念、主要相关概念以及全文的内容结构等，就逻辑地连成一体了。

本章思考与训练

1. 概念界定。请选择任何一个你感兴趣的或研究所涉及的概念进行界定，包括：本质定义及关键词、外延划界与分类。

2. 核心概念与理论框架。请选读一部经典学术著作，或选读1—2篇往届的硕博学位论文（最好是自己的）或大型学术项目结题成果，阅读分析其核心概念、主要核心概念、主要相关概念与更多相关概念，画出全概念结构图，及其全文内容框架，对其理论逻辑的质量进行评价。

3. 维度与实证（调查）设计。请选读1—2篇实证论文或重读自己撰写过的实证论文，特别审视调查问卷设计的维度或各种实证变量测评和数据收集的维度（指标结构），分析其与核心概念（变量）的界定及关键词之间的逻辑对应性，评价优劣，指出问题，提出修改意见。

4. 通过全文核心问题与核心概念（视点A、B）评价作者思维与文本逻辑性。对上述所选文本的视点（A核心问题，B核心概念）及全文逻辑结构进行比对分析和点评，指出其思维逻辑与文本布局的优点和突出问题，提出修改建议。

第四章 文献

读书破万卷，下笔如有神。

——杜甫

读书使人充实，讨论使人机智，笔记使人准确，读史使人明智，读诗使人灵秀，数学使人周密，科学使人深刻，伦理使人庄重，逻辑修辞使人善辩。凡有所学，皆成性格。

——培根

摘要对于他们也有很大的用处，因为它可以帮助他们记住其中的要点，彻底领悟那些要点。

——夸美纽斯

在12岁时，我经历了另一种完全不同的惊奇。这次惊奇来自一本关于欧几里得平面几何的小书。书里有许多命题，比如：三角形的三条高线交于一点。这些问题本身绝非自明，但是可以得到如此确定的证明，以至于对它们的任何怀疑似乎都不可能。这种明确性和确定性给我留下了一种难以形容的印象。在所阅读的书本中找出可以把自己引到深处的东西。

——爱因斯坦

我在12岁时，正值中国"文革"的文化沙漠时期，有幸阅读了一本苏联的《心理学》。头戴博士帽的学者照片和书中那些初次认识的概念、定律、实验等，都深深印在了我的头脑里。20多年后，我成了心理学博士。

——本书作者

4.1 文献与价值

学术研究的全过程，都要不断阅读、分析和综述大量文献。前述问题的提出和核心概念的确定与界定，以及相关的问题、概念等的清晰与表述正确等，都需要大量文献支持。以后各章也可以看到文献不可或缺的地位和价值。

4.1.1 何谓文献与文献法

文献，是对人类历史上所获得的知识被记录下来的一切载体的总称。文献的基本要素是：(1) 人类历史上所有的有记录（痕迹）的知识或信息；(2) 有一定载体或表现方法和手段；(3) 有一定意义。

文献法，是贯穿于学术研究、思维和文本撰写始终的一种基本学术方法，是对文献进行筛选和信息加工，提取有价值的学术信息的方法，包括文献阅读、分析、综述与引用等重要步骤。其中，文献综述与引用，比较集中地反映了一项研究，乃至学术思维与文本质量水平，是学术过程和学术成果水平和精力投入的一大观测点。前述问题的提出，核心概念和相关概念的确定与界定，乃至后面各章内容的提炼、成形和建构皆与文献法的使用密切相关。

4.1.2 文献种类

人类5000多年的文明史，留下了各种各样的文明印记，记载和传递着丰富的思想知识、经验与行为信息。其中文献就是一大类。广义文献，包括了用文字、图形、符号、视频、音频等方式记载和传递思想知识、经验和行为信息的一大类载体。狭义文献，仅指图书、期刊、典籍等各种出版物。

就常用的学术文献来看，具体可分为如下种类（图4-1）：

- 学术文献分类
  - 经验文献
    - 民俗民间文本实物
    - 个体日记传记（纪实、案例）
    - 职业记录
    - 学业记录
    - 区域史料
  - 政策文献
    - 国家法律法规
    - 地方法律法规
    - 国家政策
    - 地方政策
    - 单位规章
  - 理论文献
    - 经典著作
    - 前沿著作
    - 期刊论文
    - 专业教材
    - 专业辞典
    - 跨专业前沿论著
  - 方法文献
    - 技术资料
    - 字典索引
    - 学科方法
    - 统计方法
    - 信息化方法
  - 数图文献
    - 数据
    - 图形
    - 数图文一体

【图4-1】常用学术文献分类

经验文献（经验材料），指尚未公开发表或发表在非理论性杂志上的那些实践性或常识的文献。虽然不能算是典型的学术文献，但往往是问题发现和研究选题等的起因、动因，以及学术理论思维和写作的生动论据，是学术文本血肉构成的重要因素。一位深受实践之苦的研究者，与一位深受实践之益的研究者，所看重和积累的经验材料，显然有别。对这些经验性思考、阅读和选用，有较强个体性，因此对相同经验文献阅读和分析的结果也会不同。或可能使文献综述更生动（例如案例出示与解剖），或可能导致偏颇。因此，在阅读和分析经验文献时，要特别注意紧扣核心问题和核心概念，及时加以调整。

政策文献，指由政府机构和部门发出的带规定性的文件。例如法律条文——教育法、民法典等，国家各级机构部门颁布的各种文件中明令的政策，学校制定的校规校纪和大学章程等，这是很多研究者容易忽略的文献。任何领域的研究，都是在一定国度和区域中展开的，这个国度和区域的政府所制定的法律条文和政策规章，某种程度上左右着社会发展的方向，构成所研究问题的一大背景，是文献综述的一个重要方面，是全论文中的一些论点与论据来源。

理论文献，指主要由学者撰写的学术性、理论性较强的论文和著作等文本。其中经典理论著作［例如中外经典教育理论著作，经典自然科学、社会科学和哲学著作（图4-2、图4-3）］和论文，是一个专业领域的所有研究者都应该阅读的文献，有助于自己建立富有强烈专业特性的基本概念和理论框架，使自己的学术思维与写作，有学界基本认同的专业话语体系。相对的还有历史文献和前沿文献，这两种文献都与经典文献有不同程度关联，分别更突显了过去、今天和未来发展的状况。例如，当今时代的教学观念与问题，都看得见人类2000多年前的经典著作中的教学理论、教学观念与问题的影子。

经典教育理论列举

- **中西教育古典**
  - 亚里士多德：《理想国》《柏拉图对话录》
  - 古希腊七艺教材：《逻辑》《语法》《修辞》《数学》《几何》《天文》《音乐》
  - 中国古代六艺：礼、乐、射、御、书、数
  - 孔子：《论语》
  - 韩愈：《师说》
  - 科举四书：《大学》《中庸》《论语》《孟子》
  - …………
- **西方近现代经典**
  - 夸美纽斯：《大教学论》
  - 赫尔巴特：《普通教育学》
  - 裴斯泰洛齐：《林哈德和葛笃德》
  - 卢梭：《爱弥儿论教育》
  - 赫胥黎：《科学与教育》
  - 福禄培尔：《人的教育》
  - 拉伊：《实验教育学》
  - 蒙台梭利：《童年的秘密》
  - 杜威：《民主主义教育》
  - 布鲁纳：《教育过程》
  - 布鲁姆：《教育评价》
  - 赞可夫：《教学与发展》
  - 雅斯贝尔斯：《教育的本质》
  - 布鲁贝克：《高等教育哲学》
  - …………
- **中国近现代经典**
  - 蔡元培教育论著
  - 陶行知教育论著
  - 叶圣陶教育论著
  - 五院校：教育学
  - 潘懋元：高等教育学
  - …………

【图4-2】中外经典教育著述举要

社会学名著举要

《理想国》.柏拉图
《政治论》.亚里士多德
《乌托邦》.摩尔
《战争与和平之权利》.格洛秀斯
《伦理学》.斯宾诺莎
《人类悟性论》.洛克
《人类知识原理》.柏克立
《社会契约论》.卢梭
《道德与政治论文集》.休谟
《资本论》.马克思
《国富论》.亚当· 斯密
《道德与立法之原理》.边沁
《人权论》.佩因
《人口论》.马尔萨斯
《人类的职务》.斐希德
《精神分析学》.弗洛伊德
《动机与人格》.马斯洛

科学名著举要

《人类在自然界的位置》.赫胥黎
《几何原本》.欧几里得
《天体运行论》.哥白尼
《物种起源》.达尔文
《自然史》.布封
《基因论》.摩尔根
《高级神经活动研究》.巴甫洛夫
《方法论》.笛卡儿
《自然哲学之数学原理》.牛顿
《相对论》.阿尔伯特.爱因斯坦
《量子力学原理》.狄拉克
《海陆的起源》. 阿尔弗雷德· 魏格纳
《通俗天文学》.西蒙· 纽康
《通讯的数学理论》.申农
《控制论》.维纳

哲学名著举要

《形而上学》.亚里士多德
《道德经》.老子
《作为意志和表象的世界》.叔本华
《社会契约论》.让-雅克· 卢梭
《学问的前进》.培根
《存在与虚无》.萨特
《纯粹理性批判》《实践批判》《判断力批判》. 康德
《人性论》.大卫· 休谟
《观念的冒险》.怀特海
《 实证哲学》.孔德
《功利主义》.穆勒
《西方哲学史》.罗素
《中国哲学史》.冯友兰

【图4-3】社会科学、自然科学、哲学经典论著举要

方法文献，指专门引导文献和知识检索路径或专门阐释某学科专用或所有学科通用方法的文献。对方法类的文献的关注，就是对“如何做”的关注，也是在学术文献阅读与综述中很容易被忽略的部分。同一内容和对象的课题，方法不同，可能获得不同的研究思路和结论。改良已有方法技术模式等，采用的新方法、技术、模式等，往往就是学术创新的触发点。例如传统抽样调查方法，与当代信息化或人工智能条件下的数据或大数据收集与分析方法，通过不同网站、路径、字辞典或统计年鉴报表中检

索到的文献信息等，也都会影响研究思路和文本内容，从而对各类文献的解读产生重要影响。

数图文献，指以数据和图表形式或兼容数据图表文字而呈现的文献，一般常见于实证论著或实证报告中，其具有化繁为简、一目了然的直观性效果。且是有很强实证性的文献。例如国家和地方各行业的统计年鉴中的数据表和图等。严格说，数图文献与上述几种文献不是平行关系。上述的各类文献中都可能含有数据和图形，在各类学术文本中都应该充分引用和应用。但因为数据和图形读解与分析需要深度的专业思维和技能，因此这也是容易被跳过、被忽视的文献。另外，还可以对前述各类文字性文献进行数据和图形转化，例如对若干年来教育政策变动走势进行分析，就可以通过数据化和图形化方式来进行文献整理和表达，但这也需要有较强的专业技能。

4.1.3 文献库——学术网站vs图书馆

人类历史上有所记录和记载的文献，会分门别类保存起来。

传统方式主要是，以实物为载体的就保存在博物馆，以文本为载体的就保存在图书馆。考古专业和与之相关专业必须去博物馆和图书馆，很多专业学术研究的文献查阅，大都去图书馆。

现当代因为信息技术的支持，有了新的以数字化或数据化保存的方式。目前，在传统博物馆里，几乎都建立了数字博物馆；在传统图书馆里，也建立了数字图书馆。同时，还另有一些独立于传统图书馆和博物馆的，依存于各大学术机构和网站联合建设的数字化文献机构。这使得人类保存历史文献的形式更为丰富，查阅也更为方便。

目前与学术研究直接相关的文献网站有如下一些。

1. 中国知网（https://www.cnki.net/）

这是我国国家知识基础设施建设工程的重要成果，即China National Knowledge Infrastructure，CNKI。包含的主要文献数据库有：中国期刊全文数据库（CJFD）、中国优秀博硕士学位论文全文数据库（CDMD）、中国重要报纸全文数据库（CCND）、中国重要会议论文集全文数据库（CPCD）、中国企业知识仓库（CEKD）、中国图书全文数据库、中国年鉴数据库、各行业百科数据库、声像资料数据库、“保持共产党员先进性教育”专题数据库等（图4-4）。

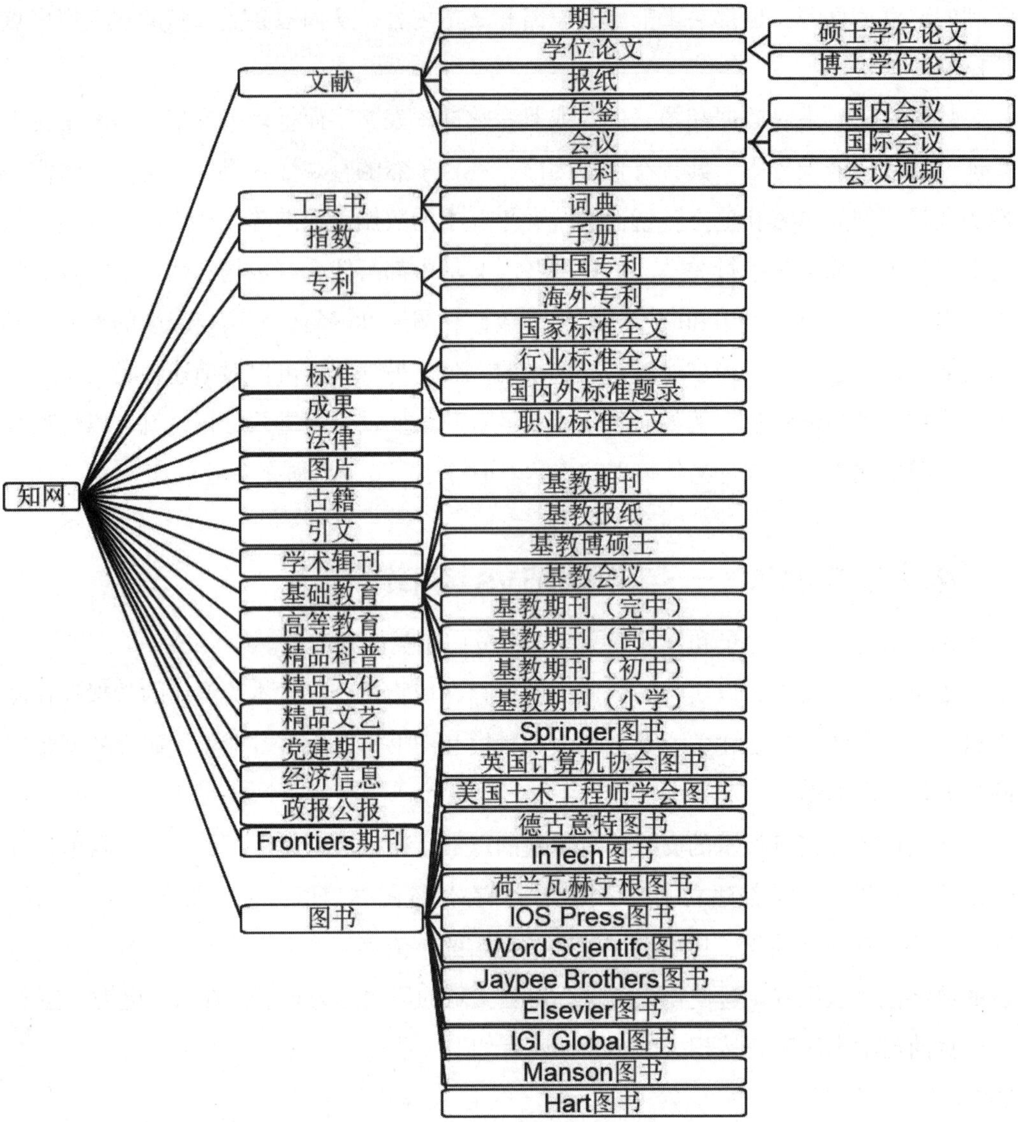

【图4-4】知网（CNKI）数据库一览

2.维普资讯（http://qikan.cqvip.com/）

重庆维普资讯有限公司（前身为中国科学技术情报研究所重庆分所数据库研究中心）创办的维普网，是全球第一家从事中文期刊数据库研究的机构。其核心产品包括：中文科技期刊数据库、维普论文检测系统、维普考试服务平台、智立方知识资源服务平台、机构知识库、智慧门户、智慧图书馆整体解决方案、知识管理与科技创新服务解决方案等。

3.万方数字资源系统（http://www.wanfangdata.com.cn/index.html）

万方数字资源系统是北京万方数据股份有限公司的产品，是国内较早以信息服务为核心的股份制高新技术企业，是在互联网领域，集信息资源产品、信息增值服务和信息处理方案为一体的综合信息服务商。主要包括：学位论文、会议论文、外文文献等数据资源等（图4-5）。

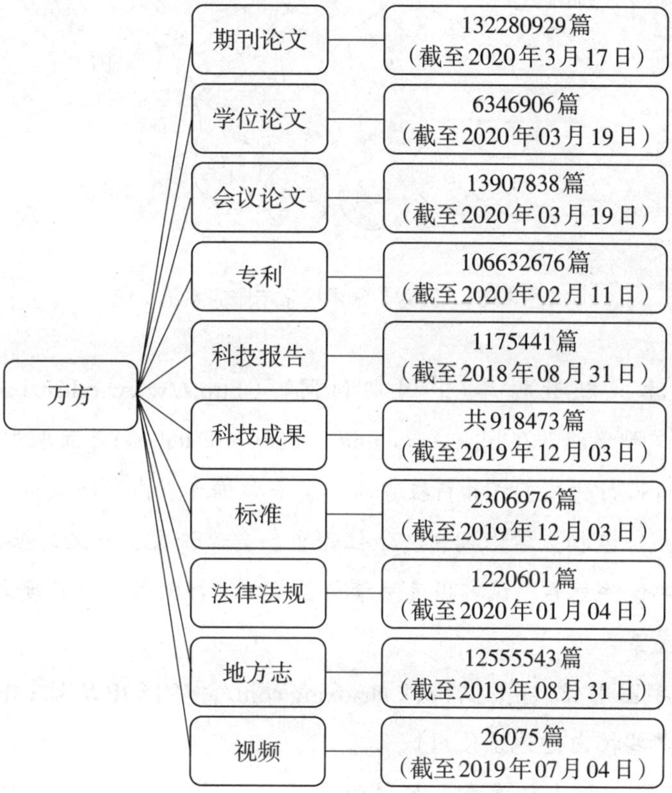

【图4-5】万方数字资源系统一览

4.读秀学术搜索（https://www.duxiu.com/）

“读秀”是由海量全文数据及资料基本信息组成的超大型数据库，可提供深入到图书章节和内容的全文检索，部分文献的原文试读，以及高效查找、获取各种类型学术文献资料的一站式检索，还有周到的参考咨询服务（图4-6）。

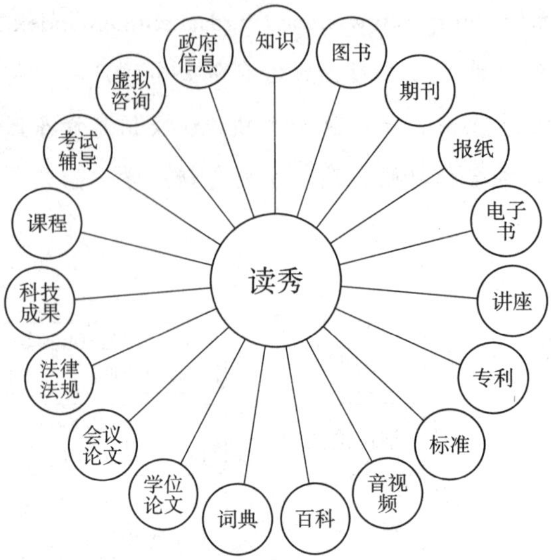

【图4-6】“读秀”学术搜索与服务系统一览

5. 中国学术文献数据库(中国期刊网)(http://www.caldatabase.com/)

中国学术文献数据库(China Academic Literature Database)是互联网学术资源的汇总，科研工作者进行科技查证和科技查新的必备数据库。内容涉及自然科学和社会科学各个专业领域，包括：学术期刊、学位论文、会议论文、外文文献、专利、标准、科技成果、图书、法规等。该数据库陆续与谷歌学术搜索频道、百度文库、百度百科形成战略合作关系。

6.超星数字图书馆（http://book.chaoxing.com/，不限IP地址；http://www.sslibrary.com，限某些校内IP地址使用）

“超星发现”以近十亿海量元数据为基础，利用数据仓储、资源整合、知识挖掘、数据分析、文献计量学模型等相关技术，较好地解决了复杂异构数据库群的集成整合，可完成高效、精准、统一的学术资源搜索，进而通过分面聚类、引文分析、知识关联分析等实现高价值学术文献发现、纵横结合的深度知识挖掘、可视化的全方位知识关联。其中“超星数字图书馆”目前拥有数字图书八十多万种，覆盖哲学、宗教、社科总论、经典理论、民族学、经济学、自然科学总论、计算机等各个学科门类，是目前世界上最大的中文在线数字图书馆之一。可提供国内专业数字图书馆和数字图书资源供应解决方案（图4-7）。

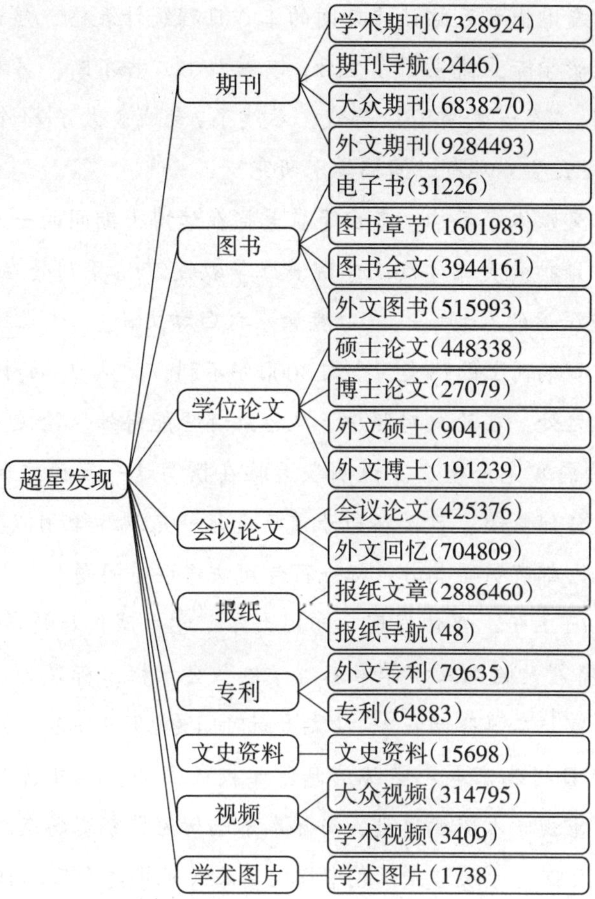

【图4-7】“超星发现”数据库一览

案例4.1“什么是知网?”——“翟天临事件”透视

2019年2月，中国发生了一件轰动学术界，也轰动社会的事件，即由一个问“什么是知网?”而引发的“翟天临事件”[①]：

2019年1月31日，北京青年艺人翟天临，在网上晒出北京大学光华管理学院博士后的录取通知书。

2019年2月初，翟天临在直播中回答网友提问时反问“什么是知网?”，此事引发网友热议，被质疑其博士学位论文造假。网友认为，翟天临作为博士，并且已经被北京大学光华管理学院录取为博士后，此时来说不知道“知网”，很不合逻辑，同时搜索发现知网并没有收录翟天临的博士论文。随后，翟天临本人微博留言称自己“在开玩笑”，翟天临工作室回应表示，翟天临论文会由校方统一上传，预计将于2019年上半年公开。

① “翟天临学术门”[EB/OL]. [2021-08-17]. https://baike.so.com/doc/28623942-30084045.html.

与此同时，网友贴出翟天临读博期间的工作日程统计表格，显示从2014年7月入读北京电影学院电影学专业博士研究生后，其接戏、广告不断。另有网友统计，翟天临在读博四年期间，"至少主演了11部戏、参演了7部戏，做了24个代言、录了17个综艺"，因此质疑翟天临"哪有时间搞学术研究?"。

有网友通过社交媒体爆料称，查出了翟天临在读博士期间的一篇论文，经过专业论文网站查重，涉嫌抄袭黄山学院文学院黄立华教授2006年刊登在《黄山学院学报》上的《一个有灵魂深度的人物——〈白鹿原〉之白孝文论》。这位网友表示：翟天临这篇发表在权威核心期刊上的论文，全文3000字不到，竟然19%的内容都和2006年这篇文章有高度相似之处。在论文对照中，从标红部分能得知，论文中有部分文字，与2006年发表的文章内容完全重合。说明翟天临在撰写这一篇论文时，引用了该文原句，但未对它进行任何修改，只是在句子前后进行补充以稀释相似度。且博士网友认为，该文有很多地方都有明显病句、标点符号用法错误等问题。

2019年2月10日上午，媒体发现，四川大学"学术诚信与科学探索网"（川大官网下二级网站），将翟天临纳入"学术不端案例"公示栏，标题为《翟天临博士毕业却不识知网？工作室与本尊齐回应》。帖文更新时间为2月8日20：27。

2019年2月11日据北京电影学院消息，学校成立调查组并按照相关程序启动调查。学校表示高度重视学术道德建设，对学术不端行为持零容忍态度。

2月14日，翟天临发致歉信并正式申请退出北大光华博士后工作。

2月15日，教育部回应"翟天临涉嫌学术不端事件"称，教育部对此高度重视，第一时间要求有关方面迅速进行核查。

2月16日，北大发布调查说明：确认翟天临存在学术不端行为，同意其退站。

2月19日，北京电影学院决定撤销翟天临博士学位，取消陈某博导资格。

案例4.1评析：（1）知网是目前中国最大的数字化学术文献库，内容涵盖了人文社科和自然科学多学科的学术论文期刊，学位论文，各类年鉴、辞典等（图4–3）。因为中国几乎所有大学都使用知网，因此以不知道知网来判断其论文造假，有一定道理。（2）文献与文献注释是反映学术文本质量的重要窗口，包括从中透视学术不端行为。大量引用文献而不加注释，这是违背学术道德的学术剽窃和造假行为。任何学术造假行为都是为学术界，也是为自己种下的恶果。（3）但是，学术文献的来源，绝对不仅仅是知网。仅国内的就还有万方、维普、读秀、超星、中国期刊网等著名数据库，它们也都各具特色，可以提供文献查询、查重、查新，甚至文献分析服务。"翟天临事件"过去了，但这个事件所反映出的另一问题更值得关注，那就是大家对知网的过分偏爱，甚至将它作为学术文献唯一来源的倾向，在“翟天临事件”后或许会更有加强，这必须引起高度重视。

案例4.1建议：必须明确认识到，（1）“学术文献”是一个十分广泛多样的概念且保存方式也多种多样（参见4.1.1）。硕士博士们千万不要因为“翟天临事件”而受到误导，似乎只要在知网上查阅了文献，学术论文就合格了。远非如此。而且，学术文库除了上述知网、维普、万方、超星、读秀、中文期刊网外，还有SCI、SSCI、CS-CI、CSSCI、新华文摘、人大报刊复印资料等专门的期刊文库，这些文库除了有检索查阅功能外，还兼有学术水平评价的功能（引用率和影响因子分析），其将放到第8章中去评介（参见8.3.2）。（2）知网只是一个数字化学术文献库，虽然是目前各个大学主要采纳的文献查阅和学术查重的权威网站，但其并非唯一，也当然不是查阅学术文献的唯一去处。且知网中的期刊论文和学位论文，多是20世纪80年代以来的，史上文献十分有限，故也不可只用知网。就是知网，也不仅限期刊和学位论文，它还有好几个分网站或文献库，如辞典、词典、年鉴、专利等工具文献库，尽可阅用。（3）要尽量避免只是引用或参考期刊论文和学位论文。但很遗憾，目前大部分论文很少引用和参考著作，甚至连一本著作都没有的硕士博士论文，已经越来越常见。因为没有沉下心阅读，哪怕一本专业经典专著，所以也不可能在专业系统理论指导下去进行更深刻的理论分析，创建新概念和理论体系。这也使得大小论文必然显得根基很浅，作者的学术基本功和学术态度也深受质疑。（4）要有意识地避免深陷唯SCI/SSCI和CNKI的苦恼。“翟天临事件”也反映了当前中国学术评价机制问题。各级各类科研奖励、职称评定晋级、毕业找工作等，皆以论文为导向，且最好是SCI、SSCI论文，至少是CNKI论文。对付压力的办法，绝对不是走邪路。首先应认真撰写高质量论文，包括严格遵守文献引用的规范（本章4.5.2和4.5.3），再去争取成为SCI、SSCI、CSCI、CSSCI论文，或被新华文摘、人大报刊复印资料转载，或收录为CNKI论文，这才是守住学问本质的做学问之道。

4.1.4 图书馆——文献库：不止知网，也不止数字文库！

不仅数字化学术文献库（如上所述）不止是知网，还要非常明确，除了数字化文献库，人类还有各级各类博物馆和图书馆。即便有一天人类历史上的所有文献都数字化、数据化了，博物馆和图书馆也依然是人类文明、知识和文献最为重要的宝库。如果翟天临本人知道，学术文献来源还有一个很实在的地方，那就是图书馆的话，他或许还有可能为自己辩护：我的文献来自北京图书馆，来自北京电影学院图书馆，来自表演学院的资料室。他面对质问，除了用“开玩笑”来搪塞外，无言以对。他显然既没有上过目前中国大学生们普遍喜欢，也很依赖的中国知网，也没有怎么去过图书馆，甚至连学院的资料室可能也没有印象。

世界著名图书馆，每个国家都有代表自己文明和知识高峰，且颇具艺术气质的图书馆，有机会一定要去看上几天书，至少感受那神圣而非凡的求知氛围（图4–8）：

1. 美国国会图书馆（约2600万册），华盛顿
2. 俄罗斯国立图书馆（约1760万册），莫斯科
3. 中国国家图书馆（约1590万册），北京
4. 俄罗斯国家图书馆（约1362万册），圣彼得堡
5. 大英图书馆（约1300万册），伦敦
6. 哈佛大学图书馆（约1100万册），马萨诸塞
7. 法国国家图书馆（约1100万册），巴黎
8. 莱比锡图书馆（属德意志国家图书馆）（约900万册），莱比锡
9. 日本国会图书馆（约727万册），东京
10. 法兰克福图书馆（属于德意志国家图书馆）（约700万册），法兰克福

（各馆藏书量为2016年的统计）

大学图书馆、资料室、自己的书架。世界上各个大学都有自己的图书馆（标配），大学各学院还都有资料室（标配，小图书馆），作为学者或准学者你还必须有属于自己的藏书架或微型文献库（标配，迷你图书馆）。你应该经常就近去图书馆、资料室，或者在自己的书架旁，检索和阅读纸质文献，并伴之不断用笔进行重点勾画、边批、分析、思考、剪切、延伸、重组、做卡片等。数字化阅读，更适合快餐式阅读，用以浏览文献，或阅读小说等休闲作品。而学术文献阅读，大多属于深度阅读和分析性精读，更适合纸质和动笔阅读。现在已经有虚拟图书馆，使阅读者有身临其境的体验。作为学者和准学者，你应该且必须有纸质阅读的工夫与习惯，这是一位学者应该采用的阅读和分析文献最典型的方式（标配）。

中国国家图书馆

美国国会图书馆

埃及亚历山大图书馆

法国国家图书馆

俄罗斯国立图书馆

英国大英图书馆

【图4-8】世界著名图书馆

4.1.5 文献选读——专业与跨专业

数千年人类历史留下的且还在不断产生的各类文献浩如海洋。从中选择哪些来读，是一个难题。

作为一位专业学者或准学者，首先想到的是本专业中涉及各个学科的文献。而这些在专业导师的引导下不难找到。尤其是专业或学科的经典文献著述，更是必须在专业学习空间和你的私人空间里，如床头、书桌、书柜中，基本备齐，并深度阅读（参见4.2）的。

难的是跨专业的文献选读。但这又是学术创新非常重要的文献来源。从人类各领域的经典著作中（图4–2）我们都能够看到，其中总是不同程度地涉及或吸纳了跨专业的知识。如夸美纽斯《大教学论》中关于“自然秩序”的这一核心概念，就来自自然科学；如赫尔巴特《普通教育学》中，就从心理学中提炼出人的发展目标或“教育目的”与“训育”途径；费曼《物理定律的本性》中，就充满美术、舞蹈等审美的思想与类比技法。在专业学习时，确定自己的每一篇论文和研究课题之前、之中和之后，都应该选择相关的著述进行参考。这需要与其他专业的学者进行交流，获得启发，方能恰当选择到值得参考的跨学科文献，以此丰富你的思想，开阔学术思路和研究创新。

跨专业的书籍文献，读起来会比较吃力。很多领域的经典著作，好多专业人士读起来也不那么容易。例如亚里士多德的《形而上学》、牛顿的《自然哲学的数学原理》、狄拉克的《量子力学原理》等。那么，可以考虑在一些进行过一定科普性加工的著作库中去选读，感觉很有必要时，再选择阅读某些原著。

例如有一套“文化伟人代表作图释书系”（人民日报出版社出版）：

知识分子阅读，不仅是指特有的阅读态度和思考方式，更重要的还包括读物的选择。在众多当代出版物中，哪些读物的知识价值最高而且是主流的，许多人都很难确切判定。

“文化伟人代表作·图释书系”，所选择的均为对人类知识体系的建构有着重大影响的伟大人物的代表作。这些著述一直都极大地丰富着我们的大脑，使人类的思想更为生动、睿智，并被每一代学人视为最理想藏书。

这些著述大都篇幅宏大，难以适应当代阅读的特有习惯，为此，在凝练编译、准确压缩的基础上，以图解的方式对书中的知识要点进行了精彩补述，既突出了原作者的精要思想，又回避了让更多人犯难的学究气。一切尖端的思想都能轻松地理解，一切深奥的知识都可以变成今天的常识。

附:《文化伟人代表作图释书系》部分书目:

《现象学》.(德)埃德蒙特·胡塞尔著

《草原帝国》.(法)勒内·格鲁塞著

《机械复制时代的艺术》.(德)瓦尔特·本雅明著

《自然法典》.(法)摩莱里著

《相对论》.(美)阿尔伯特·爱因斯坦著

《艺术哲学》.(法)丹纳著

《知识与谬误·探究心理学论纲》.(奥地利)恩斯特·马赫著

《美学》.(德)弗里德里希·黑格尔著

《面包与自由》.(俄)克鲁泡特金著

《精神分析引论》.(奥)西格蒙德·弗洛伊德著

《乌托邦》.(英)托马斯·莫尔著

《社会契约论》.(法)卢梭著

《几何原本》.(古希腊)欧几里得著

《资本论》.(德)卡尔·马克思著

《科学简史》.(英)W.C.丹皮尔著

《理想国》.(古希腊)柏拉图著

《人类的由来》.(英)查理·达尔文著

《袖珍世界史》.(英)乔治·威尔斯著

《天演论》.(英)托马斯·赫胥黎著

《物种起源》.(英)查理·达尔文著

《世界经济史纲》.(德)马克斯·韦伯著

《儒教与道教》.(德)马克斯·韦伯著

任何专业、学科或方向的学问,都不可能孤立存在,如这个宇宙世界的万物万事都相互作用,彼此关联。只有站在这样的高度上去选读文献,包括专业文献指导性阅读,才能提出有创意的专业问题与课题,开阔学术思维和文本撰写视野,取得专业的创新研究成果。

4.1.6 文献是海洋,知识是原子弹

学术创新的目的,是为人类带来新的知识。文献承载着知识,但并不等于知识。文献与知识有关联,但绝非同一个概念。因此,掌握和阅读了大量文献,未必你就拥

有了很多知识或者与研究相关的知识；发表了论文对文献有所贡献，但也未必是创造了新知识，对知识有所贡献。

知识是藏在文献中的。文献检索、阅读、分析、综述、引用等，只是学术研究的一个基础，是为了掌握和了解前人已有研究及其知识成果，并结合现实与问题，分析思考，进一步研究、发现和创造新的知识，这是学术思维和学术写作真正的本质的目的和内容。中国目前论文最多，但是对人类的知识贡献却很少。这表明很多论文只是空有形式而没有实质。

目的与手段，不可等同。一个伟大的知识，有巨大辐射效应。如同原子弹会辐射出巨大能量。爱因斯坦的相对论公式，揭示了物质质量与能量转化的秘密；费希纳的感觉阈限公式，揭示了外界刺激与人的感觉之间的联系；杨振宁、李政道发现的“宇称不守恒”给物理学传统的对称方法敲响了警钟；屠呦呦的“青蒿素”拯救了千万人生命；牛顿的著作《自然哲学的数学原理》揭示了万物之间相互联系、相互作用的力学定律；马克思的著作《资本论》，揭示了商品生产和资本与人性之间的对抗；夸美纽斯的著作《大教学论》、赫尔巴特的《普通教育学》首次系统揭示了人类教学和教育的真谛，席勒的书信著作《美育书简》揭示了人的感性和理性协调统一发展的奥秘，蔡元培的《以美育代宗教》，为中国教育注入了强烈的精神元素。

因此，如果你阅读分析文献，通过进一步研究，发现了一个新知识，还用新知识解决了一个问题，所产生的结果或能量，就远远超越了以往文献的价值，尽管这种知识的结果表现形式，也总是表现为文献。毫无疑问，你所获得的知识，也大都从文献中来，例如你所学习过的大中小学的教材，也是一种文献。但是你也非常清楚，这些学过的教材，你未必从中获得了知识。同理，你完全可能读了文献，但是没有获得知识，因为可能文献中就没有知识，或者文献中有知识，你却读不懂。你也完全可能写了一篇论文，获得了学位，增加了一篇文献量，但是，你未必创造了知识。

案例4.2　价值导向：文献贡献与知识贡献

笔者多年前就发现，中外大学、科研机构和学者个人简介等，有很不相同的特点。如中国清华大学简介和美国哈佛大学简介（360百科上检索）比较来看，“总体概述”部分基本上都展现了各自的办学理论、大学观念、简史、机构和人才培养全貌；而“科研成果”部分的简介差异就很大了。

案例4.2评析：（1）清华大学作为中国一流大学，世界大学学术排位13位（2019）；哈佛大学作为世界一流大学，世界大学排位多年稳居第一（2019）。比较起来，在关于“科研成果”的介绍方面一个重在学术机构、条件、项目承担和文献发表的介绍；一个重在具体知识创新成果及有关专家的介绍，这种差距，其实就是对知识贡献和学术贡献理解的不同，根本上也是学术价值取向和学术评价标准的差异。(2) 文献不等于文章，也不等于论文，更不等于知识和知识创新。

案例4.2建议：(1) 一个大学和学术机构的简介，不仅是作为学者或准学者书写自己的学术简历，着重介绍什么，以什么为荣，也是对自己学术目的和价值的拷问。(2) 知识创新或知识生产，是学术研究的目的，学术论文表达的核心价值。用人生最宝贵的年华来做这样一件事情，就只是获得了一张学位证书，或一些现实的利益，顺便为文献库增加了一篇文献，那是非常遗憾的。你就不想同时为人类留下一点儿有价值的东西？(3) 初学做学术，不仅要学会规范引用文献，撰写学位论文，以获取学位，还要抱着求真相真知真理的态度，去做真学问，这才应该是明智的选择。当然，无论如何，读懂文献、用好文献，是论文学术思维和写作的前提。

4.2 文献阅读与分析——深加工

任何学术思维和写作，都不是无米之炊。只有大量、充分而深度地阅读理解分析各种直接间接文献，才能纵观历史、横览现实、预测未来，在纵横交错的思想和行为信息中吸取养分，发现新问题，提出新概念，构建新理论，创造解决问题的新模式、新技术、新方法。

4.2.1 分析性阅读

所以，文献阅读与分析，是开启新的学术研究、学术思维和学术写作的一条必由之路、一种必用方法、一大必备前提和贯穿始终的工作。而在检索收集到一大堆文献后，如何阅读，如何分析，就成了“文献法”的第二大难题。

案例 4.3　文献阅读的基本层次——分析性阅读——TVS 阅读

特别推荐美国学者、编辑和教育家莫提默· J.艾德勒著写的《如何阅读一本书》[①]。先从目录上就可以浏览一下，有一定深度的文献阅读，该有一些怎样的基本步骤和方法。

---

① 莫提默·J. 艾德勒. 如何阅读一本书[M]. 郝明义，朱衣，译. 北京：商务印书馆，2004.

案例4.3评析：《如何阅读一本书》所持的基本观点是，当一本书出现在面前时，是盛装而来的，衣服包裹着肌肉，肌肉包着骨头。不同的阅读者会以不同方式去阅读它。一种是普通阅读，是被它的外表吸引，例如插图、语言、大小标题等。一种是分析性阅读，就“一定要用一双X光般的眼睛来透视它”：每本书的封面标题，都含有一个核心观点，封面标题之下都有一套自己的骨架。而一个分析阅读者的责任，就是要从封面到内里，层层剥解，从表面到细节句句理解，读透一本书，明确全书核心观点，找出和掌握全书骨架。这种阅读方法本身，就具有“视点结构”或“聚焦建构”的特征，因此也可以称为TVS阅读法。TVS阅读是基于普通阅读的分析性阅读及批判性阅读和跨界阅读的整合。

案例4.3建议：(1) 学术性阅读，应该是普通阅读与分析性阅读的有机结合，而普通阅读只是引入，最终要落脚在分析性阅读上。(2) 初次接触文献，就首先看主标题和内文大小标题，看标题之间的逻辑关系，以及内文插图和数据表格的形式规范，选前言或中间某段阅读，感受其语言逻辑和文采风格，甚至书封面的设计和装帧等，这些形式印象也会传达出文献的要点信息和价值感。然后再决定是否有必要进行深度的分析性阅读。(3) 分析性阅读是需要花相当时间和精力的阅读。经典文献（如图4–2）必须是分析性阅读。高质量的系统性和逻辑结构良好的专业论著值得分析性精读。前沿性创新性强的期刊论文，也应该采用分析性阅读。学术阅读的更高水平，是经典文献及多文献的比较和深度分析阅读、综合阅读、反复阅读，温故知新。

4.2.2 切忌肤浅阅读，分析不透

有美国学者说“一个人要翻遍半个图书馆才能写成一本书”，这一点儿都不夸张，但也只说了一半。如果翻遍了整个图书馆，却没有读透几本书，那也写不成一本书。

一方面，没有充分的文献支持，文献的量与质严重不足，任何学术研究、思维、写作，都是空中楼阁；另一方面，如果文献大量堆积又加工不足，没有深度阅读和分析，信息混乱粗糙，不但不会增色，反而给人以思维能力不佳，功夫不足的印象。如此种种，皆为思维与写作尤其是学位论文的大忌。

案例4.4　用心阅读：学术品格与思维品格的锻造

一天，刚入学不久的博士交给我一篇论文，想被推荐发表。打开一看就让我特别生气。这篇文献基础十分单薄，所引文献观点根本没有充分理解分析，全文东拼西凑，人云亦云。这样的文章，竟想匆匆发表，是当前硕士博士生们的常见现象。下面是我写给该博士的回信：

××，请转告×××、×××等：

你写的论文，显然文献阅读与分析功夫严重不足。你没有用心用脑读你所引用的那本《大数据时代》中的重要段落和语句，因此与你所写的这篇关于批判性思维的文章，并没有合乎逻辑地关联起来。根本的原因还在于，你虽然是教育专业的硕士毕业生，但头脑中还没有建立起清晰的教育理论系统知识和更多相关领域的知识结构，一句话，你的专业文献尤其是经典的系统的著作阅读太少，而且阅读不深透，所以应用起来就显得捉襟见肘。你显然还没有来得及看怀特海的《教育的目的》、杜威的《我们怎样思维》、布鲁姆的《教育过程》等著作，这些经典教育论著都特别强调了知识学习与思维、批判性思维的重要意义，与你所写这篇论文的主旨有直接关联。《大数据时代》肯定是对人类思维和研究传统方式的挑战，但如果你对批判性思维及在人的教育中所具有的意义缺乏深刻理解，《大数据时代》所引用的那些段落，就有牵强附会、隔靴搔痒的感觉。

博士生的学习旨在提高学术思维与写作能力，而这些都不是在课堂上听老师讲能够获得的，而是在日常阅读中，边读边思考，边思考边写作，才有的结果，也才能写出有质量的论文。

什么叫“读书”？就是用心和用脑一个字一个词一个句地看，一个概念一个概念地理解，分析其中要点，提炼深层意义。大致上翻一翻，浏览浏览，抄一抄，这或许可以叫“看书”，但绝不能算是“读书”。

怀特海认为：“使知识充满活力而不是使之僵化，是一切教育的核心问题”，“教育的全部目的就是使人具有活跃的思维”，这是一个比传授知识更加伟大，因而也更有重要意义的目的。何谓智慧？在怀特海看来，“智慧就是掌握知识的方式”，“教育一开始就应该成为一种体验发现的乐趣”，成功的教育应该是在探究与创造的过程中“训练对于生活的探险”。学校教育应该成为学习者共同参与的探险活动，使学习成为好奇心的旅程；学校纪律应该满足在众多杂乱的概念和经验中进行某种推论活动的一种自然渴望，这种自然渴望是“一个发现的过程，一个逐渐习惯于奇特想法的过程，想出问题并寻找答案的过程，设计新体验的过程，注意新的探险活动会引起什么结果的过程”。怀特海还特别指出，“支离破碎的信息或知识与文化毫不相干。一个人仅仅见多识广，他不过是这个世界上最无用而令人讨厌的人”，而“文化是思想活动，是对美和高尚情感的接受”。

请仔细读上面怀特海的论述，每一句话，每一个词和概念，都足以构成一篇教育类博士论文的选题、主要核心思想或大小标题。更重要的是，从你读的书和如何读书中，所写的文字和如何写文章中看得出你是否有深厚的思想，有学者必备的品性与品位。

阅读，也是一种文化，是学术思维和写作活动标志性的文化，是对学术之美之神圣情感的体验、接收和最严肃最深情的顶礼膜拜。请你根据自己论文的主题，拟定文献阅读计划，认真阅读分析之后，再考虑如何修改和写出论文。

赵伶俐

2015年11月3日

案例4.4评析：是否认真阅读和分析了足量的文献，仅一个短篇小论文就可窥见一斑，最直观的就是看全文的文献引注。(1）所引用的文献水平较低，例如该博士引用硕士论文；经典理论观点不引用原著，而是转引；新政策已颁布多时，还在引用旧政策文献等。(2）引文注释是否合乎规范（参见4.5)。(3）从引文回看内文，引文和相应要引证说明的观点之间，是否有适当关联，也是窥见作者文献阅读分析水平，以及学术思维和写作水平的一个重要窗口（参见4.5)。

大论文，不仅有文献引注（页下注)，还有文尾的参考文献，这些信息都体现了作者的文献阅读和分析水平。

案例4.4建议：本案例与其说是通过文献阅读、分析、引用对论文提出的修改意见，不如说是对端正学术阅读习惯和学术态度给出的建议。与其说是给一位博士生的信，不如说是给我自己和所有博士生、硕士生、项目组学者们的共同鞭策。

案例4.5　阅读不是浏览

有博士很自豪地对我说：

两月前，老师您严厉批评我们，说我们没有读文献，没有读著作。大家都感到很羞愧。我下来就拟定了一个阅读计划。这个月，我按照计划执行，已经读了15本专著，20篇论文……

案例4.5评析：有了阅读计划无疑是进步，但是一个月读了20篇论文，或许还有可能，15本专著就十分令人吃惊了。而且还是学术新手，才开始认真接触学术阅读这种活动。记得我在本科刚接触哲学时，读黑格尔的《小逻辑》《美学》，读康德的《判断力批判》，一天只能读四五页，还感觉似是而非。即使现在成了学术熟手，一本专著，如果真是系统的理论专著，要读出核心概念，读出主要相关概念，读出全书概念间的逻辑结构和主要观念、命题结构（不是小标题)，还要做一些卡片，没有半个月是很难完成的。这位博士还没有真正进入学术阅读的心态和状态。

案例4.5建议：(1）从你已读过的15本书中，挑选出一本专业经典著作或系统性较强的专著，从头开始，边读边整理出它的概念定义或内涵、概念框架，还有主要观点，并做出至少20张卡片，这叫分析性精读。(2) 在如此精读3—5本著作以后，你就可以快速浏览其他专业著作了。(3) 但是如果要跨学科阅读的话，新学科的著作，也需要选择那个专业的经典专著，至少分析性精读1—2本，才能有跨学科研究的基本知识储备。

案例4.6　是谁提出了“情景教学”这个概念?

一篇论文《情景教学在小学数学课堂上的实施》，专家审稿后提出了如下一连串问题：

本文提出了实施情景教学的几种方式，有实践价值。但是“情景教学”不是本文作者首创提出的。“情景教学”在当代中国是谁提出来的？国外有类似研究和理论吗？“情景教学”定义颇多，本文指的是什么意思？其他人是怎么做的？你和他们做的一样吗？有何不一样？建议作者先检索一下中外教育教学史上有关情景教学的文献，弄懂情景教学的理论来源与内涵（文献综述），再决定是否有必要继续完成通篇论文和如何修改这篇论文。

案例4.6点评：(1) 这是一篇典型的应用性论文。因其有应用价值，审稿专家才没有彻底否定它。但是，审稿专家所提出的修改意见，最主要的就是有关文献阅读和引用方面的问题，说明本文理论上的缺欠，这需要花相当工夫才能实现。(2) 所谓“应用性论文”的“应用”，就是要用某种理论去对应解决实际问题，或者说将某种理论，在实际情景中加以应用和去解决实际问题。(3) “情景教学”是20世纪90年代在中国上海某小学的语文教师发起使用的一种教学法，继而在各学科尤其是英语学科教学中使用，掀起了一股“情景教学”热潮。本文置此历史不顾，直接就用“情景教学”来概括自己的教学经验，仿佛“情境教学”这个概念是写作者首创提出来的，有违学术基本规范和学术道德准则。(4) 基于“情景教学”的一定理论，有关应用和实践才具有学术价值，所以应该好好检索有关文献后再下笔。

案例4.6建议：(1) “情景教学”与保加利亚暗示学家G.洛扎诺夫指出的“暗示教学”(Suggestive Teaching) 直接相关：“我们是被我们生活的环境教学和教育的，也是为了它才受教学和教育的”，因而他在《可暗示性》一书中，将“可暗示性”看成“可教育性”的同义语，而情景本身就具有高度的暗示作用。这是情景教学最直接的理论来源。(2) 马克思主义认为“人是一切社会关系的总和”，因此人也必然要受到一切社会关系的影响，社会关系也是环境，“人创造环境，同样环境也创造人”。课堂教学环境也称为情景。人造教学情景，教学情景也造人。(3) 夸美纽斯在《大教学论》中写道：“一切知识都是从感官开始的。”近现代心理学实验研究也证明了人的认识和学习的这一成性规律，直观可以使抽象知识可感化、形象化，有助于学生理解和掌握知识。情景教学就是通过情景布置和利用赋予知识可感性和使学生有“身临其境”的感觉，也就是通过给学生展示鲜明具体的有感性特征的情景，促使学生从形象感知达到抽象理性的顿悟，同时也激发了学习情绪和兴趣，使学习活动成为学生主动的、自觉的活动。(4) 请自行检索、查找上述这三种与“情景教学”有关的内容及“情景教学”定义的理论出处，并注释。

日常阅读看书翻杂志，喜欢就看，不喜欢就放弃；理解也可，不理解也无碍，多半停留在字面上。学术阅读有普通阅读和分析性精读两大基本类型（案例4.5评析）。两者结合起来，就是要对文献各重要构成部分或观点、要素、概念等进行逐层分析，分析到最深层。这种由部分（普通阅读）→观点→要素→概念→关键词……的分析过程，叫“深度加工”。一些本来看上去就很枯燥的专业理论文献，尤其是系统性很强的专著，必须伴随深度思考与分析，才能到达深度理解；且要用一系列方式遵循一系列规范，将这样的阅读分析埋解过程与结果，用记号、边批、摘要、归类、做卡片、注释等形式标记下来，同时提炼要点和观点，形成自己的思想和观点，进而还要做文献综述等。这个过程不仅需要时间精力，更需要意志力才能完成。

4.2.3 文献记号与边批

指在文献上直接用符号标出重点或写下思考成果的方法，包括重点号、画线、边批等。深度阅读的第一种方法，也是有良好阅读习惯的人的常用方法，更是学术阅读必需的入门方法。做记号尤其是边批，留下了思考的初步痕迹，非常宝贵。因为单凭记忆容易模糊淡忘，后使用起来往往只有一个印象，不具体，再重新阅读或搜索费时，想法也丢失了。

案例4.7　文献阅读的边批与观点提炼

《爱因斯坦的小提琴》一书的作者在本书开篇第1单元“我怎么想到写这本书”中有很多精彩思想和话语，都引起了我深刻共鸣。结合自己的思考和联想，我做了较详细的边批，提炼了一系列有逻辑关联的观点：

××同学，学术论文的质量与阅读质量直接相关。这是我阅读《爱因斯坦的小提琴》一书的边批，提炼的观点，为延伸阅读、思维和写作提供线索，供你参考，并转发给我指导的其他同学们参考。切记：有深度的阅读，才可能有深度的思维和写作，才可能有深度的学位论文的产出。

2019年2月10日赵老师

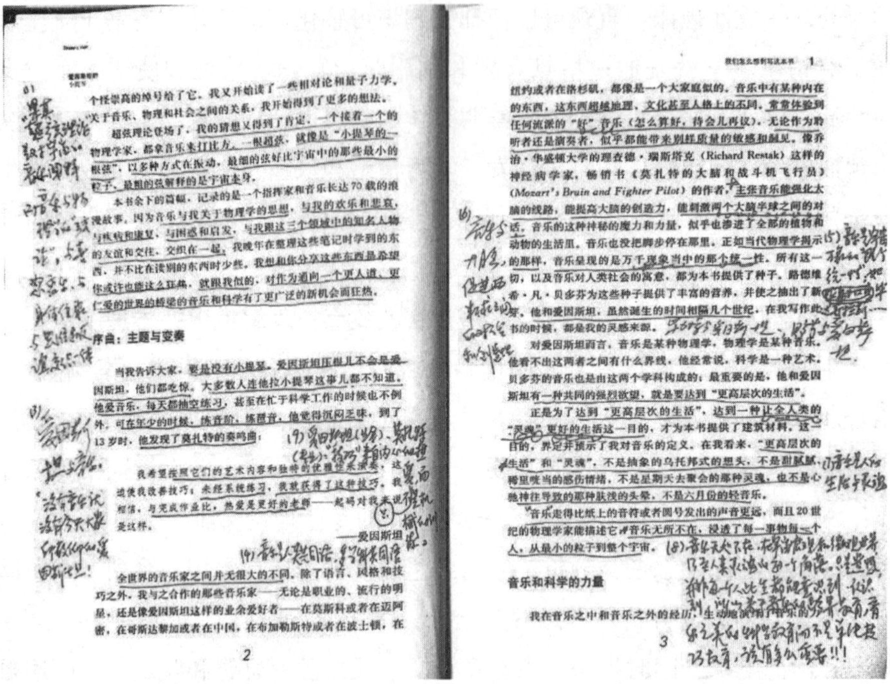
个怪崇高的绰号给了它。我又开始读了一些相对论和量子力学，关于音乐、物理和社会之间的关系，我开始得到了更多的想法。

超弦理论登场了，我的猜想又得到了肯定。一个接着一个的物理学家，都拿音乐来打比方。一根超弦，就像是"小提琴的一根弦"，以多种方式在振动，最细的弦好比宇宙中的那些最小的粒子，最粗的弦解释的是宇宙本身。

本书余下的篇幅，记录的是一个指挥家和音乐长达70载的浪漫故事，因为音乐与我关于物理学的思想，与我的欢乐和悲哀，与疾病和康复，与困惑和启发，与我跟这三个领域中的知名人物的友谊和交往，交织在一起。我晚年在整理这些笔记时学到的东西，并不比在读别的东西时少些。我想和你分享这些东西是希望你或许也能这么狂热，就跟我似的，对作为通向一个更人道、更仁爱的世界的桥梁的音乐和科学有了更广泛的新机会而狂热。

序曲：主题与变奏

当我告诉大家，要是没有小提琴，爱因斯坦压根儿不会是爱因斯坦，他们都吃惊。大多数人连他拉小提琴这事儿都不知道。他爱音乐，每天都抽空练习，甚至在忙于科学工作的时候也不例外。可在年少的时候，练音阶，练琶音，他觉得沉闷乏味，到了13岁时，他发现了莫扎特的奏鸣曲：

我希望按照它们的艺术内容和独特的优雅性来演奏，这迫使我改善技巧；未经系统练习，我就获得了这种技巧。我相信，与完成作业比，热爱是更好的老师——起码对我来说是这样。

——爱因斯坦

全世界的音乐家之间并无很大的不同。除了语言、风格和技巧之外，我与之合作的那些音乐家——无论是职业的、流行的明星，还是像爱因斯坦这样的业余爱好者——在莫斯科或者在迈阿密，在哥斯达黎加或者在中国，在布加勒斯特或者在波士顿，在

2

我们怎么想到写这本书 1

纽约或者在洛杉矶，都像是一个大家庭似的。音乐中有某种内在的东西，这东西超越地理、文化甚至人格上的不同。常常体验到任何流派的"好"音乐（怎么算好，待会儿再议），无论作为聆听者还是演奏者，似乎都能带来别样质量的敏感和洞见。像乔治·华盛顿大学的理查德·瑞斯塔克（Richard Restak）这样的神经病学家，畅销书《莫扎特的大脑和战斗机飞行员》（*Mozart's Brain and Fighter Pilot*）的作者，主张音乐能强化大脑的线路，能提高大脑的创造力，能刺激两个大脑半球之间的对话。音乐的这种神秘的魔力和力量，似乎也渗进了全部的植物和动物的生活里。音乐也没把脚步停在那里。正如当代物理学揭示的那样，音乐呈现的是万千现象当中的那个统一性。所有这一切，以及音乐对人类社会的寓意，都为本书提供了种子。路德维希·凡·贝多芬为这些种子提供了丰富的营养，并使之抽出了新芽。他和爱因斯坦，虽然诞生的时间相隔几个世纪，在我写作此书的时候，都是我的灵感来源。

对爱因斯坦而言，音乐是某种物理学，物理学是某种音乐。他看不出这两者之间有什么界线，他经常说，科学是一种艺术。贝多芬的音乐也是由这两个学科构成的；最重要的是，他和爱因斯坦有一种共同的强烈欲望，就是要达到"更高层次的生活"。

正是为了达到"更高层次的生活"，达到一种让全人类的"灵魂"更好的生活这一目的，才为本书提供了建筑材料。这一目的，界定并预示了我对音乐的定义。在我看来，"更高层次的生活"和"灵魂"，不是抽象的乌托邦式的想头，不是甜腻腻、稀里咣当的感伤情绪，不是星期天去聚会的那种灵魂，也不是心驰神往导致的那种肤浅的头晕，不是六月份的轻音乐。

音乐走得比纸上的音符或者圆号发出的声音更远，而且20世纪的物理学家能描述它，音乐无所不在，浸透了每一事物每一个人，从最小的粒子到整个宇宙。

音乐和科学的力量

我在音乐之中和音乐之外的经历，生动地演绎了音乐的……

3

【案例4.7图1】《爱因斯坦的小提琴》(p2—3)阅读边批

案例4.7评析：(1) 边阅读文献，边思考，做边批，是学者阅读（研究性阅读）和普通阅读质的区别。一般来说，不动笔则难以实现深度阅读。(2) 本案例通过思考提炼，得到了至少9条观点或者启示(见图4-8)，这些观点之间尽量要形成某种逻辑关联，例如图4-8中第9点边批"（9）爱因斯坦（业余）、莫扎特（专业）：音乐'技巧'都来自内心的热爱，而不只是机械的训练"，虽然是在边批第3点的旁边，但是在逻辑上是第8点边批"（8）音乐无处不在，在宇宙宏观和微观世界乃至人类生活与灵魂的每一个角落。只是遗憾，并非每一个人此生都能意识到，认识到。所以关于音乐的跨界教育，音乐之美的科学教育，而不是单纯的技巧教育训练，该有多么重要！"之后。(3) 全书围绕音乐、物理（科学）和社会三者的关系展开，越来越深入到三者的内在联系的细节及其与更多领域的联系当中，精彩的思想和语言处处涌现，不断激发着读者的思考和运笔边批。

案例4.7建议：(1) 无论文科还是理科，高校学者、研究生还是博士生，都应该阅读这本科学与美学艺术学高度跨界的著作，其清晰的跨界思维和文本撰写的逻辑与细节，值得借鉴。(2) 上述文献段落和读者边批的这些观点，相互激发，已经包含着读者对相关学科的延伸思考，可为继续阅读其他相关文献，发现理论与现实问题，形成学术论文选题和论证逻辑的基础。(3)《爱因斯坦的小提琴》的作者，在全书前言中对本书的主要思路和主旨有一段美妙的概述：

我的一生充满了音乐和社会关怀，物理学是我终身的业余兴趣，我在睡前读的书常常包括相对论和量子力学。这些学科让我心醉神迷，因为他们和我对音乐的感觉，和我一生的社会活动同声相应。

对我而言，音乐、物理和社会关怀细密地织成一体，和纳瓦霍印第安人的小地毯相似。用这线纺织成的这本书的经线和纬线，织成了许多相得益彰的图案。①

请阅读这本书后，按照作者的这段文字的提示，为全书内容编制出纵横联系的“经线和纬线”，或者一些科学兼具美学品质的“相得益彰的图案”。要进行这样的思考和提炼，除了系统阅读该书，还需要阅读参考大量相关文献，例如爱因斯坦的相对论《自述》，音乐学科的《音乐概论》《音乐史》等，才能做得透彻。这样的文献阅读与分析本身也是一个浩大的系统工程。(4) 或者仅就上面（案例4.7图1）的两页内容，参考9条边批和自己的理解，为之编织出经线和纬线（坐标系）。

案例4.8　阅读边批：教学思想提炼与理论实践创新

现山东《现代教育》主编，当年还是一位美术教师的黄海涛老师，就阅读了美国现代教育家、心理学家、哲学家杜威（John Dewey, 1859—1952）《我们怎样思维》一书，并相当用心地做了边批。下面是阅读“反省思维”一节的边批（案例4.8　图1）：

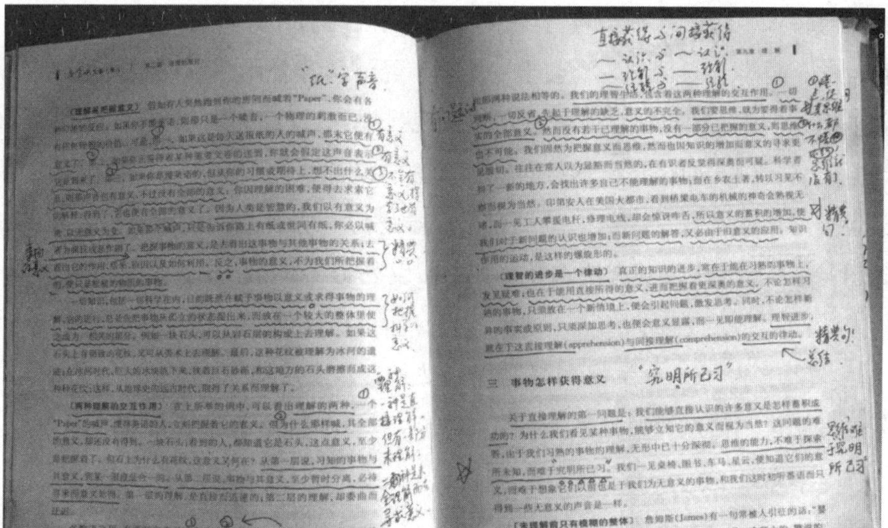

【案例4.8图1】杜威《我们怎样思维》之“反省思维”阅读边批

① 约瑟夫·埃格尔. 爱因斯坦的小提琴——一位指挥家看音乐、物理和社会变革[M]. 王祖哲，译. 长沙：湖南科学技术出版社，2010:1.

案例4.8评析：（1）美国现代教育家杜威的“经验教育”“生活教育”思想对中国现代著名教育家陶行知的影响巨大，且至今对中国的教育思想和教学方式影响还在，被认定为自21世纪开端到今天规模巨大的新课程改革的理论依据之一。因此，在教育理论界和实践领域，说到杜威教育理论给人的总体印象就是重“经验”重“生活”，或者说就是特别重视感性教育，不重视理性教育。所以，看到杜威的《我们怎样思维》一书，很多人难免感到陌生和诧异。（2）难能可贵的是，阅读这本书的时候，读者黄海涛还是一线美术教师，精心阅读这本书给了他很多重要启示，也成就了他作为学者型教师和主编的今天。根据杜威的综合教学思想，结合自己的美术教育实践和观摩其他学科教师的教学，他提炼总结出了自己独特的“科学与艺术跨界教育的思想和模式”，并进行了教学实验。他后来做一线教师科研论文习作培训，他又进一步提出了自己独特的“反省思维与教学研究创新”的专题培训内容。（3）学术阅读的边批与边批的整理，就像做学术卡片一样，本身也是一项学术思维与写作的过程和训练活动。可以将这些文献和被提炼出来的观点，进一步做成电子卡片，以便移动、灵活应用及吸纳其他文献的相关观点（参见4.2.5卡片制作），并将这些观念及其对应的文献内容，及时引用到自己目前相关的研究中。以其中重要的几点作为视点，经过进一步拓展阅读更多的著作和论文，围绕观点（视点）进行分析、提炼和建构，便会形成自己明确的富有创意的教学思想和论证体系。

案例4.8建议：（1）研究生根据自己的研究方向，一线教师和教研员根据自己的教学经验与特长，选读几本经典著作，包括学科经典著作，教育教学经典专著，更高的教育哲学、哲学、心理学、社会学、美学、经济学等著作，认真做边批或卡片（参见4.2.5）；（2）用主要的观点或概念迁移审视、提炼自己的教学思想，并结合自己的教学经验命名；（3）通过自己的教学实际、教学设计、教学操作、教学反思、教学评价、学生学习成效统计反馈等，验证自己教学思想（假设）的正确性（参见第5章选题与课题；第6章方法之“方法选择”和“假设证明”部分）。

案例4.9　阅读与边批，人生修炼

某读者阅读《读点经典》丛书[1]中《大学》和《法言》选段的边批：

① 刘明华，黄大宏，杨理论. 读点经典（共8编）[M]. 重庆：重庆出版社，2009.

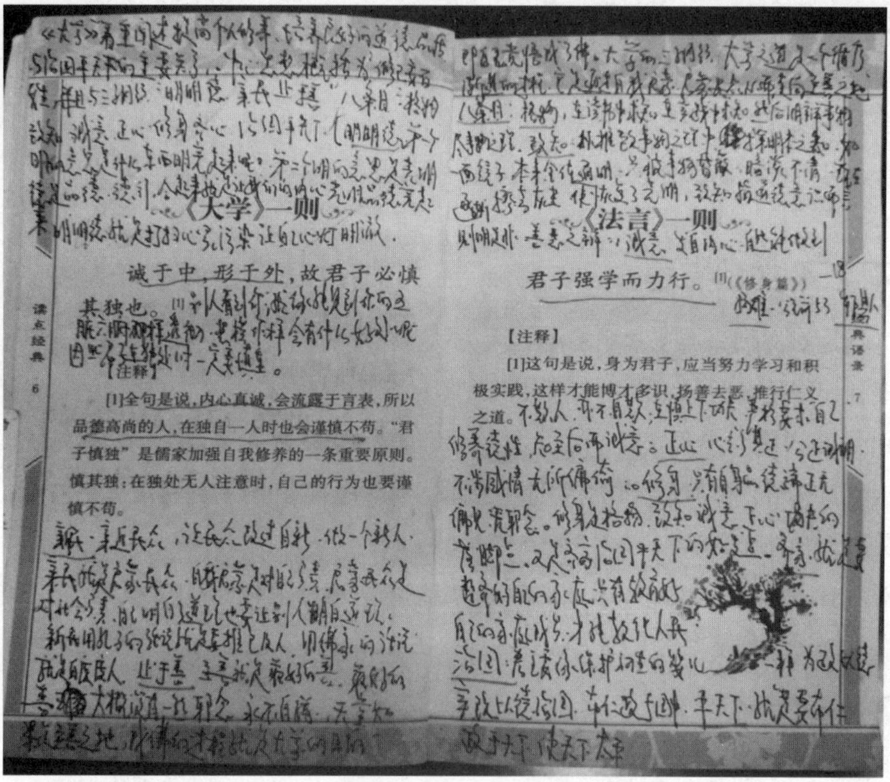

【案例4.9图1】某企业人员业余阅读《大学》和《法言》选段的边批

案例4.9评析：（1）看着这写得密密麻麻的，几乎将原文都遮盖了的经典选段阅读边批，假如不告诉你这位读者是毕业于空军院校信息通信专业的机场技术退休人员，你可能会以为是古代文学专业的在读博士的读书笔记吧。这位读者几乎总是定时在街区图书馆，安安静静地阅读，查阅资料，引来不少好奇的眼光。有人问他："是老师吗？要考什么证书吗？"他只是笑笑说："习惯了。"（2）从该阅读边批看到，一段文句，不仅字字词词查阅，还补充查阅了相关文献典故及自己的感想，相当专业，恐怕今天文学专业的研究生也未必有如此功夫，如此涵养吧。（3）相比起来，通常我们进行的所谓"学术阅读"，似乎总带有为实用而阅读的功利色彩。其实真正的阅读，应该是如中央电视台董卿主持的《朗读者》那样的为修身养性的阅读，就是超越现实功利的以获得真知修炼自己的思维和人生的阅读。

案例4.9建议：（1）学者和准学者们，至少在做某项课题、撰写学位论文期间，一定要安排一段专门时间，安静地深刻地阅读，做笔记做卡片（参见4.2.5），精心思考，撰写论文。（2）广义说，人的一生就是在做你一生的学问，写你一生的毕业论文、学位论文。中外历史上伟大的学者们，都有这样的不读书则不成人的观点。（3）也只有以这样超功利的态度，净心精心阅读，才是真正的学术阅读，也只有这样的阅读，才可能有深度的学术思维，才可能写出高水平的学位论文。

很遗憾的是，不少硕士、博士研究生，他自述读了好多文献，读了好几本经典著作，但看他读过的那些文献和著作上，没有任何符号和痕迹，或者仅有几道飞快画过的线条，这说明，他没有认真读过，更不要说深度阅读过这些文献。

4.2.4 文献摘要

这算是对文献深加工常用的第二大方法。读者将重要的文献段落完全抄写下来，或者概括缩减记录下来，以便今后使用。但一定要做到的是：（1）摘抄的每段语句必须打引号并详注（参见4.5）；如果是摘要（概括缩减过的），必须详注文献页码范围，但不打引号。（2）摘要的保存形式要便于资料分类和引用，并留有空白处，以便写有关思想和补充文献。

对所有阅读过的文献摘要，要按照一定标准进行整理和合理归类，这是一篇高质量“文献综述”和整个论文撰写必要的前提工作。

案例4.10　文献阅读整理，多角度多层次归类

有《专业学位英语课程目标与内容研究》，作者通过文献查阅和梳理及做摘要，编制了我国36个专业学位（应用型硕博学位）的培养目标一览表（案例4.10表1），再根据职业对应关系对36个专业的培养目标进行再归类，得到我国7类专业硕博学位职业集群分类表（案例4.10表2），旨在论证设置专业学位英语课程的合理性与可操作性：

案例4.10表1　我国36个专业硕博学位及培养目标

专业学位名称	培养目录
法律硕士	立法、司法、行政执法、法律服务等方面需要的法律专业人才和管理人才
教育博士、硕士	面向基础教育教学的中小学教师、管理干部
工程硕士	工矿企业等工程建设实际部门需要的工程技术和工程管理人才
建筑学硕士、学士	面向建筑行业需要的建筑师
临床医学博士、硕士	具有一定科研能力和较强临床技能的中高级临床医生
工商管理硕士	适应市场经济发展需要的中、高级企业管理人才
农业推广硕士	适应农业技术推广和农村发展需要的农业专业技术人才
兽医博士、硕士	动物医疗、动物检疫、动物保护、畜牧生产等领域需要的专业技术人才和管理人才
公共管理硕士	面向政府、非政府公共机构的管理人才
口腔医学博士、硕士	具有较强临床技能的中高级口腔医生
公共卫生硕士	从事卫生检验检疫防疫等公共卫生领域实际工作的专业技术人才
军事硕士	军队中(高)级指挥军官
……	……

案例4.10表2　7类专业硕博学位的职业集群分类

类别	专业
管理类	农业经济管理、工商管理、金融、税务、公共管理
教育类	各学科教育、体育、应用心理学、汉语国际教育
农学类	农学、园艺、草业、渔业、林学、养殖、植物保护、畜牧兽医、食品科学、农村与区域发展、农业信息化、农业资源利用
文学类	艺术
法学类	法律、社会工作
工学类	环境工程、软件工程、农业工程、食品工程、生物工程、风景园林
农业推广类	农业推广

案例4.10评析：（1）本案例用列表方式对所收集到的36个专业硕博培养方案中所写的培养目标进行总结，资料收集比较充分，列表方式恰当，一目了然。在此基础上，换个角度以职业相关性对36个专业及培养目标进行了7大类职业集群归类。文献检索、分析和归类工作思维清晰，列表方式表述做得恰当。（2）上述两项文献加工和归类工作是为全文核心问题“现有专业学位英语课程目标及内容脱离职业应用的需求”的破解，为论证和实现“专业学位研究生的英语学习在达成基础性、综合性目标的同时，还需要配合不同专业学位的具体培养目标提出英语学习的分层次课程目标”这一核心观点（命题）奠定了基础，思路清晰。（3）但是，如果结合论文标题来看，核心概念不是专业“培养目标”，而是专业英语“课程目标”和“课程内容”，因此，上述文献资料的收集、归类，还显得有缺漏，或有不太妥帖之处。

案例4.10建议：在上述对专业硕博培养方案中的培养目标进行文献加工、归类、制表外，还应该对现有专业英语课程的目标和内容进行文献分析和归类处理，并用一览表呈现出来。这样，基于对这三类表的对比分析，再设计各大类英语课程目标和内容就比较贴切了。

案例4.11　深度阅读，理解和提取关键段落

一篇学术论文或一部学术著作由大小各种观点和事实的阐述构成。这种论著，尤其是篇幅较长的著作往往显得有些繁杂，读起来让人感觉有些抓不住主线。然而，好多著作都会有概括全书内容核心观点的关键段落。有时候是在全书的导读、前言或序言中，有时候是在正文之中。以下是长达数十万字的著作《未来简史》①中的关键段落：

① 尤瓦尔·赫拉利. 未来简史——从智人到智神[M]. 林俊宏，译. 北京：中信出版社，2017.

鉴于人类在20世纪的成就，如果以后人类仍然遭受饥荒、瘟疫和战争之苦，就不能再怪在自然或上帝的头上了。我们已有能力把事情做得更好，并减少未来受苦的概率。然而，人类的成就还带来另一条信息：历史不会允许真空。如果饥荒、瘟疫和战争的发生概率不断减小，必然要有些其他事情成为新的人类议题。我们对此必须慎重考虑，否则很可能在旧战场上全面获胜，却在新战线上措手不及。那么，21世纪会有哪些议题取代饥荒、瘟疫和战争呢？

…………

成功孕育着野心，而我们最新的成就也推动人类设下更大胆的目标。我们已经达到前所未有的繁荣、健康与和谐，而由人类过去的记录与现有价值观来看，接下来的目标很可能是长生不死、幸福快乐，以及化身为神。在减少了饥荒、疾病和战争之后，我们现在希望能够克服年老甚至战胜死亡。在拯救人民脱离各种不幸之后，我们现在希望他们能够幸福快乐。而在提升人性超越挣扎求生的动物性之后，我们现在希望把人类升级为神，让智人化身为神人。

案例4.11评析：（1）本案例是《未来简史》全书中最为重要的承前启后的关键段落。它是前述几章主要内容和观点的概括，指出并论证了20世纪之前人类主要面对饥荒、疾病瘟疫、战争三大问题，同时指出了进入21世纪人类可能面对的三大主要议题（三大核心概念或关键词），即长生不死、幸福快乐、化身为神，尽管还会有小范围的饥荒、瘟疫、战争。（2）全书在提出21世纪可能面对的三大主题后，围绕这新的三大主题进行了充分论述。预言了未来世界在这三大关键问题发展中，将面临的多种可能性和新问题。（3）全书概念清晰，观点鲜明，逻辑有力，且可读性强，更重要的是证据翔实，采用了大量史料、数据和事实，但只是很少有文献详注，这是遗憾，也削弱了其学术分量。

案例4.11建议：（1）文中有主要内容和思路概述使文本更易理解和富有血肉。（2）从某种意义上来说，任何一篇学术论著都有这样一个关键段落，无论其在文本开头、中间，还是结尾出现，都只有在深度阅读全文本以后，才能找到或确定这一关键文段，并以此理解全书逻辑结构，建构自己的阅读和意义结构。据此，也才能很好地引用或使用本文献的其他内容与段落。（3）参考本案例或文献的使用方法，但要加强文献注释并为自己的论著写出关键段落。

4.2.5 卡片法制作与使用

所谓卡片法，指将所阅读文献的重点摘要，并结合思考分析的结果，制作在同一个主题（命题、问题、核心概念、观点、证据等）文档中，以备今后可以方便使用的一种文献阅读与分析方法（图4-9）。卡片法具有记录和摘要的功能，同时能使阅读分析文献时闪现的思考成果或思想信息得以及时保存和归类。在文献阅读的同时，就在进行文献分析分类，产生思想与文字成果，这其实就是在进行部分或单元的“文献综述”，或是在撰写学术文本或学位论文的一个个短小且精细的片段。随着这些片段的积累，相互之间的逻辑联系也将越来越清晰地显现出来，这对细节的思考和对全文、理论系统与结构的形成，有至关重要的意义，也是文献阅读和积累的最佳方式。

小标题(概念、命题、原理、方法、自己概括的主题等)	
原文(摘要前加*)，必须有原文详注(底注)	补充与思考 (对原文大意和细节的分析理解、思考评判、启示和链接相关文献)
×××………[1]。 ×××………[2]。 ×××………[3]。	1. 2. 3. ……。

1…………………………………………………………………………（引文底注）
2…………………………………………………………………………（引文底注）
3…………………………………………………………………………（引文底注）

【图4-9】文献卡片法的基本样式

制作卡片看上去比较花费时间，但是能实现文献深度加工和价值挖掘，为后期论文文本撰写打下扎实而丰富的基础。认真做一张卡片，就像为学术论文大厦积累了一块砖一块瓦。两张卡片，*N*张卡片……坚持每天至少3小时的阅读，做5—10张卡片，细节和系统一并建设（TVS哲学定律：细节系统律）。谁能坚持一年或几年，自然水到渠成，谁的学位或学术论文就一定是最丰满、最好的那一篇。谁能持之以恒坚持一生阅读、记笔记做点评，谁就是修炼到家的真正学者。这种日积月累、滴水穿石的工作，需要坚持力、意志力，甚至信念的支持，久之也就成为日常学术习惯。很遗憾，这也是很多学者和准学者难以潜心、持之以恒去做学问所欠缺的学术基本修养。

案例4.12　阅读文献卡片制作

案例4.12表1　文献卡片的小标题与边批

应用型创新人才	
应用型创新人才是一种复合型人才，既能在创新中应用，又能在应用中创新。地方本科院校培养应用型创新人才，必须突出课程体系设置的“应用性”“创新性”，从而保证人才的培养质量。应用型创新人才培养的课程体系构建应该以“夯实基础、强化能力、提高素质、发展个性”为指导方针，优化课程结构；坚持“依托学科，面向应用”的课程开发思路；建立培养以能力为导向的实践教学体系；构建“通识教育、平台教育、创新教育”三级教育课程体系。构建应用型创新人才培养的课程体系应重视基础性课程在人才培养中的作用，进一步加大实践教学环节的比例，建立与地方经济社会发展相适应的课程体系，进一步加快课程综合化步伐。 通识教育课程是面向全校学生所应当掌握的共同知识和具备能力的培养，强调的是各专业学生的无差异性。通识教育的重要职能是传承人类的科学精神和人文精神，培养学生的思维能力，了解自身的政治责任，促进人的全面发展，使个人与社会的关系得以和谐。这一层级课程除绝大多数高校开设的公共基础课程外，还应增加人文素质、科学素质、心身素质以及职业生涯规划的课程。平台教育课程的主要任务是培养学生厚实的专业理论知识，形成专业方向和职业技能，提高学生职业能力和工作岗位的适应能力。这一层级课程一般是指学科基础课、专业基础课、专业课和专业模块（方向）课程，目的是提高学生专业技术能力。创新教育课程是指在前两个层级课程基础上，把本专业知识和相关专业知识交叉起来，实现各专业知 识的融合，提高学生知识迁移能力，其主要任务是使 学生掌握相关专业的基础知识，为创新能力培养打好基础。创新教育课程当然也包括训练学生创新思维，发展学生创新品格和提高学生创新能力的具体课程，如《创造性思维》《创新学》《创新思维训练》等课程。 〔1. 杜才平，邢晓红，陈昌兴.地方本科院校应用型创新人才培养的课程体系构建[J].当代教育科学，2012(21):41-44.〕	

案例4.12评析：（1）本卡片没有或许是还没有来得及写“思考点评、启示与补充”；（2）卡内摘抄的内容（原文）集中度不高，小标题是“应用型创新人才”，这应该是一个概念界定，或“应用型创新人才”的若干界定。但第一段引文并没有透彻界定或分析概念，就急忙奔到课程建设上去了。第二段引文又跳到了“通识教育课程”等。如果这样继续下去，所有与应用型创新人才论述有关的文献和观点都可以收集到这里来，卡片就成了一个大杂烩，失去了聚焦点和聚合性及应有价值。（3）摘抄和摘要有很大区别。摘抄是照原文一字不掉地抄写，或用引号和译注；摘要是对原文大意的概述，不用引号。本卡片的引文与所注文献没有对应标注，故未来使用也有困难。

案例4.12建议：（1）重新确定本卡片内容的主题或小标题，聚焦重心内容。（2）补写思考、补充内容。（3）或者围绕原小标题在卡片中补充N条关于“应用型创新人才”的定义，边批各定义特征等；或将卡片小标题改为“应用型创新人才课程结构”，并加上边批“思考、点评、补充”（案例4.12表2）。或者以“应用型创新人才与通识课程”为题另做卡片，将“通识课程”定义及其功能的各种阐述，与“应用型创新人才”概念的关键词和培养目标紧密结合起来，并补写“什么样的通识课程”才有助于培养“应用型创新人才”的思考、点评和补充更多文献。(4) 卡底注释要尽量用详注，兼用区间注。

案例4.12表2　“应用型创新人才课程结构”卡片

应用型创新人才课程结构	
原　文	思考、点评、启示、补充
“应用型创新人才是一种复合型人才，既能在创新中应用，又能在应用中创新。地方本科院校培养应用型创新人才，必须突出课程体系设置的“应用性”“创新性”，从而保证人才的培养质量。应用型创新人才培养的课程体系构建应该以“夯实基础、强化能力、提高素质、发展个性”为指导方针，优化课程结构。 坚持“依托学科，面向应用”的课程开发思路;建立培养以能力为导向的实践教学体系;构建“通识教育、平台教育、创新教育”三级教育课程体系。构建应用型创新人才培养的课程体系应重视基础性课程在人才培养中的作用，进一步加大实践教学环节的比重，建立与地方经济社会发展相适应的课程体系，进一步加快课程综合化步伐。” “通识教育课程是面向全校学生所应当掌握的共同知识和具备能力的培养，强调的是各专业学生的无差异性。通识教育的重要职能是传承人类的科学精神和人文精神，培养学生思维能力，了解自身的政治责任，促进人的全面发展，使个人与社会的关系得以和谐。这一层级课程除绝大多数高校开设的公共基础课程外，还应增加人文素质、科学素质、心身素质以及职业生涯规划的课程。平台教育课程的主要任务是培养学生厚实的专业理论知识，形成专业方向和职业技能，提高学生职业能力和工作岗位的适应能力。这一层级课程一般是指学科基础课、专业基础课、专业课和专业模块(方向)课程，目的是提高学生专业技术能力。创新教育课程是指在前二个层级课程基础上，把本专业知识和相关专业知识交叉起来，实现各专业知识的融合，提高学生知识迁移能力，为创新能力培养打好基础。包括训练学生创新思维，发展学生创新品格和提高学生创新能力的具体课程，如《创造性思维》《创新学》《创新思维训练》等课程。” ——————— 1. 杜才平，邢晓红，陈昌兴.地方本科院校应用型创新人才培养的课程体系构建[J].当代教育科学，2012(21):41.	1.“一种复合型人才”，并非“应用型创新人才”的特性。学术型创新人才也具有，甚至更具有复合性。 2.应该解释什么是“应用型”“创新”和“应用型创新”等“应用型创新人才”概念的关键词，从而深刻解读地方本科院校究竟应该培养怎样的人才，及其基本构成特征，以及培养目标、课程路径、模式方法、考核方式等。 3.“构建‘通识教育、平台教育、创新教育’三级教育课程体系。”显然通识课程不在创新教育类课程中。 4.通识课程与创新型人才的培养有密切关系。但不是所有通识课程都具有培养应用型创新人才的功能。 5.从通识课程到创新教育课程，跳转太陡，并且还出现了职业生涯规划课程、平台课程等，基本概念含糊，相互关系不清，与应用型创新人才的关系不紧密。

案例 4.13　“高等教育规模预测模型”文献卡片

原文

《规划纲要》公布前后，众多学者对我国中长期高等教育规模进行了多种预测，使用了各种模型、数据与方法，预测的结果有所差别。如表1所列举的17篇文章中，列举了各种预测方法（模型），若以相差5%（绝对值）为误差边界，则有超过2/3(69%)的预测结果是存在误差的。

表1　部分学者对2020年高等教育毛入学率的预测结果及方法

作者	文章题目	2020年预测值	预测方法
米红、文新兰等	《人中因素与未来20年中国高等教育规模变化的实证分析》	41.3%*	回归模型
谢作栩、黄荣坦	《中国高等教育规模发展宏观调控模型研究》	47.7%（模型预测值）	二阶自回归趋势方程
慕静、管宝云	《高等教育规模扩展的预测模型与宏观调控的对策建议》	40.96%*	logistic模型
王宁	《我国高等教育规模多因素预测及方法选择》	38.84%*	Power曲线回归方法
程瑶、章冬斌	《2020年前适静人口变化与高等教育规模发展研究》	32.6%–58.7%	逻辑增长曲线模型
刘六生、冯用军等	《我国高等教育毛入学率GM(1,1)预测模型及其应用研究》	43.01%*	GM(1,1)模型
张宝贵	《2020年高等教育发展目标究竟该如何确定》	50%（非计量值）	基于计量模型的视角进行国家比较
中国人口与发展研究中心课题组	《中国人口与发展战略研究》	31.5%*	–
俞毅	《对高等教育发展水平的预测》	40%–50%	时间序列分析法
高曜	《中国高等教育未来发展规模预测——基于人中结构与GDP的视角》	41.25%–48.14%（计量结果）	高等教育未来发展规模预测模型
董险峰	《国家中长期高等教育毛入学率灰色预测模型探究》	40.95%*	GM(1,1)模型
冯用军	《扩招十年来高等教育规模发展波动与经济波动的关系研究——以高等教育毛入学率和人均国内生产总值为分析单元》	40.12%*	GM(1,1)模型
李立国、黄海军	《迈向高等教育强国之路——我国距离世界高等教育强国还有多远》	40%*	国际比较
纪宝成	《2020年我国高等教育规模预测分析》	40%*	社会经济预测与国际比较
李硕豪、李文平	《2013–2030年我国高等教育规模发展研究——基于适龄人口和经济水平的分析》	37.98%–39.01%*	高等教育规模滚动回归模型
王建宏、刘义荣	《国家中长期高等教育规模发展的回归分析》	38%*	协整检验理论

注:*为预测结果与2020年目标误差大于5%（绝对值）。

一些预测方法的数学表达式（模型，表6）：

表6　高等教育规模预测模型表达式

模型	数学表达式
Logistic	$Y=\frac{100}{1+e^{4.42-0.105t}}$
GM(1,1)	$x^{(1)}(k+1)=178.72e^{0.072k}-168.22$
高等教育规模滚动回归模型（x_1为人均GDP，x_2高等教育适龄人口，Y为高等教育总规模）	方程1：$Y=0.049x_1+0.286x_2-1734.187$（$R^2$=0.976） 方程2：$Y=0.053x_1+0.249x_2-1422.795$（$R^2$=0.978）

补充与思考

1.《规划纲要》即《国家中长期教育改革和发展规划纲要（2010–2020年）》，其提出要“提高政府决策的科学性和管理的有效性。规范决策程序……提高重大教育决策的科学性。建立和完善国家教育基本标准……加强教育监督检查，完善教育问责机制。”（第四十七条）本《规划纲要》还有多处提到教育发展的科学决策，教育发展决策的科学性。

2.回归分析、时间序列分析和生产函数等模型，都需具有丰富翔实的历史数据统计资料，且要求数据变化过程表现出一定的规律性。回归分析模型的固有缺陷是其对环境变化的适应能力较差，无法在经济社会形势发展快速变化的条件下得出理想的预测结果，且往往需要充分利用近期统计数据。

3.新兴的预测法发展很快，例如灰色系统理论预测模型；BP神经网络模型以及仿真模型；大数据分析模型等。

4.启发：可尝试据此模型对云南高等教育规模、曲靖高等教育规模进行预测，以为政府提供高教规模发展的参考依据。

（注：本卡片由蒋成飞博士制作）

高等教育规模预测模型(改)

原文

表1　部分学者对2020年高等教育毛入学率的预测结果及方法

作者	文章题目	2020年预测值	预测方法
米红、文新兰等	《人中因素与未来20年中国高等教育规模变化的实证分析》	41.3%*	回归模型
谢作栩、黄荣坦	《中国高等教育规模发展宏观调控模型研究》	47.7%(模型预测值)	二阶自回归趋势方程
慕静、管宝云	《高等教育规模扩展的预测模型与宏观调控的对策建议》	40.96%*	logistic模型
王宁	《我国高等教育规模多因素预测及方法选择》	38.84%*	Power曲线回归方法
程瑶、章冬斌	《2020年前适静人口变化与高等教育规模发展研究》	32.6%-58.7%	逻辑增长曲线模型
刘六生、冯用军等	《我国高等教育毛入学率GM(1,1)预测模型及其应用研究》	43.01%*	GM(1,1)模型
张宝贵	《2020年高等教育发展目标究竟该如何确定》	50%(非计量值)	基于计量模型的视角进行国家比较
中国人口与发展研究中心课题组	《中国人口与发展战略研究》	31.5%*	-
俞毅	《对高等教育发展水平的预测》	40%-50%	时间序列分析法
高曜	《中国高等教育未来发展规模预测——基于人中结构与GDP的视角》	41.25%-48.14%(计量结果)	高等教育未来发展规模预测模型
董险峰	《国家中长期高等教育毛入学率灰色预测模型探究》	40.95%*	GM(1,1)模型
冯用军	《扩招十年来高等教育规模发展波动与经济波动的关系研究——以高等教育毛入学率和人均国内生产总值为分析单元》	40.12%*	GM(1,1)模型
李立国、黄海军	《迈向高等教育强国之路——我国距离世界高等教育强国还有多远》	40%*	国际比较
纪宝成	《2020年我国高等教育规模预测分析》	40%*	社会经济预测与国际比较
李硕豪、李文平	《2013-2030年我国高等教育规模发展研究——基于适龄人口和经济水平的分析》	37.98%-39.01%*	高等教育规模滚动回归模型
王建宏、刘义荣	《国家中长期高等教育规模发展的回归分析》	38%*	协整检验理论

上述预测方法采用的部分数学表达式(预测模型)(见表6):

表6　高等教育规模预测模型表达式

模型	数学表达式
Logistic	$Y=\dfrac{100}{1+e^{4.42-0.105t}}$
GM(1,1)	$x^{(1)}(k+1)=178.72e^{0.072k}-168.22$
高等教育规模滚动回归模型 (x_1为人均GDP，x_2高等教育适龄人口，Y为高等教育总规模)	方程1：$Y=0.049x_1+0.286x_2-1734.187$ (R^2=0.976) 方程2：$Y=0.053x_1+0.249x_2-1422.795$ (R^2=0.978)

思考、点评与补充

1.《国家中长期教育改革和发展规划纲要(2010-2020年)》提出，要“提高政府决策的科学性和管理的有效性。规范决策程序……提高重大教育决策的科学性。建立和完善国家教育基本标准……加强教育监督检查，完善教育问责机制”(第四十七条)，还在多处提及教育发展的科学决策，教育发展决策的科学性。而各级政府教育发展决策的重点之一，就是估判高等教育毛入学率。

(2)科学的预测模型是正确估判毛入学率的数学工具。上述《纲要》公布前后，众多学者使用各种数据、方法与模型，预测了我国中长期高教规模(毛入学率)。但如表1所示，17篇文章各自采用不同预测方法计算出的毛入学率(预测值)，有2/3(69%)存在显著差异(以误差5%为界)。

(3)上述预测方法都有相应数学模型(数据计算公式)。如时间序列分析、生产函数和回归分析等(表6)，但都需要丰富翔实的历史数据。最常用的是回归分析模型(方程1和方程2)，即通过人均GDP(x_1)与高等教育适龄人口(x_2)之间的关系，来计算高等教育总规模(Y)。其固有缺陷是，对环境变化适应力较差，无法在多因素条件变化下得出理想预测结果，且往往需要充分利用近期数据。

(4)新兴的预测法发展层出不穷，如灰色系统理论预测模型；BP神经网络模型以及仿真模型；大数据分析模型；多元八核模型(参阅马涛博士论文)。

(5)启示：整合各种方法和模型的优点，结合地方特色，建构更合理、更便捷的信息化、智能化预测模式，以为云南省政府高等教育发展规模预测提供参考。

(注：请蒋成飞博士按照上述修改继续检索文献，补充完善研究思路。祝顺利——赵伶俐)

案例4.13评析：（1）这张文献卡片的优点是引用的原文有典型性，也有一定综合性，是对17篇论文预测结果的比较以及对主要预测方法和模型的呈现，且用了数据表，很直观；对引文（原文）的背景、内容大意和细节有所提示和解读、思考和评说，也有相关文献补充提示。(2）但是其“思考、点评、补充”还比较表层化、单薄，逻辑细节不到位，不利于今后使用。

案例4.13建议：（1）对“原文”摘抄部分，进行格式调整，以便各预测模型的特点及结果可以看得更明晰；(2）“思考、评析与补充”应做更深加工，思维逻辑和语言要更专业化。

4.3 批判性与跨界阅读

批判性阅读和跨界阅读（跨章节、跨多本、跨学科、跨专业阅读），是文献深度阅读加工的重要方法，是TVS学术阅读（案例4.1、案例4.1评析）的重要构成部分，也是学术批判性思维和创新思维的典型体现，是学术创新的重要文献支持，故本部分也适合放在“第9章　再论创新”中去论述。只是因为：（1）很多初学研究者，总是很容易不加质疑地相信，凡正式发表的学术文本，所持观点、论点、论据等都是正确的。因此，也总是会不假思索地直接摘抄引用，甚至不加分析地直接用作全文的核心概念、论点和论据。然而很遗憾，事实上并非如此。换句话说，不是任何文献都可以作为正面材料或证据直接加以引用的。这就需要学者始终保持严谨的态度和质疑的眼光边阅读，边思考，边去粗取精，边甄别批判，以及拓展阅读更多相关文献进行比较判定，然后才决定取舍和引用方式。（2）初学研究者，甚至部分比较成熟的学者，阅读方法比较保守。按照文献的顺序从头读到尾即可（不读完，断章取义更不可取）。更多地只读“专业”文献，不敢也不愿跨出专业、学科半步，或者不敢也不愿系统而深度地去读其他专业、学科的书。因此，也会导致学术思维与写作视野狭窄，难以有更大的创新空间。

案例4.14　文献思考、评点与批判

只要一翻开关于夸美纽斯及其《大教学论》的有关研究的文献，不难发现如下观点几乎成为不可置疑的学界公论和基调。有教师招聘考试复习指南，关于夸美纽斯和他的《大教学论》，是如此说明的：

捷克民主主义教育家夸美纽斯（Comenius，Johann Amos，1592—1670），被誉为“教育学上的哥白尼”①“现代教育之父”②；他的《大教学论》(1632)“吸收了当代

① 夸美纽斯. 大教学论[M]. 傅任敢，译. 北京：教育科学出版社，1999：246.

② 夸美纽斯. 大教学论[M]. 傅任敢，译. 北京：教育科学出版社，1999：255.

的及前代的其他各国人民的教育智慧，在这种基础上提出了自己的教育主张，建立了自己的教育学体系"，"为现代的系统的教育学奠定了始基"①，故被学界认定为"是标志教育学成为一门独立学科的'伟大的教育学经典'"。

…………

三、考题链接

…………

2. 世界上第一部独立形态的教育学著作是：

A.史记　　B.普通教育学　　C.大教学论　　D.教育论

【答案】C。解析：夸美纽斯的《大教学论》是教育学成为一门独立学科的标志。②

案例4.14评析：尽管也有学者十分肯定《普通教育学》的学科独立标志地位，但仅从教师招考考试中也可见，肯定《大教学论》就是教育学独立标志的说法，影响面有多大。那么，这些文献及其作者的看法是正确的吗？此外，还因为全书不断出现遵循"自然"的观点也被认为是"自然主义教育观"的代表作；还因为其扉页上的"把一切知识教给一切人们的全部艺术"，"一切人"是他民主主义教育精神的反映③。这些观点是原作者的本意吗？

案例4.14建议：以上是我阅读了《大教学论》以及关于《大教学论》的研究和评说的文献后产生的一系列疑问。带着这些疑问，我再次阅读了《大教学论》，并进一步扩大阅读了大教学论产生时的文化科学背景文献，对自己提出的几条质疑，进行了一一求证。请大家对照《大教学论》看看有关质疑及辨析是否有道理。

质疑1.《大教学论》是"第一本教育学著作"吗？《大教学论》（Great Didacticof-Comenius）的早期中译本翻译为《大教授学》（1939，商务印书馆），后译为《大教学论》（人民教育出版社1957，1979，1984等），都明确它是关于教学或教授的教学理论，"被认为是教学论诞生的标志"④。而教学论是教育论的重要分支，但不等同于教育学。所以《大教学论》是"第一本教学论"，而德国赫尔巴特其以心理学实证研究为基础撰写的《普通教育学》（1806），才是真正意义上的"教育学成为独立学科的代

① 夸美纽斯. 大教学论[M]. 傅任敢，译. 北京：教育科学出版社，1999：256.

② 教师招聘考试复习指导.夸美纽斯及其教育思想来源. 中公教师网. 2017-08-22.

③ 夸美纽斯. 大教学论[M]. 傅任敢，译. 北京：教育科学出版社，1999：258.

④ 敬群. 教育原理[M]. 长春：东北师范大学出版社，2012：244.

表作”[①]，“第一本教育学著作”[②]，而且也是第一部将心理学原理纳入教育学，建立了“第一部具有科学体系的著作”。这个“第一”的认定，对教育学应该建立在心理学基础上，进而产生了“教育心理学”有重要意义。学界关于《大教学论》和《普通教育学》两者究竟哪一部著作是“教育学成为一门独立学科”的标志的争议，应该是不争自明的事实，前者是教学论的独立标志，后者是教育学的独立标志。当然不排除前者对后者有影响。

夸美纽斯（1592—1670）

赫尔巴特（1776—1841）与《普通教育学》

【图4-7】哪一本著作是人类第一本系统的教育学著作?

质疑2.夸美纽斯《大教学论》的“遵循自然”是什么意思？曹孚先生关于“夸美斯基（夸门斯基）的生平和思想”（1957）一文表明：“遵循自然”是夸美纽斯教学艺术的核心思想与主线索，“他主张一切教学规律应该遵循自然”，“一切教学原则与规

① 柳海民. 教育原理[M]. 长春：东北师范大学出版社，2012：12.

② 郑金洲. 教育通论[M]. 上海：华东师范大学出版社，2002：364.

则都是从这一总原则上推演出来的”[①]，有学者因此将夸氏教学论称为“自然主义”或“自然教育理论”。而“自然主义”，又被一些理论者和实践者解读为像自然那样自由、自在、不受约束的教育。事实上，夸美纽斯强调的是遵循“自然秩序”，这个自然秩序，就是自然规律的意思。因此，遵循自然，恰恰是要遵循自然秩序或自然规律约束，而不是强调让学生自由自在不受约束。全书采用大量生动的类比方法，用“自然秩序”类比人的“成长秩序”乃至“教学秩序”。几乎每章及提出的所有教学原则的开端都如此。故被后人概括为“循序渐进”的教学原则。而这个“循序”，循的就是“自然秩序”。夸美纽斯称这种依照自然不变本性（严谨秩序）来教学的方法为“先验性方法”，“我们愿用先验的方式（a priori）去证明这一切，就是从事物本身的不变的性质去证明”去建立教学的艺术。进一步阅读相关的历史背景文献，发现夸氏所在的十七世纪，正是自然科学突飞猛进、积极探索自然真理，发现“自然秩序”的时代。因此，夸美纽斯的教育理论是遵循自然科学所探究的“自然秩序”（有时简称“自然”，有时简称“秩序”）的教学论，是有科学背景支持的教学艺术。全书33章，各章紧扣“严谨的”“自然秩序”这一核心概念或视点，一以贯之将自然秩序、人生秩序、教学秩序有机交织起来，论证了“改良教学的基础应当是万物严谨的秩序”（第13章）这一核心命题，创建了人类第一本教学理论体系和教学实践体系（案例4.14表1），也是一个漂亮的TVS思维与写作的范型。

案例4.14表1　夸氏《大教学论》系统：以“自然秩序”一以贯之（TVS构型）

各章与板块	主要内容	TVS构型： “自然秩序”视点一以贯之建立教学秩序结构
1—4	从上帝到自然观到人生观 （以基督教《圣经》）教义为据）	自然秩序决定人类生命秩序。现实的人，只是永生秩序中的一环
5—12	每个人都有由自然秩序规定了的成长阶段，因此都应该公平地受到教育的帮助，这就决定了学校教育的存在及其改良的任务和可能性	人的生命自然成长的秩序，规定了教育的秩序
13—15	改良学校教育的基础是万物的严谨秩序，这一秩序应当以自然秩序为借鉴，并顺应人的生命的成长秩序；成长的过程是对一点一滴知识透彻理解、接受和积累的过程	教育的秩序与改良，以自然秩序和人的生命秩序为据，并落实到对知识有序而透彻的传授上

① 夸美纽斯. 大教学论[M]. 傅任敢，译. 北京：教育科学出版社，1999：256.

续表

各章与板块	主要内容	TVS构型： “自然秩序”视点一以贯之建立教学秩序结构
16—19	教与学必须是能够产生效果的（即教学方法必须是有效的）。有效教与学方法有9大基本原则，63条要领，此外还有10条便易性原则和43条要领；10条彻底性原则和47条要领；简明性与迅速性原则，即克服浪费时间和精力的8大问题和节省时间与精力的54条要领	有结果的（有效的）教与学方法，有遵循自然秩序的规定性而生成的有效性，以及相应的便易性、简明性、迅速性等一般教学原则共计31条及其要领共计207条
20—24	不同学科教与学的有效教学方法与要领。科学教学法的24条要领；艺术教学法的17条要领；语文教学法的26条要领；道德教育法的18条要领；灌输虔信（宗教信仰）的31条要领	不同学科或领域，还有按照自然秩序和学生生命成长秩序而生成的特殊教学方法要领
25—26	按照真正基督教的法制改良学校，根据基督教《圣经》教义，提出27条要领；学校纪律的13条要领	上帝是“自然秩序”的“制定”者（夸氏“自然秩序”在科学中夹杂宗教，这是那个时代的学者共有的特征）
27—31	学生自然生命年龄分为婴儿期、儿童期、少年期、青年期等四大阶段，教育也按照这样的阶段秩序相应地分为母婴学校、国语学校、拉丁学校、大学校（部分相当于现在的幼儿教育、小学教育、中学教育和大学教育），这四类学校即使教授相同学科，也各有自己的重点内容和学生发展目标	人的自然生命秩序：四大阶段，规定了四大教育阶段及教学内容与学生发展目标的秩序
32—33	归纳出循序渐进这一自然、人生、教育共同遵循的原则；教材秩序展现了知识秩序，如同新活字“印刷术”，可确保所有学生按照秩序学习和成长；班级授课制和学校纪律，是确保教与学循序渐进有秩序进行的“印刷机”	回归到视点，强化视点“自然秩序”
注：本表由赵伶俐阅读《大教学论》（教育科学出版社，2012年）后整理编制		

质疑3. 大教学论阐述的是“教学艺术”，不是教学科学吗？《大教学论》，其开宗明义所书是“教学论（didactic）是指教学似艺术”（致意读者），是“阐明将一切事物教给一切人们的全部艺术”（扉页题词）。详读内文所阐述的“教学艺术”，并不是后来者纷纷解释的那种特别感性的自由的“艺术”，而恰恰是基于严谨的自然秩序的教学是教学科学的艺术。是使教学成为教得准有把握，教得准有结果，教得彻底，教起来使人感到愉快的一种“不肤浅、不铺张，却能使人获得真实的知识、高尚的行谊和深刻的虔诚的艺术”（致意读者）。是建立在严谨的自然秩序和人成长秩序基础上的教学原则、方法、要领，诸如便易、彻底、简明、迅速（第17、18、19章）等原则。他还以当时才出现不久的印刷术来类比教材和知识教学秩序的严谨性，正如“活字不是

乱七八糟的，而是整洁地排列在匣子里”，“把字排成行，把行排成栏，并防止把任何部分排错了”，“只有当时用着的部分才从活字匣内取出来，其余的留下不动”；“同样我们”也不是把“教材乱七八糟一股脑儿给学生”，而是按照知识秩序和学生学习的秩序编排，再“分成段落，指定一年学多少，一月学多少，一日学多少，一小时学多少”。[①]同时还要告诉青年教师们“在每一种情形之下做什么”，所以，才“应该有两种教本，一种包含教材是给学生用的，一种是帮助教师，使他能够正确地处理他所教的学科的指导书。”[②]用以实现“正确”“十分准确”“准确地、普遍地培植人的才智”[③]的艺术。这才是《大教学论》副标题“把一切事物教给一切人类的全部艺术”，以及致意读者中“这是一种教起来准有把握，因而准有结果的艺术”之本意和深刻内涵所在。换句话说，夸氏的《大教学论》是建立在遵循自然科学规律（严谨的自然秩序）基础上的有效教学艺术的理论、原则与方法。

遗憾的是，因为人们没有能很好理解夸美纽斯大教学论是遵循自然秩序的，以追求教学有效性为目标的科学的教学艺术及原则，而是偏狭地将其理解为自由自在不受约束的“自然主义”“教学是艺术不是科学”等等，是对经典教学论著作《大教学论》宝贵教学思想和理论财富的浪费。

质疑4.夸美纽斯大教学论是唯心主义的产物吗？夸氏是基督教牧师，但是他也尊重自然，尊重科学，大教学论的核心理论恰恰不是建立在宗教信条上，而是明确建立在17世纪自然科学思想基础上的。这是夸氏及《大教学论》最难能可贵的品质，也是该书成为教学论经典的重要原因。

上述质疑和辨析至少表明：（1）本案例通过反复阅读分析与比对原文，对有关研究和评价所提出的质疑是有一定辩驳力的；且基于此写了上述批判性书评或文献综述，还会因此带出更深、更多的学术话题。（2）文献阅读，特别是经典文献阅读，必须阅读原文，尽量不以二手、三手资料为据。译文严格来说已经不是原文，但受语言限制，也应该直接阅读较好的译文版本。例如同是马克思的《资本论》，译版不同，好多概念及其概念内涵（定义）都有差异，哪怕些许微妙的差异，也会引起读者对全文整体意义理解的误差，以及引用文献和建构论文逻辑结构等方面的误差。深度阅读分析后，所撰写的“文献综述”本身就是一篇有质量的学术论文。

案例4.15　经典阅读与比较——《大教学论》与《普通教育学》

夸美纽斯的《大教学论》（1632）和赫尔巴特的《普通教育学》（1806），都被公

① 夸美纽斯. 大教学论[M]. 傅任敢，译. 北京：教育科学出版社，1999：233.

② 夸美纽斯. 大教学论[M]. 傅任敢，译. 北京：教育科学出版社，1999：234.

③ 夸美纽斯. 大教学论[M]. 傅任敢，译. 北京：教育科学出版社，1999：1–2.

认是人类教育学史上的经典著作。但是如前所述，关于两者谁是人类教育史上第一部系统的教育学著作，却存在不同看法。还有学者采用变通说法，称“《大教学论》标志着独立形态的教育学的产生”，而“《普通教育学》标志着教育学已经成为一门独立的学科”，这种说法似乎也牵强。其实只要不先去阅读各种简介和书评，而是认真阅读和比较一下这两部经典的原著，先从书名、扉页主题词、目录开始，再深入内文，就不难得出与目前各种看法都不同的、肯定的答案。

夸美纽斯《大教学论》(1632)

（扉页主题词）它阐明把一切事物教给一切人们的全部艺术或……

目录

第一章 人是造物中最崇高、最完美、最美好的

第二章 人的终极目标在今生之外

第三章 今生只是永生的预备

第四章 永生的预备有三个阶段：知道自己（并知万物），管束自己，使自己皈依上帝

第五章 这三者（学问、德行与虔信）的种子自然存在我们身上

第六章 假如要形成一个人，就必须由教育去形成

第七章 人最容易在少年时期去形成，除了这种年龄就不能形成得合适

第八章 青年人应该受到共同的教育，所以学校是必需的

第九章 一切男女青年都应该进学校

第十章 学校教育应该是普遍的

第十一章 在此以前没有一所完善的学校

第十二章 改良学校是可能的

第十三章 改良学校的基础应当是万物的严谨秩序

第十四章 教导的严谨秩序应当以自然为借鉴，并且必须是不受任何阻碍的

第十五章 延长生命的基础

第十六章 教与学的一般要求：即一定能产生结果的教与学的方法

第十七章 教与学的便易性原则

第十八章 教与学的彻底性原则

第十九章 教学的简明性与迅速性原则

第二十章 科学教学法

第二十一章 艺术教学法

第二十二章 语文教学法

赫尔巴特《普通教育学》(1806)

(扉页主题词) 由教育目的引出的普通教育学

七、略论真正教育的措施

第二编 兴趣的多方面性

第一章 多方面性的概念

一、专心与慎思

二、清楚、联合、系统、方法

第二章 兴趣的概念

一、兴趣与欲望

二、注意、期望、要求、行动

第三章 多方面兴趣的对象

一、认识与同情

二、认识与同情的成分

第四章 教学

一、教学作为经验与交际的补充

二、教学的步骤

三、教学的材料

四、教学的方式

第五章 教学的过程

一、单纯提示的教学—分析教学—综合教学

二、教学的分析过程

三、综合教学的进程

四、关于教学计划

第六章 教学的结果

一、生活与学校

二、对青年教育期结束的考察

第三编 道德性格的力量

第一章 究竟什么叫作性格

一、性格的主观与客观部分

二、意志的记忆、选择、原则、冲突

第二章 论道德的概念

一、道德的积极部分与消极部分

二、道德的判断、热情、决定与自制

第三章 道德性格的表现形式

一、控制欲望和为观念服务的性格

二、可被决定的部分与决定的观念

第四章 性格形成的自然过程

一、行动是性格的原则

二、思想范围对于性格的影响

三、素质对于性格的影响

四、生活方式对于性格的影响

五、对性格的道德形态有特别作用的各种影响

第五章 训育

一、训育对性格形成的关系

二、训育的措施

三、训育的普遍应用

第六章 对训育特殊性的考察

一、偶然的训育与连续的训育

二、按特殊意图进行训育

附录

不朽的赫尔巴特

赫尔巴特教育学体系的作用

赫尔巴特对《普通教育学》的自我说明

雅赫曼关于赫尔巴特《普通教育学》的书评

赫尔巴特对雅赫曼书评的回答

赫尔巴特生平及著作年表

案例11.15评析：（1）《大教学论》与《普通教育学》不仅书名，且在全书扉页主题词、基本立意（视点）以及目录（结构）上，乃至两书内文上，两者是有很大差别的。这个差别是判断其一是人类近现代第一本系统的教育学著作的重要判据。（2）两者虽然都研究了教学问题，但是立意或侧重显然不同。前者明确是关于“教学”的理论，“它阐明把一切事物教给一切人们的全部艺术”[①]，“我们敢于应许一种‘大教学论’，就是一种把一切事物教给一切人们的全部艺术，这是一种教起来准有把握，因而准有结果的艺术；并且它又是一种教起来使人感到愉悦的艺术，就是说，他不会烦恼，或使学生感到厌恶，它能使教员和全体学生全都得到最大的快乐；此外它又是一

① 夸美纽斯. 大教学论[M]. 傅任敢，译. 北京：教育科学出版社，1999：扉页主题词.

种教得彻底、不肤浅、不铺张，却能使人获得真实的知识、高尚的行谊和最深刻的虔诚的艺术。”①，即准确、有效、有美感（令人感到愉悦）的教学艺术。后者是关于“教育”的理论，是“由教育目的引出的普通教育学”②，“我的教育学是从教育目的引出的”③，是立足在把人培养成什么样的人即“学生将来成为什么样的人”④基础上的理论，或教育哲学。显然两者都对“教学”有重要且富有创见的阐述。赫尔巴特明确地将教育和教学两个概念区分开来，“我认为非常有必要把教学从真正的教学思考中分离出来”⑤，且要明确两者的关系，教学是实现教育目的的过程或手段，即“通过教学来进行教育”⑥，阐明学校教育“不存在无教学的教育”，反过来也没有任何“无教育的教学”。这些被后来人提炼为“教学的教育性原则”或“教育性教学原则”。(3) 因此，可以做出这样的结论：《大教学论》就是侧重教学理论的“教学论”；而《普通教育学》就是以明确和实现一般“教育目的”的普通“教育学”。换句话可以这样说：《大教学论》是试图系统论述教学目的、课程、教学原则和分科分阶段教学法的第一本教学论著作；《普通教育学》是系统论述教育哲学、教育目标、教学方法和教育管理等的第一本教育学著作。(4) 这样的判断，不仅具有客观性，而且说明了人类对教学系统研究早于对教育的系统研究。对教育的系统研究，不仅促进了教育理论和实践的系统认知与建设，更增进了人类对教学价值、原则、过程方法与实践认知的高度和深度。

案例11.15 建议：(1) 阅读原著，并对照原著阅读关于两本书的各种评论、说法，整理出一览表。(2) 探寻提出各种说法的理由，学者背景或其他因素。(3) 写一篇关于两本著作的述评，或者有关研究的文献综述。(4) 请阅读赫尔巴特《普通教育学》中译本（李其龙译，2015）后的附录，看附录中几篇关于赫尔巴特《普通教育学》的称赞、批判和作者的说明与辩驳，撰写自己的分析和感想。或者可以写出很有专业性和独到见解的论文。(5) 可以以此为问题（视点A）拓展开来，作为学位论文选题，确立富有创见的课题（参见本书第5章选题），如《教育经典著作评论与批判》。

---

① 夸美纽斯. 大教学论[M]. 傅任敢，译. 北京：教育科学出版社，2012：致意读第1页.
② 夸美纽斯. 大教学论[M]. 傅任敢，译. 北京：教育科学出版社，2015：扉页主题词.
③ 赫尔巴特《普通教育学》. 李其龙，译. 北京：人民教育出版社，2015：229.
④ 赫尔巴特《普通教育学》. 李其龙，译. 北京：人民教育出版社，2015：232.
⑤ 赫尔巴特《普通教育学》. 李其龙，译. 北京：人民教育出版社，2015：232.
⑥ 赫尔巴特《普通教育学》. 李其龙，译. 北京：人民教育出版社，2015：7.

案例4.16 跨界阅读：关联性阅读、拓展阅读

阅读《大数据时代——生活、工作与思维的大变革》[①]，特别将全书彼此关联性很强，且批判性很强的段落，摘抄并汇集到一起，同时不断参阅其他相关哲学、心理学、统计学等著作，查阅相关工具书，对比分析；边阅读边做笔记和电子卡片，写下关联性、拓展性、批判性点评，其启发如下：

在小数据时代，我们会假想世界是怎么运作的，然后通过收集和分析数据来验证这种假想。在不久的将来，我们会在大数据的指导下探索世界，不再受限于各种假想。我们的研究始于数据发现了以前不曾发现的联系（P92）。

2004年，谷歌发布了一个野心勃勃的计划，它试图把所有版权条例允许的书本进行数字化，让世界上所有的人都能通过网络免费阅读这些书籍……最开始，谷歌所做的是数字化文本，将书本的每一页都扫描后存入谷歌服务器的一个高分辨率的数字图像文件中。书本上的内容变成了网络上的数字文本……这是一个现代的、数字化的亚历山大图书馆，比历史上任何一个图书馆都要强大，但是谷歌希望它能够做得更多……谷歌使用了能识别数字图像的光学识别软件来识别文本的字、词、句和段落，如此一来，书页的数字化图像就被转化成了数据化文本（P110）。

如今，不仅人类可以使用这些文本信息，计算机也可以处理和分析这些文本数据了。通过检索和查询，我们可以对它进行无穷无尽的文本分析；也可以揭示一个词以及词组第一次出现的时间及其成为流行词的时间，据此发现几百年来人类思维发展和思想传播的轨迹。这种分析支持好几种语言（P110）。

你可以自己试一试，打开Google Ngram Viewer，它利用谷歌所拥有的所有图书作为数据资源，为你提供单词和短语历年使用次数的展示图表。眨眼之间，我们就能发现“causality”（因果关系）这个词在1900年之前的使用频率比“correlation”（相关关系）高，而在1900年之后，情况就与之相反了。对于作者存在争议的书籍，我们也可以进行作品风格鉴定。数据化的实现让抄袭学术作品的行为越来越无处藏身，因此，很多欧洲政客（包括一名德国国防部部长）的抄袭行为被曝光，最终不得不引咎辞职。（P110–111）

15世纪中叶，人类发明了印刷机，在这之后大约出版了1.3亿册图书。到2010年为止，也就是谷歌的数字化图书计划实行7年，大约有2000万种图书被扫描成了数字图书，这几乎相当于人类所有书写文明的15%，这是多么惊人的数字！这诱发了一个

① 维克托·迈尔–舍恩伯格，肯尼恩·库克耶. 大数据时代——生活、工作与思维的大变革[M]. 盛杨燕，周涛，译. 杭州：浙江人民出版社，2013.

新的学术方向——文化组学[1]。"文化组学"是一个计算机专业词汇，指的就是通过文本的定量分析来揭示人类行为和文化发展的趋势。

文化组学，这个基于数据化而诞生的"一个计算机专业词汇"，其是一个文化文本构成、生物学基因理论和计算机数据分析等学科的跨界理论创新成果，且本身具有高度跨界性。具有突破计算机专业领域，在各个领域应用的高度应用思维与技术的价值。

案例4.16评析：（1）本案例是我阅读了《大数据时代——生活、工作与思维的大变革》（下文简称《大数据时代》）并以"数字化"向"数据化"转化为视点，将全书某些重要相关段落摘出并集中到一起，简明地显示了"数字化"向"数据化"转化的历程、转折点及本质意义。这种转换是《大数据时代》立论的基点，也是大数据分析的三大特征。在阅读比较分析的基础上，发现原来所谓"大数据"其实就是一种基于信息化、互联网、云平台的统计方法，其与传统统计方法有重要联系，也有不同。（2）对传统统计方法和大数据分析方法的继续研究和文献阅读，我于几个月以后发表了《量化世界的一切——〈大数据时代〉的点赞与批判》[2]一文，该文联系马克思哲学关于质量互存，数学应用的观点，对《大数据时代》的基本理论及所导致的"量化世界"观，给予了高度肯定和赞赏：

①因为数据（不是数字）可以通过计算发现"以前不曾发现的联系"。这本质上不是"大数据"的全新特征，而是应用了信息化手段进行数据分析，其中也包括传统抽样获得的"小数据"在内。其实传统的数据统计分析方法，也是为了发现"以前不曾发现的联系"，只是方法太手工化了，较难实现而已。事实上，很多自然科学的定律，都是通过数学分析方法或数学模型运算得到或证明的。只是在大数据时代不再用事先"假设"，而是直接通过互联网收集数据进行分析，或者说是将各种信息化机器（电脑、手机、云中心）等所获得的各种数据，直接进行分析就可以了。但是这也未必，这样似乎低估了人类假想、假设或者理论想象的价值。在数据和数据分析之间，正如作者所言，还存在"数据思维"，严格来说，数据思维就是对数据之间相关性的一个推想或假设，而数据分析正是建立在人脑这样独特的数据思维基础上的。这也正是人类思维永远凌驾于机器运算基础上的重要原因。

大数据本身就是基于信息化、互联网、人工智能等，从新的统计理论假想中生长

① 文化组学英文叫作culturomics，是"文化"和"基金组学"两个词的合并。本书中提到的哈佛研究组是文化组学最早的倡导者，其核心人员艾略兹·利波曼·埃顿（Erez Liebeman Aiden）以前是研究基因组学的——译者注.大数据时代，P111.

② 赵伶俐.《大数据时代》点赞与批判[J]. 理论与改革，2013(6).

出来。所以，“大数据是在理论基础上形成的。比方说，大数据分析就用到了统计学和数学理论”（P94），不仅如此，根据大数据我们推断“世界在本质上是数据”。

②《大数据时代》的作者在若干地方提示了人类思维的超前性和局限性，意味着人类思维、技术的进步。正如莎士比亚写道：“凡是过去，皆为序曲。”大数据无论在理论上还存在多少漏洞和矛盾，都会激发出人类新的思维火花，在数据化思维下，提示宇宙世界万物统一的本质，继续前行，“通过运算”实现人类所有的愿望和梦想！

“就是因为不受限于传统的思维模式和特定领域里隐含的固有偏见，大数据才能为我们提供如此多新的深刻洞见。”（P94）“大数据不会叫嚣‘理论已死’，但是它毫无疑问会从根本上改变我们理解世界的方式。”“我们在分析数据的时候，也依赖于理论来选择我们使用的工具。最后，我们解读研究结果的时候同样会使用理论。大数据时代绝对不是一个理论消亡的时代，相反地，理论贯穿于大数据分析的方方面面。”（P94）。

③对数据价值的历史洞察力，是《大数据时代》非常可贵，也是非常深邃的见解与哲学思考。大数据，非突然降临的神器，其早就孕育在人类客观世界规律探索的进程中，并伴随人类科学技术和实践能力而逐渐彰显出来，直到今天。其使得：

“哲学历史上争论不休的世界可知论和不可知论将会转变为实证科学中的具体问题。可知性是绝对的，无事无物不可知；不可知是相对的，是尚未知道的意思”；“本质上世界是由信息构成的”，于是无论多么复杂，世界都成了：“可以理解的数据的海洋”（P215）。

④《大数据时代》对“数字化”和“数据化”进行了区别，在提出和论证“量化世界”哲学观①后，才聚焦到全书的核心观点（关于大数据的三大特征）“是全体数据，不是随机样本”；“是混杂性，不是精确性”；“是相关关系，不是因果关系”上来。这三大命题被称为“大数据的精髓”，也是众多读者关注赞赏和评论的焦点。

案例4.16建议：（1）其实，要真正理解《大数据时代》并将其应用到自己的研究中，还不能只读这本书。该书作者在《大数据时代》出版的同年或之前之后也有相关著作，还有其他很多学者也写过相关的论著。只有在跨越作者、跨越学科和专业的阅读比较分析中，才会得到根本的领悟、恰当的应用。在阅读全文献《大数据时代》后，发现了、抓住了其与他者的相同和不同点，并由此进一步做跨界拓展性阅读：

（1）同作者著作拓展阅读：《大数据时代》作者的另一本著作《删除》的中译版

① 赵伶俐. 量化世界观与方法论——《大数据时代》点赞与批判[J]. 理论与改革，2014(6).

也发表于2013年[①]，是理解和利用大数据不可或缺的姊妹篇。其阐述了如何选择、保留和删除数据这一“大数据取舍之道”，提出“遗忘是一种美德”和“被遗忘的权利”及开启“互联网遗忘运动”等重要命题，以及数字化节制、保护信息隐私权、建设数字隐私权基础设施、调整人类的现有认知、打造良性的信息生态、完全语境化等六大应对策略。

（2）纵向发展性拓展阅读。《第三次浪潮》（1980）[②]、《数字化生存》（1996）[③]，《大数据时代》（2013），三本书问世前后仅相差33年，却反映了IT业从大起步与预期、到快速发展和新预期、到高峰发展和更惊人的预期，及至触及世界本质，令人心身震撼。阅读这三本书分别是在我接受人类知识洗礼的三大关键时期：本科、硕士研究生、博士研究生，做研究生导师时再次将三本书放到一起比较阅读，惊叹在IT和AI助力下，人类智慧发展多么神速、神奇！且三本书都文笔漂亮，充满激情，科学美感与人文情怀兼具，足以修正科学技术与人文美感不相容的传统偏见，也给了我学术思维和写作方法新的指引。

（3）横向跨学科拓展阅读。国内也有一些大数据论著，如《用数据说话的时代》[④]，“用数据说话是数字化时代的特征”[⑤]，“大数据”本身是十分复杂的，用“数据说话”应该更为复杂？该如何理解“复杂性”?《复杂》[⑥]，是美国不同领域学者，对正在形成的科学的复杂体系（而非牛顿一直以来主导的“秩序性”和“决定论”）进行的深入浅出的描述。他们将各自领域发现的无穷无尽的组合与可能性，诗意的偶然性的流变汇总起来，给人以全新的启迪。

1. 数据量大,大数据的起始计量单位至少是*P*（1000个T）、*E*（100万个T）或*Z*（10亿个T)。2. 类型繁多，包括网络日志、音频、视频、图片、地理位置信息等等，多类型的数据对计算机数据的处理能力提出了更高的要求。3. 价值密度低，如随着互联网的广泛应用，信息感知无处不在，信息海量，但价值密度较低。4. 数据算法，如何通过强大的机器算法更迅速地完成数据的价值“提纯”，是大数据时代亟待解决的难题”[⑦]（《用数据说话的时代》）。

① 维克托·迈尔-舍恩伯格. 删除[M]. 袁杰，译. 杭州：浙江人民出版社，2013.

② 尔文·托夫勒. 第三次浪潮[M]. 朱良炎，等译. 北京：生活·读书·新知三联书店，1983.

③ 尼葛洛庞帝. 数字化生存[M]. 胡泳，等译. 海口：海南出版社，1997.

④ 崔小屹，韩青. 用数据说话：大数据时代的管理实践[M]. 北京：北京大学出版社，2013.

⑤ 于施洋，杨道林. 大数据背景下创新政府互联网治理[N]. 光明日报，203-3-23(6).

⑥ 米歇尔.沃尔德罗——诞生于秩序与混沌边缘的科学[M]. 陈玲，译. 北京：生活·读书·新知三联店，1997.

⑦ 崔小屹，韩青. 用数据说话：大数据时代的管理实践[M]. 北京：北京大学出版社，2013.

大数据、云计算一提出来，就是冲着复杂性而来的。

更多、更杂和更具关联性，而这些都是复杂性的特征。

20世纪70年代以前……人们词汇中的“复杂”常常是认识能力不足的代名词或避难所。从而给不去探索它找到了一种托词。现在一切全变了……简单系统能够产生出复杂行为，复杂系统也能够产生简单行为”①

人类真是太有智慧、太勇敢了。把混沌的世界整理出来（牛顿、爱因斯坦），又把整理（认识）得井井有条的世界返回到它的混沌与复杂中去，而且还发明了“大数据”来对复杂性进行计算。能用“数据”进行表达和计算的事物，难道不是有着内在的数学那样的秩序性吗?

（4）***应用性拓展阅读***。《大数据时代》译本出版的2013年，也是中国高校教学第二轮审核评估开端年。教育部通知显示，本轮审核评估与第一次评估最不相同的地方是“以教学基本状态数据为据”。联系这个现实，各大学都面临数据汇集、巨量数据和数据分析问题。如何选择、汇聚、重组、新建能够反映人才培养目标、过程和效果，以及学校办学特色、发展方向等的数据，是一个无法逃避的难题②。当然，只有理解了大数据，并知道自己有什么、需要什么、应该有什么等后，才能有意识、有目的地选择数据和重组、创建数据结构，确定分析模型。2013年还有一本译著《3D打印：从想象到现实》③问世，这本因数据化为人类制造业带来巨大变革的著作，也将带来教育的“教学基本状态数据”库的变革。届时所有学生的纸制作业与设计，都会通过立体传真系统打印或制作出来，那将是“大数据教学”多么壮观的场面!

4.4 文献综述

4.4.1 定义与价值

文献综述，是在阅读和分析文献，包括经验、政策、理论、方法、数图等基础上，对所归纳提炼的大小内容和观点及点评等进行整合的文本表述。通常包括归纳提炼前人已有研究观点、采用的方法论，值得借鉴的地方和不足。整个综述的侧重点和逻辑要指向自己提出的问题和课题，不可漫无目的地撒大网。文献综述是学术思维和学术写作最为重要的环节，是学位论文和学术过程报告等文本的重要组成部分，在学

---

① 吴彤. 复杂性:正在发生的革命(陶春采访录)[N]. 学习时报,2013-09-02.

② 赵伶俐. 以“教学基本状态数据”为据——《大数据时代》对第二次本科教学评估的启示与警示[J]. 当代大学教育,2015(2).

③ 胡迪·利普森(Hod Lipson),梅尔芭·库曼(Melba Kurman). 3D打印—从想象到现实[M]. 赛迪研究院专家组,译. 中信出版社,2013:4.

术研究过程中的开题报告、中期报告、结题报告中都会涉及，多以“文献综述”或“已有研究综述”“相关研究综述”等专题内容体现出来。只是不同层级和类型的论文各有侧重，分量有异而已。

问题的提出、核心概念的界定和阐明，本质上看也是“文献综述”的工作成果。但在正式行文中，“问题的提出”和“核心概念界定”通常并不包含在“文献综述”中，而是各为独立部分。有时“核心概念界定”也会含在“文献综述”中，成为“文献综述”的第一个部分。然而无论正式行文中“问题的提出”、“核心概念界定”和“文献综述”这三大部分是否各自独立，实际上它们都来自研究者对文献的阅读和深刻的分析、思考、概括、点评，及在此基础上不断进行文献综述的结果。

丰富深刻的文献综述，本身就是一篇有思想、有深度、有广度的学术论文。

学生们很容易将查阅到的文献资料观点，直接就当作自己论文的基本观点来用，或者提出“我检索文献了，关于我这个题目的研究成果很少，该怎么办呢?”诸如此类的问题。这其中也都隐含着他们想直接用文献观点当自己观点的意思。如果你拟研究的课题已有很多成果，那你还有必要去研究吗？我们检索、阅读文献的目的，当然不是为照抄照搬文献。如果一篇学位论文或项目报告的文献综述很单薄，且缺乏专业必读的经典论著，就可以推断研究者阅读的文献量太少，或文献分析不足，思考提炼的功夫和功力不够等。而这也正是目前很多青年研究者、硕士生和博士生等做学术的一大弱点。

4.4.2 文献综述——用砖瓦砌成墙

检索阅读分析加工文献资料，和从文献资料中发现提炼有价值的信息是紧密相关的，但又是前后不尽相同的两件事情。如果说，前者是将“通过一定的物质载体形式反映出来，表现客观事物变化和特征的实质内容”[①]——挖掘出来（做成一块一块的砖瓦），那么后者就是将这一块一块的砖瓦，按照一定的规则砌成一堵墙。是用他人成果做成的砖，按照自己的看法和学术规则砌成的一堵墙。“由于收集者不同，资料中有可能蕴藏着大量的信息而成为获取信息的原料或源流，但也可能不包含信息”[②]，因此，即使是相同的原料，制作者按照不同的取向或选择来制作，加之砌墙的方法不同，所砌成的墙就有了很大差异。

应该说，所有文献资料，图像、语言、概念、数据、实物、论文等等，世界上的一切物化的历史痕迹的形态，都不过是信息的载体，都一定包含着某种信息，可加工

① 王文举.信息学概论[M].北京：中国商业出版社，1999：24.

② 王文举.信息学概论[M].北京：中国商业出版社，1999：25.

成一份代表过去研究水平与成果，也包含着研究者个人的选择与意志的文献综述。不同的文献检索收集阅读者，能否从中发现信息及信息间的相互联系，发现多少，能否进一步挖掘出更深刻的潜在信息等，都与文献收集阅读分析者的文献信息整合加工组合的思维水平直接相关。这种“文献综述”只不过是对这种思维过程与结果的文字表述罢了。

用“砖”砌成的“墙”，一般会有哪些“墙面”或基本内容构成面呢？

文献综述的文献甄别与选择

初学者在选择什么研究成果进入文献综述的时候会遇到不少困难，几乎所有的文献看起来都很优秀，都值得纳入。这个时候就需要研究者对文献进行甄别。文献选择的标准主要包括两点：第一，这一研究成果是否权威。（本书作者注：这点在前述文献阅读、分析积累和卡片制作的时候就应该注意到）通常文献综述应该把权威文献选入自己的文章中，但是也要思考它是因为什么原因而成为权威文献的，有些时候这种原因恰恰是自己的研究所不需要的，那么即使是权威文献，也要勇于割舍。第二，这一研究成果是否符合自己的需要。所谓符合自己的需要，主要有两层含义：一层含义是在一些立场十分鲜明的研究中，和自己的观点和理论视角相一致的研究成果，对于其他相同领域的研究成果，研究者只是粗略地分析一下，使之发挥对比的功能，并不详细叙述；另一层含义是符合自己研究焦点的需要，比如在研究效能感和教师对课程改革投入这一研究中，研究者关心的是教师教学效能感如何影响他们的动机和行为方式，至于效能感又受什么因素的影响，则不是研究者关注的重点，在文献综述中就可以一笔带过。

在对有关文献进行分点陈述或概述的同时，还需要对涉及的这些已有研究内容（成果、理论或观点、实践方略等）做出自己的评论。评论的作用一方面在于分析上述观点、理论和成果对于本研究领域的意义和局限，另一方面也在于引导读者的视野和思维，使之清楚地发现自己当下的研究在这个研究和理论脉络中处于何种位置，及其意义所在。在有些研究中，研究者通过评述最终将自己的研究框架建立起来，使整个研究都明朗了。

不少初学者在进行文献综述的时候，往往会采用一种举例的方法。比如“某某某认为……某某某又认为……某某某的研究发现……某某某的研究又发现”这样的格式，把一大堆与研究相关的理论与研究成果罗列出来，好像这就做好了文献综述。其实，这样做恰恰表明研究者没有做好文献综述。①

综上所述，所谓文献综述其实是形式和本质互为一体的两个方面。仅从文献综述撰写形式来看，它总是由一个个标题、段落构成的，这就是文献综述的基本内容板块或以“砖”砌成的“墙面”。本质上，所谓文献综述是对以往（在你的研究之前）的研究的综合述评，即边述边评，且文献浩瀚，你必须有选择地综述，结合你的研究问题和与核心概念直接或间接收集有关的各种理论、观点、事实、数据等，这就是文献综述的内在逻辑建构，也是一个TVS的聚焦建构过程（参见4.4.3）。否则，即便一篇文献综述，在形式上有明确的几点，仔细读来，也会给人杂乱无章，泛泛而谈，缺乏文献阅读与分析深度的印象。

4.4.3 文献综述——TVS聚焦建构

总之，对所有已阅读分析了的文献，做成的大大小小的各种“卡片”进行反复阅读、排列，特别是对之前在“卡片”上提炼出来的小标题之间的逻辑关系进行思考，再尝试用比较新颖的标题去概括，再提炼聚焦，乃至出现几个明确的聚焦点，就有了文献综述的几个要点、逻辑结构。这样的过程与方法就称为“TVS视点结构”之“聚焦建构法”。

我们都有这样的深刻感受，看一本新书，读这本书的第一遍、第二遍乃至第N遍，你从中获取的信息是不一样的。如果从你对书做的重点“勾画”的痕迹来看，每一遍你勾画的重点都会有出入。你会觉得，上一次怎么就没有注意到这句关键话语？看过多遍的书，书上的重点痕迹会越来越多，一方面与第一遍勾画的重点会出现越来越多的不同，另一方面，又感觉自己的理解也越来越有深度，自己也更接近作者想表述的意图。文献资料还是那些，著作还是那本著作，但是你从中获取的信息已经大不一样。对关键信息和核心概念的理解及对全文逻辑结构的把握，就越来越清晰。“文献综述”的要点也越来越鲜明独到，水平也越来越高。总之，这是一个逐步提炼、聚焦，形成文献综述结构，乃至指向整个研究思路与文体的TVS学术思维与撰写的方法与过程。

如果收集的文献资料宽度和深度都足够，再加以合理分析、提炼归类，并用文字撰写出来，那就是一篇很好的文献综述，这不仅可为自己的论文打下坚实基础，而且还可以独立成文并发表。

① 朱德全，李珊泽等. 教育研究方法[M]. 重庆：西南师范大学出版社，2011：77、78、80.

案例4.17　“文献综述”缺乏要点提炼

《哈尼族传统图案在服饰设计中的应用研究》

目　录

案例4.1 7评析：本案例“文献综述”，(1) 分“国外研究”和“国内研究”两大点阐述。这在很多学位论文和项目研究成果报告中常常可见，这表明研究者对已有文献的阅读分析概括等深加工功夫不够，要点分析和归纳，不过就是将有关文献或引文，线性排列出来，勉强分了中外两类而已。因为对文献没有阅读和透彻加工，表述也平铺直叙，因此看不到其与所提出的问题，以及与论文中的观点的逻辑联系；(2) 综述内容十分单薄，A4纸不足3页；(3) 综述语言表浅，专业术语使用很生硬显得力不从心。透露出的信息是论文作者要么是学术态度敷衍，精力投入不足，要么是专业基础知识不牢，缺乏必要专业和学术训练。

案例4.17建议：重新阅读和分析已收集的，或全文中已提及的有关文献。(2) 不用“国外”“国内”作为文献综述的标题，根据阅读分析重新提炼观点，定小标题。

案例4.18 “文献综述”要点落实，内容丰富

《联觉与美感的广告心理效应研究》

目录

案例4.18评析：（1）文献综述要点概括可为后面确立观点做了很好的铺垫。（2）对标题的三个核心概念（变量）及关系有层次地加以涉及，为本文论点的成立和五个实验打下了基础。（3）综述内容要点涉及论文标题的核心概念外还涉及模型、神经机制与训练等，要点提炼归纳恰当且有深度，丰富而切实，撰写文笔清晰干净，与学位论文主旨和所研究的问题、思路与方法高度契合。（4）文献综述，提炼的要点与本研究的变量（核心概念）界定融为一体，这也是核心概念界定与文献综述一体化的一种逻辑处理办法。这两者都需要大量文献阅读与分析综合的支持。（5）该文献综述，已发表在国内某著名大学学报①上。

案例4.18建议：（1）将本文献阅读分析与综述的内容进一步扩大，置于更大的学科与社会发展背景中，如：信息化、智能化高速发展的今天，如何使得广告信息与接收装置计算机、手机、传感器、遥感器等结合，使机器具有像人的五官那样的"高感触"能力。使"文献综述"乃至全文立意更高，内容更丰富，更具有时代价值和未来意义。（2）定位联觉和美感也是人和机器高感触问题研究的重要内容，是基于人机互动的未来广告的根本出路。如果能从有关文献中提炼出相应的研究思路、成果、方法，这无疑是提升本文献综述及全文创新性的重要路径和方略。

案例4.19 "文献综述"要点提炼策略

学位论文《高校本科生满意度调查研究》的"文献综述"（下面引文虽有省略，但依然较长，因为有必要，所以还是摘录出来，希望读者有耐心阅读）：

目前国内外关于满意度的研究很多，文献资料非常丰富。在此仅对高校学生满意度方面的已有研究做一番系统梳理。

（一）顾客满意度在各领域的研究

高校学生满意度研究是顾客满意度理论在高等教育领域的一种应用。第一个在全国范围实施满意度测评的国家是瑞典，其顾客满意度指标即SCSB（Sweden customer satisfaction barometer）产生于1989年，包含瑞典31个主要行业；德国在1992—1994年引进顾客满意度指标，开始了对本国31个行业进行满意度测评；美国于1994年秋引入顾客满意度指标ACSI（American customer satisfaction index），该指标涵盖了美国经济34个行业及7个主要部门的信息，用于评估及提高商业、工厂、经济实体一级国民经济总体；欧盟11国于1999年分别在本国试点满意度测评。

清华大学在1995年将顾客满意度的研究引入中国，2000年6月中国标准化研究院

① 李佳源，赵伶俐. 联觉的大脑网络激活[J]. 华东师范大学学报（教育科学版），2014(02).

向科技部申请了中国用户满意度指数研究，2005年5月，中国标准化研究院和清华大学合作组建了中国标准化研究院顾客满意度测评中心。除此之外，一些学者从不同的角度也对顾客满意度进行了研究。在理论研究方面，顾客满意度调查研究在各行各业逐步展开。殷荣伍的《美国顾客满意度述评》和夏雪皎的《我国城市管理公众满意度模型与实证研究》等介绍了SCSB模型、ACSI模型、ECSI模型等国外的满意度测评模型，并在研究国外模型的基础上提出了适合我国商业企业顾客满意度的测评模型。侯海清的《顾客满意度定量评价方法》和麻志宏的《顾客满意度测评方法研究》等介绍了满意度的定量评价方法。在实践研究方面，我国的医疗服务行业、电信业务和旅游业等，根据自身的特点，建立了适合自身需要的满意度测评模型和测评的指标体系，并对其进行了实测。……

（二）高校学生满意度的相关研究

1. 国外关于高校学生满意度的相关研究

1997年，Scott H. Levine对美国前65所大学（根据《美国新闻与世界报道》的排名）的“学生满意度评价”进行研究，该研究调查了这些学校的学生事务办公室主任（chief student affairs officer）和学术办公室主任（chief academic officer）。调查结果表明，学院和大学对学生满意度评价很感兴趣，92.5%的院校进行了学生满意度评价，且已有多年历史。本科生是最通常被评价的群体，同时约有1/4的公立大学评价研究生的满意度。评价经常每年进行一次，少数院校每学期进行一次。公立院校在向全校分享评价信息方面持更开放的态度，而私立院校在满意度评价工具里涉及的问题更加保守。在这些学校中，大约有2/3的院校发展自己的问卷工具，1/3的院校使用商业调查工具。在众多的调查形式中，由Noel-Levitz进行的《全国大学生满意度调查》（National Student Satisfaction Study）涉及院校最多，影响最大。该调查始于1994年，每年调查一次，调查结束后颁发一份《全国大学生满意度报告》。调查所采用的《大学生满意度量表》由劳瑞·思克里纳（Laurie Schreiner）和（Stephnaie Juilerate）研制并由Noel-Levitz公司出版。该量表由70—100个指标构成，涵盖大学生在学校经历的各个领域，每一个指标都有重要性等级和满意度等级。指标体系既包括一系列学术指标，比如学术咨询效果、教育效果等，还包括与学生生活相关的指标，比如校园生活、安全与保卫等。

…………

20世纪90年代以来，伴随着英国政府的财政紧张，学生负担的教育成本逐年增加，同时，学生的构成日益多样，学生的保持率和毕业率降低，社会对大学的要求提高，英国大学很有必要与学生保持良好的关系。在这种背景下产生了英国高校学生满意度调查。英国高校学生满意度调查形式多样，调查的主要目的是测评学生对大学各方面的看法以及各种预期的满意程度，通过测评来分析学生所关心的真正影响他们学业成就的关键因素，从而调整管理策略，改善管理现状，促进学校和学生的发展。……

2. 国内关于高校学生满意度的相关研究

在中国期刊网，以“满意度”为关键词进行搜索，搜索出相关文献7941篇，其中期刊文章6850篇，硕士论文1069篇，博士论文22篇；以“学生满意度”为关键词进行搜索，搜索出相关文献97篇，其中期刊文章87篇，硕士论文9篇，博士论文1篇。说明将满意度理论应用于学生满意度的研究还不是太多。在搜集到的有关学生满意度的文献中，有45篇与本研究比较相关，下面分别从研究内容和研究方法两个维度来分析这些文献。

（1）研究内容。按照研究内容来分，这些文献可以分为三类：对高校学生满意度的理论探讨，高校学生满意度指数模型和测评方法研究，运用满意度理论对高校学生实施的调查研究。

…………

（2）研究方法。研究方法取决于研究对象和研究目的，一般常用的研究方法主要有文献法、思辨法、问卷调查法、访谈调查法和一些量化分析方法。所搜集到这些文献，绝大多数都采用了量化分析法，这是有关满意度调查类文献的一个特点。量化研究法的采用还分为几个不同的层次：(a) 简单使用，主要计算出一些集中量数和差异量数，比如平均数和方差等；(b) 一般使用，主要是进行一些假设检验、参数估计和相关性分析等，比如F检验，T检验等；(c) 复杂的使用，主要是运用许多公式或数学模型进行推理，这种比较专业，需要很好的数学基础。……

鉴于本研究初步定位为“高校学生满意度调查研究”，量化研究方法宜采用第一个层次和第二个层次的量化方法相结合。……

案例4.19评析：(1) 该文献综述，对相关研究情况和资料的掌握，及阅读分析，能紧扣论文实例的问题和标题概念进行，且有一定深度，对于一篇硕士论文来说，已是难能可贵的了。(2) 但是，全篇综述还是用了比较粗略的方法进行分类，即（一）顾客满意度在各领域的研究；（二）高校学生满意度的相关研究”，用了“国内”“国外”做标题，对已有研究未提炼要点，尽管其有要点，有文献的细节分析，也已经有提炼出的重要观点，但没有提炼为“文献综述”的标点，使此“文献综述”的功夫没有显示出来。(3) 缺乏文献详注（页下注），这是一篇学术论文，当然包括学位论文的“文献综述”最大的禁忌。

案例4.19建议：(1) 对现有综述内容，重新进行提炼归纳；删除现有标题，在对现有综述内容重新提炼归纳的基础上，为各内容点明标题。例如可提炼为：

案例4.19表1　《高校本科生满意度调查研究》“文献综述”调改参考

原“文献综述”标题	建议改为如下标题	进一步
（一）顾客满意度在各领域的研究	（一）顾客满意度及测评模型	根据标题调整“文献综述”全文；或继续阅读和分析文献，使综述更充分
（二）高校学生满意度的相关研究	（二）美国大学生满意度评价及指标	
（1）国外关于高校学生满意度的相关研究	（三）英国大学生满意度评价及指标	
（2）国外关于高校学生满意度的相关研究	（四）中国期刊网学生“满意度”文献量分析	
	（五）几项满意度调查结果	
	（六）满意度理论探讨	
	（七）满意度指标与测评方法	

（2）凡所提及的文献，都要补充详注（页下注）。（3）用语要谨慎，不能随便使用“第一次”，例如开端的“第一个在全国范围实施满意度测评的国家是瑞典”。

案例4.20　文献综述：指向问题和聚焦核心概念

开题报告《吴宓国学教育思想及其当代价值》，标题上有核心概念“吴宓国学教育思想”，但是缺乏主要核心概念，例如应该是“吴宓×××国学教育思想”。因此，其“文献综述”部分，虽然文字写得不少，但是大量信息集中在吴宓国学思想，而不是其国学教育思想。因此，该文献综述要么是偏了题，要么是将“国学思想”等同“国学教育思想”。

文献综述（略）

案例4.20评析：（1）该案“文献综述”满篇皆是关于吴宓国学思想，而非国学教育思想。故其标题中“当代价值”这个核心概念及后面内容的展开，就缺失了逻辑起点和重心，影响了全文理论系统建构及根本价值、创新水平。（2）其实，在开题会上，专家们都肯定了其选题价值，但是也提出吴宓是否有“国学教育思想”是前提。吴宓作为是国学大师，有国学思想是必然的，但是否有国学教育思想呢？有人专题研究过吴宓的国学教育思想吗？吴宓究竟有什么样的国学教育思想？与其他国学教育家的国学教育思想有何不同，换句话说，吴宓国学教育思想的特殊点是什么？你为什么要研究吴宓的国学教育思想？等，这些都需要在“问题的提出”和“文献综述”中体现，为正文阐述吴宓有国学教育思想的特殊点（核心之核心概念）埋下伏线。但是，直到论文初稿出来，这些问题似乎都还没有得到回答。十分遗憾！（3）没有从文献中直接发现吴宓的国学教育思想信息，也没有认真阅读和分析吴宓自己撰写的关于教育或国学教育活动等文献，就简单以吴宓“中西融合”的“二元论”国学思想，与教育思想勉强挂钩，实在太牵强。（4）事实上，结合后面正文的内容看，吴宓中西“二元论”的国学思想中，他特别关注西学中的科学研究方法，并在他的国学教育计划中建议加入西方科学研究方法的内容，这应该是他的教育思想中很重要的部分。这说明吴宓是有国学教育思想的，而且是典型的中西合璧教育思想，但是本论文作者并没有发现。只因为阅读粗糙，或是作者专业的局限，对教育教学现象及其专业理论和概念不熟悉，因此，难以发现和提炼出有价值的信息，直接导致“文献综述”缺乏独特视点、独特内容，也导致论文基本框架、内容和大小标题流于平淡、泛化，缺乏新意。

案例4.20建议：（1）对该案“文献综述”中已提及的文献进行再阅读和专业分析前，要阅读有关教育和高等教育教学基本理论的论著。（2）认真阅读、分析、理解一手资料。可从吴宓关于组建和主持清华国学院及一系列第一手文献的研读为切入口，归纳提炼其教育思想要点和特点。例如，其引用的一段吴宓亲自主持制定的清华学校研究院（后来将这个研究院被认定为清华大学国学院）的章程中就有：

本院制度略仿昔日书院即英国大学制。注重个人自修。教授专任指导。故课程方面分为普通演讲及专题研究二项。普通演讲为本院学生之所必修。每人至少选定四种。由教授择定题目，规定时间，每星期演讲一次或两次，范围较广。注重国学上之基本知识。专题研究则于各教授所指定的学科范围内，就一己志向与兴趣、学力之所近，选定题目以为本年内之专门研究。[①]

兹所谓国学，乃指中国学术文化之全体而言。而研究之道，尤其注重正确精密之方法（即时人所谓科学而方法）并取材于欧美学者研究东方语言及中国文化之成绩，此又本校研究院之异于国内之研究过学者也。[②]

上述两段历史文献，皆出自吴宓先生之手，概述了清华国学院的学制，重点是要“略仿昔日书院即英国大学制”和分“普通研究和专题研究”两种课程制度。但是该学位论文作者对此引文的关注只是“普通研究”中的“注重国学之基本知识”。“专题研究”中所言的“各教授所指定的学科范围内”，学生根据自己的一个志向、兴趣、学力情况来选定题目进行专题研究，而“专题研究”所倡导采用的研究方法，就是吴

① 吴宓. 研究院纪事[M]. 国学论丛.第1卷.第1号.1927.

② 吴宓. 清华开办研究院之旨趣及经过(开学日之演说辞)[J]. 清华周刊,1925:22(2).

宓特别强调的独特的国学“研究之道”和“方法”。而研究之道，尤其注重正确精密之方法（即时人所谓科学而方法）[①]等，都是吴宓国学教育思想实实在在的反映和证据。可见，作者对这一重要文献的分析实在太粗陋。

（3）如果要透彻理解这一“研究之道，尤其注重正确精密之方法（即时人所谓科学而方法）”，那么还可以再进一步检索文献资料，追溯历史。有文献资料显示：

“1925年，清华学校成立大学部的同时，又增设了一个研究院，成为校内与大学部、旧制留美预备部并列的三个相对独立的教学单位之一”，“1925年2月12日，清华研究院筹备处正式成立，学校任命吴宓为筹备处主任，并派卫士生辅助打理筹备事务。”再检索，有文献证明：研究院对师资选择标准很高，曹云祥校长与吴宓等积极物色国内著名的学者来校任教，可谓不遗余力。吴宓表示，研究院的教授讲师，必须具备三种资格：（一）通知中国学术文化之全体；（二）具正确精密之科学的治学方法；（三）稔悉欧美日本学者研究东方语言及中国文化之成绩。

可见，吴宓是非常推崇“用精密之科学的治学方法”来“研究中国学术文化之全体”的。而“梁启超、王国维、陈寅恪、赵元任、李济等人正是据此标准设帐清华的。”依照“清华研究院”成立当初的宗旨，筹备处主任吴宓对研究院办学宗旨的解读代表的是当时深谙中西文化精华与劣势的一代中西融合大师的教育理想。但是：

由于经费问题，研究院第一年先设国学一科，拟再陆续添设自然科学、社会科学等科目。但揆诸实际，研究院以国学一科贯其始终，因此，习惯上又称研究院为国学研究院。清华研究院在短暂四年中，开创出一股研究国学的新风气，成为中国近代教育史上的一个奇迹。研究院开创的优良传统，在清华园延续，成为清华英才辈出的一个重要原因。

上述文献显示，吴宓倡导的“中西二元融合”的教育思想，及据此教育思想创办的“清华研究院”，最终因为经费问题，只是执行了“先设国学一科”，而没有能够继续实施原计划中的“拟再陆续添设自然科学、社会科学等科目”，清华研究院，最终被称为“清华国学研究院”。对这种肢解和背离清华研究院成立当初的中西学融合思想的遗憾，有关研究和评价都没有意识到，“清华研究院在短暂四年中，开创出一股

① 吴宓. 清华开办研究院之旨趣及经过(开学日之演说辞)[J]. 清华周刊,1925:22(2).

研究国学的新风气，成为中国近代教育史上的一个奇迹。研究院开创的优良传统，在清华园延续，成为清华英才辈出的一个重要原因”。客观一些评价应该是“清华研究院”最后成了“清华国学研究院”，是中西学问二元合璧的一个不成功的历史事实。

（4）以这个遗憾作为全文核心问题，重新调整选题，或将论文标题改为《吴宓国学教育思想实践成败述评》、《吴宓的国学教育理想——培养用科学方法研究国学的人才》或《吴宓的中学西法教育思想——清华国学院的英国书院制》。再围绕核心概念细读和理解吴宓的重要文献，对这些文献背后的教育思想有深刻把握、理论拓展和评析。（5）很遗憾，一个可以深度研究吴宓教育思想，彰显20世纪初期这位国学大师，乃至一群国学大师对中国文化与西方科学思想与方法接轨的教育思想和实践研究的机会，就此擦肩而过。（6）从历史看今天，该课题本该还有更大价值。2009年11月1日，一块铜制的新牌“国学研究院”挂出了。清华大学第二次成立国学研究院。在此前后，国学热、传统文化热已在中国再次兴起。此时，已是全球化、信息化、互联网时代，更需要的是中国优秀传统文与现代科学技术融合的新时代，如果不认真研究“清华研究院”与“清华国学研究院”的历史，不认真研究吴宓基于这个历史条件产生的国学教育思想，或许就会继续片面曲解大师们的初衷，再次错过中国国学与世界科学对话的机遇。看准这个机遇，力推国学教育与现代科技方法的结合，或许这才是今天来研究吴宓国学教育思想的“当代价值”所在！

4.4.4 文献综述——发现显性和隐性联系

对文献阅读分析积累到一定时候，灵感就会如一道电光在大脑中出现，使研究者顿悟到这些文献之间的联系，从而产生一篇“文献综述”的独特观点和结构。阅读就是一个日积月累，灵感顿生的过程。同一文献，特别是经典文献或有代表性的前沿文献，需要反复阅读，才能由浅入深，最终顿悟。标注重点，第一遍用红笔，第二遍用蓝笔，第三遍用黑笔，还有各种批注方法。每看一遍，对文献的理解都不同，直到有一天再回头阅读的时候，一下就产生了对本质的顿悟。

顿悟是长期大量阅读与思考的结果，也是学术创新（参见第9章）的灵感触发点，是发现文献中或显或隐的各种联系的过程。“世界是普遍联系的”（本书系TVS《教学哲学》的重要的起点命题和问题）表明世界上的一切事物都彼此联系，只是联系或紧或松，或远或近，或明或暗而已。关键在于你能否发现前人或他人没有发现的联系，并用科学思维方法加以论证，写成学术文本写成“文献综述”而已。

案例4.21　发现独立报道间的内在联系

《参考消息》2014年12月28日第4版上，在同版面上有《美媒评出2014年十大商业新闻》和《俄罗斯2015年经济前景堪忧》两条报道。这两篇分别来自美国和俄罗斯，两个空间距离遥远的国家的不同标题和内容的文献（译文），竟然对俄罗斯油价下跌这个信息点，形成了直接的互补关系，不认真看这两篇报道，不可能看到这个联系。这是排版者有意安排的，还是纯属巧合？

国际原油价格已从今年的最高点每桶115美元跌至56美元左右……下半年的急剧下跌使美国的汽油价格降至每加仑约2.3美元，是五年来的最低点。同2014年汽油价格高达3.7美元时相比，美国人每月可少花154亿美元。原油降价也推高了汽车销量，为航空公司节省了燃油费。但俄罗斯、委内瑞拉和伊朗等产油国的政府受到挤压，这增添了政府动荡的可能性。①

俄罗斯一家大银行的一名不愿透露身份的官员说："如果油价跌至每桶50美元……我认为我国政府将无法人为维持卢布汇率，即使出口商增加出口"。②

案例4.21评析：（1）上述在同一版面上的两篇文章，第一篇报道了"国际原油价格已从每桶115美元跌至56美元左右……"；第二篇报道了俄罗斯"如果油价跌至每桶50美元……"。综合两条报道来看，说明俄罗斯油价快超越国际最低线。（2）一般来说，报刊的文章都是分栏目或版面，同一栏目或版面上的文章，总会存在某种相关性。只是如果不用心阅读，也未必能够发现其中的微妙，有时候甚至是十分重要的关联性。（3）即使不在同一版面，同一期栏目，或同一个专业领域，或不同时期所发表的各种论文或文献中也都可能存在微妙的内在联系。而要从一大堆看似独立的、没有关联的文献资料（现象）中，发现隐藏其中的联系，甚至是必然联系，需要学者敏锐的眼光，良好的记忆力，敏捷而深刻的思维和慎严的学术态度。

案例4.21建议：（1）请找找精读过的主题很不相同的几本经典论著之间的联系，如夸美纽斯《大教学论》、布鲁贝克《高等教育哲学》，或任何一本经济学、心理学著作。（2）请阅读一本杂志中同一个专题中的几篇论文（如《华东师范大学学报·教育版》2018年第6期"美育专题"），发现或用一个结构图表达各论文之间的显性或潜在的联系。（3）综合性阅读的价值就是发现文献资料间显在和潜在的联系，并将显在联系显性化，以一个核心视点或概念将命题串联起来。

① 美媒评出2014年十大商业新闻. 参考消息[N]. 2014-12-28(4).

② 俄罗斯2015年经济前景堪忧. 参考消息[N]. 2014-12-28(4).

案例4.22　发现恐龙与鸟类联系的历史

1868年，赫胥黎在一次用餐会上，看到鸟蛋，突然发现与自己看到的恐龙蛋很相似，故在之后的学术报告会上，提出了鸟类起源于恐龙的假说……

1927年丹麦古生物学家海尔曼发表了一本非常经典的著作《鸟类的起源》，书中提出鸟和恐龙虽然十分相似，但因为恐龙已经十分特化，所以鸟类可能不会从恐龙直接起源，而是和恐龙有一种共同的祖先，这就是槽齿类……

1973年恐龙起源说再次复兴。1985年学者在研究脊椎动物化石的时候，发现有一块被鉴定成翼龙的化石具有羽毛，进而找到了另外一件化石——始祖鸟化石。这种偶然发现，使学者将鸟类与恐龙联系到一起。一直到现在，鸟类起源恐龙的学说不断盛行，越来越多的化石证据支持了这样的假说。

1996年在我国辽西发现的中华龙鸟（Sinosauropteryx）是第一个身上保存真正的分叉羽毛的恐龙化石，被认为是恐龙起源说的证据。身披“羽毛”的中华龙鸟明显具有小型兽脚类恐龙的特点，被当作是最原始的鸟类。但多数学者认为中华龙鸟只是长有“羽毛”的兽脚类恐龙，与美颌龙相似，其“羽毛”与真正鸟类的羽毛也并不相同，而且中华龙鸟出现得比较晚，并不是鸟类的祖先。与此形成对比的是1991年北美发现的原鸟（Protoaris），原鸟生活于晚三叠世，比中华龙鸟和始祖鸟都要早几千万年。如果原鸟确实是鸟类，则鸟类几乎是与恐龙同时出现的，鸟类与恐龙就共同起源于槽齿类，从而支持了槽齿类起源说。但很多人认为原鸟是一种特殊的槽齿类，而不是鸟类。

古鸟亚纲的始祖鸟（Archaeopteryx）是最古老的确切的鸟类，其化石非常稀少，至今只发现了七块。第一块化石公布于1861年，只有一根羽毛；第二块化石也公布于1861年，基本完整；第三块化石发现于1877年，是最完整的一块化石，这块化石曾被认为是另外一种鸟，命名为原鸟（Archaeornis），后被认为就是始祖鸟；第四块化石发现于1956年；第五块化石发现于1855年，被误认为翼龙，1970年更正为始祖鸟；第六块化石原发现于1951年，被误认为小型兽脚类恐龙，1973年更正为始祖鸟；第七块化石发现于1987年，该化石的发现，引起了国际古生物学界很大的轰动，被认为是鸟类起源于恐龙的学说最重要最新的证据。甚至有学者提出恐龙没有绝灭，我们所见到的现生的鸟类都是恐龙。这样一来，生活在南美的蜂鸟当然就成了最小的恐龙。

案例4.22评析：发现事物或文献之间的联系，并不都是一刹那，甚至需要连续收集资料，日积月累，经过几十年，甚至上百年、上千年才能从文献（包括实物）中发现其联系的蛛丝马迹，且这种联系，还需要更多文献或资料继续进行佐证，分析推理。中外古代天文学家，观察星体运动的事实，收集数据，保存文献，发现它们之间的联系，可以坚持长达数十年，乃至几代人之久。

案例4.22建议：鸟类的起源是复杂的问题。应该还有更多证据会被发现，还有其他的假说和文献产生。如果有了更新的证据，更肯定的说法和文献，可能“文献综述”又会有新的改写。

4.5 文献引用与注释

4.5.1 定义与分类

文献综述，乃至学术文本中所有引用的文献，都必须有合乎规范的注释。没有注释的任何“文献综述”及文献引用，都不属于学术文本或学术成果，最多算是个人见解。

文献注释包括详注和通注两大类。详注是指将文献原本文字一字不漏抄下来，并用引号标引在内，编码，按标准写明出处的注释法。包括当面底注，称页下注和文末“参考文献”之注释。此外，注释还包括论文“题注”和文内相关知识“解注”等。

注释是对学术文本有关信息的补充说明或标示：（1）论文题名及相关说明；（2）文内相关知识和事物的简要解释；（3）对文献引文及参考文献的标注等。其是学术论文的重要规范和窥见学术论文质量的一大窗口。

（1）论文题名及相关说明，简称“题注”，包括涉及的项目、课题来源和编号、参加人员或对相关人员（论文著名中没有的，便又做了相关辅助工作的）工作的简述，对一些概念、事件或人物必须附加的解释等。

（2）文内相关知识和事物的简要解释以帮助读者理解，简称“解注”。

（3）文中文献引用注释和文后参考文献注释，通称“文献注释”。规范性特别强，要求十分严谨，是体现学者基本学术素养的重要窗口。包括在正文文本页内下端进行的注释，也称为“脚注”或“底注”；在正式文本后面集中注释的“尾注”或“参考文献”。“底注”或“脚注”，必须标注引文页码，故也称为“详注”。

文献引用与注释，不仅是学术必须遵守的基本规范，更是窥见学者学术功力、学术态度、学术视野的重要窗口，是一篇学术论文，特别是“问题”“核心概念”“文献综述”等可靠性、可信度、丰富性、深度，以及创见性、创新性之学术价值的重要证据。

案例4.23　从底注和参考文献，透视全文质量

学位论文初稿《信仰教育现状报告》，乍一看很厚很厚，洋洋洒洒地写了40万字。快速翻看“文献综述”和全文底注，发现绝大多数都来自同一出版社出版的同一本资料集（论文集）；再快速翻阅文后“参考文献”，情况依然如此：

《信仰教育现状报告》略

案例4.23评析：本案例从题目看，应该是一篇有深度、高度和现实性的论文，然而：（1）从文内底注和文后参考文献反映出，作者围绕自己的论题、问题和理论阐释的文献阅读量和类型都太少，范围太窄；（2）再细看所引文本，大多停留于原文摘抄，有引号标注，却基本上没有或者说还没有来得及做分析、归纳、提炼等深度加工；（3）在这么一个分量很重而严肃的论文标题下，文献阅读、分析、引用等如此粗糙，可见作者对自己研究的问题，所持立场和观点等，要么没有理解，要么就是自身敷衍，要么就是学术能力有限。

案例4.23建议：（1）大量增加有关的学术经典著作的阅读分析，包括关于信念和信仰的论著、人类思想与行为发展史、杰出人物传记等。（2）对现有引用的文献进行重新审视、筛选和提炼，大量删减与论文核心论题、问题、核心概念和相关概念等不相关的内容。（3）大幅度调改“文献综述”中带有口号性的大小标题，围绕自己分析提炼的基本观点设立标题和综述逻辑，精准引用文献力证自己的观点。

4.5.2 文献注释规范

文献页下底注和文后参考文献，有基本相同的规范，也各有一些不同之处。

案例4.24　文献代码与注释（详注）格式

文献种类很多。在文献引用注释中，通常会用英文大写字母来加以区分；又因为文献种类不同，每类文献引用的注释格式，也有不同。以下是通用的详注格式：

期刊（J）。注释格式：序号.作者.文献标题名[J].刊名，年，卷(期)：起止页码（如下面举例1）。

专著（M）、文集（C）、学位论文（D）、报告（R）。注释格式：序号.主要责任者.文献题名[文献类型标识].出版地：出版者，出版年：起止页码（如下面案例2、3、4、5）。

论文集析出文献（A；原文集题目C）。注释格式：序号.析出文献主要作者.析出文献标题名[A].原文集主要责任者. 原文献标题名[C].出版地：出版者，出版年：起止页码（如下面案例6）。

报纸文章[N]。注释格式：序号.主要作者.文献题名[N].报纸名，出版日期（版次）.（如下面案例7）。

国际、国家标准[S]。注释格式：序号.标准编号，标准名称[S].（如下面案例8）。

专利[P]。注释格式：序号.专利所有者.专利题名[P].专利国别：专利号，出版日期.（如下面案例9）。

电子文献{EB+上述载体类型符号}/[DB+上述载体类型符号]。注释格式：序号.主要作者.电子文献标题名[电子文献EB+载体类型标识] .电子文献的出处或可获得地址，发表或更新日期/引用日期。其中，电子文献代码和载体代码（标识）如：

[J/OL]——网上期刊（serial online）；

[EB/OL]——网上电子公告（electronic bulletin board online）（文科常用）；

[DB/OL]——联机网上数据（database online）（文科论文常用）；

[DB/MT]——磁带数据库（database on magnetic tape）；

[M/CD]——光盘图书（monograph on CD ROM）；

[CP/DK]——磁盘软件（computer program on disk）；

如下面案例10

各种未定类型的文献[Z] 。注释格式：序号.主要责任者.文献题名[Z].出版地：出版者，出版年（如下面举例11）。

文献注释案例——详注：

1.刘明辉，张宜霞.内部控制的经济学思考[J].会计研究，2002，(8)：51-53.

1. KANAMOR I H.Shaking without Quaking[J].Science,2002,15(1):12-17.

2.张维迎.博弈论与信息经济学[M].上海：上海人民出版社，1996：15-18.

2. JONES R M. Mechanics of Composite Materials[M].New York: McGraw Hill Book Company, 1975.

3.陈送.五四前后东西方文化问题论战文选[C].北京:中国社会科学出版社，1985.或还需要注释起止页码。

3.Hunninghaks G W，Gadek J B， Szapiel S V， et al.The Human Alveolar Macrophage[C]//Harris C C.Cultured Human Cells and Issues in Biomedical Research.New York：Academic Press，1980：54-56.

4.陈桐生.中国史官文化与《史记》[D].西安:陕西师范大学文学研究所，1992.

4.Sun M.A Study of Helicopter Rotor Aerodynamics in Ground Effect[D].Princeton：

Princeton University，1983.

5.白永秀,刘敢,任保平.西安金融、人才、技术三大要素市场培育与发展报告[R].西安:陕西师范大学西北经济研究中心,1998.

6.瞿秋白.现代文明的问题与社会主义[A].罗荣渠.从西化到现代化[C].北京：北京大学出版社，1990.

6.张佑才.繁荣会计理论研究促进会计事业发展[C]//中国会计学会.1996 年会计学论文集.北京：中国财政经济出版社，1997：537-548.

7.谢希德.创造学习的新思路[N].日报，1998-12-25(10).

7.GUO Ai-Bing. Auto Show Revs up Customers´ Desire[N].China Daily,2002-06-07(1).

8.GB/T16159-1996，汉语拼音正词法基本规则[S].

9.姜锡洲.一种温热外敷药制备方案[P].中国专利：881056073，1989-07-26.

10. 王明亮. 关于中国学术期刊标准化数据库系统工程的进展[EB/OL].1998-08-16/1998-10-04.

10.万锦坤.中国大学学报论文文摘(1983 一 1993).英文版[DB/CD].北京：中国大百科全书出版社，1996.

10. 王军. 振奋精神潜心研究大力推进会计理论研究的繁荣与发展[R/OL].（2005-01-08）[2006-11-12].

11.张永禄.唐代长安词典[Z].西安:陕西人民出版社,1980.

案例4.24评析：（1）本案例是目前比较常用的有代表性的论文基本注释或详注规范。常用于学位论文的页下注和小论文（一般论文）的文末注释。（2）不同期刊或各大学或研究机构的注释格式，会有些许不同，例如有的要求期刊论文，标注期刊期号即可，不用标期刊页码。但著作引用是必须标注页码的。

案例4.24建议：在具体做文献引用详注（底注、尾注）时，请注意各类杂志和学术机构提出的注释格式的细节有什么不同，按其具体要求注释。

案例4.25　某高校文科学位论文文献引用和参考文献注释规范

一般来说，学位论文文献注释都分为两大部分。一是文内文献引用的页下底注，或称页下注，均采用详注方式。一是全论文末尾的“参考文献”部分，一般都采用通注方式。以下是某高校文科学位论文的页下详注和文尾通注的要求，可供参考：

一、注释部分（页下底注或详注）

1. 注释是对某一问题论述时，引用他人观点来佐证、强化己方论证；或者对某一问题需要另外交代，可以在页下附着说明。注释以小五号宋体标注。

2. 注释以简明为要，引用他人说法力求准确，忠实原文本意，不可断章取义，并要和论文内容相关。

3. 引用以必要为限；引用他人观点、说法时注明出处是基本的学术道德。

4. 引用提倡原引，即文献的原始出处，如属转引，标明转引文献。如：

贾宇：《死刑废除的理由》，《法学家》2006年第2期，转引自陈瑞华：《死刑的程序控制研究》，北京大学出版社2007年版，第145页。

再如：王叶：《论劳动法的调整范围》，《法学》2000年第5期，转引自郭文祥：《劳动法修改若干问题研究》，《社科战线》2007年第4期，第45-46页。

5. 在引用的段落的右上角以带方括号的阿拉伯数字[1]、[2]、[3]……自然连续编码（用WORD文档中的"插入"→引用→脚注尾注可自动生成）。

6. 引用报刊文章的标示格式为：作者，文章名称，刊载刊物（报纸）名，期号（出刊日期），页码（版面）。如：

王利明：《论物权效力》，《法学研究》2007年第2期，第112页。

马怀德：《行政许可与第三人利益保障》，《公法研究》(第五卷)，中国政法大学出版社2007年版，第123页。

张卫平：《法律人的"出世"与"入世"》，《法制日报》2007年6月9日第3版。

7. 引用网络文章应标出作者、文章名、网址、访问时间。如：

《山东中医药大学研究生学位论文规范》，http://yjs.web.sdutcm.edu.cn/xw/lwgf.htm，2007年6月9日访问。

8. 引用书籍、著作的标示方法为：作者，书名，出版社及出版日期，页码。如：

苏力：《法治及其本土资源》，中国政法大学出版社2004年修订版，第221页。

9. 引用学位论文注明作者、论文名称、学校名、论文类型(博士/硕士)，页码。如：

王涌：《债的消灭根据考》，中国政法大学2002年博士论文，第45页。

10. 合作作品的标示。如：韩大元、张庆福：《宪法基本理论研究》，中国人民大学出版社2000年版，第48页。再如：万通、刘笑：《国家豁免理论的最新发展》，《中外法学》2007年第3期，第79页。

11. 翻译作品的标注：国名，作者，著作名，译者，出版(刊载)机构，版次，页码。

如：[意]贝卡利亚：《论犯罪与刑罚》，黄风译，中国大百科全书出版社1993年版，第120页。

二、参考文献部分

1. 参考文献又叫参考书目，它是指作者在撰写毕业论文过程中所查阅参考过的著作和报刊，它应列在毕业论文的末尾。列出参考文献有三个好处：一是当作者本人发现引文有差错时，便于查找校正。二是可以使毕业论文答辩委员会的教师了解学生阅读资料的广度，作为审查毕业论文的一种参考依据。三是便于研究同类问题的读者查阅相关的观点和材料。当然，论文所列的参考文献必须是主要的，与本论文密切相关的，对自己写成毕业论文起过重要参考作用的专著、论文及其他资料。不要轻重不分，开列过多。

2. 参考文献标示可分著作类、论文类和其他类。其他类包括除书籍、论文外，在写作中参考的档案媒体报道、数据等非研究性的原始资料。

3. 参考文献与正文分开列示，即以专页标注。

4. 参考文献采用顺序编码制，以注释排序用阿拉伯数字1，2，3……连续编码。一种文献在同一文中反复引用者，用同一序号标示。

5. 文后参考文献的著录项目要齐全。标注参考文献时应以“参考文献”（居中）作为标识；序号左顶格，用阿拉伯数字标示；每一条目的最后均以实心点结束。

6. 参考文献类型及文献类型，根据GB3469-83《文献类型与文献载体代码》规定，以单字母方式标识：

专著（M)、论文集（C)、报纸文章（N)、期刊文章（J)、学位论文（D)、报告（R)、标准（S)、专利（P)、未定类型文献（Z)。电子文献类型与载体类型标识基本格式为[文献类型标识/载体类型标识]。

对于文献有多位作者的，只标明前三位作者，以“,”分隔，从第四位开始用“等”或者“et al.”代替。

案例4.25评析：本案例的（1）“一、注释部分”，即页下详注，在文献标题各部分，用了书名号。这种加书名号的注释方法是比较传统的注释格式。目前更多的杂志和研究机构的注释格式中，已不采用书名号。（2）本案例注释的每一个单元都用“,”号隔开。目前更多使用的是点号“.”和冒号“:”隔开。

案例4.25建议：在进行学位论文文献引用和参考文献的注释时，注意学位授予单位或机构的具体要求。

案例4.26　某杂志上某篇论文末的注释（文科）

[1] 维克托·迈尔-舍恩伯格，V. M；肯尼斯·库克耶，K.大数据时代——生活、工作与思念的大变革[M].盛杨燕，周涛，译.杭州：浙江人民出版社，2013.

[2]赵伶俐.基于大数据与云计算高等教育质量指数编制——理论、技术、机制[J].复旦教育论坛,2013(11):52–57.

[3]谢文.实实在在大数据[M]//舍恩伯格，V.M.；库克耶，K.大数据时代——生活、工作与思念的大变革.盛杨燕，周涛，译.杭州：浙江人民出版社，2013：推荐序二.

…………

案例4.26评析：所有文科杂志发表的论文注释，都是文后注释（详注），同时其采用的注释格式规范，又与大论文如学位论文的本页底注相同。

案例4.26建议：（1）尽管每一种杂志的注释格式或方式都大体一致，但也总是有些许差异，在向某杂志投稿的时候，需要了解其注释规范，最好直接参照该杂志上已发表文章的注释格式，进行注释。（2）文科与理科杂志发表的论文注释，过去在基本格式规范上差异较大，现今已大致相同。但还是有一些区别。

案例4.27　某杂志上某篇论文末的注释（理科）

以下注释常用在理科或实证类研究报告，实证性论文中。注释中没有文献页码，文献页码是在文内紧跟注在引文后的。这种在文内紧跟引文注释页码如“（P35）”或文献作者和出版年号如“（蒋孔阳，1987）”的方法，已形成某些杂志的注释风格。如果该杂志是文理科论文合刊，则这种注释法用于理科，也用于文科：

阿恩海姆,霍兰,蔡尔德.(2005).艺术的心理世界(周宪译).北京:中国人民大学出版社.

陈丽君,赵伶俐.(2016).审美的身心基础.北京:北京师范大学出版社.

杜卫.(2001).美育学概论.北京:高等教育出版社.

费希纳.(1876).美学导论(上).

国务院办公厅.(2015).关于全面加强和改进学校美育工作的意见.2016–10–25,取自http://www.gov.cn/zhengce/content/2015–09/28/content_10196.htm

蒋孔阳.(1987).美是人的本质力量的对象化——提纲.文艺理论研究,6,11–17.

[英]李斯托威尔.(1933).近代美学史述评(蒋孔阳译1933).上海:上海译文出版社.蒋孔阳,1987.……

案例4.27评析：本案例与上述文科类论文后注释最典型的区别是：（1）不编文献号码，而以文献出现首次的顺序排列。（2）文献页码与作者名和出版年号一起紧跟文中引用后注释如“（杜卫，2001，P35）”；（3）作品名称用斜体字体表明；（4）这是理科含心理学和一些文理综合类杂志的论文通常使用的文末注释方法，有时也用于大论文之后通注。

案例4.27建议：请留心参考文献，目前有些趋向于实证研究的社会和人文科学，包括教育类杂志，也在开始使用这样的文后注释。

4.5.3 学位论文文后“参考文献”——特别提示

大论文注释，包括页下底注和文末“参考文献”通注两大部分。其页下底注与杂志论文（小论文）文末注释（有时也叫“参考文献”）基本相同。而文末通注，也称参考文献，基本注释格式，文献类型符号等，与杂志论文注释有相同之处，但也有不同之处。

参考文献，即文末通注，主要指学位论文和大型学术项目文本成果文末的“参考文献”注释部分。这是观察作者学术视野高度、宽度和深度最集中的窗口，当然也是观察作者基本学术规范及学术态度的窗口。

与底注最不相同的是：（1）不注明页码；（2）不是按照引用的先后顺序排列，而是按照文献种类分类和拼音字母或英文字母顺序来排列。一般有两种排序法，一是分中文文献（以拼音字母为序）和外文文献（以英文字母为序）两大类；另一是分专著（译著在前，中文在后，各按英文字母或拼音字母排序）、论文（译文在前，中文在后，各按英文字母或拼音字母排序）、字辞典、电子文献、其他等排列。

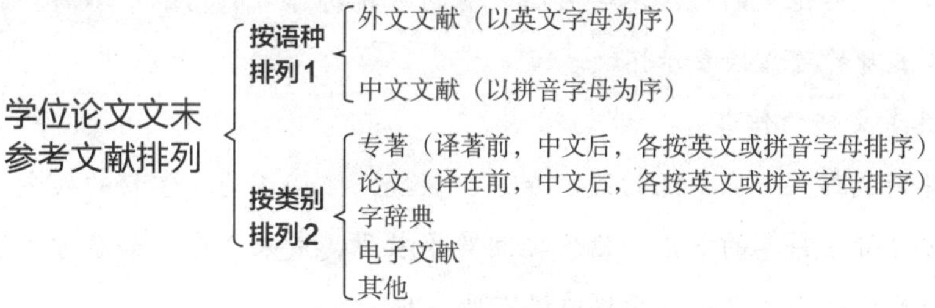

【图4-10】学位论文文末参考文献排列分类

案例4.28　参考文献选择思路与技巧

4.3 选择参考文献的技巧

所引用文献应是与论文主题密切相关的、最主要的文献。反映论文研究的基础和科学依据，反映作者尊重他人研究成果,严谨的科学态度。因为编辑在初审时对文稿的参考文献进行的分析，是决定论文取舍的因素，因此，掌握选择参考文献技巧是必要的。选择参考文献应考虑引用量、语种、出版时间、来源和著者等5个方面。

4.3.1 参考文献的数量

参考文献的数量根据论文类型、科学研究状况、学科发展概况而定。一般而言，新兴学科论文引文有限。成熟基础科学，如果引文有限，那么就难以说明作者对学科发展状况进行深入了解。专业性强的综述、评论引文较多。一篇论文需列多少参考文献，不同国家、不同期刊、不同学科要求不同。1987年统计入选SCI的每篇文章的平均引文20.8篇。

4.3.2 参考文献的语种

语种分布是反映作者对当前学科研究现状掌握程度的重要指标。如果参考文献全部为中文，或外文文献很少，那么编辑在初审时会意识到该论文作者可能只对国内该学科的研究现状有所了解，多为国内研究水平。只有及时掌握学科的国际研究动态，才能真正从事高水平的科学研究。参考一定量的外文文献是写出优秀论文的前提之一。

4.3.3 参考文献的出版时间

学术论文所附参考文献一般以从事科研时期内的文献为主,多为3—6年内，超过8年的文献很少。情报综述类2—3年或更近，情报综述类论文的参考文献如多在三四年前则论文发表意义不大。某些学科的经典理论则多不受时间限制。

4.3.4 参考文献的影响

在国际、国内有一批期刊只刊登学术水平高、具有较好创新性的文章，如果一篇论文所附这种优秀期刊的文献信息很少，说明该作者较少参阅那些高水平的、真正有价值的文献，这类论文的层次不会太高。有的编辑对作者引用水平不高、影响不大期刊上的文献本身的可靠性表示怀疑。

4.3.5 参考文献的作者

各学科领域都有一批公认的著名专家、教授，他们多是本学科的权威。他们及其科研集体常占领该科学的前沿，他们之间竞争激烈，成果丰厚。如参考文献多来自他们之成果，至少说明作者对该学科前沿有所掌握。

案例4.28评析：（1）学位论文的文后“参考文献”是窥见大论文学术积累广度、高度和深度的最重要窗口。（2）本案例提供的“参考文献”选择思路与技巧，绝对不是论文写完以后再来拼凑文献。而是在整个研究和论文撰写之前、之中阅读和引用的文献的呈现。（3）归纳本案例的各项提示和参考，即参考文献要具有经典性和前沿性；要有系统专著和有影响的杂志论文；要有专业性和跨学科性文献；等等。

案例4.28建议：（1）一般来说，硕士论文的参考文献，要达到100篇（本）以上；博士论文的参考文献，要达到200篇（本）以上。(2) 有些论文的参考文献范围太窄，甚至基本上就是同一个论文集中登载的论文，严重缺乏专业经典著述、论文和跨专业论著的阅读参考。说明作者阅读和研究视野太窄。出现这样的“参考文献”，是所有专家不可容忍的。(3) 一定要留足时间（两周左右），按照规范，全面悉心修改参考文献格式；并对应检查参考文献在文内的引用和注释情况，全面调整论文基本命题、大小标题和结构。

案例4.29 文后“参考文献”常见错误

1. 想法错误，做法潦草

有的作者不列参考文献。有的作者认为，参考文献列得多，表示知识面宽，所以把自己见过的文献统统列出，其中一些连作者自己都可能已感到浪费了时间和精力。有的作者在写作过程中没有记录参考文献的名称、出处，因查补工作量大，故抄录一些同类书目了事。有的参考文献过于简单，往往列上一两个同行皆知的大部头书名。有的作者列出的参考文献，而审稿人一看便知作者无法获取该参考文献，所以拒绝评审。

2. 格式不正确

此外，参考文献表中的文献序号不加括号，其后空1格。作者少于或等于3个时应全部列出，多于3个时，应写出前3个再加上“等”（或et al.）字，“等”字前加逗号。中国人和外国人的姓名一律采用姓在前，名在后著录法（参见署名和地址编写部分）。外国人的名字部分可缩写，并省略缩写点（.），而空半格。参考文献的编写要特别注意各期刊社的作者须知。

3. 学术道德问题

参考文献必须是作者亲自阅读过的、主要的（新的）文献。绝对不可以论文写完后来编排、编凑，自己根本没有阅读，甚至连看都没有看见过的文献。如果更严谨一些，参考文献可以分两大类排列：一类是正文中引用过的参考文献所编制的文后参考文献，即“references”。另一类是作者还没有来得及阅读但觉得很有必要继续阅读或推荐阅读的参考文献表，即“bibliographic references”。参考文献是科技论文的重要组成部分，起着其他部分不能替代的重要作用。它能反映科学研究的发展脉络，体现科学的继承性，为科技论文提供文献依据，体现了对他人劳动成果的尊重。切不可随便对待，或让读者产生剽窃抄袭他人成果之嫌。

文献阅读、分析与综述，伴随学术研究、学术思维、学术写作始终。而前期阅读的目标除了发现问题、界定核心概念，进行已有研究综述以外，还有一个十分重要的目标和任务，那就是选题。也可以说，前期所进行的发现问题、界定核心概念和文献综述的目的，都直接指向选题，或确定课题。这就是下章，第5章选题所要陈述的内容。

本章思考与训练

4.1 制定阅读计划。根据自己近期参与的课题和自己关注的学术问题范围，制订阅读计划，包括近期计划、年度计划、多年计划、终身计划。

4.2 专业阅读。请就你在读的专业，选择相关的经典理论或基本理论（概论）著作2—3本，经典或前沿论文3—5篇，确定其研究的核心问题、核心概念及概念体系，针对其中某个主要观点或命题，再进一步选择论著，拓展阅读，并结合自己论文主题及主要探究的问题和核心概念等，写一篇或修改一篇文献综述。

4.3 卡片习作。按照规范做5—10张阅读卡片。

4.4 请尝试从一篇期刊论文或学位论文的引文注释评价论文的质量。

4.5 选题预备。请查阅文献资料，收集你所学专业或其他专业领域的各种（至少3—5种）问题，并对问题产生的原因进行猜想；收集过去已有的，但至今尚未证实或解答的猜想，例如关于物理和数学的猜想，关于人工智能的猜想，关于教育教学的猜想等，注明出处，尝试从各种文献中寻找答案，或按照下一章“选题”思路与标准的提示，将之转化成课题（参考第5章）。

第五章 选题

发现问题,想办法修好它,这正是我感兴趣的,像解难题一样。我有解谜的嗜好。这就是为什么后来我要去开保险箱,去辨认玛雅人的古怪文字的原因。

——费恩

向还没有开辟的领域进军,才能创造新天地。

——李政道

若无某种大胆放肆的猜想,一般是不可能有知识的进展的。这个世界最令人不解的事情是,它是可以理解的。

——爱因斯坦

如果说发现问题是乐趣的话,解开问题之谜则是更大的乐趣。选择一个有价值的问题来做课题来解谜,不是易事。选定某个问题,来研究,即确定课题时,学者心中已有自己的基本立场和观点,这叫假设。证明这个假设的真伪,发现某种定律和一系列定律就是课题的价值与创新。

——本书作者

5.1 选题与课题

5.1.1 选题是过程，课题是结果

选题，指对研究问题和研究内容与目标（方向、假设）的选择与确定。即在背景中或若干问题中，筛选出（选择和确定）一个问题及一系列相关问题，提出假设，并选择方法来研究问题和证明假设的过程与结果就是课题。

因此课题，就是指以一个明确的问题为对象，采用一定的方法，考察其现状和特征，分析其原因或探索其影响因素，提出解释问题的理论，或解决问题办法的一个相对完整的学术研究活动。课题的前提是选题，即首先是选择或确定一个问题来研究。

有时候，“选题”和“课题”是混用的。如问“你做的是什么选题”，这个选题就是指课题。

显然，选题确定的本身是一个非常严谨的学术思维过程。

5.1.2 源自问题

从文献分析和实际经验中，我们会发现许多问题，但是并非所有问题都需要或值得去研究。“所以，在科学研究的意义上，问题意识将关涉或影响到何处选题、选什么样的题以及选题的价值等”①，而对于一篇论文，一项选题，一项课题，“有时，仅看对问题的选择是否恰当，就可以反映出社会科学研究者的科研能力”。②

案例5.1　问题分析与选题

在大量文献如理论、政策文件中，以及实践中都提到“教学质量不高”这个问题。且有关研究也越来越多，但是教学质量不高这个问题还是没有得到理想解决。这是为什么呢？这就需要对“教学质量不高”这个问题或影响因素进行详尽的分析：

检索文献，分析出与“教学质量不高”问题有关的一系列因素或者有可能引起教师教学或学生学习障碍的因素，如案例5.1图1。

---

① 肖林根，王卫华. 问题意识与毕业论文题目选择[J]. 科技信息，2011(32).

② 欧阳康，张明仓. 社会科学研究方法[M]. 北京：高等教育出版社，2001：108.

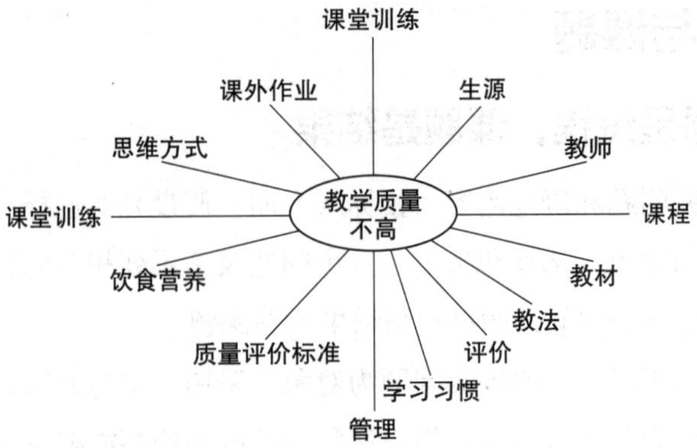

【案例5.1图1】“教学质量不高”问题影响因素分析

案例5.1评析：(1) 本案例中通过文献检索，并结合自己的经验，对“教学质量不高”的原因或影响因素进行分析，发现有诸如生源、教师、课程、教材、教法、评价、管理、质量评价标准、课堂训练、课外作业、思维方式、学习习惯，甚至饮食营养等。(2) 如果这些影响因素通过文献检索证明都已经被人研究过了，且研究已经很深入，那么就应该考虑是否还有其他方面没有被研究或透彻研究过。例如班风班纪、学习风气等，都可能影响教学质量。如果检索已有文献发现这两个原因没有被研究或研究不透彻，就可以选择这些方面作为研究课题。如“班级学习风气对教学质量的影响”。(3) 我们发现的问题，一开始总是很笼统的，如“教学质量不高”，就是一个很笼统的说法。但作为学术研究或学术思维，必须对问题做深层次的剖析，如教学质量指什么？教学质量哪点不高？你怎么知道教学质量不高？是什么原因导致的？再如“经济走势下滑”，这也是一个很笼统的说法或观念，甚至就只是个人或一些人的经验。作为学者或研究者，必须追究的是所言经济是什么？怎么知道经济走势是下滑的？经济这么一个庞大复杂的体系是整体下滑，还是有几个因素下滑，有几个因素是上升的？主要评估指标是什么？影响因素是什么？等等。没有这样的问题分析思维，便不可能有好的选题或课题。

案例5.1建议：任何一个领域都存在很多问题。例如教育领域除“教学质量不高”外，还有教师职业倦怠、择校、管理体制不合理、价值观偏差、网瘾、早恋等问题。如经济领域除“经济走势下滑”外，还有房市涨价、股市疲软、国际贸易战、高速收费、供不应求等问题。每一个问题都存在若干矛盾面，都需要认真检索、阅读、分析文献，多角度思考、分析问题，才能够从中选择一个问题或问题的影响因素作为课题来研究。

从众多问题，或众多问题的矛盾面中选择一个影响深刻的、价值大的方面或因素来研究，且还要考虑自己的研究能力可及、有可操作性等，这是选题必须具有的基本思路和策略。

有不少初涉学术者认为，所谓选题，顾名思义就是选一个题目来写论文，于是直接冥思苦想编一个论文题目。这种看法和做法显然迈过了“问题”，导致研究者或作者的思维和关注点，一开始就脱离了学术研究或选题的根本，从而导致课题研究或学术文本最终成为虚无缥缈的空中楼阁，丧失了方向，也丧失了根本价值。

遗憾的是，没有明确问题，或没有明确核心问题的选题、课题或论文并不少见。学位论文更是如此。

案例5.2　这些选题基于什么问题？

有位研究生问导师说：“老师，我想了几个学位论文的题目，我选哪一个题目写论文，请您给我一些建议。”

选题1：媒介融合时代视域下的审美趣味生成研究

选题2：文化形式与审美趣味生成的相关研究

选题3：大众审美需要与艺术趣味生成的相关研究

选题4：人们的个体差异与审美趣味生成的相关研究

选题5：文化素质与审美趣味生成的相关研究

老师看了这些“选题”，立即问：“你为什么要选这些题目？”“还有，选题不是直接选一个标题来写论文。”

学生一脸不解。

教师说：“在学术领域中所谓“选题”，首先指选一个问题来做研究，做了研究后才有“论文”的产生。”

案例5.2评析：（1）发现问题、分析问题、解释问题、解决问题等是一以贯之的过程。（2）直奔标题而没有问题，则任何选题和课题均不成立，学术研究也不成立；学术研究不成立，则学术论文不成立，学术论文题目也不成立。（3）首先讨论的是发现了什么问题，这些问题是否值得研究。然后再来分析上述题目（严格来说不是选题），经过选题思考，看哪个可以确定为课题。

案例5.2建议：（1）上述题目或选题中都有“审美趣味生成”这个概念，因此可以推想，作者应该是感觉到了在“审美趣味生成”中的什么问题，因此应该聚焦这个范围去发现和分析问题，进行选题。（2）该研究生追述了自己的一些想法：我是赫哲族人，赫哲族是一个靠打鱼为生的民族，他们有自己独特的生活方式和审美文化，但是现在这种独特的生活方式正在消失，我认为这个民族具有的独特审美文化非常珍贵，有保留和传承的价值。所以就想了这些题目。(3) 这个基本想法可以概括为一个问题：赫哲族传统“以渔为生”的生活方式正在消失，其独特的审美文化也在逐渐消失，是任由后者随着前者的消失而消失呢，还是让后者（“渔趣”）以另外的方式或途径保留、继承和发展起来呢？确定这个问题值得研究后明晰选题为：《渔味：赫哲族审美趣味的生成与传承研究》。

案例5.3　发现新问题，才有新颖选题

教育部颁发的《3—6岁儿童学习与发展指南》，分3—4岁、4—5岁、5—6岁等三个阶段，描述了幼儿在健康、语言、社会、科学、艺术等五个领域的学习与发展目标，并提出了“以为幼儿后继学习和终身发展奠定良好素质基础为目标，以促进幼儿体、智、德、美各方面的协调发展为核心”，来实施科学的保育和教育，也“为广大家长科学育儿提供了权威性的参考和指导”。但是，对其中有些内容的表述进行解读和执行却容易出现偏颇。其中，有至少这样两段有矛盾的表述：

原则

1. 遵循幼儿的发展规律和学习特点……最大限度地支持和满足幼儿通过直接感知、实际操作和亲身体验获取经验的需要，严禁“拔苗助长”式的超前教育和强化训练。

2. 关注幼儿身心全面发展……

3. 尊重幼儿发展的个体差异……支持和引导每个幼儿从原有水平向更高水平发展，按照自身的速度和方式到达《指南》呈现的发展“阶梯”，切忌用一把“尺子”衡量所有幼儿。

…………

幼儿的科学学习是在探究具体事物和解决实际问题中，尝试发现事物间的异同和联系的过程。幼儿在对自然事物的探究和运用数学解决实际生活问题的过程中，不仅获得丰富的感性经验，充分发展形象思维，而且初步尝试归类、排序、判断、推理，逐步发展逻辑思维能力，为其他领域的深入学习奠定基础。

幼儿科学学习的核心是激发探究兴趣，体验探究过程，发展初步的探究能力。成人要善于发现和保护幼儿的好奇心，充分利用自然和实际生活机会，引导幼儿通过观察、比较、操作、实验等方法，学习发现问题、分析问题和解决问题；帮助幼儿不断积累经验，并运用于新的学习活动，形成受益终身的学习态度和能力。

幼儿的思维特点是以具体形象思维为主，应注重引导幼儿通过直接感知、亲身体

验和实际操作进行科学学习，不应为追求知识和技能的掌握，对幼儿进行灌输和强化训练（见幼儿园科学教育目标1、目标2、目标3）。

目标1　亲近自然，喜欢探究

3—4岁	4—5岁	5—6岁
1. 喜欢接触大自然，对周围的很多事物和现象感兴趣。 2. 经常问各种问题，或好奇地摆弄物品。	1. 喜欢接触新事物，经常问一些与新事物有关的问题。 2. 常常动手动脑探索物体和材料，并乐在其中。	1. 对自己感兴趣的问题总是刨根问底。 2. 能经常动手动脑寻找问题的答案。 3. 探索中有所发现时感到兴奋和满足。

目标2　具有初步的探究能力

3—4岁	4—5岁	5—6岁
1. 对感兴趣的事物能仔细观察，发现其明显特征。 2. 能用多种感官或动作去探索物体，关注动作产生的结果。	1. 能对事物或现象进行观察比较，发现其相同与不同之处。 2. 能根据观察结果提出问题，并大胆猜测答案。 3. 能通过简单的调查收集信息。 4. 能用图画或其他符号进行记录。	1. 能通过观察、比较与分析，发现并描述不同种类物体的特征或某个事物前后的变化。 2. 能用一定的方法验证自己的猜测。 3. 在成人的帮助下能制定简单的调查计划并执行。 4. 能用数字、图画、图表或其他符号记录。 5. 探究中能与他人合作与交流。

目标3 在探究中认识周围事物和现象

3—4岁	4—5岁	5—6岁
1. 认识常见的动植物，能注意并发现周围的动植物是多种多样的。 2. 能感知和发现物体和材料的软硬、光滑和粗糙等特性。 3. 能感知和体验天气对自己生活和活动的影响。 4. 初步了解和体会动植物和人们生活的关系。	1. 能感知和发现动植物的生长变化及其基本条件。 2. 能感知和发现常见材料的溶解、传热等性质或用途。 3. 能感知和发现简单物理现象，如物体形态或位置变化等。 4. 能感知和发现不同季节的特点，体验季节对动植物和人的影响。 5. 初步感知常用科技产品与自己生活的关系，知道科技产品有利也有弊。	1. 能察觉到动植物的外形特征、习性与生存环境的适应关系。 2. 能发现常见物体的结构与功能之间的关系。 3. 能探索并发现常见的物理现象产生的条件或影响因素，如影子、沉浮等。 4. 感知并了解季节变化的周期性，知识变化的顺序。 5. 初步了解人们的生活与环境的密切关系，知道尊重和珍惜生命，保护环境。

案例5.3点评：（1）有些权威专家解读《指南》也重点放在，防止和克服“小学化”倾向上，“不能牺牲了孩子快乐的童年生活，盲目追求‘提前学习’‘超前教育’”，否则“不仅让幼儿‘伤’在了起跑线上，也严重干扰了幼儿园的办园方向和正常的教育教学秩序”。“百度百科”上明确写出“颁布目的：防止和克服学前教育‘小学化’现象。”很快防止“小学化”被进一步解读为：学前教育不能教幼儿知识，如果教了就是小学化倾向。（2）然而《指南》的“四、科学”这部分，反复提到的一个就是幼儿的“科学学习”，而从科学学习的目标（案例5.3；目标1、目标2、目标3）看，“科学学习”最难以回避和迈过的就是“科学知识”学习，而且好多都是在小学中要学习的知识。虽然上述文本中写道“幼儿的思维特点是以具体形象思维为主，应注重引导幼儿通过直接感知、亲身体验和实际操作进行科学学习”，“不应为追求知识和技能的掌握，对幼儿进行灌输和强化训练”等。但在“科学教育”中“尝试发现事物间的异同和联系”，以及初步尝试“归类、排序、判断、推理，逐步发展逻辑思维能力”；让幼儿学会分类、比较、概括、观察，保持好奇心、探究欲望，建立联系；还有在数学中学习认知直线、圆、方向、位置以及合并、分解等；学习自然中的植物种子、季节、灾害、环境污染、材料特点、结构、通途（功能）等；这些都毫无疑问

属于知识（概念）或技能（行为），也都与知识学习和思维发展有直接关系。因此，不可以将“不应为追求知识和技能的掌握，对幼儿进行灌输和强化训练”等，简单理解或解释为“不教知识和技能”，或者教了就是“灌输和强化训练”，就是“小学化倾向”。(3) 且幼儿园会涉及的这些知识，在小学、中学乃至大学，还会反复出现，只是有深浅度之分而已。因此严格说，学前教育和小学教育等学校教育的最大区别，不是教不教知识的问题，而是教什么知识，以及如何教这些知识，教到什么程度的问题。布鲁姆结构主义教学理论认为，只要采用恰当的教学方法，微积分、守恒等这些看上去很抽象的知识都能够教给幼儿。更何况在今天这个信息化时代的幼儿，与三十年、二十年、十年，甚至五年前，已有显著不同，借助信息化工具和网络，他们已经接触到我们过去在幼儿时期根本无法接触无法想象的知识。知识是促进智力发展的重要途径，幼儿是智力发展的关键期。如果将“不应为追求知识和技能的掌握，对幼儿进行灌输和强化训练”，直接解读为“不能教幼儿知识”，教了知识就是“小学化”倾向应予严格治理，这种理解就过于偏颇了。

案例5.3建议：(1) 结合对现状的进一步考察，在理论上弄清知识学习与幼儿思维发展之间的必然联系，再对《指南》的要旨和有关政策进行精准解读，为科学执行和进一步修订这一《指南》(征求意见稿)，提供依据和策略，对一些偏颇流行的解读和实践进行校正。(2) 为此，需要聚焦上述“是否应该教幼儿知识”“学前教育与小学教育的关系”等问题，设立相关选题，再确立课题，通过研究为政策、理论和实践提供具体而可靠的建议。如：幼儿科学知识理解水平与学前教育策略研究；不同教学方法对幼儿（3—6岁）知识理解水平的影响；3—6岁幼儿知识学习对小学教育适应性影响的实验研究等。

案例5.4　社会热点问题的课题转化

2020年1月，中国遭遇了新冠肺炎袭击。为了更集中收治病人，2月初武汉用10天时间建成了两座方舱医院：火神山医院和雷神山医院。2月28日，有学者在观察者网上刊登了一篇文章《方舱医院就像一个社会学实验，揭晓了医患矛盾的答案》[①]，内容简述如下：

01.

武汉方舱医院刚收治新冠肺炎感染者时，有人甚至联想到了“难民营”“集中

① 郭松民.方舱医院就像一个社会学实验，揭晓了医患矛盾的答案[EB/OL].(2020-02-28)[2021-08-17]. https://www.guancha.cn/GuoSongMin/2020_02_28_538890.html.

营”。这几天，随着患者一批批治愈出院，越来越多温暖的消息传来。

两月来几乎绝迹的广场舞，在这块“全国唯一可以公开跳广场舞的特区”恢复了；舱外戒严和焦虑不安，医院舱内反而轻松宁静，自由活泼。跳舞之余，读书的读书，考研的备考；医患还联合演起小品《打倒新冠病毒》。多么美好而久违的集体生活场景啊！

有病愈出院的女患者接受采访时一脸留恋地说：“很好，我都不想走了。”她留恋的当然不是新冠病毒肆虐的痛苦，而是方舱内那种美好的、可遇不可求的、新型的人际关系。

02.

方舱医院内的氛围，概括为几个特征：医患关系变得轻松、友善，这点从医护人员和患者合演小品、一起跳广场舞就可见；人与人之间的关系团结友爱、互帮互助，而不是相互竞争的；整体气氛乐观而充满信心。

03.

方舱医院投入使用后，武汉确诊感染者数日渐下降，证明其抗疫相当有效。

方舱医院构成的这个小社会，其社会学意义也不容忽视。因抗击疫情的特殊需要，方舱内部实行的原则和“舱外世界”迥异，正是这些原则决定了方舱内部的气氛。

中国工程院副院长王辰在访问了方舱医院后欣慰地说：“有医生感慨，感觉二十年前那样的医患关系又回来了。”这话，也对也不对。对的是，医患关系方舱内的确优于舱外；不对的是，舱内这种良好医患关系至少应是三十年前，也就是医疗改革全面铺开以前的，“二十年前”那是90年代末，医患关系甚至比今天还紧张。

04.

方舱医院的公益性，是决定舱内医患关系的基础原因。病人不再担心医生会利用自己疾病赚钱，对医生的信任感大增，医患猜疑消失了；相反病人还怀着感激心情，尽量自己克服困难，努力不给医护人员“添麻烦”。医护人员因病人的信任、尊重与友好，职业自豪感和荣誉感大增，所以更加友善、耐心对待病人。由此，医患关系进入了一个良性互动的过程。

此外，方舱医院遵循平等主义原则。没有特需病房、高干病房，人皆相同床位、伙食，食品、药品和医疗服务按需分配。

尽管完全是无心插柳，但方舱医院形成的社会主义大家庭“试验区”证明：严厉打击并不是解决医患矛盾的答案，公益性才是化解医患矛盾的答案。这个实验也证明，医患矛盾的本质是资本把医患双方都当成了增殖工具，异化为被资本奴役的状态。一旦解除这种状态，医患关系就回到最初的起点：帮助与被帮助，拯救与被拯救。

希望有关方面不仅要关注方舱医院抗击疫情的效果，也要关注方舱医院实验的社会学效果，后者对中国社会的长远健康发展，也许能够提供更有益的启示。

案例5.4评析：（1）该学者对现象的敏感，对热点问题的发现和分析，都很有启发意义；且分析也很有见地。（2）其不断提到的“实验”或“社会学实验”，因为并没有按照严格的科学方法和规范进行专题研究，所以不能说“是”实验，而只能说是“像”实验。有关的根源解析等，也只是一种假说。（3）如果要切实证明该学者的观点或者猜想、假设是正确的，或者证明公益性是解决医患矛盾的定律，那就需要将上面的热点问题转化为课题，进行科学研究方能成立。

案例5.4建议：（1）对方舱医院内部良好医患风气，与30年来医患关系（方舱外医患关系）进行对比分析，或通过一个简单问卷调查，将问题及其原因具体化，再转化成课题。（2）公益性和平等。马克思主义提出的在物质极大丰富的条件下“按需分配”的共产主义理想和原则，方舱医院的良好社会氛围表明这并不是不可能实现的幻想。这也可以转化为课题进行理论和实证研究。（3）经过问题分析和选题过程，最后至少可以形成这样一些课题：“方舱社会医患关系调查”“公益与公平：方舱医院医患关系改良实验研究”“按需分配的共产主义社会实验报告——以方舱医院为例”“方舱医院的人际教育效应研究”等。这些课题按照学术规范设计好以后，还可以在尚在运行中的方舱医院中进行实验。这一热点问题的研究，对未来中国的医疗改革和人性教育等，定有重要而深远意义。

5.1.3 选题：课题成熟必不可少的过程

选一个好的课题，需要投入相当精力和时间。有的研究生认为这太费周折，最好是导师直接给一个题目或课题，自己去做去写就是了。学位论文的确需要在导师指导下进行，但这并不意味着导师包办选题。完全依赖导师给出题目去做，看似省略了选题过程，却让自己陷入被动，也大大增加了研究、思考和写作难度，因为你缺乏了前期必需的问题提出、文献分析、独立思考和筛选，这一个十分宝贵的学术思维与积累生成的过程。即便是参与导师的课题，或承担某课题的一个子课题，也不可以拿过题目直接就写。不亲历选题过程，所做研究和撰写文章的观点、论据、论证方法等都会“线路不清”“胸中无数”，勉强提笔来写，也会感到困难重重，甚至一筹莫展。

写大大小小的论文，做大大小小的项目，申请大大小小的课题，不经过反反复复的选题过程，都是草率的。从若干问题中反复进行筛选，最后选定一个核心问题来研究。这一选题过程，是课题形成的过程，也是形成学术思维和论文撰写的基本逻辑线路不可逾越的必经之路。在研究客观资料的过程中，随着资料的积累，思维的渐进深入，会有各种各样的想法纷至沓来，对它们必须有一个选择、鉴别、归拢、集中的思维加工活动，这期间所产生的思想火花和各种看法，对我们都十分宝贵（参见4.2.5卡片制作）。从对个别事物的个别认识上升到对一般事物的共性认识，从对象的比较分析中发现彼此的差异和联系，从输入大脑的众多信息中提炼、形成属于自己的观点，并使其确定下来。正是通过从个别到一般，分析与综合，归纳与演绎相结合的逻辑思维过程，研究方向才逐渐明确，问题才越来越集中，最后才能紧紧抓住课题开展研究工作。

爱因斯坦说过，“我不久就学会了识别出那种能够导致深邃知识的东西，而把其他许多东西撇开不管，把许多充塞脑袋，并使它偏离主要目标的东西撇开不管。”①要做到这一点，必须积累扎实的专业学科知识和其他学科知识，伴随收集分析有关文献……于是选题的过程，也成了学习新知识，拓宽知识面，加深对问题理解深度的过程。科学研究要以专业知识为基础，但专业知识的丰富并不一定表明该人研究能力很强。有的人书读得不少，可是忽视研究能力的培养，结果仍然不能独立做一个课题，独立思考和写出一篇像样的论文来。

选题的过程，其实就是一个选题论证的过程，这是不断撰写或起草选题报告的过程，对所研究的问题由感性认识上升到理性认识的，一个学术思路生成、提高和成熟的过程，还是一个弥补知识储备不足，规划学术研究和文本撰写方向、角度、规模和进度的学术思维训练过程。

5.1.4 选题类型与策略

不同类型的学术研究与选题，有其共同本质，也有不同特点。就是在同一领域同一学科范围内的同一问题的选题，也因为研究宗旨和层级不同而有不同选题思路与策略。仅就学位论文来看，有硕士和博士学位论文，有专业学位和学术学位论文等类型和层次，因此也各有选题思路或策略，并直接涉及研究思路与文本撰写思路和策略。如下可供参考：

第1类：专业硕士选题“三个一”基本思路与策略。

1. 明确聚焦一个实践性（或政策）问题；

2. 针对问题寻找（筛选）一个恰当的理论，结合已有成功实践经验，提出一个解

① 赵中立，许良英. 纪念爱因斯坦译文集[M]. 上海：上海科技出版社，1979.

决问题的模式或方法；

3. 确定和用一种研究方法（最好是实证研究），拟证明其模式或方法解决问题的有效性。

这个选题策略也同样适合应用型研究者和实践类人员如教研员和教师，写论文时选题用。

第2类：学术硕士选题的“三个一”基本思路与策略。

1. 发现和聚焦一个理论问题（指出理论误区导致实践误区）；

2. 提出澄清或修正或重建这个理论问题的思路与方法；

3. 用一个案例或实证研究，拟证明这一理论修正是正确的，拟得出新的结论。

第3类：专业博士选题的“四个一”基本思路与策略。

1. 发现和明确聚焦一个实践中的（新）问题（或政策问题）；

2. 针对问题寻找（筛选）至少一个或多个恰当的理论，针对问题进行深度分析；

3. 在理论与问题结合的深度分析基础上，形成解决问题的思路，建构一个解决问题的（新）模式或技术或方法；

4. 通过若干案例分析或实证研究获取数据，分析证明新模式或方法或技术，能有效解决问题。

这个选题策略也同样适合应用型研究者做大型实践性项目课题时选用。

第4类：学术博士选题的“四个一”基本思路与策略。

1. 发现和明确聚焦一个（新）理论问题，并辐射实践问题；

2. 以彼此相关的多个经典理论或前沿理论，围绕该理论问题进行多角度透析，提炼概括出理论的基本维度和元素，提出解决理论问题，进而解决实践问题的思路与方法；

3. 根据理论维度和元素，推导建构一个新的理论与架构（概念、定律、原理或体系）；

4. 证明新建理论的普适性，或者通过实证证明新理论中某个观点（命题）的正确性，乃至通过一系列实证提取相关定律或定理。

5.2 确立课题

5.2.1 何谓课题

课题是选题的结果，而且是用规范的语言表述出来的选题结果。

具体说，课题就是由问题转化而来的，明确或确定要用一定方法加以专门研究或实证（证实或证伪）的命题。这个命题是用很规范的语言形式表述出来的。仅从语句形式上看，就是原表述问题的问句、疑问句，转化成了陈述研究内容、对象和方法的陈述句。从课题与选题的关系上看，“选题”是动词，指选定问题，明确要研究这个问题的意思；“课题”是名词，是指经过选题过程后，最后确定要研究哪一个项目。

5.2.2 课题表述四要素

一个正式确立要研究的课题，必须以其规范的语言形式表述出来，一般包含4个要素：(1) 研究什么内容（核心概念或变量。参见第3章）；(2) 探讨何种规律（假设，或变量或核心概念关系假设）；(3) 研究对象是谁（如某类人、某地区）；(4) 主要采用何种方法（如文献法、理论法、实证法、实践法等。参见第4章，第6章）。也就是说，一个标准的课题表述包含了内容、假设、对象和方法四个要素。对象这个要素有时候不在课题的标题上呈现，但需要在课题论证报告，以及大小学术论文中明确。而其他三个要素，是所有规范的学术课题表述中，必有的。

案例5.5　课题表述解析

有一项课题是《思维方式对教学质量影响的实验研究》，其表述解析如下：

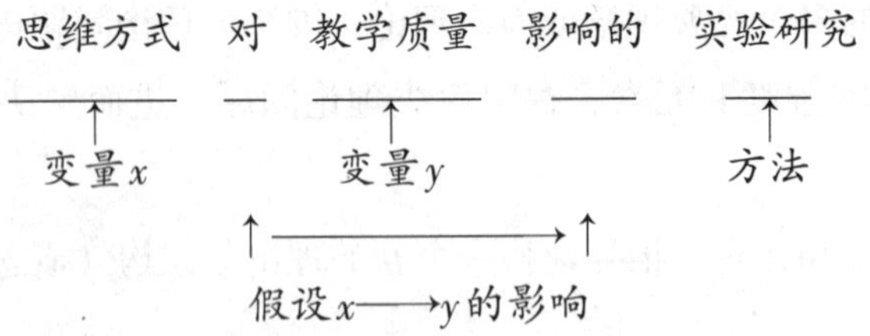

案例5.5评析：该课题明确表述了内容、假设、方法三个要素。没有明确对象这个要素。(1) 内容有思维方式（x）和教学质量（y）两个变量；(2) 假设是对两个变量之间的关系的预设或猜想，该课题是思维方式（x）对教学质量（y）的因果关系研究，假设可能是积极因果关系，或消极因果关系，或者几乎没有因果关系，或因果关系不显著；(3) 该课题采用的主要方法是实验法，即该课题将主要采用实验法来实证

（证实或证伪）思维方式对教学质量的因果关系是真还是伪，即x对y是否有显著（积极或消极）影响。（4）该课题没有明确表述研究对象，但绝不意味着没研究对象，如果要明确对象的话，此课题可以加上“教师”以明确研究对象。

案例5.5建议：

（1）最好在现有课题表述上明确研究对象，例如：

教师思维方式对教学质量影响的实验研究（对象是教师）

数学教师思维方式对学生数学学习质量影响的实验研究（对象是数学教师和数学学生）

（2）还可以将研究内容（变量或核心概念）限制小一些，如下：

数学教师形象思维方式对教学质量影响的实验研究（“思维方式”限为形象思维方式）

语文教师抽象思维方式对学生阅读理解水平影响的实验研究（“思维方式”限为抽象思维方式；“教学质量”限为“阅读理解水平”）

（3）在研究方法上除实验法，还可以采用其他方法：

思维方式对教学质量影响的调查研究（或作业分析研究、行为观察研究、测量研究、相关分析研究、大数据分析研究等等）

教师思维方式对教学质量影响的理论研究（理论法、文献法）

关于教学质量的政策分析与执行力研究（文献法、实践法）

（4）几个要素可以同时改变，如：

高中生思维方式对高考各科成绩影响的多元分析研究

（本题与原题相比，研究对象从教师转为了学生；研究内容留了“思维方式”，教学质量限为了“高考各科成绩”；假设依然是因果关系，但假设的具体内容变了；研究方法由“实验法”转为了“多元分析”。）

案例5.6　单因素与多因素课题表述解析

一个课题的内容变量或核心概念，也可以称为课题内容因素。可以是两个因素（如案例5.5）；也可以是两个以上的因素，称为多因素课题；也可以是只有一个因素，称为单因素课题。如《全国五地中小学教学质量比较研究》：

全国五地中小学	教学质量	比较研究
对象	变量	方法

案例5.6评析：（1）该课题内容只有一个变量或核心概念“教学质量”，这称为单因素课题，一般来说，课题容量或难度要小于双变量或多变量课题。但也不绝对。有时这个核心概念或变量本身的信息含量较大，研究的内容也会大而复杂。例如“教学质量”本身就是很大的概念，它包含课程设计质量、教学设计质量、教学过程质量、教学效果质量等，要一一分析、界定和研究也需要有相当功夫。（2）因为课题只有一个变量，因此就没有变量关系的表述，或明确的假设表述。但这也不等于课题研究不涉及若干关系的研究与分析，或假设的建立与证明。如“教学质量”下位分解为概念和维度，各维度之间关系的假设与分析，将会成为研究重点。（3）主要研究方法是比较法，“比较”，可以是数据统计比较、学生成绩比较、作业正误率比较等维度。选择哪个，取决于哪个维度或指标作为“教学质量”的典型代表。（4）研究对象是全国五地的中小学，但是具体比较通常会采取抽样的方法，在全国五地（东、西、南、北、中）的中小学中分层随机抽取对象（区域的、学校的，甚至个体）来比较，这叫完全随机或分层分类抽取的样本，来代表总体对象。但如果是在网上或某专业网上进行大数据分析比较，就无须抽样了。

案例5.6建议：（1）该课题虽然只有一个因素，但是这个因素或变量或核心概念“教学质量”信息含量却太大，应该对“教学质量”问题及影响因素进一步分析，分解选择其中一点或一种有代表性的质量，例如高考或中考成绩比较。这就是聚焦问题，缩小变量，使课题较小也更实在，价值也更明确。如：

全国五地中小学教学设计（教案）质量比较研究

全国五地中小学课堂教学提问质量比较研究

全国五地中小学作业布置质量比较研究

（2）该课题在缩小变量（或核心概念），并给予科学合理界定的同时，其研究方法可以变化，研究对象也可以扩大或缩小：

全国五地中小学教学设计质量文本分析研究（教案分析）

沿海内陆中小学数学作业质量（中考高考试卷）大数据分析

全国高考各科成绩相关分析与教学质量评估研究（增加了一个变量和一种主要方法）

5.2.3 课题表述与核心概念

课题表述与论文标题，肯定是紧密相关的。一个是研究正式确定的标志，一个是研究成果的标志。作为成果的论文，标题中的核心概念（本书第3章），通常就是指课题中的“内容”，有时也包括“对象”。当然，这不意味着在课题中的“假设”和“方法”两个要素，在论文中就无足轻重了。这两个要素不仅在论文中必须有专门部分阐释，且可以说整个文本都是阐述采用主要“方法”论证“假设”是否成立的过程。因为论文标题需要更简洁一些，所以考虑省去一些因素，但是本质未变。例如前述举例(案例5.5)：

课题表述：教师思维方式对教学质量影响的实验研究（课题4要素）

论文标题就可以有几种表述：

教师思维方式对教学质量影响的实验研究（等同课题，4要素）

思维方式对教学质量影响的实验研究（核心概念=课题“内容”要素）

教师思维方式与教学质量关系研究（核心概念=课题“内容”+“对象”2要素）

上述可见，正常情况下，无论论文标题如何变，相应的课题所确定的研究“内容”，即“核心概念”不变。这是比较理想的状态，也说明课题从选题到设计都做得比较充分。

然而，课题研究中途内容发生变化的情况却很常见。如果研究已经进行到相当程度，且论文也快成形了，甚至已经初步形成或快参加预答辩了，这时再来大幅变动内容（对于论文来说也就是变动核心概念，论文标题随之发生根本变化），情况就很难处理了。

所以，课题表述和开题报告（第7章），要十分认真地对待，确定以后或进行到一定时候，研究内容可以进行微调，但尽可能不轻易从根本上更换研究“内容”或“核心概念”。

5.2.4 课题表述与文本逻辑结构

课题表述的价值，还不仅是为了明确课题内容、假设、对象、方法。本质或深层价值是对整个学术研究和文本的问题、基本内容、假设与目标，以及主要方法的规定，或者说就是对全文视点及系统建构的框定。如果全文内容、结构、方法与课题表述不符，那就是偏题或文不对题。而偏题，也是课题表述，乃至学术思维和文本写作的常见问题。

案例5.7　课题表述分析与文本逻辑比对

有一课题结题报告《工商管理案例课程研究》，分析其表述如下：

工商管理　　案例课程　　研究

核心概念2　　核心概念1　　方法（缺）

↑ ——————→ ↑

关系：附属关系

案例5.7评析：根据课题表述四要素，分析《工商管理案例课程研究》的课题表述，再对照已经成型的结题报告文本，就可以清晰地看到其思维逻辑和文本写作存在的问题：（1）课题的这两个核心概念或变量是“案例课程”（核1）和“工商管理”（核2），两者是附属关系，“案例课程”是核心之核心概念，“工商管理”是附属定语，是对案例课程的限定。因为是附属关系，所以两者也可以综合为一个核心概念，即“工商管理案例课程”，其下位主要相关概念，还是“案例课程”。因此不仅必须要对“案例课程”重点界定，而且全文内容主体也必须是有关“案例课程”的一系列分析、理论与实施架构、方略等。而对“工商管理”专业，只需有必要的、权威文献或政策界定即可。（2）但是，该文本核心概念界定，主要是“工商管理”，及其专业发展现状描述，对“案例课程”的界定包括现状表述，几乎一笔带过，十分微弱。文本中有两章直接就提出了“学术—技术取向的案例课程”“经验—体验取向的案例课程”等。因为“案例课程”界定不到位也没有充分分析，因此全文内容拉杂，理论和实践都偏题。（3）课题表述中，也没有主要方法。但因为研究内容的重心是“案例课程”，“案例”本身也是一种研究方法，因此评审专家们认为这本身就意味着全文应该有相当部分的“案例课程”的案例分析，尤其是工商管理（专业或学院）的案例课程的案例呈现、比较、分析等。然而，多位评委发现并指出全文连一个案例都没有，因此，课题结题报告无法通过。

案例5.7建议：该课题已进行数年，且报告文本已经成型，几乎难以进行系统重建或大修，只能考虑课题表述与全文内容结构的尽可能协调：（1）微调课题表述，例如改成“工商管理专业案例课程体系建构研究”（方法为：体系建构），这样可以回避探讨“案例课程”具体内容及实施细节，而以“案例课程”的理论、价值、分类与各分类的结构建立为重，同时也解决了方法问题；（2）全文必须增加“工商管理专业案例课程门类与体系”构成这一章；（3）根据新的课题标题，原文本章节内容添加一章内容，重新定义主核心概念“案例课程”，并补充如建构主义、结构主义、系统论之类的理论。

一条大船行走在汪洋大海之中，却突然发现或被指出偏离了航向，这时要迅速调整航向，已经很不容易。诚如，韩国“岁月号”在茫茫大海行进，2014年4月16日，航海员突然发现走错了航道，想一个急转弯扳正航向，却导致大船侧翻，救援多时最终还是沉入了海底。一篇学位论文，一篇课题报告到了送审或答辩之前，才发现或被评审专家指出文不对题、偏题等，即使结果不至于像航海翻船那样致命，但要让一篇本已成型的大文本，从根本上即问题选题、核心概念界定与分析，甚至文献综述、全文基本逻辑思路与结构等等进行重大调整或重新做起，实在是一般人不能承受之重。

因此，不如从选题和确定课题的时候，就对自己的课题有一个充分的认识、逻辑分解和基本建构，换句话说，你可以用500到1000字，对拟定的课题问题与核心概念进行反复审视和研究，对内容基本结构和研究方法等进行概述，与导师商讨，通过后，再行研究和撰写工作，以避免到关键时刻“全船倾覆”。

案例5.8　课题表述要简明，且尽量周全

课题表述要简明，不仅是指表述语言要尽量简洁，还指课题表述语中不能有重复概念或用词，而且“简明”既要避免缺漏，又要尽量周全。请审视下面这些课题的原表述，然后再按照课题表述的基本要素（显性三要素：内容、对象、方法）进行快速点评，或提出修改建议：

（1）原题：古希腊晚期哲学对奥古斯丁意志哲学形成影响研究

修改建议：去掉一个“哲学”，增加“论”，补充研究方法，改为“古希腊晚期哲学对奥古斯丁意志论形成影响的文献研究”。

（2）原题：优秀传统文化继承发扬总体布局背景下城镇宗教建筑空间分布规律研究

修改建议：简化表述，补充研究方法，改为“城镇宗教建筑空间分布规律与传统文化逻辑调研”。

（3）原题：“网瘾”的社会行为的社会学研究

修改建议：去掉一个“社会”，补充研究方法，改为“‘网瘾’的社会学行为观察研究”。

（4）原题：“实践归纳逻辑的辩证逻辑研究”

修改建议：去掉一个“逻辑”，补充研究方法，改为“实践归纳的辩证逻辑推理模式建构研究”。

（5）原题：价值观教育的“五位一体”教育模式研究

修改建议：去掉一个“教育”，补充研究方法，改为“‘五位一体’价值观教育实践体系建构研究”。

5.2.5 课题分类，等级，难度

课题分类方法诸多。在此，根据变量多少、关系假设的复杂性、主要研究方法和课题性质等特点进行分类。据此，可以区分出课题类型，从某种意义上也可借以判定课题的大小和难度（图5–1）：

课题分类
- **据内容（变量或核心概念）多少分**
  - 单变量课题
  - 双变量课题
  - N变量课题
- **据假设（或变量，核心概念间）关系分**
  - 因果关系——因果课题
  - 相关关系——相关课题
  - 关系建构——建模课题
- **按采用的主要研究方法分**
  - 文献考证、法理论思维（质化）法
  - 实证（量化）法
  - 实验课题
  - 测量课题
  - 观察课题
- **按课题性质分**
  - 现状考察课题
  - 重复论证课题（如国外研究的内容在中国的适应性研究）
  - 补充性课题（前人研究中的缺失部分）
  - 修正性课题（对前人错误进行纠错）
  - 创新性课题（新概念、新定律、新策略技术、新模式）

【图5–1】课题分类

案例5.9　课题类型、大小、难度比较

以下列出的几个课题，每个课题因为内容、变量、核心概念、关系（假设）、方法和对象等要素的不同，便构成了不同类型的课题，以及课题大小和难度：

课题1.	大学生	作息规律	调查研究
	对象	内容（核心概念，变量）	主要方法

课题类型：单因素调查（实证）课题

课题2:	舞厅文明行为	观察研究
	核心概念（变量）	主要方法

课题类型：单因素调查（实证）课题。建议补充研究对象，例如“大众”

课题3:	教师	教学情绪	与	学生	学习成绩	的相关分析
	对象1	核心概念（变量1）		对象2	核心概念（变量2）	主要方法

课题类型：双因素相关研究（实证）课题

课题4：课程、教材、教法　对　学生　学习效果　影响的　实验研究

变量1　变量2　变量3　　对象　变量4　　主要方法

课题类型：多因素复杂因果关系实验（实证）课题

课题5：中国公民　人文素质　调查　与　教育对策　研究。

对象　核心概念（变量）方法1（实证）　方法2（策略）

课题类型：单因素多维度复杂调查课题

课题与复杂性在于“对象”中国公民和“内容”（核心概念）人文素质，都是一个外延和内涵非常庞大的概念。如分解为：

（“中国公民”分9大地区13大类人群；约3万多人，2750个调查人群点）

“人文素质”定义后分：
维度1 道德素质
维度2 法律素质
维度3 文化素质
维度4 科学素质
维度5 审美素质
维度6 环保素质

上述五个课题，可以看到一个比一个复杂。尤其是课题5最为特殊，课题5看上去是一个单因素的调查项目，没有复杂关系，仿佛很简单。但是，对象“中国公民”内涵界定后，分为9大地区、13大类人群和2750个调查群点；“人文素质”，这一调查内容即核心概念（下简称“核概”）内涵界定后，分为6大维度，每一维度下又分解为3—5个项目。从研究对象、内容、调查方法设计与实施等来看，这是个非常庞大而复杂的课题。该项课题是国家级重大攻关项目，整整做了五年才完成。调查组成员有本科生和研究生300多名。

课题6：跨界思维　与　解决问题策略的　理论与相关研究

核概（变量1）核概（变量2）　方法（1、2）

课题类型：双因素理论与相关分析课题

课题7：股市涨跌　与　政局演化　的　大数据监测

核概（变量1）核概（变量2）　主要方法（1、2）

课题类型：双因素多维度多变量复杂课题

课题7研究的内容是“股市涨跌”和“政局演化”间的关系，但因为这两个核心概念（变量）的内涵与外延，及其相互关系等，错综交织非常复杂。如果再明确研究对象是国际上几个主要股市、股指和各地区、各国政局演变，更是错综复杂，一般研究方法难以驾驭。采用大数据方法，充分利用现代信息化手段和互联网平台等人工智能工具是很明智的。这又涉及两个核心概念或变量（维度和项目）的数据如何获得的问题，“股市涨跌”可以用各大股指的每天交易量来表征，但“政局演化”的数据就比较困难了。应该尽早更换“政局演化”这个核心概念。

5.2.6 课题、问题、选题、论题、标题

课题与问题、选题、论题、标题等，都有“题”，共同点都是指用语言表述学术思想和研究的成果。只是这些成果的阶段与内涵有所不同。问题是学术研究、学术思维和写作的开端，并贯穿全文始终；选题是对问题进行分析和选择，以正式确立课题；课题是通过选择并已确定（立项）要正式研究的问题，并用内容、假设、方法和对象四要素表达出来的一个命题。课题正式确定后就会正式进入论证、申报、审批、开题、研究等过程，而当研究结束后，将选题、问题、研究方法、过程、内容、结论、建议等撰写成文本，此时课题就成功转化成了终极文本的标题。

或者换句话说：问题是选题和课题的基础；选题是正在进行选择并且将要正式立项研究的课题；课题是已经确定（立项）正式研究的问题，是选题的结果。即当问题进入选题并被审批确定正式立项研究时，就转而成了课题。所谓申报课题或者课题申报，实际上就是选题确定、论证和提交审批的过程。标题，是学术论文的题目，有时候等同课题，有时候就是课题的简化表述（参见5.2.3）。

5.3 假设

5.3.1 何谓假设

理论上，在课题确定后，就已经包含了假设。假设是课题表述中4个要素之一，但由于假设是通过课题中“内容”因素或核心概念（变量）间的关系表现出来的（案例5.5），似乎不那么明显（案例5.9），所以初学者不能一下看清，在文本中写起假设来就感到很困难。

假设，就是对事物或因素之间关系的一个理论猜想，从课题构成因素或操作层面来说，就是课题中对核心概念或变量之间（如x和y）关系的猜想或假定。严格来说，整个课题就是用一定方法对假设（猜想的关系）进行论证（推理）或进行真伪证

明（实证）。如“TVS教学方法（x）对学生课堂学习效果（y）的影响”，整个课题就是在论证和证明x对y的影响是否成立，或论证（理论）或证实（实证）“x对y有积极影响”或“消极影响”这一假设是否成立。

如何建立假设和如何撰写一项课题的假设，是学术思维和文本写作，尤其学位论文文本写作的又一难点。可以看到，很多学位论文实际上回避了这个难题，没写或放弃写假设；写有假设的，往往含糊、琐碎，或者就不是一个假设，或者并非真正要论证或实证的假设。

假设是贯穿资料收集，分析加工到发现问题、确立课题和论证课题的中介思维过程、要素，也是论文的核心论点与命题。研究者在阅读分析文献的过程中，不仅会使得问题、课题与核心概念越来越清晰，而且会不断产生猜想“如果……那么……”。当这些猜想中的某一个逐渐清晰起来，并能够用一条件语句加以概括，并确定为整个论文要论证或实证的基本命题的时候，猜想就变成了“假设”或“主要观点”。假设是伴随着文献阅读分析、发现问题、发现变量或核心概念之间的联系、发现解决问题方略的思维的产物，是严谨的学术思维逻辑、充沛的学术想象力与创新激情的产物。因此，它也是创造性学术活动不可或缺的组成部分。没有大量、充分深入阅读分析前人的文献，不可能发现有价值的问题与联系，也永远不可能提出一个新颖的假设和巧妙论证假设的思路与方法。或者说，一个合理而大胆的猜想本身，就是一个创新（参见第9章再论学术创新）。

人们日常发现的问题很多，学者和科学家们想要探究的学术问题也不少，但是要对问题的变量间的关系提出新颖的猜想并试图去证明它，才是学术研究最直接的动力。

5.3.2 猜想与假设

猜想的活动，在日常生活中经常发生，但多是凭经验猜想：“可能还有二十分钟到站”，“小明手里应该拿着伞”等。这些猜想可以求证，也可以不求证。

但学术猜想是有一定科学根据的猜想，或想象或推理，是学术研究和课题假设的前思维过程，是选题（5.1.1）中必然伴随的思维活动，是任何探求真理的学术思维和研究活动的绕不过的一道弯①。

正如“在真正确切地了解自然现象及其规律之前，研究者在头脑中就预先做出关于自然界奥秘的猜想”②，是有一定根据地对事物存在的特征和发展原因及趋势的推理或想象。

---

① 张楚廷. 猜想，一道绕不过的湾[M]. 长沙：湖南教育出版社，1999.

②《普通逻辑》编写组：普通逻辑[M]. 上海：上海人民出版社，1986：328.

学术猜想可以多种多样，但也并非都需要，或都必要，或都有条件和精力去加以证明。只有当猜想转化为课题假设时，才成为课题研究、学术思维和文本写作的证明内容、主要观点、命题和论题。这时候，假设就是一种特定的猜想，如前所述，从操作层面来说，就是课题中关于主要变量（核心概念）之间关系的猜想、想象和推理，是一项课题中明确要加以论证（理论）或证明（证实）的猜想。换句话说，只有当猜想被明确地作为一项正式研究的命题，并用规范的方式明确表述出来的时候，才是假设。

猜想和假设都是指尚未证实的理论观点、思想，包括关于问题的原因，变量关系的论述等，换句话说，没有得到严密论证（推论）和实证的任何理论，都还只停留在猜想的水平上。例如目前的许多教育学的理论观点，都还只是猜想，需要转化成课题假设一一加以论证或实证。

如下案例，请特别注意假设的表述方法或典型语句形式：“如果……那么……”

案例5.10　哥德巴赫猜想与假设

数学中著名的哥德巴赫猜想（Goldbach Conjecture），由德国数学家哥德巴赫（C. Goldbach，1690—1764）在1742年6月7日给大数学家欧拉的信中提出。欧拉将哥德巴赫猜想明确表述为如下命题：

哥德巴赫猜想：“任一大于2的偶数，都可表示成两个素数之和”①

该猜想提出后很长一段时间内并没有研究进展。后来才有学者陆续提出了多种证明这一猜想的思路，即假设：

假设1：如果任一大于5的奇数都可写成三个质数（素数）之和，那么哥德巴赫猜想成立。（1937年，苏联数学家维诺格拉多夫证明了这个假设）

假设2：如果每个大偶数N都可表为$A+B$，其中A和B的素因子个数分别不超过a和b，那么哥德巴赫猜想成立。（1973年，陈景润证明了A和B的素因子个数分别不超过“1+2”，即“1+2”陈氏定理）

案例5.11　地图四色猜想与假设

在地理科学与数学的交叉领域，有一个著名的“地图四色”猜想：

① 注：素数，又称质素（prime number），指除了能表示为它自己和1的乘积，不能表示为任何其他两个整数的乘积；或者被它自己和1整除以外，不能被其他数整除。

如果给相邻地区涂上不同颜色，那么只需要四种颜色就足够了。条件是任何两个国家之间的边界，不能只是一个点，否则四种颜色就可能不够。

这是1852年一名叫格思里的英国绘图员，在绘制英国地图时发现并提出来的。他将自己来自经验的这个猜想告诉了正在念大学的弟弟。弟弟向自己的老师、著名数学家德·摩根请教，德·摩根教授将它传给了数学界的朋友。从此这个问题被传来传去，提了很多假设，但是一直没有被证实，也没有被证伪。直到1936年海克提出了证明四色理论的“放电法”假设：

如果把相邻国家的首都（顶点）用一条越过边界的铁路（弧线或边）连接起来，擦掉其他所有的线剩下的称为原图（对偶图），用类似在电网络中移动电荷的方法来求构形的不可避免组，那么就可以证明任何地图只用四种颜色就够用。

哈肯于1970年着手改进“放电过程”，与阿佩尔合作编制了程序，1976年6月他们在伊利诺斯大学的两台不同的电子计算机上用1200个小时做了100亿次判断，终于证明了“地图四色”假设为真，“地图四色”假设也终于转成了“四色定理”。这项证明轰动了世界。

案例5.12　结构主义教学猜想与假设

在教育心理学界，著名的布鲁姆根据已有相关研究提出一个理论（猜想）：

任何一门学科的基本概念和基本原理，如果找到恰当的办法，那么，就可以交给任何一个年龄段的任何一个儿童。例如微积分，就可以教给3岁的儿童（《教育过程》，1966）。

布鲁姆的这个结构主义教学的理论，在当时还只是一个猜想，是否成立（正确），还需要后续的很多学者和教师们设立课题假设或在实践中去对一些关键环节加以证明，从不同学科、层面和角度论证和实证该猜想的合理性。本书作者带领硕士生、博士生们正式确立了若干课题，提出了一系列证明这个猜想的假设：

假设1：如果中国书法教学中，找到书法中的基本元素和构成规则（基本概念和基本结构），并用视点结构方法从事教学活动，那么就能够使小学生普遍习得较高书法技能。

假设2：如果建立物理概念及良好的概念结构，并用视点结构方法从事教学活动，那么就能够有效提高学生物理学习质量。

假设3：如果建立英语语法规则间的环环相扣的层级结构，并用视点结构方法从事教学活动，那么就能够有效提高普通英语学习者的英语思维能力和英语表达力。

假设4：如果审美概念（视点）及结构教学，对提高审美感受与创造性思维成绩有积极影响，那么就证明了布鲁姆的猜想是正确的。（审美概念学习对审美感知与创造性作业成绩影响的实验）

这些课题假设及研究，不仅证明了布鲁姆猜想的合理性，也证明了我们提出的"视点结构教学"（TVS教学）是有效的、正确的，是布鲁姆想找到的那种"恰当的方法"。

案例5.13　"视点结构教学"（TVS）猜想与假设

我们除了在上述课题中提出假设进行论证和实证，还从大量实践与已有教学理论中进行实证和论证。

在教学研究中，我们听了幼小中大各个阶段、文理艺工等各个领域的成百上千堂课，发现一堂课的效率高低与该堂课的核心知识点及结构讲解的清晰度（知识点定义、关键词和与其他知识点的联系）直接相关，包括课内相关、跨课相关、跨单元相关、跨学科相关。并阅读了大量经典教育理论和科学著作，最后提出了"视点结构教学"的理论猜想：

任何有效或高效的教学，都是以一个高度明确的"知识点"为视点或聚焦点，并与本课或课外其他知识点进行逻辑联系或建构而构成的？反之效率就低？

除了设立上述一系列课题及假设（案例5.12）进行论证和实证外，还提出了更多、难度更高、带有综合性的假设，进行理论论证和实证：

假设1：如果采用准确的视点与结构方式（透过核心知识点及其关键词，与其他知识点建立逻辑结构）组织和讲解任何学科的教学内容，那么，就能明显提高教学效率；

假设2：凡是被公认是有效和高效的教学，如果都具有清晰深刻的视点和严密且有广度的知识结构或建构过程，那么就证明了视点结构教学（TVS）是所有有效教学共同的内在逻辑定律。

这些假设提出后，先申请了多项课题，一方面更进一步深度阅读分析已有相关理论，另一方面从各个角度、各个层面、各个学科对假设进行实证。通过对中外教育学、心理学、哲学、自然科学、脑科学与信息加工科学等理论的系统考察，继续明确了视点结构教学（TVS）的定义和细节，并应用TVS逻辑方式去观摩、指导和点评各级各类学科教学，进行有关教学实验，发现几乎无一例外地能够提高教与学的效率。于是继续采用这种TVS逻辑方式，指导和点评本科生、研究生、博士生的学位论文思维和写作实践，乃至用于更广阔的大众认知和大众人生方式指导，都有明显效果，于是继续提出新的课题和新的假设：

假设3：如果能够准确生动地按照TVS逻辑方式，进行学术论文构思、撰写学术论文，那么就能明显提高学术思维和写作的水平；如果实证有效，那么就证明TVS逻辑是所有有效教学、学术思维和写作共同的内在逻辑定律。（本书系TVS《课程逻辑》、TVS《教学行为体系》，以及本书TVS《学术思维与写作》就是这一假设论证和实证的成果）

假设4：如果能够准确生动地按照TVS逻辑方式，去处理日常生活问题（包括安排作息时间、做事方式、人际关系等），那么，就能够提高为人、做事的质量和水平，这就进一步证明了TVS方式是提高人生质量和水平的内在逻辑定律。（近20年来我在学校、企业、社会机构等上的成百上千次有关人生和人生审美的课，都采用的是TVS或A-TVS或I-TVS或AI-TVS方式，反响极好，便是这一假设的实践性实证）

假设5：如果在多种学科的经典论著或思想中，在大量的教育教学、学生学习、学术思维与写作、人生问题处理等实践中，都发现和证明了TVS方式的普遍有效性。那么，就能够证明视点结构逻辑，是万事万物构成与运动的共同定律，TVS就不仅是教学理论与方法（技术）体系，也是哲学理论。本书系TVS《教学哲学》与TVS《课程逻辑》，就是这一假设论证的产物和成果。

5.3.3 科学理论：假设证明与定律

所谓“理论”，就是对事物现象特征、本质及规律的陈述或阐述、阐释。而所谓“科学理论”，就是以科学方法提炼得出的概念（本质）和原理（定律）及其相互之间构成的逻辑关系的陈述，或阐释和阐释体系。其中包括：以科学观察（观测）和实验证明为“真”的现象（真相）、本质（概念）、原理（定律、规律）等理论，以及再进一步推导得出的新的理论。

被证明为真的理论，用标准的科学术语或数学模型简明表述出来，就构成定律。

定律是一种被证实为真的科学理论的简明的表达方式，或者说，科学理论最简明的表述就是定律。其简明表述方式也有多种，包括简明的陈述语句，如“万有引力定律指宇宙间或世间的所有事物彼此之间都是有相互吸引力的”；也可以用数学公式（公式也称数学模型）表达，如万有引力公式为$F=G\frac{Mm}{r^2}$，G为引力常数。还可用图像化的模式加以表述，如原子模型图、社会关系图、大数据等。定律与规律、原理等有时候也等价于定理和定则等。

迄今为止，很多社会科学理论，如中外史上的哲学、美学、教育学一些很著名的理论，都还停留在猜想层面，有关论证和实证尚任重道远。

案例5.14　论假设与定律

李忠吾（1880—1943）被誉为“影响中国二十世纪的十大奇才怪杰”，他一本愤世嫉俗的著作《厚黑学》为世人所熟知，但他另一本有很高才学的著作《心理与力学》，知者则不多，甚至在有关介绍中也少有提及。其中关于“假设与定律”关系的阐述，读之受益：

科学上许多定理，最初都是一种假设，根据这种假设，从各方试验，都是合理的，这假设就成为定理了。

例如地球这个东西，自开辟以来就有了，经过了若干万万年，人民生息其上，视为固然，于地球之构成，不求甚解。距今二三百年前，出了一个牛顿，发明万有引力，说：“地心有引力，把泥土沙石吸成一团，成为一个地球。”地心究竟有无引力，无人看见。牛顿这个说法，本是假定的，不过根据他的说法，任何试验，俱是合理的，于是他的假说就成了定理。从此一般人都知道：“凡是有形有体之物，都要受引力的吸引。”到爱因斯坦发明相对论，把牛顿之说扩大之，说：“太空中的星球发出的光线，经过其他星球，也要受其吸引，由于天空中众星球互相吸引之故，于是以直线进行之光线，就变成弯弯曲曲的形状。”这也是一种假说，然经过实地测验，证明它是正确的，也成了定理。从此一般人又知道：有形无体之光线，也要受引力之吸引。我们研究心理学，不妨把爱因斯坦之说再扩大之，说：“我们心中，也有一种引力，能把耳闻目睹、无形无体之物，吸引来成为一个心，心之构成，与地球之构成相似。”我们这样的设想，即牛顿的三例和爱因斯坦的相对论，就可适用到心理学方面，而人事上的一切变化，就可依照力学规例去考察它了。①

案例5.14评析：本案例提示我们进一步明确：（1）科学定理的先导是建立在以往学术成果基础上的新问题，以及由新问题引发的猜想和假设。没有这样的猜想和假

① 李宗吾. 心理与力学[M]. 北京：中国档案出版社，2006：3–4.

设，就没有研究的思路和严谨的求真的方法与结果。（2）科学猜想和在课题中正式确立要研究的假设，一方面遵循严格的科学理性思维规则，另一方面依赖丰富的想象，需要将两者相互融合产生的推理、想象，进行论证和实证。最理想的结果，就是发现了揭示事物之间联系及运动变化规律的“定律”。

案例5.14建议：（1）从发现问题、阅读和分析文献到形成课题等过程中，猜想和假设是一个非常重要的思维过程。但是目前不少研究生也包括一些学者头脑中，只是在找论文标题，既不清楚问题和核心概念，更欠缺关于问题真相和原因及核心概念间关系的种种猜想与假设。我们应该有意识加强猜想和假设的思维及表达方式的自我训练。（2）请阅读本案例和上述几个案例（案例5.10，5.11，5.12，5.13）后，结合自己的专业、方向和思考的问题，检索已有研究的文献（成功和失败的），并以问题和文献为据用“如果……那么……”提出假设。

案例5.15 关于数论“原子”的黎曼猜想和关于知识“原子”的TVS猜想

1859年波恩哈德· 黎曼（1826—1866）被选为柏林科学院通信院士。作为回报，他向柏林科学院提交了一篇八页的论文“论小于给定数值的素数个数”[①]，这篇论文就是“黎曼猜想”的“诞生地”：

黎曼论文的一个重大的成果，就是发现了质数分布的奥秘：质数分布完全蕴藏在一个特殊的函数之中，尤其是使那个函数取值为零的时候，一系列特殊的点对质数分布的细致规律，有着决定性影响。那个函数如今被称为黎曼函数；那一系列特殊的零点，则被称为黎曼函数的非平凡零点。

黎曼猜想涉及质数分布的总体规律，且与其他很多数学命题密切关联，所以是今天纯数学领域最重要、最期待证明的数学猜想。然而历史上很多宣称已证明的数学命题，都失败了。有人统计过，在当今数学文献中已有超过一千条数学命题以黎曼猜想（或其推广形式）的成立为前提。如果黎曼猜想被证明，所有那些数学命题就全都可以荣升为定理；反之，如果黎曼猜想被证伪，则那些数学命题中起码有一部分将不成

①注：质数（prime number）又称素数，有无限个。一个大于1的自然数，除了1和它本身外，不能被其他自然数整除，换句话说就是数除了1和它本身以外不再有其他的因数，否则称为合数。根据算术基本定理，每一个比1大的整数，要么本身是一个质数，要么可以写成一系列质数的乘积；而且如果不考虑这些质数在乘积中的顺序，那么写出来的形式是唯一的。最小的质数是2。目前为止，人们未找到一个公式可求出所有质数。2016年1月，发现世界上迄今为止最大的质数，长达2233万位，如果用普通字号将它打印出来长度将超过65千米。

立。一个数学猜想与为数如此众多的数学命题有着密切关联，这是极为罕有的。克雷研究所用100万美元悬赏来证明这一猜想，但和它的数学价值相比，区区100万美元根本不值一提……美国数学家蒙哥马利曾经表示，如果有魔鬼答应让数学家们用自己的灵魂来换取一个数学猜想的证明，多数数学家想要换取的将会是黎曼猜想的证明。希尔伯特曾经说："如果我沉睡一千年后醒过来，关注的第一个问题就是黎曼猜想是证实还是证伪了。"我们期待这一天的到来！

案例5.15评析：（1）"质数"，即"素数"指除了1和自身以外不能被其他正整数整除的数，如2、5、19、37等，也就是这些数的整数除法，结果永远都是1或它自己。质数的定义简单得可以在中学甚至小学课上讲授，但关于它们分布的奥妙或规律，数学家们为此付出了极大心力，提出了好多猜测，迄今仍未能彻底证明。（2）"质数"即"素数"，某种意义上，就是在数论中的最小数学单元，其地位类似于物理世界中用以构筑万物的"原子"，或者原子里面的"粒子"。黎曼猜想为寻找和探索这个数论"原子"提供了重要思路。（3）从某种意义上来说，发现一个问题，提出一个猜想，比论证一个猜想似乎更难。尤其是那些关于一类事物构成的最小单位如"原子"的猜想，一直激励着科学家们去提出猜测、尝试找到答案。

案例5.15建议：（1）很多引起革命的理论，都是在假设和寻找一个系统中事物构成的基本元素或"原子"的基础上，然后求证的。如引起20世纪物理学革命的量子力学，就是假设万物可以无限切分，直到最小粒子,寻找和确定了物质和能量构成的"原子"(此原子非彼原子，是已经深入到古希腊提出的原子内部的原子——粒子)。而DNA，就是在假设最小生命单元（大分子）基础上，寻找和发现的生命与遗传的"原子"。（2）在已有研究基础上，提出最小构成原子的假设，然后进行严谨求证。这种方法适用于所有学术研究、学术思维、学术写作。（3）本书系"TVS：视点结构教学"，也是从宇宙构成的"原子"，生命构成的"原子"（基因）受到启发，提出知识构成及其学校教学构成的"原子"概念。这一个理论猜想，及其理论体系建构，论证和证实的过程如下：

知识和教学的最小单元，应该是"概念"，或概念是知识和教学的"原子"，知识机体构成和理性思维的"基因"。概念原子，如物理"原子"有自己的内部和外部结构。内部结构——概念定义的关键词（知识粒子）及其结构；外部结构——概念之间的逻辑关系（原子与原子，构成分子；分子与分子构成物质体或生命体）。所谓知识学习，其实就是按照知识原子的内部要素（粒子）结构和外部要素结构（概念间结构），进行关系辨识和认知，进行概念、判断和推理等理性思维加工活动，以及最终对内外结构关系的理解和掌握。全书系的逻辑起点就是从发现宇宙、知识和教学系统中这一最小的微观构成因素，或原子或基因或单元着手，而层层发现、迁移和构建其全部知识的宏观逻辑结构，并用以解释宇宙万事万物的宏观联系及其结构。这种教学和学习过程、结果，就称为“TVS：视点结构深度教学”。

5.3.4 如何撰写假设

前述已表明，假设是课题表述四要素的一大要素,在各研究领域和学科中，其存在状态有所不同。一般来说在理工科课题和学术文本中，通常会明确提出假设，然后从证伪或证实的角度，来证明其“非真”或“非假”。而在人文社会科学课题或文本中，很多并不像理科工科那样明确写出假设。但不管你是否明确写出假设，只要是学术课题和研究都必定是有假设的，即都会或明或暗地体现作者所持有的基本立场、某种观念和观点，并有待被证明。否则课题不能成立。

如何撰写假设呢？前述案例其实已经十分明确地阐释了，假设即一项课题中拟加以证明真伪的猜想或者命题，通常以“如果……那么……”即“如果A，则B”，或A与B可能有相互影响“A→B，B→A”的关系，即“有A就有B，有B就有A”的句式表达。例如：“如果教师称赞学生（A），那么学生的课业就会进步（B）”，A和B是因果关系；“如果教师称赞学生（A），学生的课业就会进步（B）。如果学生的课业进步（B），教师就会更加称赞学生（A）”。A和B是互为促进的相关关系。其中A和B都是变量，即变化的量（在理论性强的课题和文本中，称“核心概念”）。在因果关系中A是自变量，B是因变量；在相关关系中，A和B不分因果，但事实上，也还是隐藏着某种因果关系，只是在本研究中没有这个假设，也就不研究这个关系而已。在理论性为主的论文中，变量即指核心概念（参见本书第3章）。而所谓课题，目的或本质上，就是对变量（核心概念）之间关系的假设进行证明。

案例5.16　假设的基本语式

学位论文《基于身心机制的美育课程研究》的假设：

如果发现在审美状态下人的身心积极活动的生理和心理基础，那么就据此设计学校美育的课程及实施策略（教学策略）。

案例5.16评析：（1）从该课题的“背景与问题”和“文献综述”中可见，该假设是基于丰富的理论、政策和实践的收集分析而提炼出来的，句式表述也比较标准。（2）但是该假设表述的是“身心机制”和“美育课程”这两个概念之间的美学关系，而这两个核心概念本身都是因素复杂的大概念。也就是核心概念或变量自身因素及关系就十分复杂，证明起来非常困难。

案例5.16建议：如果限定为基于美感体验身心机制的美育课程实施模式研究，假设也就更清晰确切了，可调整为：

如果能发现在美感体验状态下生理和心理反应的积极指标，那么就可以据此设计美育课程实施（教师）的最佳模式。

定律：证明的结论。

案例5.17　学生片面发展的原因猜想与课题假设

我国的各级教育部门和各级各类学校，都知道要贯彻实施全面发展教育，为什么学生片面发展的状况依然严重。

原因猜想：可能是没有真正理解“全面发展”是什么意思；没有条件实施“全面发展教育”；过于看重某一面例如升学因素，对其他方面有些敷衍；课程设置不到位；教师水平不高；学生基础太差……

确立课题：美育课程设置对学生全面素质发展影响的实践研究。

课题假设：如果调整现有艺术课程，增设美育综合活动课程，那么学生片面发展的现象就会有所改善。

假设证明方法：实践法、实验法。通过调整和增设美育课程，特别是开设美育综合活动课程后，用实践活动的参与度和实践活动中涉及的“德智体美劳”等全面素质的因素为指标，论证和实证其是否对学生全面素质有积极影响。

定律：证明后得到的结论。

案例5.18　员工上班玩手机的原因猜想与课题假设

某公司采用了很多方法想杜绝员工上班玩手机，但效果并不理想，这是为什么呢？

原因猜想：可能是工作太紧张想轻松；可能是想回避工作难题；可能是制度不合理；可能是工作枯燥无趣、缺乏意义和创造感；可能是人性中本有惰性……

确立课题：提升工作趣味性降低员工上班玩手机行为的观察研究。

课题假设：如果设法增加工作的趣味性，那么就能够有效减少上班玩手机的行为。

假设证明方法：行为观察法。

定律：研究所得出的结论。

5.3.5 学术推想力：假设、预测与预言

假设不仅是一种规范化的猜想，其实也是一种对事物存在与发展趋势的推想、预测与预言。在假设基础上研究得出结论或定律；而在定律基础上，又可进一步对未知进行推想、推论和“预测”（有数据支持）。“预言”，一般来说就是对未知推想而得到的一个命题或理论。有的“预言”是建立在数据分析基础上的，就是“预测”；有的没有数据支持，就称为“预言”。

学术推想是学术假设、预测和预言的思维与想象活动，是学术理论的核心能力，是建立在一定资料信息基础上抽象思维和形象思维交织的，对事物存在状态、本质、规律与未来发展走势的推想。

丰富的非逻辑的形象直觉思维在学术推理中起到一定的作用，布鲁纳认为直觉思维（非逻辑思维的一种典型形式），是对部分组合信息（几个线索）的快速反应，是对事物内在逻辑结构的感觉洞察力，它不是逻辑推理，却是发现事物间关系和提出创造性假设的重要思维活动[①]。在这点上，所有创造性人才，无论科学家还是艺术家等，都有相同性（参见第9章再论学术创新）。

5.4 价值与创新

在任何学术课题中，都包含有对该课题所研究问题、内容等的价值和创新性的表述。在学位论文中，这一表述还是一个独立的部分，会出现在论文的目录上及至学术研究全过程中。学术思维和学术写作中，都会不断地涉及“价值”与“创新”问题，它贯穿于学术和学位论文选题、开题报告、论文撰写过程、论文答辩等各个重要环节。但一些初学研究者，并不太理解其重要性，也难以准确表述课题或论文的“价值”与“创新”点，而把它们看成是一种形式需要。因其多放在“绪论”中，似乎非正文主体部分。殊不知专家评审、答辩提问等，恰恰会集中在这几个点上：问题是什么？研究方法与结论？核心概念是如何界定的？研究价值何在？创新点是什么？等等。

5.4.1 何谓价值与创新

所谓价值，通俗地说，就是指本项课题或论文研究有什么用。用学术话语来说，就是你为什么要研究这个课题、写这篇文章，对学术理论建设有什么贡献，对实践领域有何指导或建设性意义等，通称“理论价值”或“实践价值”。正如没有问题的研

① 布鲁纳. 教育过程[M]. 文化教育出版社，1982.

究、思维和文本，都是没有价值和意义的；而没有任何理论和应用价值的课题、思维、文本，当然也就失去了其存在的必要性。虽然也有人用没有任何价值的所谓“论文”获得了学位，或占用了杂志甚至是重要杂志的版面，但这肯定不是写论文和做学术研究的根本价值所在。

所谓创新，首先基于有价值，但是有价值不等于创新。通俗说，创新就是课题或文本中，有哪些问题、概念、定律、方法等，是你首次提出来或首次证明，或首次应用的，或者说是在你之前，没有其他人提出过或做过。这点与“文献综述”（参见4.4）很不一样。文献综述就是要对他人已做过的研究成果进行归纳、提炼和表述，而“创新”恰恰是要说明自己的研究和论文与已做过的研究和成果有什么不一样。用学术话语来说，就是要确认本研究或文本内容的首创性或原创性，并将之用明确简洁的语言表述出来，如：理论创新包括概念创新、新原理或定律的提出、理论体创建；应用创新包括技术创新、模式创新、方法创新等。

创建新理论体系难度是最大的，一方面要基于原有研究成果，吸纳原有概念和定律（理论）的合理内核，同时要进行原有概念和定律（理论）的进一步概括提炼，并用新的概念对之进行表述，这也是理论创新的第一标志——概念创新。同时，与原有概念建立起来的相关定律体系，也会发生相应的改变，进行提炼、概括或者新的表述。

应用创新，包括方法创新、技术创新、模式创新等，其中重大应用技术体系的创建是难度最大的。

理论创新与应用创新，在重大课题中，往往会同在，形成互为说明和支撑关系。理论上凡是理论创新，必须用实践创新来证明其价值；凡实践创新，必须要有新的理论支撑或者对已有理论做新的解读来支撑。

这种课题项目和论文著述等，有非常高的理论和实践创新价值，需要非常高的学术驾驶能力，初学者不可企及，但可以了解，定为自己学术发展的最高理想（参见4.1.5中的一些经典著作）。

5.4.2 如何确定与表述

任何学术课题文本尤其是学位论文文本中都要用适当的语言明确表述“价值与创新”点，这是一个难题，仔细想想，也不应该是难题。

案例 5.19　价值与创新何在？

有些课题或学术文本，看标题和内容是有价值的，也是有创新点的，但如果作者没有表述在文本中，严格来说都是不合乎学术规范的。

如已经正式提交专家评审的《基础教育底线思维下音乐课程与教学研究》一文，看目录就没有“价值与创新”这部分。

案例5.19评析：全文缺失“价值与创新”部分，或者是漏写了，可能意味着作者没有特别思考过该项课题和文本的意义何在。

案例5.19建议：根据该文提出的问题和最重要的内容，应补写“价值与创新”。参考：（1）理论价值：在已有基础教育“底线均衡”的概念[①]基础上，迁移提出了构建基础音乐课程与教学的“音乐课程与教学底线思维”概念；在普通音乐教育的基本知识、基本技能和基本审美方法三大板块中，首次明确划定了普通学生要达到的最基本标准，并以此作为“底线”，构建了基础音乐教育的目标、知识、技法与考评等的范围与逻辑架构。（2）实践价值：为普通音乐课程课标编制者系统修订和完善《音乐课程标准》提供参考；为音乐教师的音乐教学提供基本方向与方法；为普通学生和专业学生音乐知识理解、音乐技能和审美发展提供合理底线与合理空间。（3）在上述理论价值和实践价值中，已包含研究的创新点，特别是在理论上的音乐“底线思维”概念与“底线标准”划定。另外实践中的三点应用价值，有待进一步进行实证研究，预期可能促进普通音乐教育质量提升，可获得创新性成果。

5.4.3 价值是基础，创新是重难点

如果说关于课题和文本的价值，即在理论上和实践中有什么用处的判断，还可以勉强课题做完后，论文写出来再补写上。那么关于创新点，因为必须明确指出和证明这些创新点的确是自己首次提出或论证获得的，也就不是那么容易补写上的了。

案例5.20　创新点思考与表述

学术研究的本质，是为人类提供前所未有的新理论、新思维、新知识、新模式、新技术、新方法。也就是说，学术研究、思维和文本写作的根本价值，是为人类提供新的成果。因此，有所创新，这是学术思维和学术写作最大的价值体现，严格来说这才是学术研究，是追求真相、真知、真理最根本的目标。因此，它是在选题和课题确定的时候就应该着重思考，在论文撰写中要不断思考的问题。

① 杨启亮. 底线均衡：义务教育优质均衡发展的解释[J]. 教育理论与实践，2010(01)：3-7.

课题1."VR+大美育课程"与TVS教学实践体系研究

创新点思考与表述：在以往提出的"大美育"概念基础上，进一步明确了大美育课程概念，并与TVS教学体系和人工智能的VR虚拟技术深度融合，这是本项研究的创新思路、创新点和难题。大美育课程指包括了音乐、美术等艺术课程（艺术美育）及拓展生成的自然美育、社会美育、科技美育、人生美育等更广领域的课程。这些美育课程的教学实施也应该有重大变革，拟采用追求内在逻辑美和外在形式美统一的视点结构教学、审美化视点结构教学、跨学科视点结构教学和审美化跨学科视点结构教学（TVS、A-TVS、I-TVS、AI-TVS），并充分利用VR技术创设仿真的虚拟审美场景，以提高美育课程和教学质量，从而提高"以美育人""全面育人"的质量——创新性实践应用价值。由于一个概念的更新和变化，一种教学方式的更新和变化，一种技术的新场景运用，往往带来一系列概念变化，教学方式和技术的变化。2013年《中共中央关于全面深化改革若干重大问题的决定》提出"改进学校美育教学，提高学生审美与人文素养"；2015年《国务院办公厅关于全面加强和改进学校美育工作的意见》（国办发〔2015〕71号）提出美育要纳入国家"互联网+"行动体系；明确提出要加强"互联网+教育的深度融合"（2018）要"以教育现代化支撑国家现代化"（2017）等。本课题也是对国家教育与信息化发展战略的积极响应。

课题2.视点结构教学（TVS）技术原理与实证

创新点：视点结构教学的一大贡献是发现了教学的最小知识单元和最小行为单元，即教学细胞、教学基因、教学原子、教学粒子。提出概念知识细胞、知识基因或原子，概念的关键词是知识的粒子；相应教学行为的细胞运动就是概念操作技术，教学粒子行为就是关键词分解技术。"一切物质是由原子构成的"[①]，而原子是构成万物的单位；粒子是构成原子的最小颗粒；细胞是由原子构成的有机生命的最小组织单位；细胞核中有原子构成的DNA大分子，那是承载生命体基本性状特征信息的最小单位，而其中4类碱基团，都是碳原子构成。

关于教学的最小构成单元，即使已经有一些探索，多停留在概念水平上，甚至还没有进入概念细节。相当于还在生命体的细胞或基因层面，那么，知识与教学有没有粒子层面的最小单元呢？本课题研究回答，应该是肯定的。每一个可以辨别的概念（细胞、原子）和概念定义的关键词（粒子），决定了整个教学机体的基本特征，层层解剖，然后进行层层综合，乃至跨界跨学科综合，构成庞大的多系统、有机联系的教学有机体。这就是视点结构教学（TVS），在理论和应用方面的独特创新。

本处主要是阐述如何思考、确定和表述"创新点"。而如何进行学术创新，以及学术创新的类型与思维方式等，见本书"第9章再论学术创新"。

①R.P.费曼.费曼讲物理：入门[M].泰克诚，译.长沙：湖南科学技术出版社，2004：2.

5.5 课题质量

5.5.1 课题质量与评估

其实，本章“课题”的全部内容，都是在从不同角度、不同层面讲“课题质量”问题。综上所述，所谓课题质量，就是指对课题在表述形式上是否规范或成立，在内容上是否得当和值得做，假设是否合理，在对象和方法上是否能够操作，上述几点有没有与前人不同的独特之处等等，进行的逐项和综合判断。这个判断过程也同时就是对课题质量评估的过程。任何学者或专家，对任何课题的选择（选题）、确定，乃至执行过程，都会有这样一个判定、持续判定、反复评估的过程。这个过程直到课题结束、文本发表或答辩通过，才会暂告一段落。而后人在阅读你的成果，进行“文献综述”时，还会将这一质量评估，持续进行下去。因此，一个课题的质量高低，不仅要经得起当时的评估，还要经得起未来的评估。经得起一代又一代人评估的，堪称“经典”。

5.5.2 课题质量指标

综合课题各部分的核心要点，归纳出评估课题质量的几个最关键的指标：

（1）**问题的真实性**。主要指课题提出或涉及的问题，有证据显示为真，是一个真问题。当然也包括以这个真实问题为视点，贯穿整个研究过程和结论的真实性。

（2）**价值多元性**。主要指课题的理论意义和实践意义，及其历史性、现实性与未来超前性。要达到历史、现实和未来三者最佳的结合，最好的课题是在现实中最突出又有历史根源的，将影响未来发展趋势的前沿课题。

（3）**内容的恰适性**。亦即可实现性。保证最大可实现性又要有一定难度的课题内容是最恰适的。可实现性主要考虑课题因素（核心概念，或变量）多少、大小及涉及的关系的复杂性，以及研究者自身具备的条件（身份资源、财力和物力等）是否可及。

（4）**课题的吸引力**。主要体现在课题表述上。这是提高课题价值醒目度，引起高度关注的重要窗口。要做到此点，必须有大量阅读基础，并对专业的前沿问题和趋势有深刻把握，语言和逻辑能力较强。

（5）**原创新颖性**。主要针对创新性价值而言，指之前没有人提出或研究过的。看上去新颖的东西，可能大家没有见过，但并不一定意味着真是创新和前所未有过，这需要有充分的文献证明。目前常用的是通过学术网站查新。但学术网站查新也只是一种有限的权宜之计。根本办法，还是需要学者自己具备深广的学识和对文献的充分把握与分析。学者或准学者自己对原创性的把握，才是原创与新颖性的真正确定。

(6) **方法科学性**。指上述几点在操作性上都合乎学术规范。尤其指文献检索、阅读和引用方法合规；课题的核心概念（变量）确定正确；界定方法得当，清晰有据；假设恰当；方法使用合理合规；数据处理得当；结论可靠且表述简明、规范。

上述6大指标，构成选题质量（Z）评估公式：

课题质量（*Z*）=[真实性（*z*）+ 价值性（*j*）+适度性（*s*）+ 吸引力（*x*）+创新性（*c*）+科学性（*k*）]/6。即：

课题质量评估公式:$Z=(z+j+s+x+c+k)/6$。各项可以10分设值，或根据具体需要，确定关注重点，赋予权重。

5.5.3 课题质量快速点评

然而，无论考虑得多么周全，完美无缺的课题是不存在的。因此，完全按照课题质量的6大标准来全面系统地评估课题，是过于理想的做法。事实上，很多课题质量评估只需要抓住明显的优点和明显的不足来进行评估就可以了，其他指标可以认为达到了基本合格的标准即可。尽量提高选题质量，以为研究、思维和文本的质量打下良好基础，是许多学术研究课题评审、开题报告等学术环节存在的意义所在。

案例5.21　从课题表述或课题标题快速点评课题质量

以下课题（在选择期间，未正式定下来时称选题），主要是从课题标题或课题表述来评估其质量。课题表述上已包含内容、假设、对象和方法几个主要的要素。事实上对课题质量评估当然不能只从标题上看（参见5.2.2），但是如果连课题表述或标题都有问题，那就直接影响到全课题质量，或可以直观确定课题质量不高。

课题1：知识· 权力· 符号——学位制度研究（原）

知识生产变革与我国学位授予体系创新研究（改）

点评：原课题，是对学位制度中涉及的三个因素之间关系的研究，表述清晰但看上去比较平淡。修改后的课题，涉及知识 生产与学位授予制两者间的关系，变量减少了，但问题更突显、关系更明确，且更有逻辑力度。但是原课题名和修改的课题两者都还欠缺研究方法的表述，对一个较有分量的课题和论文来说是一个不足。

课题2：学校的德育节奏：与规律和趋势的交响

点评：(1) 该课题标题，用了两个重要的音乐概念：节奏、交响。作者显然是想借用这两个音乐概念，来解读当前德育存在的问题，揭示德育的规律与发展走向。这是一个跨学科课题，有创意、新颖，也让人眼前一亮。(2) 该标题用“:”分割为两部分，“:”意味着后者是对前者的解释。但是后面“与规律和趋势的交响”，与前者显然不是解释关系，逻辑不通，应该去掉“与”(3)“节奏”就是一种音乐构成的规律或组织形式，节奏的运动就是趋势；“交响”，是多声部音乐或旋律的和谐组成与推进。研究者必须对这两个音乐概念和原理有深透解析，才能够准确表述和驾驭这个课题。但看内文及核心概念，这点做得显然是不够的。

课题3：协同型人力资本：集中连片特困民族地区经济—文化—治理协同发展力研究

点评：(1) 标题太长，变量或核心概念太多且关系模糊。(2)“协同型人力资本”后有“:”表明“经济—文化—治理协同发展力”与协同型人力资本是等价关系，显然是有误的，因此可以考虑去掉“协同型人力资本”，这样也解决了 (2) 的问题。(3)“集中连片特困”，保留“特困”“集中连片”，在论文界定“特困民族地区”即核心概念定义的时候，进行说明。(4) 课题可以改为：“特困民族地区‘经济—文化—治理’协同发展力研究”，亦可“协同发展研究”，去掉“力”降低难度，也可保留“力”，但要权衡自己是否有能力驾驭。或改为“协同发展案例研究”；或“协同发展调查研究”或“协同发展普查研究”，这样就明确或补充了方法。

课题4：智能人还是和谐人：未来社会全面发展的终极定位研究

智能人还是和谐人：未来社会发展趋势大数据跟踪研究（改）

点评：(1) 课题针对现当代信息科技和智能化高度发展与未来人类命运的前沿问题而提出，尖锐，有冲击力，且有鲜明主张。但欠缺了研究方法，可能会导致课题或今后的论文陷入空谈的境地。(2) 如果将该课题标题改为“智能人还是和谐人：未来社会发展趋势大数据跟踪研究”，研究方法从纯理论改成实证，更有吸引力和逻辑力度，而且也更具有课题中的“智能人”特征。

5.5.4 常见突出问题

其一，课题表述问题严重。如上述几例从课题表述或标题上就可以看到不准确、不完整、重复冗长、不清晰、缺乏新颖性、缺乏力度或缺乏科学性等问题。课题质量从根本上来说，还是与学术基本功的立意高度、思想深度和学术表达力有关。

其二，方法意识差。作为论文的最终文本成果，标题可以更简要，可以不出现方法。但是作为课题表述或课题标题，则应该尽量甚至必须将主要的研究方法体现在上面。但是很多课题，都没有标明方法，这说明从选题开始就没有将方法作为重要因素来考虑。任何学术研究都是需要利用合乎学术规范的方法来实施，否则就很容易陷入文献拼接或空谈。纯理论研究需要作者有一定文献积累和思想积淀，并有理性逻辑思维和深刻的语言表达力。因此，不建议初涉学术者采用纯理论方法，但要尽量学习理论方法，同时尽量学会多种实证方法。无论采用什么方法，研究者有无明确的方法意识，都对课题确立和文本撰写质量影响极大。

其三，创新意识薄弱。很多课题从标题上看起来就很眼熟，似曾相识，感觉许多人都研究过。再通过文献检索、阅读、分析发现，前人研究已取得了相当有创新和深度的成果。那么，再去研究它们还有多大价值？

本章思考与训练

5.1 问题、选题、课题。请从你所学专业或方向中，提出若干问题；在这些问题基础上，分析你要研究的一个核心问题，并转化和确立为课题。遵循课题四要素进行标准表述，要注意准确、简明、有冲击力，或者用课题质量标准（参见5.5.2）评估一下。

5.2 价值与创新。尝试写出上述已确立课题的价值和预计可能有的创新之处。创新要有证据，谨慎使用“首次”“原创”字眼。

5.3 已有课题和论文评析。对自己以往发表的论文或学位论文，从问题、课题表述四要素、价值与创新等方面或维度，进行自我点评；邀约同学同事进行互评，并尝试进行修改。

5.4 假设表述训练。

课题中的假设有多种表达式，最典型的表达式是：

如果……那么……

请按照以上表达式，审视或修改你所见到的课题假设或为自己的课题补写假设。

5.5 课题自我评估。请按照课题质量评估的6项基本指标（参见5.2.2）对自己原来参与研究过的课题，或目前正在选择或选定的课题进行逐项评分，并用课题评估公式计算课题质量总值。

第六章 方法

一个训练有素的思想家的主要特点在于，他不在佐证不足的情况下轻易做出结论。

——贝弗里奇

在物理学中，要想把握物理学的基本原理的更深层知识，还必须借助于最精密的数学方法。这一点，是在几年独立的科学研究工作以后，我才逐渐明白。

——爱因斯坦

学术方法多种多样。任何研究都需要使用多种方法，任何方法也都可供所有学科选用。数学方法也是如此，理科文科都能用。只是选用、使用、表述得当就不容易，那是长期学术实践与训练的结果。

——本书作者

学术方法，在学术研究、学术思维与文本撰写中，都占有十分重要的位置。学位论文明确规定要写出主要“研究方法”及使用目的与流程。一般学术论文，有的也要明确写出方法，如实验、调查、测量等实证报告类论文。理论和实践应用性论文，通常并不写出具体研究方法。无论写不写，任何类型和级别的学术论文及写作范式，本质上都与所采用的主要研究方法直接相关。

严格说，没有采用任何研究方法的课题和文本，都不能算在研究成果范围内。

6.1 学术方法概述

在各个领域、学科和专业领域，都会有专业学术方法的教材，如《物理研究方法》《化学研究方法》《心理学研究方法》《教育科学研究方法》《社会学研究方法》等。在此不是详述或赘述这些方法，而是就有关方法的思维与文本撰写的范式与规范问题，进行阐述和案例解析。

6.1.1 学术方法定义

李醒民教授在他主编的《科学方法论丛书》的总序中，对科学方法有一个阐述，可以帮助我们准确而广义地理解什么是学术方法（以下是摘要）：

“方法”（method）一词源于希腊语，即“沿着”（meta）和“道路”（hodc）的合成，本意是沿着某一道路或按照某种途径，去达到某目标或做某事的程序或过程。中文“方法”一词最早见于《墨子·天志》，原为量度方形之法，后转意为知行的办法、门路、程序等。而科学方法（scientific method）是认识自然或获得科学知识的程序或过程；它意谓特定的科学门类所使用的或对其来说恰当的探究的程序、途径、手段、技巧或模式，通常在步骤上是比较系统的、有序的、合乎逻辑的和有效的排列；它又意谓处理科学探究的原则和技巧的学科，大体相当于“科学方法论”（scientific methodology）。

科学方法源远流长。从古希腊前科学时期，历经中世纪漫长的跋涉、文艺复兴艰难的探索和近现代科学的进一步完善和积淀，有为人类科学理性思维或形式逻辑奠基的亚里士多德的《工具论》和《形而上学》；在近代科学诞生前夜耸立而起的经验论者弗兰西斯·培根的《新工具》（1620）和理性论者笛卡儿的《论方法》（1637）这两座永恒的科学方法纪念碑，之后，休谟敏锐的质疑能力，康德庞大的真善美方法体系建构，以及赫舍尔、休厄尔、穆勒、孔德、耶方斯等哲人的不懈探究，基于经典科学的科学方法颇具规模，引人入胜。

现代科学方法始于20世纪初叶的逻辑经验论。它是在汲取批判学派对科学的哲学反思、现代数学和逻辑的鼓新进展、物理学革命的硕果（相对论和量子论）的基础上萌生和成长起来的……

一切理论的探索，归根究底也是方法的探索。①

科学方法的运用不仅在自然科学范围内所向披靡，而且在社会科学和人文学科领域，乃至在人们的日常思维和为人处世中，也不无裨益。尤其是，科学方法是科学精神的重要构成要素和集中体现，它洋溢着科学的实证精神、理性精神和审美精神，充盈着科学的怀疑和批判意识，无怪乎皮尔逊把它看作训练公民的科学心智框架（scientific frame of mind）的有效手段。

因此广义来说学术方法，即科学方法，包括自然科学和人文社会科学，不仅有自己独特规范的方法，而且学术，是学问之“术”，科学是探索真理和学问的途径和手段。学术或科学本身就是一种方法。科学是一种方法，它教导人们：一些事物是如何被了解的，不了解的还有些什么，对于了解的，现在又了解到什么程度（因为任何事情都没有被绝对了解），如何对待疑问和不确定性，依据的法则是什么，如何思考问题并做出判断，如何区别真理与欺骗、真理与虚饰……在对科学的学习中，你学会通过试验和误差来处理问题，养成一种独创精神和自由探索精神，这比科学本身的价值更巨大。还要学会问自己：“有没有更好的方法来做？”②从古希腊亚里士多德提出理性思维的逻辑形式开始，人类在数学、科学、信息技术研究与应用中，积累和逐渐建构了成熟的传统形式逻辑方法，如三段论推理、经验归纳法、理论演绎法，以及辩证法、现代数理逻辑等，特别是基于经典科学和信息科学产生的各种科学实证方法、数量统计方法、臻美方法、大数据分析方法等等，颇具规模，引人入胜。

没有不采用科学方法的科学，也没有不采用学术方法的学术。

“科学方法种类繁多，可谓五花八门。既有适合科学各个部门的普适方法，各门科学也有各自的特殊方法，甚至还有一些专门性的技巧。不过从总体上看，科学方法不外三大部类：经验方法（观察、测量、实验方法等），理性方法（逻辑、数学、统计方法等），臻美方法（直觉、对称、类比方法等）”以及“体现社会科学特点的

① 李醒民. 科学方法丛书. 总序//刘仲林. 科学臻美方法[M]. 北京：科学出版社，2002.

② 费曼. 物理定律的本性[M]. 长沙：湖南科学技术出版社，2021.

《社会科学方法》”等，都包含人类的智慧，从中不仅能“领悟和掌握思维的艺术和生活的艺术。尤其是，科学方法中所蕴涵的科学精神（实证精神、理性精神、臻美精神）能使您在潜移默化中受到熏陶，养成崇实、尚理、爱美的思想情操。”①

狭义的学术方法常称科研方法，指发现和分析问题，提炼本质与规律，提出解决问题的办法等各种学术信息加工的具体操作范式、手段和工具。如果从课题4要素之一的角度来看，学术方法是指为了证明课题假设，即论证或实证（证明）核心概念（变量）之间关系，或全课题、全文本基本命题（观点）等是否成立，采用的一系列取证、举证和论证的具体操作范式、手段和工具；广义的还包括学术思维方法和学术写作方法等（参见6.2）。

主要采用何种研究方法（狭义），很大程度上也就决定了学术思维的基本逻辑走向与范式，以及学术文本的基本构成样式与行文风格。反之，一位学者习惯了采用怎样的学术思维方法和写作方法，也决定了选择怎样的研究方法与风格。

6.1.2 与学术思维的关系

任何学术方法的应用过程，都离不开研究者的思维活动。因此思维方法，也是所有学术研究、学术信息加工不可或缺的基本方法。学术思维有共同构成要素和不同类型，例如：理论思辨型、实证量化型、临床质化型等（参见6.2.3）；不同人又有自己偏爱、习惯、擅长的思维方式与类型等，也因此，会形成关于课题确立、论证过程的不同操作方法、重心、思维逻辑线路，乃至可能得出不同结论。

不同学科领域、自然科学、工程技术、社会科学、人文艺术科学，都有自己惯用的研究方法和与研究方法匹配的思维方法（参见6.2.1）。如被认为确定性很高的自然科学研究，其思维方法普遍遵循其采用的量化、实证和数学方法。牛顿经典力学，通过自由落体实验方法提出万有引力定律并用数学方法（模型、公式）精确表达了物体质量、距离和相互间引力大小之间的关系。爱因斯坦相对论，显然也采用了思想实验这种想象的方法，描述万有引力定律是大质量物体压弯了微波背景场而产生的，但最终还是用数学公式表述出来，并由后来的多项观测与实验数据证明了其科学性。但爱因斯坦与牛顿的思维方式不同，因此研究方法有差异，对万有引力定律的解释就不同。社会学党采用田野法，对不同社会形态的人群或种族的生存与发展矛盾进行研究，但不同学者思考问题的方式、角度和深度不同，也会导致结论不同。教育学中关于知识与对人的发展价值的研究，虽然可能采用相同方法，也同样会因为学者思维方式不同，而得出不同结论。

---

① 李醒民. 科学方法丛书. 总序//刘仲林. 科学臻美方法[M]. 北京：科学出版社，2002.

因此，通过学术文本中关于主要“研究方法”的表述，都可以透视作者的学术立场、学术信息加工程度和学术思维水平。有的文本，将“研究思路、框架与方法”写在一个板块中，可见二者的紧密联系。

案例6.1　研究方法与研究思路的关联：研究框架

学位论文《五所院校物理专业硕士课程与教学现状调研》中，关于课题的“研究思路和方法”是这样写的：

1.3.2 研究思路和方法

（1）研究思路

研究思路的清晰和研究过程的科学合理将直接影响本研究的结果，因此笔者结合研究内容和研究过程，梳理出本研究的研究思路：

研究第一步，通过对五所师范大学物理硕士专业培养方案的梳理，得出目前物理硕士专业课程设置现状；研究第二步，通过访谈法和内容分析法对目前物理专业课教学模式现状进行调查；研究第三步，通过问卷编制调查硕士研究生对目前专业课教学模式的满意度，并对多种教学模式满意度进行分析；研究第四步也就是最后一步，对目前课程与教学论（物理）专业硕士研究生专业课教学提出建议和对策。

（2）研究方法

在研究过程中已可见，本研究主要采用内容分析法、访谈调查法、问卷调查法等三种研究方法。

内容分析法。通过对教育部五所直属师范大学物理硕士专业培养方案的内容进行分析，得出课程内容板块、学分比重、选择权限三部分内容，通过对网站资料、教学课件和笔记等进行内容分析，分别整理出传统讲授式和专题研讨式等两种教学模式在研究生教学中的具体教学案例。

访谈调查法。主要采用半结构访谈和结构访谈两种方式对五所师范大学物理专业目前主要采用的教学模式进行调查。半结构访谈是指按照一个粗线条式的访谈提纲而进行的非正式访谈，然后通过正式的结构访谈以及结合前面的内容分析法，梳理出目前存在的几种教学模式，再聚焦到讲授式和专题讨论式上，进行案例剖析。

问卷调查法。根据本文研究内容的分析和教学模式构成访谈提炼出的要素，编制对应的半开放式问卷和封闭问卷，对目前五所师范院校物理专业硕士课程与教学模式的师生满意度进行了问卷调查，分析出目前专业课程教学模式的现状、优点及存在的问题，为物理专业硕士课程与教学的调改，提供依据。

案例6.1评析：（1）本案例在“研究思路与方法”的标题下，首先陈述了“研究思路”，再根据研究思路的流程需要，陈述了“研究方法”，并简述了三种研究方法的使用目的和过程，而且表述了三种方法之间的逻辑关联。表明作者不仅意识到方法与思路之间是有逻辑关系的，而且方法之间也是有关联的。这点值得赞赏。（2）但是“研究思路”部分，通常也就是“研究的基本框架”，要求用框架图显示，使“思路”的逻辑结构一目了然；而“研究方法”通常会另用一个专题表述出来，当然将二者合一为“研究思路与方法”，更显示出两者的内在关联性，但只用语言表述，这种关联性也欠直观，因此，依然要求画出一个框架图（如案例6.1图1）来表示。（3）这部分的语言尚需进一步修改。

案例6.1建议：（1）将“四、研究思路与方法”如案例6.1图1那样用一个系统框架图来表述，与研究的每个对象或内容进程对应显示各种研究方法，这显然比用纯文字更简洁明了，具体又丰富，方法使用在哪些环节，探究哪些内容等，也一目了然。

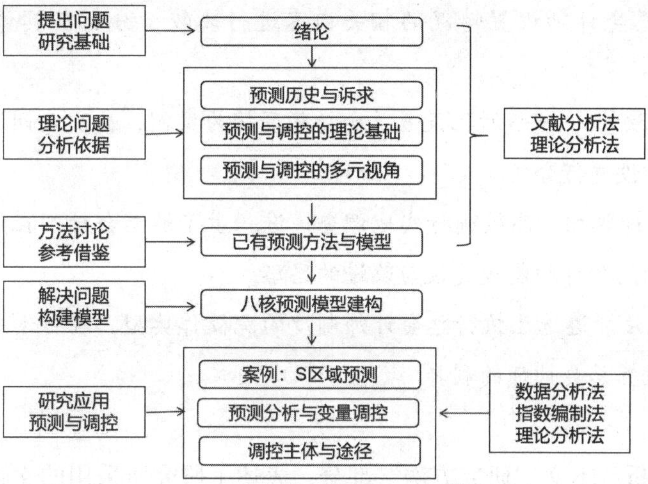

【案例6.1图1】《高等学校办学规模预测研究》“研究框架与方法”或“研究思路与方法”

上述框架式表达方式（案例6.1图1），作为研究内容、学术思维与方法使用的流程的直观形态，在学位论文或课题报告的“绪论”部分，往往是必须的一个专项内容和形式板块。

6.1.3 与学术文本的关系

方法的种类与使用水平，受制于思维，也决定了文本形式和质量。如前所述，任何学科的学术文本，都或暗或明受制于所采用的方法范式与逻辑（参见6.2.3）。如果只采用理论思辨法，写出来的就是纯理论文；如果主要采用实证方法，写出来的就是数据分析占相当分量的实证报告；如果主要采用临床法或经验法，写出来的就是大量案例分析构成的案例报告，或个案分析构成的经验文。

案例6.2　研究方法与文本逻辑的关联

学位论文《高校总会计师制度研究》的“研究方法”部分，是独立成一个板块的：

四、研究方法

为达成研究任务，初步思考采用以下具体研究方法。

1.文献研究法。文献法是通过对文献进行查阅、分析、整理，从而找出需要的信息的方法。通过对总会计师及高校总会计师的相关文献研究成果的查阅学习，可以知晓已有研究的进展、经验与可以进一步突破的研究领域，有利于提升研究的有效性。

2.比较法。对已设置总会计师的高校前后的资产管理相关内容进行比较学习，以及对中外高校总会计师设置情况的相关内容进行比较，分析其具体做法的思路及意义。

3.案例分析法。以2—3所已设置总会计师高校为案例，从现实问题出发，对高校总会计师制度建设进行分析。

4.访谈法。选取相关高校进行实地调查，进一步了解总会计师在设置与工作中的制度障碍，明确总会计师制度建设与改进的思路。

5.行动研究法。遴选已执行总会计师制度的院校作典型，在行动中进行研究，进一步考察高校设置总会计师的利弊。

案例6.2评析：本文“研究方法”部分，表述了研究所采用的文献研究法、比较法、案例分析法、访谈法、行动研究法，并结合研究主题和内容，简述了每一种方法的使用要义。但是，对比文本前一板块的“研究思路与内容”看，这些方法在种类和顺序上存在逻辑问题。例如，（1）本文内容开篇“问题的提出”，就采用了数十所高校在执行国家“高校设置总会计师”政策上不力的调查作为问题证据，非常不错。且这个调查得到的数据和结论，在论文的各部分都有所提及或采用。但是，“调查法”却没有在“研究方法”中写出。（2）文本中采用了“案例分析法”，选用的是自己所在高校会计师制度执行难的案例，并进行了分析。因此如果“行动研究法”再以自己学校为例就不太妥了，所谓“遴选”其他院校作典型进行行动研究，那就意味着作者应该去其他高校蹲点观察或亲自去做“高校总会计师”，或蹲点参与其会计师制度的改革，但是，文本中并没有这个内容。（3）文献研究法是几乎所有学术论文尤其学位论文都必须采用的方法，如果没有特殊的使用路径，例如文献数据分析法、政策文本分析法、文献考证法等，就不用在“研究方法”中写出，更不应该写在第一条。这些表明，作者虽写出了各种“研究方法”，简述了用途，但对各种方法使用的目的、方法、逻辑顺序及其相互关系等，还缺乏深入思考以及进行合理表述。

案例6.2建议：本案例修改可考虑（案例6.2图1）：（1）增加调查法，并放在首位。作为主要研究方法之一，在文本相应部分增加调查法的设计、实施、统计分析和结论的内容或章节，以增加该论文中问题提出和主要观点论证的实证力度。

（2）方法3“案例分析法”和方法5“行动研究法”，要么根据已成形的文本内容，选择其一，并调整相应的内容表述；要么保留这两种方法，并在“行动研究法”中补充多高校蹲点考察与参与改革的内容。这种修改，意味着在文本中要增加一个专章内容，陈述行动研究法的目的、过程设计、实施和结论。

（3）如果考虑到已经基本成文，修改幅度太大可能会影响到全论文的主干逻辑和最终结论，就除了增加调查法外，基本保留现有“研究方法”的种类和顺序，但是必须与文本内容对应，进行顺序梳理，修改有关表述。

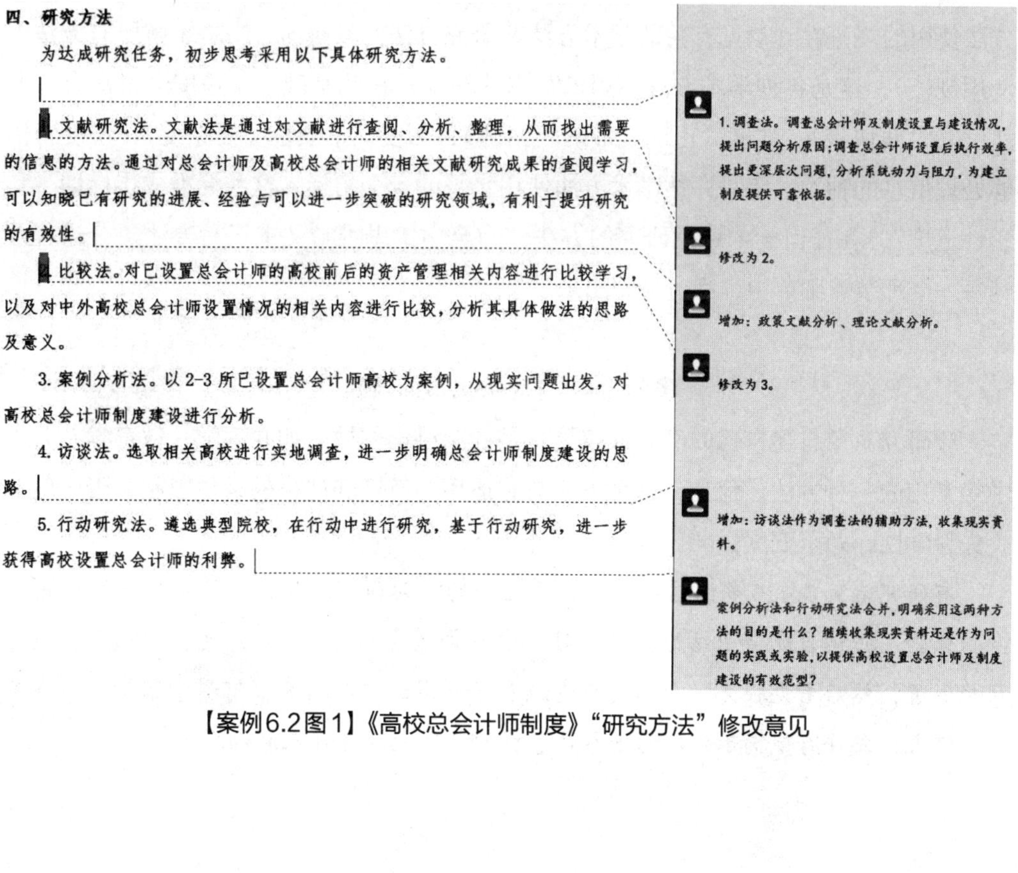
四、研究方法

为达成研究任务，初步思考采用以下具体研究方法。

1. 文献研究法。文献法是通过对文献进行查阅、分析、整理，从而找出需要的信息的方法。通过对总会计师及高校总会计师的相关文献研究成果的查阅学习，可以知晓已有研究的进展、经验与可以进一步突破的研究领域，有利于提升研究的有效性。

2. 比较法。对已设置总会计师的高校前后的资产管理相关内容进行比较学习，以及对中外高校总会计师设置情况的相关内容进行比较，分析其具体做法的思路及意义。

3. 案例分析法。以2-3所已设置总会计师高校为案例，从现实问题出发，对高校总会计师制度建设进行分析。

4. 访谈法。选取相关高校进行实地调查，进一步明确总会计师制度建设的思路。

5. 行动研究法。遴选典型院校，在行动中进行研究，基于行动研究，进一步获得高校设置总会计师的利弊。

1. 调查法。调查总会计师及制度设置与建设情况，提出问题分析原因；调查总会计师设置后执行效率，提出更深层次问题，分析系统动力与阻力，为建立制度提供可靠依据。

修改为2。

增加：政策文献分析、理论文献分析。

修改为3。

增加：访谈法作为调查法的辅助方法，收集现实资料。

案例分析法和行动研究法合并，明确采用这两种方法的目的是什么？继续收集现实资料还是作为问题的实践或实验，以提供高校设置总会计师及制度建设的有效范型？

【案例6.2图1】《高校总会计师制度》“研究方法”修改意见

案例6.3　主要方法与文本框架的匹配度

开题报告《特殊教育“混班学习”的课程开发与实施研究》:

课题标题表述：研究方法是课程“开发与实施”

文本中“研究方法”表述：理论法、经验法。

案例6.3评析：本文的标题显示了其主要方法是课程的“开发与实施”，作者可能认为这就是理论法（开发）和实践法（实施）。但文本中指出，其研究的目的是：“提高特殊儿童的社会适应性同时又满足他们特殊（身心）发展的需求，提高特殊儿童教学的效果。”而所谓“提高特殊儿童的社会适应性”“提高教学效果”，注定了本课题必须是一项实证研究，采用实证或调查或实验方法证明通过作者开发建构的课程与实施方法，是能够达成其预设目标，即能够实现其假设的效果的。

案例6.3建议：在“研究方法”中，增加“建构法”“实验法”，将“经验法”改为“实践法”。

6.1.4 标准：科学性与“五度”

任何学术方法，都在于保障和提高学术信息加工水平。科学性，也就是各种学术方法使用的规范性（参见有关的学术方法或研究方法的教科书，一一了解所有方法的使用规范），这是各种学术方法使用最基本的标准。在此基础上，适度（方法合适）、速度（时间快慢）、准度（正确、准确、精确）、深度（本质性、复杂度）、广度（能够处理信息的种类）等是评估学术方法使用水平的五个指标。这些标准或指标即“科学性五度”，在任何学术课题研究的方法，乃至学术思维与文本撰写方法、全过程及其每一个环节、细节中，都会体现出来。

案例6.4　自述法使用的质疑

让研究对象自述自己的经验或感受，是社会科学领域，如心理学、教育学、艺术学等常用的一种方法。但是，这种方法有它适用的范围和严格的条件限制，否则就会丧失科学性，乃至五度标准。

有研究者，以130多位曾接近死亡又生还的人为研究对象，让他们自述濒死前的身心体验。归纳自述得出结论：研究对象中最普遍的濒死经历次序为灵魂出窍，接着穿越隧道，然后看见强光，最后是感受到和平。通过这些研究，有科学家称可能在不久的将来，或许有望揭示死后的世界是怎样的，因此很是让人激动。

案例6.4评析：(1) 人在濒死时，有着怎样的身心体验呢？这个问题有研究价值，但采用什么方法却难倒了学者们。如果选用“实验法”，或许可以提高科学性，但却违背伦理，所以绝对不适合。(2) 本课题选用的“自述法”或“自省法”“内省法”，让130位曾经有过濒死经历的人，“自述”自己的濒死体验。但因为难以界定“濒死”的概念和界线，且这些被试如何知道自己是“濒死”状态等，都还是悬而未决的问题，且“自述”都是事后讲述，难免真真假假，因此所获资料信息、推论与结论的真实性，都受到质疑。

案例6.4建议：(1) 可以考虑用做过全身麻醉（深度麻醉）的人来做实验。这就需要一个假设：深度麻醉相当于意识死亡，苏醒过程就是从死亡“返回”的过程，“返回”之初的体验类似濒死的体验。个别访问和经验叙述表明，当深度麻醉效果开始消退，人逐渐醒来的时候，就经历了从濒死转生的过程：灵魂从体外逐步向体内回归，穿越隧道，然后看见强光，然后逐渐听见有各种杂乱的人声，最后人声越来越清晰，亮光的强度越来越趋于正常，然后发觉自己回到了现实。做过深度麻醉的人，远比有过濒死经历的人多，因此可以获得较大样本，如果精心设计问题维度和指标，通过指导，让被试从深度麻醉中醒来时，立即进行身心体验复述，能确保所获资料更接近真实和准确，归纳推论结果也更可靠，有助提高科学性。(2) 很多以人为研究对象的课题，都必须接受对科学性，乃至适合性和真实性的考量。尤其是“自述法”或“内省法”在文学艺术和审美欣赏体验中常用；教育领域，学生课堂学习的身心体验、受到表扬和惩罚后的身心体验等，或许也都可以用“自述法”或“自省法”或“内省法”来研究。但是学习痛苦和受到惩罚的身心体验，对于一些心理脆弱的学生来说，自述或内省起来就是一种内心折磨或雪上加霜，不合乎人性或伦理，因此不宜采用。

学术方法多种多样，并无好坏之分，只有是否科学、是否适合、是否真实。在此基础上，再考虑有恰当的速度，以及所收集到的事实、材料、数据有相当的准度、深度和广度等，才能体现出研究方法选择和使用的合理性与较高水平。

6.1.5 学术方法训练

任何方法都是在操作中实现的。只是听课看书，什么方法都不可能掌握好。更何况专业性特别强，特别强调科学规范性的学术方法。只有科学方法，才能有助我们“严密地逼近真理”，“审查推导过程中的任何细节，并考查其任一导出结论是否与实验或生活经验相冲突”等，而“这一系列工作都不是没有受过科学训练的人能做的”。

所有学者和准学者，必须在坚定学术求真精神与信念的同时，在实实在在的学术实践过程中，一个个环节一个个细节地去从事学术方法的具体操作，在学术思维和学术写作过程中认真落实每一个方法的逻辑细节和表述细节，反复训练打磨，方能逐步掌握乃至粗通学术方法。换句话说，学术研究过程、学术思维和学术文本撰写过程本身，也就是学术方法的学习、训练与掌握的过程。直到驾轻就熟，应用自如，贯于学术终身。

6.2 学术方法的多样性：专用与通用

学术方法种类繁多。伴随着学科和学术的发展与需要，不断涌现出新的方法。它们有学术方法都必须遵守的基本规范的共性（参见6.1.4），又各自有特殊用途用法的优势，进一步还有相互借鉴的通用性。

6.2.1 按学术领域和学科分

不同学术领域，不同学科，都有自己独有的学术研究方法（图6–1）：

学术方法分类（1）
- **自然科学**
  - 数学方法、物理方法、化学方法
  - 生物方法、地理方法、天文方法
  - ……
- **工程技术**
  - 桥梁技术研究法、通信技术研究法、
  - 种植技术研究法、激光技术研究法
  - ……
- **社会科学**
  - 民族学研究法、历史学研究方法、
  - 政治学研究方法、经济学研究方法
  - 教育学研究方法……
- **人文艺术科学**
  - 美术研究方法、音乐研究方法、
  - 舞蹈研究方法、影视研究方法
  - 文学研究方法
  - ……

【图6–1】学术方法分类（1）：按学术领域与学科分

6.2.2 按研究过程阶段分

整个学术研究过程，由大大小小的环节构成，从研究的方法来看，可归为立题方法、取证方法、推论方法三大步骤或阶段。每阶段都会侧重选用相应方法，同时，各个阶段也会交叉采用这些方法（图6–2）：

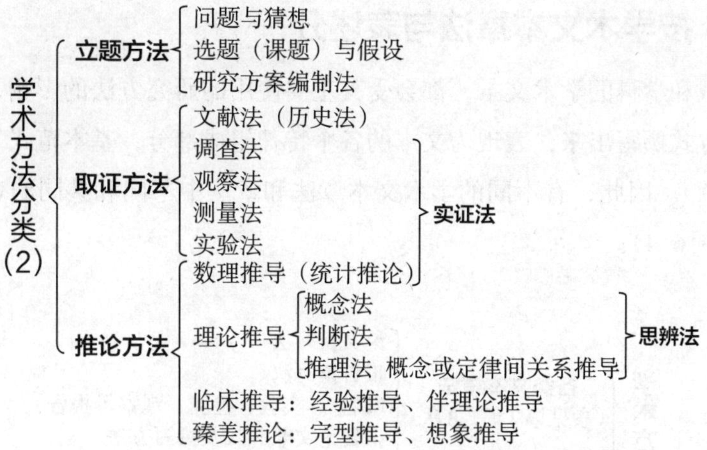

【图6-2】学术方法分类（2）：按学术研究过程的三大阶段分

6.2.3 按性质与特点分类

按学术研究活动性质与特点可分为：理论法、实证法、临床法、信息法等四大类及若干小类（图6-3）：

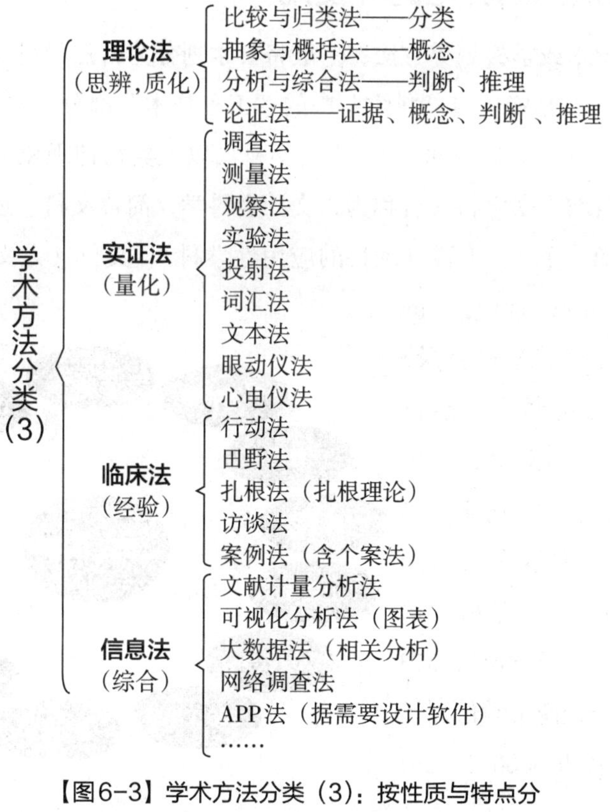

【图6-3】学术方法分类（3）：按性质与特点分

6.2.4 按学术文本章法与表述分

任何领域和学科的学术文本，都会受其主要使用的研究方法的影响，而按相应的章法与表述方式撰写出来，表现为文本的各个特殊组成部分，基本范式、样式和风格（第7章，8章）。因此，有不同的学术文本章法和章法中不同和共同的表述形式（参见第8章）（图6-4）：

学术方法分类（4）

- **各类文本章法**（参见第7章，8章）
  - 论文撰写法
  - 报告撰写法
  - （调查、实验、检测、观察等报告）
  - 报告论文兼并式及撰写方法
  - 教材及撰写法
- **各类学术文本共同表述法**（参见第8章）
  - 文字法
  - 图表法
  - 模型法
  - 注释法

【图6-4】学术方法分类（4）：按学术文本章法与表述分

6.2.5 方法的划界与跨界使用

目前通行的学术或学科划界方法，一般将学术划分为自然学科（以自然事物为研究对象，上述6.2.1，是将“自然科学”中的“工程技术”部分，另立为一类）、社会学科（以人类社会现象为研究对象）、人文学科（以人类精神现象为研究对象）等三大领域。社会学科与人文学科又合称为人文社会科学，简称文科。还常见将学科分为理科（基础理论性学科）、工科（理科的应用性学科）、文科（人文社会科学）三大类。教育部学位办颁布修订后的《学校授予与人才培养学科目录》（2018），把学科分为哲学、经济学、法学、教育学、文学、历史学、理学、工学、农学、医学、军事学、管理学、艺术学等13大门类（图6-5），58个一级学科（硕士、博士一级学科授予学位），573个二级学科（硕士、博士学位授予二级学科），以及近6000个三级学科。

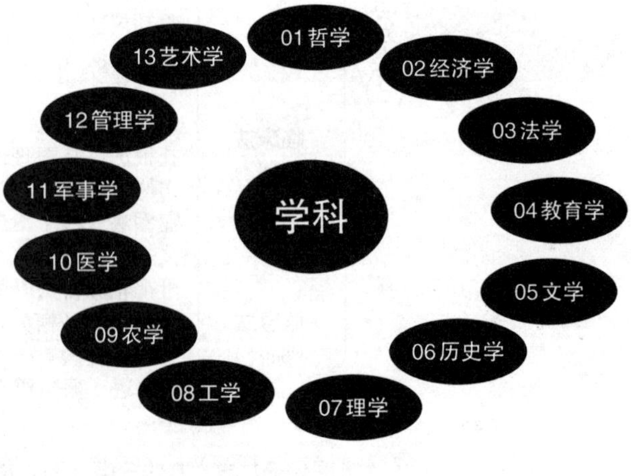

【图6-5】13个学科门类

理论上说每个学科领域，每一类大大小小学科，都有自己独特的学术方法。

但事实上，很多学术方法都有通用性。例如除了在各学科领域分述的方法（图6-1）外，其他分类方法所分出的种类（图6-2、6-3、6-4），都可以在各学科研究中通用，且使用的基本规范都是相同的。因此，事实上我们在任何专门学科领域读到的研究方法的著述及介绍的方法[①]，都可以在自己的课题研究中使用，或尝试使用。在任何领域产生的新方法，都可以立即借鉴到自己的专业、学科中使用。

学术方法的划界，是从“科学划界”，即关于知识的分类分领域来的。一门学科，被看成一个“相对独立的知识体系”，那个学科常用的研究方法，也就被看成了“相对独立的研究方法”。现当代科学创新的大综合大跨界趋势，已经打破了各学科研究方法的封闭局面，只要敢于尝试，上述所有分类的研究方法，包括图6-1的各学科方法，都可用于你的研究中，这也是学术方法创新的一种来源（参见第9章再论学术创新）。

案例6.5　科学与方法的划界与跨界

了解一下科学的划界与跨界的简史，对于我们学习和选用学术方法，会很有启发：

对科学划界等问题作科学哲学意义上的研究，可追溯到古希腊的亚里士多德，而把“科学划界”问题作为尖锐、突出的哲学问题重新提出并加以强调、使之真正具有现代意义的，却首推西方科学哲学中的实证主义。19世纪，实证主义者孔德(1795—1851)、马赫(1838—1916)等人，深感科学受到思辨的自然哲学的压抑和束缚，于是强调“科学划界”问题，目的就在于依据经验或实证的标准，把科学与非科学，甚至把自然科学与人文、社会科学区分开来。他们主张实证性或客观性是科学的根本的乃至唯一的特性或本质，只有符合这一标准的自然科学才是真正的科学，其他一切知识或理论要成为科学，就必须把自然科学作为效仿的榜样，否则，就不具有科学的资格。K.波普尔则认为，“衡量一种理论的科学地位的标准是它的可证伪性或可反驳性或可检验性”。他明确地把科学划界称为“认识论中心问题”，该问题的意义“不是因为它对划分理论具有内在价值，而是由于科学逻辑的所有重要问题都与之相关”；他还把科学划界命名为“康德问题”。[②]

① 各领域参考书目例举：(1)黄希庭，张志杰.心理学研究方法[M].北京：高等教育出版社, 2017.(2)朱德全，李姗泽.教育研究方法[M].重庆：西南师范大学出版社, 2011.(3)朱志荣.学术方法[M].太原：山西教育出版社, 2013.(4)栾玉广.自然科学技术研究方法[M].合肥：中国科学技术大学出版社, 2010.(5)江西省文联文艺理论研究室编.文艺研究新方法论文集[M].太原：山西人民出版社, 1987.(6)王星.大数据分析：方法与应用[M].北京：清华大学出版社, 2013.

② 欧阳康，张明仓. 社会科学研究方法[M]. 北京：高等教育出版社，2001：53.

“社会科学能否被称为‘科学’，其‘科学性’如何，首先必须确定一个探讨的前提：如何理解‘科学’？或者说，科学究竟是什么？这就是科学哲学中争议极大、极其重要的科学划界（Demarcation of Science）问题。”①

……科学划界问题有时与政治、意识形态问题纠缠在一起，结果导致某些科学被严重曲解和错误对待。天主教会曾经力图禁锢哥白尼学说。苏联一些人一度将一些有代表性的物理学、化学、生物学、医学、社会学、心理学、控制论等学说视为“伪科学”，主张这些学说的某些科学家甚至也被无情地加以批判。各种观点之间既相互批评，又相互渗透，使得当代西方科学哲学呈现出错综复杂的局面，它与马克思主义的科学哲学一起共同构成当代科学哲学（包括自然科学哲学和人文社会科学哲学）的两大基本类型。

……我们通常认为，自然科学所研究的自然现象是有序的，所以，自然是有规律的，自然科学是真正的科学；社会科学，尤其是人文科学，其所研究的社会和人文现象多是无序的，所以，社会和人文是很难说有什么固定规律的，社会科学，尤其人文科学严格来说不是科学，或者不能够成为科学，只是学科而已。

其实，自然科学在16世纪以前，跟现在的社会科学和人文科学差不多，也是思辨占主导地位。“大多数社会科学家认为，假如人的行为确实是偶然的，那就不可能有科学的社会科学了。”②德国社会学家麦克斯·韦伯(Max Weber,1864–1920)认为社会现象取决于社会规律和人的自由意识，但是“人有自由意志这一事实并不意味着他们的行为是偶然的和完全不可预言的。相反，自由意志以理性的形式实现出来，人的行动可以通过理解人的理性行动来加以预言”③。但是，某些社会学家认为“社会现象本身并不是百分之百有规律和可以预测的，而往往包含着一定的偶然成分或者误差余地”，而“其他一些人则坚决主张，现象是有规律的，是可预言的，只是我们目前掌握的理论、资料收集方法和资料分析技术不足以完全解释这些现象罢了”④。

法国社会学家埃米尔·杜尔干（Emile Durkheim，1858—1917）他的严格的科学见解，常常被称为实证主义。“他认为，在自然科学和社会科学之间，除了研究内容不同外，是没有多大区别的。研究的逻辑也在本质上是一样的”，“社会学家能够运用自然科学的方法，例如实验法，去研究和解释社会现象，正如其他科学亦可用之研究自然现象一样。”⑤

① 欧阳康，张明仓. 社会科学研究方法[M]. 北京：高等教育出版社，2001：52.

② 肯尼思·D.贝利. 现代社会研究方法[M]. 许真，译. 上海：上海人民出版社，1986：8.

③ 肯尼思·D.贝利. 现代社会研究方法[M]. 许真，译. 上海：上海人民出版社，1986：7.

④ 肯尼思·D.贝利. 现代社会研究方法[M]. 许真，译. 上海：上海人民出版社，1986：8–9.

⑤ 肯尼思·D.贝利. 现代社会研究方法[M]. 许真，译. 上海：上海人民出版社，1986：6–7.

案例6.5评析：由上述可见，（1）学术方法的划界，始于科学和非科学的划界，有积极意义；但是最终演化成了按学科领域划分，并相互贬损和抵触，以及各种学术方法按学科分界使用，这是消极的。（2）真善美本来就是统一体，“科学是人的精神的最高智力形式”①，也是最高形式的人文精神。科学与人文本没有绝对区别，无论自然科学、社会科学、人文科学，甚或心理科学、教育科学等，如果都是“科学”，那么都必须具备科学的基本要素，遵循共同的科学规范，如前所述，除了科学性外，还有适合性及伦理性等标准（参见6.1.4），是一切学术方法共同的基本保障。（3）法国社会学家埃米尔·杜尔干，最恰当地揭示了“在自然科学和社会科学之间，除了研究内容不同外，是没有多大区别的。研究的逻辑也在本质上是一样的”，“社会学家能够运用自然科学的方法，例如实验法，去研究和解释社会现象，正如其他科学亦可用之研究自然现象一样”②。

案例6.5建议：（1）适用于各领域或学科的学术方法具有特殊性，也具有学术共性。因此，可以划界也可以跨界使用。在为课题选用方法的时候，切不可按照“自然科学方法”“社会科学方法”“心理学方法”“教育学方法”“社会学方法”的思路来选用，而应按照课题研究的相适性来考虑。同时任何领域出现的新方法，只要相适均可尝试运用，如大数据、可视化分析、建模等（参见“第9章再论学术创新”中的“方法创新”）。（2）在相关专业的“研究方法”类课程、教材和教学中，都有系统阐述和训练的所谓“学科研究方法”。例如《社会研究方法》《心理学实验方法》《教育研究方法》《物理实验方法》《化学实验方法》《统计分析方法》（图6–4）等。但是实际上，并不存在绝对属于某学科独享的方法。只要选用得当，遵守科学规范，任何方法都可以用于任何学术和学科领域。以教育领域为例，凡是能真实、可靠、合乎逻辑地抓住教育现象找到教育规律的方法，都是教育科学研究恰适或恰当的方法。因此，所谓“教育研究方法”（这是教育学专业的本、硕、博都必须学习的课程），只能看作是这些学术方法在教育领域中的应用而已。并不存在一个绝对只适用于教育研究的方法或者方法群。同理，所有自然科学、社会科学、人文科学的研究方法，数学、物理、化学、生物、社会学、心理学、经济学、历史学、政治学、伦理学、艺术学、美学、伦理学、哲学等的研究方法，都可以互相借用或通用。

6.2.6 本书：一个通用的TVS学术方法

事实上，这整本书TVS《学术思维与写作》就是一个多学科通用的系统的学术方

① C. P. 斯诺. 两种文化[M]. 纪树立，译. 北京：生活·读书·新知三联书店，1994：137.

② 肯尼思·D·贝利. 现代社会研究方法[M]. 许真，译. 上海：上海人民出版社，1986：6–7.

法论与案例解析。全书关注的重点，是以视点结构哲学（TVS哲学）和教学（TVS教学）基本理论、定律与操作技术为统摄的，在任何学科领域都会用到的，具有高度共性和通用性的方法，是以核心问题和核心概念为“视点”（A和B双面构成），逻辑延展成为整体“结构”体系的学术思维与学术文本写作方法（图1-5）。而非最初研究的狭隘的教学理论与方法。提出问题、核心概念界定并建立假设、课题表述论证等方法（本书第2、3、4章）在“视点”引导下围绕“视点”的文献检索阅读分析法、方法选用法，过程报告法、成果文本表述法等思维与写作“建构”法（第5、6、7、8章）；以及学术语言修饰法、图表法、模型法、注释法等全文窗口文段与细节部分的处理（第8章）；最后指向学术研究、学术思维和学术写作的本质知识创新的方法（第9章）。

当然，本书还是侧重于人文社会科学，大量案例是教育学的，部分案例是心理学、社会学、经济学的，还有相当部分是自然科学的。因此所述的这些研究、思维与写作方法切不可狭隘理解和应用。

6.3 理论思辨法

理论思辨方法，也就是理性思维方法，是所有学者尤其学术型学者和专注理论创建的学者，必须掌握的基本学术方法、必须具备的学术思维能力和学术素养。也是目前的硕士、博士乃至各级各类的论文写作者，普遍缺乏的学术素质。通常见到的“理论法”运用，是一些文献摘要和观点的规程，缺乏理性思维如“思维”和“逻辑推理”等色彩，是很不合格的，甚至不能称是“理论法”的空谈。建议所有学者和准学者，在阅读如下内容前后，都要认真阅读一本《形式逻辑》著作，对理性思维的三大基本构成形式（概念、判断、推理）及规律有系统了解。

6.3.1 理论与思辨要义

理论作为名词，是指前人或他人提出富有逻辑性的观念、概念、命题、理论体系等，以及在此基础上自己提出的观念、概念、命题、理论体系等的总和。作为动词，是前人、他人或研究者按照理性思维的规则和规律进行信息加工而获得的上述理论成果等的总和。在动词意义上，又称理论逻辑法，是构成学术论文话语体系与理性风格非常重要的主体方法、进程与结果。

理论思辨法，因为是依赖概念、判断、推论等理论思维形式，在头脑中对所获学术信息（包括文献资料、问题、事实、数据等）进行归纳比较与分类、分析与综合、提炼与概括、判断与推理等，进而得出的各种理论成果，这些成果又体现观念、概念

\定律（结论）、命题及理性知识系统，是理论性知识生产的重要方法。简单说，理论思辨的典型思维特征，就是概念、判断、推理三大思维形式的合乎逻辑的应用，体现在文本上的典型特征，就是核心概念界定清晰，全文用清晰的富有逻辑性的语言，表述事物本质（概念）、命题和定律（结论）和推导（推理）出结论（新的命题或定律），且证据恰当有力、论证层次分明，论文核心观点和大小观点之间纵横关系明了，环环相扣。

一篇学术论文，无论什么样的文体形式，理论与思辨方法都是基础。换句话说，无论开题报告、中期报告、结题报告等过程文本（参见第7章），还是纯理论文、纯报告文、纯经验文，还是兼有几种特性的成果文本、一般论文（小论文）、教研论文等（参见第8章），理论思辨都是将全文各个部分、环节和细节有机整合为一体的基本方法。哪怕一篇看上去理论部分占比不高的应用性论文，其理论思辨的力度都是决定其学术思维和写作水平质量的重要保障。

6.3.2 概念法

概念，是理性思维的细胞、原子、DNA（参见第3章3.1），是反映事物本质特征和外延的知识形式。因此概念法也就是运用概念阐释事物，或揭示本质内涵和确定外延的方法，亦即定义法，指对收集的一类现象的本质或内涵进行概括，形成概括性的观念（例如餐桌上的用品都是饮食的工具），然后用词语为概念命名（例如“餐具”），进一步用判断句（陈述句）对概念明确定义（例如，餐具指用于饮食的工具。狭义指餐桌上用于饮食的工具。关键词：工具、饮食），而形成对某类或某种事物内涵和外延较稳定的看法。有些概念是根据事物的本质内涵的提炼，直接定义和命名的如“力”“引力”“能量”。有些概念是借其他已有概念，稍加改造或内涵加减而建立的。例如“教学力”“人际吸引力”“精神能量”等，都是从物理学引入的概念，再经过本质和内涵的稍加改造而成，使之成为反映一类教学、社会、心理现象本质内涵的概念。

前述“核心概念”界定（第3章3.2），是最典型的概念法的使用。能否对直接经验和现象进行归纳、提炼、明确定义和为之命名，或借其他学科已有概念来对某类现象进行本质提炼、定义命名等，是一位研究者从事理论研究的基本功。

暂时还不能提取出本质和形成概念，仅对现象的存在与变化特点进行描述的，称为描述法。理科、工科领域，十分强调概念思维与表述，不过在事物本质或者事物间与关系尚未确定（确认）时，也会暂时用描述法，但是明确概念内涵和外延，仍是努力追求的目标。在文科（社会学科、人文学科）领域多使用描述法，大量学者缺乏概念意识，即使也讨论概念，但也有很多概念不明确，如教育领域的“素养”“素质”“教育原则”，美学领域的“美”“审美”等模糊说法等，所以理性色彩点要逊色于自然科学。

6.3.3 定律法

定律是对事物或概念之间必然关系的判定。因此，对事物之间关系、概念之间关系的揭示与判定方法就是定律法。如：“三角形的内角和等于180°”就是对“三角形”“内角”“180°”这三个概念或事物特征之间关系的判定和表述，这就是几何中的“内角和定律”。简单说，定律就是对概念之间必然联系的发现和肯定。物理领域的牛顿“万有引力定律”及三大“运动定律”；数学领域的“函数定律”群；生物领域的“孟德尔遗传定律”；语言领域的“语法结构定律”；经济领域“供求定律”；历史领域的“复演定律”；美术领域的“色彩调和定律”；音乐领域的“和声定律”；美学领域的“多样统一定律”；教育领域的“有效教学定律”等。定律的发现、确定、准确的表述命名及其应用，是一位研究者研究理性思维水平和文本质量的又一重要指标。“定律”有时候等同定理、规律、原则、定则等（参见TVS书系之TVS《教学哲学》），它们都是对事物或行为关系的判定。只是定律法，必须经过大量事实和实证材料，在对事物或概念间关系的深透分析理解基础上进行推导，才能断定。

6.3.4 推导法

推导法也称推理法，是根据各种事实材料，或概念、定律等，按照理性思维逻辑推想出新的结论或新的判定或定律的方法。包括经验推导、理论推导、统计推导、直觉（美学）推导等。所有推导，都是严格遵循理论逻辑规则进行的，包括同一律、矛盾律、排中律。

推导法，使人的思维有超前性、预测性，也使人更为聪明智慧，是人类理性思维更高级的形式。如经验推导，出门看见马路湿了，便立即推出刚才是下过雨；上课时间，看见一位学生在校园里跑，立即推出他是迟到了。经验推导受限于个人经历，所以总是狭隘和不那么可靠。如马路湿，未必就是因为下了雨；上课在校园里跑，也未必就是迟到了；爱玩的学生未必学习成绩不佳等。

理论推导是必须以概念（事物本质）为基础的，必须遵循逻辑规则的推导，通过概念，进行判断，做出推理，逻辑地得到结论，推出未知，以及其他概念和定律，推出新的概念和定律。

统计推论，是以数据为基础，通过数学公式模型运算而得出结论的数理逻辑活动。在今天信息科技飞速发展的背景下，统计推论借助计算机和支计算等，在时间和精准度上都大大超越了人脑。在当今各领域的学术研究中，成为获取事物关系正确判断推导的强有力的逻辑方法。

理性、统计、直觉三种推导能力，需要长期的专业性或专门的思维训练，方能达到一定水平。

6.3.5 系统法

系统法指概念、定律等理论之间按照逻辑规则一个理性知识系统的方法，也是一个将所有相关知识、概念、定律等的理性思维成果有机取舍，成为一个整体的庞大推导或推论的理性思维过程。许多研究积累获得的概念、定律等，到一定程度后我们就可以发现它们之间有某种联系，于是，就可以顺着这种把它们相互联系起来，形成一个理论框架或知识系统。如物理学理论架构①或物理学概论，以及心理学概念、教育学概论等。

这又分三个层次：（1）局部问题研究的系统化理论，如原子论、教学方法论；（2）全学科系统化理论，如“物理学”“教学论”“美学”；（3）多学科综合的理论体系，如“系统论”“TVS哲学”“TVS教学”“经济美学”等。要达到这三个层次的系统理论思维和系统表述水平，需要对学科研究成果进行提炼，发现它们之间联系的逻辑推理能力、知识建构能力和语言表达能力。

6.3.6 思辨技法：比较归类、分析综合、抽象概括

上述理论思辨的各个基本方法，概念法（本质）、定律法（判断）、系统法（建构）和推论法，包括描述法（经验）等等，都伴随着比较与归类、分析与综合、抽象与概括等理论思辨技法的运用和操作过程，严格来说所有理论成果都是这些思维或思辨技法的交织进行而获得的结果。

比较与归类技法，是理论思辨常用的基本操作技法。指对各种事物、概念或定律的外在、外延和内在本质等特征的异同进行对比，这就是比较法；然后将主要特征或本质特征相同的事物、概念、定律等，归为一类，这就是归类法。“比较方法，本质上是一种在联系中把握特定事物的方法。同时，比较方法又是以对于社会现象内部各种属性的分析和分解为前提和内容的”，“将事物内部的各种属性在观念中分解开来，使之各自成为相对独立的方面而与其他事物的相关属性发生关系，进行对比、类比，

---

① 杨振宁. 美与物理学//叶中敏. 人情物理杨振宁[M]. 南京：译林出版社，2003.

才有可能看出其异中之同或同中之异，并依据对这种异与同的认识进一步进行概括和分类，作出类别归并和价值判断”[①]。比较与归类技法是将一类事物抽象为概念，一类定律相互连接成理论体系（架构）的重要技法，用途十分广泛。任何事物或学科知识的创建、认知和学习，都常使用，且必须使用。例如结构比较、功能比较、数量比较、质量比较、原因比较、外形比较、系统比较、纵向比较、横向比较、历史比较等的比较与归类。

有些学科用“比较”来命名，如“比较社会学”“比较教育学”等，强调的应该是主要采用比较方法，对多种社会现象、多种教育现象进行对比分析，然后进行归类，判断异同，借鉴或扬弃。但是从这些学科的不少研究范式成果来看，这种“比较”取方法的规程及方法意识并不明显。例如“比较教育学”的好多成果就是对他类或其他国家教育进行译介。这显然不能等同“比较”，虽然这些译介评析以后可能会作为比较的一个方面的材料。还有学者将比较法归为社会科学方法，指“人们对社会历史现象的认识总是从比较分析之后开始的，由此才可能进入到社会历史的深处”，“可以说，没有比较分析，就没有区别，也就谈不上对不同社会历史现象的认识”[②]，这看似强调比较法的重要性，其实也是偏狭地理解了比较法的功能。比较法（与归类法比较之后必有归类、取舍、保留或扬弃）是所有科学研究包括社会科学、人文科学、自然科学都必须使用的基本技法，是由分析法与对比法、归纳法与归类法等联合组成的一种理性思维或理论操作技法与过程。

分析与综合技法，指在头脑中将一个事物或知识的整体，按照一定依据分解成较小单元或要素或元素的思辨技法，这就是分析法；综合技法是分析的相反过程，是将事物各单元或要素或元素或散见现象，按照一定标准或逻辑规则组合成一个彼此有机联系的整体或系统的思辨技法。两者类似数学中微分和积分的关系。微分就是分析方法，积分就是综合方法。前述理论思辨的概念法、定律法和系统法等，很大程度上就是在分析基础上的综合。

抽象与概括技法，指在头脑中加工和发现一类事物的共同特征（本质特性），将之抽取出来，或者发现若干概念、若干定律之间的联系或共同性，并将之提炼出来的思辨操作技法，使本质从事物的具体的、现象的外壳中剥离出来，清晰地显现出来，这就是抽象法；然后将抽象出来的共同本质特征，用简明形式明确表述并命名，这就是概括法。或者简述为事物的共同本质提炼出来，表述出来，给予标记或者用词汇将之表示出来，固定下来，这就是通常所言的抽象概括。概念、定律、系统化等，都是在前述比较、归类、分析、综合的基础上，进一步抽象与概括交织操作的过程和结果。

① 欧阳康，张明仓. 社会科学研究方法[M]. 北京：高等教育出版社，2001：210.

② 欧阳康，张明仓. 社会科学研究方法[M]. 北京：高等教育出版社，2001：210.

6.3.7 理论思维力训练

理性思维是学术研究与文本写作的典型思维方式，是大小学术文本撰写不可或缺的逻辑骨架建立的“脚手架”。这种方法和能力的形成，需要长期有意识参与理性活动，有意识训练和锻炼自己的大脑，才可能从牙牙学语、蹒跚学步，走向炉火纯青的境界。

案例6.6　与苏格拉底对话——感受理性的力量

《柏拉图对话录》([古希腊]斐多：柏拉图.柏拉图对话录. 杨绛，译.北京：中国国际广播出版社，2006.）一书，充分显示了他老师苏格拉底与学生和民众对话，开创地从事实和经验中提取出事物本质，进而获得正确概念的“产婆术”教学方法。这也是一种与形象思维结合，训练和培养学生理性思维的方法。以下截取几段对话，你需要仔细阅读，用心感受和理解什么是理性思维，如何通过理性思维对错误观念去粗取精获得正确概念明晰道理的过程：

第一段：什么是正义。一天苏格拉底和一个名叫攸昔德谟斯的青年讨论正义与非正义问题。

苏：(在一根柱子上写上“正义”，在另一根写上“非正义”，然后问道)

说谎应当归入哪一类？

攸：归入非正义，这是显而易见的。

苏：欺诈呢？

攸：当然也属非正义。

苏：偷盗呢？

攸：和欺诈一样。

苏：卖人为奴呢？

攸：也是如此。

苏：看来这些行为没有一样能归入“正义”一类了，是不是，攸昔德谟斯？

攸：是的，谁也不会荒唐到那个地步。

苏：那么，如果一个被选为将军的人，带领部队去奴役一个同我们敌对的城市，我们也说他的行为不公正吗？

攸：绝对不能这么说。

苏：我们将会说他的行为是公正的，对不对？

攸：一点不错！

第六章
方法

苏：假如他在作战时欺骗了敌人呢？

攸：那也是正义行为。

苏：如果他盗取或抢劫敌人的财物，他的行为不也是正义的吗？

攸：一点也不错。可是我原先以为你问的那些只是对朋友而言的。

苏：那么，刚才我们归入非正义的那些行为，同样也可以算作正义，对不对？

攸：对的。

苏：那么，我想改动一下刚才的分类。就是说，欺骗敌人是正义行为，但这样对待朋友就不是正义的了，可以这样说吗？

攸：当然可以。

苏：那么，在失利的时候，一位将军发觉士气低落，谎称援军就要来到。如果，士气竟被他鼓舞起来，我们应当把这种欺骗士兵的行为归入哪一类呢？

攸：应当归入正义一类。

苏：一个小孩生病不肯吃药。父亲说，这是好吃的东西，不是药，骗他吃了下去，病也好了。这种欺骗儿子的行为应当归入哪一类呢？

攸：我想这也是正义行为。

苏：某人因为绝望而想自杀，他的朋友出于友谊而偷走了他的剑。这种行为应该归入哪一类呢？

攸：当然也应当归入正义一类。

苏：可是你刚才不是还说应该永远对朋友坦率无欺吗？

攸：实在是我错了。如您允许的话，我愿意把原先说过的话收回。

第二段：什么是道德

苏：人人都说要做有道德的人，你能不能告诉我什么是道德呢？

青年：做人要忠诚老实，不能欺骗人，这是大家都公认的道德行为。

苏：你说道德就是不能欺骗人，那么在和敌人交战的时候，我方的将领为了战胜敌人，取得胜利，总是想尽一切办法欺骗和迷惑敌人，这种欺骗是不是道德的呢？

青年：对敌人进行欺骗当然是符合道德的，但欺骗自己人就是不道德的了。

苏：在我军和敌人作战时，我军被包围了，处境困难，士气低落。我军将领为了鼓舞士气，组织突围，就欺骗士兵说，我们的援军马上就到，大家努力突围出去。结果士气大振，突围成功。你能说将军欺骗自己的士兵是不道德的吗？

青年：那是在战争的情况下，战争情况是一种特殊的情况。我们在日常生活中不能欺骗。

苏：在日常生活中，我们常常会遇到这种情况，儿子生病了，父亲拿来药儿子又不愿意吃。于是，父亲就欺骗儿子说，这不是药，是一种好吃的东西，儿子吃了药病就好了。你说这种欺骗是不道德的吗？

青年：这种欺骗是符合道德的。

苏：不骗人是道德的，骗人也是道德的，那么什么才是道德呢？

青年：你把我弄糊涂了，以前我还知道什么是道德，我现在不知道什么是道德了。那么您能不能告诉我什么才是道德呢？

苏：其实，道德就是道德本身。

（注：苏格拉底的意思是，道德在不同的语境中有着不同的含义，不存在任何一成不变的道德概念。）

第三段：什么是爱情、婚姻、幸福、外遇、生活？

柏：什么是爱情？

苏：你去麦田里摘一株最大最好的麦穗回来，在这过程当中，只允许摘一次，并且只能往前走，不能回头。

柏：（按照苏格拉底的话去做，很久才回来）

苏：摘到没有？

柏：（摇摇头说）开始我觉得很容易，充满信心地出去，但是最后空手而归！

苏：什么原因呢？

柏：（叹了口气说）很难得看见一株不错的，却不知道是不是最好的，因为只可以摘一株，无奈只好放弃；于是，再往前走，看看有没有更好的，可是我越往前走，越发觉不如以前见到的好，所以我没有摘；当已经走到尽头时，才发觉原来最大的最饱满的麦穗早已错过了，只好空手而归咯！

苏：（意味深长地说）这就是“爱情”。

又有一天，柏拉图问他的老师：“什么是婚姻？”他的老师就叫他先到树林里，砍下一棵全树林最大、最茂盛、最适合放在家作装饰用的树。其间同样只能砍一次，以及同样只可以向前走，不能回头。柏拉图于是照着老师的话做。这次，他带了一棵普普通通，不是很茂盛，亦不算太差的树回来。

苏：怎么带这棵普普通通的树回来？

柏：有了上一次经验，当我走了大半路程还两手空空时，看到这棵树也不太差，便砍下来，免得错过了后悔，最后又什么也带不出来。

苏：“这就是婚姻！”

再有一天，柏拉图问苏格拉底："什么是幸福?"苏格拉底就叫他到田园里去摘一朵最美的花，其间同样只能摘一次，而且同样只可以向前走不能回头，柏拉图于是照着苏格拉底的话去做了。这一次，他带了一朵美丽的花回来了，

苏格拉底又问了他同样的问题。

这次柏拉图是这么回答的，他说："我找到一朵很美的花，但是在继续走的过程中发现有更美的花，我没有动摇，也没有后悔，坚持认为自己的花是最美的，事实证明花至少在我眼里是最美的。"

苏格拉底又说："这就是幸福!"

又有一天，柏拉图又问老师苏格拉底："什么是外遇?"苏格拉底还是叫他到树林走一次，可以来回走。在途中要取一枝最好看的花，柏拉图又充满信心地出去。两个小时之后，他精神抖擞地带回了一枝颜色艳丽但稍稍焉掉的花。

苏：这就是最好的花吗?

柏：我找了两小时，发觉这是最盛开最美丽的花，但我采下带回来的路上，它就逐渐枯萎下来。

苏：这就是外遇。

柏拉图问老师："什么是生活?"苏格拉底还是叫他到树林走一次，可以来回走，在途中要取一枝最好看的花。柏拉图有了以前的教训，又充满信心地出去，过了三天三夜，他也没有回来。苏格拉底只好走进树林里去找他，最后发现柏拉图已在树林里安营扎寨。

苏：你找着最好看的花吗?

柏：这就是最好看的花吗。

苏：为什么不把它带出去呢?

柏：我如果把它摘下来，它马上就枯萎。即使我不摘它，它也迟早会枯。所以我就在它还盛开的时候，住在它边上。等它凋谢的时候，再找下一朵，这已经是我找到的第二朵最好看的花。

苏：你已经懂得生活的真谛了。人生就正如穿越麦田和树林，只走一次，不能回头，要找到属于自己最好的麦穗和大树，你必须要有莫大的勇气和付出相当的努力。

案例6.6评析：(1) 古希腊三圣，苏格拉底、苏格拉底的学生柏拉图、柏拉图的学生亚里士多德，他们师生三人，不仅对古希腊的各门学科知识进行概括、继承，而且开创了理性思维方式的先河。亚里士多德的形式逻辑即思维方式的研究和基本规则的确定，与他的老师和柏拉图深受其老师苏格拉底的思维方法和教学的影响所撰写

的。(2)理性思维与形象思维不是截然分割的两种方法，相反，恰到好处的以理服人的抽象思维，恰恰是借助形象思维逐步达成的。(3)特点是：螺旋性逼近真理，获得一个内涵周全的概念。这样，通过双方的辩论，一问一答，不断揭露对方的矛盾，迫使对方不得不承认错误，从而否定自己原来已经肯定的东西，以求得一般的概念。苏格拉底把他讨论问题时所惯用的方法称为“助产术”。这种论辩方法在当时很流行，人们称之为“苏格拉底方法”，或“辩证法”，苏格拉底是西方最早使用“辩证法”一词的思想家。

案例6.6建议：(1)树立正确的学术思维观。从真实的实施和经验中提炼得到，这样的概念和理论，才更加饱满，令人信服。初步接触学术研究、学术思维和论文撰写者，更应该尽量结合自己的实践，而不能从概念到概念，从理论到理论，显得理论很空，也失去了自己的经验。(2)《柏拉图对话录》有好几个中文译本。钱锺书先生的夫人杨绛先生的译文清新可读、充分还原了苏格拉底与其门徒平易家常的对话风格，为中文世界贡献了一部文学价值与哲学价值并重的经典作品。从本书目录就可以看到涉及的知识面非常广阔，不仅于学术思维和写作有帮助，而且对自己的人生也有启迪。做学问，也就是做人生：

1.人与人生

2.婚姻与家庭

3.爱与爱情

4.情感与心灵

5.知识与真理

6.道德与修养

7.政治与经济

8.法律与正义

9.柏拉图年谱

案例6.7　做理性的人：理性自觉，理性阅读

博主“以爱的名义”(2019-03-02)，撰写了一篇“读书笔记——做人的理性”，虽然主要是针对日常生活与工作而讲，但对理解学术理性，自觉进行理性训练，以理性方法去阅读分析文献、进行研究等，也很有启示（有删节和调整）：

所谓理性，是指人在正常思维状态下为了获得预期结果，有自信与勇气冷静地面对现状，并快速全面了解现实分析出多种可行性方案，再判断出最佳方案且对其有效执行的能力。理性是基于现有的理论，通过合理的逻辑推导得到确定的结果。

理性一般指形成概念，进行判断、分析、综合、比较、推理、计算等方面的能力。意思和感性相对，指处理问题按照事物发展的规律和自然进化原则来考虑的态度，考虑问题、处理事情不冲动，不凭感觉做事情。现实中常常会出现感情用事，在冲动之后，懊悔自己当初的不理性。

理性是人类的特质，指引人类从蒙昧走向文明。理性素养包括理性思维能力和理性行为能力。理性思维尽管不同时代的思想家做过不同的阐释，但多数人将其看作一种逻辑地科学地认知世界、把握事物本质和规律的能力；理性行为能力则是一种在理性思维指导下的选择和操作能力。理性思维能力和理性行为能力作为理性素养的一体两面，紧密相连、有机统一。

……

总之，一个理性的人，会在缜密思考的前提下，慎重地对待每一个选择并付诸实施。做任何事情时，懂得取舍，明白轻重缓急，知道怎样付出代价，善于把有限的时间、金钱聚焦在一点上有重点的突破，在这个繁杂的世界中游刃有余。理性做人是人生终生的修炼课程。

案例6.7评析：（1）本案例通过阅读，对理性的内涵和在生活工作中的价值进行了基本解释。事实上，理性是一种逻辑思维方式，是由古希腊哲人开启和确定下来的人类利用概念（反映了事物本质）、判断（进行事物关系判断）和推理（利用概念和判断，推导事物存在和运动变化规律）的逻辑严谨的思维方式。（2）本案例作者阅读的可能是两本普及性读物：《冷静做人，理性做事》（田超，新世纪出版社，2009）；同年稍后出版的《感性做人，理性做事》（石磊，中国三峡出版，2009）。两本书都强调了理性或冷静做事，介绍了如何掌握冷静做人做事的生活技巧。只是后一本，还特别提出了感性做人而已。两本书其实都是将理性与感性截然划分或者以相互对立的关系来对待两者的。这与通常所见的说法，包括学术界的一般说法吻合。（3）然而，事实上理性和感性并非截然分开或完全对立关系。任何有质量的理性，都是建立在丰富的感性基础之上，是对感性的概念提炼、应用、判断、推理等理性抽象活动。了解这两者之间密不可分的关系，才能够在强调理性与理性思维重要性的同时，不轻视、忽视感性与感性思维，使得理性活动有血有肉，也使得主要以理性思维为骨架的学术思想与学术写作，不至于空洞、枯燥、缺乏说服力和可读性。

案例6.7建议：（1）阅读亚里士多《形而上学》和我国学者金岳霖的《形式逻辑》，了解理性思维的基本构成要素、逻辑规律和理性思维方式。有意识指导自己进行理性思维训练。（2）人类伟大的学者们著写的经典著作，几乎都有思维深刻、逻辑严谨的理性特点，同时也有善于运用比喻，语言形象生动，增加感性色彩的特点。理性与感性的最佳结合，才是科学性与美感统一的学术思维和写作的至高境界。请选择如下著作阅读2—3本：马克思《资本论》、霍金《时间简史》、费曼《物理定律的本性》、薛定欧《什么是生命》、夸美纽斯《大教学论》、雅思贝尔斯《教育是什么》等经典科学和教育著作，对人类理性思维、理性思维的力量及其与感性思维的交融关系，有深刻而生动的认识和体验。(3) 在网络上选读和推荐2—3篇理性思维严谨流畅，同时不乏感性特点（生动形象，有感染力）的学术论文或学位论文。

案例6.8 明辨概念：什么是“四维时空”？

“时间”和“空间”，“质量”与“能量”，在牛顿经典力学中，是一些相对独立的非常重要的基础概念，但爱因斯坦却在相对论中实现了统一，因此有了“四维时空”“质能统一”这些新的概念和定律。那么，这些新概念和定律是什么意思？如何明辨其意？与旧有概念是什么关系？这显然需要一个很严谨的理性思维过程才能回答。如网上有关于“四维时空”的热烈讨论，本书作者也参与了其中（下面讨论中加入的“注：……”），不妨与大家分享：

网友1：爱因斯坦提出“四维时空”，有人能简要说说什么是“四维时空”吗？（注：求四维时空定义）

网友2：互相垂直的四条直线组成的空间，其中有一条直线是运动的，这就是四维时空。也可以用这种方式描述N维空间（注：就是N条直线互相垂直）！

网友3：一个点上有三条互相垂直的直线，也就是三维空间（我们所在的空间）这很好理解；再加上一条运动着的直线，就是四维时空。这很容易描述。但是要真正理解（想象起来）却非常困难：如何再加上一条垂直的直线呢？

网友2：要理解“四维时空”，其实先要理解“四维空间”。四维空间，就是我们平时说的三维空间（牛顿空间），再加上一个维度（在三维坐标体系中再加一条垂直线），就构成四维空间。（注：因为加上的这一维度，在我们生存的三维空间，凭我们的肉眼是看不到，也画不出来，所以难以想象和理解）而“四维时空”（爱因斯坦）就相当于在三维空间（牛顿）基础上把时间（牛顿）作为一个维度加上（注：因为时间这个维度是运动着的，所以“思维时空”就可以理解为是运动着的三维空间。这样想象起来就比较容易一些）。

网友3：很多人用所谓“超体”来描述四维空间，认为三维空间就是四维时空的投影，这与上面解释四维时空一样，同样是说起来容易理解起来难！（注：其实，如果抽象逻辑加想象，理解起来也不那么太难。在N维空间中，较低维空间，是较高维空间的投影，例如，二维空间就是三维空间的投影，我们在二维平面的纸上，可以画

出三维空间图来，但是却画不出四维空间图来）

网友4：我不知道是否真的有人理解四维空间。但任何宣称自己理解四维空间的人理解的都不会是真正的四维空间，因为四维空间很可能就不存在！不要说四维空间了，如何肯定二维空间和一维空间就一定存在呢？二维是一个面？一维是一条线？抱歉，那只是数学概念上的二维和一维，而数学并不等同于现实，它只是人类理解宇宙和现实的手段！

网友2：在一张二维图上，你要弄明白从零维到十一维的空间（注：目前数学和物理学弦论已证明有的高维空间）!你能看懂几维？人类现在说的一维，就是一个点，没有长宽高。这些点是什么？原子是一维？电子是一维？这些点却是由无数粒子堆积起来的，那又是几维？都是人类瞎搞的一个定义，然后又企图用瞎编的东西，去推测另一个不存在的东西。

网友5：兄弟，一维不是点，是线好吧!这么跟你说吧，一维只有长（注：一条线），二维只有长宽（注：平面），三维就是长宽高（立体空间），你说那个点，只能算零维，的确很难想象，因为你生活在三维世界。但是你在三维世界可以看到较低的一维、二维，例如你平日里看到的漫画、动画片，那就是一个二维世界的缩影!你缺乏基本常识，还有逻辑和想象力，自己理解不了，怎么能随便说“瞎编”呢？

网友2：人家只是举个例子，说明有的概念本身就是不要严谨的！你都没理解人家的意思，就瞎评论！小学生评论博士，自己还有理了！

网友5：笑死了，这连小学生都知道一维是线，你个博士还把一维当点呢哈哈。而且你们一边用着科技理论的产物，一边还在网上大放厥词反驳着科技理论。

……

案例6.8评析：（1）网友们的讨论从2019年1月20日上午、深夜，直到21日全天，一直在热烈继续。参与者有本科生、硕士生、博士生，还有高中生。表明很多人还是喜爱理性思考问题，有一定理性思维品质的。（2）对一个科学概念的理解，需要从不同角度不同层面比较分析、抽象概括、判断推理，才能精准定义和精准理解，往往还需要借助一系列相关概念，一定科学方法与工具，甚至丰富的想象力。例如理解“四维时空”，需要借助“四维空间”，借助三维、二维、一维、0维，乃至推演出高维，需要有牛顿力学关于空间、时间的基本知识，还需要借助数学的思维工具坐标系，以及关于各个维度及其关系的丰富想象力。（3）本案例在讨论中提到的概念与逻辑细节，已在括号中提示，是本书作者顺着讨论进程，阅读相关书籍理解后写出的。参与理性活动，进行概念辨析，是一种思维的碰撞，是碰撞中的智能释放，是一次愉快的学术求真过程，也是学术思维与写作的自我训练过程。

案例6.8建议：（1）爱因斯坦的“思维时空”其实是对牛顿的“时间”与“空间”这两个概念的有机综合。爱因斯坦著名的狭义相对论公式，即质能转换定律：$E=MC^2$，也是在牛顿质量、能量和速度（光速c）基础上，进行分析综合，发现的新联系、新定律。（2）可以继续推想，在人文社会学科中，文化、经济、政治等多因素之间的相互作用，也是一个在四维时空（历史与现实交织）中的能量互换过程；教学中师生之间的相互作用（大脑神经元信息互动，智慧碰撞），也是一个在四维时空（教学时空场）中的能量转换过程，同样都遵循“质能转换定律”。（3）从这个角度思考社会和教学问题，也可以提出有价值的课题，进行概念明辨和创新，发现新的社会定律、教学定律。你的理性思维和科学想象力，也会得到有效提升。

特别幸运的是，在本书第二校快结束的时候，朋友潘丽女士转发给了我一篇，由我校外国语学院杜世洪教授发表的《关于单维时间概念的多维空间语言表达的思考》[①]论文，正好就是用四维时空观来探索语言时态与空间表达关系的。特将此文前言和主要部分转载于下，从中我们可以看到理性思维与想象力的结合，在概念创新应用中（参见本书第9章）所带来的思维和语言逻辑优雅而壮阔的美：

关于单维时间概念的多维空间语言表达的思考

杜世洪

摘要：就空间而言，人有对前后、左右、上下这三个基本维度的感知，这表明空间具有三维。就时间而论，人有对过去、此刻与未来的感知，而这三种时间处于一条线上，这表明时间是一维的。如果说时间可以通过空间来获得语言表达，或者说“时间就是空间”的话，那么，语言表达中的时间究竟是一维的还是多维的呢？围绕这一问题，我们主要以英语和汉语中时间的空间语言表达方式为思考对象，试图探讨这两种语言中关于时间概念的空间表达是否存在维度上的差异。如果存在维度上的差异，那么这种差异会给语言范畴和认知范畴二者的关系带来什么样的思考呢？为了回答上述问题，我们从时间与空间二者的概念性质及表现形式出发，针对汉语关于时间的维度表达而进行分类研究。我们发现，英语中关于时间的空间表达具有二维性，而汉语关于时间的空间表达却具有三维性。这一发现说明“认知决定论”会受到“认知相对论”的挑战，因为语言范畴虽然要受认知范畴的支配，但并不完全由认知范畴决定。英语和汉语二者在时间概念的空间表达上的差异关系着哲学和认知科学等领域诸多极具研究价值的问题。

关键词：时间概念；空间语言；语言范畴；认知范畴；认知决定论

① 杜世洪. 关于单维时间概念的多维空间语言表达的思考[J]. 英语研究，2018(02).

时间和空间是普通人都有的概念。然而，关于二者各自的性质及相互间的关系却超越了普通人的认识与理解。毕竟，时间和空间这个话题让哲学家、物理学家、数学家、心理学家、语言学家等都颇费思量。虽然这个话题引发了争论并获得了一些共识，但是作为概念本身而言，时间和空间这二者在人们的认知上仍然存在着值得深究的问题，而问题的核心在于时间如何在空间里获得语言表达。

物理学关于时间和空间的讨论，有牛顿的绝对论和源于爱因斯坦相对论的关系论。根据帕茨（Potts）（2015:29–30），牛顿认为有绝对时间和绝对空间存在，而且二者分离；牛顿的绝对时间具有充盈性质，即时间到处都有，而牛顿的绝对空间是静止的，不可移动，总是相似；如果宇宙是舞台，舞台上正演着戏剧的话，那么牛顿的空间只是舞台的"布景"（backdrop），即空间不是主角。

爱因斯坦的相对论问世之后，牛顿的绝对论遭到了批判。爱因斯坦的老师闵科夫斯基（Minkowski）宣称"单存的时间和单存的空间注定要退隐到一边去"（Potts, 2015:30），因为时间和空间是关系性的结合体，时间和空间不是事物的布景，而时间和空间本身就是演戏的主角。

哲理上，人就是此在之人，而此在的特征就是时间在空间中绽放。认知语言学界关于时间和空间的讨论，多有这样的哲学认识。瑞登（1997）、莱文森（1996）和托密（Talmy）（1983）等都认为空间的结构能够通过语言表达出来，而且时间能够在空间中获得表达。如果人就是时间而且时间就是空间，那么时间在空间中存在哪些具体表达呢？

人作为认知主体，对空间进行体认，自然而然会识别出前后、左右、上下这三个基本维度（Sedelow & Sedelow, 1987）。下面就按照认知主体的前后、左右、上下这三个基本维度先考察汉语的表达情况，然后再以英语为参照来考察这三个维度的跨语特征。

3.1 前后维度

前后维度的空间表达包括以时间单位为参照点、以身体或身体部位为参照点、以行为为参照点以及以事件或其他事项为参照点的表达。

（1）以时间单位为参照点。汉语里存在以"年、天、日、一小时、一分钟等"为参照点的前后表达。如：

a.前年，后年；年前，年后；一年前，一年后；

b.前天，后天；日前，日后；三天（日）前，三天（日）后；

c.前一小时，后一小时；一小时前，一小时后；

d.前一分钟，后一分钟；一分钟前，一分钟后……

（2）以身体或身体部位为参照点。汉语里有以认知主体的“身”或“身体部位”作为时间参照点，与前后构成时间的空间表达，如：

e.生前，身后。（他生前是一位民族英雄，身后却成了一个政治流氓。）

f.眼前，眼后；目前，*目后（这里的*表示不可接受，下同）；

g.面前，*面后……

（3）以行为作为参照点。汉语里以行为作为参照点的“前后维度”的空间表达比较多，而且这类时间的空间表达比较灵活，即多数行为动词都可以与“前/后”进行临时搭配，构成时间的空间表达。基本表达式为：行为动词+前，行为动词+后。如：

h.吃饭前，吃饭后；

i.上课前，上课后；

j.离开前，离开后……

以行为作为参照点的上述表达，仍然是时间在空间的表达。前与后这一维度是基于人的行为顺序而言，在转喻视角下，行为昭示着人这一主体。这类时间的空间表达彰显的是人的存在过程，因为行为是过程的组成成分。

（4）以事件为参照点。汉语里以事件为时间参照点，与前后搭配构成时间的空间表达。事件与行为有关系，但是行为区别于事件在于，前者以个体为中心，而后者往往涉及集体或群体。如：

k.战前，战后；

l.建国前，建国后……

以事件为参照点的时间表达，是个人隐身于群体或集体的空间表达，在认知性质上属于转喻性表达。同（3）一样，这类时间的空间表达昭示的仍然是人，尤其是集体之人的存在过程。

（5）以其他事项为参照点。汉语里还有丰富的时间参照点，如节日、庆典、活动、会议等均可用作时间参照点，与前后构成时间的空间表达。如：

m.毕业前，毕业后；结婚前，结婚后；前辈子，后辈子……

3.2 左右维度

左右维度的空间表达包括以时间单位或时段为参照点和以某种标准为参照点的表达，这类表达在汉语里比较独特。

（1）以时间单位为参照点。汉语里这类表达的形式有：时间单位+左右；左+时间单位，右+时间单位。如：

n.一年左右；一月左右；三天（日）左右；五分钟左右……

o.左一年，右一年；左三天，右三天……

（2）以评价标准为参照点。时间和空间的特性在于运动，但是当某种运动脱离既定标准时，汉语里就会用左右来表达，形成间接的时间概念表达。如：

p.左声左调（牵涉现在：唱歌时偏离正确的唱调）；

q.他有左嗓子（牵涉未来：他唱歌会跑调）；

r.无人出其右（牵涉过去：从既有及以往情况看，没有人赶得上他）……

需要说明的是，左右这一空间维度进入时间表达，具有评价性质，即根据某种标准来确定左右。其中的评价包括：其一，量的评估，如一小时左右，指以整整一小时为标准，多一点或少一点的情况视为左右；其二，质的评价，如左声左调，指唱调偏离了标准。歌唱活动蕴藏着具体的时间运动，所以汉语里把唱歌中的跑调说成是左声左调。左右以体认主体为中心在空间中展开，间接地牵涉时间。

3.3 上下维度

上下维度的空间表达包括以时间单位或时段为参照点的表达和以身体部位为参照点的表达。

（1）以时间单位或时段为参照点，上下维度完整。在这类表达中，上下维度常常包含“这/中/此”，形成三分一线的结构来表达时间，可离散表达，也可连续表达。如：

s.上午，中午，下午（三分一线，连续表达时指一天，离散表达时，可截取其中之一）；

t.上周，这周，下周（三分一线，多为离散表达）；

u.上一刻，此刻，下一刻；

v.上一年（月/天/小时/分钟），这一年（月/天/小时/分钟），下一年（月/天/小时/分钟）；

w.上辈子，这辈子，下辈子（三分一线，多为离散表达）……

（2）以身体部位为参照点，上下维度不完整。在这类表达中，上下维度不完整，表达式中要么只含下，要么只含上。如：

x.眼下（指短时的现在），*眼上；

y.膝下（指长时的现在），*膝上；

z.祖上（指长远的过去），*祖下……

3.4 三维度时空表达的跨语考证

前文已经说明，汉语里关于时间的空间表达具有三个维度，即前后、左右和上下。这三个维度表明认知主体对时间的把握具有体认性质。时间和空间是人类的普遍概念，即汉语人和英语人都有时间和空间的概念。那么，汉语人和英语人在时间的空间表达上有无差异呢？

通过在英国国家语料库BNC中的检索，我们发现英语人关于时间的空间表达具有前后维度和上下维度，而没发现左右维度。即，英语中没有“时间单位词+左右”和“左/右＋时间或时段”这样的结构。英语中有“right time”“right day”“right year”等，但是这里“right”并不是左右维度里的“right”。

英语人的左右在空间维度上应该是“right–hand”“right–handed”“right–side”“rightward”“right wing”“left–hand”“left–handed”“left–side”“leftward”“left wing”等。然而，在BNC里并未发现这些词与某个参照点连用而形成时间的空间表达。于是，我们可以说，有无时间的左右维度的空间表达式是汉语和英语的显著区别。

在上下维度方面，虽然汉语和英语都有上下维度的时间表达，但是二者仍存在着明显的差异。英语中有“up–down”“high–low”等维度词，也有一些时间的空间表达，如“up to now”“down to the present”“high time”“low time”“high day”“low day”等这样的表达。不过，“up”与“down”没有汉语的上下那样灵活搭配。实际上，汉语里很多上下维度的表达转述成英语后成了前后维度，如“下午”成了“afternoon”。

英语的前后维度主要以“front”“back”为基准，根据克拉克（Clark）（1973）的研究，英语时间语言是基于空间语言的隐喻性表达，时间介词如“before”“after”“ahead”“behind”等均是派生于“front”和“back”（Tenbrink，2007: 14）。不过，与汉语相比，英语的前后维度中没有以身体部位为参照点的时间表达，即汉语里有眼前、眼后，而英语里未发现这样的表达。

英语和汉语的共同之处就是单维线性的时间概念可通过多维度的空间概念来表达，在空间中时间概念不再是一维性的。英语和汉语最大的相似处在于前后维度的时间表达比较丰富，而上下维度的时间表达也有相似之处。但汉语里有左右维度的时间表达，而英语里却未发现。另外，在上下维度方面汉语的时间表达要比英语灵活。

既然单维度的时间概念在英语和汉语中都可以通过多维度的空间来表达，那么又是什么因素决定了英语和汉语在左右维度上的时间表达的差异呢？这是一个值得深究的问题。

案例6.9 《教育原理》几个基本概念的辨析

《教育原理》是教育学博士的必读书目。某考生在备考的时候，与他的老师关于《教育原理》中的几个基本概念的含义和逻辑关系，进行了讨论。这种讨论，其实也是对教育原理的概念体系及其逻辑关系的理性思考和辨析的过程，是一位教育学者必备的理性思维能力训练与提升的过程：

学生：老师，教育原理中的几个概念，逻辑顺序是不是这样的？

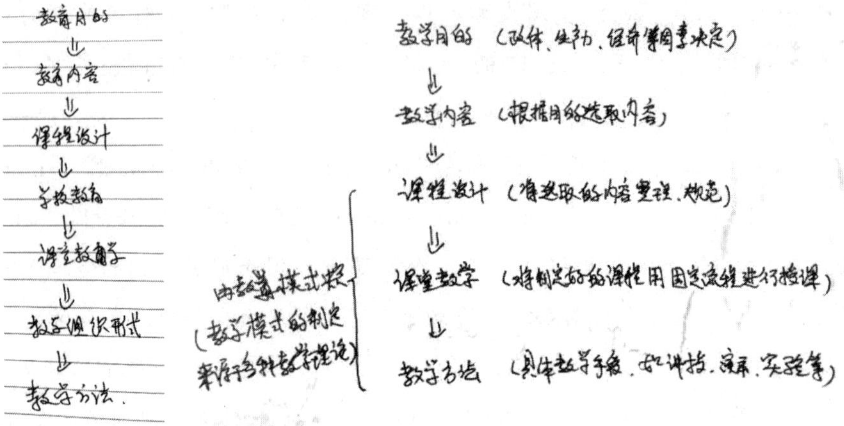

【案例6.9图1】学生提交的自学《教育原理》的概念关系图

老师：基本顺序应该是教育目的（学校教育目的）—教育内容（学校教育内容）—学校课程（课程设计与实施：目的、内容、教学过程与方法、课程与教学评价）—学校教学（课程的实施，教学设计即教案，包括教学目的、教学内容和重点难点、教学过程与方法、教学评价与考试考核）、教学组织形式（班级授课制、小班授课制、复班授课制、线上线下授课制等）—教学方法、学习方法—课程与教学评价—课程与教学管理等。

学生：喔，写落了一个教学模式，教学模式是不是应该在“教学内容”之后，“学校教育”之前？把教学内容定了，就该考虑该用什么教学模式？教学模式引领所有学校教育？

老师：学校教育应该是第一个概念，或者第三个概念。也就是说，一般说教育目的（教育方针）和教育内容，应该包括了学校教育、社会教学和家庭教育在内。具体论述教育目的、教育内容的时候，又多是限于学校教育的。

因此要注意：1.尽管教育目标和内容也包括了家庭教育和社会教育，但主要还是针对各级各类学校教育来说的。2.课程与教学肯定属于学校教育，但课程与教学有相互包含关系。3.广义课程包含课程的实施即教学；广义教学包含了课程即教学目标与内容。狭义的课程就是课程目标和内容；狭义的教学就是具体学科教学的总设计和一堂课的教学设计（包括本堂课要实现的教学目标、教学内容、难点、重点、教学过程环节、教学方法、作业布置、批改作业、反馈评价等的设计；备课、说课、上课、评课等环节）

学生：老师，您能否画张图说明？文字看起太绕了。简单画张图，拍个照发给我，我自己来规范。

老师：《教育原理》在仅指学校教育的范围内，上述概念关系应该是：

学校教育—教育目的—教育内容—教育模式（学校）—课程设置（学科课程）—教学模式—教学设计（教案）—教学方法（上课）—教学与教育评价（评课评教）—教学与教育管理。

在部分或主要包含学校教育的情况下，上述概念关系应该是：

教育目的—教育内容—教育模式—课程设置（学科课程）—教学模式—教学设计（教案）—教学方法（上课）—教学与教育评价—教学与教育管理

老师：特别说明教育模式、教学模式其实就是所有教育和教学因素之间的逻辑关系。引领整个学校教育方方面面工作要素与逻辑的是教育模式；引领学校教学各因素及其逻辑关系的是教学模式。教学模式又有广义和狭义之分。广义的教学模式是指所有学科共同使用的一般教学模式，狭义的教学模式就是课堂教学模式。

学生：教学是1. 制定教学目的，确定教学内容，选择教学模式。

学生：2. 学校教育：课程设计，课堂教学；3. 课堂教学：课堂组织形式，课堂教学模式、教学方法。

老师：这个逻辑是对的。

老师：在你目前写的这个教学概念系统中，"学校教育"不应该在这个逻辑位置上。因为前面的"1. 制定教学目的，确定教学内容，选择教学模式"，都是属于"学校教育"的下位概念。

老师：3. 课堂教学：课堂组织形式，课堂教学模式（比较稳定的教学逻辑环节与过程），教学方法。注意教学模式！

学生：课堂教学模式难道不就是教学方法吗？

老师：课堂教学模式可通俗理解为一堂课的流程，步骤，逻辑结构。

学生：那教学方法又是指什么呀？感觉跟教学流程比较重复啊。

老师：你的感觉是有道理的。其实教学方法也有广义和狭义的区分。狭义的仅指具体教学操作的方法，例如讲授法、演示法、演算法、实验法、讨论法、探究法、模拟法、案例法、活动法、游戏法等。广义的则包括教学模式（环节步骤流程逻辑）和具体方法的总和。

学生：算了我还是当面向您请教。我觉得课堂这一块，很多概念，太绕了。这本教材，也没有说清楚。在写完上述概念后，又加了一个“课堂教学与环节”。

老师：“课堂教学与环节”，就是一般常用的普通的教学模式。教学模式的改革，特别是在信息化、互联网、智能化条件下的教学模式改革，十分重要。反过来也会涉及课程内容和目标，教学内容和目标。

学生：你这段话中的“教学模式”，到底是指教育理论那个教学模式，还是课堂教学模式。

老师：这很显然是课堂教学模式呀。不过你也可以放大为学科教学模式，整个学校的教学模式。课堂教学模式的改革，其根本意义也在整个教学模式的改革中呀。不能仅仅停留在某堂课上。

老师：归纳一下哈。其实你只要掌握几个要核即可以应对所有模糊概念、模糊理论和模糊问题了：（1）教育教学的各个概念，都可能有广义和狭义之分。审题很重要，通过审题基本上可以确定答题思路是狭义或广义，还是狭义广义交叉回答，当然还要根据每题给定的分数多少（问题容量）。（2）不要轻易去评价别人的好坏。好多教育原理类的教材和有关论文都是这样的，要么理论角度单一，但是实践却涉及多角度多层面；要么理论多角度多层次交织，实践案例却单一，不足以说明问题等。这是“教育原理”类书籍目前普遍存在的情况，不是哪一本的特殊情况。（3）自己尽力弄明白这些道理就可以了。是大概念还是小概念，审题很重要。有时候把握不准，不妨大概念和小概念兼顾回答。最好是再当面问问我。

案例6.9评析：（1）教育原理，准确说主要是学校教育的理论体系和实践体系的概述，也称教育概论、学校教育概论等。这一理论体系，就是以若干基本概念有层次的分布及其相互关系，建构而成的一个概念体系，应该包括定律体系（但目前的教育原理，其中最多的是“教育原则”或“教学原则”，尚未发现或尚未建立“教育定律”、“教学定律”、“教育定律体系”和“教学定律体系”）。因此有关基本概念及其关系的清晰度，就成为构成和理解教育原理，理解教育基本理论和实践是否科学的基本标准。（2）很多教育原理、教育概论、教育导论或教学原理、教学论或教学导论方面的著作和教材，在论述基本概念的时候，定义和内涵也比较模糊，令人理解困难。但是，只要认真理解和厘清这些概念的内涵和相互关系，也是可以把握其基本逻辑的。本案例师生关于《教育原理》中几个基本概念的讨论和明辨，就是考前最好的复习。也为今后关于教育教学的学术研究、思维和文本撰写，打下了清晰的概念基础。

案例6.9建议：（1）多阅读教育原理、教育概论、教育导论等方面的教材或著作，分析它们各自的逻辑结构和概念体系的异同。（2）从教育理论体系的角度，点评各自在理论性上的优势和不足。(3) 中外历史上的任何一本经典教育论著，都不过是以《教育原理》中的某个部分或者问题为切入点，进行的富有创意的论述，所涉及的也都不过是《教育原理》中的基本概念和基本原则等。建议从这个角度阅读和补充《教育原理》的基本概念和理论。(4) 所有中外历史上的教育改革、政府政策、学校教育实践等等，都与教育原理中的某些概念和部分内容等密切相关。(5) 因此，掌握和理解了教育原理中的各个概念及其相互关系，也就在考试、做学术研究、撰写学术文本中，理性线索清晰、实践纵横交错，游刃有余了。

6.4 实证量化法

实证量化法，是实证法和量化方法的合称。实证方法往往必须采用量化方法收集数据和分析数据；而量化方法本身，就是实证方法重要的辅助手段。“定量研究与科学实验研究是密切相关的，可以说科学上的定量化是伴随着实验法产生的。”

6.4.1 实证法

这里所讲的“实证法”，是专指对变量（核心概念）之间关系的假设进行证明，并需要事先精心设计，拟采用科学规范的方式“获取数据”，通过数据统计分析推论得出结论的方法，包括调查法、观察法、测量法、实验法等。但广义来说，前述文献法（第4章），后文讲述的实践法或课题故事等（第7章），都是一种实证的方法，即用已有研究或事实为观点或假设提供实际证据的方法。

如果使用的是文献法，对已有文献中的数据化信息进行收集处理，或将文字的信息（事实、问题、观点、理论；历史政策、理论、传记、代表作、个人日记、手迹）等，转化为数据，也算是此处所言的实证法。但对非数据化信息进行数据化加工，也是一项很专业的技能，需要经过多次训练方能掌握。

调查法，是指通过提问收集数据信息的方法，根据提问的方式不同，分为问卷调查，口头调查（也称访谈法，但访谈法收集的不是数据而是事实，由事实分析推论得出概念或结论，被认为是质化研究），网络调查等。

观察法，是对正在发生的、五官可直接感知的现象行为进行收集，并转化为数据进行统计推论。

测量法，是用标准化的尺度（已研究获得的“常模”）去度量收集数据。

实验法，是对预设的某种情况（条件）下发生的现象或行为反应信息进行收集并转化为数据，此法需要对反应产生的条件进行严格控制。

有学者将所有收集资料信息的方法，包括文献法以及观察法、测量法、实验法等，都合称**广义调查法**。因为调查法的设计、数据收集、统计分析、结论等程序，是所有实证方法的典型代表式，是所有实证方法必须遵循的共同规范。因此，**问卷调查法**是所有学者和准学者都应该，且都必须首先掌握的方法。

案例6.10　问卷调查法常见设计与预选答案表述问题

如果说问卷调查法，是所有实证法的基础方法与规范，那么问卷调查那张问卷（提问的书面形式）的设计，尤其内容维度项目与预选答案的表述，就是基础之基础。

如下是一份“教师培训现状调查”问卷的一部分提问和预选答案：

本次培训对您提升课堂教学能力（5选1）：

a. 很有用　b. 有用　c. 一般　d. 基本没用　e. 完全无用

本次培训对您进行教学反思：

a. 很有用　b. 有用　c. 一般　d. 基本没用　e. 完全无用

本次培训对您解决教学过程中遇到的问题：

a. 很有用　b. 有用　c. 一般　d. 基本没用　e. 完全无用

…………

案例6.10评析：（1）这份调查问卷的提问和答问设计与表述方式，十分常见，很有代表性。（2）全卷几十个项目，都采用5选1备选答案“a. 很有用；b. 有用；c. 一般；d. 基本没用；e. 完全无用”，依次赋值5、4、3、2、1，5级得分，但因为答问内容或预选答案都很空洞，必然导致调查结果数据一大堆，却缺乏具体内容和针对性。因此整个统计分析及结论及写出的实验报告文本等，都显得十分空虚。名曰实证，却非常不实。（2）这类只有数据而没有实质的调查或实验、测量、观察等实证法，都是应该尽力规避的。

案例6.10建议：（1）将5级备选答案，写出具体内容；选项可保留5选1，或改为5选2，或5选多，或排序（由高向低，用1，2，3，4，5排序）等，都可以，还可以添加任选项例如“其他——”：

本次培训在课堂教学哪些方面对你的启示最大？（5选2）

a. 教学观念　b. 教学理论　c. 教学设计　d. 执教行为　e. 教学反思　f. 其他——

本次培训对您解决教学问题，哪些方面最有帮助？（5选2）

a. 检索资料　b. 成绩分析　c. 教学态度　d. 提问设计　e. 撰写教案　f. 其他——

（2）设计内容很具体的备选答案，需设计者对相应领域的知识有较为系统的掌握，或较高专业理论水平，因为各备选答案之间也是有逻辑结构的。

（3）这种内容具体，且提问之间和备选答案之间有很好逻辑结构的调查，才能真正称得上科学的结构性调查，也才能使得数据含义的解释更有针对性，使调查报告文本内容更具体而丰富。

（4）因此，从调查设计的文本表述，就可以透视调查及报告文本质量。

案例6.11　调查问卷维度与项目逻辑要周延

一项“就读学校所提供的各项服务满意度调查”，每个提问如上述案例一样都采用5级备选答案。现在我们将注意焦点集中到调查中的三个维度“教学服务”“图书馆服务”“校园文化氛围”，以及其与各项目的关系上。

教学服务	很不满意	不满意	一般	满意	很满意
B1总体评价	☐	☐	☐	☐	☐
B2教学楼设施	☐	☐	☐	☐	☐
B3教室设施条件	☐	☐	☐	☐	☐
B4实验室设施条件	☐	☐	☐	☐	☐
B5专业课程设置	☐	☐	☐	☐	☐
B6教材选用	☐	☐	☐	☐	☐
B7科研活动机会	☐	☐	☐	☐	☐
B8教学实习和实践	☐	☐	☐	☐	☐
B9课程内容	☐	☐	☐	☐	☐
B10教师专业知识水平	☐	☐	☐	☐	☐
B11教师授课方式	☐	☐	☐	☐	☐
B12教师对待学生的态度	☐	☐	☐	☐	☐
B13教师评价学生的方法	☐	☐	☐	☐	☐
B14整体教学服务与您的预期相比	☐	☐	☐	☐	☐
B15整体教学服务是否满足您需要	☐	☐	☐	☐	☐

图书馆服务	很不满意	不满意	一般	满意	很满意
C1总体评价	☐	☐	☐	☐	☐
C2图书馆整体环境	☐	☐	☐	☐	☐

C3馆内设施设备	☐	☐	☐	☐	☐
C4个人座位数量	☐	☐	☐	☐	☐
C5馆藏资源（含电子数据库）	☐	☐	☐	☐	☐
C6借阅书刊便利性	☐	☐	☐	☐	☐
C7馆员回答咨询准确性	☐	☐	☐	☐	☐
C8馆员服务及时性	☐	☐	☐	☐	☐

校园文化氛围	很不满意	不满意	一般	满意	很满意
E1总体感受	☐	☐	☐	☐	☐
E2校园整体环境	☐	☐	☐	☐	☐
E3体育和文化娱乐场地设施	☐	☐	☐	☐	☐
E4校园网站	☐	☐	☐	☐	☐
E5学术讲座	☐	☐	☐	☐	☐
E6体育文化科技活动	☐	☐	☐	☐	☐
E7社团组织	☐	☐	☐	☐	☐
E8整体校园文化氛围与您的预期相比	☐	☐	☐	☐	☐
E9整体校园文化氛围是否满足您的需要	☐	☐	☐	☐	☐

…………（还很长，省略）

案例6.11评析：（1）本调查“学校服务满意度”的三个维度（其他略），每个维度提问项目数不同，但预选答案都是5级，与前案例调查的原提问答案一样，只有满意程序，但无对什么满意，什么不满意，因此，调查结果也不会落实。（2）每个维度下的项目排列有逻辑问题。如“教学服务”维度中“B9课程内容”就应该紧跟在“B5专业课程设置”之后；“B8教学实习和实践”就应该在“B7科研活动机会”之前；“图书馆服务”维度中，“C5馆藏资源（含电子数据库）”，应写成“C5馆藏资源（纸质书刊）”“C6馆藏资源（电子书刊库）”更准确；“校园文化氛围”维度中，“E3体育和文化娱乐场地设施”，应分写成“E3体育场地设施”和“E4文化艺术场馆设施”；等等。（3）5级备选项，原采用的是“很不满意　不满意　一般　满意　很满意”和“相差甚远　未达到　基本达到　超越　大大超越”两种说法，意义混乱，也没有实质区别，其中“超越”和“大大超越”是什么意思？是程度超过了自己的积极期待，还是出乎预料地差等，在上面列出的备选2页中已删除。

案例6.11建议：（1）继续调整该调查的每个维度下的每个项目之间的逻辑关系，

使之更为合理，在统计分析的时候，还可以按项目归类，进行更有针对性的分析。(2) 如果坚持采用5级评定法，请参考案例6.11的修改方式修改。可减少项目，将项目转为预选（备选）答案，使5级评定内容更具体。(3) 要设计和表述好一个调查问卷，需认真阅读有关理论著述，通过调查内容（核心概念）界定，在头脑中形成一个比较清晰的理论结构，才可能有结构化的、理想的维度、项目和备选答案，也才会有理想的调查报告文本，即学术论文。

案例6.12　观察法：直观观察与记录变化

观察法是用眼睛对事物的运动和行为特征及其变化进行直观观察，而记录事实和数值的方法，是人类最古老，且至今在各学科领域有广泛应用的基本学术方法。只记录运动和行为事实的是狭义“观察法”；同时能辅助计数的称“观测法”。从远古仅凭肉眼直观，逐步通过自制简陋观察仪观察，到近代显微镜、放大镜的产生，到现当代更先进的电子显微镜、射电望远镜等的发明和运用，都是为了一方面放大自己观察事物的视野，另一方面能更精准观察和记录事物运动和变化的细节（案例6.12图1至图5）。

为了说明这些关系，我增添了三类表格：第一类给出正球中的赤经，从白羊宫开始，对黄道每6°有一个数值。第二类给出斜球的赤经，也是每隔6°一个数值，从极点高度为39°的纬圈开始到极点在57°的纬圈，每隔3°一列，其余的一类表给出与地平圈的交角，也是6°一行，同样有7栏。所有这些计算都是对最小的黄赤交角（即23°28'）做出的，而这个数值对我们的时代是近似正确的。

在正球自转中黄道十二宫赤经表[32]

黄道		赤经		仅对一度		黄道		赤经		仅对一度	
符号	度	度	分	度	分	符号	度	度	分	度	分
	6	5	30	0	55		6	185	30	0	55
	12	11	0	0	55		12	191	0	0	55
♈	18	16	34	0	56	♎	18	196	34	0	56
	24	22	10	0	56		24	202	10	0	56
	30	27	54	0	57		30	207	54	0	57
	6	33	43	0	58		6	213	43	0	58
♉	12	39	35	0	59	♏	12	219	35	0	59
	18	45	32	1	0		18	225	32	1	0
	24	51	37	1	1		24	231	37	1	1
	30	57	48	1	2		30	237	48	1	2
	6	64	6	1	3		6	244	6	1	3
♊	12	70	29	1	4	♐	12	250	29	1	4
	18	76	57	1	5		18	256	57	1	5
	24	83	27	1	5		24	263	27	1	5
	30	90	0	1	5		30	270	0	1	5
	6	96	33	1	5		6	276	33	1	5
♋	12	103	3	1	5	♑	12	283	3	1	5
	18	109	31	1	5		18	289	31	1	5
	24	115	54	1	4		24	295	54	1	4
	30	122	12	1	3		30	302	12	1	3
	6	128	23	1	2		6	308	23	1	2
♌	12	134	28	1	1		12	314	28	1	1
	18	140	25	1	0	♒	18	320	25	1	0
	24	146	17	0	59		24	326	17	0	59
	30	152	6	0	58		30	332	6	0	58
	6	157	50	0	57		6	337	50	0	57
♍	12	163	26	0	56		12	343	26	0	56
	18	169	0	0	56	♓	18	349	0	0	56
	24	176	30	0	55		24	354	30	0	55
	30	180	0	0	55		30	360	0	0	55

【案例6.12图1】波兰天文学家哥白尼天体运动黄道十二宫的观察记录表①

大学生就餐行为★观察记录表

观察者________观察日期/时间________观察对象________观察环境__________

被观察者 (随机抽取60人 男女各半)	就餐举止 （打饭，坐姿） （满20分）	就餐语言 （内容、语调） （满20分）	应急反应★ （态度，举措） （满10分）	总体印象 （满20分）
1.				
2.				
3.				
……				

★ 就餐行为，指大学生在食堂就餐时是否合乎规范的言行。包括就餐举止、语言和应急反应等维度和打饭、坐姿、语言内容、语调、应急态度、举措以及总体印象等7个项目。

★应急反应，指出现意外冲突的行为反应。观察者可以设计“意外冲突”，并观察被试反应。这就是观察法兼实验法了。

【案例6.12图2】意大利天文学家伽利略制作了一架口径4.2厘米，长约1.2米的光学望远镜（1609），天文学从此进入了望远镜时代

【案例6.12图3】中国建成目前世界上最大（500米口径）的射电望远镜FAST（2016），截至2018年9月12日，已发现59颗优质脉冲星候选体，其中44颗已被确认为新发现的脉冲星。2020年1月11日，通过国家验收正式向全国天文学家开放使用

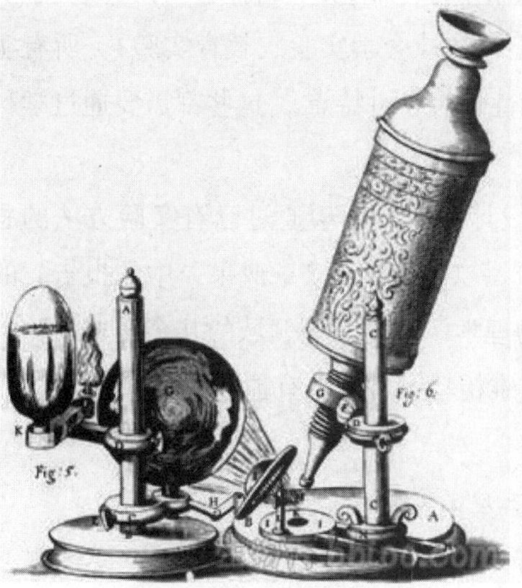

【案例6.12图4】荷兰詹森父子首创的光学显微镜（1590）

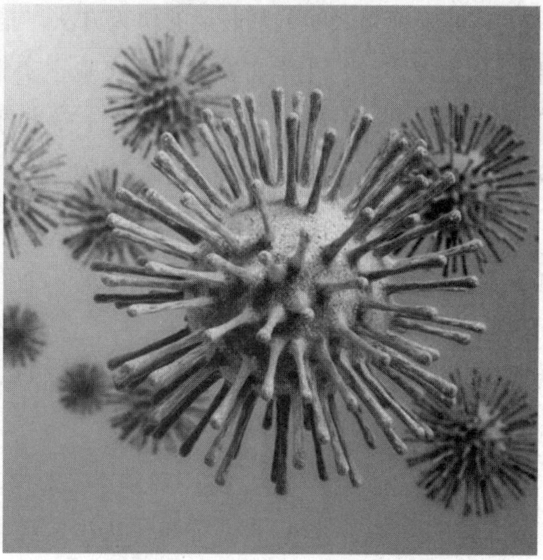

【案例6.12图5】显微镜中呈现的流感病毒

案例6.12评析：（1）观察法，是学者进行学术研究，收集客观资料最为重要的，也是综合应用性最高的实证方法。除了单纯使用观察法或观测法外，其他学术方法例如理论法、调查法、实验法、临床法等，无论所收集到的是概念、定律、事实，还是图表、数据等，也都需要我们用肉眼去直观，才能进行分析，得出结论。所以，观察能力是一位学者最基本的素养。（2）科学观察，不同于日常生活的随意观察，需要严格按照科学规范，对观察内容（核心概念及其定义，如上述"就餐行为"定义）即观察维度和项目、对象、场景、记录和数据进行设计，并按照规范进行实地观察和记录。

案例6.12建议：（1）作为一个研究者掌握第一手资料是非常重要的。观察法就是掌握第一手资料的重要方法，这就是观察法与临床法的相通性。所以可以借助皮亚杰等的临床法，去设计和使用观察法。（2）学者首先需要"眼见为实"，但这个眼见的"实"，未必就是本质的"实"。因此，要真正使用好观察法，还得有很好的理性思维能力，通过理性分析，提炼特点、本质和规律。（3）自然科学中常用的观测法，也可以迁用到人文社会科学中来。例如利用现代信息科技手段（VR等），观测学生在课堂学习或审美活动中的表情、行为的变化，使学术观察结果更为精准。

案例6.13　几个经典实验的思路

实验法，是指有意识控制某些条件（无关变量），让某些条件（自变量）发生变化，观察记录由此带来的变化（因变量），从而确定现象之间（变量之间）因果关系，或验证变量之间关系假设的研究方法。根据条件控制的严格程度，分为实验室实验（如物理实验、化学实验）和非实验室实验（如社会学实验、教育实验）。所有实验都事先有设计，每个学科的实验设计有共同性也有各自特点，这些都需要通过学科实验方法类课程、著述和专门训练获得。

本书的目的不是对各种学术方法的具体设计，而是期望通过已有实验方法的思路，使学生理解学术方法、学术思维及文本撰写（参见“第8章成果”中的报告）的逻辑。如下心理学、教育心理学、社会学、物理学、生物学等领域的几个经典实验的思路，如果你能静心看，定会发现它们不仅思维精巧，且十分有趣：

心理学：皮亚杰三座山实验

实验思路是：(1) 儿童是如何认识客观事物的呢？(问题) (2) 儿童认识客观事物总是以自我为中心的（假设）。(3) 变量：客观事物、自我中心。(4) 实验过程：在桌子上放置三座山的模型，三座山的高低、大小、位置都有明显差异。先让一个三岁幼儿坐在一边，然后将一个布偶娃娃放置在对面。此时实验者问幼儿两个问题：“你看到的三座山是什么样子？”“娃娃看见的三座山是什么样子？”(5) 结果发现，幼儿对两个问题给出的是同样答案。(6) 结论：儿童只会从自身所处角度看三座山的关系（如两座小山在大山背后），而不能设身处地从对面娃娃的立场来看。证明儿童认识客观事物有“自我中心”的特点（证实了假设）。(7) 他因此再推理：自我中心主义是前运算阶段（2至7岁）幼儿的认知特征，自我中心主义是指幼儿只从自己的观点看待世界，难以认识他人的观点，认为所有的人都有相同的感受和看法。

教育心理学：班杜拉波波玩偶实验

实验思路是：(1) 问题：儿童侵犯行为是如何获得的呢？(2) 班杜拉认为，儿童侵犯行为的获得并不一定要以其亲身获得奖励或惩罚为前提，儿童可以通过观察他人从事此类行为之后受到奖励或惩罚而学会这类行为（假设）。(3) 课题变量：实际侵犯行为；观察侵犯行为。(4) 实验过程：儿童被分为实验组和控制组，试验之前已评估两个组的攻击性大体相等。儿童被分别带到两间屋子里，让实验组的儿童看到的是大人叫喊着用大木锤击打假人；而控制组的儿童看到的是大人自己悄悄玩玩具。十分钟后，把儿童带到另一间放着各种各样他们喜欢的玩具的屋子，告之说这些玩具不能动，是留给其他人玩的，以激起他们的挫折感。之后把孩子们带到第三间屋子，屋子里有一些玩具，包括有一个大木锤和一个假人(Bobo doll)。(5) 结果正如所料：实验组的儿童比控制组的儿童表现出了更多的侵犯行为（假设被证明为真）。

社会学：哈佛大学伤痕实验

实验思路是：（1）人们发现，一个内心烦躁的人纵然身处幽静也是狂躁不安的，一个内心清净的人虽然深处闹市，他的世界还是清净的。这是为什么呢？外在世界和内心世界究竟是什么关系呢？（问题）（2）无论是幸福、宁静、安全还是不幸、烦躁、恐惧……都到你自己内心去寻找吧，因为伤痕不来自外部世界，其实是在我们各自的内心里（假设）。（3）变量：外部伤痕；内在不安。（4）科研人员向志愿者宣称，实验的目的是观察人们对身体上有缺陷的陌生人，尤其是面部有伤痕的人，有什么反应。每位志愿者都被安排在没有镜子的小房间里，由化妆师在其左脸做出一道血肉模糊、触目惊心的伤痕。志愿者被允许用一面小镜子照照化妆效果后，镜子就被拿走了。然后，化妆师表示需要在伤痕表面再涂一层粉末，以免不小心擦掉。实际上，化妆师用纸巾偷偷抹掉了化妆的痕迹，每个人脸上都恢复了原貌。但志愿者对此毫不知情，他们就被派往人流密集的各医院候诊室，任务就是观察来往的人们对自己的反应。之后，志愿者竟无一例外地叙述了相同的感受：人们对他们比以往粗鲁无理、不友好，且总是盯着他们的脸看！可实际上，他们的脸上与往常并无二致，他们之所以得出那样的看法，显然是内心的错误自我认知影响了自己的判断。（5）结论：外在世界是内在世界的投射（假设得到证实）。从一个侧面也验证了一句西方格言：“别人是以你看待自己的方式看待你的。”也如台湾心灵作家张德芬所说的“亲爱的，外面没有别人，只有你自己”。（6）进一步推论：我们往往花大力气去了解别人，却很少花精力去了解自己，认识自己。其实，你有什么样的内心就会有什么样的世界，即：

一个从容的人，感受到的多是平和的眼光；

一个自卑的人，感受到的多是歧视的眼光；

一个和善的人，感受到的多是友好的眼光；

一个叛逆的人，感受到的多是挑剔的眼光……

物理学：托马斯·杨光干涉试验

实验思路：（1）牛顿曾认为光是由微粒组成的，而不是一种波。这是正确的吗？（问题）（2）英国医生也是物理学家的托马斯·杨想，如果光是粒子，那么光线分别穿过两个洞，就会各自径直向前，互不相干。（3）他在百叶窗上开了一个小洞，然后用厚纸片盖住，再在纸片上戳一个很小的洞。让光线透过，并用一面镜子反射透过的光线。然后他用一个厚约1/30英寸的纸片把这束光从中间分成两束。（4）结果他看到了相交的光线和阴影。这说明两束光线可以像波一样相互干涉。（5）光是粒子，也是波（证明了假设，也证明了牛顿光学存在的问题，牛顿也不是永远都对的）。这就是光具有波粒二象性定律的来源。(6) 进一步推延：这个试验为一个世纪后量子学说创立起到了至关重要的作用。

生物学：孟德尔豌豆遗传实验

实验思路：(1) 孩子为什么会像父母呢？当时比较流行的有融合说或者混合说，将这种现象解释为：母方卵子与父方精子中存在的“某种液体”混合是孩子继承父母两方特征的原因。(2) 与此相对，孟德尔自立粒子说，并提出决定父母方性质的是某种单位化的粒子状物质，并将之传给了子女（假设）。(3) 变量：父母性状、子女性状。所谓性状，即指生物体的形态、结构和生理、生化等特性的总称。(3) 孟德尔选择了用豌豆做实验材料，因为豌豆生长周期短，且有与其他生物更多的相似性。他于1854年夏天开始用34个豌豆株系进行了一系列实验。他选出22种豌豆株系，7个特殊的性状（都有明显的显性与隐性性状，且没有中间等级），进行了7组具有单个变化因子的一系列杂交试验。(4) 结果他发现了父母辈与子女之间性状的相同或相似，是按照某种比例遗传的。(5) 实验证明了父母和子女之间是借助某种粒子（后来称此为“基因”），且是按照3：1比例（下图）遗传的，提出了著名的孟德尔遗传定律。

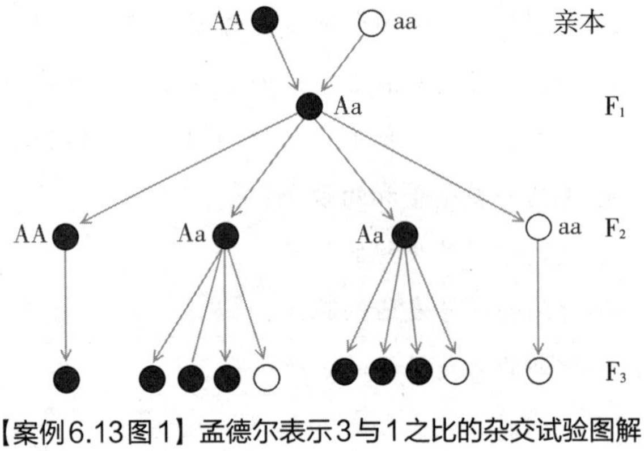

【案例6.13图1】孟德尔表示3与1之比的杂交试验图解

案例6.13评析：(1) 无论人文社会科学还是自然科学，实验法都是证明理论假设的重要方法，且实验思路也基本上是相同的。(2) 上述经典实验，都是证明了实验假设的，也就是实验假设被证明为“真”的。事实上，还有很多实验的假设是被证明为“非真”了的。无论证明为“真”还是为“非真”，只要实验设计和实施过程是合乎科学规范的，都会为未来的研究提供参考，也都不能算是实验失败。

案例6.13建议：(1) 事实上，还有好多设计思路很巧妙的实验，但是有违社会人伦（如二战时期的一些医学实验、人体细菌病毒实验、人体消极心理学实验等，有损被试身心健康），所以坚决不能采用，必须受到严厉谴责和制裁。严格遵守学术道德和伦理，是实验法的一大重要基本规范。（2）无论你的研究是否采用实验法，以实验法的思路，引导自己的学术思维和学术写作，都是非常有益的事情。且你会发现，任何大大小小的学术课题研究、学术思维和学术写作等，都不过是或明或暗地在遵循实验的思路，论证或实证自己的假设。

案例6.14　思想实验[①②]与科学想象

所谓“思想实验”，顾名思义，不是在实验室，也不是在现实社会场景中进行，而是指在人的头脑中运用想象力去进行的实验（故也称想象实验），通常是指那些在现实中无法做或还没有条件做的实验。科学思想实验是一种在人的头脑中进行的理性思维活动，这种思维活动按照实验的格式展开，所以也称为“实验”。

思想实验早在古代就已经有了萌芽。亚里士多德的物理学研究大都是思想实验。阿基米德在研究面积和体积时，总是先作一种思想上的“实验”，想象用均匀材料切成一定形状的平面物体通过称量，以测量它的面积，这样就对它们的关系有所了解，然后再从数学上进行证明。芝诺用思想实验论证了“阿基里斯追龟”“飞矢不动”等命题。古代中国也有思想实验，庄子的《天下篇》中就有“一尺之棰，日取其半，万世不竭”，以论证物质的无限可分。

爱因斯坦惯用思想实验

到了近代，思想实验逐渐从思辨的形式转变为科学的思想实验。可以说17世纪是科学的思想实验的发源时期。到现代，思想实验在爱因斯坦那里得到了高度综合和充分发展。爱因斯坦，除了充分利用和借鉴已有经典实验研究的成果外，还大量使用“思想实验”，相对论就首先来自他关于乘火车、坐电梯的思考，甚至骑乘在光上以光速前进的思想实验。爱因斯坦和英费尔德合著的科普读物《物理之演进》中，就有一个思想实验，要求读者想象一个平滑、无摩擦力的地面及球体在上面运动的实验，这在现实中是做不到的，或暂时做不到的。[③]

思想实验最早产生在哲学研究领域，虽然其研究过程不可避免会受到主观思想控制，其客观性受到质疑，但却在自然科学领域得到较多应用。很多著名科学理论的提出（假设）和论证，都首先采用了这样的思想实验法。

---

① 乔乐·利雄. 思想实验——当哲学遇见科学[M]. 赵丹，译. 北京：化学工业出版社，2019.

② 苏心. 思想实验——人类对世界和自身最大胆的假想教程[M]. 南京：江苏人民出版社，2012.

③ 360百科. 思想实验[EB/OL]. [2021-08-17]. https://baike.so.com/doc/6196316-6409577.html.（有删改）

缸中之脑实验

缸中之脑（brain in a vat），又称桶中之脑（brain in a jar），是知识论中的一个思想实验，由哲学家希拉里·普特南在《理性、真理和历史》（*Reason*，*Truth*，*and History*）一书中提出。这一实验的理论基础是，人所体验到的一切最终都要在大脑中转化为神经信号。假设一个疯子科学家、机器或其他任何方式将一个大脑从人体取出，放入一个装有营养液的缸里维持着它的生理活性，超级计算机通过神经末梢向大脑传递和原来一样的各种神经电信号，并对于大脑发出的信号给予和平时一样的信号反馈，则大脑所体验到的世界其实是计算机制造的一种虚拟现实，那么此大脑是能否意识到自己生活在虚拟现实之中呢？这个思想实验常被引用来论证一些哲学，如知识论、怀疑论、唯我论和主观唯心主义。推理论证如下：因为在人体头颅中的大脑和缸中之脑接收着一模一样的信号，从大脑角度来说，它完全无法确定自己是颅中之脑还是缸中之脑。如果是前者，那它的想法是正确的，它确实走在大街上或者在划船。如果是后者，那它就是错误的，它并没有在走路或划船，只是接收到了相同的电信号而已。结论是：如果一个大脑无法知道自己是在颅中还是缸中，那么这世间的一切都可能是虚假的、虚妄的。那么什么才是真实的呢？

案例6.14评析：（1）说到实验，大多数人想到的是在自然科学领域，在实验室里借助各种仪器做的实验。此外，还有一些在自然或社会现实环境中进行的实验，例如社会学中的从众实验、谣传实验、围观实验，心理学中的感觉实验、记忆实验、情绪实验，教育学中的教法实验、解题策略实验等，这些实验因为精准度远不能与实验室实验匹敌，故被称为准实验。（2）思想实验法，是从哲学问题的思辨和论证中产生的，但是后来却大量用到了自然科学研究中，到爱因斯坦时期更为成熟。后来，有人把它称为“抽象实验”“假想思想”等。很多著名的科学理论假设的提出和论证，都是这种思想实验的成果。说明思想实验有其合理性。（3）在科学日益发展的今天，我们的认识活动越来越远离日常的直观经验和直觉，科学研究活动所需的仪器设备日益纯化、理想化，物化实验有时无法满足科学发展的需要，运用思想实验进行科学研究就成为一种必然。

案例6.14建议：（1）思想实验需要的不是一般想象力，而是科学想象力。在人文社会科学中也更应该大量使用，不过也必须遵循科学思想实验的基本规范。（2）“在科学方法论的发展史上，爱因斯坦起到了承前启后的伟大作用。”“爱因斯坦是20世纪科学革命的主将，也是现代科学哲学和科学方法的缔造者和集大成者”，且“孕育或催生了其时和其后的各个流派的哲学家的方法之果”。“爱因斯坦的科学方法具有温和经验论、科学理性论、基础约定论、意义整体论和纲领实在论的有机要素，体现了多元互补和张力平衡的特征，显示出广博的包容性和强大的涵盖性。他的统一性、对称性、相对性、几何化等科学思维方法或科学研究基旨可以当之无愧地称为“科学的眼力”或“科学的智慧”。他的探索性的演绎法、逻辑简单性原则、准美学原则和形象思维，是创立像相对论这样的现代科学理论的锐利武器。①

案例6.15　实验仪器与参数（变量）

科学实验的一个重要工具，就是实验仪器。实验仪器可以作为中介，辅助实验者按照实验意图，检测事物变化，收集变化数据；可以控制数据的变化（自变量），收集反应数据（因变量）等。

每一种实验仪器，都有特定功能，或者都设计有该仪器可观测到的参数（Parameter），在实验、统计学、数学、计算机、软件设计等中，也都经常见到，字面上理解是可供参考的数据，严格来说它是对事物的某种变化所赋予的数值，而这些数字是随着事物的变化而变化的，所以也称“变量”。前述说过，一个课题就是研究标题上显示的变量（核心概念）与变量（核心概念）之间的关系（参见第3章3.2），实验也就是研究“自变量x”对“因变量y”的因果关系，或者论证假设（预先推测可能存在的关系）。通常，当引入的一个或一些变量，并不是课题要研究的主要变量（核心变量，核心概念）时，这样的变量就叫作“参变量”，或也直接就称参数。因此，参数是变量，但不一定是核心变量。在使用实验仪器之前，首先就要了解仪器的参数，也就是可以测量的那些变量，这是非常重要的，实验仪器的参数，会直接影响到实验的思路、操作方法和数据结果，以及数据的使用。

脑电仪

脑电仪（electroencephalograph），指记录脑活动时的电波图像的专用仪器，记录笔会依脑电波幅而振动，将电位变化记录在走动的记录纸上。在医学上主要用于探测大脑病变部位和功能的变化。在心理学、教育学、社会学、美学与艺术学中，可用于探测人在学习、认识事物和与人交往等的时候，大脑相应部位发生的变化。可将监测发现到的大脑变化的信息放大。具滤波功能，时间常数与灵敏度可以调节。有些脑电仪还具有脑电深度分析的功能。实验材料，可以是诱发脑电之变化的药物、人际交往活动、作业、学习、艺术作品等。

① 李醒民. 科学方法丛书. 总序//刘仲林. 科学臻美方法[M]. 科学出版社，2002.

心电仪

心电仪（electrocardiograph），指记录心脏跳动频率和流畅性的电波图像的专用仪器。仪器上的指针会依据心电波来回走动，将电位变化记录在走动的记录纸上。在医学上，主要用于测量心脏跳动和功能的变化。在心理学、教育学、社会学、美学上，可用于发现人在活动中的情绪变化。因为一个人情绪的起伏，都会直接影响心脏跳动频率，打破常态频率。目前，已有可随身携带的、对个人心脏进行随时随地监测的微型心电仪，可以用于胸部测、脚腕测、手腕测等，其检测原理与医院使用的心电图机检测原理一样，但其具有携带方便、操作简单、及时检测以及自适应调整和显示等优点。有些功能强大的心电仪，可以对心电波进行很细致的深度分析，所获得的数据更有价值。

心电仪和脑电仪合并使用，可以对收到的脑电数据和心电数据进行综合分析和相关分析，以研究认知和情绪之间的相关性。

眼动仪

眼动仪（eye movement technique）是一种能够跟踪测量眼球位置及眼球运动信息的专用设备。在医学上主要用于测量眼睛视力、功能或病变。在心理学、教育学、认知语言学、社会学、美学的研究中，通过眼球运动的电波，获得优先关注点、关注轨迹、时间长短、关注焦点等分析数据，进而确定人的心理活动兴趣点、价值取向、深度等，应用广泛。分析眼动的本质是观测人注意力资源的主动或被动分配，以及选择更有用或更有吸引力的信息。

早在19世纪就有人通过考察人的眼球运动来研究人的心理活动，通过分析记录到的眼动数据来探讨眼动与人的心理活动的关系。眼动仪的问世为心理学家利用眼动技术探索人在各种不同条件下的视觉信息加工机制，观察其与心理活动直接或间接的奇妙而有趣的关系，提供了新的有效工具。

当代眼动追踪，借助远程传感数据收集方式，在读取文本和图像时，便可以同时记录眼动注视、扫视和停留的数据，并传输到电脑数据库进行统计分析，迅速做出分析、判断和绘制出眼动轨迹图。这项技术已获得各大高校与科研单位的高度认可。

多道生理记录仪

多道生理记录仪（Multichannel physiometer）是一种能够记录人体多项生理指标的仪器，其可监测被测者在被询问某些问题（或受到某种刺激）时所表现出的植物神经活动（呼吸频率、血压、激素，也可以包括脑电、心电、眼点等生理指标）的变化。

多道生理记录仪，根据数据通道和数据显示的个数，来决定功能的大小。数据通道有8个，16个，32个等，目前最多可达60个数据通道和数据显示。也就是对于一个被试者，可以一次测到60个指标数据，对一个人测1个数据，那么可以同时测60个人，可以分别独立获得上述诸如心电、脑电、肌电、皮肤电、肌肉电、动作电位，甚至激素变化、胃肠电、心肺功能（气道阻力和顺应性）等信息，并支持相关统计分析、编辑打印等。

目前，多道生理记录仪已经可以与生物远程传感器并用，可以记录现场，例如记录教学现场师生行为、生理和心理的变化，并进行同步数据统计分析。

案例6.15评析：（1）上述所有实验仪器，比较高级的，可计算最大值，最小值、平均值、峰值、心率、斜率、微分、积分、面积、偏差、标准差、绝对值、三角函数等变量。（2）资料可作为Windows文件长期保存，并自由设定存储时刻、时间、重复次数。（3）数据可直接用EXCEL进行统计计算，时时计算和离线计算皆可。或者转到更高级的统计软件上，进行更高级的、更深度的多因素交互复杂分析，以发现心理、教育教学、人际交往、审美活动中更深层的定律。（4）只是这样大型而精良的实验仪器，一般认为只是应用在自然科学和医学领域，要突破这种学科局限，还需要努力。

案例6.15建议：（1）统计各大学现有的类似实验仪器进行整合的心理学实验室。（2）积极鼓励人文社会科学进行科学实验，监测人的活动其实比物的活动更敏感，更容易检测到其变化数据，发现其规律。（3）在信息化和智能化的技术支持下，这类仪器的体积将比过去更小，甚至整合起来也只有手表那么大，但其功能将越来越强大，例如数据获得、远程传输、统计分析等，都可以随时随地同步进行了。因此不管是做自然科学实验，还是做人文社会科学实验，也一样得心应手。只是需要明确思路，有精致的实验设计，其他都由仪器代为完成即可！

6.4.2 量化法

量化法也称定量研究法，指将实证方法所获的数量进行编码，建立数据库（有结构的数据），使之能按照一定数学方法或模型进行统计分析，推导结论。其与实证法和统计法有直接关系。很多人因为害怕数学，所以害怕量化法，或认为量化法是自然科学的专用法，社会和人文学科都不宜采用。事实上，世界上的任何事物都是质与量的统合体，正如任何事物的质总是一定数量基础上的质一样，任何社会现象也有其特定的数量规定性，它为人们从数量方面进行社会科学研究提供了可能。对社会现象中所要研究的问题进行量的提取和表述，用定量方法去描绘其状态与进程，是人类高级思维能力的一大重要标志。在科学史上，运用数学工具和计算技术定量研究了自然科学，下一步重点将是社会科学，“社会科学的定量化研究方式的出现与成熟则是一种必然的趋势”[①]。正如马克思所说：“一门科学只有当它达到了能成功地运用数学时,才算真正地发展了。”

量化法，也称定量分析法。“定量分析，研究客观世界和精神世界的一种科学方法。其特点是把研究对象所涉及的因素，因素之间、因素与系统之间的关系用量去描述和表证”，上述调查法（案例6.11；6.12）采用5级预选答案的目的，也就是要将收集到的预选答案，转化为分数。只是在转化分数的时候，不能丢了实质。“分析过程是从数字间的关系导出事物的发展规律性”，例如从一些出生人口的统计数字中，可以发现性别比例，各个民族出生率，经济发展与人口出生率关系的规律性。

案例6.16　用数据说话的力度

用数据说话，是学术研究、学术思维和写作的显著特征之一。对此，前述若干案例，以及本书第8、9章中都有相关论述。

2019年底到2020年初，新冠病毒突发流行，侵袭各国，引起世界恐慌。面对如此复杂局面，数据在让人们了解局势和稳定人心中，起到了很大作用。以色列学者尤瓦尔·赫拉利发文，用数据回顾人类曾经遭遇过的病毒袭击，力证今天人类因为信息化比过去更有能力抗击病毒[②]：

流行病早在全球化时代之前就夺走了几百万人的生命。14世纪的时候，还没有飞机和邮轮，但黑死病在十几年间就从东亚传到了西欧，导致了7500万至2亿人（超过欧亚大陆人口的四分之一）的死亡。在英国，每10个人就有4个死亡。佛罗伦萨的10万居民，有5万人不幸殒命。

1520年3月，一个天花病毒携带者——弗朗西斯科·德艾圭亚到达墨西哥。当时，中美洲没有火车、公共汽车甚至驴子。然而到了12月，天花疫情摧毁了整个中美洲，约三分之一人口死亡。

1918年，一种特别强大的流感在短短几个月间蔓延到世界最远的角落，5亿人（超过全球人口四分之一）被感染。据估计，印度有5%人口因此丧命；这个数字在大溪地是14%；在萨摩亚是20%。这次流感在不到一年时间内，总计夺走了几千万人（也许高达1亿人）的生命，比第一次世界大战在四年间造成的死亡人数都多。

1918年之后的一个世纪，由于人口增加以及交通发展，人类更容易受到传染病的危害……加上全球交通网络远比1918年时迅捷，一个病毒可以在24小时之内从巴黎

① 欧阳康，张明仓. 社会科学研究方法[M]. 北京：高等教育出版社，2001：214.

② 尤瓦尔·赫拉利. 阻止全球灾难，需要重获失去的信任[J]. 陈光宇，译. 三联生活周刊，2020(12).

到达东京和墨西哥城。

尽管艾滋病和埃博拉病毒曾暴发，21世纪流行病导致的死亡在总人口所占比例，比石器时代以来的任何时候都低。这是因为人类对病原体的最佳防御不是隔离，而是信息……在病原体和医生的竞赛中，病原体依赖的是盲目变异，而医生依赖的是对信息的科学分析。

2020年3月16日中国国务院新闻发布会上，国家统计局新闻发言人毛盛勇用统计数据表明，“从1—2月经济运行数据看，疫情确实对当前经济运行造成了比较大的冲击，但……总体是可控的”（以下文字有删减，数据保留）：

首先，我国超大规模经济的优势没有改变。2019年中国的经济总量接近100万亿人民币，人均GDP超过1万美元，主要工业品的产品产量连续多年保持世界第一。

2020年1月到2月份尽管疫情冲击比较严重，但……规模以上工业总产值仍然达到了11.5万亿元，社会消费品零售总额超过了5.2万亿元，完成了固定资产投资超过3.3万亿元，所以规模、体量还是相当可观的。

关系国计民生的一些重要行业生产没有中断……一些行业还保持着比较好的增长。1月到2月份，从产品产量来看，乙烯的产量增长了5.6%，粗钢和生铁的产量增长了3.1%，10种有色金属产品产量增长了2.2%。特别是口罩、防护服、酒精等消毒用品的产能和产量短时间得到极大提升……口罩的产量同比增长了2.9倍……日均产量2020年2月29日已经达到了1.16亿只……肉禽蛋类零售额增长37.8%，蔬菜类增长17.1%，冻肉、方便面产量增长率达到两位数。14亿人的基本生活得到有效保障。

整个疫情防控期间，互联网的作用发挥得相当好，包括疫情的防控、物资的调配、消费品的传递，还有网络在线的教育、远程问诊，以及文化娱乐的消费……实物商品网上零售同比增长3%，占社会商品零售总额的比重达到了21.5%，比上年同期提高了5个百分点。一些技术含量比较高的产品逆势增长，3D打印设备、智能手表等电子产品产量增长都在100%以上，单晶硅、多晶硅产量分别增长45%和35%左右。

股市行情，在任何时候都是反映经济走势的晴雨表。同样是3月16日这天，美国股市正在遭遇疫情以来第四次熔断，33年来最大跌幅：

周一，美股遭遇1987年以来的33年最大日跌幅，标普500指数收于2018年12月以来的最低水平，一周内三次触发熔断，追踪市场风险情绪的恐慌指数超越2008年金融危机时的最高收盘水平。道琼斯工业指数崩跌2997.1点，或12.93%，报20188.52

点；标普500指数暴跌324.89点，或11.98%，报2386.13点；纳斯达克指数重挫970.28点，或12.32%，报6904.59点。

案例6.16评析：（1）一系列数据，用最简明最具有说服力的方式，论证人们所持有的观点。一组客观准确且简略的数据，往往能比千言万语更有说服力，这就是量化方法的逻辑力量。（2）但并非任何数据都具有说服力。上述数据都是建立在一定数学分析，即统计分析基础上的。要从数据或量化的事实中提炼出本质、规律和思想观念，发现问题或提出解决问题的策略，还必须使用统计推论这个数学工具（参见6.4.3）。这样的量化或以数据说话的方法，才是可靠可信的。

案例6.16建议：（1）在学术研究中，特别是在比较大型的课题和学术文本、学位文本中，要切记避免全篇坐而论道，要尽可能争取用数据说话。（2）然而，要获得一组客观、准确而且恰好能够说明自己观点的数据，并非易事。量化方法，即获得数据，或将非数据转化为数据，进行数据处理的方法，即各种统计方法等，值得每位学者投入精力去学习、训练、掌握和应用。

6.4.3 统计法

严格来说，统计法包含了量化方法，是指在量化信息（数据）基础上，对数据进行分析，并得出结论的方法。也称数理推论法、统计推论法。但是，量化方法也并不等于统计方法，例如有时候你使用数据来论证观点或理论或假设，但你并没有使用统计方法，而且这个数据或许是他人统计得到的。

准确说，统计法是一种用数学方式推理的方法，是与实证法和定量法相互依存的方法或其中重要一步，是把收集的数据或由事实或现象转化而来的量化数据，置入特定数学推论公式或模型中进行运算处理，从而得出运算结果即结论的过程，推导出这些数据所代表的事物的性质、变化趋势与规律等。这就意味着，有了充分的和必要的数据材料，能否得出科学结论，一方面取决于统计分析或推论模型的科学性、合理性，另一方面取决于学者理论思维逻辑在选择统计方式和在推论运算时的每一步掌控的水平。理论思辨不仅在数据维度与指标建构，以及数据资料收集整理和归类，统计方法的选用中有重要作用，而且在结论表述上理论解释中，也会显示出作者的不同水平。

初学实证方法的人，害怕数学，所以不采用实证方法。而当实证方法、量化法和统计方法，达到一定水平的时候才会发现，其实理论思辨方法与能力，才是难度最高的学术素养。

在各个学科的实证研究中，传统常用的经典统计方法不少，如差异分析（表

6–1）、方差分析、协方差分析、相关分析（表6–2）、聚类分析、判别分析、卡方分析、对数线性、主成分分析、回归分析、因子分析、对应分析、logistic分析、信度分析、效度分析等，每种统计分析方法下，还有具体的分析方法，例如：差异分析中，有独立样本分析、相关样本分析、*T*检验、*Z*检验等；相关分析中，有积差相关、等级相关、质与量相关；回归分析中，有一元回归、多元线性回归等。

在信息技术支持下，传统的、经典的统计分析方法，在速度、准确性和便捷性等上，得到了大大改善，还不断更新或增加了一些新的统计方法，并伴随着各种统计软件的诞生，如目前已在学术界普遍使用的方法：计量分析（图6–6）、大数据分析、可视化分析、图像分析、视频分析、音频分析等及其相应的软件。

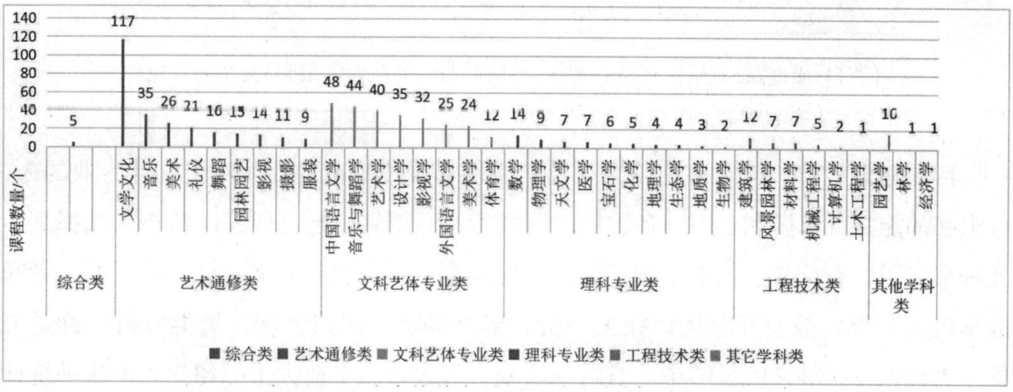

【图6–6】“爱课程”平台高校美育课程设置计量分析（2020，温霞）

[截至2019年10月27日“爱课程”平台与524所高校及教育单位合作推出4079门课，其中开设美育课程的高校及单位涵盖本科院校208所（39.7%），职业学校46所（8.7%），教育单位4所（0.8%）；所开设的美育课程为626门（15.3%）]

表6–1　实验班对照班学生成绩差异*Z*检验

年级	班别	N	$\overline{X}\pm S$	Z	p
三年级	实验班	35	38.4±3.75	13.75***	<0.0001
	对照班	38	24.79±4.69		
四年级	实验班	38	34.79±3.03	6.41***	<0.0001
	对照班	37	28.89±4.67		

（源自：宋乃庆，朱德全，彭智勇. 教育实验研究. 重庆出版社，2000:187）

表6-2　儿童音乐创造力倾向与音乐创造行为等级相关（Rd）

序号	音乐创造力倾向 X	音乐创造力行为 Y	等级 R_X	R_Y	等级差数 $D=R_X-R_Y$	差数平方 D^2	R_XR_Y
1	88	85	1	1	0	0	1
2	85	82	2	3	−1	1	6
3	78	80	4	4	0	0	16
4	73	77	7	5	2	4	35
5	73	73	7	6.5	0.5	0.25	45.5
6	73	70	7	8.5	−1.5	2.25	59.5
7	68	73	10	6.5	3.5	12.25	65
8	69	70	9	8.5	0.5	0.25	76.5
9	75	69	5	10	−5	25	50
10	80	84	3	2	1	1	6
N=10			$\sum R_X=55$	$\sum R_Y=55$	$\sum D=0$	$\sum D^2=46$	$\sum R_XR_Y=360.5$

（源自：周世斌. 音乐教育与心理统计基础. 西南师范大学出版社，2005：112）

特别建议：（1）这么多统计方法及其应用和表述规范，即使对于统计专业的人，也未必都能熟练掌握和运用。各领域的研究者，只要结合自己研究的特点，选择其中几种来应用，在反复应用中得到训练并掌握就可以了。（2）人文社会科学类的学者和准学者，主要掌握差异分析、相关分析、卡方分析、回归分析、聚类分析、计量分析、大数据分析等，就足够了。有特殊需要，再去请教专业人士。（3）无论哪种统计方法，要合理使用，都必须知道其基本统计思想、原理和操作技术（步骤和要领）①。目前已有各种统计软件，不需要自己去具体计算，只要理解统计原理，再结合自己的课题目的和数据特征，形成明确的统计思路，然后选择按键，就能得到结果。

6.4.4 互联网、区块链、大数据分析

实证定量和统计方法，无论在自然学科还是人文社会学科史上都先后经历了或经历着从无到有，从低水平到高水平应用的过程。现代信息科学技术的发展，已经一步一步将人类所有领域、行业、专业、学科，乃至人们的日常生活，带入了高度量化时代，量化一切或一切皆可实现量化的时代！②尤其是近年在互联网基础上实现的大数据、云计算、区块链等智能化高新技术，大大改善了各行各业掌握和处理数据信息的方式与能力。带来了包括各学科的学术研究，处理学术信息的方式与能力的改变，以及学术文本撰写样式的变化。

① 孟庆茂，冯伯麟. 心理与教育统计学[M]. 北京：北京师范大学出版社，1993.

② 赵伶俐. 量化世界观与方法论——《大数据时代》点赞与批判[J]. 理论与改革，2014(6).

信息化、智能化的高速发展，使得传统的、经典的、现当代不断涌现的统计方法，都已在与大数据分析实现结合。换句话说，未来，我们从互联网上获取的任何数据（除数量化数据外，还有图像、音像乃至更多形式的数据），都可以用大数据方法进行分析。

大数据，是基于互联网和云计算平台的，对海量数据、零散数据汇聚并进行分析处理，从中挖掘或提炼数据含义、数据价值的统计方法。区块链，是在继大数据后迅速流行起来的新概念和新技术，指原本各种层层分隔的局域网或数据库，得到快速链接、整合、建构而形成更大综合运算系统的方法，这将大大提高人类分析提炼数据信息的水平和决策能力。

作为学者和准学者必须高度关注这种发展趋势，并积极探索这些高新技术方法在实践、研究和论文撰写中的运用。

案例6.17　人类已悄然进入数字化空间

稍稍留心一下，信息化、互联网、智能化、大数据给社会、经济、文化、生活、教育带来的变化，真的是非常巨大，作为当代或未来学者，所使用的研究方法如果还是远远在此以外，或者说在数字化空间之外，那无异于将自己“与世隔绝”：

2008年7月29日下午，我和朋友偶然进入了一家银行。宽大的业务大厅，长长几排座椅上，稀稀拉拉坐着三五个人。原以为他们是等候办理业务的顾客，结果发现，他们都只是在那里借大厅空调乘凉玩手机的人。厅内各种业务办理台，各种存钱取钱的机器，都一个紧挨一下静静摆放在那里，感受到过去热闹的场面和今天冷清的强烈对比。一个个营业窗口紧闭，只看得见其中一个窗口里，有一个女业务员懒懒地坐在里面，无所事事；一个保安偶尔走到大厅来，对银行里坐着的并非办理业务的人扫一眼，也懒得过问。

想着仅仅两年前，我们大多数人都还习惯去银行存款取款，运气不好要排几十分钟。记得五年前在英国伦敦某银行取钱，甚至等候了整整一个上午。现在，几乎所有人只要你愿意，就可以在网上银行开户，只需要点击手机，输入几个数字，再点发送，一分钟不到就完成了全部取款、转款或消费活动。看着这些数字，玩着这些数据和运算程序，你会有几分不真实感。然而，这才的确是实实在在的真实！

看着眼前这样设备豪华的大厅，已经是过去实体银行辉煌和繁忙的遗物，反倒有很不真实的虚的感觉，去体验一下VR虚拟仿真世界，倒有真真切切的感受。以后，或许真实世界与虚幻世界都会彻底颠倒过来。谁知道我们一直感觉到的真实的“三维空间”“四维时空”，不过是另一代人类的虚像呢？想到20世纪末我正在读博士，学位论文中参考了一本译著《数字化生存》[①]，那时候书中对未来的描述，还是推想出来的，或奇思妙想的结果。现在才20年时间，竟然一件一件都成为了现实，甚至，已经超越了那本书所有的想象和预言。数字化时代已经变成了今天的数据化时代，我们将无时无刻不生活在数据及计算（统计）中，在不断产生大数据及被大数据支配着的时空中。

案例6.17评析：（1）信息化和互联网带来的量化一切的、数据化生活，竟然使得真实与虚幻来了一个大翻转！海量大数据等，已布满人类日常生活实实在在的时间与空间。这是无论自然科学还是人文社会科学学者，都始料未及又必须接受的事实。（2）然而，有不少学者和准学者，还在坚决拒绝实证或量化的方法，因为害怕数学而贬低和躲避数据与统计，是很不明智的做法。必须与时俱进、学习和掌握信息化高新技术带来的数据收集归类整理，建立新的统计分析思想与方法[②]，直面这种方法论与操作体系的变革。大数据分析人才的培养与发展，是面向未来的朝阳教育事业！

案例6.17建议：（1）以培养人才为使命为目标的教育教学及其学术研究领域，更应该是数据方法等高新统计技术使用的前沿，但却明显远远落于商业和经济领域，甚至一些文化、文献领域。近年提出了“智能化教育”，且有关教育研究也在大力倡导使用实证、量化、统计方法，有关成果和文本越来越多见，但是传统量化和统计方法还是占有绝对优势。应该制订较有力的措施逼其改观。（2）虽然目前局部也在使用一些信息化手段，建立数据库，进行量化分析等，但是整个设计思路和大格局，还是基于传统量化和测量方法的，甚至还在采用问卷，一个学校一个地区地进行线下调查，好多数据都还被分割在一个个狭小的电脑中，办公室、学校或某单位的部门局域网中，因此还必须进行区块链接、数据共建共享，方能进行大数据分析。

案例6.18　“以数据说话”与错过大数据[③]

中国教育部推行的全国高校第一轮本科教学评估（1997—2007），重在办学条件达标，且主要以实物与纸质文件为据。起于2013年的第二轮本科教学评估的重点，则发生了重大变化，在《开展普通高校本科教学工作审核评估通知》（以下简称《通知》）中确定评估的要核是：对“学校人才培养目标及其实现状况”进行自查、专家

---

① 尼葛洛庞帝. 数字化生存[M]. 胡泳，译. 海口：海南出版社，1997.

② 张华平，商建云，刘兆友. 大数据智能分析[M]. 北京：清华大学出版社，2019.

③ 赵伶俐.以“教学基本状态数据”为据——《大数据时代》对第二次本科教学评估的启示与警示[J]. 现代大学教育，2015(2).

审核与指导；并强调尊重办学自主权和推进多样化；而实现这一切的前提依据便是各校提供的“教学基本状态数据”。配套颁发的《普通高等学校本科教学工作审核评估方案》（以下简称《方案》），将评估内容或范围具体化为“6大项目”、“24要素”和“64要点”，可简称“62464评估”（案例6.18表1）：

案例6.18表1　普通高等学校本科教学工作审核评估范围
（教育部，2013年10月）——62464评估

审核项目	审核要素	审核要点
1.定位与目标	1.1办学定位	(1)学校办学方向、办学定位及确定依据 (2)办学定位在学校发展规划中的体现
	1.2培养目标	(1)学校人才培养总目标及确定依据 (2)专业培养目标、标准及确定依据
	1.3人才培养中心地位	(1)落实学校人才培养中心地位的政策与措施 (2)人才培养中心地位的体现与效果 (3)学校领导对本科教学的重视情况
2.师资队伍	2.1数量与结构	(1)教师队伍的数量与结构 (2)教师队伍建设规划及发展态势
	2.2教育教学水平	(1)专任教师的专业水平与教学能力 (2)学校师德师风建设措施与效果
	2.3教师教学投入	(1)教授、副教授为本科生上课情况 (2)教师开展教学研究、参与教学改革与建设情况
	2.4教师发展与服务	(1)提升教师教学能力和专业水平的政策措施 (2)服务教师职业生涯发展的政策措施
3.教学资源	3.1教学经费	(1)教学经费投入及保障机制 (2)学校教学经费年度变化情况 (3)教学经费分配方式、比例及使用效益
	3.2教学设施	(1)教学设施满足教学需要情况 (2)教学、科研设施的开放程度及利用情况 (3)教学信息化条件及资源建设
	3.3专业设置与培养方案	(1)专业建设规划与执行 (2)专业设置与结构调整，优势专业与新专业建设 (3)培养方案的制定、执行与调整
	3.4课程资源	(1)课程建设规划与执行 (2)课程的数量、结构及优质课程资源建设 (3)教材建设与选用
	3.5社会资源	(1)合作办学、合作育人的措施与效果 (2)共建教学资源情况 (3)社会捐赠情况
4.培养过程	4.1教学改革	(1)教学改革的总体思路及政策措施 (2)人才培养模式改革，人才培养体制、机制改革 (3)教学及管理信息化
	4.2课堂教学	(1)教学大纲的制订与执行 (2)教学内容对人才培养目标的体现，科研转化教学 (3)教师教学方法，学生学习方式 (4)考试考核的方式方法及管理
	4.3实践教学	(1)实践教学体系建设 (2)实验教学与实验室开放情况 (3)实习实训、社会实践、毕业设计（论文）的落实及效果
	4.4第二课堂	(1)第二课堂育人体系建设与保障措施 (2)社团建设与校园文化、科技活动及育人效果 (3)学生国内外交流学习情况

续表

审核项目	审核要素	审核要点
5.学生发展	5.1招生及生源情况	(1)学校总体生源状况 (2)各专业生源数量及特征
	5.2学生指导与服务	(1)学生指导与服务的内容及效果 (2)学生指导与服务的组织与条件保障 (3)学生对指导与服务的评价
	5.3学风与学习效果	(1)学风建设的措施与效果 (2)学生学业成绩及综合素质表现 (3)学生对自我学习与成长的满意度
	5.4就业与发展	(1)毕业生就业率与职业发展情况 (2)用人单位对毕业生评价
6.质量保障	6.1教学质量保障体系	(1)质量标准建设 (2)学校质量保障模式及体系结构 (3)质量保障体系的组织、制度建设 (4)教学质量管理队伍建设
	6.2质量监控	(1)自我评估及质量监控的内容与方式 (2)自我评估及质量监控的实施效果
	6.3质量信息及利用	(1)校内教学基本状态数据库建设情况 (2)质量信息统计、分析、反馈机制 (3)质量信息公开及年度质量报告
	6.4质量改进	(1)质量改进的途径与方法 (2)质量改进的效果与评价
特色项目	学校自行选择有特色的补充项目	

案例6.18评析：（1）案例6.18表1所显示的“62464评估范围”，按照传统说法也就是6大一级维度、24个二级维度、64个指标项。但在本次评估《方案》中尽力避免了使用“指标”这个术语，而用“评估范围”代之，旨在不给学校太大压力，突出对各校自定人才培养目标、自主办学、特色办学和多样性的充分尊重。不过，评估本身就意味压力，无论是否明确使用“指标”术语。关键在于能否将评估压力导向人才培养目标、过程与效果的追求，为学校可持续发展奠定坚实基础。（2）要求“以教学基本状态数据”为依据，也表明，每个受评大学都必须按“62464评估范围”来建构，或重组教学相关数据结构及建立分析模型，据此完成《方案》所规定的各校《自评报告》、《教学基本状态数据分析报告》和《本科教学质量报告》；专家对这三份报告考察审核，并结合查阅材料、个别和集体访谈、观摩课堂教学、考察实践教学与设施等，形成“写实性”《审核评估报告》。（3）而“62464评估范围”或指标，对于动辄数千数万师生以及十分具体的教学运行信息来说，要转化成可以运算和分析的数据（量化），这本身就是一个相当大的难题。全国数千所大学的教学数据汇聚起来，那就是名副其实的“海量数据”！只要借助云计算平台，就可以借此建立中国高校本科教学数据中心和大数据分析模型，随时随地分析中国大学本科教学总体和各级运行走势，进行质量评估、问题分析，并有针对性地调整教育政策。这应该是本轮教学评估有望实现的预期理想。某种意义上，能否建立具有国家系统参考价值的高等教育和教

学大数据库及分析模型，也成为了各级各类高校教学管理信息化水平的展示与角力。(4) 非常遗憾的是，直至第二轮评估接近尾声，也几乎没有见到比较理想的这类案例。表明有了互联网与海量数据，要进行真正的大数据分析或大数据的进一步应用，中国高校还有艰巨的路要走。

案例6.18建议：(1) 第二轮本科教学评估还在后期进行中，期待有高校提供系统的大数据测评方案，在评估专家成员构成中，增加信息化和大数据专家；(2) 结合国家“互联网+教育”深度融合的战略，结合教学审核评估的契机，落实互联网和“智能化+教育教学”的深度融合，将学校教学工作各方面的数据整合一体，以一所整合最好的大学的数据结构和分析模型作为基础，全国3000多所大学参照调整自己的数据结构，实现全国大学数据区块链整合（案例6.18图1)。

【案6.18图1】 区块链：使原来相互分隔的数据板块有机联系起来

(3) 设计适用于全国高校的或全国各级各类学校的大数据分析方案、模型与制度。这样一场大数据变革，各大学应该尝试公开数据。“如同工业革命要开放物质交易、流通一样，开放、流通的数据是时代趋势的要求”[12]，最理想的状态当然是“人们自愿在网络上分享信息”，且“这种分享的能力”要成为“网络服务的一个中心特征”[2]21。但现实却是，很多人把数据封闭起来绝不与他人分享。“封闭”是双向的，阻隔他人同时也就阻隔了自己，只有在相互关联中才能获得共生双赢，这是后现代哲学倡导的价值观。具有高度文化自觉性的大学理当走在前列。在高新技术时代的“以数据说话”，以“教学基本状态数据”为据，就意味着必须配套建立保障教学数据无障碍流通的，一个支撑数据共享、数据汇聚、数据分析、数据人才培养和上岗等制度的体系！(4) 有研究者提供了一项大数据对高等教育发展影响的逻辑线路图，供参考（案例6.18图2)。

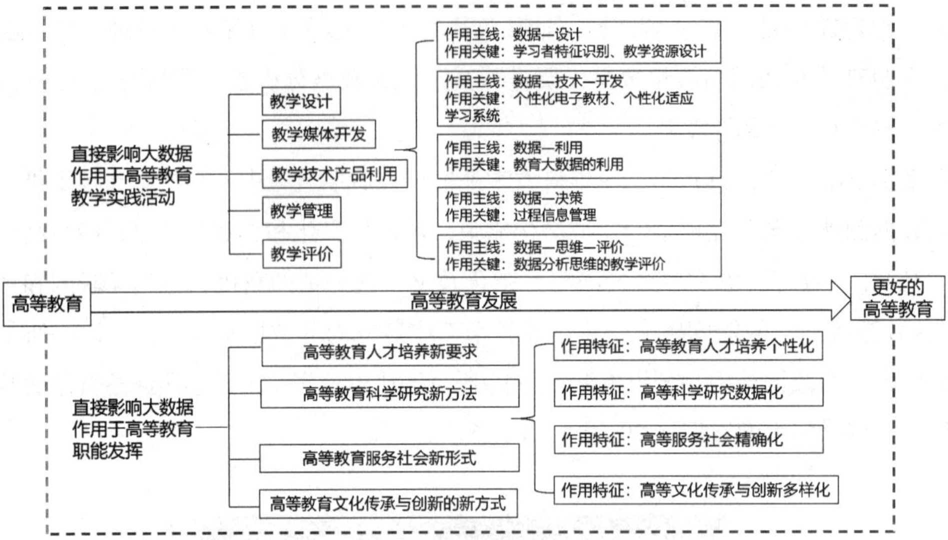

【案例6.18图2】大数据对高等教育发展影响的逻辑

案例6.19　教育大数据监测：从局部到全局

教育大数据，理论上来说，是全国幼小中大各级各类学校，所有课程与教学运行，目标指向与达成，师生互动及发展，教育资源与保障举措等方方面面所有数据的结构化链接，首先是中国教育部20多个司及司下面的处等所掌握的全国教育数据的整合与区块链，这个方案在结构和技术上，没有困难，难的是打破数据板块隔离状态，实现数据共享。问题在于数据本身就是利益，有的也是私密信息。需要有相应法律制度来界定数据共享范围、权利和义务。

目前，只能尝试先从某些板块做起，例如美育。我国2010年就“鼓励各地运用现代化手段对美育质量进行监测”①，迄今构建美育质量测评的大数据方案，已是必须面对的难题：

传统教育质量测评，常用抽样调查、访谈等收集数据。这是在没有更好办法的情况下，不得已采取的策略。存在的问题是：(1) 能够粗略了解群体特征，但不能及时反映和跟踪群体与个体发展走势；(2) 对象抽样，难以避免偏颇；(3) 所收集到的是事后数据或回忆数据，脱离学生具体学习和审美作业情景、过程与成果。以审美体验活动为主要方式，以提高学生美感体验水平为基础目标的面向全体学生的美育，其质量测评更需要尽可能与学生实际审美活动过程相伴随，与审美活动成果数据直接相关。而这些是传统抽样和问卷调查等难以应对的。

① 国务院办公厅. 关于全面加强和改进学校美育工作的意见. 国办〔2015〕71号. 第二十一条.

目前可以探索的是：基于大数据分析平台，以美育目标（质量标准）与美育课程（实施渠道）为两大支点，并链接与课程实施直接关联的美育教材、教师美育教学、学生审美学习等这三大教学因素（区块），以此2+3（区块链），或者链接更多相关教育教学思考（区块），构建起能够随时随地产生、提交、收集与分析（测评公式）数据的五位一体（或者几位一体）的美育质量测评大系统。也就是以美育质量监测为核心模块的，链接美育目标、美育内容（课程）、美育教材、教师美育教学、学生学习与发展评价等五大区域（或更多区域）信息和数据处理板块的美育区块链（全教育系统区块链）体系的建立。

这一美育质量测评的“五位一体”（“几位一体”）大数据方案，其实就是一个以质量测评为核心视点的囊括了整个学校美育构成因素，贯穿学校教育全过程的大美育体系和全教育逻辑结构与数据结构体系。据此，不仅可以随时测评美育是否提高了学生的“审美与人文素质”，包括艺术审美素质、自然审美素质、科学审美素质、道德审美素质等，还可以安排链接学生德智体美课程学习成绩和专业课程学习成绩，分析审美素质、人文素质、全面素质和专业素质发展、基础发展与个性、创造性发展等之间的相关性；进一步可以实现高等教育、基教教育、职业教育、特教教育、社会教育、家庭教育等的目标、课程、教材、教师教学与发展、学生学习与发展等质量测评的有机联系，实现对全国教育运行、质量监测、问题分析、政策制定的分析与实时调控[①]。

案例6.19评析：学校美育质量监测，属于国家德智体美全面发展教育质量监测的一个必不可少,但是又长期缺失、正在补充建构的部分。本案例（1）根据国家“加强和改进学校美育工作”的政策和有关要求，提出了基于美育目标和课程，链接美育教材、教师审美教学和学生审美学习发展等区块的五位一体大数据方案，或建立大数据与区块链的系统思路。（2）该思路进一步延伸，就可建构关于整个教育的质量监测，基于各级各类学校促进学生德智体美劳全面发展、专业发展、个性和创造性发展的，各学科课程目标和内容，链接学科教材、教师教学和学生发展等五位一体（或几位一体）的大数据分析系统，或区块链接的方案。

案例6.19建议：（1）可以作为国家教育发展战略“互联网+教育”深度而系统融合的一个先行范例。这是一项巨大而精细的工程，需要纳入国家、地区和各级各类学校的“十三五”发展规划，乃至《中国教育现代化2035》等“互联网+”、“智能化+”行动，获得政策和资金支持，方能落地实施。（2）需要教育学、心理学、美学、艺术学、信息科学技术、统计学甚至哲学等多学科专家的共同参与、设计与指导。（3）需

① 据赵伶俐. 以目标与课程为支点的美育质理测评——为了有效实施《国务院办公厅关于全面加强和改进学校美育工作的意见》[J]. 华东师范大学学报（教育科学版），2017(5),有改写.

要全国学前、小学、中学、中职、高职和大学，众多学校和一线学科优秀教师共同主动参与，并在某些区域内率先实验，“取得一批美育综合改革的重要成果，发挥辐射带动作用，推动学校美育的整体发展”①，进而推动整个教育的现代化进程。(4) 以建立各级各类美育为突破口，带动教育全局建立教育全系统信息共享制度。其实，人类在了解和监测行为方面，已有数千年历史经验，在信息科学技术条件支持下的今天，很多商业、企业、行业已经有很先进的监测方式。但是，要将这些监测方式或独立系统都有机链接起来进行流畅的大数据运算，必须建立一个超越其中任何一个子系统的监测或算法系统，以及建立一个确保运算数据与结果安全共享的制度体系。那么如何来建构和监管这样的“一个算法系统和制度体系”？在大数据时代之前的人类社会“已经建立起”的“庞大的规则体系”，反而“都成了无用的马其诺防线”，成为阻挡大数据和区块链等构建和运行的一个个难以逾越的制度障碍。

于是，大数据制度建设便成为当前教育教学质量监测、“互联网+”、智能化教育等实现首要解决的问题。

6.5 临床质化法

6.5.1 定义

临床法，最初属于医学方法，是医学研究者深入到病房去进行病例研究，解决实际问题，提炼一类病例的共同本质和发生发展普遍规律的方法。

瑞士心理学家皮亚杰首创将临床法应用到其学术团队的研究中，成为日内瓦学派研究儿童认知发展的主要方法，具体指研究者亲临儿童生活一线，深入到儿童生活中去互动、观察他们生活的环节和细节，归纳分析提炼其认知本质（概念）和认知规律的方法。皮亚杰采用临床法而提出和建构的著名儿童认知发展理论，包括同化、异化、认知图式等一系列创新的概念与定律，在世界范围内影响至今。皮亚杰对这种方法的操作技术，进行了严格规定，包括如何设计和提出问题，如何诊断儿童作出的各种不同类型的反应，如何分析说明所获得的结果资料等，并指出了应用该方法时易犯的错误及克服办法，评价了其价值和局限性。

所谓临床法的“床”，也就是实践、生活的意思。“临床”也就是到实践和生活一线中去研究，而不是待在实验室里。今天在教育领域或社会科学领域热用的“质化法”，也被称为定性研究法（Qualitative Research）或质化研究，与皮亚杰的临床法在主旨、基本途径和操作程序等方面，几乎完全一致。质的研究是以研究者本人作为研

① 国务院办公厅. 关于加强和改进学校美育工作的意见. 国办〔2015〕71号：第七条.

究工具，在自然情景下用各种资料收集方法对社会现象进行整体性探究，使用归纳法分析资料和形成理论，通过与研究对象互动对其行为和意义建构获得解释性理解的一种活动。①在这个意义上的"质化研究"，与理论意义上地对事物本质的抽象与推理等理性研究相关，但不是一回事，其更靠近的是"自然""实践一线"的意思。因此，也包括田野法、访谈法、行动法、扎根法等等，这些都是临床法，或也都是实践研究法。因此，如果将"临床法"和这种"质化法"的共同性融合在一起，称为"临床质化法"是比较合适的。下个定义的话，就是指：在一定理论指导下（往往需要很专业的理论），研究者亲临实践第一线去观察事物活动与变化，去分析提炼事物的本质（提炼概念），判断和推导结论（发现规律）的方法。其基本思维方式就是从大量临床实践观察和访谈获得的事实中，去推导本质和规律。"临床"，就是亲临研究对象和问题所处的实际环境中；"质化"，就是对临床获得的现象和问题进行本质和规律的提炼和判断，主要针对临床获得的资料进行归纳、分类、比较，进而对某个或某类现象的性质特征作出概括，推导发生发展规律。没有"质化"这个加工，"临床"就只是感性和经验材料的收集，不具有学术价值。而"定性法"，应该用于理性思辨法中为事物或概念下定义。当然，在临床法中也会不断使用到"定性法"，但"定性法"绝对不是临床法或质化法独有的方法。

6.5.2 三个基本面

有学者将社会科学中的质化研究，概括为对社会现象或事实的"属性认定"、"类别归并"和"价值判断"等三个基本面②。

案例6.20 临床质化法、定性法的三个基本面

当运用临床法或各种临床质化法到实践一线收集到事实的时候，就要进行如下至少三个基本面的分析判断：

其一属性认定。所谓属性认定，是指对一定现象所固有的内在属性（本质属性和非本质属性）和基本规定性的一种判别。一社会事物之为某事物而不为他事物，在于它具有某种特殊规定性。这种规定性包含着个性与共性两个方面。个性是该社会现象与其他相关社会现象之间的差异性、区别性；共性则是其与其他相关社会现象之间在某些方面的相似性、共通性。对共性与个性、联系与区别的全面而详尽的判别，则构

① 陈向明. 质的研究方法与社会科学研究[M]. 北京：教育科学出版社，2000:12.

② 欧阳康，张明仓. 社会科学研究方法[M]. 北京：高等教育出版社，2001:206-207.

成了社会科学定性研究的基本任务。如前述理论和思维操作的概括与抽象技法。黑格尔指出："假如一个人能看出当前即显而易见的差别，譬如，能区别一支笔与一头骆驼，则我们不会说这人有了不起的聪明。同样，另一方面，一个人能比较两个近似的东西，如橡树与槐树，而知其相似，我们也不能说他有很高的比较能力。我们所要求的，是要看出异中之同或同中之异。"①

其二类别归并。所谓类别归并，是指运用一定的标准将一定社会现象与一定的相似相通的其他社会现象联系起来，归为一类，同时与一定相背相异的其他社会现象区别开来，判为异类。属性判定是类别归并的基础，类别归并是属性判定在更进一步意义上的深化。属性判定往往同时又是一种类别判定。类别归并则是属性判定的结果的一种外在表现。如前述理论与思辨的分析归类法。

其三价值判断。指对主体与客体之间的需求关系的一种判定。客体具有某种能够以一定方式满足主体需要的属性，对这主体来说，就具有一定的价值。对一定社会现象是否具有价值的认识和判定构成了主体对于客体的价值判断。价值也是客体的一种属性，但它不是对其他客体而言的，而是对主体而言的，是对于主体的某种有用性的判定。它与其一的属性认定不同之处，就在于它不是以其他相关事物为判别和认定的标准，而是以主体需要为标准。

案例6.20评析：（1）临床法、质化法、实践法等等，与理论思辨法如概念界定、定律提炼、体系建构一样，与调查法、测量法、实验法等实证量化方法一样，只要按照科学规范操作（特定操作范式操作），都是有价值的学术方法。反过来，上述临床质化法的三个基本面，也是其他理论和实证方法不同程度应具有的基本面。（2）只是在所收集的信息上和推论方法上不同而已。前者收集的是临床或实践事实，后者收集的是数据（数据也是事实转化来的）；理论和实证主要用理论思辨或统计方法推论，临床法、质化法、实践法，主要据事实进行推论而已。（3）但是不管是定理还是定量，质化还是量化，临床还是实验研究，最终都必须依靠研究者良好的理性思维能力，提炼、概括和推导能力（参见6.3）才能完成。例如对量或数据的统计推导结果的解释，没有高水平的理论思维能力是难以完成的。上述三个基本面的判断，没有哪一个是不需要理性思辨法就能达成的。

案例6.20建议：提高理论思维能力，学会从事实、现象中提炼本质与推导规律（定律、定理、原理等）的方法，是每位学者必须具备的基本学术思维素养！

---

① 黑格尔. 小逻辑(中文1版)[M]. 北京：商务印书馆，1980：253.

6.5.3 临床质化法的特点归纳

看上去，采用临床质化方法似乎研究者可以一起身一抬腿，直接就到实践一线去，或观察或记录或访谈，比理论思辨法和实证量化方法容易得多。但是，要真正应用好临床质化法，需要更高的学术思维素养以及学术表达力。有不少进行个案、田野、扎根研究的课题和论文，堆积了大量事实，却没有办法分析和提取出有价值的信息，这也是很常见的情况。

理论思辨法、实证量化法、临床质化法等学术三大方法，也可以这样理解："理论思辨法"，是在人类头脑中进行的，主要以思维逻辑方法操作进行；"实证量化法"，是在受到控制的实验室或者实验场所（例如教育教学场所、社会生活场所、艺术审美场所）等进行的；"临床质化法"，是在不受控制的自然状态下或场所中（病床、病房、医院例如方舱医院、企业、办公室、学校、课堂、图书馆、会场、家庭、民族居住地、田间、村落、马路等等），不干扰正常生活秩序的情况下进行的。

因此严格来说，这三种分类首先是按研究场所（大脑也是一种场所）来划分的，而大大小小方法使用的根本目的，都是一样的：收集事实或数据，从中提炼出能够反映事物本质和变化规律的信息。只是因为场所不同（主观还是客观；受控还是自然），所获得的事实和数据就有了各自特点，可信度和准确性等方面都有了差异。

临床质化法，因为是在客观的、一线的、不受干扰的自然场所中进行的，所收集到的事实更为可信，但是如果要转化成数据，就没有通过实验法收集到的数据准确；同时，临床质化法和实证量化法，在对事实或数据进行分析的时候，也都离不开理论思辨法的参与。临床质化法，在对收集到的事实进行分析的时候，也必须紧紧依靠理论思辨，从这个意义上看，临床法就是质化法；如果将事实转化为数据的话，还要依靠量化和统计分析方法，从这个意义上看，临床法同时也是实证量化法和统计法。

所以，在使用临床质化法之前，你还必须对理论思辨法和实证量化法及其原理有一定的透彻理解和初步训练与掌握。

6.6 臻美完型法

6.6.1 美学方法与臻美完型

在当代中国学术界最早系统研究"科学臻美方法"的是刘仲林教授，他作为一位出身物理专业的教授，力主科学与美学的完美结合，并从方法论角度撰写了《科学臻美方法》[①]一书。

① 刘仲林. 科学臻美方法[M]. 北京：科学出版社，2002.

简单来说，“臻美”，就是追求完美，趋于完善，以达到更好的地步；“完型”是格式塔心理学的核心概念，指人的大脑活动中天性就有追求结构完整的倾向，拓展为追求系统、全面、和谐。臻美完型，是一种不能容忍缺欠，总想让事物或对事物的认识、推想、表述等更完整无缺、更和谐美好的思维取向方式，甚至一种人格特质。作为一种科学的学术方法，是指基于以往学术成果，以追求形象和结构的精致完美为取向，而发现问题，提出假设，推导和发现真理的方法。从其追求完美的角度，也称学术美学方法，包括：学术想象力、思想实验（案例6.14）、科学图像与模型、对称思维、类比思维、变化节奏认知、科学灵感与顿悟等等。

审美和艺术活动也常采用臻美完型法。著名哲学家康德在他的“三大批判”的真善美哲学体系中，与理性判断、道德判断对应，在《判断力批判》中特别指出对美的“鉴赏是凭借完全无利害观念的快感和不快感对某一对象或其表现方法的一种判断力”[①]，是直觉的“无概念”的“合规律性”（普遍性），无功利（排除一切利害关系的）、“无目的”的“合目的性”的非理性判断，“它是一切人对于一个判断的赞同的必然性”[②]，人类普遍具有“人同此心，心同此理”的“共同感觉力”。这也是人们普遍喜欢臻美的身心基础。

康德虽然反复论证美是非理性的直觉，但是却以其数学家的直觉认为“鉴赏判断本身，就带有审美的量的普遍性”[③]，并对优美和壮美的事物在量的特征上，进行了实际上很理性的分析；他虽然强调审美判断并非概念的、理性的逻辑，“对于美的愉快却是不以概念为前提的，而是和对象所赖以表示的表象直接地（不是通过思想）相结合着的”，“美是不凭借概念而普遍令人愉悦的”[④]，但是他的“审美判断”学说，恰恰就“奠定了审美逻辑学范畴的基石”[⑤]。而这，也奠定了科学臻美方法在自然科学和哲学中的重要地位。

“审美逻辑方法”这一名称，较早出现在拉丁美洲（墨西哥）著名审美哲学家瓦斯孔塞洛斯（Jose Vasconcelos Calderon，1882—1959）的著作中。他把逻辑分为：①理性的逻辑方法（演绎）；②归纳的逻辑方法；③伦理的逻辑方法；④审美的逻辑方法。并且坚持认为，只有审美的逻辑方法才是真正的知识[⑥]。瓦斯孔塞洛斯认为，理性有综合性，但它是一个在（概念）水平上进行抽象的同种同质的综合性；审美也有综合性，它是远比理性更优的异种异质的综合性，审美倾向于吸引和推动不同要素、

① 康德. 判断力批判(上卷)[M]. 北京：商务印书馆，1964:47.

② 康德. 判断力批判(上卷)[M]. 北京：商务印书馆，1964:75.

③ 康德. 判断力批判(上卷)[M]. 北京：商务印书馆，1964:52.

④ 康德. 判断力批判(上卷)[M]. 北京：商务印书馆，1964:57.

⑤ 刘仲林. 科学臻美方法[M]. 北京：科学出版社，2002:182.

⑥ 刘仲林. 科学臻美方法[M]. 北京：科学出版社，2002:182.

不同事物的相互吸引，把它们结合在一起，并凭借感性，使我们能够获得与所经验到的千变万化世界相联系的丰富知识，因此，是能够“赋予理性以活力”的综合性。而审美逻辑方法就是体现了“异种异质东西的综合”的方法，也只有美感才能够渗透到实在的核心——这是因为实在本身就是综合的、美的①。刘仲林教授认为，“瓦斯孔塞洛斯这里所说的感性认识，不是我们通常所说的初级感性认识，而是包含想象和直觉在内的高层次感性认识”；“审美逻辑方法”也“与我们讨论的审美逻辑无论在形式或内容上都有很大不同”②，但是，他认为这恰恰是信息化智能化的今天，对“赋予理性以活力”的审美逻辑的全面认识，即“赋予理性以活力”的感性认识，同时也是“赋予感性以骨力”的理性认知。

不同的是，必须以遵循科学逻辑和学术思维规范为基础，再伴随大量形象、直觉、想象、类比、对称、完型、建模或思想实验等来完成，是形象思维与抽象思维、科学逻辑和审美逻辑交织为一体的极富创造性的学术方法。是“以‘想象’和‘直觉’为思维细胞，以臻美推理和类比推理为主要推理形式而构成的逻辑体系，它与概念思维中的形式逻辑一起，构成了指导创造性思维的两大基本逻辑成分”③。

对未知世界的好奇心和对美好事物的身心愉悦体验，即求知与求美，是人类的两大天性。臻美完型法，是人类这两大美好天性的高度融合。换句话说，学术求知求真本身，就是人类对美好事物追求的一大内容。因此在自然科学领域，除理论、量化、统计等方法外，臻美完型方法，也是得到充分肯定的一种学术方法。打开中小学自然科学教材，就可以直观看到这一点。

案例6.21 科学的审美表征与科学教学审美化

只要翻开任何一个学段的任何一门自然学科课程的教材，如初中、高中的《物理学》《化学》《生物》《地理》，小学的《科学》，乃至幼儿园的《自然》教材，我们会看到远比文科教材多的图像。这表明，科学不仅用抽象思维，还常常受形象思维的引导，惯用图像来表述理论模型。

在一般人心目中，科学是枯燥、冷峻生硬、抽象难懂的，加之教师们也普遍缺乏对科学臻美完型方法的了解，缺乏对科学的审美鉴赏力以及传递科学美的教学能力等，这些共同导致了科学教育与教学难以破解的困局。

然而，这不是科学的真实面目，也不应该是科学教育应有的结局。我们明明看到

① 海道克斯，定扬. 瓦斯孔塞洛斯的审美哲学. 国外社会科学文摘[J],1964(11).
② 刘仲林. 科学臻美方法[M]. 北京：科学出版社，2002.184
③ 刘仲林. 跨学科教育论[M]. 郑州：河南教育出版社，1991:163.

了科学生动的图像，简洁优雅的公式（精准反映事物或数量间的结构关系），但却熟视无睹。

臻美完型法，本质上是抽象思维和形象思维融合的一种科学思维方式，也有学者称为“臻美推理”。臻美思维或推理在科学理解与科学创造中起着举足轻重的作用。或者说，没有臻美完型思维，人类迄今为止的很多重大科学发现与创造都不可能获得。理解这种思维的价值和在教学中运用这样的思维实施科学教学，对于提高学生科学素质、科学鉴赏力和智力，全面改进学校教育教学，具有非凡意义。

案例6.21评析：（1）一般认为，文科都比较形象，不太讲究逻辑；理科或自然学科十分强调逻辑，但又太抽象。其实，仅从中小学理科和文科教材相比的结果，立即就可以发现理科比文科有更多形象因素，例如图表、模型等，自然科学家们似乎更善于用形象的方法进行思维和文本表述。但学校自然科学或理科的课程与教学，却总是被讲得非常抽象且枯燥乏味，学生难以理解。这显然不全是自然科学及其方法的问题，更多是教师自身对科学知识的理解不到位与教学方法不恰当的问题。（2）在自然科学的学术论文中，其天生就有独特的审美形象，总是图文并茂，但号称形象思维的人文社会科学的文本，却恰恰相反，很少看到图文并茂的。甚至有些社会科学包括教育类、哲学类的期刊编辑们，还特别不喜欢图像，当然更不喜欢看到数据表。（3）科学与艺术形象相比的独特性在于它始终伴随着科学理论的指引，需要科学实验的检验，是对严谨的结构秩序的直觉与想象。这些也都是科学固有的美，也应该是科学臻美思维与臻美教学的特点。

案例6.21建议：（1）阅读毕达哥拉斯，还有欧几里得的《几何原本》等就会发现，它们是图文并茂的，是用图形提炼和表述抽象概念与定律的，是臻美完型方法使用的典范（案例6.22图1）。（2）在自己的论文撰写思维和文本中，尝试用图形表达你的概念和定律，还可以将这种方法迁移到更多领域中去应用。例如教学中。（3）请阅读国内外自然科学的杂志或论文中，整体采用图像（形象）和臻美完型方法表达的大量案例。（4）科学臻美方法与艺术完型方法相比的独特魅力在于，它始终伴随着科学理论的指引，并开启实验检验，这也是科学臻美教学的特点，是追求和臻于“内在逻辑性和外在形式的高度和谐完美的统一”[①]的教学，是“将所有的教学因素（诸如内容、方法、手段、评价、环境）转化为审美对象，使整个教学成为内在逻辑美和外在形式美高度和谐统一、静态和动态和谐统一的整体，从而大幅度提高教学效率，减轻学习负担，使师生都充分获得身心发展与愉悦的一种教学思想、理论和操作模式”[②]。

① 赵伶俐，杨旬，齐颖华. 审美化教学原理与实践[M]. 长春：吉林人民出版社，2000：导读5.

② 赵伶俐，杨旬，齐颖华. 审美化教学原理与实践[M]. 长春：吉林人民出版社，2000：35.

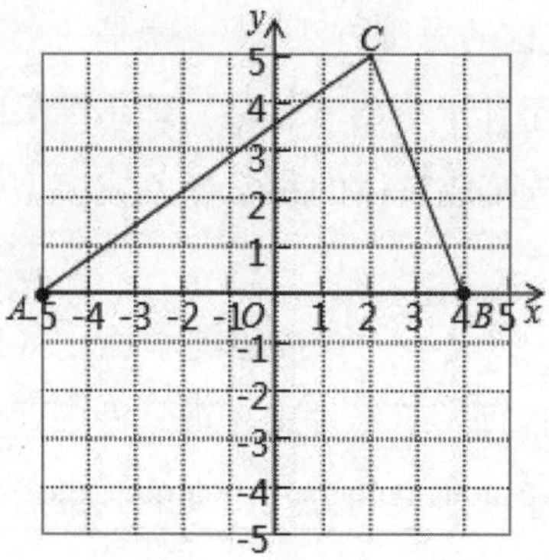

欧氏几何：任何三角形的

内角和都等于180°

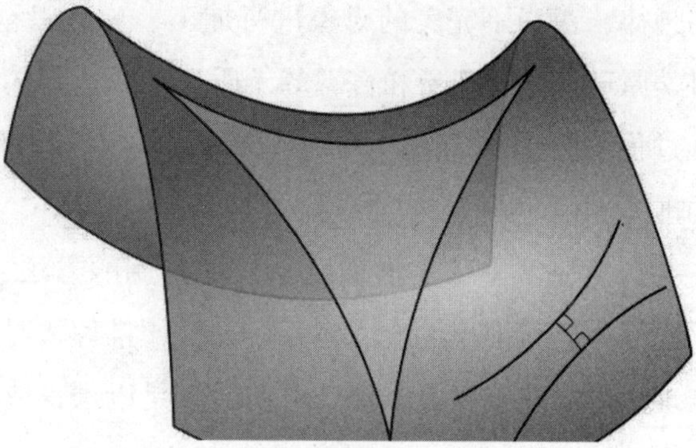

非欧几何：曲面中三角形内角

和不等于180°

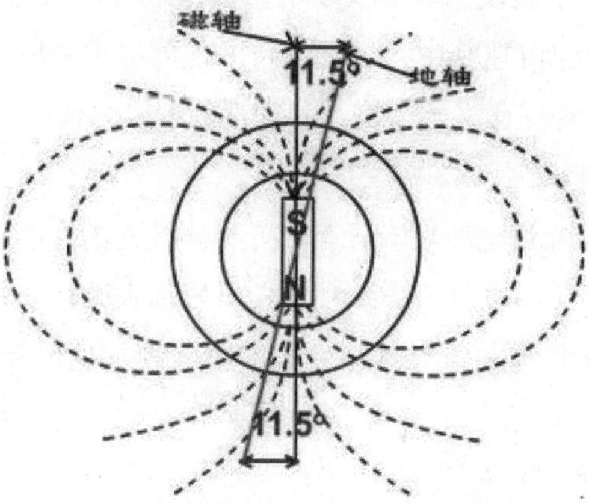

物理图像：电磁力线、场与定律

【案例6.21图1】科学的审美图像

（这些都是在中小学理科课本中见过的，且还有很多，只是当时没有理解，或没有在意）

6.6.2 臻美推理——协调与对称

臻，多用作达到的意思如《诗经·邶风·泉水》有“遄臻于卫”的语句。可组词如日臻完善、渐臻佳境等①。臻美，就是达到完美，指向、追求、趋向、达到完美的思维、行为和行为方法，包括追求客观事物外在形式的完美和内在本质功能和结构的完美；包括人类对社会、艺术、科学、生活、人生等所有事物内在、外在完美的追求或逼近。

从形式逻辑指“根据一个或一些判断得出另一个判断的过程”②，即一个依次联系诸概念、诸定律的严谨推理过程，那么“臻美法，就是在创造性思维过程中，按照

① 辞海.缩印本[M].上海辞书出版社，1979：1853

② 金岳霖.形式逻辑[M].人民出版社，1979：139.

美的规律，对尚不完美的对象进行加工、修改以至重构的思维方法"①，就是一个基于科学原理"通过想象和直觉的矛盾运动而达到的从整体上推出（领略）理想结果的思维过程"②，一个根据某科学原理或规律，将片断链接成整体的科学形象或模型塑造的推理过程，亦称臻美推理。

在自然科学中臻美推理已是一种常用的方法，并形成了一套按照美学原则（定律、规律）进行推理的方法体系。如类比推理、对称推理、平衡推理、重复推理（节奏推理）等。这些臻美推理，最初大多是以预言或猜想或假设的方式出现的，最后经科学实证被证明。

案例6.22　科学发现中的臻美推理：协调与对称

科学臻美方法是科学假设、科学发现的重要推理方法③，且经常伴随强烈的美感体验，因而常常使科学家沉迷其中，当发现新的现象本质和规律之时，立即会如诗人般有狂喜的状态，但这种狂喜又永远贯注着理性的逻辑内核：

在化学领域，门捷列夫之前关于元素之间的排列关系，已有三素组、八音律等理论，缺点都是拘泥于用简单的归纳法，对已发现的元素进行分类整理。门捷列夫打破这样的思维方式和已发现元素的局限，从元素之间的关系和整体协调性来考虑问题。他利用纸牌制作了"元素卡片"，反复玩耍和排列组合，以寻求元素顺序的内在排列规律，或最完美无缺的排列组合方式。据此，他发现并制作了元素周期表，大胆预言了在这个元素家族中，当时还没有发现的15种元素，其中有3种他命名为亚铝、亚硼、亚硅，这也就是后来被发现的镓、钪、锗。后来更多元素的发现，一次次证明了门捷列夫的预见和元素周期表的正确性。101号元素被命名为"钔"，就是为了纪念他这一巨大贡献。

科学家在基本粒子的弱相互作用研究中，早期发现有4种轻子，3种夸克。通过臻美方法的对称推理，认为还应该有第4种夸克的存在，才能使轻子和夸克的种类实现对称的完美性。

从轻子到夸克的臻美思维——对称推理

轻子	e	γ_e	μ	γ_μ
夸克	u	d	s	?

① 田世昆，胡卫平. 物理思维论[M]. 南宁：广西教育出版社，1996:194.

② 刘仲林. 跨学科教育论[M]. 郑州：河南教育出版社，1991：190.

③ 刘仲林. 科学臻美方法[M]. 北京：科学出版社，2002：189.

这一根据臻美对称推理"设计"（猜想或推想）出来的"夸克"，就是后来被实验证明存在的第四种，也即第二代夸克"粲夸克"。物理学家许温特后来追述当时设计第四种夸克的过程：

"起先，根据轻子和夸克之间可能有深刻的联系的想法，从审美的角度支持这种建议。因为已知有四种轻子，所以认为如果也有四种夸克，那么，基本粒子谱就会漂亮得多。轻子成对地出现，电子（e）跟一种中微子（γ_e）相关联，而μ子跟另一种中微子（γ_μ）相关联，u和d形成相似的一对，但s夸克却没有伙伴，于是设计一个新的夸克来填补这个真空。"①

在生物学领域，DNA结构的发现，开创了现代生命科学和分子生物学的崭新篇章。沃森作为发现者，在谈到发现DNA双螺旋结构的时候说："我的手指冻得没法写字，只好蜷缩在炉火边，胡思乱想，想到一些DNA链怎样美妙地蜷缩起来，而且可能是以很科学的方式排列起来，我在户外欣赏番红花，至少还能希望出现一种美妙的基本排列。"②现在我们都看见的DNA那美妙精致的结构，两位发现者开始建立的时候，也还持怀疑态度："有时，在刹那之间，我会发生恐惧，生怕这种想法太巧妙，可能有错误。"但是他们经过一再严谨求证后互相告慰说："如此美妙的结构一定存在。"现在科学家们普遍赞赏说："一看到模型就喜欢它。"它不仅精确地刻画了遗传分子的结构与复制规律，而且体现了科学意义上的美和真的统一。

案例6.22评析：（1）上述实例仅仅是更多科学发现和臻美推理中的几个案例。可以说绝大多数科学发现与创新过程，都或显或隐地经历了臻美推理过程。（2）而中小学所有科学类课程所涉及的绝大多数科学基础知识，背后都有生动的臻美思维过程，都有学者们采用形象、想象、类比、节奏、平衡等方法进行臻美完型推理的过程。只是在我们的学校教育教学中因为教材编写者和教师的知识、思维与教学方法局限，所以这些推进过程没有得以展现而已。这些都应该成为教育教学研究的课题，同时成为我们研究者自身的一种学术思维方式和学术表达方式。否则我们所学的科学知识和科学思维方式，就是片面的。

案例6.22建议：（1）阅读各种科学史著作和科学发现的故事，整理更多科学求美和对称思维、推理的过程与成果。如爱因斯坦相对论，杨振宁、李政道的宇称不守恒定律的发现，都与"对称推理"有关。（2）被高斯赞为"科学之王"的"数学"，是几乎全世界所有学校都要开设的课程，数学中几乎所有符号的产生也都有一个臻美的历史进程，其中对称法推理的求完美的思维方式，"="就是典型代表。到"16世纪法国数学

① R.F.Echwitters. 粲基本粒子.科学美国人(英文版)，1977(4).

② J.D.沃森(James D.Watson). 双螺旋——发现DNA结构的故事[M]. 北京：化学工业出版社，2019.

家维叶特”还在用“=”表示两个量的差别。英国牛津大学数学、修辞学教授列考尔德觉得：用两条平行而又相等的直线来表示两数相等是最适合不过的了，于是便以符号“=”表示相等关系，“从1540年开始使用起来”，直到“17世纪德国莱布尼茨广泛使用了‘=’”[①]。现在大家公认，“=”是最能够合理且形象地表达等量关系和平衡关系的符号。但这种认识直到被学长公认公用，就经历了100多年的臻美历史，足见数学追求的精致完美的特性。这个符号“=”表示两边数量相等或一样多，也使数学的对称思维得到了形象表达。因此完全可以说“数学是一门富有美感的学科”[②]。

6.6.3 臻美类比推理

类比推理，也是臻美完型方法最典型的代表方式。美国创造学家戈登在审美逻辑探索方面也做了许多有特色的工作。他在《提喻法》一书中指出：像直觉、移情、玩耍以及不相关、卷入、超脱这些抽象观念的心理习惯，由于它们缺乏具体性，所以似乎是不能言传的，也无法操作。他想到了大家都熟悉的类比方法，这一方法在艺术和审美领域大量存在，既可言传也可操作，其含着大量直觉、想象、移情、超脱等非形式逻辑的认知因素，同时也包含对事物特征进行比较和推理的逻辑因素。于是他结合创造实践，将传统的类比推理广义化，含拟人、直接、象征、幻想四大类比。[③]

类比推理不仅在自然科学领域，更在人文社科领域，在教育教学领域等也采用颇多。有关理论或案例，比比皆是。“当遇到某种新的事物或现象并需要对此做出解释时，人们常使用一种方法就是试图从已有的教育中寻找到与当前事物或现象具有某种共同因素的事物，并用关于已知事物的知识去推知当前事物的特点，这就是类比推理。”[④]

案例6.23　臻美类比推理——从“认识”到“认知”的变革

在“哲学”和“普通心理学”中我们会学到“认识过程”这个内容：在认知心理学中却称这个过程为“认知”，这是为什么呢?

“认识”,是传统普通心理学体系中一个重要概念，是“心理过程”中认知、情感、意志三大过程的首要或基础过程（案例6.23图1），其中又包括感知、记忆、联想、想象、思维及相应的大脑神经活动。“情绪过程”和“意志过程”，也都是建立在

① 宁正新. 精美数学[M]. 北京：北京联合出版公司，2012：24.

② 宁正新. 精美数学[M]. 北京：北京联合出版公司，2012：序言.

③ 刘仲林. 科学臻美方法[M]. 北京：科学出版社，2002：184.

④ 陈英和. 认知发展心理学[M]. 杭州：浙江人民出版社，1996：263.

"认识过程"基础之上的，而所有"个性心理"特征，也都是以"认识过程"及水平为基础的。在哲学中又将"认识过程"分为感性认识和理性认识过程。感觉、知觉、联想、想象等，被认为是具有感性或形象（表象）特征的感性认识；思维则主要是指依据概念、判断、推理进行的理性认识。

但是，20世纪中期开始发展起来的信息科学技术从人工智能角度，将机器对信息的识别和处理，称为"认知"，并因此影响到对人类智能的重新认识，产生了使用认知科学术语的认知心理学。一个最为重要的理论革命，就是将原心理学中的"认识"或"认识过程"，改成了信息科学中使用的"认知"或"认知过程"(也许这仅仅是英文单词翻译的不同)。并通过类比的方法，将原来整个"认识过程"构成因素，无论是感性还是理性环节，也都改成了信息加工的概念或语词（案例6.23图2)，这显然就不只是翻译问题了。"认识"因为与机器思维或人工智能活动的类比，成了"认知"。这一由Newell和Simon将人脑认识活动与电脑信息加工活动以类比推理联系起来的认知心理学，就注定了必须是人工智能或信息科学技术的一个部分或领域，而传统心理学家们不再纯粹是研究人类智能或心理现象的学者。他们必须是跨界学者。这不仅推动了心理学对人脑认识过程的精细的深度的探索，促进了人类深度认知、深度学习和解决问题研究的深层发展，同时也强力支撑了电脑信息处理的若干原理及技术的发展。如今信息化进程和人工智能的发展更深刻地依赖着这种类比推理的方式，迫使认知心理学有了一系列全新概念和思维。如原"情感过程"已被称为"情感计算""个性心理过程"等，也有了诸如"个性化APP"之类的说法，均进入了信息化和人工智能的研究范畴。

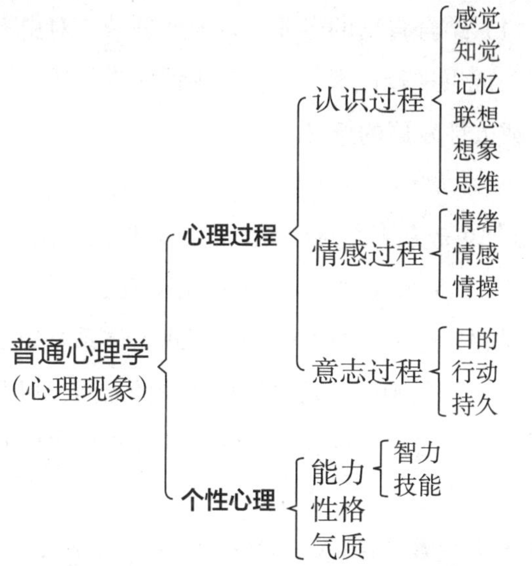

【案例6.23图1】普通心理学基本概念体系中的"认识过程"

认知心理学
- **认知过程**（信息加工）
  - 信息输入（感觉、知觉）
  - 信息储存与提取（记忆、回忆）
  - 信息识别 （联想、思维、判断）
  - 信息重组与创建（想象、创新）
  - 信息输出（知识、技能、决策、行为）

【案例6.23图2】认知心理学概念体系中的“认知过程”或“信息加工过程”

案例6.23评析：(1) 其实，在普通心理学中的“认识”和认知心理学中的“认知”，在英文中原本就是同一个词cognition。两者在本质上都指对信息使用的加工活动。(2) 但是目前用“认知”这个词，已经是一种特殊标志。传统心理学中使用的“认识”，伴随着传统哲学中普遍使用的概念如感觉、知觉、记忆、联想、想象、思维等。而在认知心理学中使用的“认知”概念，则伴随着信息科学技术的概念如对信息的识别、储存、提取、重组、创建 、输出等。表面看上去是心理学的哲学术语向信息科学语言的类比转化，本质上却是思维方式的转化。(3) 于是有了这个清晰的新判断：人的认知过程就是信息加工过程。人的生命及其所有物质与精神活动，都是一个庞大而精细的计算系统。但遗憾的是，在这个类比中，好像已经缺乏了美感。(4) 这个反映了心理学和信息科学在20世纪中期交融和变化的标志性学科概念，也深刻影响了许多学科领域的发展，如脑科学研究、教育教学、美学研究、社会学研究等。这些跨学科的研究之后，所有有关学科被合称为“认知科学”，包括脑神经认知科学、社会认知、认知美学等，或许不久就会有认知教学，乃至更大的综合性学科：认知哲学。

案例6.23建议：(1) 结合自己的专业、行业或领域，对史上采用类比方法进行知识和技术更新的思路与成果进行梳理，或设专项课题进行研究。(2) 同时特别关注所有这一切对人的发展或人性发展的意义。

案例6.24　从形象到本质的类比：宇宙构成与视点结构教学

TVS《学术思维与写作》属于“TVS：视点结构教学”书系之一。全书系共5本著作，均建立在“视点结构”这一最核心的概念和理论体系基础上。而这个概念和理论体系在成熟的过程中，不仅受到中外教育经典理论的启示，以及各学段各类优秀的教学案例的启示，也受到宇宙宏观结构和宇宙中万事万物共性与类比的启示：

这是2010年2月某天凌晨2点。CCTV-9频道正在播放《旅行到宇宙边缘2》第二集。低沉悠远的男中音，立即牵引我的视线和思路走向遥远的宇宙空间：

大约150亿年前，这里就是宇宙的起点。所有物质都高度密集在一个体积极小、温度极高、能级极大的质点上。突然它爆炸了，刹那间碎片四散，暴胀成巨大的宇宙云，宇宙云旋转形成星系。现在我们从宇宙起点返回，返回银河系，返回太阳系、返回人类现在的家园地球，过程中所遇到的所有大小星系，包括尘埃，都是那次大爆炸产生的碎片（案例6.24图1）。这些碎片逐渐远离爆炸中心且至今继续远离，同时依然受到这个中心巨大能量牵引和控制。

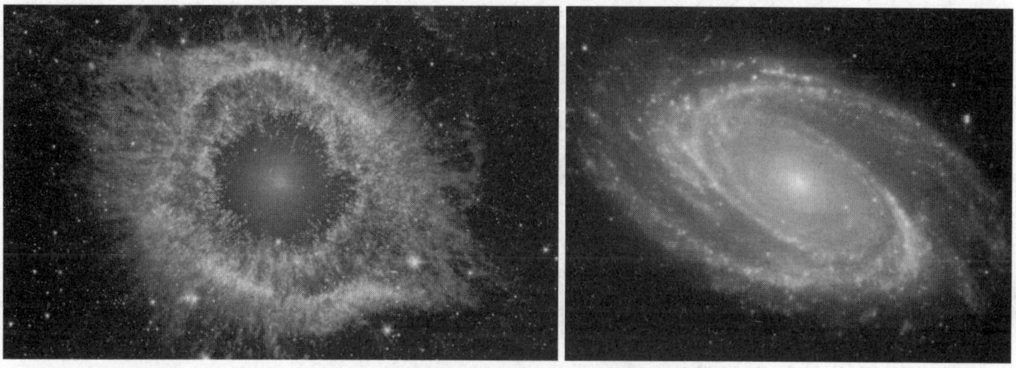

【案例6.24图1】宇宙：质点与大爆炸

刹那间，自己仿佛就站在了宇宙起点或原点上，遥望和透视宇宙自然的时空全景。这分明就是一个源自一点，逻辑地膨胀生成无数点，“点↔点”相互联系相互作用的，高聚焦与高辐射同在的，最生动壮丽的，超巨大的TVS“视点结构模型”。刹那间，多年来思考和研究的“视点结构教学”（Teaching of Viewpoint-Structure，缩写TVS）以及撰写的TVS《教学哲学》，实现了与宇宙的完美对接！

这种喜悦的能量，来自我身心内在引力与类似宇宙微波背景辐射的排斥性引力①，两者之间的相互作用，这种场效应，足以让我关于教学的哲学思考及至操作行为研究，再次高度聚焦，并推向远方“引发一场壮观的空间扩张”②！

案例6.24评析：本书作者撰写的“TVS：视点结构教学”书系共计5大本专著，不算前期准备，从正式起笔开始已经整整10年有余（2009—2020）。全书系都建立在

① 牛顿和爱因斯坦的“引力”概念有别。牛顿的引力，只能产生吸引作用；爱因斯坦引力场的引力，除吸引力外，还有星体被空间微波背景辐射（宇宙学常数，其“为宇宙空间结构赋予均匀的能量”）拖移的排斥性引力。星体在自身引力和空间排斥性引力相互作用下产生膨胀性运动。当排斥性引力小于星体自身引力的时候，星体就会塌缩成一个黑洞。参考：B. 林格. 隐藏的现实——平行宇宙是什么[M]. 李剑龙，权伟龙，田苗，译. 北京：人民邮电出版社，2013：50-62；176-181.

② B.林 格（Brian Greene）. 隐藏的现实——平行宇宙是什么[M]. 李剑龙，权伟龙，田苗，译. 北京：人民邮电出版社，2013：59.

这样的一个类比基础上：宏大的宇宙从开端到现在都是一个由一个聚焦点（视点）向外辐射的“点↔点”结构体系；微观世界也是如此；学校课程与教学，从宏观设计到操作的每一个环节和细节，也是如此。本书TVS《学术思维与写作》作为其中一本应用著作，在撰写过程中，也不断受到这样的类比思维方法的牵引，本书的形成是一个从形象类比、结构类比到本质类比，不断臻美完形的过程。

案例6.25　理论类比：教学秩序与自然秩序的基本问题

大教育家夸美纽斯400年前撰写的人类第一本教学论著作《大教学论》就指出，遵循“自然秩序”，是“把一切事物教给一切人们的全部艺术”的基础。曾读到《上帝与新物理学》①，扉页上赫然列出关于宇宙自然秩序的四大基本问题，后来发现，许多哲学和学科学说，也都不过是在提出和试图回答类似问题：

为什么大自然的规律是现在这样的？

为什么宇宙是由现在组成它的各种东西所组成的？

这些东西是如何起始的？

宇宙如何获得了组织？

一切事物的存在与发展的道理都在它的根源上。与宇宙基本问题相对应，学校知识与教学也应该存在类似的四大基本问题：

为什么人类的教学会是现在这样的？

为什么学校课程主要由学科知识构成？

课程与教学的起点或基点是什么？

宇宙万物的知识如何通过课程组织起来，如何通过教学在学生头脑中组织起来，并促进学生多元发展的？关于宇宙万物的知识本身又是怎样在人类的思维加工中发展的？

案例6.25评析：无论理论思辨多么抽象，类比推理都时时伴随左右。这是多年来做学术，做教学的深切感受，或者说是对自己大脑活动的自省和描述。相信，有这样感受者不止我一个。“TVS：视点结构教学”全书系每一本书，这样的类比推理无处不在。一天，阅读英国戴维斯的《上帝与新物理学》，开篇就看到了关于宇宙的上面四个基本问题，立即就产生了类比，人类所有关于教学的研究，不也是在回答与宇宙问

① 保罗·戴维斯.上帝与新物理学[M].徐培，译.长沙：湖南科学技术出版社，1995：前言.

题类似的四大基本问题吗？这四个类比问题，从此十分清晰地指导着全书系五本书一以贯之相互统一，又各有侧重的逻辑进程。

案例6.25建议：类比推理基于事物之间外部属性的相似、内部结构关系及本质的相似性而成立。对看上去几乎毫不相干的事物，发现其间的外部和内部本质微妙的相似性，是类比推理科学理性的基础，同时也兼具想象力和美感的基础。类比推理是一种需要长期训练，特别是自我训练，方能加强和敏锐起来的能力。

6.6.4 臻美节奏推理——节奏、重复与规律

从小学我们学习循环小数和数列的时候，就接触到并初步理解了“重复”，或者一现象按照某种组合方式反复出现，就是“规律”。就如音乐中的“节奏”，是声音按强弱长短组合（节拍）反复出现一样。据此，我们就可以按照前几个已知组合，判断下一个组合是否正确，或正确推知下一个未知组合。这就是臻美节奏推理。

案例6.26　节奏推理：规律与预测的奥妙

经济市场因素复杂，千变万化，而股市就是这个复杂万变经济市场的缩影。即便令人眼花缭乱，人们还是在它起起伏伏的变化中发现了重复出现的现象：股市永远是按照某种周期而起伏而重复发展的，这种起伏周期，就是股市的基本规律或运动节奏：

> 市场永远以其特有的节奏不断地重复着自己，塑造着过去、现在和未来。几百年来，市场变化万千，恒定不变的古老运动，吸引着无数投资者孜孜以求地探寻着市场本源，创造了五彩缤纷、丰富繁杂的技术分析画卷。但是市场之谜永无止境，仍在诸多方面给我们留下了无法透视的盲点。它让我们不断走进真理，却无法完整地认知真理；不断地追求完美，却永远无法实现完美。

案例6.26评析：（1）按照一定周期或节奏进行推理。（2）为什么学术研究中有“言必称古希腊”“言必称孔孟”之说，就因为人类社会思想和知识也是按照一定节奏（规律）在演进的。任何事物，包括宇宙万物、社会人生、教育教学等等，都按照一定的方式重复演进，“踩着节奏”在前进、后退或变化，这也是宇宙间万事万物最基本的规律。也是我们进行学术思维，驾驭学术文本结构和语言的理性与直觉交融的方法和智慧。

案例6.26建议：（1）所以学术思维和学术写作，除了理性、实证、实践方法外，

还要有节奏感。如考虑每一章文字的均衡性，不可一章很长，一章很短；一些标题长，一些标题短。(2) 常用节奏推理方法，去发现和解剖问题、采取措施、推测未来，撰写有理有节的论文。

案例6.27　定律：以分析的眼光看到事物运动的节奏

费曼是著名量子物理学家，诺贝尔物理学奖得主。他不仅对量子力学贡献巨大，而且生性活泼。“他还是收音机修理工、开锁匠、艺术家、舞蹈家、手鼓表演者，甚至还是玛雅象形文字的翻译家。他是一个模范的经验主义者，永远对身边的世界感到好奇。”[①]他还善于用审美原理去解释物理学定律，且认为，所有的物理定律，都不过是用理性分析的眼光去“看到”事物运动的节奏，是用典型的科学臻美思维，对万物臻美节奏的推理：

奇怪的是，每当我偶尔被请去一处正式场合演奏邦戈鼓的时候，主持人好像从来也不觉得有必要提到我们还会做理论物理。

即使是艺术家也会欣赏日落和海浪，以及群星划过天空的运行……当我们注视这些事物的时候，我们从对它们的观察中直接感受到美学上的愉悦。在自然界的各种现象之间，也存在着肉眼看不到的，而只能用分析的眼光看到的节奏和样式，我们正是把这些节奏和样式称为物理定律。我要在这一系列的讲座里讨论的就是物理定律的一般本性；如果你明白了，就到达了理论的另一个层次，一个比那些定律本身更高的层次。我确实把自然界当作通过缜密分析而得到的一种结果，但我在这里主要想讲的只是自然界最普遍的笼统的性质。

噢，这样的一个话题会倾向于变得太哲学化了，因为它变得那么普遍。[②]

案例6.27评析：(1) 科学研究，即学术研究本身就是这个世界和谐关系的探究和理解。科学的最高境界就是用美学原理来理解万物存在和运动的和谐美妙关系。(2) 不仅费曼，还有好多伟大的科学家，如古希腊数学家毕达哥拉斯、亚里士多德、欧几里得，近代数学家笛卡儿、莱布尼兹、天文学家哥白尼、物理学家牛顿，现代物理学家爱因斯坦、量子力学家狄拉克、海森堡等，无一不是在对大自然秩序的好奇、体验与赞美中，追求自然真理的。(3) 科学或学术，不是枯燥的符号与公式，而是本性生动的如音乐般的节奏。

---

① R. P. 费曼. 费曼讲物理学入门[M]. 秦克诚，译. 长沙：湖南科学技术出版社，2004:136.

② R. P. 费曼. 物理定律的本性[M]. 关洪，译. 长沙：湖南科学技术出版社，2005:1.

案例6.27建议：（1）各门学科的研究者和准学者，所采用的任何学术方法，乃至学术思维与写作，都需要有臻美意识，而追求完美才是一位学者不懈追求真理的真正动力所在；（2）人文社会学科研究者，尤其是对培养和谐完美人格的教育教学的研究，更应该在理性思维的同时，用这样的审美眼光去分析探究，去“看到”其内在规律。

6.6.5 臻美方法与科学鉴赏力

如前所述，学术臻美法或臻美推理，也称学术的美学方法。学术美学方法的训练、获得和应用，需要研究者具备科学美学和艺术等综合素养，这对学者和准学者们提出了更高的要求，是学术方法训练的重要内容。

如果说形式逻辑思维是人脑理性活动威严的皇帝，臻美思维就是人脑理性与感性活动美艳的皇后。他们一起统治和管辖着人类思维与创造的王国。

学术臻美思维还是学者坚持不懈追求完善，追求内在逻辑与外在形式完美统一的动力。诚如爱因斯坦所言，一个物理理论的正确必须是“外在的事实证明”和“内在的完美”的统一[①]，而我们的任何级别的学术文本，以及任何教育教学训练，也都遵循这样的臻美定律。因此，学习臻美方法，培养自己的科学鉴赏力，也是学者或准学者学术思维和写作训练的重要内容。“美即真”（狄拉克），学术求真，也就是在求美，求完美（本书导读）。

案例6.28　科学故事：科学鉴赏与臻美方法训练

学术臻美方法的训练，可以从了解科学发现的故事以及过程中科学家们对科学和学术的美的鉴赏入手。

尽管我们在学校也常听教师们讲科学故事、科学家的故事，但往往是当作逸闻趣事来听的，好像只是刺激学习情绪的噱头。例如牛顿被树上掉下的苹果砸中了头，想着事情就撞到了树上，把手表当成了鸡蛋放到锅里煮等。大家听后哈哈大笑，科学家们也因此被描述为呆头呆脑，不懂人情世故，不食人间烟火的怪人。忽视了在这些科学故事中深含的内在精髓，与探索真理直接相关的，与抽象思维紧密相关的臻美思维动机与过程。

执掌科学教学的教师，除需要具有系统科学知识外，还需要系统的美学、美育和审美化教学知识、技能，需要阅读和参考科学发现史，用心推敲和解读其中抽象思维

① 田世昆，胡卫平. 物理思维论[M]. 南宁：广西教育出版社，1996:194.

和臻美推理过程，才会使自己的教学成为既抽象又形象、既严谨又生动的活动，培养和训练学生追求完美的思维方式、能力和价值取向。

借用B.霍夫曼的话说："爱因斯坦的方法，虽然以渊博的物理知识为基础，但在本质上是美学的、直觉的。我一边同他谈话，一边盯住他，我才懂得了科学性质；只是读他的著作，或者只是读其他伟大的物理学家或哲学家和科学史家的著作，那是不大可能理解科学性质的。除了他是牛顿以来最伟大的物理学家之外，我们可以说，他是科学家，更是个科学的艺术家。"①这应该是学者和学术至高的，最幸福、最美妙的境界。

案例6.28评析：臻美法是一种最能够深刻体现求知和求美互为一体的学术思维写作方法，也是学术思维和写作日臻完美的训练过程。

案例6.28建议：不仅要通过著名学者的学术故事来改善自己的臻美方法，也要使自己的学术思维与大小论文的撰写，成为自己学术生涯日臻成熟和趋于完善的过程、故事与成果。

6.7 方法链：多样统一

"方法链"，指各种学术方法之间的有机联系。任何一种学术方法，即使是以可靠和高精准性被认可的自然科学实验法和数学模型，都是有局限的。因此，理想的学术研究、学术思维和写作，都应该是多种方法的交织应用的成果。多种方法围绕一个课题主旨，发挥各自优势，又形成相互呼应、互为补充的逻辑链条。可为论证课题、问题、核心概念，或者证明假设、命题、观点等提供证据链，推导出更可靠的结论。

6.7.1 理论与实证交融

任何理论在没有得到实证之前，都是假设或假说。实证是对理论假设、假说、猜想等等的证实或证伪；而任何脱离理论假设或假说的实证，所获得的数据和数据分析，都缺乏深刻意义。因此，理想的学术永远应该是理论法与实证法的交替使用，是两者最佳融合的过程与结果。正如理论物理学家与实验物理学家，二者永远是一种互为依存、荣辱与共的关系一样。

① S. 钱德拉森. 科学中的美和对美的追求[J]. 世界科学译刊，1980(8).

案例6.29　治国理论的社会实证

从2019年底开始，新型冠状病毒肺炎（简称新冠肺炎）蔓延世界各国。如何应对这场灾难性的“突发性公共卫生事件”，无疑直接是对各国领导人治国理念（理论观念）的检验和实证。领导者们此时的态度和发言，国家此时的决策和行动，投入力度和对国民生命安危的保障措施等，无疑就是领导者们书写的一篇关于他们自己所持治国理论的实证论文（以下据官方报道整理）：

“人民利益至上”是当今中国政府的治国理念：“人民对美好生活的向往就是我们的奋斗目标”（2013），“我们必须围绕解决好人民日益增长的美好生活需要和不平衡不充分的发展之间的矛盾这个社会主要矛盾……”（2017）。于是面对新冠肺炎，国家就有了果断决策，所有轻重患者全免费治疗。截至2020年3月2日，国家已投入资金1087.5亿元。方舱医院的建设，雷神山、火神山医院的新建投入数亿元资金；平均一位危重患者医治全程需要40万元，重症患者30万元，轻度患者也要8万元以上；一套医务防护服成本300—400元，而各种一次性医疗品消费那是难以细数的小头。患者说：“在住院期间，我看到了国家在尽最大努力抢救我们这些患者，尽最大努力减少感染者，救人，救人，救人，不惜一切代价在救我们，我为生活在我们这样伟大的国家，感到无比的骄傲和自豪。”网友说：“没有什么比你生命重要的，每一个中国人都会感谢祖国！”“试问，有哪个国家有如此的魄力，祖国用实实在在的数据向世界证明了社会主义现代化制度的优越性！”美好生活是“有物质保障的”好生活，与“精神积极、丰富而愉悦的”美生活的有机统一，诚如马克思说“按照美的规律建造”人自身与世界。“过上幸福美好生活是人类孜孜以求的梦想，把世界各国人民对美好生活的向往变成现实是世界各个政党的责任。”

“经济利益至上”，是美国一贯秉持的理念。2019年7月开始美国流感盛行，到2020年初，已导致37000人死亡（据美国疾病防控中心主任说，其中也包括了新冠肺炎感染者）。紧接是新冠肺炎，特朗普不以为然地说“这不过就是流感”。3月14日之前，美国很多有疑似症状的人不愿意去检测，因为一次核酸检测就要自费1400美元。从3月15日开始可以免费检测了，美国福克斯新闻网报道称，当日24小时之内，确诊人数就高达近700人，当日新冠肺炎确诊总人数就达到了2500人以上。美国特朗普，将经济利益看得高于生命，此间还专门为美国股市熔断，投入相当资金以救市，而对于关涉到人民生命的新冠肺炎，却一步一步像挤牙膏般采取相应措施，导致病毒迅速蔓延。

英国首相显然秉持“社会达尔文主义”的“物竞天择，适者生存”的生物定律，所以才会在应对新冠病毒的紧急会议上，公开赞同和采纳“群体免疫”对策（3月12日），甚至提出，需要大约60%的英国人口感染新冠肺炎以获得“群体免疫力”，按照这个比例计算，英国将有5000万人感染，50万人死亡。首相在会上毫无痛感地称“许多家庭可能会失去挚爱的家人”。“群体免疫”其实就是把人作为小白鼠，能产生免疫力的就活下来，免疫力不足的就自然死亡。CNN报道指出，英国此次“独树一帜”的赌博，所引发的恐慌可能比病毒本身更危险。英国权威期刊《柳叶刀》主编理查德·霍顿连发推特，指责政府是在拿公众安危玩“轮盘赌注”，并与多位英国公共卫生专家，在《泰晤士报》（3月14日）上发表公开信，呼吁政府公布所做决策的依据、数据、模型，299名科学界人士签名呼吁政府采取紧急措施。

案例6.29评析：（1）理论，特别是哲学理论，是指导人们决策和行为的重要内因和主观能动力量。对于大众来说更关注实在，而不是理论，但是对于国家政府领导者，所持有理念、理论、哲学等，指导着他的执政行为，并关乎民众生活质量乃至生死存亡。（2）当代中国领导人坚定的“美好生活”的理念，决定的政府决策和行动，使得中国人民普遍受益，就是这个理论的实证，且当我们自己也面临困难的同时，还能力所能及伸出援手去帮助他国，也是“美好世界”和“人类命运共同体”理论的实证。正如马克思所言“哲学家们只是用不同的方式解释世界，而问题在于改变世界”①。

案例6.29建议：（1）理论，对于一位学者来说，是指导学术价值取向和学术立场的重要主观能动力量，在学术研究中，不仅要有鲜明的理论基础和理论逻辑，而且要用典型案例、大量事实和数据来实证所持理论的真理性和效力。（2）理论，不是空谈，也不是一种纯观念的游戏，没有实证的理论，只能是假设；永远不打算去证明的，就注定是空谈。但在我们的学术研究、学术思维和学位论文中，只有理论，甚至连理论（概念、定律、模型、技术）都算不上的空谈，实在不少见。（3）然而，实证是科学方法，又必须严格遵守实验规范。前述关于方舱医院就像一个社会学实验的文章，只是从普通观察发现了现象，但是没有通过规范实验，获取数据和进行数据分析，因此，最多算是一种“眼见为实”的体会，是所有在场者都可以经验到的事实，故不能算是科学意义上的“社会实验”。（4）不只是学术论文、学位论文，每个人其实都持有自己为人处世的理论，哪怕是民间最通俗的观念。每个人都是在用一生证明自己所持理论观念的价值所在。

案例6.30　哲学：对世界根本问题的最高理性思考

理论法，不可不提到哲学理论。人类从古希腊和中国古代，就有试图对宇宙自

① 马克思. 关于费尔巴哈的提纲(1845). 马克思恩格斯选集(第1卷)[M]. 北京：人民出版社，1995:19.

然、人类社会和人生意义等的思考，这些思考和产生的观念，就是宇宙观、知识观、人生观、价值观等。哲学是人脑对这个世界的加工，是最值得尊重的人类主观思维和智慧的体现。如诺贝尔奖获得者，数学家、哲学家罗素，在《哲学简史》中说：

科学的各个领域无不发端于哲学探索。一旦某种科学有了牢固的基础，除了一些边缘问题和方法问题外，它会在发展中从不同程度上变得独立。

（我们需要看）以前的人们是怎样研究哲学的。

人们常常会在心中产生很多问题，而这些问题又无法从科学领域找到答案。哲学要做的事情正是探索这些问题，有时候甚至是解决这些问题。

因此，我们可以试着问几个这样的问题：比如，生活的意义是什么，如果真有的话？世界的存在是否有一个目的？历史究竟要往哪里发展？或者，以上问题是否毫无意义？

另外还有这样几个问题：自然界是否真的被规律支配着？还是因为我们愿意看到万物有一定的秩序，而认为本应如此？此外，还有一个普遍存在的疑问，那就是世界是否被分割成精神和物质这两个不同的部分？如果是，它们又是怎样发生联系的？

关于人类，我们又该做如何评价呢？是否就像天文学家所说的，人只是在一个渺小的星球上无助爬行的一些尘埃？或者像化学家所说的那种，人只是以某种奇妙的方式组合而成的一堆化合物？或者像哈姆雷特所认为的那样，人都有着高贵的理性和无限的潜能？又也许，人同时具备了上述所有的特点？

同时，还存在着关于善与恶的伦理问题。是否可以说某种生活方式是善的，而另一种是恶的，或者无论采取哪种生活方式都无所谓？如果真的存在一种善的生活方式，那么它是什么？我们是否可以从中有所收益？

是否存在着文明可以称之为“智慧”的东西？或者是否所谓的智慧知识是虚妄和疯狂的而已？

所有这些问题都让人感到迷惘。我们当然不能通过实验室的实验来解决这些问题，而有独立见解的人又不愿意苟同那些兜售灵丹妙药者的观点。

对于这些问题，哲学史提供了尽可能详尽的答案。

要想研究这个艰深的课题，我们就有必要了解过去时代的人们是怎么上课的。这样，我们才能更深刻地理解他们，因为处理哲学的方式成了他们生活方式的一个重要组成部分。①

① 伯特兰·罗素. 哲学简史[M]. 伯庸，译. 北京：台海出版社，2017：2–3.

案例6.30评析：（1）“哲学”被定义为“理论化、系统化的世界观和方法论。关于自然界、社会和人类思维及其发展的最一般规律的学问”[①]，日本学者认为“哲学”是指“以辩证方式，一种使人聪明、启发智慧的学问”，是探索“人与自然关系的一种方式”。但上述关于哲学的论述，却都是对未知提出的质疑。结合起来考虑，哲学因此总是来源于两个方向：一个是对未知的深度猜想；一个是经过研究得出结论（新知识）后，进一步提出新的猜想。（2）现实问题的层层抽象和对科学的进一步抽象，就是哲学，也是人类理性思维方法与合乎逻辑的推论过程。没有这样的不断向上抽象的哲学理论，人类对宇宙世界万事万物的探索，就会总是陷入较低层面。关于智慧的学问，是人类关于大道理、普遍真理的学习和提问。学术研究，总是应该有这样的思考，因此也总是应该以哲学理论作为支撑。（3）上述（案例6.30）各国领导者的治国理论，因其影响力的普遍性（指导和转化为了大众的普遍行为），也都可以说已经上升到哲学层面。

案例6.30建议：哲学流派诸多，其实都是从不同层面提出问题，以求得到更大普遍性的新知。在学术论文撰写中，有一定理论支持，更重要的是哲学思想与方法支持，被称为“学理”。因此，无论什么类型的研究生尤其是博士生，以及驾驭重大课题的学者，都应该有一定哲学理论素养，以及哲学思考的习惯和方法，才可能将自己的学术探究、思维与文本撰写，提高到一个较高层次。相反，没有学理的论文尤其是学位论文，总是显得分量不足，或肤浅。阅读经典哲学名著，是对我们的哲学和理论思维方法的训练。

记得有位博士的学位论文《知识创新与学位制度的变革》，采用了纯理论思辨法，概念清晰，推理严谨且流畅，论证有力环环相扣，是目前很难见到的理论水平较高的论文，受到评审和答辩专家一致好评。但是答辩后，本书作者还是给他了一个建议，如果继续做博士后，建议选择经济教育学，或者实验教育学，或者统计学，对自己论文中的某些富有创建的观点（在没有被实证前，都称为假说），做一项或几项实证研究（如果没有实证，那都还是一个个令人遗憾的美丽传说、假说、猜想）。虽然难度大一点，但是值得。特别是在今天信息化、网络化、智能化、大数据发展背景下，这对于该学者日后面向未来的高端学术水平及研究能力提升，具有非常重要的意义。很遗憾的是，这位博士生没有采纳这个意见，还是选择了纯理论研究的项目做博士后。看上去难度是低了，但发展前景会受限。

① 见新版辞海“哲学”词条.

6.7.2 量化与质化统一

量与质，是任何事物存在的两个不可分割的特征。一定的量决定了一定的质，一定的质规定了一定的量。量变引起质变，质变引起量变，质与量在一定程度上又相互转化。在学术方法上的量化与质化方法，只是限于条件暂时从某个方面入手罢了，但这绝对不意味着两者互不相干，或一个适用于自然科学，一个适用于社会科学。

有学者明确指出："社会科学研究是人们了解、分析、理解社会现象、社会行为和社会过程的一种活动。从事这种活动可以使用很多不同的方法，如哲学思辨的方法、逻辑分析的方法、科学抽象的方法、直觉思维的方法、文献研究方法、量的研究方法、质的研究方法、定性的方法、学科研究的方法等。"① 很遗憾的是，不知为什么学界逐渐将质化方法或"质的研究方法"，演说成了，社会科学的优势方法，乃至社会科学的专门方法。再进一步，又将质化方法与量化方法对立起来，将质化方法与实证方法对立起来，进而将"质化研究方法"看成了社会科学与自然科学化界的方法，量化和实证也就成了自然科学的优势方法、专门方法。"定量研究与定性研究是科学领域两种对立的研究范式，两者在研究目标、对象及方法上都存在着明显的区别。"质化与量化方法的对立，带来的是学术方法的狭隘化，自然科学与人文社会科学在学术思维与写作方法及逻辑形式的人为的对立，既违背客观事实，也极不利于学术的健康发展。

案例6.31 走出质化和量化的误区

一位博士研究生在学习了研究方法及各家学说和多次培训以后，内心十分迷茫和纠结，写了如下感想（有修改和省略）：

质化研究给了我很大的冲击，首先最大的冲击来自对待科学的看法。学习了接近3年的心理学，实证主义的科学观熏陶着我，深刻地影响着我的思维方式。我几乎已经把可证伪、可重复这些条件当成了科学的基本要求。

最近我在做社会实验，在因变量指标上应该采用行为指标还是态度指标的问题上十分纠结。一方面，其实所有的态度测量都是行为测量，每个人在回答问卷的时候，遇到的状态和考虑的方向都是不一样的，而他们的态度和所思所想最后还是转化成为在问卷上回答的行为；另一方面，同样的行为都不一定可以反映同样的态度和心理状态，既然这样，我们怎么能够做如此的推论："如果被试出现了如下行为就能证明他如下的心理状态？"

① 陈向明. 质的研究方法与社会科学研究[M]. 北京：教育科学出版社，2000：5.

学习质化研究前我会把质化研究作为量化研究的一个准备——换而言之，我之前认为质化研究只是科学研究的一个比较低级的阶段。现在我意识到了量化的方法和质化的方法存在不可调和的不同点，它们所属的哲学指导是大有迥异的……质化研究利用构建的方式，通过话语分析、人种志、叙事学……构建知识、关系或者所谓提炼规律。这种构建的过程不仅是研究者的任务，也是学者的自主加工。从这一个角度上说，质化研究和量化研究确实是不可调和的，正如Rogers W. S.所说，研究者必须面临的问题：要么选择Experimental approaches要么选择Critical approaches，两者是没有调和可能的。

案例6.31评析：（1）该生在学习质化和量化研究中，有自己的思考和实践探索，值得赞赏。但其充满矛盾的看法，甚至有点儿接受了质化和量化研究方法是“不可调和的”，正是当前学界和一些学者在偏激理解这两种方法的同时，从一个极端又走向另一个极端的普遍反映。其实，这二者本来就不是“要么选择A要么选择B”非黑即白的关系。（2）质与量，本身就是所有事物构成的两大有机联系的属性或规定性。否则自然科学通过量化研究怎么可能得到反映“质”的定律；社会科学通过质的研究，又如何能够解释量的现象。将两者绝对对立起来，既不符合事物构成真相，也有故意或无意作茧自缚的感觉。（3）的确，对研究方法的认识，背后有“哲学思想的指导”。每一种哲学都包含认识论和方法论等。无论是质化还是量化研究，最后解释都需要哲学理论。例如，量子力学通过科学实验提出了“测不准原理”，它在一定程度上迎合了“不可知论”哲学，同时也为这种哲学提供了一定实证。这恰恰说明，无论量化还是质化，都需要有哲学高度的解释，而非质化和量化的对立。（4）将质化与量化对立起来，似乎成了一些学者不想或不敢采用实证法、量化法和统计法的借口。

案例6.31建议：（1）作为学者要提高自己的学术研究、思维与写作能力，无论质化、量化，还是质量共用，那都是必须学习、训练和掌握的方法。（2）如果有一根足够长的数轴，那就可以将世界上的一切事物，安排在这个数轴上（案例6.32图1），轴上的每一个点（A、B、C、D、E……），标出来的是数，其实它们也是一个有质的点。一定量对应一定质，这也是我们在选用任何学术方法的时候，应该有的明确意识！

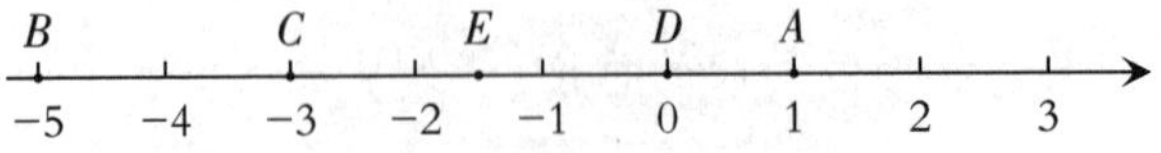

【案例6.31图1】数轴上的每一个量点，都代表事物的某个质点

马克思认为“一种科学只有在成功地运用数学时，才算达到完善的地步”。这在当今信息化时代，越来越显现出其真理性。尤其对于“无论是单纯的定性研究，还是单纯的定量研究，都难以全面、有效地把握社会现象”的人文社会科学，更没有理由将质化与量化对立起来，相反却是，当代的社会科学研究，应当把定性方法与定量方法有机地结合起来[①]。

6.7.3 科学与美学互为交融

建议你阅读《理想国》[②]《几何原本》[③]《美与科学革命》[④]《生命是什么》[⑤]《物理定律的本性》[⑥]《物理学之美》[⑦]《大数据时代》[⑧]等等，就会深刻认识和体验到，在学术研究方法、学术思维与写作中科学方法与美学方法的内在关联。对于一项高水平的学术成果来说，当然必须有严谨的科学理性思维方法，再加上精准的数理方法，除此之外还必须是生动、形象、有美感的。有理性的美感，也有些许诗情画意。这才是真理应有的形象和生命力。从不完美到坚持追求完美的臻美过程，由此得出来的学术成果，既是科学的，也是美学的。

总之，任何学术方法本身都并不存在“对”与“不对”、“好”与“不好”之分，只有与研究的问题以及研究过程中其他因素相联系时才可以衡量其是否“适宜”[⑨]。只要“适宜”，则量化与质化、实证与理论临床和思辨、抽象与臻美等皆可采纳，不可偏废。一项高水平的学术研究、思维和文本，一定是最恰当地使用了多种方法，形成了“适宜”的方法链，获得了丰富可靠的证据链的过程与成果。

6.8 以图表说话的魅力

6.8.1 定义与价值

学术图表指，学术文本中用以表达或说明特定研究内容（物象、事实、观念、概

① 欧阳康，张明仓. 社会科学研究方法[M]. 北京：高等教育出版社，2001：214.

② 柏拉图. 理想国[M]. 上海：商务图书馆，1957.

③ 欧几里得. 几何原本[M]. 北京：人民日报出版社，2005.

④ 詹姆斯·W. 麦卡里斯特. 美与科学革命[M]. 长春：吉林人民出版社，2000.

⑤ 薛定谔. 生命是什么[M]. 罗来欧，罗辽复，译. 长沙：湖南科学技术出版社，2003.

⑥ 费曼. 物理定律的本性[M]. 关洪，译. 长沙：湖南科学技术出版社，2012.

⑦ 杨建邺. 物理学之美[M]. 北京：北京大学出版社，2011.

⑧ 维克托·迈尔-舍恩伯格，肯尼思·库克耶. 大数据时代——生活、工作与思维的大变革[M]. 盛杨燕，周涛，译. 杭州：浙江人民出版社，2013.

⑨ 陈向明. 质的研究方法与社会科学研究[M]. 北京：教育科学出版社，2000：作者前言.

念、定律、原理）等的图像、模型、表格等，是学术抽象思维与形象思维交织的产物，对象（事实、数据、本质）内在逻辑结构关系的外化表征，当然，也有对事物外部形态描摹的（如图像）。另一方面，即使是很抽象的事物，如有本质结构和数据表格，因为纵横线条和格子的搭建，也有了逻辑的形象性、直观性。与书面文字语言表述比较起来，图表更能直观地显示出思维和学术文本内容的逻辑关系、逻辑形象。在前面实证法中的数据和统计法中，已有所领略。

被认为很抽象的自然科学，只要你用心读过几篇研究报道或几本科学论著，甚至是理科教材，就会发现图形、表格、模型等形象化的手法，其实是自然科学最常用的方法，总是用以表达很抽象的结构、概念本质、原理定律等，比人文社会科学领域的很多学术文本，都显得图文并茂、简明生动。恰恰相反的是，被认为很形象很生动的人文领域的学术文本，包括教材和论著等，却很少看到图表的运用，显得面目呆板僵硬。人文学者并不常用，或者不擅长使用图表法，即使有用也很随意而粗糙，不守学术规范。所以，无论从思维方式还是文本表达方式上，文科都应该向理科学习。

6.8.2 优质图表

优质的学术图表标准：（1）逻辑严谨、信息准确、要义简明；（2）直观、形象、生动、新颖且富有创意地反映了学术内容的要核，也赋予了学术内核可视的外在感性特征、形式美感；（3）还要遵守图表方法的规范（参见6.8.3）。

图文并茂，图理交融，便于理解，让人亲近，是理性思维与感性思维完美结合的产物，还是具有高度审美价值的学术作品，是令人喜爱的科学审美对象。且图表精制的过程，本身就是简化提炼内容，大大提高学术思维水平与表达力，提高学术创新力与学术美学品质的过程。因此提倡在学术活动中尽量使用规范且具有美感的图表。

6.8.3 图表分类与规范

学术图表多种多样（图6-12），其适宜表达的内容与方式有所不同，但目的功能都是使抽象的学术思维和语言表达简明形象，一目了然，有助于学者对学术的理解，还可以使学术内容生动形象、富有美感（6.8.2优质图表）。

- 象形图：事物轮廓或大致样貌的形象图。
- 框架图：表述事物或因素之间的逻辑关系的结构图。
- 表格图：表述数据或语词短语之间关系的纵横交织的格子图。
- 统计图：表述数据分析统计结果和事物运动发展趋势的图形。
- 模型图：表述抽象事物、运动、概念、理论、定律等的图形

【图6-12】学术图表种类

所有学术图表，都有严格规范。从规范角度来看，“图表”就分为表格和图形两大类。

表格，通常指数据表，也有文字表。基本规范是：(1) 表格上方写表头，包括表的序号（如表1），相应出现在学术文本的对应部位，还要伴随出现表的编码序号（如表1）。(2) 紧接序号后，是表名或表述表内内容的短语，如“表1　学生各科成绩一览”，文句要尽量简明，刚好能准确说明内容即可。(3) 全表表头和表内数据字号，通常比正文小一号（如正文是小四号，表头和表内数据就用五号）。(4) 统计数据表，一般采用三线格，不封左右边线；如果是一般表格，或文字表格，则随便一些。

图形，通常指象形图、统计图、模型图等。基本规范是：所有图都必须有“图标”，以说明图的大意；标在图的下面，因此也叫“图下标”。(1) 图的序号，按照该图在学术文本中出现的顺序编码；并在学术文本正文相应部位，标出图号。(2) 图的内容（图题），文字要尽量简明，刚好能准确说明内容即可。(3) 字号通常比正文小一号（如本书各章的各种图标）。(4) 另外，图的形和色要协调，各部分位置和大小关系和谐。

6.8.4 数据表格

数据表格是反映收集到的数据之间关系的表格。它是实证报告文本最重要的表述语言和最显著的特征。换句话说，浏览一篇学术论文的主体有若干数据图表，就可以判断这是一篇实证报告。

案例6.32　数据统计表——三线表格

案例6.32表1　研究生表象训练对思维品质影响的前、后测差异显著性检验

项目	后测		前测		t	p
	M	SD	M	SD		
流畅性	5.00	2.273	1.08	0.641	6.383	0.000
合理性	4.92	2.326	0.85	0.801	6.634	0.000
变通性	1.62	1.044	0.38	0.506	4.788	0.000
审美性	3.54	1.898	0.77	0.599	5.740	0.000
奇特性	2.12	1.017	0.36	0.509	6.161	0.000

案例6.32表2　不同实验处理条件下正方向视错觉效应的方差分析

因素	平方和	自由度(df)	均方	F
方向	0.439	1	0.439	0.463
宽度	158.642	2	79.321	83.621***
间距	258.789	2	129.394	136.409***
方向×宽度	2.789	2	1.394	1.470
方向×间距	0.463	2	0.232	0.244
宽度×间距	30.618	4	7.654	8.069***
方向×宽度×间距	13.772	4	3.443	3.630**

注：***$p<0.001$，**$p<0.01$，*$p<0.05$

案例6.32评析：（1）该案例表1和表2，都是标准的数据统计分析三线表，即数据表中只有三条线，且两侧不封边。清晰表明分析检验的结果，进而可以得出结论。（2）表1差异显著性（t）检验结果：实验后测各项指标比前测都有极显著差异（$p<0.000$），表明表象训练对研究生思维的流畅性、合理性、变通性、审美性、奇特性等，均有极显著作用或影响。（3）表2方差检验（F）结果，在宽度（***）、间距（***）、宽度和间距（***）、方向和宽度与间距（**）等不同的情况下，正方向视错觉的差异性显著（$P<0.001$；$P<0.01$）；而在方向、方向与宽度、方向与间距不同的情况下，正方向视错觉没有显著差异（$P>0.05$）。（4）表1的三线格在第一格中还有一条短线，三线表格看上去有了四线，在很多三线数据表中，因为指标层次较多，都会出现这种加线的情况。这种三线表中加的短线，只要没有拉通，总体也是三线表，合乎三线表格规范。

案例6.32建议：（1）用本案例中的数据统计表格和标准，去审视评析所见到的任何实证数据表（包括本书在内）。（2）用数据表格标准及统计检验结果表述方法，指导自己的实证文数据表制作与结果分析。

案例6.33　语词短语统计表

案例6.33表1　六所师范院校免费师范生培养目标比较

师大	师大（1）	师大（2）	师大（3）	师大（4）	师大（5）	师大（6）
培养目标	培养“基础教育高级专门人才”	培养和造就“优秀教师和教育家”	为国家教育事业的发展培养“一流的师资”	培养学生成为全面发展，基础扎实且富有创新精神和实践能力的“优秀中学教师”	培养“优秀教师”	培养“基础教育优秀师资”

对案例6.33表1的资料分析，得出下述结论：

1.六所师大的人才定位各有不同，分别是培养“基础教育高级专门人才”“优秀教师和教育家”“一流的师资”“优秀中学教师”“优秀教师”“基础教育优秀师资”。

2.对所培养人才特征（素质、规格）的表述，除了师大（4）以外，普遍模糊，如普遍采用但却没有定义何谓“高级”“优秀”“一流”等。

3.相比来看，师大（4）的培养目标定位和人才特征表述，最为明确、清晰、肯定。所要培养的是“优秀中学教师”，而这些教师具有“全面发展”，“基础扎实”且“富有创新精神”和“实践能力”等特征（素质、规格）。

案例6.33评析：（1）该案例属于语词语段统计表，表格内的信息是语句或语段而不是数据，因此分析方法不同。数据分析用数学统计工具；短语语词分析，用大脑逻辑思维或理性思维，所以该案例的分析特别显示出作者的比较分析、综合、提炼和概括等思维能力。（2）该案例的分析与结论，发现了六所师大的人才培养目标定位不同之处，但是对各自是怎样的定位却分析不透，甚至也没有对各自所定位的“专门人才”“教师”“教育家”“师资”等做必要解析；对什么是“培养目标”的概念不清，就直接下结论认为师大（4）的目标最详细，故缺乏说服力；原表下面标注有参考资料或文献出处（省略），但其中却少了师大（5）的资料来源，应补齐。（3）这类语词语段表格，可以用边框线，也可以不用。如果是数据统计表，则肯定必用。

案例6.33建议：（1）首先要定义“培养目标”，才能通过表格中各校培养目标的表述，来为各校培养目标是否合理下判断（结论）。所谓培养目标，就是对所培养的人才的基本特征与定位的表述，有时称为“人才培养规格”，应当包括全面发展、专业素质与能力发展、人才类型定位等三个层面的要点。在明确培养目标这个概念及其三个层面要点的基础上，对六所师大的培养目标进行一一比对，然后得出结论。（2）对语词或关键概念进行定义，然后再比较分析，这是所有语义分析法或语句表格内容分析的基本操作规范。由此所得的结论才是可靠的，语词语段表格显示的内容才有分析的逻辑依据。

案例6.34　维度与指标表

案例6.34表1　员工人际交往能力测量指标

1.你处理单位人际关系的能力如何?	1	2	3	4	5	6	7
2.你与其他部门同事进行沟通的能力如何?	1	2	3	4	5	6	7
3.你处理上下级关系如何?	1	2	3	4	5	6	7
4.你与客户/顾客的沟通能力如何?	1	2	3	4	5	6	7

案例6.34评析：(1) 该案例是对员工“人际交往能力”进行测评的维度或指标表，拟通过此表收集事实并转化为数据，从表中可见，这是一个七级测查表。(2) 有些以实证为主的学位论文中，出现了大量数据表，这些数据表都是一模一样的模式（如上表)，且分析又不透彻，因此，不仅没有起到数据表应有的简明直观的作用，而且显得烦琐、混乱、丑陋而不得要领，也必然难以概括提炼得出有分量的结论。(3) 表中四个维度或指标与表头中的“员工人际交往能力”的内涵和外延（分类）相吻合吗?

案例6.34建议：(1) 首先定义“员工人际交往能力”，然后根据该定义的内涵和外延来判定此表内的四个指标是否合理或正确。(2) 对应考查文本中的实证方法、数据表、数据分析及分析结果、所得结论是否合理，或是否合乎员工“人际交往能力”的理论结构，是否调查到了想要调查到的东西。(3) 任何指标或维度表，都不是随意制订的；在任何一个指标或维度表背后，都有严格的理论、理论结构和环环相扣的逻辑。如案例6.34表2和表3：

案例6.34表2　布鲁姆教育目标分类细目

知识	1.1具体事实的知识（符号、术语、日期、事件、人物等） 1.2论述事实的方法及有关名称的知识（规则、趋势、分类、方法） 1.3普通的与抽象的知识（定理、规律、理论）
理解	2.1转释（用自己的话复述、翻译） 2.2解释（说明、总结资料） 2.3推论（预测结果）
应用	3.1 在新情境中用所学知识解决问题
分析	4.1分析构成成分 4.2分析关系 4.3分析组织原则
综合	5.1形成观点意见 5.2拟定计划 5.3推导关系
评价	6.1依内在标准评价 6.2依外在标准评价

案例6.34表3　小学自然常识测验（内容和目标）双向细目表[①]

教学目标 教学内容	知识	理解	应用	分析	综合	评价	合计
生物世界	3	5	6	3	2	1	20
资源利用	2	3	3	1	1	0	10
动力和机械	2	3	4	2	0	1	12
物质物性与能量	5	6	8	3	2	1	25
气象	2	4	3	2	2	0	13
宇宙	2	5	4	1	0	0	12
地球	2	2	2	1	1	0	8
合计	18	28	30	13	8	3	100

案例6.34再评析：(1) 美国教育家布鲁姆《教育评价》中提出了“为掌握而学习”[②]的理论，“我们的基本任务就是确认怎样才算‘掌握了这门学科’，并且探求能使最大部分学生达到这种掌握的方法与材料”，而这就是教育评价的意义。他定义所谓“教育评价”就是通过学科内容的教与学以后，学生所达到的目标水平。他建立了所有学科教学内容和目标的双向维度及细目表，横向为目标维，纵向为内容维（如本案例表2），目标维有递进相关的6个指标项，包括知识、理解、应用、分析、综合、评价；内容维是某学科（例如本案例表3的小学自然课）内容的分解，各内容间也有内在逻辑关系或结构。(2) 这意味着，每一项内容（纵向）的教学或学习，都应该分别达到相应的每一个目标（横向6个指标），通过教师教和学生学，于是就可以得到学生成绩（学生发展）的数据矩阵（如本案例表3中的数据）。通过这些数据的统计分析，不仅能够了解学生学科知识学习的成绩，而且能够知道学生通过学科学习在认知发展目标上得到的发展。

案例6.34再建议：需要更深刻理解，所有维度、项目和数据表，都必须有理论支撑，这样所获得的数据及其数据分析的结果，才有意义，数据表这种形式和方法，才有独特的价值，也才能彰显出数据表独特的学术价值和魅力。

① 朱德全，宋乃庆，等. 现代教育统计与测评技术. 重庆：西南师范大学出版社，1998：260.

② 布鲁姆，等. 教育评价[M]. 邱渊，等译. 上海：华东师范大学出版社，1987：71.

案例6.35　数据模型：统计图

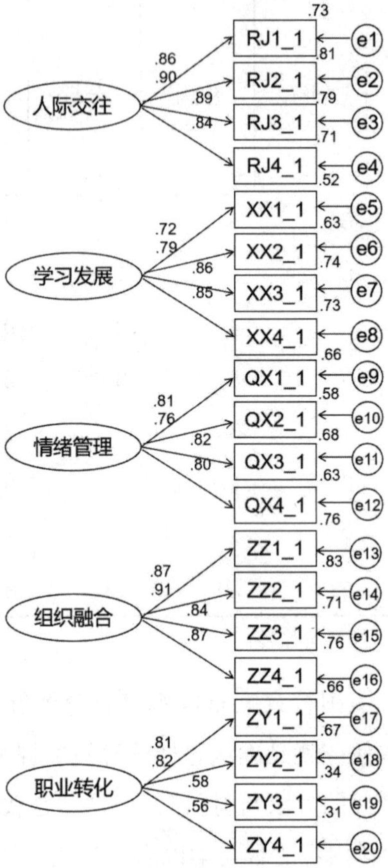

【案例6.35图1】就业适应能力结构模型图

案例6.35评析：（1）该案例是基于收集的数据，经因素分析所得到的数据模型图，即指标和维度之间的数理关系图，也称结构模型图，其表明了各项指标所占有的权重、信度值及相互关系。（2）所有的统计图表和模型，都是关于数量之间逻辑关系，及其本质特征之间逻辑关系的常用表达方式，很多同时也具有创造性的成果，科学合理又生动形象，事物之间或事物特征之间的结构关系一目了然，便于理解、记忆和应用（参见第9章再论学术创新）。

案例6.35建议：原数据模型为竖向图，左右空白多，有些浪费版面，可以调为文字横放（案例6.35图2），看上去有另一种节奏的意蕴。

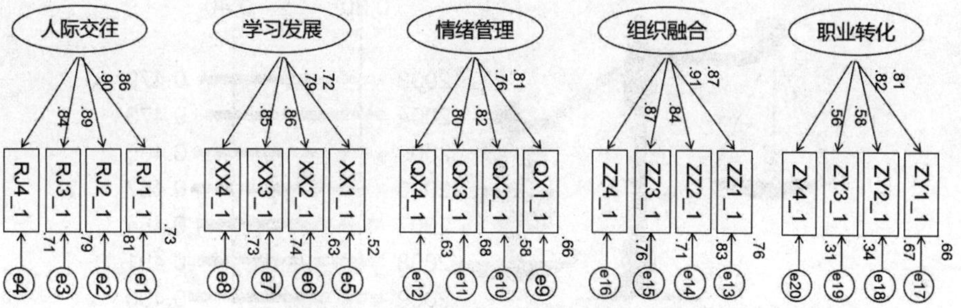

【案例6.35图2】就业适应力结构模型图

案例6.36 图像化表达

象形图、趋势图、示意图等，都是表示事物存在与运动轮廓，并有指示或指向作用的图：

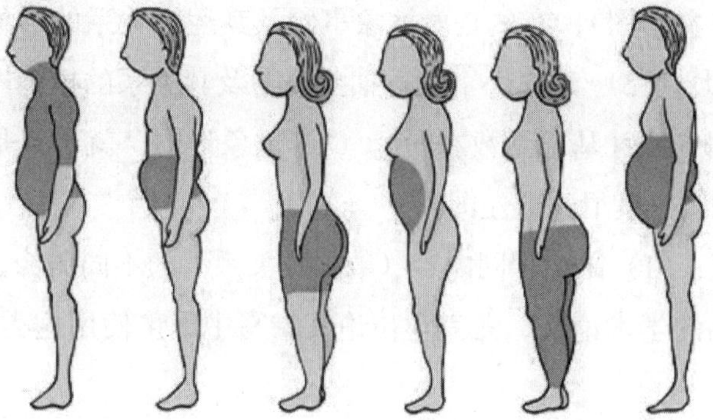

【案例6.36图1】你的脂肪囤积在哪？——象形图

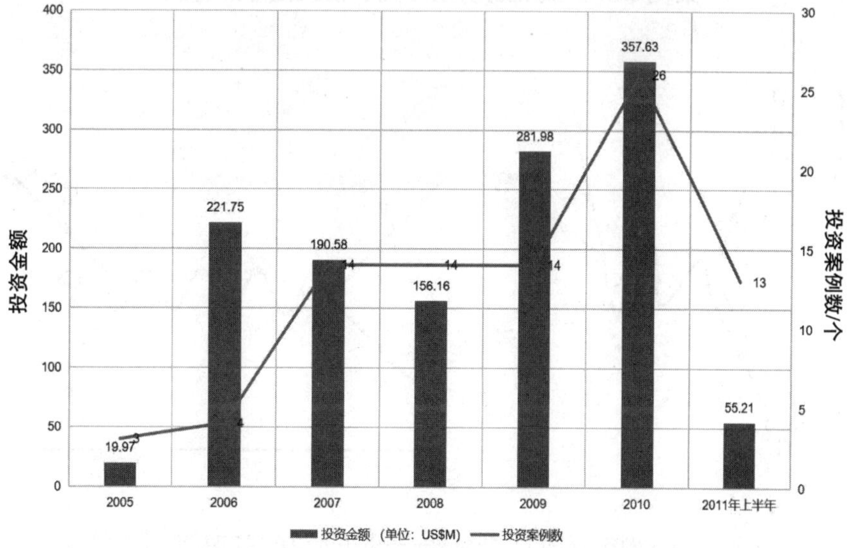

【案例6.36图2】2005—2011 上半年中国纺织业投资情况与趋势——统计直方图和折线图

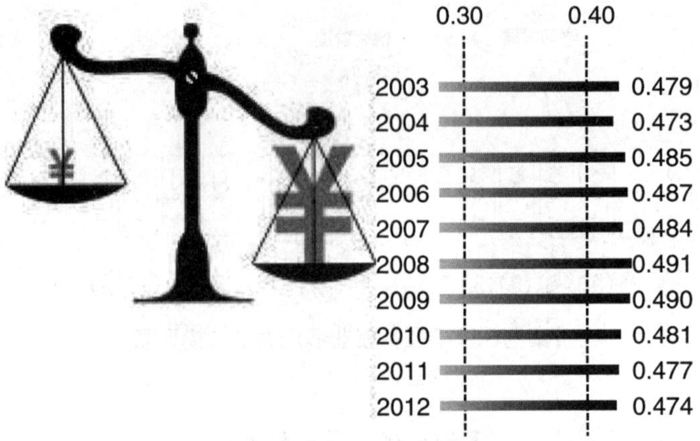

【案例6.36图3】社会贫富差异基尼系数：形象图解

案例6.36评析：（1）上述都是图像化的表达方式，所表达的事物，有些本来就有外部可视的形象（象形图），有些是对抽象事物及其逻辑关系的形象化表达（图形模式），后者难度更大。（2）建立一个表达抽象事物及其关系的模型图，需要很坚实的理论、实证和数据支持（基尼系数右图）。（3）但象形图，就可以是一个大致的形象描绘（如脂肪囤积图；基尼系数左图）。

案例6.36建议：（1）比较相同内容（数据及关系）的不同图像、图表等表达式的特点。（2）在自己的学术论文，尤其学位论文撰写中尽量使用这类形象化的表达式，直观且美观。

案例6.37　微观运动象形图、模式图、示意图

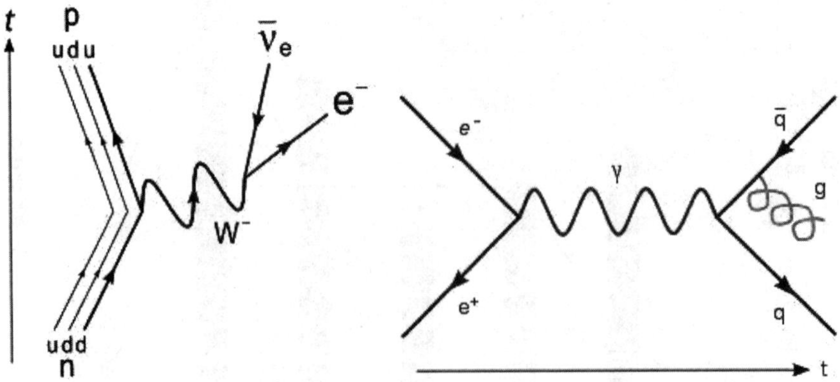

【案例6.37图1】费曼图——量子运动方式与轨迹

案例6.37评析：（1）该案例是量子力学家费曼用图形系统表述的微观世界量子运动的方式与轨迹，也称量子运动模型图。他因此而获得诺贝尔奖。（2）“量子力学是对物质行为甚至其细节的详细描述，特别是对发生在原子尺度上的事件的详细描述”①，这些“非常小的尺度”上的微观世界中的量子及其运动，肉眼无法直观到。为了表达和“直观”到量子运动的轨迹，费曼发明了一套后来以他的名字命名的简单的图形系统。费曼图是一种有效而明白的符号系统，用来画出当电子、光子和其他粒子相互产生作用的时候发生了什么。今天我们依靠这些图形来进行日常的计算，但在20世纪50年代时，它们显得是对进行科学研究的传统方式的一种惊人的背离②。（3）放眼看，用形象化方式表达抽象内容，是自然科学的传统。早期有中外古代天文学的宇宙模型，古希腊毕达哥拉斯数学的勾股树，欧几里得《几何原本》中的各种几何图形，各种原子结构模型图等，到了费曼这里，他用这种形象化的方式表达了微观量子的运动形态，而且达到了系统化的程度。

案例6.37建议：（1）现代自然科学研究最通用的方法，就是实验观测、理论分析、图像模型和数学建模（公式）等的四位统一，而首要的问题是根据实验结果（而不是根据猜测）建立研究对象的物理模型，然后再进行研究分析③。所有人文社会科学的研究，也不妨尝试这种四位一体的方法。其中图表模型法是很适宜任何学科采用的。（2）翻阅中小学数学、物理、化学等自然学科的教材，会发现图表模型处处可见。只是十分可惜，很少有教师特别指导学生仔细观察这些模式图，并对照模式图理解和解释概念、原理或定律等的内涵。（3）所谓“数学建模”，也就是一个发现和表达事物数据、变量等内外逻辑关系，并以符号和外在形式表达出来的，抽象思维与形象思维有机结合的学术创建过程，这些模型和图像本身，也是一种学术创新成果，使得抽象科学有了如生命般律动的图像，彰显了科学的智慧与美感。

6.8.5 各类图表推荐与鉴赏

在学术论文中出现的图表，是科学研究过程、思维和表达的规范而充满理性美和形象美的手段与成果。它们丰富多样，且又往往多种交织于一体，互为补充说明，形成学术论文独具特色的美丽“风景”，令人叹为观止。

① P. P. 费曼. 费曼讲物理入门[M]. 秦克诚，译. 长沙：湖南科学技术出版社，2004：117.
② P. P. 费曼. 费曼讲物理入门[M]. 秦克诚，译. 长沙：湖南科学技术出版社，2004.引言：2.
③ 束继祖，李华煜. 流场显示技术在流体力学中的应用和展望[J]. 力学进展，1979(1).

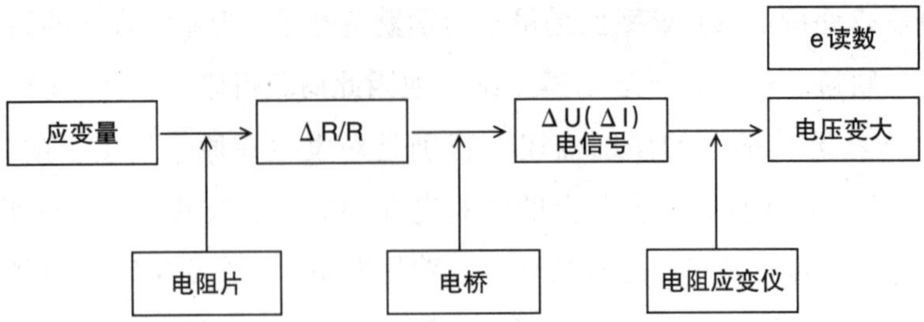

【图6-7】生物力学：生物电流模式图

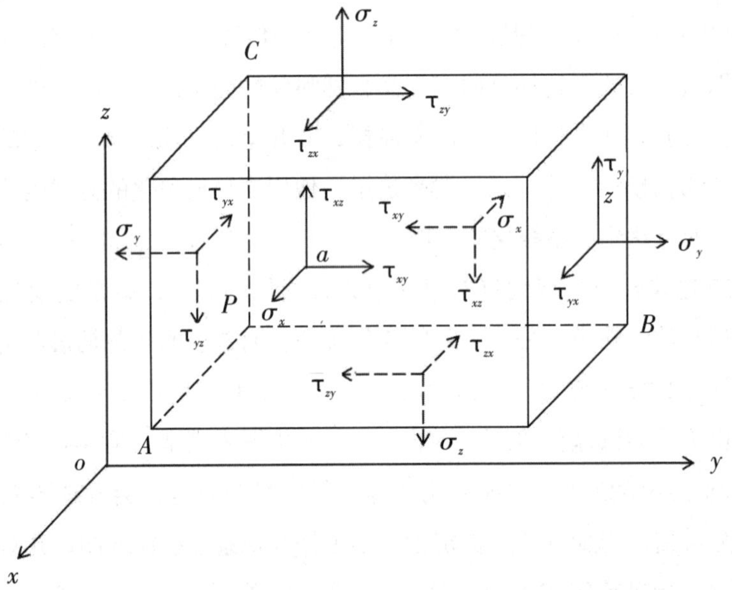

【图6-8】生物力学：血管一点的应力状态空间分布结构模型图

【图6-9】地震示意图

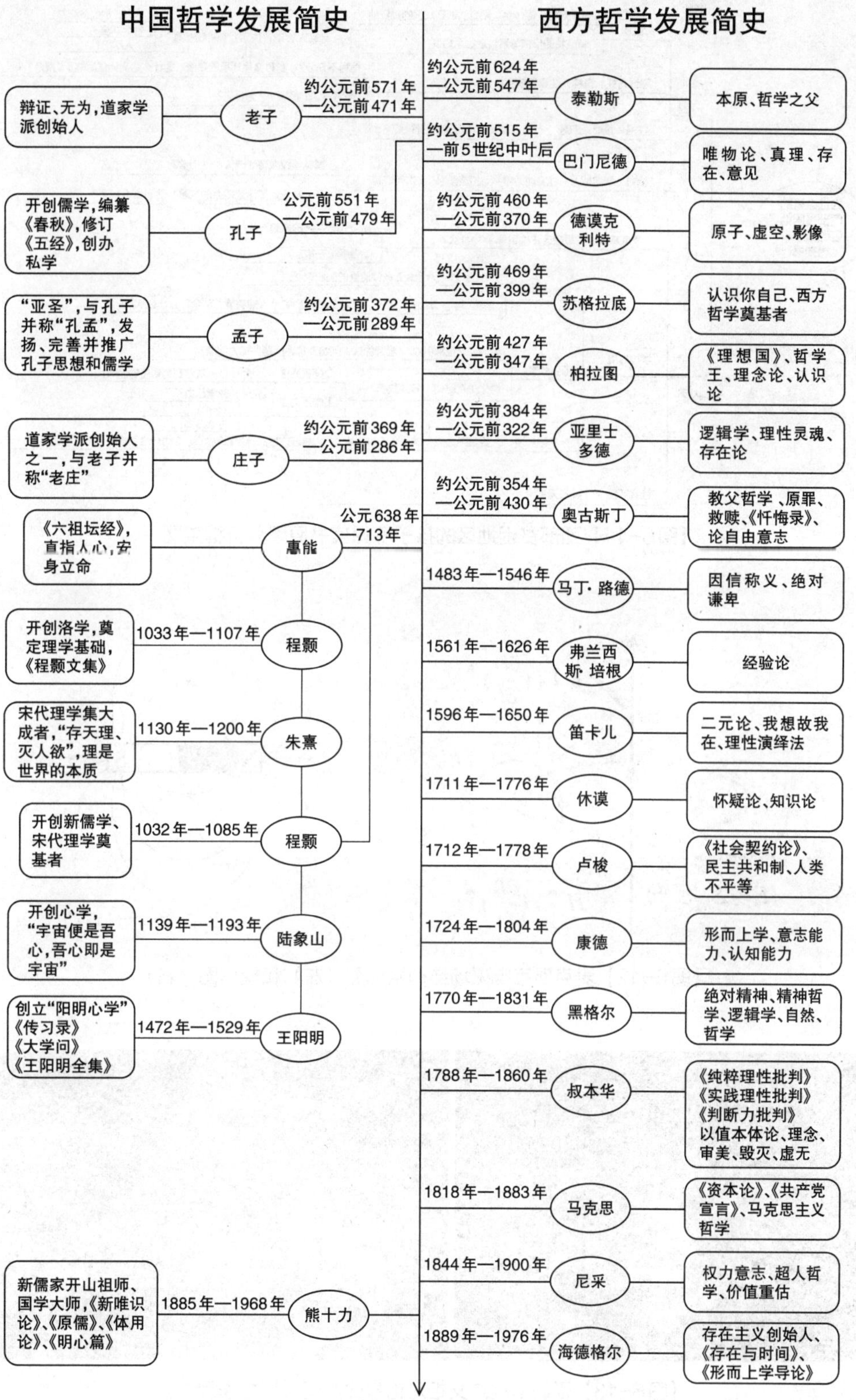

【图6-10】中国哲学与西方哲学发展简史一览图

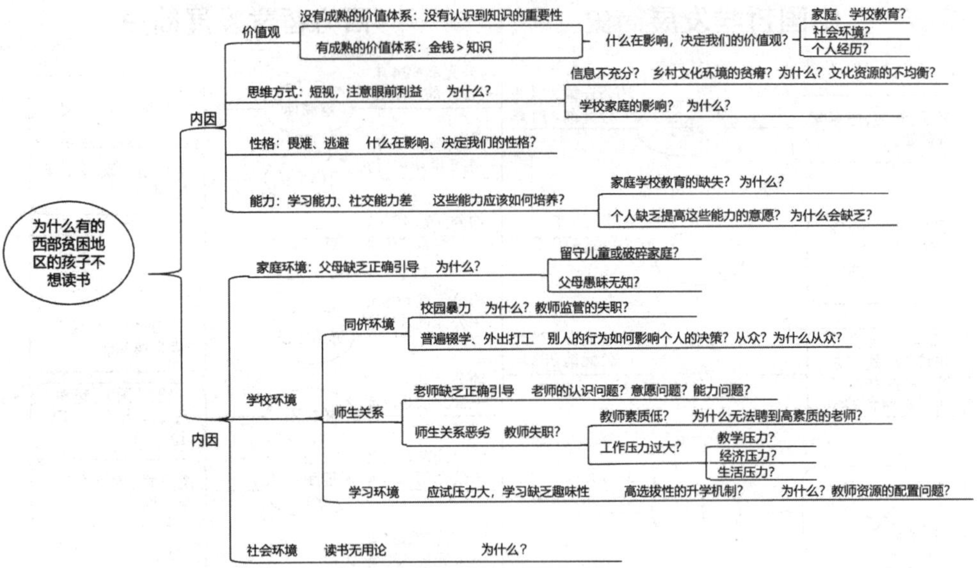

【图6-11】西部贫困地区的孩子不想读书原因分析框架图

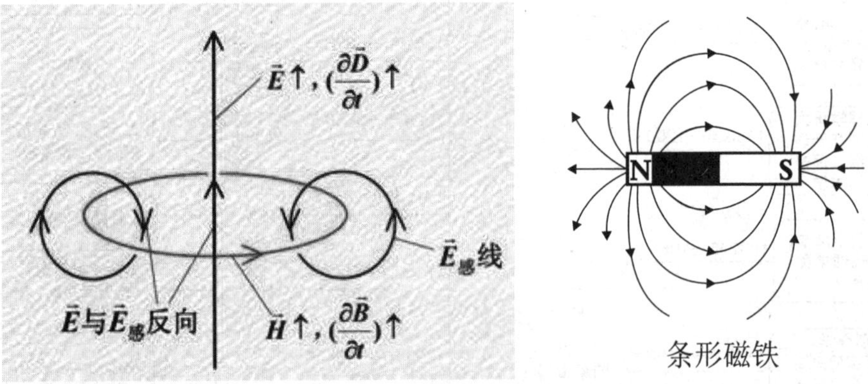

【图6-12】麦克斯韦电磁场结构坐标图（左）和模型图（右）

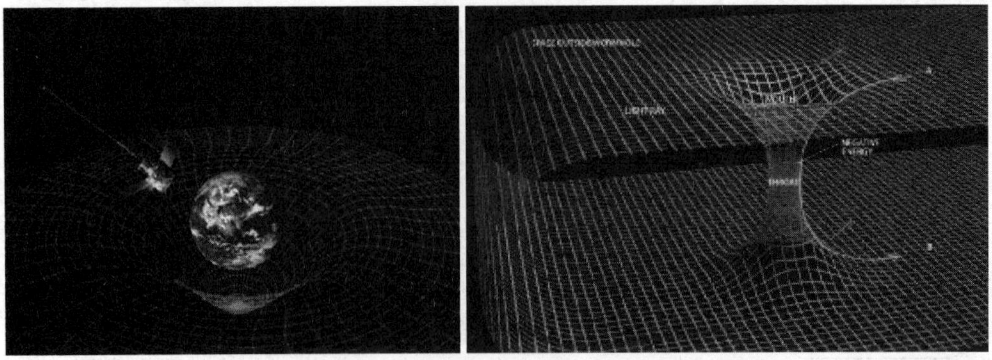

【图6-13】爱因斯坦广义相对论弯曲空间（概念模型图）

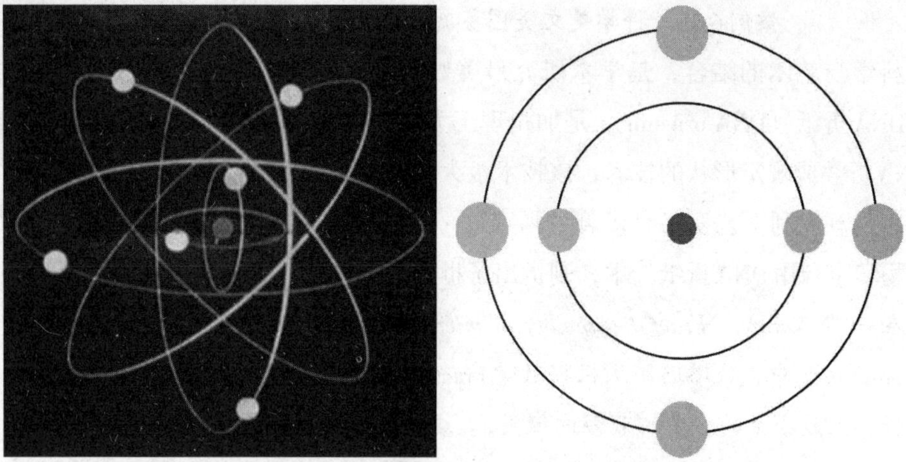

【图6-14】各种物理学模型图原子运动模型（左）与量子运动模型（右边）

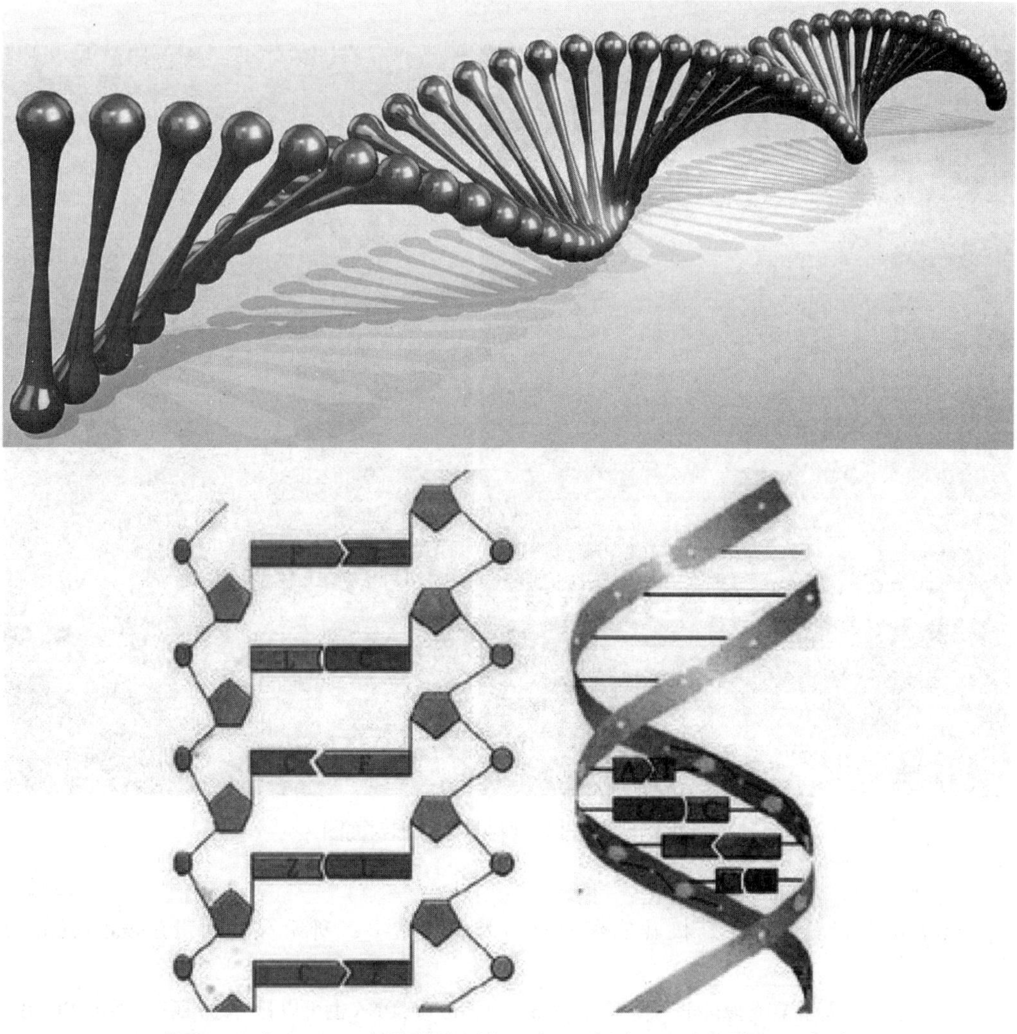

【图6-15】DNA 双螺旋结构形象示意图（上）和科学模型图（下）

案例6.38　科学美文美图鉴赏：以形象表现抽象的艺术

科学与艺术的结合，是学术研究最美妙的境界，也是科学和艺术创新的交边地带。DNA折纸（DNA origami）是加州理工大学Paul Rothemund在2006年开发的把长链DNA折叠成规定形状的技术，该技术极大地拓展了纳米科技领域。而《蒙娜丽莎的微笑》是意大利文艺复兴时代著名画家达·芬奇的最高艺术成就，享有盛誉的杰作。而生物学家利用DNA折纸技术，则折出了世上最小幅的《蒙娜丽莎的微笑》①：

在一期*Nature*"*Fractal assembly of micrometre-scale DNA origami arrays with arbitrary patterns*"中，钱璐璐团队根据数学Fractals概念研发了新的DNA折纸技术，并折出了世界上最小幅的《蒙娜丽莎的微笑》。这是该团队近期发表的第二篇DNA折纸的文章，此前该团队还开发出了一种全自动的DNA分子机器，可在纳米尺度上执行任务，相关研究发表在《科学》杂志上（*A cargo-sorting DNA robot*）。

【案例6.38图1】《科学》杂志封面图

*Nature*期刊发表的这篇极具艺术美感的封面文章中，研究人员利用fractal assembly

① 华中科技大学栗茂腾科学网博客.《Nature》封面故事：DNA也可以让"蒙娜丽莎"微笑[EB/OL].(2017-12-08)[2021-08-17]. http://blog.sciencenet.cn/blog-3319332-1088840.html .

的方法以最小化拼图的边缘特征，先用64只试管合成64片“拼图”，把每只试管编号以确保它们在整张图上的位置，先依次混合4只邻近的试管，得到16个尺寸为2×2的方块，再将它们四四结合，得到4个4×4的大方块，最后将这4个拼起来凑出整张图画（部分文字参考生物通和caltech网站）。

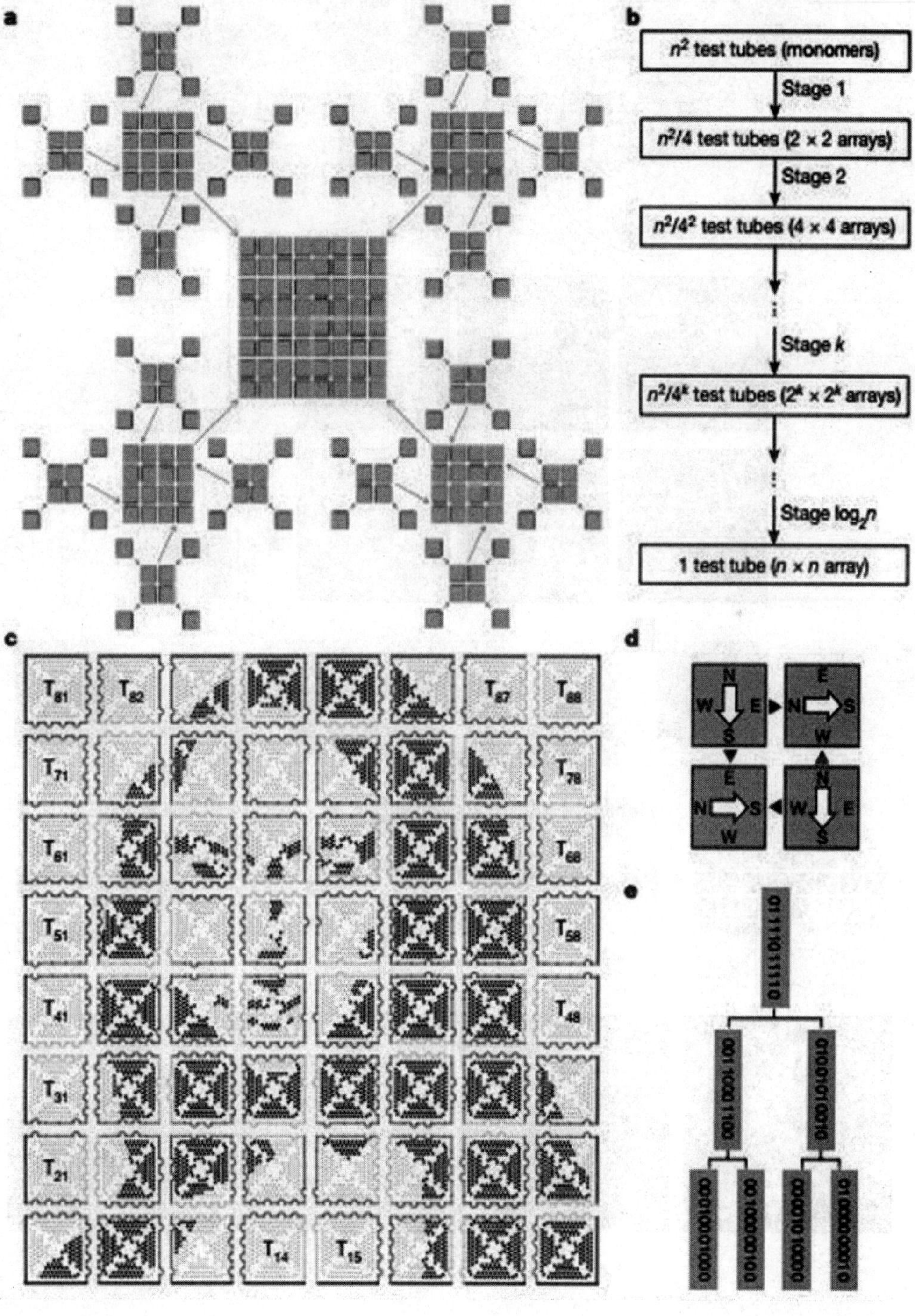

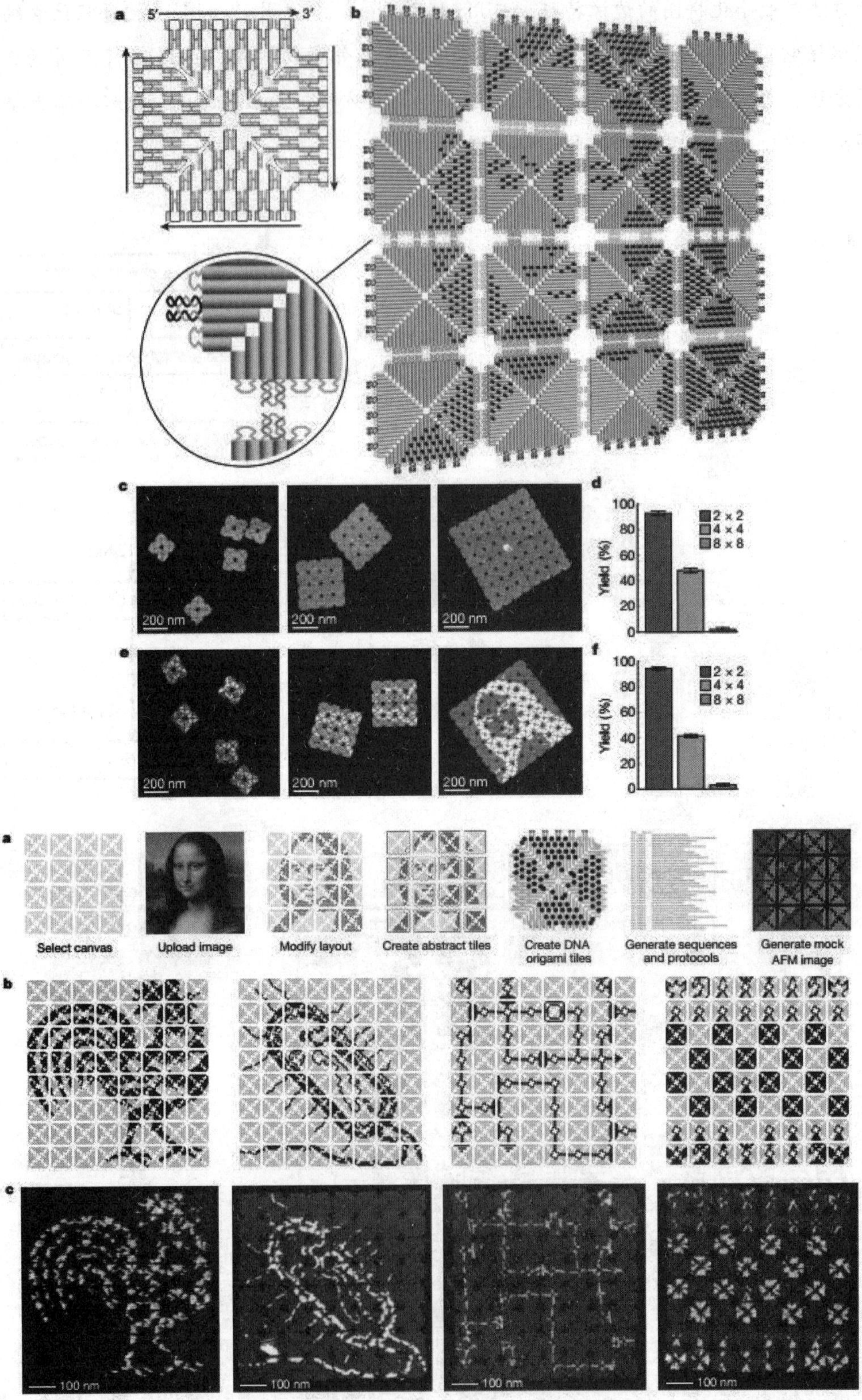

【案例6.38图2】“蒙娜丽莎”拼图

根据DNA折纸研究的最新进展，BIOMOD（International Bio-molecular Design Competition）团队进行DNA折纸相关研究，2015年提出“调控生物因子平衡的DNA纳米装置”概念，结合“DNA折纸术”这一先进的纳米技术手段，应用原子力显微镜成功解析了新设计的分子装置的准确结构，并通过凝胶电泳、荧光共振能量转移和凝血酶原时间测试等各类实验方法成功验证该装置快速响应调控生物因子平衡的各项功能。该项目参加在哈佛大学举办的国际生物分子设计大赛，一举夺得金奖；2016年，相关研究结果以*A Quick-responsive DNA Nanotechnology Device for Bio-molecular Homeostasis Regulation*发表在*Scientific Reports*期刊上。

2017年9月14日，另外一个以DNA折纸为基础，研究结果以Full Paper形式发表在*Small*期刊上的论文为*A DNA Origami Mechanical Device for the Regulation of Microcosmic Structural Rigidity*（可用于调控微观结构刚性的DNA折纸纳米器件）。这篇论文主要通过“DNA折纸术”这一技术手段，构建了由内部中心轴和外部滑动管组成的多聚体DNA纳米结构，单体外管在DNA动力链的触发诱导下能够沿着内部中心轴滑动，从而实现该纳米器件在微观尺度的柔性和刚性状态之间转换。该纳米结构的形态转换，还被证明能够有效调节其所附着物质的微观结构刚性。由于微观结构刚性对于细胞增殖功能十分重要，此研究结果为使用DNA纳米结构调节细胞刚性从而改变其生理状态提供了理论与实践基础。该论文研究内容延续自BIOMOD HUST-China团队2016年参与在加州大学旧金山分校举办的BIOMOD国际生物分子设计大赛并夺得银奖的参赛项目。

本章思考与训练

1. **比较多种学术方法的特点。**选读任何学科领域的研究方法类著作或教材，对其中所涉及的方法进行整理、比较和评析。

2. **学术论文的方法分析。**请选择你认为好的或不好的学术论文和学位论文3—5篇，分析其采用的研究方法是否“适宜”和具有相互印证的多样性，点评其优点与欠缺点。

3. **学术方法的自我审视与解释。**请审视自己正在研究的课题、撰写的论文，所涉及的研究方法、思维方法和写作方法，点评其是否“适宜”，是否需要调整用法和补充其他方法。

4. **臻美方法案例分析。**就某种臻美方法或美学方法，在自然科学、社会科学、人文学科领域中的使用情况，各收集2—3个案例，并进行案例分析。

5. 写一篇关于学术方法的论文。对教育类（或其他学科）学位论文中采用的方法，以及对新方法，尤其是信息化、智能化等方法的使用情况进行统计分析，评价其恰适性、多样性及相互联系，或是否形成了方法链和证据链等。

第七章 过程

真理是在漫长地发展着的认识过程中被掌握的。

——黑格尔

在一个崇高的目的支持下，不停地工作，即使慢。也一定会获得成功。

——爱因斯坦

如果说，科学上的发现有什么偶然的机遇的话，那么这种“偶然的机遇”只能给那些学有素养的人，给那些善于独立思考的人，给那些具有锲而不舍的精神的人，而不会给懒汉。

——华罗庚

学术研究与思维是一个过程。从前期、中期到后期过程中产生的所有文本，都是最终学术成果与文本的一块块奠基石。

——本书作者

7.1 过程文本

在学术研究过程中，学术思维和学术写作伴随始终，并会产生一系列反映过程中每一个阶段研究状况的文本，包括前期报告、开题报告（重心）、中期报告、结题报告等，直到最后生成正式学术成果文本。

7.1.1 前期报告

前期报告指在正式开题报告前所做的所有准备工作以及所产生的一切文本，包括前期学习报告、阅读报告、预选题报告等。

前期报告是指对前期所有学习与研究所做的梳理与总结，并为选题和开题做的准备。某大学为保证博士生在选题、开题报告和撰写学位论文前做足功课，特别增设了博士学习与研究前期综合考核报告（图7–1）这一培养环节。其中包括课程学习报告、学术讲座与活动报告、经典文献和专业主文献阅读报告、调研与问题思考报告、预选题报告等。

××大学博士学习与研究前期综合考核报告

专业：
方向：
年级：
学生：
导师：
日期：

1.学习活动

1.1课程学习（学习了哪些课程，成绩，教师；主要内容与观点；感悟，选题启示）。

1.2.学术活动（听了哪些学术讲座，主讲人；主要内容与观点；感悟，选题启示）。

2.研究活动

2.1前期研究（参加了哪些课题；进展情况）。

2.2论文选题与思考。

2.3研究与工作成果文献阅读与感想（阅读了哪些经典著作、前沿著作和论文；作者；出版社或期刊；主要内容、观点、方法；感悟，选题启示）（附录1）。

2.4结合选题思考和文献阅读，聚焦一个或几个理论，并思考如何运用这些理论，撰写理论应用报告（附录2）。

2.5观察和发现实践问题，撰写案例分析报告（附录3）。

3.附录

附录1　文献综述报告（要求：分析、归类和提炼观点，奠定理论基础）
附录2　理论应用报告（要求：尽量与选题文献、理论结合）
附录3　案例分析报告（要求：尽量与文献和理论结合）

（要求：1.三个报告，尽量形成内在逻辑关联；2.底注和参考文献要按照学术规范注释。）

【图7–1】前期报告——××大学博士前期学习（前期研究）综合报告

上面的前期报告，所谓“前期”是指正式选题，准确说是正式开题之前，大约是在入学1—1.5年区间。事实上（1）前期报告是在提示博士们（硕士也可参考）将入学以来的所有学习、阅读、思考等活动，整合成一个统整的体系，与学位论文的选题和撰写紧密结合起来。不至于进入选题、选题论证和开题报告环节，还是一片茫然，或一片混乱。（2）所有前期做的工作，都是学术思维和学术写作必要的训练过程，且所做的文献分析综述，以及积累的文本文字等，对选题、开题和学位论文的写作，都不是浪费，或可以直接用到学位文本中（如果选题和前期准备差不太远的话），或可换一个角度用于学位论文，或撰写成为小论文。因此，千万不要认为这太麻烦，忽视这样的前期学习、阅读、思考和撰文。（3）即使你所在大学没有提交前期报告的要求，前期（正式开题之前）自己按照这个思路去学习、阅读、思考和撰写文本，也是非常必要的。

前期报告的质量评定标准是：（1）前期的学习和一系列学术活动包括课程、调研、主持或参与项目、文献阅读等是否充足；（2）与最终拟选题或预选题的指向度或聚焦度有多高；与将要撰写的开题报告等有多大相关性。换句话说，前期报告其实是对前期（正式选题或正式开题前）的学习与研究，是否为学术或学位论文选题和开题做了充分准备的考查手段，也从一个重要方面反映了拟选题或预选题的成熟度，以及学者的基本素养。

案例7.1　前学术活动与预选题的关系考量

观察某博士前期学习综合考核报告即前期报告中的“‘学术活动’一览”（案例7.1表1）和“预选 题”两个部分，即可发现前期学习和准备的问题：

案例7.1表1　前期学习报告中“‘学术活动’一览”

时间	学术活动	项目来源
第一学期	1.西藏干部培训效果调研 2.多民族地区文化冲突的历史成因	导师的省部级项目子项目 自己主持的学校项目
第二学期	3.阿里地区汉藏干部关系调研 4.中小学校长管理制度与方法改革 5.文化现象的经济学分析	导师的省部级项目子项目 参与同学主持的项目 参与同学主持的项目
第三学期	6.内地民族干部培训班现状调研 7.企业治理与学校治理的异同比较 ……	导师的省部级项目子项目 参与同学主持的项目 ……

附录3　《拟选题思考报告——公务员入职考核制度研究》

案例7.1评析：（1）该博士前期学习综合考核报告，即前期报告中，其中两个部分的文字或标题，就足可透视其前期学术活动与该报告所提出的《拟选题思考报告——公务员入职考核制度研究》之间，显然严重缺乏逻辑关联：虽然该博士生参加的学术活动和项目不算少，涉及西藏或民族干部培训问题研究内容，还有企业治理、学校管理、文化与经济等，但显得比较杂乱，缺乏聚焦意识；且明显与学位论文预选题内容完全脱节，这是对学术时间和精力的最大浪费；（2）再继续观察这份前期报告的其他部分，例如课程和聆听学术讲座的报告，文献综述报告（附录1）与参考文献内容，以及附件中的案例分析报告——理论应用报告（附录2）等，皆与预选题《公务员入职考核制度研究》（附录3）之间没有关系或关系甚微。这些充分反映了前期学习和研究的随意性，缺乏清晰指向和聚焦点。

案例7.1建议：（1）将《拟选题思考报告——公务员入职考核制度研究》与前期学术活动的某项内容结合起来考虑，再提出多个可供参考的预选题，如《西藏公务员入职制度特性研究》《西藏公务员骨干队伍建设与培训系统研究》《民族干部文化素养构成与培养研究》等；（2）重新审视和梳理所学课程、已阅读的文献、几个报告等与拟选题之间的联系，并根据这些联系提出新的预选题；（3）充分利用前期参与的调查和项目，以及所积累的经验、文献资源和成果，思考和提炼新的问题提出预选题，集中论证一个选题，为确定选题和撰写正式开题报告打下坚实基础。

7.1.2 开题报告——研究方案、申报书

开题报告，也称“研究方案”，相当于一般学术活动中的项目“申报书”、课题“申报书”。开题报告作为学术研究的第一个正式文本，或学位论文撰写过程的第一个正式文本，其在整个学术研究、学术思维和学位论文撰写中，具有非常重要的地位。其内容要素和基本结构框架，也是前期预选题报告、中期报告、结题报告等过程文本的主要内容和形式，并且，往往就是学位论文的“绪论”部分。因此，放在本章第二部分（7.2），专题阐述。

7.1.3 中期报告

中期报告，指研究过程中的一定阶段，通常是进行到一半的时候，对已进行的研究进行总结，肯定已有的进展和取得的阶段性成果，发现问题，提出修改和调整的思路与方法，并撰写成文本，有待向导师、专家组或课题组汇报。中期报告的基本要素与逻辑框架，与开题报告有很大共性，只是增加了已进行的阶段性总结和各项进展自查的内容等。

在学位论文撰写过程中，学生们要按照导师要求定期汇报进展，这也是中期报告。所以，这样的中期报告一般通常不是一次，而是几次。

以下是教育部关于哲学社会科学研究重大课题攻关项目的“中期检查”文件，其中关于“中期检查办法”的附件，可以作为对所有中期报告提出的质量要求，供参考：

教育部哲学社会科学研究重大课题攻关项目

中期检查办法

为加强对重大课题攻关项目的中期管理，根据《教育部人文社会科学研究项目管理办法》（教社科〔2006〕2号）、《教育部哲学社会科学研究重大课题攻关项目管理办法（试行）》（教社政〔2003〕6号），特制订本办法。

一、中期检查基本要求

1. 按照《教育部人文社会科学研究项目管理办法》的规定，中期检查以《投标评审书》为依据。主要内容是：

（1）首席专家及课题组成员（本书作者注——或者学位论文作者）是否按计划开展研究工作，研究进度是否符合项目研究计划的要求。

（2）下一阶段研究计划是否可行，是否能顺利达到预期目标。

（3）是否有阶段性研究成果，以及相关研究成果发表出版时，是否标注“教育部哲学社会科学研究重大课题攻关项目资助”字样。要按照政治标准、学术标准和学风标准对项目成果进行严格把关。

第一，政治标准：成果及作者是否有否定党的领导、否定社会主义制度、否定改革开放、否定党的理论和路线方针政策的观点和言论，是否有宣扬新自由主义、历史虚无主义、西方的自由、民主、人权的观点和言论等，以及是否存在其他不良的政治倾向。

第二，学术标准：基础研究成果是否在理论上有所建树、在学术上有所创新，对学科建设有无推进，学术界同行的基本评价如何；应用研究成果是否真正解决了国家和区域经济社会发展中的重大现实问题，为党和各级政府有关部门、企事业单位提供的决策咨询意见是否具有参考价值，有无显著的经济效益和社会效益。

第三，学风标准：研究工作是否符合学术道德和学术规范，成果是否存在学术不端行为（如：抄袭、剽窃、侵吞他人学术成果；篡改他人学术成果；伪造或者篡改数据、文献，捏造事实；伪造注释；未参加创作，在他人学术成果上署名；未经他人许可，不当使用他人署名等）。

（4）项目经费是否真正用于科研工作，开支是否合理等。

2. 中期检查将作为重大攻关项目后期研究和后续拨款的主要依据。

3. 无故不参加中期检查者，视为终止立项协议，将撤销立项并追回所拨经费。

二、中期检查方式和检查组专家

1. 本次重大课题攻关项目中期检查以通讯评审的方式进行，委托高校社会科学研究评价中心聘请专家对项目进展情况进行检查。

2. 根据课题研究内容相近的原则，将课题分成若干个组进行检查。

3. 中期检查专家组的组成应根据课题的性质、研究内容等确定，并遵守以下遴选规则：

（1）专家组由5人组成，应分别来自不同的高校或非高校系统科研机构。

（2）考虑到评标标准、中期检查标准和鉴定标准应基本一致，专家组成员原则上从各课题立项评审专家中挑选。

（3）专家组成员应具有良好的学术道德和客观公正的职业声望。

三、中期检查结果的处理

1. 对通过中期检查者，将汇集评审专家的修改意见反馈给课题组，以利完善研究内容；同时拨付项目二期经费。

2. 专家组3人以上（含3人）定性评价为“不合格”者，中期检查视为不予通过，暂停后续拨款，须根据专家建议改进研究并参加下一年度中检。二次中检未通过者将作撤销立项处理。

3. 凡被撤项者，教育部对首席专家和学校进行通报批评，项目后续经费不再拨付；责成学校对该项目进行财务审计，追回项目经费剩余部分；首席专家今后5年内不得申报教育部人文社科各类项目。

4. 中期检查情况将在教育部官网社科司网页及中国高校人文社会科学信息网予以公布。

四、中期检查纪律

1. 遵守客观公正原则。中期检查专家对参与中期检查项目的研究情况独立做出全面、科学、客观评价，不受任何单位、个人的影响和干涉；对自己所提出的评价意见负责，不得因非学术因素对参与中期检查的项目做出不实评价。

2. 遵守回避原则。中期检查专家不得与申请中期检查者（含课题组成员）或项目依托学校私下接触；不得接受其宴请或礼物礼金。

3. 遵守保密原则。中期检查专家不得向任何人泄漏有关中期检查工作的具体情况。

7.1.4 结题报告

结题报告，指整个课题研究结束后，对研究工作的全部过程和取得的成果进行系统梳理、提炼、自评等而撰写成的文本，是重大研究项目、学术研究活动，包括学位论文撰写过程的最后一个环节，也是最为重要的组成部分，包括结题成果报告、结题工作报告两大部分。

学位论文撰写的“结题报告”，其实也就是学位论文答辩报告。在答辩阶段之前所准备的答辩词、做的PPT及准备的有关研究文件、原始调查数据、过程成果等，合并构成学位论文的结题报告。答辩词和PPT等，也是反映论文质量和作者学术素养及能力的重要窗口（参见8.2.10）。

结题报告通常又分为结题工作报告和结题成果报告。结题工作报告，是体现全过程做了些什么。经过具体研究之后撰写的结题成果报告，或者学位论文，从形式到内容与开题报告已有很大不同，但是也有部分是相同、相似或相呼应的。结题成果报告和学位论文两者前面“绪论”或“导论”部分的构成要素和基本框架，与开题报告就是基本一致的，只是结题成果或学位论文的正文内容，非常丰富而饱满。

7.2 重心：开题报告

7.2.1 定义与价值

如前所述，开题报告又称研究方案，通常这也是课题或项目申报书的主要内容和构成样式，指通过选题后对基本确定的课题进行论证后撰写的，需要经过专家组审定通过后，方能正式开始研究的课题（选题）论证文本。开题报告是将发现的问题、界定的选题与假设、界定的核心概念、相关文献综述、主要研究内容框架与主要方法等，撰写成逻辑关联的一个文本，并向专家组报告，是所有研究过程中第一重要的环节和文本，是研究过程中所有前期、中期、结题等报告文本的代表形式与内容要义的表达。

其主要价值在于：（1）是对整个课题研究为什么、是什么、做什么和怎么做的整体规划与布局，因此要有立题的充分理论与实践依据以及对学术过程与成果的充分想象力。（2）在“开题报告会”上进行报告，目的还不仅在于通过专家组审定后以进行正式研究，更在于听取各位专家意见，完善研究思路和方法。（3）开题报告是之后学术研究、思维和文本撰写的基本逻辑导向，但也绝非一成不变的，在学术研究活动正式开始后，伴随研究的深入，一些研究思路、内容和方法，会随之发生相应调整与变化。“问题”（视点A）与“核心概念”（视点B）发生了变化，整个思路和写作也必须随着“问题”和“核心概念”的更改而进行调整。

一般学术研究项目，有项目“申报书”，立项后又都有“开题报告”，这二者是高度关联的。有时候是等同的，有时候开题报告会有所调整或修改。通常“开题报告”都会以审定通过后的项目申报书为基础，进行微调或修改。任何类别、级别的科研项目申报书，如开题报告文本（图7–2、图7–3）虽然表格样式会有不同，但是都或明或暗包含了共同因素：选题、题解、文献综述或已有研究综述（已有主要成果观点、方法问题）、主要研究内容、主要研究方法、难点、创新点等，只是组合不同而已。因此撰写开题报告或项目申报书，是所有学者、准学者或有学术研究任务的教师、行政管理者等，必须掌握的学术专业技能。

很多研究生在提交开题报告前后都备感压力，忐忑难安。开题报告不成功，就意味着选题或选题（课题）论证存在严重问题，如果被专家组彻底否定，那就要重新论证选题甚至重新选题，这都是对前期研究工作包括思路和文本的否定或全面否定。所以如何撰写开题报告，也是研究生们必须掌握的学术思维与文本写作技能与规范。

因此本章，就以如何撰写学位论文的“开题报告”为重点。通过这个重要“视点”，可以透视学术过程中所有文本的基本逻辑思路、基本格式与规范和基本质量标准，也为学位论文“绪论”部分的撰写，打下坚实基础。

7.2.2 开题报告基本要素与框架

从线性看，开题报告由其内部10个左右要素及其相互关系构成（图7–2）：

×××开题报告

1.背景与问题（从一定背景中提出问题，研究全文价值立足点）

2.核心概念界定（变量界定，研究全文理论的逻辑起点）

3.假设（标题变量或核心概念之间的关系猜想，有待证明的核心观点或命题）

4.文献综述（已有相关研究，要点、热点、理论、实践、方法，已有研究不足，并导向课题要解决的问题）

5.基本内容框架与思路（画框架图，突出重难点）

6.主要方法（某种或几种方法，方法设计，对象与抽样，主要统计法等。可与第5点，并为一个部分“基本内容框架与方法”）

7.价值与创新（解决问题，理论和实践价值，独创性）

8.成果形式（阶段性成果，最终成果包括文本、软件、图像、教材、教具等）

9.研究计划（步骤，时间）

10.参考文献（末尾通注，文献种类与排序，其他部分中所有文献引用采用本页下详注）

11.附录

【图7–2】开题报告基本要素与框架（1）

开题报告内部的10多个要素，其实不是纯线性关系，相互之间的关系是有逻辑层次的，所以，也可按如下框架写（图7-3）：

×××开题报告

一、问题的提出

（一）背景

（二）问题

（三）假设

二、核心概念界定（变量界定）

三、文献综述

（一）

（二）

…………

（N）已有研究不足

四、研究设计

（一）基本内容框架（或逻辑线路）

（二）主要方法（与方法运用设计）

（三）重难点

（四）进程与时间（研究计划）

五、价值与创新

（一）理论价值

（二）实践价值

（三）创新点

六、论文暂拟提纲（实证开题报告以及纯理论文，在尚未成熟时此部分可不要）

七、参考文献

八、附录

【图7-3】开题报告基本要素与框架（2）

上述两种开题报告（图7-2和图7-3）的要素及结构框架，本质是一样的，只是要素之间关系的逻辑层次有所不同而已。但有一个最大相同点："问题"的提出都是整个研究的价值起点；"核心概念"（变量）界定都是整个研究的理论起点或理论的逻辑起点，两者合并为开题报告的视点（A和B），并一以贯之统摄开题报告的其他因素及其关系建构。这也就是整个学术思维和学术文本逻辑建构共同的TVS方法（本书第一章图1-5，第二章问题和第三章概念）。

7.2.3 开题报告的视点结构逻辑：TVS

从开题报告内部构成要素和结构，以及开题报告与整个学位论文其他部分（参见第8章8.2）的联系来看，都是一个以TVS思维和写作模式来建构完整逻辑体系的过程。

内部联系：开题报告主要由10多个要素及相互关系构成（图7-2），或8大部分及要素间相互关系构成（图7-3）。其中又不可或缺的有6大基本要素，即"问题""核心概念""文献综述""内容框架""方法""价值与创新"等，而6大要素，又以"问题"与"核心概念"为焦点或视点（参见第2、3章）互为交织向其他要素延展，建构而形成开题报告，层层建立有机联系的逻辑结构和系统（图7-4）。

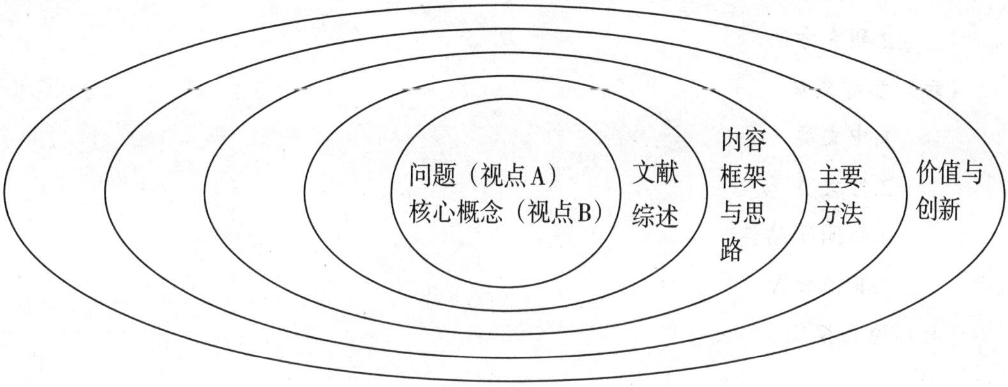

【图7-4】TVS：开题报告的视点（A、B）与结构

外部联系：指开题报告是整个研究乃至所有过程文本的主视点，其他前期、中期和结题报告，都与开题报告这一视点逻辑相关。前期报告是为正式开题报告做准备的；而中期报告是开题报告实施到一定时间后的检查，或肯定继续，或调整后再继续，或终止；结题报告则是开题报告进展到最后的结果（包括学位论文），也通常是通过中期调整、部分或细节改良，不断充实调整后的文本。

因此，仅从开题报告目录和内容各要素"问题"（第2章）、"核心概念"（第3章）、"文献综述"（第4章）、"方法"（第6章），就可以看到选题及课题论证的质量（第5章），进而预测整个研究思维与过程的基本逻辑，以此判定开题报告的质量。

案例7.2　从目录透视：要素、结构与质量

以下有三篇开题报告的目录。比较这三篇的目录，从其大小标题的设定与内容逻辑，就基本可以判断这三篇开题报告的内容构成（要素和结构）与质量：

其一:《加拿大高中课程设置研究》开题报告的目录:

（一）问题的提出

（二）研究目的和研究意义

1.研究目的

2.研究意义

（三）核心概念界定

（四）文献综述

1.国外相关研究

2.国内相关研究

（五）研究思路与研究方法

1.研究思路

2.研究方法

（六）参考文献

1.中文类

2.外文类

3.新闻网站类

4.其他资源

（七）论文框架

其二:《老年人认知方式与心态关系的实验研究》开题报告的目录:

一、问题的提出

二、研究目的和研究意义

1.研究目的

2.研究意义

三、变量界定

1.认知方式

2.心态

3.老年人

四、文献综述

1.国外相关研究

2.国内相关研究

五、思路与方法

1.研究思路

2.实验设计

3.实验结果

六、参考文献

其三:《研究生批判性思维文本分析研究》开题报告的目录:

一、问题的提出

(一)背景:社会发展和创新创业需要批判性思维

(二)为什么说中国研究生缺乏批判性思维

(三)破解"钱学森之问"的关键是什么

(四)批判性思维定义质疑

二、概念界定

(一)核心概念:批判性思维

1.50个批判性思维概念的文本分析

2.37位大学教师批判性思维理解的调查

3.批判性思维概念界定及维度划分

(二)相关概念

1.逻辑思维

2.反思性思维

3.创造创新性思维

三、文献综述

(一)批判与批判性词源定义述评

(二)批判性思维模型与理论

1.保罗的三元模型

2.Facione的自我调节理论

3.文秋芳的批判性思维层级理论模型

4.佩里的四阶段理论

5.基钦纳和金的反省判断模式

(三)大学生批判性思维测试

1.加利福尼亚批判性思维测试

2.恩尼斯的批判性思维测验和书写测试

3.罗清旭的批判性思维模糊综合评判测评

4.中国修订版的加利福尼亚批判性思维测试

(四)基于研究生学位论文的批判性思维

1.学位论文创新困难研究

2.批判性思维与学位论文创新性关系研究

3.学位论文评审批判性思维缺位原因探究

（五）借鉴与不足

四、研究方法

（一）文本分析法

1.文本抽样

2.分析维度与因子

3.统计方法

（二）辅助方法

1.文献法

2.访谈法

3.问卷调查法

五、内容与框架

（一）基本内容

（二）逻辑框架（技术线路）

（三）论文提纲

六、价值与创新

（一）理论价值

（二）实践价值

（三）创新之处

七、参考文献

附录 1

附录 2

附录3

案例7.2评析：(1)《加拿大高中课程设置研究》的开题报告，就只有一个看上去基本上合乎规范的框架，但基本看不到其究竟要研究什么，或已研究了什么。这样一个空框架，可以作为任何一个课题的开题报告的目录。(2)《老年人认知方式与心态关系的实验研究》开题报告，与《加拿大高中课程设置研究》，有几乎相同的问题，只是在“变量界定”上要具体些。(3)《研究生批判性思维文本分析研究》，与《老年人认知方式与心态关系的实验研究》两者目录比较，就要丰富和实在许多。通过目录，基本上可以了解其主要研究内容与逻辑，也说明前期准备充分且提炼和组织功夫较好。(4)再看《老年人认知方式与心态关系的实验研究》，是心理学类课题开题报告常见的目录，也是实证性论文或理科论文的基本写作范式。仅从目录架构上看，案例"其一"和"其二"这篇很相似。如果不是"变量界定"部分明确了"认知方式""心态""老年人"，也似乎换什么题目都可以。这也是实证性论文在目录上普遍显示出来的问题特点。如果同时拿着几本论文，翻开目录，你会认为就是同一本。这种千篇一律的目录，无论在撰写开题报告，还是学位论文成文时，都应该尽量避免，或部分避免。

案例7.2建议：(1)尽管开题报告乃至学位论文的基本构成因素和逻辑结构都是相同的(图7-2、图7-3)，但是每个因素的具体内容及内容的大小结构关系是不同的。因此在撰写开题报告乃至学位论文时，尽可能将具体内容在各部分中都展现出来(如《研究生批判性思维文本分析研究》)。在相同中也要尽力呈现出丰富的不同性(个性)，这本来也是为事为文的一种智慧。(2)无论什么学科的开题报告及目录或学位论文及目录，都是透视论文内容、思路、力度、深度、厚度的重要窗口。因此，有意识地反复加工和修改，使规范框架中的各要素和标题更能彰显内容的丰富性与独特性，让专家们仅直观目录就对你的研究及所下功夫有一个大致了解，是非常必要的。

7.3 开题报告撰写要领

上述表明，开题报告的要素及主要部分，即问题的提出、核心概念界定(变量界定)、文献综述、主要研究框架、研究方法等，是所有学位论文或大型学术课题成果文本"绪论"或"导论"部分的共同构成要素，也是本书前面几章已经详细阐述和分析的内容。在此不再赘述。仅从开题报告角度，重点对这些要素或主要内容易出漏洞或偏差之处，进行案例分析和点评。在这里，有必要不断参考本书第2至6章相应部分内容。

7.3.1 要有恰切的问题

"背景与问题"或者"问题的提出"(图7-2、图7-3)是整个开题报告，乃至学位论文或研究项目报告的开端和视点(A)。其从开始(发现和提出问题)、过程(分析解释问题、提出解决问题的方案)与终点(方案效果证明)，一以贯之，也是决定研究价值的重要源点。所有选题的成立，都首先基于问题。能从背景中提出一个有理有力的好问题，是开题报告成功、课题成立的必要且重要前提(第2章)。

案例7.3　问题不当不力

开题报告《非营利性民办高校办学效率与公共财政资助问题调查与对策研究》，提出的主要问题是：

为什么民办高校得不到公共财政的支持？

案例7.3评析：此案例的主要问题，与标题与核心概念的逻辑关系比较看，提得特别勉强且无力无理。因为：（1）标题上核心概念是“非营利性民办高校”，而主要问题针对的是“民办高校”；（2）“民办高校”本来就意味着“民间”投入或自筹资金，没有政府固定投入或并不依赖“公共财政支持”。即使非营利性民办高校，有一定政府资助，但也不是必然，且十分有限。否则，怎么叫“民办”？该开题报告直接问“为什么民办高校得不到公共财政的支持？”在政策逻辑和理论逻辑上都站不住脚，因此显得肤浅。（3）从标题上进一步看，作者似乎还想将“民办高校办学效率”低的问题归结在“公共财政支持”缺乏上，使整个开题报告及课题，在政策、理论和现实上更加站不住脚。作者似乎在此方面还欠缺一些必要的常识。

案例7.3建议：（1）梳理问题逻辑，弄清自己究竟发现了一个什么问题，并准确表达出来。（2）加强问题表述的尖锐性和问题的逻辑力度。如尖锐性：为什么非营利性民办高校办学效率高，却得不到公共财政支持？如复杂性与冲击力度：为什么民办高校办学效率高，却不受考生欢迎，也不能得到公共财政资助？（3）还可以补充追问：什么是民办高校？什么是营利性和非营利性？非营利性民办高校办学效率比营利性民办高校高吗？政府是否应该给非营利性高校固定投入一定资金？为什么要用公共财政资助非营利性民办高校？如何用公共财政资助办学效率高，即人才培养质量好的非营利性民办高校？等等。（4）问题变了，整个开题报告应围绕问题改写或重新撰写。

案例7.4　没有问题是最大问题（参见第2章2.1.5）

开题报告《群文阅读教师PCK及发展策略研究》，开端写的是“选题缘由”，其中包括四条内容（四个小标题）：

一、选题缘由

1.PCK是衡量教师专业发展水平的重要标志；

2.群文阅读顺应时代对阅读素养的呼唤；

3.PCK是实现群文阅读教师有效教学的关键因素；

4.群文阅读吸引了我的关注。

案例7.4评析：(1) 开题报告或学位文本或大型学术项目开题与成果，开端部分必须是提出问题，无论在表述上是“问题的提出”“背景与问题”，还是“选题缘由”，实质上都必须是从某“背景”中提出 问题。否则，开题报告不成立，甚至整个课题不成立（参见第5章选题）。(2) 但该开题报告的“选题缘由”中，四条内容都不是问题，最多算是提出问题的背景。表明该文本作者虽然清楚自己要研究的是群文阅读这个对象或内容，但却没有清楚地意识到，所要研究的必须是在群文阅读中产生的问题，或群文阅读与教师PCK发展间有何矛盾。前面，特别分析了“没有问题是最大的问题”（参见第2章2.1.5）。(3) 问题是背景中存在的矛盾，包括理论背景、政策背景、实践背景等中存在的各种不相适应的矛盾。在开题报告中完全没有发现或提出一个重要的，且自己也可以驾驭的问题，因此其研究价值被质疑。

案例7.4建议：需要进一步明晰，补充检索文献，或者补充进行的群文阅读现状与问题调查，从而用明确的语言将问题表述出来，这才是最根本的有价值的“选题缘由”（参见第2章2.1.5）。

案例7.5　需要不等于问题

开题报告《学科素养的理论结构与培养研究》，在“背景与问题”撰写的开端部分，四条内容均以“需要”字眼表述：

一、背景与问题

1.顺应核心素养发展需要

2.当前学科素养式微的现实需要

3.学科课程与教学作为承载学生学科素养培养的需要和重要渠道被忽视

4.学科能力发展的需要

案例7.5评析：(1) 需要，也只是背景，是现实背景或政策背景（政策落实）或理论背景（概念或理论澄清）的需要，但不能等于问题。如我们需要吃饭，但并非吃饭的需要就是问题；我们需要阅读，但并非阅读的需要就是问题。除非我们需要吃饭，需要阅读，但无饭可吃，无书可读，这才会出现问题。(2) 本案例表述语生硬、啰嗦，如“式微的现实需要”，“作为承载学生学科素养培养的需要和重要渠道”等，都需要进行再思考，再调改。

案例7.5建议：（1）将需要作为背景，按照“背景与问题”的思路，紧紧扣住标题，从“需要”这一背景中提出在学科素养的理论结构或培养体系中存在的问题；（2）问题表述要具体、准确且有力度。例如将“3.”转变为问题：“为什么很多学科（不只语文、音乐、美术，还有数学、物理、化学等）知识都充满了智慧与美感，但是教师教学却十分生硬机械，学生的学科思维与审美素养也没有得到发展?”等。

7.3.2 要有准确的核心概念及界定

核心概念，无疑是开题 报告的又一不可或缺的部分（图7–2、图7–3）。在以实证为主要研究方法的课题中，核心概念称为变量（参见第3章3.2）。核心概念或变量界定，是开题报告的理论视点（B），是开题报告乃至全文的理论逻辑起点，是贯穿开题报告和整个毕业论文的理性思维的逻辑主线与逻辑回归点。没有明确的核心概念，或核心概念界定不准确，整个开题报告的论证就缺了主线，各因素各部分就成了一盘散沙。

案例7.6　核心概念不当与缺漏

开题报告《群文阅读教师PCK及发展策略研究》确定和界定的核心概念是：

二、核心概念

PCK

群文阅读

群文阅读教师PCK

案例7.6评析：（1）本案例确定和界定了三个核心概念，其实应该只界定“群文阅读”和“教师PCK”（教师的学科教学知识）两个核心概念。将“群文阅读”和“教师PCK”合并作为一个核心概念，在逻辑上说不过去。如果要将“群文阅读教师PCK”作为核心概念，“PCK”和“群文阅读”就只是相关概念。（2）标题中还有另一个概念“发展策略”，这才是另一个核心概念，是整个开题报告或课题论证的重要落脚点，却被严重忽略了，使得整个开题报告内容的重心，多分散在群文阅读、教师PCK及构成关系上，而非发展策略上。

案例7.6建议：将核心概念重新确定为：群文阅读、教师PCK、发展策略等三个；补充进行“教师PCK”和“发展策略”两个核心概念界定，并据此对开题报告文本各部分内容，进行相应调整和修改：

“群文阅读”，开题报告中定义是“群文阅读教学”的简称，指“在课堂教学中，师生围绕议题对一组呈结构性的文本展开整体性阅读和集体建构，最终达成共识的过程”。该定义，已包含群文阅读的本质特征，含结构性的文本、整体性阅读、集体建构、达成共识等4大关键词。建议作者对这一核心概念的4大关键词做进一步分析，并据此与PCK、发展策略，乃至整个论文框架建立直接的逻辑联系。

开题原文本定义PCK是“学科教学知识”的英译缩写，并界定为“教师在面对特定领域的教学时，在对学生和特定教学情境综合理解的基础上选择教学策略，并以易于学生理解的方式呈现，以进行有效教学的知识”。建议采用教师PCK（Pedagogicac Content Knowledge）的提出者——美国舒尔曼教授的定义，指“教师个人教学经验、教师学科内容知识和教育学的特殊整合”①。如果要用原本文界定的定义，也必须要与概念提出者的定义进行比较、批判和解析，方可成立。

之后，需要将“教师PCK”定义的4个关键词——特定领域、特定教学情境、教学策略、学生易于理解提炼出来；然后与群文阅读的4个关键词，纵横交织成一个关于语文群文阅读与教师PCK的二维指标体系（制成群文阅读与教师PCK关系的二维表）。

“发展策略”补充为核心概念，且要明确这“发展策略”是通过群文阅读发展教师PCK呢，还是促进教师关于群文阅读的PCK（学科教学知识）的发展呢？然后再定义。如定义为：“促进教师群文阅读教学知识（PCK）进步的方式方法和艺术。”整个课题的目的和任务，乃至整个开题报告的基本思路和内容框架，也就清楚了。

7.3.3 文献综述要充分且合逻辑

文献阅读与综述（参考第4章）是开题报告的重要组成部分（图7-2、图7-3），与问题的提出、有关理论政策实践等背景考察、核心概念（变量）界定、方法选用和理论建构等都有直接关系，也是课题后续研究与中期、结题、成果文本撰写不可或缺的内容。在这个意义上的“文献综述”，不单是反映某领域研究现状的文献综述，且必须基于问题，与选题和核心概念、与主要论点（假设）及开题报告各重要构成部分有明显呼应关系。所引文献也应该达到相当的质和量，且必须进行本页底注，文后“参考文献”综合呈现（第9章）。

① 杨薇，郭玉英. PCK对美国科学教师教育的影响及启示[J]. 当代教师教育，2008(03):6-10.

案例7.7　文献综述与问题和核心概念的关系

开题报告《学前教育教学治理的公共理性研究》的文献综述（摘要）：

（有学者认为）教育公共治理的内涵主要体现在五个方面：第一，教育公共治理是教育行政法制的历史必然；第二，教育公共治理是一种新型的政府工具；第三，教育改革治理的关键是教育供给与教育生产者的分离；第四，教育公共治理的健康发展必须有人性化的机制作为激励；第五，教育公共治理以教育公共利益实现的程度作为利益相关者利益实现的工具①。也有研究指出"政府、社会、市场、学校、公民个人等多元治理主体对教育公共事务进行协作管理，以增进教育公共利益最大化的过程"②。

…………

综合已有的关于教育治理文献发现，国内外关于教育治理的概念界定的专门研究均相对比较少，关于教育治理内涵的讨论也各有差异，每个概念都反映了不同研究者对教育治理研究时所采取的视角和立场，都比较强调教育治理的公共性与治理主体的共同参与，从而满足公共利益需求。而这种共识性的研究视角也为笔者从公共性层面审视职业教育教学治理的研究奠定了一定的基础。

案例7.7评析：（1）上述是此开题报告"文献综述"最有代表性的两段文字，可见作者的综述重点是放在"教育公共治理"和"教育治理"上的，但是这两个概念都不是开题文本中明确界定的核心概念，且也没有努力向核心概念靠近的意识。（2）回头看该开题报告的标题，其核心概念是："学前教育""教学治理""公共理性"三个。这三个核心概念与文献综述的主要内容"教育公共治理"和"教育治理"是什么关系呢？本"文献综述"显然并没有意识到，"教育治理"与"教学治理"，还有差距，与"公共治理"也不可相提并论，所以严格来说，本"文献综述"与课题（标题）的逻辑是错位的。文献综述范围可以宽些，但不可错位，否则就失去了价值。（3）开题报告的核心概念和相关概念，都还是模糊的，文献综述就必然与核心概念错位，而且综述内容越丰富，错位就越严重。顺此思维和逻辑下去，也必然导致课题研究乃至最终学位论文的理论逻辑与标题逻辑错位，语言逻辑不清。如该案例最后写道："而这种共识性的研究视角也为笔者从公共性层面审视学前教育教学治理的研究奠定了一定的基础。"这是什么意思？

案例7.7建议：针对本开题报告所提问题和重新明确核心概念后，重新调整和撰写文献综述。

① 宋官东. 教育公共治理导论[M]. 沈阳：东北大学出版社，2012:70–80.

② 上海浦东区社会发展局. 中国教育改革前沿报告：浦东新区教育公共治理结构与服务体系研究[M]. 上海：上海教育出版社，2009:70–71.

7.3.4 基本内容框架，要用框架图显示

“基本内容框架”，是开题报告的又一重要构成部分（图7–2、图7–3），是对整个课题开展的为什么（问题与价值）、是什么与做什么（基本内容）和如何做（方法与技术线路）等加以勾勒或蓝图绘制。通常应用一个框架图直观、简明、清晰呈现出来，然后再一一简述。所谓框架图，就是将整体切分成各个要素或各个部分，并按照操作的逻辑程序及技术线路，用横竖直线将它们连接起来所画成的结构图。如果以问题和核心概念这两个面（视点A、B面）交织构成的逻辑起点，延展构建而成研究全程框架图，那就是典型的TVS视点结构图。即使不明确使用这样的结构方式，任何研究的基本框架，也都必须是与问题、核心概念及其关键词一脉相承的。

研究的“基本内容框架”，有时也称为“基本内容与方法”或“技术路线”和“分析框架”等。

案例7.8　内容框架、技术线路、分析框架

“基本内容框架”，主要是从内容构成与逻辑结构角度来写的，也可与“方法”合并写作“基本内容框架与方法”；或从过程角度来写，如写作“研究的基本过程”或“研究的基本过程与方法”；或主要从思路与操作方法来写，如写作“研究的思路与技术线路”。其实，涉及和表达的都是整个课题研究的基本内容、方法与过程（案例7.8图1）。另还有一种叫“分析框架”，这与整个研究的“基本内容框架”不是一回事，而主要是指由核心概念内部结构构成的理论分析结构，或实证维度构成与指标构成结构（案例7.8图2）等。

如开题报告《研究生学力的文本分析研究》的“研究基本框架”（基本内容框架与方法，图7–5）：

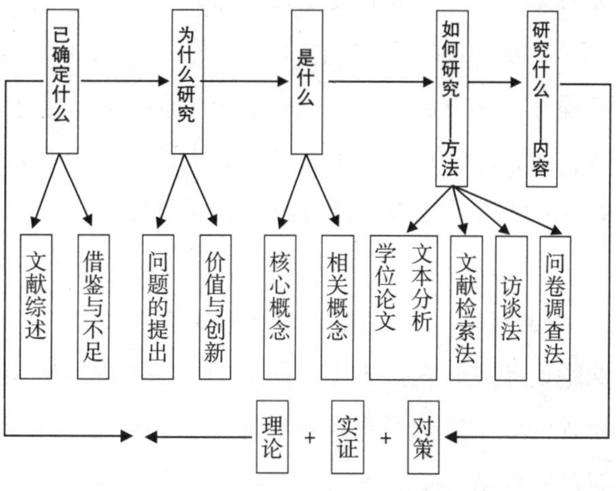

【案例7.8图1】《研究生学力的文本分析研究》开题报告的“基本内容框架与方法”

开题报告《研究生学力的文本分析研究》的“分析框架”即核心概念“学力”定义内部构成的维度或理论与实证分析逻辑：

所谓学力，指在学术活动（学习、阅读、文本撰写）中所表现出来的学术信息认知力（核心思维力）、行动力、动力和效力的总和。对核心概念“学力”关键词和主要相关概念“学习能力”之间的关系加以建构，可以得到整个研究的理论“分析框架”（图7-6）：

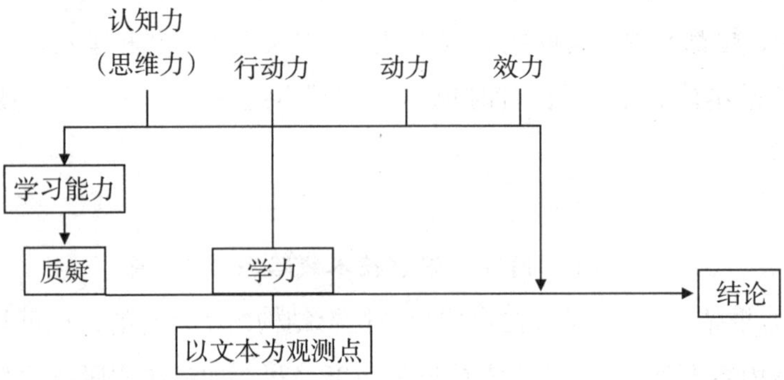

【案例7.8图2】《研究生学力的文本分析研究》开题报告的“学力”与相关概念“学习能力”构成的“分析框架”

案例7.8评析：（1）本开题报告的“基本内容框架”与“方法”合并建构为“基本内容框架与方法”（案例7.8图1），反映了研究的基本内容，也反映了主要研究方法，比较完整，也清晰简明。（2）本案例的“分析框架”（案例7.8图1），明确了核心概念“学力”的关键词及内部结构，以及与主要相关概念“学术能力”的结构关系，指出了全文理论分析和文本方法分析的维度和指标。

案例7.8建议：（1）“基本内容框架与方法”（案例7.8图1），还可以方法为主线，将相关研究内容按流程分布在方法左右。（2）还可参照《音乐意象加工水平研究》的“基本思路与技术线路”（案例7.9的图1）去建构，乃至建构全学术文本的理论结构和大小观点、标题，去分析案例，或设计调查维度和项目等。

案例7.9　研究思路与技术线路框架图

在实证研究的课题论证或开题报告中，研究的“基本内容框架”部分，更侧重实证研究的内部操作流程的呈示。如《音乐意象加工水平研究》的开题报告中，该部分表述为“基本思路与技术线路”：

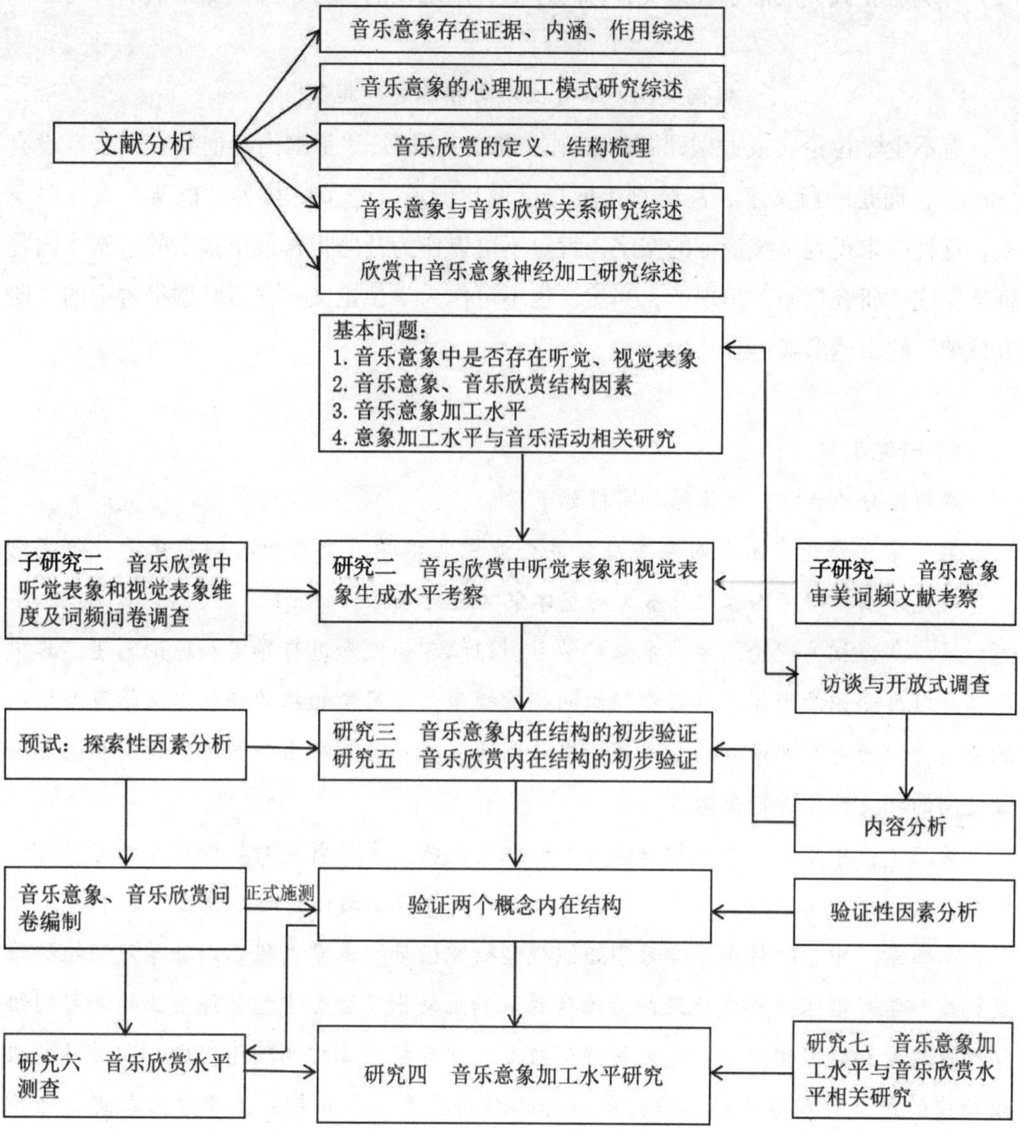

【案例7.9图1】《音乐意象加工水平研究》之"基本思路与技术线路"

案例7.9评析：(1)《音乐意象加工水平研究》开题报告的"基本思路与技术线路"(图7–7)部分，其研究思路与基本研究内容和各子部分内容的目标任务，以及对应的研究方法（技术线路）合并起来，使得这一较为复杂且难度较大的研究，一目了然，简明清晰。在学位论文文本撰写中几乎完全保留了这一框架图，表明后来的研究和文本撰写也几乎是在这一思路和技术线路下步步展开的。这是很难得的案例。

案例7.9建议：开题报告的标题与课题的表述一般来说是有差异和共性的。(1)作为开题报告的标题，应表述为《音乐意象加工水平的理论与实验研究》；

（2）作为已正式完成的学位论文，标题才更宜用现在的《音乐意象加工水平研究》。

案例7.10　不可仅用文字陈述“框架”

有不少学位论文或大型课题的开题报告或申报书，“基本内容框架”部分，没有“框架”，而是一段文字，甚至直接把自己设想的论文章节，作为“框架”直接写下来，这种尚未得到系统论证的文字，肯定不可以作为开题报告或申报书的“基本内容框架”或“研究框架”出现的，当然，也不可作为学位论文或项目结题报告中的“研究框架”的表达形式：

1.3 研究框架

本研究分为六章，具体结构安排如下：

第一章，绪论。本章对在中型软件企业中实施学习型组织的研究背景、研究意义、研究方法、研究内容以及本文的整体架构进行概括性的介绍。

第二章，相关理论阐述。本章对学习型组织理论概念进行界定和理论阐述，其中包括学习型组织的内涵、学习型组织的构建模型、学习型组织的评估以及学习型组织的应用，同时对企业绩效的相关理论进行阐述，并在此基础上对学习型组织和企业绩效之间的相关理论进行介绍。

第三章，中型软件企业构建学习型组织的现状。本章首先对软件产业进行了一个概括，然后提炼出中型软件企业构建学习型组织过程中面临的问题进行简单介绍。

第四章，中型软件企业学习型组织模型研究设计。本章在借鉴以往学习型组织维度构建和学习型组织构建效果评估维度的基础上提出了适合中型软件企业的学习型组织构建维度和学习型组织构建效果评估维度。然后提出本文的理论假设，即学习型组织构建的维度对财务指标和非财务指标的影响关系，在此基础上构建出本文的理论模型。

第五章，中型软件企业学习型组织数据分析和假设检验。本文首先对取得的数据简单地做了描述性统计分析，其次对研究所涉及的量表的信度和效度进行检验，然后利用结构方程对数据进行验证性分析，进而得出对假设进行验证的支持。

第六章，上海×× 软件公司学习型组织构建实例分析。首先对上海××软件公司进行了概括，对其构建学习型组织的基本情况进行总结，最后根据本文的实证研究结果对该公司提升学习型组织创建效果给出建议。

结论。对所研究的内容加以总结并得出结论，以期给中型软件企业更准确地提高企业绩效提供借鉴，最后指出本研究的不足。

案例7.10评析：（1）该“开题报告”的“研究框架”，即“基本内容框架”，说是“框架”但却没有用框架图表示“框架”，缺乏直观性。（2）其完全用预想的各章内容的文字来表述研究思路，严重缺乏研究基础，由此得出的结果性的表述，也不符合学术规范。（3）用这样的方式陈述“研究框架”或“基本内容框架”的学位论文过程报告和项目申报书的，还不在少数。

案例7.10建议：（1）任何学科，任何一篇学位论文开题报告、中期报告、论文正式文本和答案，这个部分都必用“框架图”表述（参见第6章案例6.18图2；第8章表8-1之第7点）。项目申请书、开题报告、中期报告、结题报告、成果报告等，亦如此。（2）本案例需要梳理文字逻辑，提炼要点，用一个框架图表示出研究内容与思路，乃至方法之间的逻辑程序与关系。

7.3.5 研究方法要切实

较多的开题报告，乃至中期、结题或文本成果，会单写“研究方法”或“主要研究方法”一栏，有理论法、文献法、调查法、访谈法、田野法、实践法（图6-5）等，但并无针对性，或者说与所研究的内容，没有直接关系，且与研究过程需求和逻辑也不相符合，证明不了课题假设（核心概念或变量之间的关系），且主要方法的运用，也缺乏有规范的设计。这叫研究方法的选用不恰切。

开题报告中的主要研究方法，一般来说应该是在标题上出现的方法（例如第五章5.2.2选题表述四要素多个案例分析）。成果文本的标题，为了简洁可以不出现研究方法，但在内文中，也必须对“方法”有专门的切实的表述。

案例7.11　研究方法与开题报告标题、核心概念的关系

开题报告《基于“混合学习”的高中物理课程开发与实施研究》：

核心概念：混合学习、高职课程、开发与实施

研究方法：“开发与实施”，即实践法、理论法。

案例7.11评析：（1）本开题报告标题中，似乎没有显示通常所见的方法，但标题中的“开发与实施”，既可以看成是表明主要研究内容的核心概念，也可以看成是该研究应用的主要方法。包括了课程开发和实施的实践法及作为依据的理论法。（2）如果本报告对核心概念“混合学习”的定义，指“线上线下交互学习，以提高学生学习效果和效率的一种学习方法”，其重要关键词是“效果和效率”，那么就注定了本项课

题必须采用教学实验来证明其“效果和效率”，否则无法证明这个高中物理课程的“混合学习”，就比“非混合学习”好。整个论文的价值及分量也就自然被消解了。(3）所以，本项课题必须采用实验法，而非仅是实践法。

案例7.11建议：将课题或开题报告标题改为：《基于“混合学习”的高中物理课程开发与实验研究》，或者《高中物理混合学习资源开发与实验研究》。

案例7.12　标题上的研究方法必须具体落实

开题报告《企业学习型组织理论建构与实证研究》，在“研究方法”部分，是这样写的：

1.4 研究方法

本文以上海浦东软件园中的中型软件企业为样本，采取理论探索和实践相结合的方式开展研究。具体运用下列研究方法进行研究：

1. 文献分析法。文献分析法主要指搜集学习型组织相关的理论基础、鉴别出本文涉及的相关理论并对可能用到的文献进行整理，并通过对文献的引用过程，形成对事实科学认识的方法。

2. 问卷调查法。根据本文的主要研究内容，结合软件行业的发展特点，设计调查问卷，收集中型软件企业中高层管理人员以及基层员工对构建学习型组织的看法，以及在已经实施组织学习的中型软件企业中测量学习型组织对企业绩效的影响。

3. 定量和定性结合。用统计计量方法对经济数据进行处理的分析方法。本文主要利用 SPSS19.0 和 Amos17.0 等分析方法开展研究，在阅读相关文献的基础上，结合中型软件企业对技术创新要求高的特点，并借鉴马奎特学习型组织构建模型和马席克的学习型组织维度测量表设计了调查问卷，进行实证研究分析。从学习、文化、创新和领导等四个维度对学习型组织进行构建，同时从财务指标和非财务指标对中型软件企业构建学习型组织效果进行评估。

案例7.12评析：(1）该开题报告的标题明确表述，其课题主要采用“理论”和“实证”两种方法。“理论”和“实证”都是两个很大的概念，包含了好些具体方法。应当进一步落实和表述采用的是何种理论方法与实证方法。(2）“理论”方法，包括了概念法、定律法、系统理论法和各家各派的理论。例如与本课题主旨有关的就有“学习型组织”理论①。在文本中“研究方法”部分应有专门阐述。但现在连“理论

① 是从美国麻省理工学院佛瑞斯教授在1965年发表的《企业的新设计》一文中提出来的。

法”都没有，显然与标题脱轨。(3)“实证”方法更要具体，有调查、观察、测量、实验等（参见第6章图6.5)。从本开题报告内文看，研究拟采用的“实证法”指的是“测量法”，即采用N量表，对企业的学习型组织进行功能测量。而这取决于，所选具体研究对象，即具体某个或某几个企业，是否已经建构并实施了学习型组织系统。如果有，才能够测量其功能；如果全无，则需要先建构“企业学习型组织”，再实施，再采用测量法，以测量获得的数据证明课程假设。否则标题上所明示的“实证”用“测量”就不切实。

案例7.12建议：(1)根据研究对象的实情（是否已建构学习型组织和开展了相应组织活动)，调整主要研究方法。如果已有，“实证”就可以写成“测量”；如果没有，“实证”就应该具体为“实验”，即根据理论建构学习型组织，然后再用实验去证明这种组织对企业发展是否有积极效用（功能），对实验结果也可用原拟采用的量表去“测量”。(2)无论主要方法改为“实验”还是“测量”，整个课题即开题报告的标题都应该做相应修改：或为《学习型组织理论与企业文化建构的实验研究》，或《企业学习型组织系统建构的理论与效应测量研究》等。

案例7.13　标题方法与内文方法必须对应

开题报告《中小企业转型升级的体制创新与实证研究》文本中“研究方法”部分指出是：

文献法

调查研究法

层次分析法

案例7.13评析：从该开题报告标题上看，课题的主要方法是关于体制的“创新法”“实证法”，但是文本内所标明和陈述的是文献法、调查研究法和层次分析法。显然与标题不对应，或标题中的“实证”研究法太泛。这看得出研究者想做“实证”(值得鼓励）但又对“实证”方法不太了解、不太清楚，与前述案例7.12有类似性。

案例7.13建议：(1)结合文内所表述的主要方法和课题研究的可能性，可以将标题改为《中小企业转型升级的体制创新与调查研究》，即将“实证”调整为具体的“调查法”。(2)其他两种方法，“文献法”是所有课题研究必用的方法，如果本课题对“文献法”没有特殊应用，就不用写出。有特殊用法才写，如“文献定量分析法”。所列“层次分析法”，必是针对“中小企业转型升级的体制创新”或新体制的构成层次剖析而言的，但在本开题报告中的“研究的基本内容框架”和对该方法具体如何使用的阐述中，均没有对应内容。因此，要么修改开题报告内文相应部分的思路和文字；要么“层次分析法”不作为主要方法写出。(3) 根据标题所呈示的核心概念及构成分析（分析框架，参见图7-6）、研究框架和重心的调整，改变主要方法，或调整几种方法的先后次序。(4) 由此案例切记，研究方法不是随便写出来的，其与开题报告标题、课题表述、核心概念、基本内容构成及研究思路（框架图）等，都密切相关。

7.3.6 反复推敲价值与创新点

在开题报告中，有“价值与创新”部分的撰写，但与学位论文或学术成果的“价值与创新”相比，只是预想而不是结果，因此虽然形式和标题相同，但在写法上很不相同。因此，常见的开题报告在“价值与创新”方面，常显得较空泛，但是，如果能结合开题报告中所提出的问题，以及比较明确的核心概念，反复参照背景的特点与需要等，其价值和创新的推想就相对容易且比较合理或具有说服力，对开题报告被认可和后续研究的思路与文本撰写逻辑，都有非常重要的意义。

到研究结束，学术文本成型的时候，“价值与创新”的反复推敲和举证，就是非常重要的了。此时如何撰写“价值和创新”，可参考选题与再论创新两章（第5章和第9章）的有关内容。

7.4 开题报告重点与综合评析

前面分述了开题报告各主要部分撰写的要领和容易出现的问题。这些问题其实都是相互关联的，且必然影响到开题报告所有因素或部分构成内容及细节的质量高低。例如从上述案例我们已经看到，只要问题的提出、核心概念确定与界定、文献综述、研究内容框架与方法等哪一个环节或因素没有做好，则必然使整个开题报告失去逻辑连接，思路错位，可行性低，文本乏力。结果就是开题报告修改的工作量很大，或者直接就被专家组全盘否定。

案例7.14　各主要因素的系统审视与修改

《××地区中小学生语文审美素养的培养研究——以T市三所学校为例》开题报告陈述后，专家提出如下意见，几乎涉及整个开题报告的所有主要因素：

1.本开题报告的选题（课题），主副标题相加起来显得太长，啰嗦，且“审美素养的培养”读来也拗口，主要研究方法也欠缺。建议改为“××地区中小学生语文审美素质的调查研究”，无副标题；或去掉“××地区”，改为“中小学生语文审美素养调研——以T市三所学校为例”。

2.问题的提出：“背景”部分缺了最新政策文件，在参考文献中也没有提及。因为提高学生“审美素养”的美育目标，都离不开国家教育方针政策的倡导和支撑力度，所以不可避开此背景，故请补充。“问题”应该从“审美素养欠缺”和“语文作为审美素养培养的途径和载体却被忽视”这两段表述中，重新提炼和表述。现“问题的提出”中，几乎大量文字都在论述理论基础，这些文字可以调整到“背景”中作为理论背景或在报告中的“理论基础”部分来处理，该处的“问题”应重新从实践、政策和理论的矛盾中提出。

3.核心概念：本开题报告中原确定和界定的是审美、审美教育、审美素养、语文审美素养。这四个概念只有“语文审美素养”是核心概念，其他都是相关概念，且作为相关概念还缺了“语文”。根据新改的标题（第1点）应调整为：××地区（范围）、中小学生（对象）、语文审美素养（重要核心概念）。

4.研究的基本框架：虽然画有框架图，但与问题、核心概念界定和关键词等，缺乏内在逻辑关联。请在重新修改后的标题基础上，调整问题、界定核心概念、选用恰切方法，再拟画本研究的“基本内容框架”框架图。

案例7.15　问题、核心概念与方法逻辑错位

《群文阅读教师PCK及发展策略研究》开题报告陈述后，专家认为其“文献综述”部分尚有基础，但还需结合开题报告其他部分调改和补充。而特别对问题、核心概念和方法之间的逻辑关系提出了质疑，在前述几个案例中已分别指出，在此综述如下：

“问题提出”应明确在“选题缘由”或“背景与问题”中提出。而作者在“选题缘由”中论述了“PCK是衡量教师专业发展水平的重要标志”“群文阅读顺应时代对阅读素养的呼唤”“PCK是实现群文阅读教师有效教学的关键因素”“群文阅读吸引了我的关注”四点，着重强调PCK、群文阅读、群文阅读教师PCK的重要性，并没有提出任何明确的问题。建议从这四点及关系中发现问题，并以问题表述方式，明确提出问题。

核心概念的确定及界定有误。忽略或丢失了核心概念“发展策略”，“发展策略”

是开题报告几个核心概念的落脚点，应该与全文的结构、框架等一脉相承；同时开题报告的文本内容中，也几乎很少涉及“发展策略”，说明作者对该核心概念认识不足。有关研究方法也因此缺位。

问卷的编制：本开题报告拟采用调查法，但拟要编制的“群文阅读教师PCK及发展策略研究”问卷，与开题报告标题完全相同，这是不妥的。建议编制“群文阅读与教师PCK相关分析”问卷，调查分析“群文阅读”指导与教师PCK的水平之间是否相关，相关度有多大，以说明语文教师的PCK对于提高学生“群文阅读”的水平是否有积极意义。

案例7.16　标题概念关系太复杂，导致系列问题

《教师幼儿认知复杂性与师幼关系的相关：人际宽恕的中介作用》开题报告后，专家针对标题提了很多意见：

1.开题报告标题即课题表述太复杂，主旨意图模糊；核心概念太多，且存在关系复杂、关系不清、关系错位严重、假设和主要方法不明等情况。建议课题改为《人际宽恕在师幼关系建构中的作用调查研究》，或《宽恕教育对良好幼儿人际关系建立影响的实验研究》。调整标题后，重新明确核心概念，进行核心概念界定、关键词的分析研究与基本内容框架建构。

2.因标题及概念关系复杂而混乱，故问题的提出，也缺乏针对性。建议重新明确背景，明确究竟发现了什么问题。是目前师幼关系越来越不好吗？师生都缺乏相互宽恕的品质吗？教师不能充分理解或教师自己对幼儿认知过于复杂吗？围绕问题，论证课题，明确核心概念和假设，重新进行文献综述，提出解决问题的理论、策略或方法假设，选择和设计适当的研究方法，绘制研究的基本内容框架图等。

3.根据核心之核心概念——人际宽恕或宽恕教育等，结合研究的问题与假设，改编人际关系量表（IRS），并要清楚交代哪些是借鉴的，哪些是自己删除或添加的，以及为什么。

案例7.17 从一组研究生开题报告看主要问题点评①

课题(选题)	总评析	核心概念界定专题评析和建议
农村中小学生辍学问题研究——以某农村义务教育一贯制学校为个案	①"辍学"是重要核心概念,为什么不定义? ②为什么要做个案,有何说服力?可否扩大到某地区》	①辍学:字面意思是中途停止上学,指学生没有完成规定学业而发生的中途休学、退学行为。 ②扩大研究对象后,可采用文献调查法,搜集区域历年教育统计年鉴。
研究生师生科研协同能力现状研究	①"研究生"界定为哪一种? ②师生科研协同能力提法不妥帖,且界定为"协作申报、协作过程、成果协作"等,也不妥。 ③"研究生师生"语言不顺。	①研究生:指全日制学术型硕士研究生。 ②科学研究:指在学术活动中为了增进知识,对自然、社会和思维上的各种高级心智活动的反复探究和创造的过程。 ③重新明确导师与研究生在科研活动中的指导关系,而不是协同或协作关系。再界定核心概念。
基于德育视域下的大学生宿舍文化建设研究	①"基于德育视域下"是什么意思? ②宿舍文化仅与德育有关? ③采用什么方法?建设的具体方案及实施效果应是重心,所以方法可以考虑方案设计与实施(实践法)。	①核心概念 文化:某一时期的某一特殊社会生活方式的整体称谓,主要包括物质方面、制度方面、精神方面和行为方面。 校园文化:有狭义和广义之分。狭义是指相对课堂文化而言的课外文化,广义是指学校的整体文化。 宿舍文化:指以宿舍成员共同的价值观为核心,包括宿舍生活的各方面价值准则、行为规范、群体意识、公共行为以及学习生活习惯等,是由宿舍成员长期共同建立所形成的、潜移默化的氛围。文化概念远大于德育概念。 ②根据核心概念和方法,重新调整和表述标题。
抗战时期延安干部教育的经验及启示研究	①干部教育可着重做某类干部如高等教育方面的干部教育。 ②经验研究,更要注意文献考察。 ③目前干部教育的问题是什么?为何做此研究?	①抗日战争:1931年9月18日—1945年8月15日,又称第二次中日战争,是中国反抗日本侵略的一场大规模战争。 ②干部:主要是指党和国家的各个领导干部。但本研究要局限于某类干部。 ③干部教育:百度百科的定义是:"培养、训练干部,提高干部政治、文化、业务水平的教育",或许可以参考此,再结合辞典或有关著述,给出一个合理周延的定义。
以就业力为核心的独立学院教学模式探索——基于对浙江大学宁波理工学院的案例研究	①独立学院为什么要以就业力为核心,需论述。 ②何为"就业",应准确定义。 ③教学模式:具有相对稳定性,如何围绕就业力旋转。 ④探索:是多种教学模式之间的比较吗?	①大学毕业生就业力:指大学生通过在校期间的学习,在毕业后获得工作、保持工作,并在必要时获得新就业的能力。 ②独立学院:指实施本科以上学历教育的普通高等学校与国家机构以外的社会组织或者个人合作,利用非国家财政性经费举办的实施本科学历教育的高等学校。 ③教学模式特指高校教学模式,结合《教育大辞典》可定义为:教学模式专指反映特定教学理论逻辑的、为保持某种教学任务的相对稳定而具体的教学活动结构。

① 西南大学.2011级高等教育学硕士开题报告(2013年2月)导师组评析.龙红霞(2011级、2014届高等教育博士)记录整理.

续表

课题(选题)	总评析	核心概念界定专题评析和建议
蔡元培北大时期的学风管理研究	①根据文内阐述,可将题目改为:蔡元培以大学目标为本的学风管理研究。这样更聚焦。 ②问题是什么?是当时的还是现在的北大甚至其他高校学风下降吗?可做一个调查再提出问题。 ③概念界定,学风的概念要有核心点,找准核心课题方能聚焦。	①学风:指的是狭义学风,即学生的学习风气,通过学习目的、学习方法、学习兴趣、学习纪律和学习氛围等5个方面表现出来。 ②学风管理:指学校管理者为改良或提升在校学生的学习风气,使学生学习目的、学习方法、学习兴趣、学习纪律和学习氛围都得以优化而从相应方面所采取的管理措施。 ③蔡元培北大时期:指1916—1927年间蔡元培先生掌管北大的时期。
大学生安全意识教育研究	①问题是什么? ②方法是什么? ③题目可改为“大学生安全意识调查与对策研究”。	①大学生:指在高等院校接受教育的所有学生。如果觉得这个对象范围太宽,可以限制到某类。 ②安全意识:指人们对安全知识和安全方法的了解和自觉的观念的总称。 ③大学生安全意识教育:“指高校教育管理者以党和国家的有关政策与法律为依据,以大学生安全为主要内容,以全面提高大学生综合素质为目标,对大学生进行自我保护、安全防御能力、国家法律、法规、心理健康等方面的教育,使大学生系统地掌握安全知识,提高安全意识及防御能力,从而使其人身及财产免受侵害。”这样定义过于复杂,请简化。
基于场域理论的研究生学术精神培养研究——以S大学为例	①用什么方法?“以S大学为例”可去掉 ②什么叫“场域理论”?要定义。 ③学术精神定义太抽象,请将内涵定义转化为外延定义(操作性定义)。 ④所定义的场域、资本、习惯的概念间缺乏逻辑关联,这些概念太生硬。 ⑤有问题,但问题表述平淡,感觉不痛不痒,做不做这个研究,都不重要。	①学术:它是一种活动过程,即经过专门训练的研究人员用规范的方法对专门问题进行研究的活动。 ②学术精神:在学术活动过程与方法选用中,所遵循的价值观与信仰,主要表现在学术态度、学术伦理和学术意志等方面。 ③建议采用调查法和临床观察法。

续表

课题(选题)	导师点评	核心概念界定专题点评和建议
教育学硕士研究生就业取向及培养研究	①硕士生有学术型与应用型的区分,就业取向有何不同? ②你理想中的就业取向是什么? ③文献综述与问题分析看上去差不多,应区分和改写。 ④教育硕士与教育学硕士不可以实施互为转换的双轨制吗?	①教育学硕士研究生:我国的教育学硕士研究生,一般指三年制的以攻读教育学相关理论、培养教育科研意识和一定学术能力的学术型人才。但本开题报告中的“教育学硕士”包括下属的各种硕士研究生,如教育学原理专业硕士研究生、高等教育学专业硕士研究生、比较教育学专业硕士研究生等,请明确,是全部专业方向的呢,还是其中一种? ②就业:按照国际劳工局的定义,就业是一定年龄阶段内的人们所从事的为获取报酬或者赚取利润所进行的活动。 ③就业取向:在本研究中,指教育学硕士研究生就业取向,包括在读不同年级的教育学硕士生在毕业选择职业时,对期望的职业类型、工作单位地点、收入水平等跟就业相关的方面做出的意向性选择。虽然这两个概念定义还比较清楚,但是学术型硕士研究生就业取向与应用型硕士研究生应有重要区别。请明确区别。
民国时期大学的校训特色研究	①校训的定义与功能解析力度不够,因此价值不显。 ②方法缺失。可补充做“民国时期与新中国后大学校训的比较研究”;或者中外校训比较研究。 ③所谓特色,是只有在比较中才能成立的。	①民国时期大学:是指1912年—1949年这段历史时期举办的大学。建议编制一个表,把此时期主要(有代表性)的大学校名、地址和主管单位一目了然地展示出来。 ②“校训”有几个要素:首先,校训形式要求简短精练,措辞易于理解;其次,要有教育功能,能作为准则规范和激励全校师生的行为,有助于提升师生学品与人格完善;再次,校训背后总是一种哲学或一种理念,体现着一所学校的精神风貌、价值取向及办学特色等;最后,校训还必须考虑到学校的历史、传统、地区性。这是校训的特点或要素,还不是定义,请重新定义。
国家助学贷款偿还保障机制研究	①选题有现实意义。 ②要定义什么是“国家助学贷款”。 ③保障机制,应比对国家贷款和还贷政策及执行缺监管来论证。 ④对现在的偿还率与偿还意识如何,做一个调查。	①国家助学贷款:参考教育部和财政部合编的《高等学校学生资助政策问答》及《关于进一步完善国家助学贷款工作若干意见的通知》中的有关文段提炼定义。 ②偿还:在上述两个文献中找到相关的“偿还”条款,再行界定。 ③保障机制:不是一般保障机制,而是确保助学贷款能够在规定的时间里如数归还国家的监管机构和制度。助学贷款偿还落实程度与这个机制与执行力度有关。请通过调查和访谈,看哪些机制合理,哪些机制不合理。

从上述开题报告的各案例评析可见，开题报告**常见的问题**：

“问题的提出”，表述思路与方式不当，“背景与问题”常常被混为一谈，导致“问题”欠缺或不明，或似有问题，但问题与后面研究思路与框架、方法与过程不能一以贯之。

核心概念，很多人难以准确判定和界定。“核心概念”与“相关概念”混淆，或相关概念被当作了核心概念，导致全文理论难以一以贯之，实证设计也缺乏理论结构或合理性。

主要研究方法选用不合理，缺乏有针对性的应用说明和设计，工具选择与编制缺乏科学依据。

基本研究框架或内容框架，与问题、核心概念及关键词等，缺乏一以贯之的逻辑思路和线索，且没用框架图表示。

文献综述各点之间逻辑关系脱离，与问题、核心概念、基本研究框架，乃至有些事先草拟的论文各章节内容缺乏关联性。

参考文献格式不规范；文献引用与分析不力，注释不规范。

本章思考与训练：

1. 请选择你所在专业硕博研究生的×××开题报告，按照开题报告各主要部分的要求，进行分析点评。

2. 如果你是博士生，请对你自己的硕士论文开题报告中的问题的提出、核心概念确定界定、文献综述、研究内容框架和方法，底注和文后“参考文献”等进行点评与修改。

3. 请选读3—5篇确定将要开题的开题报告的“文献综述”，从选题（课题）、问题、核心概念的关系角度，进行分析和审评，提出修改意见。一篇质量高的“文献综述”，在开题之后，就可以进一步修改后发表了。

4. 以下意见，也提供给读者参考：

教育博士中期综合考核与开题报告问题分析

××主任，我这是参加了12月12日（2020）教育博士中期综合考核与开题报告后，写给本届教育博士的信，请你转发给2019博士们。

首先要特别感谢教育博士们，他们都参加了昨天（2019-12-12）的中期综合考核（准确说应该是前期学习报告）和预开题报告。

昨天我所在的第一组有5位专家，用了满满一天时间，对五位同学的中期综合考核和三项开题报告进行了评审和指导。

本组专家们一致认为：五份中期报告基本通过，但对三份开题报告提出了修改意见，并交由博士生们自己的导师去决定是否通过（导师要在开题报告上签字）。事实上这些中期综合考核和开题报告，都存在不少问题，在此归纳出来，供教育博士们借鉴，自律。

一、主要问题

1.要按照要求和规范写中期综合考核报告。其是有规定的，请下载正式报告书，按照格式写。但是，有博士并没有按照这个规定去做，有的欠缺了三个附录，有的即使有附录，也存在内容空虚的问题：

附录1.文献综述报告。基础是大量和深度阅读。主要考查主文献、经典著作、代表性和前沿性论文的深度阅读和泛读情况，还要列出“参考文献”和底注。从报告中是否有大量底注和底注来源，以及“参考文献”分量，就可以看出博士生的阅读范围，阅读深度。而这必须建立在做阅读卡片的基础上。很遗憾，这次报告要么没有附录文献综述报告，要么就注释太少和太肤浅。

附录2.理论应用报告。基础是文献综述报告，在此基础上提炼出与自己的选题直接相关的理论，并思考和阐述将这些理论如何应用到自己的研究中（包括以理论为依据的教育问题分析，理论应用的思路逻辑，基本观点，疑问等）。很遗憾，这次报告中要么没有理论应用报告这个附录，要么有这个部分或也有一些理论，但理论分析单薄，缺乏有针对性的分析和应用思路。

附录3.案例分析报告。是在文献综述报告和理论应用报告基础上，去考察实际案例，对一个你特别关注的具体教育事实或问题进行分析，有的放矢地让阅读、综述、理论落地。但是也很遗憾，这次报告中要么没有这个附录，要么就是有一个初步调查，但与选题思考和附录1、附录2，都没有内在关联。

总之:附录1、附录2、附录3是内在关联的，同时与中期考核报告中的2.3“选题思考”部分，又直接关联。换句话说，三个附录是中期考核报告前面部分“选题思考”乃至后面要进行的开题报告的重要基础。进一步看，事实上整个中期考核报告，既是对前期学习（课程学习、听讲座，参与和主持课题项目，发表小论文等）的总结，更是考查你围绕学位论文选题所做的准备工作，是否充分，扎实。

2.中期综合考核报告中的2.3“选题思考”是聚焦点。前期所有课程学习、研究与学术活动，以及阅读和撰写的几个报告（附录1/2/3）等都必须要向学位论文的“选题思考”聚焦。发现和提出几个与你研究的专业方向有关的问题，先有意识聚焦问题，再提出拟研究的选题。对倾向的，初步尝试确定核心概念，界定核心概念和相关概念，初步考虑研究思路与方法。很遗憾的是，本次中期考核报告在聚焦“选题思考”上做得很不够。不仅没有很好建立在三大附录基础上，更缺乏明确的问题思考与分析，缺乏核心概念初步理解，以及对方法的初步思考。迄今，博士们已经入学近两年了。如果选题还很模糊，后面两年用来开题、研究和做大小论文，其实是十分紧张的。

3.开题报告与预开题报告。为了确保博士培养质量，我校多年前就开始实行了“预开题”和“预答辩”等“双预制”。所谓预开题报告，“预”和“正式”是相对的，预开题如果被专家们基本认可了，那就是正式开题；如果专家们认为存在较严重问题，特别是自己的导师认为还有很大修改空间的，那就只能是预开题。严格来说，一次性开题就“通过”了的选题，其质量可能不是很高。给自己多一次预开题机会，是对自己最大的优惠。这次或许被称为“预开题”更合适一些，因为还存在如下诸多问题，期待博士生们继续认真对待和修改。

基本格式（请务必按照给出的开题报告框架、要求及规范做），包括：

选题与表述；背景与问题；核心概念界定；研究思路与框架；研究方法与应用；价值与创新点；引用底注；参考文献等，及其各方面之间的逻辑关系。目前看来都还有很大的修改空间，严格说，包括选题及表述本身都还需要再提炼，再思考，再阅读，再开题！

4.文献阅读严重不足和不透彻，是根源性问题。本次中期报告和预开题报告都显示出阅读量（数量与范围）、阅读深度（经典精读）、阅读积累（卡片制作）等，都严重不足，且普遍质量不高。博士之“博”，就是渊博、博览群书，博学多才，博大精深，博而至简等等，这些都是对一位合格博士的解读。

二、再次申明：

1.读博期间的任何学术活动，都是博士学术训练的具体过程与环节，包括课程、小论文、阅读报告、中期报告、大论文撰写（预开题报告、开题报告、预答辩、正式答辩）等。

2.上述所有这一切，说得实际一点，都首先指向一个最直接的目的：完成一篇高质量博士学位论文，并伴随完成规定的至少两篇高质量小论文（C刊文）。

3.上述所有这一切，说得理想一些，本质上都是通过小论文和大论文的研究、思维和文本撰写全程，训练和培养一位名副其实的，善于发现问题、分析问题、解释问题、解决问题、探索真理、创新知识和理论（学术博士侧重），或创新解决问题的方法、技术、模式、策略（教育博士侧重），并严格按照学术规范撰写学术文本（学术研究成果表达），进行学术表达的学者。

4.无论你读的是学术博士还是教育博士，无论你读博的目的是定在实际低位还是理想高位，完成一篇高质量的博士学位论文（伴随两篇高质量小论文，目前定义为C刊论文），都是你有尊严毕业和获取博士学位不可或缺的重要条件。

5.在所有的过程中，有几个重要关口，即对于你是否能够完成高质量博士学位论文（伴随C刊小论文），有决定性意义的环节。昨天（2019-12-12）教育博士的前期学习报告和开题报告，就是所有博士都将面对的，最早的两个重要关口。所以借鉴他人案例，学习他人优点，更清楚认识到问题所在，才能对自己的学习和研究，有积极启示和价值。

三、再次明确：

再次明确要求：千万要按照规定格式和规范要求准备中期综合考核报告（前期学习与研究报告）、开题报告，同时积累数量足够和质量都不错的“阅读卡片”，为中期和开题乃至整个大论文、小论文的撰写，做好充分而扎实的准备！

再次明确目标：祝教育博士们准时（2021年初）高质量完成和通过中期报告、开题报告！所积累的阅读卡片都以电子版保存，有阅读摘要、标准注释和自己的思考，发表与选题有高度关联的小论文（两篇C刊）。

积极进取：你们每个人都能证明自己是有激情、有思想、有能力的博士生。

本意见书，是这些天连续到好多地方讲课和开各种会的过程中，间断地写在手机记事本上的，有不符合逻辑的地方和错别字，请大家指正，并原谅。

赵伶俐2019-12-14在重庆机场T2候机厅中完成

第八章 论文

文章当以理致为心肾，气调为筋骨，事义为皮肤，华丽为冠冕。

——颜之推

没有把应当写的东西经过明白而周到的思考，就不该动手写。

——车尔尼雪夫斯基

写作的目的不应该只是为了发表。当然更不是为了稿费或虚名。它实际上是一个人认识真理之后的独白。写作是一条认识自己，认识真理的路。

——罗兰

所有学术论文，当然包括学位论文，都是学术研究的过程与成果的表述。严格来说，没有经过研究而写出的或拼凑出的文章，都不能称为学术论文。

——本书作者

8.1 学术成果文本

8.1.1 本章：黄金分割点

如果说，美神维纳斯的身材符合黄金分割比，0.618处就是其腰节线，那么本章，其实也就是本书的腰节线。

前述第1章TVS学术思维与写作概述，出示了学术思维和写作的视点结构基本逻辑结构（图1–5）和几种比较典型的学术思维与写作逻辑流程（图1–1；1–2；1–3；1–4）。第2章问题（核心问题）和第3章概念（核心概念），是所有学术思维和学术论文的“视点”A/B两个构成面；第4章文献、第5章选题、第6章方法这三个重要构成要素，与视点两要素合并为学术研究、学术思维和学术论文五大要素。“视点”（A/B）及核心概念关键词，一以贯之串联其他几个要素，并贯穿整个学术研究、学术思维和学术文本的逻辑“结构”（图1–5）及其各自基本流程（图1–1；1–2；1–3；1–4）。学术研究过程得到学术成果，其中学术论文是学术成果的重要表征形式（图8–1）。本章，也就是集中阐述作为学术研究最终成果表达式的各种学术论文（图8–2），是如何使用前述要素及其逻辑组织成文的（TVS：视点结构写作）。包括了所有学术论文构成的共同形式要素与结构以及共同学术标准；各种论文的具体写作格式（8.2各种学位论文格式；8.3各种期刊论文格式），以及无论哪种学术论文，采用的是什么格式，都还要对各自最要紧部分进行反复推敲；做到文从字顺，力求准确、鲜明、和谐、生动，以及力求富有创新性等。

一句话概括，本章是前面概述的“TVS：视点结构学术思维和写作”，以及视点及其要素分述后，对视点和要素以不同表达形式组成各种学术论文的阐述；而后面一章是对本章所述各种论文创新方面的强调。

8.1.2 学术成果定义与分类

学术成果指在学术研究活动中，通过学术思维加工（学术思维一以贯之整个学术研究活动）所得到的新知识（概念、定律、模型、技术、产品），并以某种形式表达出来的结果。包括三大种类（图8–1）：

（1）以书面语言表达的文本成果。包括“结题成果”文本、学位论文、各种期刊论文和著作等。

（2）以电子形式表达的电子成果。包括电子文档、数据库、软件、光盘、二维码内文、网页等。

（3）以物化形式表达的实体成果。如革新的机器、新研发的各种工具、模具、模型、艺术创新成品（雕塑、建筑、服装等），轻重工业创新成果（高压锅、微波炉、轻轨、火箭、原子弹、射电望远镜等），医药、农业创新的药品、食品等等。

- **学术成果**（学术研究与知识创新结果）
  - **文本成果**
    - 结题报告文本
    - 学位论文——大论文
    - 期刊论文——小论文
    - 著作
    - 课标、教材、教参
    - ……
  - **电子成果**
    - 电子文档
    - 数据库
    - 电子成品（软件、电子图、视频、网页）
    - 电子工具（统计软件、编辑软件、VR虚拟技术）
    - ……
  - **物化成果**
    - 艺术和工艺创意成品
    - 轻重工业创新成果
    - 医药、农业创新药品、食品
    - ……

【图8-1】学术成果分类

学术研究的本质是为人类带来新的知识（概念、定律、模型、技术、成品），是求真、求善、求美的统一的过程与结果，因此，无论是文本、电子还是物化的成果，都应该共同遵循学术研究的内涵、逻辑与原则。因此，严格来说，并非只要以上述文本、电子和物化形式表述的，都是学术成果，而只能是通过研究为人类带来新知识的，且力求真善美统一的上述文本、电子和物化表述，才是真正意义上的学术成果。

物化形式表达的成果，在研制过程中也往往会以文本或电子形式表达出来；而电子文档，其实也不过是书面语言表达的文本，用另一种载体呈现出来而已。因此，所有的学术研究成果，包括电子和物化成果，其实都会经历一个以书面语言表达的学术思维和写作过程，至少有研制方案论证和起草环节，也都必须遵守学术文本撰写的基本逻辑与规范。也因此，学术文本表达是所有学术研究成果的基础。而学术论文，又是所有学术成果文本表达规范和标准的最典型样式。

8.1.3 学术论文与分类

所有学术成果的表达，以书面语言进行的文本表达是基础。由于论文涉及的不同学科或研究领域的内容、性质、对象、方法、表现方式等不同，因此论文就有不同的种类（类型）。

按研究方法和性质不同，论文可分为理论性、实验性、应用性、描述性和设计性等几类。按照内容特点不同，分为专题型、论辩型、综述型（前述提到过，一个课题的“文献综述”，可能成为一篇好论文）和综合型等论文。

而以书面语言表达的文本成果，有大型课题的结题报告、学位论文、期刊论文、学术专著、教材教参等。其中，学位论文和期刊论文，是本书《TVS：学术思维与写作》要阐释的主体。

所谓“大论文”和“小论文”，就是近些年很多大学的硕士生、博士生和导师们，为了区别篇幅较大的学位论文和篇幅有限的杂志上发表的一般论文，而普遍通用的俗称。当然，如何撰写学位论文——大论文和期刊论文——小论文，及其有关的各种过程报告文本等，也是本书要解决的主要问题。

从这个较为狭义的角度，来对学术论文进行分类（图8–2），学位论文即文字较多篇幅较大的大论文，包括了纯理论的、以实证为主的、以应用为主、设计性的、混合型的五类；在期刊上发表的篇幅较小的小论文，则包括了纯理论性、实证性、应用性等（图8–2）：

- 学术论文
  - **学位论文**（篇幅大的大论文）
    - 纯理论论文——以理性思维和推导为主的
    - 实证论文—— 以数据支持为主的实证报告
    - 应用论文——以理论支持的经验与案例提炼
    - 设计性论文——以事件或物品生成和操作为主的
    - 混合型论文——上述特点兼具的
  - **期刊论文**（篇幅小的小论文）
    - 纯理论论文——以理性思维和推导为主的
    - 实证论文——以实证和数据分析报告为主的
    - 应用论文——以一定理论提炼经验的（如教研文）
    - 描述性文——纯经验归纳和表述
    - 课题故事——学术研究过程事件和趣闻记录

【图8–2】学术论文分类

上述大小论文，不仅是硕士、博士期间需要选择完成的论文，也是任何一位学者、准学者或在实践一线的研究者，都应该掌握的学术思维和学术文本撰写的基本类型，及其所应该具备的相关学术能力。

应当让博士生和硕士生们明确，要根据自己的学科、方向和类型（例如理科、工科、文科博士、硕士；例如学术博士、硕士，专业博士、硕士；例如教育学术博士、硕士，教育专业博士、硕士等）的特色，选择以理论、实证、应用为主的学位论文和期刊论文为主要形式撰写论文。理论论文、实证论文和混合论文，是学术博士、硕士的首选；应用性论文是专业性博士、硕士做学位论文的首选。

应当鼓励不同学科和不同类型的博士生和硕士生们，在整个学习和研究过程中，不仅要将重心放在学位论文撰写的基础上，而且要尽量发表与学位大论文相关的小论文。例如学习和研究过程中的“文献综述”“实证研究”“案例分析”等，都可以按照小论文规范，撰写成期刊论文发表。这样，也丰富和规范化了学位论文。

应用论文和描述性论文，都是与实践有高度相关的论文。一线人员较多会撰写描述性的论文，也就是只有经验总结或表述的文章，因为缺乏理论支持，所以学术含量很低，一般不建议博士、硕士和有一定学术研究水平的人撰写这类文章。特别建议和鼓励实践一线研究者，如教研员、教师、技术人员、管理人员等，撰写和发表高质量应用论文，以解决一个实践中的棘手问题为出发点，应用一定的理论，来提炼自己的经验，提出解决问题的策略、技术和模式，并以一定实证验明其有效性。

撰写教育科研论文，已经是目前中国中小学教育科研活动的一个重要环节。但是，中小学教育科研，与大学学者和博士的学术研究的性质不同。应用性或实践性论文，其作用在于：(1) 显示研究的水平与价值。(2) 提高研究者的研究水平。撰写科研论文，不仅是反映科研成果的问题，而且也是深化科研成果和发展科研成果的问题。在撰写科研论文过程中，对实验研究过程所取得的大量材料进行去粗取精，实现由感性认识向理性认识的飞跃和升华，使研究活动得到深化，使人们的认识得到深化。(3) 推广经验，交流认识教育科研过程，是人们获得直接经验的过程。这种经过精心设计、精心探索而获得的直接经验不仅对直接参加者来说是十分宝贵的，而且对于所有教育工作者，对于人类整体认识的提高和发展都是十分宝贵的。正如恩格斯所指出：“现代自然科学已经把全部思维内容起源于经验这一命题加以扩展，以至把它的旧的形而上学的限制和公式完全推翻了。由于它承认了获得性的遗传，它便把经验的主体从个体扩大到类，每一个体都必须亲自去体验，这不再是必要的了；它的个体经验，在某种程度上可以由它的历代祖先的经验的结果来代替。”（《马克思恩格斯选集》3卷564页）可见，为了不同空间、不同时间人们交流，承接认识成果，必须做好论文撰写。(4) 推动教育科研活动自身不断完善。教育科研活动是个探索未知领域的活动，无既定模式和途径可循，在一定意义上可以讲，教育科研活动均属创造性活动。为了保证教育科研活动越发卓有成效，为了给进一步开展教育科研活动提供可靠依据，在每一科研活动终端撰写报告或论文是十分必要的。

8.1.4 学术论文价值

学术论文撰写，是所有学术活动的基础，各种学术文本的撰写，是所有学者和准学者，包括学术型教师、学术型管理和技术人员等必备的学术基本功和素养。即使是电子或物化的学术成果，也需要附一定篇幅的学术解释文本，对其成果设计和构成原理加以说明，这种学术文本撰写的基本技能和规范也遵从学术论文的规范。

的确，发表论文不是一位学者或大学教师或硕士生、博士生学术水平的唯一确定标准，"我们绝不能认为，大学以创新思想的形式生产的产品只能通过发表署有作者姓名的论文和著作来衡量"①，"根据署名发表的作品来评价一位教师的价值是极其错误的"，"在任何一个教师群体中，你都会发现一些杰出的教师不属于那些发表论文专著之列，他们创造性的思想须要通过讲演或个别讨论的形式，在与学生的直接交流中得到阐发"，"幸运的是，他们中有一位流芳百世，那就是苏格拉底"。②

但是，能撰写严谨、规范且富有建设性的学术论文包括著作（一个体系更完备的大论文），又表达和保留人类知识是检验学者能力与成果的一条不可或缺的必要标准。当我们读到人类历史上保存下来的经典知识论著的时候，例如读《柏拉图对话录》才知道了苏格拉底与柏拉图的思想与思维逻辑，读牛顿《自然哲学的数学原理》，才深刻了解了牛顿三大运动定律及其精准表述，读夸美纽斯《大教学论》和赫尔巴特《普通教育学》等，才了解到其对人类教学教育理论的贡献。而这种以书面形式表达学术成果的能力，必须通过严格的学术训练和历练过程才能真正获得。选择了学术之路，学术成果写作，包括所有学术文本尤其学术论文的写作，都或多或少会成为伴随你终生的一种活动，其是一种不可或缺的学术技能和能力。因此，尽管学术论文，尤其当今奉为学术水平标识的SCI（科学引文索引）、SSCI（社会科学索引）、CSCD（中国的SCI）、SCCSI（南大核心）等论文，并不是考查学术能力与成果的唯一标准，但是"学者的作用就是在生活中唤起智慧和美，假如没有学者那神奇的力量，智慧和美还淹没在往日的岁月中"③，而能够唤起这种力量的智慧和美，毫无疑问，学术论文（含学术著作）功不可没。如上举例，中外古今无数经典学术研究成果都借助论文和著作文本流传至今，乃至永恒。

8.1.5 学术论文共同要素与标准

所有学术成果文本含论文，皆有共同的基本构成要素。包括标题、问题、核心概

① 怀特海. 教育的目的[M]. 徐汝舟，译. 北京：生活·读书·新知三联书店，2002：147.
② 怀特海. 教育的目的[M]. 徐汝舟，译. 北京：生活·读书·新知三联书店，2002：147-148.
③ 怀特海. 教育的目的[M]. 徐汝舟，译. 北京：生活·读书·新知三联书店，2002：146.

念、理论依据、研究方法，研究过程，正文内容、研究结论、参考文献等等。而每种成果文本，与研究的问题、目的、方法、价值取向等不同，上述学术文本中的基本要素相同，但侧重与分量都有所不同。由此便构成了不同成果文本的结构及其写作要领。

例如，学位论文具有上述几乎所有基本因素；著作隐含上述因素，只是表达方式要自由些；期刊小论文则或者重在问题、核心概念、理论论证；或者重在实证方法、数据分析、结论；或者重在直面实际问题，提出解决问题的方法策略。所有学术论文包括一切学术成果文本，都有上述必不可少的因素。如果没有这些最为基本，不可或缺的因素，这个文本就不是学术文本，而只能是工作总结、工作报告、经验笔谈等等。

无论哪一类学术论文，都应该共同遵循五大基本标准：科学性、理论性、逻辑性、创造性、形式性。

科学性。要求作者必须有求真求实的态度和立场；从客观实际和充分的论据出发，尽可能多地占有资料，以最充分、确凿有力的论据作为立论和论证依据；必须经过周密加工和思考，进行严谨论证，得出客观结论；不得带有个人好恶偏见，先入为主，主观臆造事实、数据和结论。

理论性。指的是要用科学理论，例如概念、定律、模型和技术理论等，来阐明道理。在理论性论文中，主要指根据已有科学理论来推理和构建新知识；在实证性论文中，主要指对理论或理论假设的验证（证实或证伪）；在应用性论文中，主要指应用科学理论来解决实际问题。

逻辑性。学术论文是理性逻辑思维的产物，因此必须符合理性思维的概念、判断、推理和辩证思维法则。同时在表达形式上归属议论文范畴，以论点、论据和论证构成，但与一般议论文不同的是，它必须是有理有据的，有严密的论证体系，必须对大量事实、数据等材料进行分析提炼，是从感性认识上升到理性认识的过程，具有很强的论辩和论证色彩。且这一过程总是受控于所研究的问题和核心概念，被一以贯之地牵引（参见第1章图1–5），因此具有很强的逻辑引力和拉力。

创造性。科学研究是对新知识的探求。创造性是科学研究的生命。学术论文的创造性在于作者要有自己独到的见解，能提出新的观点、新的理论。这是因为科学的本性就是“革命的和非正统的”，“科学方法主要是发现新现象、制定新理论的一种手段，旧的科学理论就必然会不断地为新理论推翻。”（斯蒂芬· 梅森）因此，没有创造性，学术论文就没有科学价值。

形式性。不同种类的学术论文（图8–2），有共同遵守的科学性、理论性、逻辑性和创造性，因此有相同的论文表达形式，本书第1章中所表述的“图1–5 TVS：学术思维与写作坐标系”，不仅表述的是以核心问题和核心概念为视点，与全文其他因素的逻辑关联与建构关系，也是对所有学术论文基本思维和写作逻辑模式的直观呈现。同时，也因为研究内容、对象和目的不同，各种学术论文的思维逻辑与表达形式又有所不同，本书第1章的几个学术思维和写作基本流程图（图1-1；图1-2；图1-3；图1-4）等，就是对几种典型的学位研究论文和期刊论文，其相应课题研究的思维和撰写逻辑流程的展示，其与最终论文框架高度关联，但不完全相等。

本章，其实是对本书前述各章所述学术思维与写作要素、逻辑建构的具体落实。各种学术论文，还有更详尽的写作要素（参见8.1.3）。而且有自己具体的写作格式（8.2学位论文；8.3期刊论文）等，此外，还要做到各要紧部分反复推敲；文从字顺，力求准确、鲜明、和谐、生动，且富有创新性（第9章）等。

8.2 学位论文——大论文

8.2.1 定义与价值

学位论文，是以获取学位为直接目的的学术论文。所谓“大论文”，是因为硕博研究生，为了区别在读过程中还必须在期刊上发表的论文（获取学位的又一条件），即所谓“小论文”，而普遍采用的一种流行说法或称谓。

按照国际惯例，所有大学本科生、硕士生和博士生都需要按照要求完成学位论文（本科称为“毕业论文”，其实也是获取本科学位的必不可少的条件。专科生毕业，一般就不需要“毕业论文”），以学位论文文本通过专家评审和答辩，才能准予获得本科、硕士或博士学位。只是要求、形式和规格不同而已。其中最典型的是硕士和博士论文，这两种学位论文在构成要素和形式规范上，大体相同，且一般在字数上都有一定规定性，硕士论文在3万—5万字以内；博士论文8万—10万字或以上。因此，将学位论文称为“大论文”，也有篇幅大大超过期刊论文的意思。

虽然任何优秀的论文都“应以思想的价值而不是以字数来衡量”①，但是，学位论文比期刊论文因素更多，逻辑层次结构更复杂，所以篇幅总是相对大很多。因此，要更清晰明了地驾驭大论文的系统与细节，很不容易。撰写8万—10万字或以上的博士学位论文及通过学位答辩，是很有难度的。真可谓“考博虽易，读博不易，且读且珍惜；读博虽易，开题不易，且写且珍惜；开题虽易，论文不易，且论且珍惜；论文虽易，审过不易，且审且珍惜；通过虽易，答辩不易，且答且珍惜”。

① 怀特海. 教育的目的[M]. 徐汝舟，译. 北京：生活·读书·新知三联书店，2002：148.

8.2.2 基本标准

各个高校，对学位论文的撰写规范、质量、答辩以及最后授予学位等，都有明确规定。内容基本相同，如下某高校《学位论文评阅与答辩管理办法》可供参考：

某高校《学位论文评阅与答辩管理办法》

为进一步规范研究生学位论文答辩过程管理，完善学位论文评阅、答辩，以及之前的预答辩、查重等研究生学位论文质量监督机制，提高研究生学位论文质量和学位授予质量，特制定本办法。

一、学位论文评阅

（一）评阅方式

1. 研究生（不含免费师范生教育硕士）学位论文实行100%“双盲外评”；免费师范生教育硕士学位论文“双盲外评”比例不低于申请人数的20%；来华留学研究生学位论文可不进行“双盲外评”。

2. 符合下列条件者，可不进行学位论文“双盲外评”，由各培养单位组织同行专家评阅：

（1）自然科学博士研究生在读期间发表2篇（含）以上为学位论文研究组成部分的国外A1高水平学术论文；人文社会科学发表1篇（含）以上为学位论文研究组成部分的国内外A1高水平学术论文。

（2）自然科学硕士研究生发表1篇（含）以上国内A1或国外A2学术论文；人文社会科学硕士研究生发表1篇（含）以上国内外A2学术论文。

（二）学位论文评阅

校学位评定委员会办公室统一组织安排学位论文评阅工作，负责评阅单位审核，对评阅过程进行监督，并随机开展博士、硕士学位论文抽检工作。博士学位论文由学校委托“教育部学位与研究生教育发展中心”进行评审。各二级培养单位负责硕士学位论文评阅工作的组织实施，制定学位论文评阅实施办法和相应的保密规则，切实保障学位论文评阅的公正、公平，真实反映学位论文的学术水平。各二级培养单位纪委负责学位论文评阅工作的过程监管。

（三）评阅专家构成

1. 博士学位论文：3位校外同行专家。

2. 学术型硕士学位论文：2位校外同行专家。其中以研究生毕业同等学力申请硕士学位需3位校外同行专家。

3. 专业学位硕士学位论文：2位同行专家。其中教育硕士3位同行专家。同行专家中必须有一位来自校外生产、管理一线或基础教育一线的人员。

4. 来华留学研究生学位论文：按学位层次和类别，由培养单位组织校内外专家评阅。

（四）评阅结果的使用

1. 学位论文评阅实行“一票否决”制。评阅意见有1票不同意答辩者，取消本次学位论文答辩资格，可申请毕业论文答辩，或延期毕业。

2. 学位论文评阅全票不同意答辩者，学位论文需重新开题论证、撰写，或申请毕业论文答辩。

3. 研究生应依据评阅意见对学位论文进行认真修改，向答辩委员会提交“学位论文修改报告”，详细列出修改内容，说明学位论文修改情况。

（五）评阅结果争议的处理

1. 师生对学位论文评阅结果有学术争议，按以下程序进行处理：

（1）学生与导师共同向所在培养单位（或学科所属）学术委员会提出书面申诉，申诉书需明确陈述认为评阅意见不成立的详细理由。

（2）培养单位（或学科所属）学术委员会召开全体委员会议，审议申诉理由是否成立，做出是否同意复评的决定。必要时，学术委员会可聘请同行专家做出书面鉴定意见作为委员会研究评判的重要参考依据。

培养单位（或学科所属）学术委员会不同意复评者，取消本次学位论文答辩资格，可申请毕业论文答辩或延期毕业。

培养单位（或学科所属）学术委员会同意复评者，按“双盲外评”论文要求提交原学位论文2份。

2. 复评论文送审方式

（1）博士学位论文由校学位评定委员会办公室委托“教育部学位与研究生教育发展中心”再次盲评2份，且送评时间为第一次评审结束30天后。

（2）硕士学位论文由各培养单位按“双盲外评”方式送评。

3. 复评结果的使用

（1）复评2票通过者，进入学位论文答辩程序，答辩时间由各二级单位自行安排，答辩通过者，按学校规定时间提交学位授予审核申请。

（2）复评有1票以上（含）未通过者，论文确定为“有质量问题的论文”，延期毕业，且不能申请毕业论文答辩。对学位论文做出重大修改，1年后方可重新申请学位论文答辩。

（3）复评意见为最终评阅结果。

（六）答辩程序

1. 答辩开始前由培养单位主管领导宣布答辩委员会主席及成员名单。

2. 答辩委员会主席主持论文答辩。

3. 答辩人报告学位论文主要情况，重点报告论文主要观点、主要研究过程和方法、创新之处和存在的问题以及其他补充说明内容。博士学位论文陈述报告时间不少于30分钟。

4. 答辩委员会提问，答辩人回答提问。答辩委员会着重与答辩人共同探讨问题，避免泛泛评论。现场旁听者可就论文提问，参与答辩。答辩委员会重点考查答辩人回答所提问题的科学性、准确性。博士学位论文答辩时间不少于40分钟。

5. 导师介绍答辩人简历、执行培养计划、从事科学研究、论文写作及论文主要学术价值等基本情况。

6. 答辩委员会主席宣读或简要介绍学位论文评阅的评审意见。

7. 答辩委员会举行单独会议，进行答辩评价，投票表决，形成决议。主要议程和内容为：

（1）评议学位论文水平及答辩情况。答辩委员会应根据学位论文的评价项目和评价要素，对论文本身及答辩情况做出优、良、合格、不合格4个等级的评价。

（2）在对答辩情况充分交换意见的基础上，以无记名投票方式做出是否通过答辩并是否建议授予学位的决定。

（3）讨论并形成答辩决议书。决议书内容应充分、具体、无空话、套话，篇幅一般不少于500字，主要内容包括：对论文选题、研究设计、研究过程与方法、学术水平、研究成果及学术规范、写作水平、不足之处等做出总体评价，提出修改意见，申明论文答辩表决方式、是否通过答辩、是否建议授予学位及等级评定结论。答辩决议书由答辩委员会主席签字生效。

8. 答辩委员会主席向答辩人当面宣读答辩委员会决议并宣布表决结果。

二、学位论文答辩

（一）答辩委员会组成及报批

1. 博士学位论文的答辩委员会由同学科领域的教授或研究员5人（含）以上（单数）组成，其中校外专家2–3名，博导人数不得低于1/2，答辩委员会主席由校外专家担任。

学术型硕士学位论文答辩委员会由5名（含）以上（单数）同学科领域专家（副高职称以上）组成，其中校外专家1–2名，硕导不低于3名，答辩委员会主席由校外专家担任。

专业学位硕士论文答辩委员会由5名（含）以上（单数）同学科领域专家（副高职称以上）组成，其中校外专家2–3名（须有1名行业专家）。

导师不能做自己所指导学生的答辩委员会成员。

2. 学位论文答辩委员会由各培养单位统一组织，按二级学科专业集中答辩。答辩委员会组成人员名单须进入研究生管理系统报批。各培养单位研究生秘书须在学位论文答辩两周前在研究生管理系统录入答辩人姓名、导师姓名、所属学院（部、所、中心）、专业、研究方向、论文题目、论文评阅、答辩时间、答辩地点、答辩委员会名单等情况，校学位评定委员会办公室对答辩委员会进行审核确认。确认后的答辩委员会成员若需变更，须由培养单位提交书面申请给校学位评定委员会办公室进行审批。

（二）工作要求

1. 答辩委员会必须坚持学术标准，坚持实事求是的科学态度，保证质量，严格把关，维护学位授予工作的严肃性。

2. 除保密论文外，答辩要以公开方式举行，广泛吸纳校内外有关人员列席旁听。

3. 学位评定分委员会须对论文答辩委员会决议做严格审核，凡决议写作不符合规范要求的，不予以审议学位授予。

为了确保上述论文评审和答辩的质量，特别在送审和答辩之前，增加两个环节：资格审查和预答辩

三、答辩资格审查

（一）查重

学位论文提交答辩（预答辩）前，必须将论文提交学校图书馆检索查重系统进行检测。硕士论文与他人论文重复率超过35%，博士论文与他人论文重复率超过15%，不予通过，不准予参加预答辩。

（二）学校对学术不端行为的检测和监控

1. 学位论文在评阅送审和答辩前，须通过学术不端行为检测，未通过者，不予送审和答辩。

2. 撰写学位论文的实验、调查数据等原始依据，由培养单位或指导教师保存3年备查。

3. 博士学位申请者须在通过学位论文答辩之日起2个月之内，硕士学位申请者须在通过学位论文答辩之日起1个月内，向所在培养单位提交修改完善的博士、硕士学位论文电子版，通过检测的电子版学位论文将送国家图书馆、学校图书馆、学校档案馆存档。

（三）指导教师审查

研究生指导教师是学位论文质量及答辩资格审查的第一责任人，须按照培养目标和学科的规范要求，对提出学位答辩申请的学位论文进行质量审查，明确签署是否同意进行学位论文答辩的意见。指导教师应与学位论文未达到规定水平，不同意其进行学位论文答辩的研究生进行充分沟通，签署不同意其答辩的具体理由和意见，报培养单位学术委员会审核备案。

（四）培养单位审查

通过导师和毕业资格审查的研究生，按培养单位要求提交学位论文答辩申请材料，并进入研究生管理系统提交学位论文答辩申请。各培养单位严格审查研究生学位论文答辩资格，向校学位评定委员会办公室提交通过审查名单。

四、学位论文预答辩

（一）博士学位论文预答辩

博士学位论文预答辩是检查博士学位论文工作进展、保证博士学位论文质量的重要环节，凡我校博士学位申请者必须进行学位论文预答辩，预答辩通过者方可提出学位论文正式答辩申请。预答辩程序如下：

1. 博士研究生完成培养方案规定的各项工作，达到所在学科规定的科研成果基本要求，完成学位论文初稿，经指导教师审核同意，在正式答辩3个月前向所在培养单位提出学位论文预答辩申请。

2. 培养单位根据申请预答辩博士研究生的研究方向和论文内容，聘请本学科或相关学科博导、教授及相当专业技术职务人员5–7人（校内、校外不限，申请预答辩者指导教师不能作为预答辩委员会成员），组成预答辩委员会，报研究生院学位办公室备案。

3. 学位论文预答辩由预答辩委员会主席主持，按正式答辩的程序和要求公开举行。每位申请者预答辩时间不少于60分钟。

4. 预答辩委员会对博士学位论文进行严格、认真审查，重点检查博士学位论文的创新性、学术水平、理论运用、实验或调查研究的立论依据、数据处理、关键性结论、工作量、研究成果、学术规范等内容，详细指出论文中存在的问题和不足，提出改进意见。最后采取评议方式做出博士论文预答辩是否通过的决议，对有争议者采用无记名投票方式做出决议。预答辩决议结果分为通过、修改后通过、不通过三种。决议结果运用如下：

（1）预答辩“通过”者，可在论文修改后申请学位论文答辩。

（2）预答辩“修改后通过”者，须在3个月至半年内，根据预答辩专家意见进行认真修改，经导师和预答辩委员会主席审阅同意后，方可申请学位论文答辩。

(3) 预答辩“不通过”者，须对学位论文中存在的重大关键性问题进行研究、修改，经导师审阅同意，于半年后重新申请学位论文预答辩。

(二) 硕士学位论文预答辩

各培养单位要逐步开展硕士学位论文预答辩工作，参照博士研究生预答辩程序和要求执行。

本办法自公布之日起实施，原《××大学学位论文答辩管理办法》废止。

本办法由研究生院负责解释。

8.2.3 各类硕博论文思路与内容侧重

本书所言“TVS：学术思维与写作”，是特别有助于研究者驾驭各类学术论文，尤其是长篇大论的学位论文（大型课题结题成果文本，以及学术专著）的一种学术思维与写作范式。如前所述，指以问题（A）和核心概念（B）为视点（A/B），一以贯之建立整个论文各要素各部分之间内在逻辑结构，以及对系统结构和写作细节进行调节和梳理的学术思维与写作范式。其与一般或其他学术思维与写作逻辑不是对立关系，而是包容与加强关系。

同时，不同类型的研究生，例如学术型硕士生和博士生，或专业型硕士生和博士生的学位论文，基本思路与写作内容构成，也是基本相同的，即以问题与核心概念为视点（A/B），对整个研究所有部分进行逻辑建构，系统建构和细节修改。只是硕士或博士论文、学术型或专业型等论文，在研究思路与内容上又各有侧重，要求达到的水平也不同而已。这种基本思路与内容差异，前述几章已经有所提示，到本章专题陈述学位论文时，依然成立。（详见本书5.1.4选题类型与策略）

8.2.4 学位论文基本框架格式与要领

如上所述，学位论文有不同类型和水平，在基本思路和内容上也各有侧重，因此有学术型博士和硕士，专业型博士和硕士等的学位论文之别。但只要是学位论文，其基本构成要素和撰写框架，都几乎是相同的，只是各因素表达侧重点和要求达到的量度、深度、水平等不同而已（图8-3　学位论文基本框架）。

学校代码：
学号：

学校名
论文标题：×××
论文作者：
指导教师：
学位类别：
专业领域：
提交论文日期：
论文答辩日期：
学位授予单位：

独创声明（作者签字，日期）
学位论文版权使用授权书（作者签名；导师签名；日期）
摘要
关键词
英文摘要
目录
图表索引
正文
绪论（导论）
问题的提出（背景与问题；研究缘起）
核心概念界定（概念界定）
文献综述
研究框架（研究框架；研究内容与思路；研究框架与方法）

【图8-3】学位论文基本框架

因此，如下学位论文基本格式与要领（表8-1），适用于所有类型的学位论文包括各种大型学术项目成果文本撰写参考。同时，在表8-1中的最后一栏“本书参考章目与案例评析”的提示，其非常重要，也就是对学位论文各要素的详细阐述及案例评析。严格来说，这个表8-1，不过是在本书各章分述的基础上的，一个整合或“腰节线”的刻画而已。特别建议，写学位论文，先从第1章概述的图1-5，和本章表8-1看起，再通过表8-1的“本书参考章目与案例评析”提供的线索，阅读其他章相应内容。

表8-1　学位论文（及大型学术课题成果）基本格式：各部分撰写思维与要领

序号	学位论文构成要素（兼小论文提示）	文本撰写要领	思维逻辑与要领	本书参考章目与案例评析
1	标题	理论为主的论文标题，可简明一些，包括核心概念（或最主要的核心概念）和主要方法即可。 实证为主的论文，标题必须包含核心概念（变量：自变量和因变量）、关系（假设）、方法等三要素，表述语明确简洁，关系清晰。 应用为主的论文，标题应包含核心概念和解决问题的方式。	为学位论文命一个好的标题，需要有很好的逻辑思路与智慧。因为论文的起点是问题，问题转化为课题，课题隐含问题与核心概念，包括核心概念（变量）与方法。最理想的标题是包含或隐含了上述所有因素，同时又比课题表述更简要、明确，有冲击力和感染力。 最好不用副标题。正副标题内在的逻辑关系的提炼与合并表述，需要反复进行思维加工。即使使用副标题，主副标题间关系也要充分考虑。	第4章课题：问题、课题与标题的关系
2	摘要	学位论文整个研究思路、内容、方法和结论的系统概述，避免分章节简介内容。字数在1500–2500之间。	简述背景并以问题（视点A）为导向，以核心概念（视点B）为理论逻辑起点，展开研究概述，含基本理论、实证维度，方法和结论，简述价值、创新与未来前景。	第8章论文：标题目录与摘要
3	目录	显示论文一级、二级最多三级标题；大小标题之间的逻辑性，用语简练，逻辑与美感结合；忌讳同语重复（尤其是论文标题在大小标题中直接重复），用词不当，表述烦琐，不得要领，创意点不突显。	目录反映整个论文的基本思路和逻辑架构，是全文核心问题和核心概念及关键词，所有因素相互关系的层层解剖、铺陈和论证。关键研究、观点和富有创新性的内容，要设法调整到目录上，鲜明彰显出来。所以，调节和修改论文目录，也就不仅是用语调整，还意味着全文大小逻辑的梳理和调整。	第8章论文：标题目录与摘要
4	问题的提出（或背景与问题；选题缘由）	背景要准确，问题明确；表述各要素简明；力求尖锐性、现实性、理论性、新颖性兼具。	从现实、理论或政策背景中，发现应然和实然矛盾，提炼和提出问题。用问题单句或最好用问题复句表达。问题是全文研究价值基点和标的，是贯穿全文的思维逻辑与价值主线：提出问题→分析问题→解释问题（理论阐释、理论建构、理论假设论证）→解决问题（方法技术模型）→问题解决效果如何（实验等实证）。	第2章问题（视点A）：核心问题及各种相关问题的案例评析
5	核心概念界定（或概念界定）	明确核心概念；本质界定与析出关键词（本质特征）；操作性界定（外延、分类）要周延，据界定划分实证维度和项目；主要相关概念与核心概念有内在逻辑关联。“核心概念”单立一点，置于“问题”之后；也可作为“文献综述”的第一部分。	核心概念是学术研究的理论基石、逻辑起点，就像一幢大厦的地基和纵横主梁，贯穿全文的理论线索和结构。与问题一起，交织成为贯穿整个论文始终的价值与理论标的，思维与文本系统的逻辑网络和骨梁。	第3章核心概念（视点B）：概念定义，核心概念定义与相关概念建构，案例评析

续表

序号	学位论文构成要素（兼小论文提示）	文本撰写要领	思维逻辑与要领	本书参考章目与案例评析
6	文献综述	经典文献和前沿文献精读；其他文献略读；文献分析卡片制作；卡片命名和小标题确定；定期整体审读卡片，围绕课题要义和参考卡片小标题分类、重组；过程中不断补充阅读。 文献综述包括：核心概念界定（可以独立置于“问题”之后），已有研究所涉及的——主要内容要点若干；提出的理论若干；采用的主要方法若干；得到的主要结论若干；借鉴和主要不足（不足要聚焦到全文所提出的“问题”上）。	文献阅读为学术思维和写作提供丰富的基本材料，如建造大厦的砖瓦泥浆。阅读分析和重组（文献综述）本身就是从文献中提取出与学位论文论题相关的信息材料的思维加工过程。 除了文字性文献，还要特别关注数据性、图像性文献，从已有研究获得的数据和图像中，提炼出不同的，或新的信息，得出新的判断，使得“文献综述”本身就充满思辨和实证的逻辑力量，为全论文增添批判和创新色彩。	第4章文献：文献库、阅读、分析与综述，及案例评析
6+	（提示：理论类小论文的撰写）	上述学位论文的任何一个部分，进行专题加工，都可以写成小论文（期刊论文）或者阶段性成果文本。最理想的小论文，主要来自：1.“文献综述”转化来的有关研究述评，或综述中发现的一个突出的特征点；2.经典理论述评；3.发展史；4.实证和应用模型建构与策略专题研究等。	理论上，小论文应该是学位论文的重要章节或部分内容（如文献综述、实证研究、理论基础等）的转化。在撰写小论文时也要紧扣学位论文问题与和核心概念关键词及其维度，使大小论文形成互补关系。	第8章论文：小论文，及小论文共同要素与结构，各类小论文特点与结构，案例评析
7	研究框架（或研究的内容框架、研究的思路等）	用一个框架图，将整个学位论文从问题提出开始，到整个论文完成的全过程每个环节，及各环节的内在逻辑联系，采用的相应方法等，用一个框架图直观表达出来。不能用一篇论文的目录或大小标题来替代。两者不是同一回事。	在头脑中将已做的研究全过程包括细节，呈现出来，并进行不断调整。在开题报告文本中也有“研究框架”，性质形式同，只是经过研究后完成的学位论文文本，其“研究框架”更成熟和确定。 紧扣问题与核心概念的本质特征（关键词）和外延（分类与操作维度）贯穿整个研究框架的绘制。研究框架也是绘制研究的蓝图。	第5章选题：开题报告及研究的基本框架，若干案例评析。学位论文的研究框架与之性质与形式同，可共同参考

续表

序号	学位论文构成要素（兼小论文提示）	文本撰写要领	思维逻辑与要领	本书参考章目与案例评析
8	主要研究方法与设计	主要方法要呈现在课题或标题上。主要方法和其他辅助方法在文中“方法”一栏依序陈述。阐述每种方法的使用目的、程序、工具来源等；明确各种方法与研究内容之间的相关性；各种方法之间的相关或主辅关系。	在头脑中将通常所知所见的研究方法的用法特点和基本程序，与论文具体内容或变量（核心概念定义及其维度）相结合，转化为具体研究的操作步骤与行为。	第6章方法 第5章之开题报告
9	价值与创新	写出本论文及研究对理论建设和实践应用有什么好处（价值）；本研究与其他相关研究最主要的不同之处是什么（独创性）：创新或独创性也是价值之一，是他人没有做过的有价值（有意义）的那些要点、观点和策略。	研究或论文的内容可以不大，但价值要尽量大（但要切实）。否则研究就不值得一做，论文就不值得一写。从较小价值到较大价值的挖掘，需要在系统的知识背景上，立足一定的哲学高度来进行理论与应用提炼。	第5章： 价值与创新 第9章再论学术创新
10	正文（各章节内容及大小段落标题分布逻辑）	各章节内容，要与主要问题、核心概念、核心概念关键词，操作性定义的维度，以及有关实证数据结果（结论）等直接相关。 参考文献、卡片标题与综述等，也与各章节标题和内容，有或显或隐的联系。	反复思考和推敲各章节内容与前后章节的开篇和结尾语的逻辑关联和是否形成了呼应关系；与问题和核心概念内涵外延等，是否形成内在关联。	第1章TVS思维与写作概要，尤其图1-5； 第2章问题（视点A）； 第3章核心概念（视点B）； 第8章论文
10+	（提示：实证报告类小论文撰写）	实证研究，为学术论文提供坚实的实证数据支持，同时也可以写成独立的实证论文，文本包括：问题、方法与对象、实施过程、数据收集与分析结果分析（数据表）、讨论（相关研究与理论讨论）、结论（“显著”性）和对策建议。	围绕核心概念和维度进行实证和数据收集分析；由总体到具体维度和项目，层层分析数据结果，发现和观察数据变化趋势，提出解决问题的办法，验证理论假设或办法的效率等。	第8章论文：期刊论文实证文，及案例分析

续表

序号	学位论文构成要素（兼小论文提示）	文本撰写要领	思维逻辑与要领	本书参考章目与案例评析
11	图表标注 注释规范 参考文献	图头标注在图下，如在图下方标“图1-3”，表明第一章第3图，图要命名； 表头标注在表上，如“表1-3”，表明第1章第3表，表需命名； 图表的（名称与）番号要在正文相应位置提到，图表尽量紧跟在这段文字后。 注释包括文本页下详注或底注（通常用于文科）；文后通注（通常用于理工科）；文末“参考文献”通注（文科理科）。	图与表也是论文醒目的窗口，其学术规范是体现学术基本功的直观指标。 文献边阅读边分析、边做卡片、边认真详注，定期分类。在此基础上再做文后“参考文献”通注。在引用文段后最好能用括号注明文献发表时间如“（2009）”，以为思考和提炼论文观点、证据，重组利用文献资料等提供历史线索。	第6章方法：以图表说话的魅力 第4章文献：注释与参考文献
12	附录	将必要且重要的研究资料，设置为“附录”，供专家和读者参考。例如：实证工具（调查表、测量工具等）、实验材料（教学模式、教案、教具）、案例、图表目录（也可以放到文前目录后专设图表目录）。	附录是研究过程与思路的重要资料或重要参考文本，切记要与正文研究内容相切合，切忌不相符合或形成矛盾，感觉是画蛇添足。	第8章论文：后记与附录
13	后记（致谢）	通常是学位论文的最后一个部分。一般是描述学位论文形成过程或自己学习与成长过程的描述与感想，致谢帮助过自己的人。最好能简述受到帮助的关键内容，比起期刊论文或小论文（一句话致谢的话，论文末尾）更慎重、详细、周到和具体。	后记的思维和文笔，看上去比正文显得随意活泼些。但一定要真实和真诚，且不可抄袭他人或往届毕业生的，否则，反而有虚假之嫌。从中能透视或者推想出研究生或学者的学术经历、学术价值观与态度，乃至学术人品。对论文评价起着微妙作用，有时候会起关键作用。	第8章论文：后记与附录

续表

序号	学位论文构成要素（兼小论文提示）	文本撰写要领	思维逻辑与要领	本书参考章目与案例评析
14	答辩、答辩词与PPT	学位论文答辩是论文完成的最后一环，浓缩全文撰写答辩陈述词（1500—2000字），其中要突出问题、核心概念、文献综述要点、主要研究方法、研究结论、价值与创新。 开题报告陈述，要准备答辩PPT，最多不超过12–15张，具体分配：问题1；核心概念1；文献综述1–2，以动画方式补充呈现主要来源和注释（2–3张）；研究框架1；理论基础1；实践操作模型或指标建构1；主要方法设计1；主要方法实施过程1；结论2；价值与创新各1；致谢并请专家批评指正1。切忌直接将论文章节大小标题做成PPT。	答辩词不是论文“摘要”的直接呈现。而是基于摘要，对论文内容尤其是研究框架、过程、方法与结果（包括数据分析和主要数据表）陈述，内容比摘要更具体丰满，同时文字比摘要更节省。是对全文内容的一种再概括、精加工和简要写作的过程。 答辩词与PPT是互为补充的逻辑关系。PPT尽量多用图像和数据表格说话，答辩词是对这些图表的来源和内容的精要说明。口头陈述时切忌直接念PPT上的文字。	第8章论文：答辩

特别说明：上述大论文的各构成要素及思维与写作要领，受限于篇幅，不可能以一整本论文为例进行评析。本书所有章的内容，可以说都主要针对学位论文——大论文，顺便针对期刊论文——小论文而阐述的。整个逻辑结构是在全文整体面貌（逻辑整体结构）基础上，从最核心部分问题与核心概念（视点A/B）开始，再逐一展开建构的（视点结构）。因此，到了本章，仅集中用了一个表（表8–1）来整体阐释学位论文的构成要素及之间的逻辑关系。故上述表8–1的内容只有配上右边栏的“本书参考章目与案例评析”，即与全书各相关章节内容的链接，才是完整的。

也就是说，本书前述和后述各章的内容，都实际上是学位论文基本格式（表8–1）中的各要素的内容、规范与细节的阐释。再以表8–1为线索看本书的如第1章TVS学术思维与写作逻辑；第2章问题视点——核心问题、相关问题、连锁问题；第3章理论视点——核心概念、相关概念、命题定律、理论体系；第4章文献——阅读分析、文献综述、注释、参考文献；第5章选题——预选、课题、表述要素、价值与创新质量评估；第6章方法——理论、实证、应用、综合；第7章过程——前期报告、开题报告、中期报告、结题报告等；以及本章第8章成果——学位论文、期刊论文，及其理论文、实证文、应用文、课题故事；第9章再论学术创新——新问题、新概念、新定律、新理论体系等。这些章节都与学位论文撰写要素与结构直接高度相关。

换个角度看，本书前后各章的所有内容，其实都是以分别详述学位论文各构成及其学术思维、文本撰写规范与逻辑为主线的，合并共有200余个案例评析和相应思维与写作建议。因此表8–1，不过是对学位论文各部分的思维与写作要领的集中、系统而简要呈示而已。要更细致理解其中的思路和写作规范、要领、细节，请以表8–1内各项对应章节提示为线索，再阅读本书相应其他章节。

表8–1，以学位论文为主线，但与此同时还提示了期刊论文——小论文的撰写（本章8.3）。按照有关规定，硕士、博士在读期间，必须完成期刊论文（纯理论文或实证文、应用文等），在内容上要与大论文有直接关联。因此建议，最好不要采用先写小论文，再写大论文的方法，推荐采用在写大论文过程中，同时撰写小论文的策略。最好的思路和策略是，基于大论文的“文献综述”，写一篇“×××发展述评”的文章；再基于大论文的实证研究部分，例如调查、观察、实验、测量等的数据分析和结论，写一篇“×××调查研究”或“×××实验研究”等。这样不仅会产生较有深度和质量的小论文，便于在期刊上发表，也自然与大论文有了直接相关。且历经小论文的撰写磨炼，观点和论证逻辑思路会更明晰，语言更简明，这对学位论文质量提升也是有帮助的。从这个角度上看，无论硕博研究生还是学者，在读研期间所写小论文，也都不过是为撰写大论文做的必要准备，或者就是大论文的一个组成部分而已。

8.2.5 标题目录与摘要——优质浏览的窗口

一般来说，普通读者、论文评审专家、导师、编辑等，都是先从快速浏览开始，来审读学位论文、项目成果或著作等大论文的。拿着文本能快速浏览并形成对全文初步印象的那些部分，可形象地称为“窗口”。或者说，所谓学术文本的窗口，指文本中最容易被人快速浏览，并通过此而透视全文基本情况，包括对写作规范、基本内容格局和水平质量等有个大致了解，形成初步印象的那些部分。简单说，就是在10分钟内就能快速翻阅而形成总体印象的那些部分。以大论文为例就包括了：标题、摘要、目录、问题、核心概念、研究框架、图表、底注、参考文献、后记等。这些部分，也可分别形象地称为前窗、中窗和后窗（图8–1）。

窗口
- 前窗：大标题、目录（中小标题）、摘要
- 中窗：问题、核心概念、研究框架、图表、底注
- 后窗：参考文献、后记

【图8–1】学术论文的窗口

一篇学位论文，从选题、研究、撰写到完成，需要花费相当多时间和精力。一些

研究者好不容易完成了论文初稿，似乎内心的煎熬也到了极限，没有时间也没有心思从容面对目录、摘要乃至注释、参考文献和后记等。结果是，一眼看上去，无比重要的目录，显得臃肿杂乱；摘要写得十分敷衍；文本中间，即打开前窗进入中窗，问题不明确（参见本书第2章）、核心概念确定和界定不准（参见本书第3章）；图表不合规范、扭扭捏捏、杂乱无序（参见本书第6章），参考文献缺这少那（参见第4章），后记（参见8.2.9）空洞无物、无神、无心等，不仅没有充分反映研究所做的工作和论文优点，反而暴露出作者在思维、语言和研究上的很多缺陷和弱势。很遗憾，但这又是很常见的现象。

所谓“窗口”是引导阅读者优先阅读的重要逻辑线索或者索引。不同学者、导师、编辑等，会习惯选择文本中某些“窗口”部分，进行优先浏览。有的，拿着文本就看“参考文献”，然后再看文本中相应的内容，是如何引用（本页底注）和分析参考文献的；有的，拿着文本就看“目录”，看大小标题之间的逻辑关系和表述是否清楚；有的，拿着文本就看“标题”，分析标题概念，并由此看文本内提出的“问题”，看是如何确定与界定“核心概念”的；有的，则喜欢从“后记”开始，审视作者的学术价值观、学术态度和日常生活，以及与导师和各位师生的关系等。

同理，学位论文或项目结题的答辩会上，专家们会提出各种问题，很大程度上也因为优先浏览的窗口不同，引导关注的正文内容就不相同所致。有研究生不满地说，我写论文用了两年时间，导师才看了一眼，就提出一大堆修改意见；答辩专家刚拿到论文一翻，就开始连连发问，其实也就是“窗口”效应引发的结果。

因此，学术论文，包括小论文、学位论文和项目成果文本，不仅在撰写过程中必须反复关注各窗口部分的建构。正文基本结束后，用专门的时间和精力来“擦亮窗口”就成了重中之重。反复调整修正文本窗口各部分的文字和逻辑，不管小论文多小，大论文多大，也逻辑层次清晰，表述简明流畅，图表形式规范，全文本“窗明几净”，令人阅读爽快、赏心悦目。

而标题、目录与摘要，是学术文本的前窗。任何一篇学术论文，无论大小，都有标题和摘要，合并概要反映了文本的主要内容。而大论文，还有目录，通过“前窗”，可以初步判定全论文思维与写作水平。前窗的评定，是审稿与评判很重要的内容。

其一，标题与目录，包括论文题目即大标题，以及目录显示的文内各级大小标题，是窥见学术文本逻辑框架、逻辑层次，反映作者学术思维和写作基本逻辑水平、价值创新点的重要窗口。一个准确、简洁、明了、新颖且有冲击力的论文标题，虽然在选题和开题报告时已经有了雏形，但只有在论文写作过程中才逐步清晰起来，且只有到论文初稿结束，再来回审全文内容与逻辑结构，才会提炼得到。

而大标题，即论文题目，又是与全文问题的提出与核心概念等，这些重要部分直接相关的，在本书第5章选题中已有详解，此不赘述。文内一级、二级、三级标题，则在“目录”中一目了然。每一类型学术文本，大小标题（或目录），都有基本范式。如有理科范式、文科范式；理论文本范式、实证文本范式等。

无论哪种论文范式，其目录中的大小标题及表述语词都要反复斟酌，简洁明了，突出基本观点和重要观点；将自己确认最有创新性的观点，提炼到标题上来。结合标题修改，再精心修改论文，至少反复紧扣标题修改几遍，才会有最终富有逻辑性的，论证严谨的，合格或高质量的论文出现。

案例8.1　实证性报告目录范式与充实

实证论文目录通常有相对固定范式（案例8.1图1），但如果完全照搬就会显得千篇一律，目录上看不出全文内容和特点。

实证性学位论文目录基本范式

摘要
abstract
1.导论
　　问题
　　假设与变量
　　文献综述
　　研究思路
　　研究方法（如调查法、实验法、观察法、临床法等）
　　价值与创新
2.实验设计（调查设计、观察设计、临床设计）
　　目的
　　对象
　　处理
　　统计
3.结果与分析（数据统计图表及其分析）
4.讨论（理论、推测、对比、质疑）
5.结论（用标准的统计术语和判断语句表述）
6.不足与展望

（注：实证性博士论文，如心理学、社会学的博士实证论文，通常不止1个，大都会有3—5个实证研究，目录中就会显示研究一、研究二、研究三，每个实证研究都包括“方法设计”、“结果与分析”、“讨论”和“结论”，最后还有几个实证合并的“总讨论”与“总结论”内容与目录等）

参考文献
附录
后记

【案例8.1图1】实证性学位论文目录基本范式

学位论文《女性自我服饰美感与自我接纳实验研究》，是一篇实证论文。以下是原目录及修改后目录情况对比：

案例8.1评析：《女性自我服饰美感与自我接纳实验研究》的原目录，除论文标题外，与图8-7完全相同（此不赘述）。这也是很多实证性论文的共同模样。尤其是当其中只有一个研究的时候，几乎就看不到论文实质内容，因此不建议机械照搬使用这种目录。

案例8.1建议：所有纯实证性学位论文，应该在目录的基本范式基础上，尽量填充各部分内容。如修改后的《女性自我服饰美感与自我接纳实验研究》目录：

《女性自我服饰美感与自我接纳实验研究》

目录（修改后）

3.2 愉悦情绪是着装过程中的自我审美活动效应

3.3 自我美感体验的身心机制

4.结论

4.1 女性的自我接纳与自我身体外形审美体验显著相关（$P<0.01$）

4.2 女性服饰着装自我美感体验对自我接纳水平有显著影响（$P<0.05$）

4.3 不同年龄段女性着装美感体验与自我接纳水平有差异，但不显著（$P>0.05$）

5.建议

通过女性着装审美指导，提高女性自我接纳和心理健康水平

6.不足与展望

7.参考文献

8.附录

9.后记

案例8.2　准确性、简洁性、丰满性：理论性文本目录范式

理论性学位论文或以理论性为主的学位论文，其目录的基本范式是（案例8.2图1）：

理论性（应用性）学位论文目录基本范式

摘要
abstract
导论（绪论）
　　问题
　　核心概念
　　文献综述
　　研究思路
　　研究方法（如理论法、建模法、评价法、某实证法等）
　　价值与创新
第一章（也可采用：第1章，以下类推1.1、1.1.1）
　一.
　　（一）（此层次可省）
　　1.
第二章
　一.
　　（二）（此层次可省）
　　1.
第三章（某实证。无实证，省略）
第四章
第五章
……（理论性或应用性学位论文，不少于5章（含），5—8章为宜）
结语：不足与展望
参考文献
附录
后记

【案例8.2图1】理论性（应用型）学位论文目录的基本范式

学位论文《〈共和国教科书·新国文〉对我国传统文化的传承与创新研究》的目录（本书作者已做修改）基本上符合理论性学位论文的目录范式：

目 录

案例8.2评析：（1）该案是一篇理论性学位论文。其中也包括了一项对教材文本篇目及内容的调查，但在目录的“研究方法”和整个目录中没有显示出来，有点遗憾。（2）从整个目录可见，原始资料阅读分析充分，内容丰富，但原目录用语重复频率太高，还有病句，因此显得不简明且不简洁（已做修改）。如原第2章“《共和国教科书·新国文》传承与创新我国传统文化的构成研究”这个表述先有语病，读起来很别扭。之下的“2.1”和“2.1.1”“2.1.2”“2.1.3”“2.1.4”目录也用这个目录语重复表述，病句兼烦琐。第3章、第4章大小标题均有相同问题。（3）且“传承和创新我国传统文化”这一语句，在语感和逻辑上有问题，需要进一步落到对哪些“传统文化”有传承，有什么样的“创新”上，再加以准确简明和简洁化修改。

案例8.2建议：(1) 尽可能减少大小标题重复使用，与全文总标题完全相同的“我国传统文化的传承与创新”表述（已修改）；(2) 修改后的目录番号用的是第1章，1，1.1，1.1.1格式，还可以采用更为通用的第一章，一，(一)，1，(1) 等番号书写；(3) 目录已简化加工。

案例8.3　目录逻辑二维化：内容提炼不足

《白族审美意识研究》的目录，有一个显著特征，那就是几乎每章下面都是三节，每节下面都是两点，这类目录称为二维化目录。

目 录

案例8.3评析：本案例的目录有个很明显的问题，就是：(1) 不应该有“节”（“节”是教材的格式）；(2) 且所有节下标题几乎都只有两点。给人以研究不足，深度不够，提炼不足，以致似乎无话可说，勉强凑齐的印象。(3) 就一篇论文的形式美感来说，无论二级和三级标题都只有约两点，也显得缺乏立体感，平面、平直、平淡。至少应有三点，构成三维空间感，或如“三角形的稳定性”。三至五点是最常见或合乎逻辑美感的二级、三级目录形式。

案例8.3修改：(1) 将所有的二级（节）和三级标题进行重新梳理，采取合并、添加或下级标题上升一级等方式，修改目录。(2) 这就意味着需要重新建构全文大小内容逻辑结构与大小标题。(3) 在学位论文选题、开题报告和申报书的后面，有时会附有“论文提纲”；一篇论文起草时，也会草拟一个初步“写作提纲”或目录。尽管这些提纲或大纲，只是一个事前的大致预设，且往往与最后成形的论文大小标题和目录，很不一样。但是，这并不意味着开端的提纲不重要，恰恰相反，从你的提纲开始，就已经对目录的形成和撰写方式产生了重要影响，因此，切不可在研究之前随意编个大纲。在任何审定环节，专家们都会将注意力集中到目录上面，并据此提出很多意见乃至推翻基本观点，甚至否定论题。所以，目录有风险，下笔需谨慎。

案例8.4　目录烦琐与简化：突显主旨与新意

学术文本目录，是透视全文内容，也是反映和训练学者思维与论文撰写素质的重要方面，需要下较大功夫和心力去进行考量和修改。如有学位论文目录：

第二章 混合所有制企业协同治理的现实扫描

一、混合所有制企业协同治理的现状考察

（一）混合所有制企业发展阶段

（二）混合所有制企业模式

（三）混合所有制企业发展典型案例

（四）高职院校混合所有制企业改革意愿的实证分析

二、混合所有制企业协同治理的问题透视

（一）从协同主体角度看

（二）从协同机制角度看

三、混合所有制企业协同治理的归因分析

（一）多元主体参与混合所有制企业协同治理的目标存在差异性

（二）多元主体参与混合所有制企业协同治理的权责存在不稳定性

（三）多元主体参与混合所有制企业协同治理的资源存在零散性

（四）多元主体参与混合所有制企业协同治理的政策法规存在缺位

（五）多元主体参与混合所有制企业协同治理的运行机制简单移植

案例8.4评析：（1）目录重复文字太多，而且是论文总标题的重复，啰嗦，且缺乏理性的逻辑力度和美感。（2）仅从面上看，就会给人全文拉杂，文字粗糙，还没有时间精加工的印象。

案例8.4建议：修改目录也是一个需要反复考量，精心推敲逻辑和文字细节的过程，既充分表达论文各部分主旨、大小观点及其逻辑，也给人眉清目秀的感觉，使人有阅读下去的兴趣。如上面的目录，可做如下修改：

第二章 混合所有制企业协同治理现实扫描

一、协同治理现状考察

（一）发展阶段

（二）企业模式

（三）典型案例

（四）改革意愿实证分析

二、协同治理问题透视

（一）从主体透视

（二）从机制透视

三、多元主体协同治理归因分析

（一）目标差异性

（二）权责不稳定性

（三）资源零散性

（四）政策法规缺位

（五）运行机制简单移植

其二，摘要。是对学术文本全部内容的浓缩，是对全文主要问题、核心概念和基本观点、主要研究方法与结论，以及主要价值与创新点等提炼概括出来，并撰写成布局合理、层次清晰、语言简明，又不失生动性和富有感染力的文本。一篇精心写就的摘要，一定程度上可以超越全文本质量，适当修补论文的某些缺陷。反之，思路不清、要点不明、文字粗糙、创新不明、平淡平庸甚至错误连连等，就是差等的摘要。很容易被推知和判断为整个论文的思路不太正确和写作水平不会很高。

好多摘要，写成了重要性的阐述，或者前言。形式口号式，内容空洞，是对自己的研究和全文没有全局和细节把握，没有认真和精心提炼的表现。

本章在此侧重针对大论文，尤其学位论文的摘要，进行阐释和案例分析点评。大型学术项目成果文本和专著等，道理相同。

学位论文的摘要几乎就是一篇逻辑严谨、层次分明、简洁明了的学术说明文。读者仅凭摘要即可了解全文。

案例8.5　写出一篇好的摘要：八步口诀

有学者总结了学位论文摘要包含的要素和步骤，并概述为“八步口诀”：

B = Background Information （背景）
q=Question （问题）
n=Notion （概念/观点）

P = Purpose of Study （目的/研究目标）
M = Methodology （方法/过程）
F = Findings （重要发现/结果）
C = Conclusions （重要意义/结论）
S = Suggestions/Recommendations （提示/建议）
您可以用“B q n P写在先，MFCS是重点”的口诀来记忆和指导自己写摘要。

案例8.5评析：（1）上述学位论文“摘要”撰写的“八步口诀”（BqnP MFCS），其可以分成两段来记忆或执行：“BqnP”和“MFCS”。（2）“摘要”通常是在整个学位论文完成后来撰写的。因为学位论文篇幅都较大，且经过较长时间一部分一部分来完成，因此当最后来写“摘要”时，过程中有些内容和细节已经模糊。因此，在对全文进行多次阅读之后，再来写摘要，才能够写得贴切和透彻。所以，“八步口诀”要转化成一篇实实在在的合格或优质的摘要，也非易事。

案例8.5建议：（1）在完成学位论文以后，自己再通读至少2—3遍，一边修改语句和调整逻辑，一边按照“八步口诀”思考和提炼撰写摘要。（2）按照“八步口诀”先框定基本内容和对每一步用一句话概述，然后再对每一句话进行适当填充，特别要注意“方法/过程”需要具体而精要的表述。直到达到要求的字数（一般1500—2000字）。

案例8.6　摘要不是各章内容简介

有不少作者，多年写成一篇论文，到写“摘要”时，都简单地或是马虎地应对，直接就用各章内容简述来写“摘要”，给人极不严肃或捉襟见肘的感觉：

摘要

教科书是教学内容的重要组成部分，是课程实施的载体，作为民族文化、社会进步和科学发展的集中体现，是实现培养目标的最直接的手段。同时也是读者最多、最特殊，又最被读者依赖、最耗费读者精力和时间 、对读者的影响最为深远持久的文本。本论文以民国时期最为广大民众接受，流传最广，流行最久的《共和国教科书·新国文》为研究对象，主要采用文献研究法、文本分析法等方法，梳理其文化传承与创新的内容，分析其文化传承与创新的策略，探究其文化传承与创新的成因，凸显教科书在文化传承与创新方面的历史性贡献，寻求教科书之于文化传承与创新的启示，以期为我国现今小学语文教科书编写提供借鉴与参考。

本论文有如下六章：

第一章，导论。首先介绍了本研究选题缘由、意义，对与本研究选题相关的文献进行了综述，对本论文的核心概念进行了界定；接着介绍了本论文的研究目标与研究内容，最后分析了本论文的研究思路和研究方法。

第二章，商务印书馆《共和国教科书·新国文》及其历史地位。

第三章，《共和国教科书·新国文》传承与创新我国传统文化的内容研究。梳理、分析该套教科书传承与创新我国传统文化的类目和具体内容。

第四章，《共和国教科书·新国文》传承与创新我国传统文化的策略研究。分析该套教科书是如何传承与创新我国传统文化的。

第五章，《共和国教科书·新国文》传承与创新我国传统文化的成因研究。分析影响该套教科书传承与创新我国传统文化的因素。

第六章，启示。

关键词：《共和国教科书·新国文》，传统文化，传承，创新

案例8.6评析：（1）这篇学位论文的摘要形式上过简，文字量不够；从内容上看直接就是各种内容的极简表述，对照其论文目录，几乎就是目录的稍加扩写。（2）从本案例的目录 并结合内文来看，虽然目录（大小标题） 表述不太简明且有语病，但其研究工作比较扎实，文献检索、教材（教科书） 文本和课文分类分析也用了较大功夫，内容丰富，作为一篇硕士论文已很不错。然而相比起来其“摘要”就太随意，太潦草，太马虎，没有掌握学位论文摘要的写法，也反映了作者应付的态度。很是遗憾！（3）摘要不是简介，更不是各章节内容的简介。即便是学术简介（例如学术著作的“内容简介”“作者简介”“学术会议”简介等）也不可以是这种写法。即使介绍相同的学术内容，面向不同的读者群体，不同的需要，也会从不同角度撰写学术简介。

案例8.6建议：（1）按照学位论文摘要“八步口诀”，全部重写论文“摘要”。（2）“摘要”撰写也是一种学术思维和写作能力的训练与获得过程。需要反复修改，方能达到理想目标。

案例8.7　目录、标题与摘要内容的契合性

目录、标题与摘要，虽然属于不同部分，但都是论文的“前窗”，之间都有着紧密的逻辑关联。三者都共同是论文主要内容及其逻辑结构不同水平的浓缩和彰显，又形成相互说明和补充关系。所以，从这三者的逻辑关联度，可以看到全文所有内容和部分之间的逻辑关联是紧密的，还是疏松的、混乱的。所以，最终需要将三者联合审视，联合调整和修改。

以下是学位论文《中职文言文体验教学模式建构研究》目录与摘要（其中括号里面的文字，为本书作者加的评析与建议），请审读论文标题的核心概念（中职文言

文、体验教学、模式建构）与目录及摘要的关系：

目 录

（评析与建议：完全脱离中职语文课程中文言文教学的具体境况及其与职业教育的关联；解析问题，特别要有意识结合职业技术教育的需求和必要性来解析和提出问题，如果需求不是必要的问题就无价值。）

（评析与建议：这些都是对所有学生而言的普遍价值，请挖掘和补充对中职学生职业教育的特殊价值，例如职业精神、职业智慧、职业创新意识之类的。）

（评析与建议：请补充教师联系中职专业教育和启发学生联系职业实际的环节）

（评析与建议：要在中职文言文教学的特殊目标与功能基础上，集中进行“体验教学模式”特征分析）

（评析与建议：请加第3章“中职与普中文言文教学异同”；将现第3章改为第4章）

（建议：再加第5章中职文言文体验式教学模式应用）

摘要

（为了便于该“文摘”的评析和修改，以下“摘要”在每自然段前都加了番号1、2、3、4等）

1.文言文教学一直是中学语文教学的难点，更是中等职业学校语文教学的薄弱环节。绝大多数学生认为到职校学习，最重要的是学好一门专业技术，认为文言文学习对自己今后的就业和职业发展没有用处，学生学习文言文没有动力，缺乏情感，不愿意投入很多的时间、精力去学习；再加上文言文与学生所处的时代相隔久远，语言形式、表现的生活、作者的思维方式、思想情感都与现实生活存在很大的差异，缺乏现实的语境，学生无法获得对其所表达的内容比较具体的、贴近的体验，无法激起思想情感的共鸣，自然也无法从中汲取营养；另外，教师教学方法单一，重串讲轻体验，重知识轻情感，课堂教学完全以教师为中心，学生只是被动接受，学生的主体性严重缺失，文言文的课堂失去了活力，根本无法激起学生的学习兴趣……总之，学生主体体验的缺失，成为当今中等职业学校文言文教学的最大问题，导致了当前中职文言文教学效益很低，文言文应有的价值根本无法实现。

2.中职和普中文言文教学价值和方法的异同……（略）

3.中职语文教材中的文言文都是我国古代优秀的文学作品，具有很强的思想价值和艺术价值。中职学生学习文言文不仅可以了解我国传统文化，积淀民族优秀文化，接受优秀文化的熏陶，提高思想品德修养和审美情趣；而且可以提高日常生活和职业岗位需要的阅读能力、写作能力、口语交际能力。因此，文言文学习对于中职学生养成职业素养、促进职业生涯的发展具有极其重要的价值。

4.如何解决目前中职文言文教学中存在的问题，真正实现文言文教育的价值？笔者认为，体验教学是一个很好的视角，体验教学以学生的生命成长为依归，以体验为主要途径，关注教学过程和情感体验，强调发挥学生的主体性，注重师生之间的平等对话。为此，我们提出实施中职文言文体验教学模式，以创设情境、激发情意，活动教学、加强体验，重视诵读、深化体验，拓展迁移、升华体验为基本操作流程，激发学生的学习兴趣，丰富学生的学习情感，充分调动学生学习文言文的积极性，引导学生全身心地投入到教学活动中，并且在教学活动中进行积极的情感体验，从而自觉接受优秀文化的熏陶，形成良好的个性、健全的人格，提升职业素养，提高职业素质，促进职业生涯的发展，真正实现文言文教学的价值。（本段请重述你建构的体验式教学模式，建构的依据，将模式图画出来。）

5.为最终使文言文教学真正达到提高中职学生人文修养和强化职业精神的目的，建构了体验式教学模式（案例8.7图1）：

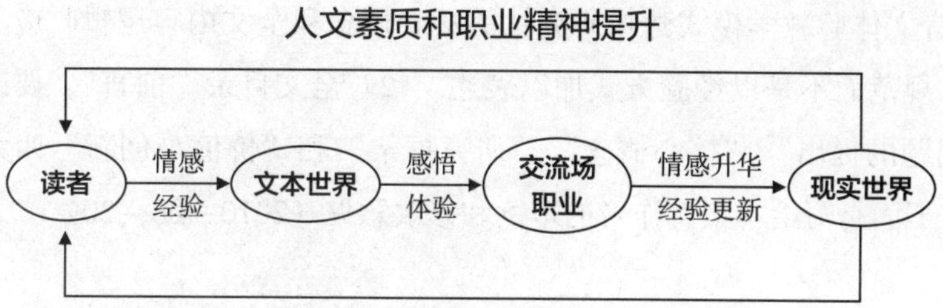

【案例8.7图1】作品解读能力增强模式（反馈强化）

（请在本模式的“文本世界”“交流场”“现实世界”三个环节圈中，用括号添加与中职文言文教学直接相关的提示等）

6.笔者于2005年9月开始在自己所任教的苏州市吴中区旅游职业学校05（6）班采用体验教学模式进行文言文教学改革试验，以学生为中心去设计教学，致力于提高学生的人文素质，培养学生的职业素养。教学中，积极创设情境，充分激发学生的学习情意；精心设计一个个教学活动，让学生积极参与，在活动中动情读、动手做、动口说、动耳听、动脑思，充分调动学生的感官，全身心地投入学习，强化学生的主体体验；同时，回归传统，重视诵读，引领学生深入探究文本中深厚的文化内涵和人文精神；并且向课外拓展延伸，让体验迁移，让情感升华。试验结果：三年来，学生对文言文的学习兴趣增强了，他们会主动背诵一些教材内容和教师都没有作要求的文言篇目，会主动去阅读《论语》《唐诗三百首》《史记》《东坡词选》《资治通鉴》等课外的文言著作，文言文阅读能力明显高于其他平行班，考试中学生的文言文阅读的得分和语文总成绩也明显高于其他班，而且他们对我们的传统文化也表现出了极浓厚的兴趣，认为古代的经典作品有很多值得我们借鉴的经验智慧。教学实践证明，体验式文言文教学模式是行之有效的。

7.中职与普中文言文教学异同与互鉴……

8.本文价值和创新之处在于……

9.关键词：中职，文言文，体验，体验式教学、模式建构

案例8.7评析：本案例是学位论文初稿的标题、目录与摘要。单从摘要来看，其写作思路层次清楚，语言流畅，作者对此论题有较深的思考和有很好的写作基础。但是如果从摘要与标题、与目录（反映全文主要内容）之间的关联度来看，其“摘要”就像一篇独立的关于中职语文教学的问题思考和经验论证文。虽然建有体验式教学模式图，但模式图的图多为“作品解读能力增强模式（反馈强化）”，不是论文标题所述的“体验教学模式”（主要核心概念）及其研究内容、过程和结论。

案例8.7建议：（1）本文修改，主要集中在目录和摘要的关系，以及与论文标题

《中职文言文体验教学模式建构研究》的核心概念和全文内容逻辑呼应上，且摘要要按照学术规范而不是以经验方式加以表述。(2) 全文目录“前言”，要改为“绪论”，补充“问题的提出”、“核心概念”、“研究框架”和“价值与创新”四大重要部分内容。(3) 下面是写给本案例作者的审读和修改意见（2010—08—20）：

××硕士同学：尽管这个论文选题的价值比较有限（你的问题和价值论证部分力度不够），但是仅从你的摘要来看，你思考问题和写作的基本潜力是不错的。你的语言和表述力问题也不大，主要是存在目录（也就是论文）的大小逻辑和关键细节问题，特别是要注意每章每点之间与论文题目之间的逻辑联系，这取决于你自己对自己论文价值的认识和深度广度的挖掘等。相信你会将这篇论文的内容、目录和摘要之间的关系调节得更好，乃至整个论文的逻辑和行文，也修改得更贴切。

8.2.6 问题与核心概念

问题与核心概念，是学术思维与文本撰写系统建构的逻辑起点，即“视点”，分别为问题视点（A）和核心概念视点（B）。也是一以贯之透视全文各部分逻辑的重要窗口。本书多处对此进行了其重要性、构成形式和要领的阐述，并且列举了大量案例分析（第2章问题；第3章概念）等，此处不再赘述。

8.2.7 研究框架与方法

在开题报告（第5章）中，已就研究框架，或者研究内容框架，以及研究内容框架和方法等，进行了要领阐述和若干案例评析。在此，是特别针对学位论文成形后的“研究框架”，再次举例。虽然两者的研究框架，本质都是一样的，但是也有些许不同。开题时的研究框架，是对预计的全部研究过程或流程，用框架图表述；而后者是对已经完成的研究框架进行表述，因此，更考究与已经成形的全文内容之间的实质性联系。换句话说，学位论文的“研究框架”中所提到的组成部分包括方法，必须在全文中有所体现，否则，要么修改框架，要么修改论文的内容或者方法，以实现形式和内容的匹配。如下两个学位论文的“研究框架”（都包含方法），分别存在逻辑脱节的问题：

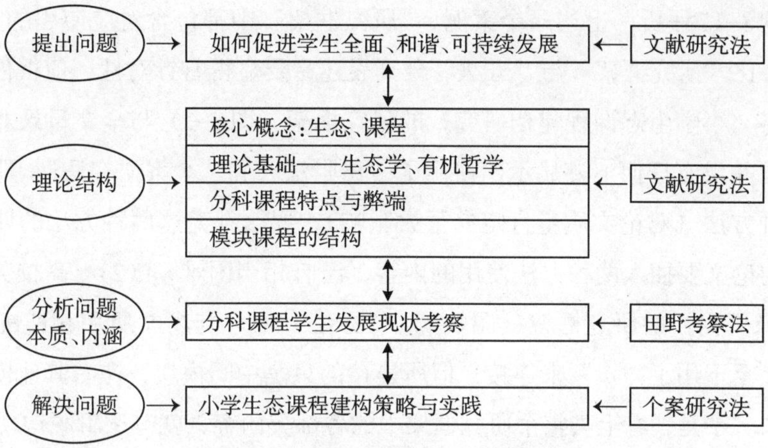

【图8-2】《小学生态课程建构研究》的“研究框架与方法”

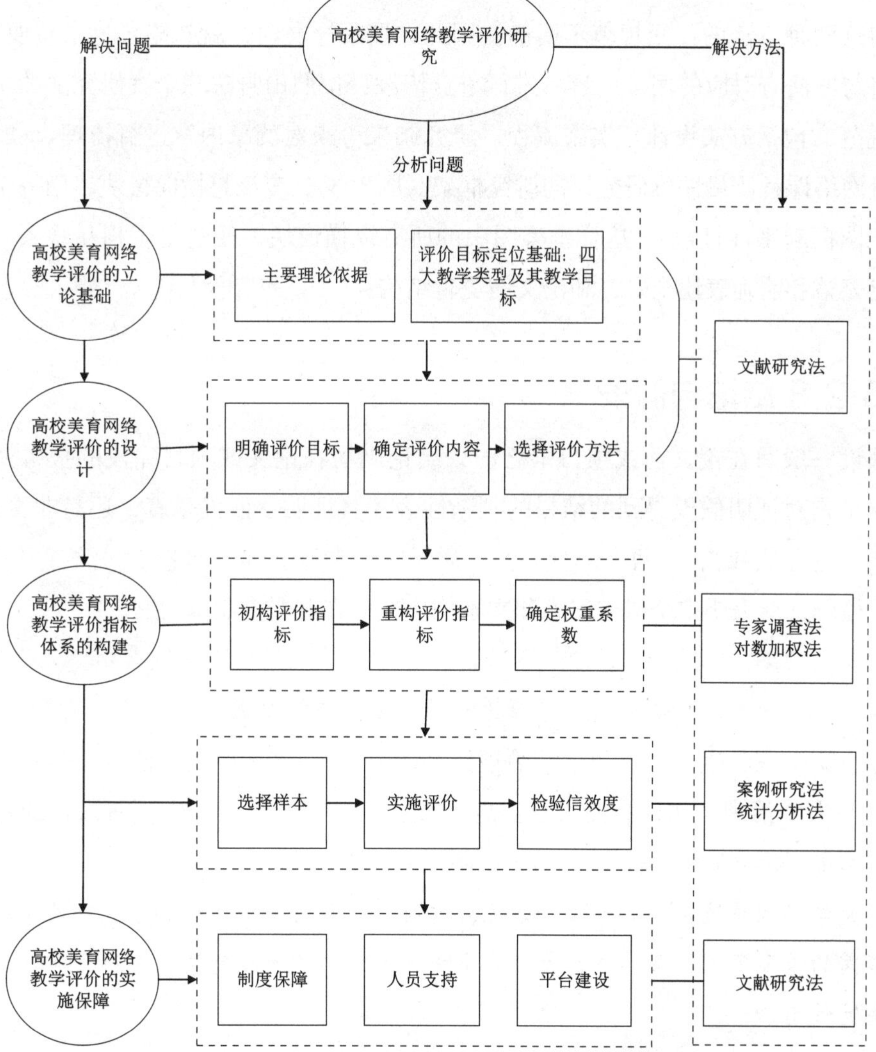

【图8-3】《高校美育网络课程质量评价研究》的“研究框架与方法”

案例8-17评析：上述两个案例，"研究框架"中都包含对应使用的"方法"，这种表述，比"研究框架"与"方法"分开表述，要显得有针对性，值得倡导。(1)但是如果将《小学生态课程建构研究》的研究框架（图8-2）与全文目录对照来看，各大小标题并没有任何痕迹显示出使用了"田野法"和"个案研究法"。那么，要么取消这两种方法（对论文质量肯定有很大影响）；要么补充这两种方法的使用（但是已经成形的论文要插入两种方法使用的内容，已有相当困难）。(2)《高校美育网络课程质量评价研究》的研究框架（图8-3），"方法"部分与内文所用相匹配。其模块之间，从上至下用了"↓"来连接，但所连接的只是中间模块，左右其他模块都缺失了上下联系。于是，看上去整个研究框架中的各部分内容，就有逻辑脱钩现象。

案例8-17建议：(1)翻开《小学生态课程建构研究》内文看，其实有两章的内容与田野法和个案研究法这两种方法是有关系的，只是因为作者方法意识不太明确，或者对这两种方法的使用规范不明确，因此在撰写全文时，就忽略了这个重要环节。可以将与方法有对应的两章内容，进行重点修改，按照田野法和个案研究法的构成要件与规范，包括方法设计、实施流程、研究结果等来对两章内容进行梳理。(2)《高校美育网络课程质量评价研究》的研究框架（图8-3），应该将横向模块，用一个长方形框架图框起来（打包），这样框架图中的所有纵横模块，便建立了相互联系，因此也能更完整和明确表述全研究和论文的逻辑结构。

8.2.8 结论与假设

假设一般写在论文前或项目书之前；结论则写在论文或项目完成的报告文本之后。结论是对证明假设得到的结果的判断性表述（证明了假设是真，还是非真或假；是假，还是非假或真）。两大部分一前一后是呼应关系。如果两者之间没有关系，或者关系微弱，就表明整个研究思维和文本构成，存在着严重逻辑问题。

案例8.8　学位论文的结论：与假设脱轨

学位论文《学生主体参与学校治理机制研究》，在诸论中的"假设"是：大学生如果参与大学治理工作，会使大学治理系统更完备，大学治理也更有效。通过研究后，文本最后部分显示，得出了"四条结论"：

1. 大学治理系统是一个开放性系统，政府、社会力量、学校和学生在其中扮演着各种不同的重要角色，每一个部分在其中发挥着不同的治理作用，都对大学治理效果起着关键作用。

2. 现阶段我国大学治理学生参与的现状有参与意识低、参与范围窄、参与程度不高和参与效果不明显等特点，这些问题严重影响到学生主体参与大学治理的效果。

3. 学生主体作为大学的重要组成部分和利益相关者，无论从自治和共治来说都应该也必须成为大学治理的重要参与者。

4. 完善的学生主体参与大学治理机制能够保障学生主体参与大学治理的权利，发挥学生主体参与大学治理的作用，促进大学治理系统更加完善和流畅。

案例8.8评析：（1）对照本论文前端提出的假设，看论文后端得出的四条结论，除了第4条结论与证明的假设有关系外，其他结论，都与假设无直接关系，只是个人见解而已。（2）即便是第4条结论，表述也不符合结论的撰写规范，没有很好回答假设是否被证明了，是证实还是证伪了。（3）再看全文实证部分，所设计和实施的实验，是证明大学生如何参与学校治理更好，而不是证明学生参与治理对学校治理有益。

案例8.8建议：（1）根据实验内容与方法以及最后结论，建议本文假设修改为两个假设：

假设1：如果学生主体参与大学治理某方面的工作，例如培养方案的制定，那么就可以某种程度提高大学治理水平。

假设2：如果建立完善的学生参与大学治理的机制（组织机构和制度），就能确保学生参与大学治理部分工作，从而提高大学治理水平。

（2）这样一来，整个论文实证部分的目的、基本思路和写作线路，都需要进行相应调改。尤其学生分三组方式参与工商管理类的“本科培养方案的制定”的活动，看哪一组参与的效果最好。就应设计成另一实验：设计一种能确保学生参与学校治理的机制，并验证在这种机制的保障下，大学生参与大学治理对大学治理水平的提升的效果。（3）这一实验得出的结论（无论是肯定还是否定的），才是对本文假设的证明（证实或证伪）。

8.2.9 后记与附录

学位论文，一般都有后记。

后记指在学位论文或大型学术项目结题成果全部完成后，在最后撰写的一篇有关作者研究过程中的一些事件、感想、致谢或随笔的文章。

后记这个部分其实应该是自愿的，并不强求。不过，一篇学位论文花费了不少时间和精力，经历了各种艰辛和喜悦，遇到了自己的导师、学友和帮助自己的人，都需要诉说，需要致谢。所以没有后记的学位论文也很少见。有位评审专家说，他当评委或审稿人，就特别喜欢看后记，从中可以了解到正文中看不到的作者生活经历、学习和学术态度及与导师之间、同学之间的关系，甚至作者的人格特质、学术理想、学术信念等。有些后记，文笔特别生动形象，富有诗情画意，是一篇思想活跃情感丰沛的美文，从另一个侧面多少也会影响到专家对论文的评价。所谓“文如其人”，就特别体现在“后记”中。

附录，包括一些案例、实证材料、工具、问卷、量表等。一般附在参考文献后。每一附录另起一行，并依次用大写正体A B C等，或1、2、3、4等编号。如附录A，附录1。

案例8.9　学位论文后记选段

以下是本书作者的博士论文“后记”，特别选载于此，感谢我敬爱的博士导师黄希庭教授，顺致我敬爱的硕士导师刘兆吉教授，因为有两位先生的指引和示范，才有了今天的我：

本研究从选题构思之日起，到论文完成的最后一个句号止，我心中都一直充满快乐和感激之情。

这样的心情首先来自我敬爱的导师黄希庭教授，他的悉心指导、帮助、信任、关怀、甚至宠爱，让我深深感到作为他的学生真是一种福分和骄傲。从本科时读到他的《心理学》讲义，硕士时受训于他的《心理学研究方法》，到博士期间聆听他的《当代心理学研究进展》，他缜密的逻辑思维，严谨的治学态度，对学生永不降格的要求，都深刻影响着我的思维和求学治学精神；他对我执意选择本课题，进行审美认知研究，给予了最大理解和支持。对于学生有创新意识的敏感、珍爱和保护，诠释出他令人感佩的大家风范。他在出差旅途中，对一个背负重压老人的关注体贴，嘱我们快快让道时的话语神态，至今历历在目，他虽然严厉但却非常善良的品质也深深影响我的为事为人。这些，都使我受益匪浅，受益终身。最直接的受益当然是我这篇论文的完成，他步步紧逼、分寸不让的严谨，“让我欢喜让我忧”，我似乎才突然感悟到“痛并快乐”是怎样的一种悲喜交加的学术境界、审美境界、人生境界。

这样的好心情，同时来自我敬爱的硕士生导师刘兆吉教授。他在我完成博士学业论文期间，仍继续不断地给予指导和帮助。他已88岁高龄，仍在为他创建的美育心理学学科的建设与完善牵肠挂肚，摇旗呼吁，伏案书写。也许正是因为他超人的敬业精神和执着于求真求美的人生态度，使我不能不将博士论文选定在目前这一题目上，为认知心理学建设做点儿什么的同时，也为美育心理学科的建设做点儿工作，算是我对先生表示的一份敬意。好在美育心理和认知心理有一个很好的交合点，恰可在认知过程中占有审美认知这个空位。天意使然，顺意则乐。

曾欣然教授的恳切提示，使我的好心情“可持续发展”。本来打算只在高校学生和教师中做实验，曾欣然教授说：“最好还是从中小学做起，这样就同时兼顾了发展研究。”尽管实验规模、工作量，甚至经费因此而猛增，但巨大的艰难过后是巨大的快乐，随着研究进程接近尾声，我越来越为采纳了曾先生的建议而感到庆幸。否则今天，该会生出多少遗憾，该会失去多少快乐。

张庆林教授、秦启文教授、张进辅教授、李红副教授、郑涌副教授在开题报告上提出了许多中肯的、建设性的意见；研究过程中张庆林教授慷慨提供量表，陈昌伦教授、张进辅教授和王卫红讲师、杨华讲师不厌其烦地解答统计上的疑难；还有师弟谭家林在计算机操作上多次亲临家门给予指点等等，使我少走许多弯路，而且新学到不少方法与技术，计算机文件操作、图形设计、SPSS软件使用、排版等等。有众专家学者同学点拨开导，不亦乐乎！

余立新副教授和我的学生李良炎承担了从小学3年级、5年级、初2年级、高2年级和大学的全部实验教学工作，编写每课教案、准备教具、每周风尘仆仆往返于北培和杨家坪执教，面对不同年龄学生采取不同教法和策略，甚至还随时准备了糖果等小礼物以鼓励小学生们保持课堂情绪等等，这样大规模、大年龄跨度的教学，能执掌下来本身就是一件了不起的美的创造。余立新副教授、潘莉工程师、白智宏讲师在实验前后检测、试卷评阅、数据整理上做了大量繁杂和精细的工作（仅原始数据就有11万9000余个），寒假里连续一月有余的夜以继日，那种艰辛至今不敢回首。周鸣鸣研究员、李素儒助理研究员、我的学生汪宏、实验校校长齐凤琴及数名教师等等，在实验组织、资料收集、试卷统分、译文等方面也给了我不可或缺的支持。因为有他们的智慧、能力、对真善美的信念和对我的理解，有他们的鼎力相助，才为我腾出了大量时间专注于研究的每一步设计、统计分析和撰写论文，才使我在面对繁杂的研究工作同时还要面对教学、行政以及其他多项别的课题任务时，不至于感到力所不及、疲惫孤独。有君相知相随相助，苦，不也是乐？

难以忘记，在完成博士论文的同时，我的研究生唐兵也在完成她的硕士论文；汪宏、汤杰英也不同程度地进入了这一过程。我的导师传给我的东西，都及时地毫无保留地传给了他们，所以在我的谢意里也应该包含着他们的谢意。学生们能认认真真做研究，就是为我减轻负担，增添快乐。

论文诞生前夕，我善良的，温柔的，心中永远只有儿女和丈夫的妈妈，永远地离开了我。谨以此文回报她永不褪色的微笑。

论文诞生了，它还有许多许多缺点，但毕竟是一个可爱的新生命。在这些严肃的字里行间，在理性的骨架和躯体里，承载着多少永远不会忘记的故事、情节、细节；抑或染有几分玫瑰红，几多软弱几多刚强，几缕画意诗情。这也许就是理性对感性、审美理性对审美感性的提升和锤炼；是感性的血肉对理性的骨力的丰富与补充。

特此，向给我带来这么多美好的导师、专家、学者、朋友、同仁、同学、学生等，一并致以深深的谢意。

我的快乐和谢意会经年持续，及至终生。

2001-3-23

案例8.9评析：这是本书作者博士论文《审美概念对审美感受和创造性思维成绩影响的探索性研究》的后记（文字稍有修改）。从本科学中文，硕士学教育，博士学心理学，一直有好多老师的教导，好多朋友的陪伴。更是幸遇硕士导师刘兆吉先生，博士导师黄希庭先生，他们的学术理想、学术思想与方法，使我受益终身。仅仅这两页“后记”，怎足以表达感激之情。

案例8.9建议：（1）学位论文“后记”，绝不是必须填空的敷衍之作。你可以不写，但是写了就必须真情投入。切忌虎头蛇尾，草草收场。（2）曾审稿时见到好几篇学位论文“后记”，有相互复制，甚至完全相同的现象。

8.2.10 答辩——陈述词、PPT、陈述、问答

学位论文答辩，是学位论文完成的最后环节。包括五个步骤：撰写陈述词；准备PPT；向专家组陈述论文（研究）概况，一般15—30分钟；专家提问；回答专家提问。

答辩环节十分重要或关键，虽然只有2—4小时，最长一个工作日，但数年的研究和论文撰写，只有通过了这个环节的专家评审，才能获得学位。如果写论文做足了功夫，通讯评审结果也不错，但是答辩环节准备潦草，漏洞百出，也有被专家否定的可能。同时，答辩过程也是一个弥补学位论文文本不足的重要契机。通讯评审专家对论文文本提出的意见，即使是已经来不及修改文本，或自己已发现学位论文还有不妥之处等，都可以通过答辩陈述词的撰写、PPT制作和回答专家提问等环节进行适当弥补。因此，也有学位论文文本质量并不算高，但是答辩环节做得很好，最终获得答辩专家委员会高度认可的案例。

因此，如何撰写一篇高质量的陈述词，制作高质量的PPT和组织回答专家提问的思路与语言，就是非常重要的一项工作了。

其一，陈述词的撰写，是整个学位论文的主要研究内容的高度浓缩，主要涉及背

景与问题、核心概念、理论要点、文献综述要点、研究框架与方法、研究过程与结论、不足与展望等。同时在研究过程的核心部分还有丰富的图像、数据表与细节。系统与细节、抽象与生动兼容，内容和形式恰到好处，才是最佳陈词。这需要反复提炼、修改，考究逻辑与修辞。一般1500—3000字左右。陈述词绝对不可简单等同论文文本的“摘要”或“章节目录”。有研究生或博士生，直接将摘要或全文每章缩写为陈词，并做成答辩PPT，导致机械而笼统，给人马虎粗糙的印象。

其二，PPT。PPT与陈述词形成互补关系。如果是20分钟陈述时间，一般PPT以12—15张为宜（可以链接多张动画PPT）。每张PPT内容与陈述时间分配有关。如果以陈述时间20分钟为例，则分配大致如下（仅供参考）：

（1）问题的提出（背景与问题）——1张PPT，陈述1分钟

（2）核心概念定义（链接插入参考文献目录），概念分析结构图，课题主旨（一句话）——1张PPT，陈述1.5分钟

（3）文献综述（要点，链接插入参考文献目录与分类）——1张PPT，陈述2或3分钟

（4）理论基础（要点，链接插入相关理论要点）——1张PPT，陈述1或2分钟

（5）研究框架（思路与方法）——1或2张PPT，陈述3或4分钟

如果是实证方法（加1张PPT），还包括：实证设计、实证流程图、对象构成表

（6）研究结果和结论——2—3张PPT；陈述4—5分钟

如果是纯理论性的，要出示主要观点，每观点（命题）之间的逻辑联系（图）

如果是实证研究，要有主要数据表，分析与结论；或再加讨论

（7）价值与创新，不足与展望——1张PPT，陈述1分钟

（8）致谢，请专家批评——1张PPT，陈述10—20秒钟

其三，问答专家提问。陈述之后，答辩专家们会根据论文文本和陈述，提出各种问题。快速记录下各位专家提问的大意，并思考这些问题之间是否有联系，哪些是共同的，哪些是不同的。哪些问题与自己的文本直接相关，哪些问题是超文本的。在回答问题前，可以特别针对多位专家共同关注的问题和比较有争议且自己有一定思考和研究深度的问题进行回答。这就需要对自己的论文内容、研究方法及大小逻辑要点与结构等，烂熟于心，才能针对问题，思维逻辑清晰，语言流畅地回答提问。如果还能轻松、幽默，充满激情、美感地陈述和与专家有理有节对话，适当论辩，就能够将答辩现场氛围推向高潮，完美结束学位论文的答辩工作！

案例8.10　学位论文陈述词（原稿）

《高等教育办学规模预测与调控研究》答辩陈述词原稿：

尊敬的答辩专家、各位老师、各位同学：

大家好！非常感谢各位在这里听取我的论文汇报！

我的论文题目是《高等教育办学规模预测与调控研究》。我将从以下几个方面展开汇报。

……（全文3600字，有40张PPT）

案例8.10评析：（1）该案例答辩陈述词太长，已达3600字左右，配做的PPT有40张以上，如果再补充较弱的部分，陈述词会达5000字以上，陈述时间会在1—1.5小时。（2）主体内容即所提出的八核预测模型和应用案例、结果分析与结论等，是本文的重心，也是创新之处，又太简化，缺乏细节；且问题的提出太啰嗦，不明了；核心概念界定没有集中到核心之核心概念上，显得论题不集中；价值、创新、不足和展望太啰嗦；陈述词有多处重复。

案例8.10建议：总建议：将陈述词缩写到1500—2000字，PPT简为15张以内（其他必要的PPT可以转为链接，以动画形式快放），且还要丰富内容，多用图和数据表说话，有理有据，且很直观。具体修改意见：（1）简明阐述背景；（2）明确定义主要核心概念“高等教育规模”和“预测”，其他概念可写入PPT但无须解释；（3）突出八核模型的案例，数据分析、结论与思考，准备相关数据表（陈述词中），以备专家提问时作答。（4）合并价值、创新、不足和展望。

案例8.11　学位论文陈述词与PPT（最后改稿）

学位论文《高等教育办学规模预测与调控研究》答辩陈述词和PPT的原稿（案例8.19）经过无数次修改后，缩写为：

尊敬的答辩专家、各位老师、各位同学：

大家好！非常感谢各位在这里听我的学位论文（PPT1）汇报！

我将从七个方面陈述我的学位论文《高等教育办学规模预测与调控研究》（PPT1）的研究过程、主要内容与结果。

PPT2：背景与问题　“毛入学率”是对教育发展规模的总体表述，且在规划阶段总是一种预估或推测。《2014年度国家教育事业发展统计公报》显示：我国高等教育毛入学率为37.5%，超出了“十二五”规划时预估目标的1.5个百分点；《2015年度国家教育事业发展统计公报》预计高等教育毛入学率为40%，目前已提前五年实现了规划目标。省级地方的实际毛入学率，也大多都超过了规划目标，有的如上海毛入学率已达60%。

那么，这些毛入学率是如何推测得出的？预测与实际毛入学率的误差总是较大，预测还有意义吗？当如何预测更合理？这就是本项研究想要解决的核心问题。

PPT3：核心概念与主旨 “高等教育办学规模”，指高等教育办学体量的大小。主要包括：(1) 办学条件，根据教育部颁布的《高等学校办学条件指标》，有生师比、研究生学历教师比、生均用房面积、生均设备值和生均图书等五项指标。(2) 招生规模和在校生规模；(3) 专业数和专业学生数。

“预测”：对事物发展前景、趋势和问题的估计。根据估计，对事物发展特点方向进行调整和矫正就是“调控”。

本项研究的主旨是：对高等教育办学条件、学生规模、专业规模等的发展前景和趋势及有关预测和调控理论，及其指标、模型、方法等进行研究。

PPT4：文献综述 根据文献分析，证明预测是可行，也是必要的。(链接并以动画形式显示多张PPT，用以显示文献综述的各内容点，即主要文献。) 科学预测是科学决策和合理行动方法制定的依据，但也有值得讨论的地方，在预测方法上，多侧重于某一方面或几个因素；预测毛入学率即招生规模和在校生规模的较多，而专业规模及其结构比例关系的不多见；对预测结果精度期望过高等。

PPT5：研究框架和方法 论文的基本内容框架和采用的主要方法（框架图，并对框架图的各部分及其相互关联进行解释）：

根据提出问题、分析问题、解决问题和研究应用四个部分展开。对人类预测历史进行梳理，从巫术预测、术数预测、经验预测到近现代的科学预测，如信息化预测，经历了一个逐渐排出非科学因素的发展过程。影响高等教育办学规模发展的主体很多，主要有国家、地方、高校和个人。不同主体基于价值取向和目的不同，在选择预测方法时也会有差异，而方法不同，结果也不尽相同。本研究在国际国内已有的10种预测方法和模型基础上，取长补短构建了八核预测模型。同时，本项研究选取了S地区的64所高校，以2015年的数据为基础，运用八核模型预测了S地区未来五年在校生规模、总招生规模、本专硕博各层次招生规模、本科12大学科门类招生规模、本科83个一级学科招生规模、专科18个专业大类招生规模、专科69个专业招生规模以及各高校在校生规模和本专科招生规模；以国家办学条件五项指标为依据，预测64所高校在办学条件不变情况下未来5年在校生人数变化，办学条件的可能发展趋势及其与国家标准之间的差度。根据预测结果，通过对模型中变量及其变量权重的调整，实现对高等教育办学规模发展的调控。不同调控主体对高等教育办学规模发展的调控路径是不同的。上述研究内容分别运用了文献分析法、理论分析法、建模法、数据分析法等。

PPT6：八核预测模型 所谓八核模型（框架图）指：主要根据预设毛入学率，重点专业、主体专业、办学条件达标程度等通过八大计算步骤来计算、估计和调节高等教育总体和各高校招生规模，为相关政策制定提供依据。因为整个预测需要经历八大步骤而得名。其中每一步骤涉及若干计算式，共计35个计算式。

PPT7：预测案例及结果 本项研究以S地区的64所高校（链接高校名称和分类一览表），以2010—2015年的办学规模（链接并以动画形式快速显示各高校办学规模5个指标的一览表）数据为基础，运用八核模型预测了S地区未来五年总体和各校的招生规模、在校生人数、本科12大学科门类83个专业及办学条件规模变化的趋势。（链接3张PPT，以动画形式，或快或慢呈现若干数据表、趋势图。）并伴随预测结果进行表述。

PPT13：调控举措 根据预测结果可采取个人报考取向、学校自身发展、地区和国家高教计划等四级调控举措的协同机制（框架图）。

PPT14：价值与创新；不足与展望 本研究重新定义了高等教育发展规模这一概念，加强了专业规模在其中的地位，研制并实际运用了八核预测模型，提出了国家、地区、学校、个人四级调控机制。本项研究的模型与结果，还有待进一步推广运用和验证。

PPT15：致谢 我的汇报完毕。谢谢我导师的悉心指导。敬请各位答辩专家批评指正！

8.3 期刊论文——小论文

8.3.1 定义与特点

所谓“小论文”，是相对于篇幅较大的学位论文“大论文”而言的，其实，也就是指在读研期间在学术杂志上发表的论文。一般万字以内，有些杂志的特约稿一篇可达3万字左右。在中国，目前几乎所有招收硕博研究生的大学都规定，发表1—3篇一定级别的期刊论文，是获得硕博学位必需的条件。

排除获得学位的目的，作为学者以期刊论文发表自己的研究成果是一种常态形式。此时无所谓大小论文，就直称为“论文”，与篇幅较大或系统性更强的学术“著作”相对。

无论小论文或论文，除了文字篇幅较少外，在问题、核心概念、基本理论观点和命题、逻辑推论、提出解决问题的理论和操作策略，甚至实证等方面，与学位论文包括大型学术项目成果文本等，没有本质差异。但因为文字篇幅很有限，所以对论文的思维逻辑和语言表述的质量反而要求更高，更简明精致。

8.3.2 S-C刊论文：学术创新的动力与阻力

S-C刊论文，是美国SCI、SSCI和中国CSCI、CSSCI论文的合称，其中，也包括中国的新华文摘、人大报刊复印资料等，这些是具有一定学术评价功能的文库。前面第4章（4.1.3文献库），介绍了知网、维普、万方、超星、中文期刊网等文库，在此特别介绍SCI、SSCI、CSCI、CSSCI论文目录库，以及中文新华文摘、人大报刊复印资料等，因为其不仅有索引和查询功能，还具有一定学术论文评价功能，因此被国内绝大多数高校、学术机构，甚至政府主管部门采纳，作为升等晋级的凭据，故成为很多论文作者争相发表论文的目标地。

SCI、SSCI、CSCI、CSSCI这四种论文目录库（不是期刊），都起源于SCI论文。SCI论文指被美国《科学引文索引》(*Scientific Citation Index*，缩写SCI）目录收入的世界各国期刊，尤其是在科技类期刊中所刊登的论文（美国科学信息研究所1964年创建）。后来SCI拓展到社会科学范畴，增加了SSCI，指专门收入社会科学期刊上所登载论文的《社会科学索引》(*Social Sciences Citation Index*，缩写SSCI)。这两个论文目录库，有三大很重要的学术功能：（1）按照论文目录索引，检索查阅文献；（2）及时了解国际期刊论文发表情况、研究的主要内容与方法的前沿情况；（3）文献计量分析；（4）以引用率，来评价论文的学术影响力【至于第（4）学术评价功能，当初是没有的】。从纸质开始，它就只是一个期刊搜索目录和摘要，有助于大家了解、阅读和引用的期刊的目录（论文标题、作者简介和摘要)。后来SCI在信息技术支持下，采用了美国情报学家加费尔德提出的科学引文分析法，对所选入期刊的论文的被引用率和影响因子进行分析，逐步发展成为科技和人文社会科学论文水平的评价标准（被收入索引范围的期刊+被引用率+影响因子高低）。

在我国科技界有人误认为SCI或SSCI，是一本期刊。其实它既非一种纸质期刊，也非某种或多种网络杂志。迁移和应用到我国，创建了类似文库和学术评价方法，前面加上中国（China）代码C，所以称为CSCI（中国自然科技论文索引）和CSSCI（中国人文社科论文索引），合并简称C刊论文。目前被中国学界普遍认可的国内C刊论文，是指由南京大学图书馆文库中收录的那些刊物上的论文。其他还有北大C刊论文，一般不被高校，尤其重点高校学术评价认可，但是一般会被应用型大学、职业技术学院、基础教育和政府机构认可。

国际SCI或SSCI和国内CSCI或CSSCI论文，合并简称S-C刊论文，这些年已被各大高校、科研机构，甚至基础教育、政府机构等，定为学术评价、学术奖励和升等定级的重要标准，甚至唯一标准。但这并不是学术论文质量和学者学术水平评价的唯一标准。其一，就美国SCI和SSCI论文来说，因为相对来说缺少人为干预，因此大部分科研机构和高校等单位，基本上将其作为了学术论文和水平认可的最高评价标准。但这显然有失公正。对于我国科研工作者，尤其年龄较大且专业性强的科技人员来说，内容并不是问题，但英语往往成为制约的瓶颈。因此SCI和SSCI论文对我国大部分学者来说依然具有神秘色彩，也难以发表。但是，这并不代表学术水平不高。其二，SCI或SSCI收录了全世界各国重要期刊的索引，具有世界范围的文献参考价值，其中也不乏一些高水平的、高知识创新的学术成果与论文。但是，也并非发表在这些刊物上的所有论文，都具有高水平和知识创新价值。“文献承载着知识，但并不等于知识”（参见第4章4.1.6）。其三，更何况，并非没有发表在S-C刊物上的论文，就没有高水平。很有可能那些没有被入选的刊物上的论文，不仅有知识创新，甚至比S-C刊的水平和创新性更高，但是却被排除在了S-C刊之外，也就是被排除在了被学者看见和认可的视野之外。这无疑是对人类知识创造的打击。

引用率和影响因子，是S-C刊论文进行学术评价的重要手段。开始于SCI选录刊物采用的文献分析法，即美国情报学家加费尔德提出的科学引文分析法。该分析法以期刊论文被引用的频次作为评价指标，被引频次越高，则该期刊影响越大。在一定时期（通常是前两年）内，某一刊物发表的论文，被已经进入SCI刊物的论文所引用的总次数，除以该刊物这一时期内的论文总数，即为该刊物的影响因子。一般来说每一年的6月份公布影响因子，影响因子并不是该年度，而是上一年度的影响因子！SCI对全球的自然科学刊物进行考察，凡影响因子大于某一临界值的刊物，则可以进入SCI系统。进入SCI系统的刊物分为两类，即内圈和外圈，前者的影响因子高于后者，前者称为SCI刊物，后者称为SCIsearch刊物。SCI刊物还分为影响因子高区（大于1.105）、中区（在1.105和0.422之间）和低区（小于0.422）3类。衡量期刊特性的，除了影响因子外，还有及时指数（Immediacy Index）和被引用半衰期（Cited Half Life）等。综合SCI刊物的各个指标，可以看出一篇SCI论文的学术价值及影响力。后来的SSCI和中国的CSCI或CSSCI论文等，都采用了SCI论文的评价方法，同时也都存在着相同优点和相同弊端。

中国C刊也存在上述问题，甚至更严重。(1) 因为进入S刊或C刊，并不是按照学科分布比来入选的，因为期刊索引本质上只是提供学术研究和论文基本信息，或者说就是反映学术研究过去、现状的，并不负责布局国家或学科发展规划。且索引工作者本身并不做学术研究，因此，有的学科C刊多，甚至很多，有的学科则很少，甚至无。例如《美育学刊》《理论与改革》，一会儿是C一会儿不是C一会儿又是C，这是由引用率来裁定，而不是创新性裁定的。《学前教育学刊》是中国唯一一本学前学术期刊，曾没有进入C，后来进入C，再后来又删除了。(2) 或许应当以"学科分布+创新性+引用率"做入选标准和影响因子。但是"创新性"与"引用率"，又往往是矛盾的。如何尽量保证让学术创新程度高的论文也能登上S-C学术平台？暂时还不用考虑如何把水平不高，低水平的论文排除（认可其存在的合理性），将在学界专业领域有较高和特高知识创新的成果，专设一个"知识创新"板块，上这个板块的论文，要自荐，专家推荐和评审（诺贝尔奖），并公诸于世，在三个月内没有被质疑独创性的（独创因子），方可永远在这个板块显示。(3) 这些期刊入选S或C范围，虽然认为干扰因素不多，但也不排除有人为干扰。尤其是在中国，各办刊者为进入C刊范围，绞尽脑汁，除了约专业权威人士的特稿，且不论这个特稿水平质量如何，就是设法提高引用率，还有就是跑人际关系。这些过程，都与提高学术水平和知识创新力，没有任何关系。最多对评职称、升等晋级、毕业就职的评审有用，这些杂志已经丧失了学术期刊办刊的宗旨。如果真是创新的论文，那么，我们还有在期刊上发文的必要吗？(4) S-C压力，毁掉学术创新的动力。科研工作者在工作的同时，不得不将大量精力花费在SCI论文的写作与发表上，虽然使得我国科研可与国际接轨，培养我国科技工作者运用SCI官网进行现有论文和科技成果查询与搜索的习惯，但制约了我国的科技水准，使科研人员不得不分出一部分精力用在外语上，使大量优秀研究成果流入英文期刊，破坏了中文期刊的发展，降低了中文在科技领域的"币值"。

《新华文摘》由国家新闻出版署主管、人民出版社主办、新华文摘杂志社编辑出版，是目前我国最有影响力的，大型理论性、综合性、资料性文摘类权威期刊。1979年，《新华月报·文摘版》出版，后改名为《新华文摘》(1981)，再改版为半月刊 (2004)。该刊通过精粹文章的选编汇集，集中体现了我国主流意识形态领域的发展态势。读者阅读该刊可以用较少时间获得大量有效信息，以实现高效率的学习和知识浏览。目前各大学和学术研究机构，将在《新华文摘》上全文转载的论文，视为比国内C刊论文还高级别的论文。

中国人民大学**《复印报刊资料》**由中国人民大学书报资料中心 (1958)，对国内公开出版的近六千种核心期刊与专业特色期刊论文，进行精选并汇编而成，囊括了1995年至今人文社会科学领域中的各个学科，包括哲学类、政治学与社会学类、法律类、经济学与经济管理类、教育类、文学与艺术类、历史学类、文化信息传播类以及其他类 。后与人大数媒科技（北京）有限公司合作，辅以先进的检索方式，而成为目前学界认可的优质期刊和论文推荐的人文科学、社会科学资料库。也被高校、科研机构和政府管理部门，以及基础教育中小学等作为升等定级的依据。

以SCI为代表的这些S-C论文，尽管利弊皆有，但从总体上看，它们还是在当代具有权威性和重要性的。如何权衡得失？在确保探求真理这一学术本质不变的情况下，高质量高标准写好论文，然后再争取在S-C刊上发表论文，以提升中国科学知识创新能力和影响力，是一种正确的思路。迄今，在人类发现和创建的科学知识中，中国的贡献率还很低，这与中国大国身份极其不相适应。只有克服心理障碍，建立自信心，熟悉SCI文章的思维方式及语言风格，勇于尝试，才能取得成功。同时，SCI所提出的期刊论文收录的基本要求，还是值得大家在撰写学术文本时，认真借鉴的：

· Clear:思路清晰、概念清楚、层次清楚、表达清楚

· Complete:内容完整、结构完整匀称，切忌虎头蛇尾，有始无终

· Correct：科学内容正确（不出错）、资料数据正确（数据可靠、可信）、语言正确（无语法错）

· Concise：论述深刻、充分揭示其科学内涵、使用定量方法

8.3.3 期刊论文共同要素与结构

期刊论文一般由：题名、作者、摘要、关键词、正文、参考文献、致谢等部分组成（图8-4）。

论文标题：×××
作者
（作者单位，联系方式）

摘要
关键词
作者简介
基金项目
英文摘要
正文
　前言
　内容分段（1/2/3/4/5）
　结语
参考文献（详注或通注）
致谢（或说明）

【图8-4】期刊论文共同要素与结构

期刊论文各要素（图8-4）的基本要求是：

论文题目，要求准确、简练、醒目、新颖，有冲击力（与课题表述有关联，但又有不同。参见第5章选题）。

作者：我国实行作品自愿登记制度的目的在于维护作者或其他著作权人和作品使用者的合法权益，有助于解决因著作权归属造成的著作权纠纷，并为解决著作权纠纷提供初步证据。论文著作权实行自愿登记，论文不论是否登记，作者或其他著作权人依法取得的著作权不受影响。

摘要：也称提要。是对文章主要内容的概述，要求**短**、**精**、**完整**。随着计算机技术和因特网的迅猛发展，网上查询、检索和下载专业数据已成为当前科技信息情报检索的重要手段，对于网上各类全文数据库或文摘数据库，论文摘要的索引是读者检索文献的重要工具，为科技情报文献检索数据库的建设和维护提供方便。摘要是对论文综合的介绍，使人了解论文阐述的主要内容。论文发表后，文摘杂志或各种数据库对摘要可以不做修改或稍做修改而直接利用，让读者尽快了解论文的主要内容，以补充题名的不足，从而避免他人编写摘要可能产生的误解、欠缺甚至错误。所以论文摘要的质量高低，直接影响着论文的被检索率和被引频次。

摘要的规范：摘要是对论文的内容不加注释和评论的简短陈述，要求扼要地说明研究工作的目的、研究方法和最终结论等，重点是结论，是一篇具有独立性和完整性的短文，可以引用、推广。注意事项：①不得简单重复题名中已有的信息，忌讳把引言中出现的内容写入摘要，不要照搬论文正文中的小标题（目录）或论文结论部分的文字，也不要诠释论文内容。②尽量采用文字叙述，不要将文中的数据罗列在摘要中；文字要简洁，应排除本学科领域已成为常识的内容，应删除无意义的或不必要的字眼；内容不宜展开论证说明，不要列举例证，不介绍研究过程。③摘要的内容必须完整，不能把论文中所阐述的主要内容（或观点）遗漏，应写成一篇可以独立使用的短文。④摘要一般不分段，切忌条列式书写。陈述要客观，对研究过程、方法和成果等不宜做主观评价，也不宜与别人的研究做对比说明。

英文摘要：以上中文摘要编写的注意事项都适用于英文摘要，但英语有其自己的表达方式、语言习惯，在撰写英文摘要时应特别注意。

关键词，严格的就是**核心概念**。是从论文的题名、提要和正文中选取出来的，是对表述论文的中心内容有实质意义的概念（词汇）。关键词是计算机系统标引论文内容特征的词语，便于信息系统汇集信息，以供读者检索。每篇论文一般选取3—8个词作为关键词，另起一行，排在“摘要”的左下方。关键词，与主题词有区别，主题词是反映主要观点或核心观点的词。在确定主题词时，要对论文进行主题分析，依照标引和组配规则转换成主题词表中的规范词语。（参见《汉语主题词表》和《世界汉语主题词表》。）关键词的一般选择方法是：由作者在完成论文写作后，从其题名、层次标题和正文（出现频率较高且比较关键的词）中选出来。

关键词规范：

关键词是反映论文主题概念的词或词组，通常以与正文不同的字体字号编排在摘要下方。一般每篇可选3—8个，多个关键词之间用分号分隔，按词条的外延（概念范围）层次从大到小排列。

关键词一般是名词性的词或词组，个别情况下也有动词性的词或词组。

应标注与中文关键词对应的英文关键词。编排上中文在前，外文在后。中文关键词前以“关键词:”或“[关键词]”作为标识；英文关键词前以“Key words:”作为标识。

关键词应尽量从国家标准《汉语主题词表》中选用；未被词表收录的新学科、新技术中的重要术语和地区、人物、文献等名称，也可作为关键词标注。关键词应采用能覆盖论文主要内容的通用技术词条。

基金项目：学术项目研究成果和论文，如果受到某个课题资金支持，必须注明项目来源。包括项目名称、项目来源单位或部门、项目编号、主持人等。

正文：论文内容主体构成部分。包括引言、正文、正文内各部分标题等。

（1）引言：又称序言和导言等，用在论文的开头。引言一般要概括地写出作者意图，说明选题的目的和意义,并指出论文写作的范围。引言要短小精悍、紧扣主题。最好是能提出问题和核心概念。如果问题比较复杂，核心概念解释内容比较丰富，就放到正文中去解决。

（2）内容分段：正文是论文的主体，正文应包括论点、论据、论证过程和结论。主体部分包括以下内容:

a.提出问题，表明论点，明确核心概念；

b.分析问题，分解问题，追究原因，举出论据，进行论证；

c.解决问题，提出论证方法、分析步骤和操作要领等，实证；

d.证实与结论，理论结论或实证结论，根据结论提出新理论或新问题。

（3）分段小标题：是论文中主要内容逻辑段落的划分与概括。可根据正文（见上述）的内容分段命名，也可以根据全文其他逻辑线索的分段命名。这些段落即所谓逻辑段，一个逻辑段可包含几个小逻辑段，一个小逻辑段可包含一个或几个自然段，使正文形成若干层次。论文的层次不宜过多，一般以3—5个逻辑段落为宜。要求做到层次分明、脉络清晰。

参考文献——注释　为了反映文章的科学依据、作者尊重他人研究成果的严肃态度以及向读者提供有关信息的出处，正文之后一般应列出参考文献表。

一篇期刊论文后的“参考文献”，有两种类型。一是论文中所引文献的详注（相当于大论文的页底注），主要用于理论性和应用性论文末尾；二是在研究和写作中的主要参考的文献资料的通注（相当于大论文文本后的“参考文献”，但是相比起来文献量很少，通常在5—15篇之间），主要用于实证性论文末尾。

引文详注（注释），应以原始文献和第一手资料为据，所引他人观点或文字，无论是否发表，无论是纸质还是电子版，都必须注明出处或加以注释。凡转引文献资料，应如实说明。对已有学术成果的介绍、评论、引用和注释，应力求客观、公允、准确。伪注、伪造、篡改文献和数据等，均属学术不端行为。参考文献通注，也必须以特有规范注明作者、出处等。参考文献注释（详注和通注）的规范，参见本书第4章。

致谢（或说明）　一项科研成果或技术创新，往往不是独自一人可以完成的，还需要各方面的人力、财力、物力的支持和帮助。因此，在许多论文的末尾都列有“致谢”。主要对论文完成期间得到的帮助表示感谢，这是学术界谦逊和有礼貌的一种表现。

8.3.4 期刊理论文

尽管发表在期刊上的实证文、应用文等，也是篇幅较小的，但通常所言“小论文”习惯指纯理论论文，其基本格式与整个期刊论文要素、结构（图8-4）内在一致，简化来看有这几个部分（图8-5）。

×××（标题）
作　者
（单位，联系方式）

摘　　要（概述全文主要问题、观点、价值与创新，200—300字）
关 键 词（3—5个）
作者简介（主要研究领域和相关成就）
基金项目（表明论文项目来源，一定程度也证明论题的合理性）
前　　言（或“问题”。提出一个明确问题，简述重要背景或已有研究，简述研究过程方法与价值，一般500—800字）
正　　文（几个逻辑相关的主要论点，论据、推导结论，一般3—5点，确定小标题）
结　　语（概括全文核心论点，或提出新问题，或展望未来）
参考文献（注释）

【图8-5】期刊论文——纯理论论文的基本格式

从小论文的“摘要”及其“关键词”，就可以看到正文的主要内容、观点和逻辑结构。比起学位论文的摘要，小论文摘要的文字少得多，一般在150—300字之间，要求对全文内容要点，包括背景、问题、观点、方法、过程和结论等，进行高度凝练的表述，对思维层次和语言表述逻辑，质量要求更高。一篇小论文的摘要，往往需要修改磨砺数遍，才能达到全面且精确表达的程度。“作者简介”和“基金项目”，为论文基本质量的保障和论题的合理性，提供参考。“结语”，不是随便点缀的装饰品，而是说明、强化和提升论文价值与创新点的重要组成部分，是观察作者对全局和事物发展态势掌握水平的又一窗口。

所有构成要素撰写的基本要领，再参见8.3.3。

案例8.12　小论文的背景与问题

小论文，或杂志论文，篇幅有限。通常应用性论文2000—5000字，理论性论文和实证报告性论文，6000—12000字，特稿顶多20000—30000字。大论文、学位论文、大项目成果或专著等，篇幅富裕。硕士论文3万—5万字；博士论文10万字以上；学术专著10万—40万字，或者更多。小论文的开端语，文字就很少，最好是300—500字。即使文字再少，其中也必定包括对背景与问题的概述。但是，这需要反复提炼，才可能最终达到准确简明，且又简洁扼要的程度。如本书作者的《以目标与课程为支点的美育质量测评——为了有效实施〈国务院办公厅关于全面加强和改进学校美育工作的意见〉》一文的“前言”，目前保留在案的修改稿有9个版本；可以比较一下第3稿和第9稿（正式发表稿是第10稿[①]）：

第3稿前言：

美育，是国家确定的促进各级各类学生“德智体美”全面发展的教育目标之一，全面发展教育不可或缺的重要组成部分。哲学、美学、艺术学、教育学和心理学等理论，也无一例外认为美育具有提高人的审美和人文素质，使人取向美好，促进人格完善的功能。理论上说，如果实现了这些目标和功能，就是美育的最佳质量。但是操作起来，却不简单。

美育是主要以审美活动为方式的教育。在审美活动中，人能充分体验到身心互动激发（陈丽君，赵伶俐，2016）、获取与释放生命及精神能量的愉悦。因此“审美需要”源于天性，又是“人的高级的精神需要”（皮朝纲，钟仕伦，1988），自我实现最高

① 赵伶俐.以目标与课程为支点的美育质量测评——为了有效实施《国务院办公厅关于全面加强和改进学校美育工作的意见》[J].华东师范大学学报（教育科学版），2017(5).

层次的需求（马斯洛，1970/1987）。当社会经济和物质发展到一定水平，人们不再为温饱而焦虑，而奔波、而活着，心理与精神需求必然上升，且越来越占有了主导地位。所以马克思主义理论认为“美是人的本质力量的对象化”（蒋孔阳，1987）。而美育，就是将人从追求本能的生理满足与快感的层次，提升到追求精神愉悦的崇高人性境界的，使人的本质力量对象化的教育，是促进人格和谐完善发展的教育（赵伶俐，2009；赵伶俐，2014；马建辉，2015）。正如罗曼·罗兰在写到贝多芬时说：“当我们在永无休止而又徒劳无功地为反对平庸、恶习与（宣扬）美德而作的搏杀中精疲力尽时，正是他的妙不可言的恩赐使我们在这一强大的意志与信心的奔放狂潮中找到了新的力量。”

《中国大百科全书》（1985）“美育”词条定义为：“社会主义社会的美育是为建设社会主义精神文明和培育学生心灵美、行为美服务的。它用现实生活中的美好事物和反映在艺术形象中的先进人物的思想情感和活动来感染受教育者。它广泛而深入地影响着学生的情感、想象、思想、意志和性格。它能丰富学校的文化精神生活，激起学生的情绪体验，有助于培养高尚情操，提高社会主义觉悟，鼓舞学生为实现共产主义理想和创造一切美好的事物而奋发向上。”而这也正是，在社会科技、经济、文化发展转型的新时期，国家特别发令“推进学校美育改革发展”更为深刻的时代意义，未来价值。诚如国办〔2015〕71号文件开宗明义表明：美育是审美教育，也是情操教育和心灵教育，不仅能提升人的审美素养，还能潜移默化地影响人的情感、趣味、气质、胸襟，激励人的精神，温润人的心灵。美育与德育、智育、体育相辅相成、相互促进。

问题在于，拥有如此强大育人功能和目标的美育，理论很美，经验不差，政策也不缺位，且学生和教师等人人都喜欢的美，都需要的美育，为什么就一直是学校教育最为薄弱的，甚至就是没有的呢。“总体上看，美育仍是整个教育事业中的薄弱环节，主要表现在一些地方和学校对美育育人功能认识不到位，重应试轻素养、重少数轻全体、重比赛轻普及，应付、挤占、停上美育课的现象仍然存在；资源配置不达标，师资队伍仍然缺额较大，缺乏统筹整合的协同推进机制。”（国办，2015）。

因为，我们至今缺乏一根撬动发展必不可少的杠杆。这就是美育质量监测。甚至，作为杠杆基本支点的美育目标与美育课程也残缺乏力。

如何才能够测评和判定美育是否实现了育人功能，达到了预设目标，完成了不可替代的特殊使命，或者说美育是有质量的，以监视督导美育发展呢？这是一个非常具体，且专业化很强的操作体系。包括美育质量标准、数据收集、数据分析，甚至质量测评机构与制度等等。而且还必须首先建设好支撑监测杠杆的两大支点——美育目标与美育课程。

第9稿前言：

美育（aesthetic education），是国家“德智体美”全面发展教育方针中不可或缺的组成部分。国务院办公厅颁布的《关于全面加强和改进学校美育工作的意见》（国办〔2015〕71号）（以下简称《意见》）开宗明义指出：“美育是审美教育，也是情操教育和心灵教育，不仅能提升人的审美素养，还能潜移默化地影响人的情感、趣味、气质、胸襟，激励人的精神，温润人的心灵”，且具有“与德育、智育、体育相辅相成、相互促进”的育人功能。而且“爱美是人的天性”，从古至今，中外教育学、心理学、哲学、美学、艺术学等，对美、审美和美育的育人功能，也有丰富论述。

问题在于，为什么拥有如此重要育人功能的美育，政策不缺位，理论还周全，实践也显示师生都需要，人人都需要的美育，但就一直是学校教育最薄弱，受轻视，甚至严重缺位的教育？

因为，我们至今缺乏一根撬动美育发展必不可少的杠杆。这就是美育质量监测。

同时，作为美育构成的两大基本点，也是质量监测杠杆两大支点的美育目标与美育课程，迄今也极不完善。换句话说，要建立一个科学合理的质量测评乃至监督体系，打造一根能够切实撬动美育事业全面正确发展的杠杆，还必须从美育目标与美育课程的先期或同步建设开始。

案例8.12评析：(1) 本案例第3稿和第9稿的前言，都包括了理论、政策和实践三个背景要素。但篇幅和背景要素的逻辑位置显然有了改变。第3稿是：美育理论—政策—实践，暗含了全文主旨是，澄清理论问题，以推进政策和实践落实；第9稿是美育政策—理论—实践，意味着全文主旨在于落实国家美育政策。(2) 第9稿的文字减少，主要少在理论背景上，还减掉了辞典给出的美育定义。直接就以国家最新政策（国办2015第71号文）开头，更明确了落实国家最新美育政策的主旨。(3) 与学位论文等大论文一样，小论文的背景与问题的阐述，绝不是一个开端仪式，其凸显全文主旨，且隐含了全论文的主要内容和结构。这点，在小论文中甚至更为明显。

案例8.12建议：(1) 为什么在此没有采用正式发表稿的前言呢？请将上述第九稿和正式发表稿的前言比较一下，就可看到两者的差异：

正式发表稿前言[1]**：**

美育（aesthetic education），是国家“德智体美”全面发展教育方针中不可或缺的组成部分。国务院办公厅颁布的《关于全面加强和改进学校美育工作的意见》（国办

① 刊登时编辑部做了一些修改。

〔2015〕71号）（以下简称《意见》）开宗明义指出："美育是审美教育，也是情操教育和心灵教育，不仅能提升人的审美素养，还能潜移默化地影响人的情感、趣味、气质、胸襟，激励人的精神，温润人的心灵"，且具有"与德育、智育、体育相辅相成、相互促进"的育人功能。

问题在于，为什么拥有如此重要育人功能的美育，政策不缺位，理论还周全，实践也显示师生都需要，人人都需要的美育，但就一直是学校教育最薄弱，受轻视，甚至严重缺位的教育？

因为，我们至今缺乏一根撬动美育发展必不可少的杠杆。这就是美育质量监测。

同时，作为美育构成的两大基本点，也是质量监测杠杆两大支点的美育目标与美育课程，迄今也极不完善。换句话说，要建立一个科学合理的质量测评乃至监督体系，打造一根能够切实撬动美育事业全面正确发展的杠杆，还必须从美育目标与美育课程的先期或同步建设开始。

（2）正式发表稿的前言比第9稿的前言，显然是第一自然段末尾少了这一句："而且'爱美是人的天性'，从古至今，中外教育学、心理学、哲学、美学、艺术学等，对美、审美和美育的育人功能，也有丰富论述。"被删掉的这句及第3稿中的专家理论和有关实践描述，都移写到了正文的相应部分中去。这也使得全文落实国家政策文本（国办2015第71号文）的主旨更为单纯，更为突显了。不过，现在想起来，第9稿的这段文字不该删，因为其兼顾了理论和实践背景，可使问题更深刻，价值更有普适性，且文字并不多，对篇幅没有太大影响。（3）所以，建议大家在写论文前言中的"背景与问题"时候，要针对全文主旨、问题和价值等，进行较周全考虑，反复推敲。（4）另外：第9稿和正式稿的前言部分的最后一段文字，是背景和问题（核心问题）的延伸，是对正文内容展开，或思路、内容构成和行文框架的概括交代。

案例8.13　标题、摘要与关键词

以下是《高等学校办学规模发展预测与调控》一文标题、摘要与关键词在三次修改中的变化。可见标题、摘要、关键词（核心概念）的表述、逻辑关系及修改变化，其实就是全文论文思路清晰、文笔更为准确简练的过程：

原稿：

【摘要】进入21世纪，伴随我国高等教育办学规模的飞速发展，高等教育内外系统中各个要素，例如:外部系统的经济、科技和内部系统中的质量、结构、效益等出现了巨大变化。为了促使高等教育办学规模发展符合高等教育本质属性和经济社会文化发展需求，预测和调控及其动态互助被视为主要途径或方法。高等学校本科教育作为高等教育的主体，其专业规模发展状况及未来发展，一定程度上代表了高等教育办学规模的现在与未来。

关键词：高等学校、办学规模、预测调控

案例8.13评析：（1）本摘要虽然在字数上合规，但内容只是说明了高等教育办学规模对系统内外因素的影响，以及调控高等教学规模的重要性。并没有概述全文研究的主要内容、方法、结论等。这是很多初学论文写作者常见的问题。（2）本小论文的基础是博士学位论文《高等教育办学规模发展预测与调控研究》，小论文不是大论文的缩写，也不可照搬大论文标题。应该从大论文中选择一个问题或论点阐述，使小论文更聚焦，更简明，也更有逻辑力度和价值。

案例8.13建议：（1）将本小论文聚焦高校专业规模问题，标题改为《高等学校专业规模与结构变化预测与调控》。（2）核心之核心概念由“办学规模”改为“专业规模”，并做界定。（3）在新标题下，修改全文内容，并重新进行摘要和概述。该文作者的导师对该全文，及标题、摘要和关键词进行了多次修改使表述更简洁，也更丰富和准确。特此将其中第2次修改稿和第3次修改稿列在下面，以作为样本供大家参考：

修改2：【摘要】高等教育办学规模的飞速发展，在推动高等教育整体发展的同时，也产生了一系列亟待解决的问题，其中本科专业规模与结构不协调的问题尤其突出。通过对国内外已有预测方法的考察分析，建构了八核预测与调控模型，以多种变量+权重的方法对高校本科专业发展规模进行预测和调控，以促使本科专业规模发展向着符合高等教育以高深知识培养高级专门人才社会文化发展需求方向发展。

关键词：高等教育、专业规模、预测、调控

修改3：【摘要】1999年至今，中国高等教育连年扩大招生规模，毛入学率急超规划指标，与此同时，也与高等教育结构、效益和质量产生了剧烈矛盾。其中专业规模与结构失调问题尤为突出。考察和分析已有高等教育规模预测方法，结合个人、学校、社会、国家等多因素需求，建构了八核预测与调控模型。并以此分析预测了S区域64所高等院校的专业规模与结构及未来发展的可能性，为本科专业发展规模与结构调控，提供了依据。

关键词：高等教育、专业规模、专业结构、八核预测模型、调控

案例8.14　摘要、关键词、前言

《以“教学基本状态数据”为据——《大数据时代》对第二次本科教学评估的启示与警示》[①]一文，仅摘要、关键词和开端语至少修改了10稿。以下是第3稿、第5稿、第6稿：

第3稿：【摘要】2013年中国教育部启动高校第二轮本科教学评估，以“教学基本状态数据”为依据，对各校“人才培养目标与培养效果的实现状况”进行审核指导。这是有别于第一次评估的两大创举。同年发表的译作《大数据时代》定义大数据是对海量数据进行分析，以明了系统存在现状、问题和预测发展趋势的思维与技术，其“量化一切”的世界观和三大方法论：“不是随机样本，而是全体数据”；“不是因果关系，而是相关关系”，“不是精确性，而是混杂性”等，对教学评估的数据思维、分析技术以及相应保障制度的建设等，都有实实在在的启示和警示作用。明其理、用其利、避其弊，乃本文要旨所在。

关键词：本科教学评估、第二次、大数据、三大方法论、启示与警示

前言：2013年，中国教育部启动了第二次高校本科教学评估，即“本科教学审核评估”。同年译著《大数据时代》问世，并神速辐射到商业和各行各业。“数据”是联系两者的关节点。参与本次评估的学校和专家，不可避免也不应该忽视“大数据”思维与技术。对有关要旨的理解和利弊把握，关涉第二轮本科教学评估的执行力与效果。

第5稿：【摘要】2013年中国教育部启动了第二轮本科教学评估。以“教学基本状态数据”为主要依据，对“人才培养目标与培养效果的实现状况”进行自查、专家审核与指导等，这是有别于第一次评估的最大不同点。同年问世的译著《大数据时代》，定义大数据是分析海量数据，以明了现状、问题和预测趋势的数据收集与处理方法。其“量化一切”的世界观和“不是随机样本，而是全体数据”、“不是因果关系，而是相关关系”、“不是精确性，而是混杂性”等三大方法论，富于创建，也存在逻辑缺陷。合理借鉴大数据观念、思维和技术，是第二轮教学评估必做的功课。

关键词：本科教学评估、大数据、量化一切、三大方法论、启示与警示

前言：2013年，有两项分别发生在教育界和出版界的事件，看似不相关，却有内在必然联系。这就是，教育部悄然启动的第二次高校本科教学评估，即“本科教学审核评估”和译著《大数据时代》的问世。“数据”是两者的交结点。在神速辐射开来

① 赵伶俐.以“教学基本状态数据”为据——《大数据时代》对第二次本科教学评估的启示与警示[J].现代大学教育,2015(2).

的大数据背景下，参与本次评估的学校和专家，不应该，也不可能忽视“大数据”观念、思维与技术的影响。对其要旨的理解和利弊把握，关涉第二次本科教学评估的执行效力。

第6稿：【摘要】2013年中国教育部启动的第二轮本科教学评估，与首轮评估最大不同点在于以“教学基本状态数据”为主要依据，对“人才培养目标与培养效果的实现状况”进行自查、专家审核与指导。同年问世的译著《大数据时代》，定义大数据为基于网络收集和分析海量数据，以明了现状、问题及预测趋势的一种方法，这正是第二次评估所必须面对和解决的问题。从《大数据时代》“量化一切”的世界观、数据思想和创建的命题之一“不是随机样本，而是全体数据”所提示的分析技术中获得有益启示，但要避免陷入其命题二“不是因果关系，而是相关关系”、命题三“不是精确性，而是混杂性”的逻辑误区，是为本轮教学评估必做的功课。

关键词：第二次、本科教学评估、量化世界观、大数据、三大方法论、启示与警示

前言：2013年，分别发生在教育界和出版界的两大事件，看似无关，却有内在不可小视的必然关联。一是教育部悄然启动的第二轮高校本科教学评估即“本科教学审核评估”；一是译著《大数据时代》的问世及其伴之兴起并向各行各业各领域神速辐射的“大数据”观念、思维与技术。参与本轮评估的学校和专家，以及本次教学评估实施过程方法与目标达成，将或显或隐受到其积极或消极影响。基于此，讨论第二轮教学评估和大数据方法问题，有理论价值，更具有实在的现实价值。

案例8.14评析：（1）比较本案例论文“摘要”的3、5、6稿表述，关键词和前言的变化，会发现，第3稿的摘要内容不太精练，文字较多又看不清全文究竟有哪些内容和思路；（2）第5和第6修改稿，文字数量减少，关键词数量没有变化或变化不大，但词（核心概念）内容有变化，尤其第6稿的关键词，更有了高度和新异性，同时全文内容摘要（概述）更加丰富。（3）当然如果第6稿末尾加上第3稿最后一句写成“明其理、用其利、避其弊，是本轮教学评估必做的功课，也是本文要旨所在”，那就更好。

案例8.14建议：写好一篇论文或小论文的摘要、关键词乃至开头语，是反复修改和锤炼的结果。与此同时也伴随着全文内容、逻辑与表述的调整与修改、作者需要通过若干论文撰写训练，才能形成对自己论文的核心思想、逻辑思路和语言的驾驭能力，通过较少文字彰显出论文的独特视角、高度、深度和气势。

案例8.15　前言：简洁扼要，提纲挈领

期刊论文或小论文的篇幅本来就很有限，而前言（开头语）文字也就更少。有作者写前言，要么不得要领，做个形式而已；要么写得过长，干扰主题的呈现。

一篇论文的前言通常应包含问题和核心概念的提出，并为全文内容提示基本框架，有大论文的“绪论”的功能，但又只能用尽量少的文字，简洁扼要，提纲挈领地表述出来，这是相当费工夫的事。

论文《以目标与课程为支点的美育质量测评——为了有效实施〈国务院办公厅关于全面加强和改进学校美育工作的意见〉》①的前言，修改了几遍，不仅在文字的准确流畅，更在为全文主题和逻辑框架，提供一个基本线索。以下是第5稿和正式发表稿（略有修改）：

第5稿前言

美育（aesthetic education），是国家确定的促进各级各类学生“德智体美”全面发展的不可或缺的重要组成部分。美育功能通常被概括为三个层面：（1）能够提高学生的审美能力或称审美素质；（2）能跨界影响德育、智育、体育等多学科教育教学，积极综合促进人的全面协调发展；（3）有助于国家倡导的核心价值观教育的实现（《中国大百科全书》，美育，1985）。近期国务院办公厅颁布了《关于全面加强和改进学校美育工作的意见》（国办〔2015〕71），开宗明义认定：“美育是审美教育，也是情操教育和心灵教育，不仅能提升人的审美素养，还能潜移默化地影响人的情感、趣味、气质、胸襟，激励人的精神，温润人的心灵”，且具有“与德育、智育、体育相辅相成、相互促进”的功能，并确定了在社会科技、经济、文化发展转型的新时期，特别要“推进学校美育改革发展”的重要目标和任务。

中外哲学、美学、艺术学、教育学和心理学等理论，也无一例外认为美育具有提高人的审美和人文素质，使人取向美好，促进人格完善的功能。美育是主要以审美活动为方式的教育，在审美活动中人能充分体验到身心互动激发（陈丽君，赵伶俐，2016）、获取与释放生命及精神能量的愉悦。因此“审美需要”源于天性，又是“人的高级的精神需要”（皮朝纲，钟仕伦，1988），自我实现最高层次的需求（马斯洛，1970/1987）。当社会经济和物质发展到一定水平，人们不再为温饱而焦虑、而奔波、而活着，心理与精神需求必然上升，且越来越占有了主导地位。而这，也就是人与动物最明显的分界，最本质的不同。但是如果生理需求饱和，而心理与精神需求又得不

① 赵伶俐.以目标与课程为支点的美育质量测评——为了有效实施《国务院办公厅关于全面加强和改进学校美育工作的意见》[J].华东师范大学学报(教育科学版),2017(5).

到满足，内心空虚、彷徨、无聊、低迷、无望等所导致的社会灾难，将比生理饥渴更为可悲。“美是人的本质力量的对象化”（蒋孔阳，1987）。美育，就是将人从追求本能的生理满足与快感的层次，提升到追求精神愉悦的崇高人性境界的，使人的本质力量对象化的教育，是促进人格和谐完善发展的教育（赵伶俐，2009；赵伶俐，2014；马建辉，2015）。正如罗曼·罗兰在写到贝多芬时说：“当我们在永无休止而又徒劳无功地为反对平庸、恶习与（宣扬）美德而作的搏杀中精疲力尽时，正是他的妙不可言的恩赐使我们在这一强大的意志与信心的奔放狂潮中找到了新的力量。”

实践方面，教师们也在常常自觉或不自觉地，在自己的教育教学活动中添加形象性、新颖性、时尚和创新性等美与美育元素，以提高学生对学习的兴趣，提高教育教学效率。

问题在于，“总体上看，美育仍是整个教育事业中的薄弱环节，主要表现在一些地方和学校对美育育人功能认识不到位，重应试轻素养、重少数轻全体、重比赛轻普及，应付、挤占、停上美育课的现象仍然存在；资源配置不达标，师资队伍仍然缺额较大，缺乏统筹整合的协同推进机制”。（国办〔2015〕71号）为什么拥有上述强大育人目标和功能的美育，政策不缺位，理论还周全，经验上也证明人人都喜欢美，学生们都需要美育，但它就一直是学校教育最为薄弱，普遍轻视，甚至严重缺位的教育呢？因为，我们至今缺乏一根撬动美育发展必不可少的杠杆。这就是美育质量监测。

所谓“美育质量”，简单来说就是实现了上述美育的目标–功能。但是如何判定美育目标–功能是否实现了，或者说美育是有质量的呢？这就必须有一把测量美育质量的尺度。而要打造一根科学合理的，可以切实撬动学校美育发展的质量检测杠杆，就不是轻而易举之事了。其中，涉及诸如什么是美、审美素质、艺术与美等好多深层次的基本理论问题，美育实践体系问题，以及基于理论和实践的质量检测操作体系建构，包括美育质量标准、数据收集、数据分析，甚至质量测评机构、制度与管理等问题。

在这些错综交织的问题中，最要害的是作为美育构成的两大基本点，也就是质量监测杠杆的两大支点的美育目标与美育课程，目前还极其不完善，亟待系统建设中。换句话说，美育质量监测体系的建立，有赖于美育目标与美育课程这两大支点的系统建设。

案例8.15评析：这篇论文的前言修改了多次。（1）第5稿优点在于：分辞典、政策、理论和实践等，阐述了对美育目标和功能的共同肯定；提出了迄今美育依然是学校教育最薄弱部分的最大问题，是美育质量监测这一杠杆缺失或乏力；提出了美育目标和课程，是支撑美育质量监测杠杆的两大支点。（2）最大的不足是，作为本论文的“前言”文字过多，观点、文献堆积使得问题不突出，主要逻辑线索被掩盖在文字之中，不干净，不得力。

案例8.15建议：前言内容与表述的思辨法或逻辑层次线路，都是透视全文逻辑与理论水平的窗口。(1) 收集多篇论文前言从背景、问题、核心概念和全文基本观点与逻辑层次提示等，进行评价。(2) 删减文字，调整段落，用最简明的、环环相扣的语言表达出来。(3) 必须保留的内容，放到正文相应部分去。(4) 建议再修改前言，简述背景后立即以问题为导向，聚焦核心概念美育质量监测，建构阐述美育质量、美育目标和美育课程三者之间的逻辑结构。干净、利索、顺其逻辑，延展出了全文的基本观点、行文逻辑与结构。

以下是《以目标与课程为支点的美育质量测评——为了有效实施〈国务院办公厅关于全面加强和改进学校美育工作的意见〉》[①]的正式发表稿的前言（略有修改）：

美育（aesthetic education），是国家“德智体美”全面发展教育方针中不可或缺的组成部分。《国务院办公厅关于全面加强和改进学校美育工作的意见》（国办〔2015〕71号）（以下简称《意见》）开宗明义指出：“美育是审美教育，也是情操教育和心灵教育，不仅能提升人的审美素养，还能潜移默化地影响人的情感、趣味、气质、胸襟，激励人的精神，温润人的心灵”，且具有“与德育、智育、体育相辅相成、相互促进”的功能。

问题在于，为什么拥有如此重要育人功能的美育，却一直是学校教育最薄弱、最受轻视，甚至是严重缺位的部分？因为，我们至今仍然缺乏一根撬动美育发展必不可少的杠杆，这就是美育质量测评。

同时，作为美育构成的两大基本点，也是质量监测杠杆两大支点的美育目标与美育课程，迄今也极不完善。换句话说，要建立一个科学合理的质量测评乃至监督体系，打造一根能够切实撬动美育事业全面而正确发展的杠杆，还必须从美育目标与美育课程的先期或同步建设开始。

案例8.16　结语的高度与气势

期刊论文《以目标与课程为支点的美育质量测评——为了有效实施〈国务院办公厅关于全面加强和改进学校美育工作的意见〉》[②]的结语：

21世纪开年就启动的当代中国规模最大、辐射面最广，“涵盖幼儿教育、义务教育和普通高中教育”的基础教育“新课程”改革，早就将“建立促进学生全面发展的评价体系”明确列在改革总纲中（基础教育课程改革纲要【教育部】，2001）。但是整整15

① 赵伶俐. 以目标与课程为支点的美育质量测评——为了有效实施《国务院办公厅关于全面加强和改进学校美育工作的意见》[J]. 华东师范大学学报(教育科学版)，2017(05).

② 赵伶俐. 以目标与课程为支点的美育质量测评——为了有效实施《国务院办公厅关于全面加强和改进学校美育工作的意见》[J]. 华东师范大学学报(教育科学版)，2017(05).

年后，才真正进入学生全面发展质量标准和监测体系建构流程。似乎晚了些，幸运的是“美育质量监测”也包含在其中。但是如果将“艺术素质”就等同“审美素质”乃至“美育质量监测”，或许比晚了所导致的结果，更难以承受。建立正确的科学的美育质量观与质量标准，和与美育目标、课程教学、“互联网+”深度融合，与学生审美学习的过程与成果紧密相关的测评方法、数据收集与分析系统，以及测评、监控和督导系统，才是解决美育问题，实现美育目标的指挥棒、催化剂，撬动美育发展的强有力杠杆。

这项巨大而精细的工程，需要纳入国家、地区和各级各类学校的“十三五”发展规划和“互联网+”行动，获得政策和资金支持；需要各级各类大学，美学、教育学、心理学、艺术学、信息科学与技术、统计学等多学科专家的共同设计与指导；需要全国学前、小学、中学、中职、高职、大学多学校共同主动参与；需要在某些区域内率先系统探索，后推而广之。

时不我待，任重道远！

案例8.16评析：从标题《以目标与课程为支点的美育质量测评——为了有效实施〈国务院办公厅关于全面加强和改进学校美育工作的意见〉》来看本文上述结尾，显然这是一个超越正文内容的开放性结尾。从“美育质量检测”到“德智体美”全面质量检测、从美育目标和课程到美育目标、课程、教材、教学及“互联网+”平台建设，从美育质量公式到德智体美全面发展质量公式的建构和使用，从各级各类学校到地区、国家政府的“互联网+”行动计划，层次越来越高、气势越来越强，将本文的主旨美育质量检测的价值放大到影响系统发展的高度。

案例8.16建议：（1）初学论文写作者，常简单复制一下文中内容作为结语，使论文价值显得很局限。（2）参考该案结尾的写作思路和方法，尝试修改自己正在成形的小论文，或已经发表的小论文，算是一种拓展思路的训练。

案例8.17　以新问题提出，作为结语

论文结语有很多写法，可以从某种高度再概括全文研究，提升研究价值高度；指出研究的有限性；展望未来发展前景；也可以提出新的问题，给读者和研究者提供继续研究的思路和课题。本书“第6章方法”的“理性思辨法训练”一节中，案例6.8末尾转引了《关于单维时间概念的多维空间语言表达的思考》一文的前言和部分内容，是用“四维时空”观来探索语言时态与空间表达关系，理性思维与想象力的结合，在概念迁移应用和知识创新中的价值。而这篇文章其实还有一个鲜明特点，就是在大量引用已有研究文献和相关理论的同时，不断提出问题，其结语，也是在提出一系列新问题中结束的：

4.结语

……认知决定论者认为，语言由认知决定，语言是认知的产物，认知主体对空间的体认活动具有隐喻性，并且在语义空间中表现出三个基本维度：左右、上下和前后(Sedelow & Sedelow,1987)。英语人和汉语人对这三个维度都具有体认，可是，为什么在时间概念的空间表达上，汉语具有三个维度，而英语只有两个维度？即为什么英语人不用左右维度来表达时间概念呢？

这个问题至少说明，英语人和汉语人关于维度的体认趋同而不存在认知上的差异，而差异只是表现在语言使用上。这说明认知决定论要接受语言决定论的挑战，即认知决定论者该如何回答时间概念在空间表达中的维度差异问题呢？

…………

英语和汉语两种语言中时间概念的空间表达差异的揭示，给我们带来新的思考：时间的人类文化属性究竟是动态的还是静态的呢？时间和空间的统一有什么样的语言理据和逻辑基础？另外，如果承认左右维度是汉语人关于时间的独特表达，那么，这种独特性是规约性的（conventional）还是自然属性（natural）的呢？这些问题有待深入思考。①

案例8.17评析：本论文主要内容是根据物理学等“四维时空”理论，以英语时态为案例来探索语言空间的时态维度问题。“结语”部分，在给全文一个简明概括后，立即提出了一系列新问题，归纳起来就是：英语只是人类语言中的一个种类，其他语言例如中文为什么与英语的时态维度表达又不相同呢？英语和汉语构成的理据和逻辑基础是不一样的吗？那么语言的时态多维性是规约的还是自然属性的？(2) 这组新问题，体现了作者对有关研究思考的宽度和深度，也表明本文提出的新观点还有进一步探究的空间，学术自省能力很强，就像中国绘画留白，意味深长。(3) 但是，沿着结语所提出的问题，似乎还有更多问题值得提出来，例如世界上的语言分为好多个语系（Language family），最初由英国人William Jones（1746年9月28日—1794年4月27日）建构。根据美国SLI所属《民族语》的分类，世界上共有7099个语种和141个不同的语系，其中又有7—10中是最有代表性和使用最活跃的。仅我国56个民族使用语言就分别属于五大语系：汉藏语系、阿尔泰语系、南岛语系、南亚语系和印欧语系。各种语言语系都有各自构成的逻辑理据。这些，都是作者在本文中所提概念（核心概念：单维时间概念、多维空间语言表达）观点（核心概念关系的假设），需要继续探索和论证的问题和课题。

① 杜世洪. 关于单维时间概念的多维空间语言表达的思考[J]. 英语研究, 2018(8).

案例8.17建议：(1) 进一步阅读《语言学概论》《语言哲学》等概念类的论著。英语本身就是逻辑性比较好的语言，文字符号也比较简洁和抽象，24个字母足可表达所有思想和意思；汉语的感性和意象色泽比较浓厚，就像汉字符号是象形符号一样，这些都与语言本身的特征相关。(2) 各种语言学理论，分别提出了各种假说，来论证语言结构生存及其所属问题。例如仿照生物学，假设若干语种是由特定祖语演化而来，按照各个语种的亲属关系分为若干语系，语系下分语族，语族下分语支，语支下是语（语种），而语种下是方言（dialect）。还有人根据语系间亲属关系提出大语系和语盟假说，虽然许多语种的系属已经确定，但是有些分类并不能得到普遍认可，也有些语系的内部情况非常复杂。(3) 杨振宁先生曾写过一篇文章，提到英文逻辑性与汉文的感性对语言使用者思维的影响，建议也可以继续思考和研究。

案例8.18　结语的刚性立场与弹性

期刊论文《量化世界观与方法论——<大数据时代>点赞与批判》[①]的结语，也修改了无数遍。请比较阅读第一稿和最后一稿的结语（其中括号中的页码，是《大数据时代》的相应页码）：

第一稿结语：

量化世界，本身就是对生机勃勃的真实世界的全景描绘，大数据也注定“不是一个充斥着算法和机器的冰冷的世界。人类的作用依然无法被完全替代”（P233），根本上，永远，不可完全替代！大数据时代“量化一切”与人性发展是相互交融的辩证关系：“‘现代’的一个定义性特征便是人类感到自己是命运的主人，这使我们与生活在宿命论桎梏中的先辈们截然不同。但是大数据预测却又使我们的生命帆布不再那么开放、原始和纯净”，“潜在的可能性在概率的神坛上被解剖”（P244），“意指潜在可能发生的所有事情将借由大数据分析而获得—— 一种概率描述”（P244，译者注）。

案例8.18评析：(1) 上述第一稿结语对《大数据时代》[②]一书中的“量化世界观”持批判态度。虽有力度，但太刚硬绝对。(2) 这种一边倒的论文和结语在初涉学术者论文中，很容易见到。

案例8.18建议：针对上述问题，从正反两个角度修改了结语：(1) 结语增加了一段文字，使绝对的评价，变得有弹性。(2) 赞誉人类和时代的进步，使冰冷的数据问

① 赵伶俐. 量化世界观与方法论——《大数据时代》点赞与批判. 理论与改革，2014(06).

② 维克托·迈尔-舍恩伯格，肯尼思·库克耶. 大数据时代——生活、工作与思维的大变革. 盛杨燕，周涛，译. 杭州：浙江人民出版社，2013.

题探讨，拥有了人性的温度：

最后稿结语：

量化世界，本身就是对生机勃勃的真实世界的全景描绘，大数据也注定“不是一个充斥着算法和机器的冰冷的世界”…… “是一种概率描述”（P244，译者注）。

无论如何小荷已露尖尖角。人类骄傲地拥有了大数据，已触摸到揭开世界本质最关键的一道阿里巴巴之门，“意识到本质上世界是由信息构成的”，世界于是成了“可以理解的数据的海洋”（P215）。这就“为我们提供了一个从未有过的审视现实的视角。它是一种可以渗透到所有生活领域的世界观”（P126）。更奇妙的是我们手上还掌握了打开此门的钥匙:大数据分析技术。辩证反思，去粗取精，是对今天最真诚真情的点赞，是迎接新时代到来最隆重的开幕式。它不是《大数据时代》作者一个人的时代，一个人的世界观、一个人的哲学。而是一群IT 人士引领的，各行各业有志者共同参与谱写的，人类科技、人文与哲理的新诗篇！

案例8.19　短小论文的逻辑重量

论文尤其纯理论论文或思辨论文，最关键的是思维与语言的逻辑力度，哪怕一篇文字不多的小论文，也会产生掷地有声、铿锵有力的效果。郎咸平谈中美贸易战的本质（2018年末）的短文，就是这样的典范：

中美贸易战：（1） 本质上是战略的博弈。贸易战、中兴事件、封堵华为，这些问题，不是贸易逆差问题、不是经济问题、不是中兴不讲诚信问题、不是科技之战问题、不是逼中国开放市场问题、不是美国人给中国老百姓送幸福（治癌药免关税）、不是中国过于张扬刺激了美国……这些问题都存在，但远远不足以看透问题本质。只有从美国对华战略转型完成，才能理解……因为，中美关系，是一个守成大国和一个崛起大国的结构性矛盾，是不可妥协的。这场结构性矛盾已经完成摊牌了，还沉迷于美国的文明吗?

（2）本质上是技术与市场的博弈。技术是美国最根本优势，市场是中国最大优势。美国是矛、是进攻、是强势一方；中国是盾、是防御、是弱势一方。……因为，技术必须卖给市场才可获取高额利润继续发展技术，技术失去市场必定衰退。而市场却可以培育技术、发展技术、换取技术、创造技术。有了市场，没有技术，可以发展技术。但有了技术，失去市场，技术之花必定枯萎。芯片是人类目前最高级最复杂技术，只有唯一，没有之一。美国以此为傲慢，美国以此为立国之本，美国以此为独霸全球。中国是全球最大芯片市场，也只有唯一，没有之一，这个市场不可战胜，这个巨大市场与技术博弈最终将创造出高于美国的技术。技术压抑市场是暂时的胜利，而市场自创技术是最终的胜利，技术斗不过市场！

(3) 本质上是国家意志的抗衡。发展高科技，国家意志是决定性因素。美国的阿波罗计划是举国之力，韩国的芯片战胜日本芯片是举国之力，中国的原子弹航母北斗卫星是举国之力。前两天，中央网络安全和信息化会议，标志着：中国共产党和政府誓以举国之力，发展中国的信息化产业，发展半导体、发展集成电路、发展芯片。……中美贸易战，已展示中美战略对峙，已发展为国家意志的对垒！

案例8.19评析：(1) 本短文思维极其精准，剖析极其深刻，文笔极其简明，信念极其坚定，是思维和文本逻辑之理性美的典型案例。(2) 本篇短文是本书作者在西北工业大学举办的“高校美育与艺术教育课程建设”（2018年10月） 研讨会上收到的朋友转发来的信息。紧接着我写道：“还有10分钟就是我的发言了哈。”我将发言的题目是《审美·跨界》课程的建构与教学，准备抓紧时间再调整调整发言稿和PPT，希望也具有这样精准有力的逻辑！

案例8.19建议：一篇有说服力，有逻辑力量和理论美感的小论文的撰写，凝聚着作者大量的思考、时间和精力。这不仅是学者的素养表现，更是日复一日形成的习惯表现。与大论文（学位论文等）相比，甚至更讲究精确性。硕博研究生和初涉学术者，切记要从这样的追求开始。

8.3.5 期刊实证论文

实证文，指有数据支持的学术文本。用时下的语言就是“以数据说话”。包括指以调查、观察、测量、实验等为主要研究方法获得数据，对数据进行归类、分析、统计、推论等得出结论，提炼出概念、理论观点、定律和操作策略的一类学术成果文本。包括较大的学术论文的实证报告，或较小篇幅的期刊实验文。与实证方法对应的有：调查报告、观察报告、测量报告和实验报告等。基于数据进行量化分析、质化提炼、数据图表呈示和明确结论，是此类文本最突出的特征。

以期刊调查文为例，来了解实证文通常的构成要素和基本结构（如图8-6、图8-7）：

调查报告标题：×××

作　者

（单位，联系方式）

摘　　要（概述整个研究的问题、方法和结论，有的还包含价值、创新和建议、价值）

问题的提出（提出一个明确的问题，已有研究简要综述）

调查设计（变量界定、对象、工具、实施、数据统计法）

结果与分析（用数据表和图呈现结果，数据统计分析，提炼主要数据含义。要保留原始数据备查）

讨　　论（对相关研究结果和理论进行比较，对有质疑和争议之处，进行辨析）

结　　论（对调查结果统计分析进行推论和讨论后，用肯定句写出明确判断）

建议或对策（根据结论，对报告开端提出的问题，提出解决问题的办法）

【图8-6】实证报告基本格式

实证性学位论文目录基本范式

摘要

abstract

1.导论

　问题

　假设与变量

　文献综述

　研究思路

　研究方法（如调查法、实验法、观察法、临床法等）

　价值与创新

2.实验设计（调查设计、观察设计、临床设计）

　目的

　对象

　处理

　统计

3.结果与分析（数据统计图表及其分析）

4.讨论（理论、推测、对比、质疑）

5.结论（用标准的统计术语和判断语句表述）

6.不足与展望

（注：实证性博士论文，如心理学、社会学的博士实证论文，通常不止1个，大都会有3—5个实证研究，目录中就会显示研究一、研究二、研究三，每个实证研究都包括“方法设计”、“结果与分析”、“讨论”和“结论”，最后还有几个实证合并的“总讨论”与“总结论”内容与目录等）

参考文献

附录

后记

【图8-7】实证性学位论文目录基本范式

案例8.20 《康复新液治疗慢性咽炎的临床观察》报告

实证文及实证法首先用于自然科学研究领域，且至今人文社科领域的实证文，也基本遵循自然科学（含医学）的基本格式与规范。因此，有必要先以自然科学的实证文为例：

因篇幅所限，特选了一篇较短的医学领域临床实证文，以窥一斑：

华西药学杂志
WCJ·PS 2008,23(3):378

康复新液治疗慢性咽炎的临床观察

吴欣华
(贵州省人民医院耳鼻咽喉科,贵州 贵阳 550002)

提要：应用康复新液治疗各型慢性咽炎的结果显示,康复新液对慢性单纯性咽炎及慢性肥厚性咽炎的疗效不确切,而对干燥性、萎缩性咽炎却有明显的疗效。

关键词：康复新液;慢性咽炎;干燥性及萎缩性咽炎
中图分类号:R96　　文献标识码:B　　文章编号:1006-0103(2008)03-0378-01

慢性咽炎是慢性感染所引起的弥漫性咽部病变,为耳鼻咽喉科的常见多发病,临床上分为慢性单纯性咽炎、慢性肥厚性咽炎和干燥性及萎缩性咽炎。我院耳鼻咽喉科从2003年5月~2006年12月,采用康复新液治疗250例各型慢性咽炎,取得了不同的疗效。

1 临床资料、治疗方法与结果

1.1 临床资料

完成临床观察的病例均为耳鼻咽喉科的门诊患者,诊断均符合慢性咽炎的诊断标准[1]。治疗前按就诊顺序随机分为两组,治疗组250例(其中慢性单纯性咽炎100例、慢性肥厚性咽炎70例、干燥性及萎缩性咽炎80例),男102例、女148例,年龄18岁~73岁。对照组120例(其中慢性单纯性咽炎50例、慢性肥厚性咽炎30例、干燥性及萎缩性咽炎40例),男48例、女72例,年龄21~62岁。两组患者的性别和年龄差异均无统计学意义($P>0.05$)。

1.2 治疗方法

治疗组含服10 ml康复新液(四川好医生攀西药业有限公司)、tid,1片银黄含化片,每日4次;对照组用1片银黄含化片,每日4次。两组均1月为1疗程。

1.3 评定标准

按文献[1]方法,对慢性咽炎的疗效评定标准评定疗效。治愈为症状、体征完全消失;改善为症状、体征大部消失;无效为症状、体征无改善。

1.4 统计学方法

采用χ^2检验,$P<0.05$有显著性差异。

1.5 结果

治疗后的临床症状、体征改善情况见表1。治疗组的总有效率(治愈+改善)为76.8%,优于对照组($\chi^2=4.35$,$P<0.05$)。对各型慢性咽炎的临床症状体征改善情况见表2。康复新液对各型慢性咽炎的疗效有差异,治疗组慢性单纯性咽炎的有效率为92%,对照组为64%。两组比较,差异无显著性($\chi^2=1.83$,$P>0.05$);治疗组慢性肥厚性咽炎的有效率为35.7%,对照组为43.3%,两组资料比较,差异亦无显著性($\chi^2=0.227$,$P>0.05$);治疗组干燥性及萎缩性咽炎的有效率为93.7%,对照组为45%,两组资料比较,有显著性差异($\chi^2=5.16$,$P<0.05$)。由此可见,康复新液对慢性单纯性咽炎及慢性肥厚性咽炎的疗效不确切,而对干燥性及萎缩性咽炎的治疗,康复新液却有明显的疗效。

表1 两组治疗结果比较[例(%)]

组别	例数	治愈	改善	无效	总有效
治疗组	250	53(21.2)	139(55.6)	58(23.2)	192(76.8)
对照组	120	21(17.5)	42(35.0)	57(47.5)	63(52.5)

表2 各型慢性咽炎治疗结果比较[例(%)]

组别	治疗组总有效	对照组总有效
慢性单纯性咽炎	92(92.0)	32(64.0)
慢性肥厚性咽炎	25(35.7)	13(43.3)
干燥性及萎缩性咽炎	75(93.7)	18(45.0)

2 讨论

慢性咽炎的常规治疗,即局部用药涂咽部、喷咽部、口服含化喉片、局部电凝固法、冷冻或激光治疗、雾化吸入治疗等,效果均不理想,而采用康复新液与含化片联合治疗,效果理想。康复新液是从生物蜚蠊分离提取物精制而成的一种生物制剂,可显著促进表皮细胞和肉芽组织生长和血管新生,促进黏膜毛细血管增生、改善局部微循环、加速机体病损组织修复[2]。通过对治疗组干燥性及萎缩性咽炎患者随访检查发现,患者的咽部黏膜明显增厚湿润,咽腔缩小,咽后壁附有的黏稠分泌物消失。另康复新液能激活免疫系统,使细胞免疫功能增强,而提高淋巴细胞增殖活性,有显著的抗病毒作用[3];可使治愈后的咽炎患者减少复发的机会。文中研究表明,应用康复新液治疗干燥性及萎缩性咽炎,能明显改善患者的临床症状,其总有效率达93.7%,是一种值得推广应用的药物。

参考文献：

[1] 林尚泽.耳鼻咽喉科疾病诊断疗效评定依据及有关解剖生理数据[M].贵阳:贵州科技出版社,2002.151-153.

[2] 瞿丽,陈辉,叶金明.康复新在老年慢性溃疡病患者中的应用[J].华西药学杂志,2004,19(6):483.

[3] 陈丽娟,陈彤.免疫增强剂康复新再感染根管治疗中的应用[J].口腔医学,1995,15(1)39.

收稿日期:2007-10

作者简介:吴欣华,女,副主任医师,从事耳鼻喉科的临床工作。

案例8.20评析：（1）此案是一篇期刊实证文，整个研究逻辑和论文要素、框架基本具备。两个数据表简明、形式规范，拟证实康复新液（自变量X）对治疗慢性咽炎（因变量Y）的有效性。但是，治疗效果有效性采用的是百分比统计，缺乏显著性检验，这在理科实证文（报告）中，算是一个不可出现的失误。（2）文本末尾以"讨论"结束，其实有讨论，也有结论的内容，但形式上缺了"结论"部分，这也不符合实证报告文的常规。

案例8.20建议：（1）对观察数据，基于百分比统计，补充进行百分比t(或Z)检验，得出显著性结论；（2）将文本末尾"讨论"中的有关结论的内容独立出来，从"通过对治疗组干燥性及萎缩性咽炎患者随访检查发现"到结束的文字，写成"结论"。将原文末一句的"明显改善"（没有进行统计检验），经百分比t检（或Z检）后如果效果显著（$P<0.05$或<0.01等）后，改写为"显著改善"或"极显著改善"。（3）将"1临床资料、治疗方法与结果"，分为两部分："1研究设计"（包括原1.1、1.2、1.3、1.4）和"2结果"两部分；将原"2讨论"，修改为"3讨论"和"4结论"。（4）在文前那段文字中，如能对自变量康复新液（X）和慢性咽炎（Y）进行简明定义，对慢性咽炎进行分类，就会使得这一观察获得的数据及文本逻辑更为明晰、完善。

实证报告常见问题

（1）摘要空洞；

（2）变量（论文的核心概念）没有定义，或定义不合理；

（3）调查维度与变量定义内涵不吻合；

（4）图表不规范，核心数据分析与表达不到位；

（5）没有结论，或结论不简明、不准确；

（6）建议脱离结论，没有针对问题。

8.3.6 重点部分评析：列数据表、分析、结论

案例8.21　期刊实证文摘要的写法

实证文摘要的写法与纯理论文摘要写法最大的不同是，实证报告必须将结论表述在摘要中，如《中国高校师生求真、求善、求美意识调查分析》（非最终刊登稿）[①]

【摘要】：真善美是人类认识世界、把握世界的方式和目标，是人类永恒的价值追求。求真、求善、求美是人文精神的核心。本研究立足于"中国公民人文素质调查"

① 冯莉，徐强. 中国高校师生求真、求善、求美意识调查分析[J]. 高教发展与评估，2006(6).（指导教师赵伶俐）

(项目)，对中国大陆31个省、自治区、直辖市的2232名高校教师和大学生的求真、求善、求美意识进行调查分析，结果表明：(1) 高校师生整体求真意识显著不高 ($P>0.05$)，但有群体差异；(2) 高校师生表现出相比求真较高的与群体特点基本吻合的“求善”意识 ($P<0.05$)；(3) 高校师生整体求美意识差，高校教师的求美意识显著低于大学生 ($P>0.05$)；(4) 高校师生的求真、求善、求美意识一致性不高 ($R<0.2$)。在调查结果的基础上，提出了相应对策。

关键词：求真，求善，求美，高校师生

案例8.21评析：(1) 这是本案例文章在正式发表前的文稿（论文提交时的“摘要”，可以作为人文社会科学教育类实证文“摘要”的一个标准模式。遗憾的是，正式发文中将前面两句关于研究的立意和项目基础删除了；且将括号及检验的显著性也删除了。）(2) 实证文的结论是实证研究最为重要的构成部分，换句话说，做了较长时间艰辛的实验或实证，最后就是要得到假设是否被证明了的结论。因此，“结论”在全文最后要明确和按规范写出，并要成为“摘要”的主要内容。(3) 写“结论”要符合统计学的规范（是否“显著”的检验和表述），且在研究和正式行文中有相应数据检验。

案例8.21建议：(1) 最后要补充高校师生为什么需要真、善、美，但其意识差即不协调的原因推测，然后再提出相应对策，这样更周全。(2) 揭示数据背后的原因或实质，需要一定程度的理论支持，这需要阅读相当的专业理论著述，或者更高的哲学理论思考，方能达到。因此，实证也不能脱离理论，甚至更需要理论支撑才更具说服力。

案例8.22　调查维度与统计分析的关系

《文科专业应用性调查设计》，理应从“文科专业应用性”这一核心概念（变量）的定义及关键词中析出维度；但此调查是通过访谈和问卷调查而获得的“文科应用性”6个一级维度和20个二级维度，并进行了方差齐性检验，这也是获得调查维度和项目的一种常用方法。

经过访谈、相关研究以及问卷调查，本研究确定的文科专业应用性的评价维度体系包括6个一级维度，20个二级维度（案例8.22表1）。

案例8.22表1 文科专业应用性调查维度与项目

一级维度		二级维度（项目）	
1	就业难易程度	1	获得初次就业机会的总费用
		2	获得初次就业机会的时间
		3	获得初次就业机会申请的单位数量
2	就业结构	4	就业区域结构
		5	就业行业结构
		6	工作与专业相关度
3	就业质量	7	薪资福利
		8	工作稳定性
		9	工作环境
		10	创新现状满意度
4	适应状况	11	岗位适应时间
		12	知识适用程度
		13	能力适用程度
		14	素质适应程度
5	发展前景	15	职位晋升情况
		16	薪资福利情况
		17	获得培训情况
		18	职业发展满意度
6	转换能力	19	适应不同工作岗位的迁移能力
		20	再次求职的竞争力

对文科与理科、工科在6个维度上的差异进行方差分析的结果（案例8.22表2）。

案例8.22表2 方差齐性检验表

	Levene Startistic	df1	df2	sig.
就业难度均分	11.823	2	730	0.000
就业结构均分	12.446	2	730	0.000
就业质量均分	2.098	2	729	0.123
适应状况均分	1.181	2	730	0.308
发展前景均分	0.329	2	730	0.720
转换能力均分	0.228	2	730	0.796
应用性程度均分	2.310	2	729	0.100

本研究以就业难易程度、就业结构、就业质量、适应状况、发展前景、转换能力和社会认可度等7个方面对“文科专业应用性”进行了问卷调查，调查结果显示（案例8.22表3）：

案例8.22表3　文科专业应用性一级维度调查结果

选择项	教师(93人)		毕业生(96人)		用人单位(98人)		合计(287人)	
	频数	百分比/%	频数	百分比/%	频数	百分比/%	频数	百分比/%
A.就业难易程度	71	76	60	63	64	65	195	68
B.就业结构	57	61	61	64	55	56	173	60
C.就业质量	55	59	69	72	71	72	195	68
D.适应状况	73	78	83	86	78	80	234	82
E.发展前景	58	62	82	85	77	79	217	76
F.转换能力	74	80	70	73	63	64	207	72
G.社会认可度	41	44	46	48	50	51	137	48

案例8.22评析：（1）一般来说调查问卷和项目的设计依据有二：一是来自核心概念（变量）的定义及关键词（一个关键词一个维度）；二是来自预调查或访谈归纳（因素分析）所得。但无论从哪种方式获得的调查问卷维度，都必须与核心概念的操作性定义（参见第3章核心概念定义）完全契合，这也称为理论效度。（2）本案例采用的是第二种预调查/访谈归纳获得了6大一级维度和20个二级维度（项目），但是这六大维度与论文“文科专业应用性”这一核心概念（变量）的定义，却不相符合。这是该调查设计最大的逻辑问题，因此会导致所收集的数据的统计结果缺乏信度（图8-5）。

案例8.22建议：（1）调查“文科专业应用性”定义，与调查访谈结果相匹配。（2）对调查结果的百分比数据（案例8.22表3），补充进行t检验，得出案例8.22表4的结论。

案例8.22表4　文科与理工科在6个维度上的得分表

		N	Mean	SD	t
就业难度均分	文科	562	3.6791	0.89454	−5.999**
	理工科	171	4.0663	0.68468	
就业结构均分	文科	562	3.2509	1.18070	−8.167**
	理工科	171	4.0058	1.01844	
就业质量均分	文科	562	3.7094	0.67651	−2.367**
	理工科	170	3.8471	0.62293	
适应状况均分	文科	562	3.3808	0.70691	−4.933**
	理工科	171	3.6754	0.60208	
发展前景均分	文科	562	3.1250	0.68115	−3.445**
	理工科	171	3.3275	0.64585	
转换能力均分	文科	562	3.4045	0.55699	−11.604**
	理工科	171	3.9747	0.58074	
应用性程度均分	文科	562	3.4053	0.48052	−9.169**
	理工科	171	3.7770	0.40011	

注：*＜0.05，**＜0.01

案例8.22再评析：（1）案例8.22表3所示的“文科专业应用性”调查的数据分析结果，因为没有做统计检验，所以，所得结果只能做参考，不能下科学结论。（2）案例8.22表4所示“文科专业应用性”调查结果，即与理工科相比6个维度的得分经过了*t*检验，证明文科专业应用性的各维度均比理工科显著低（$P<0.01$），因此，所得结论是科学的。

案例8.22再建议：（1）对调查或其他实证研究所得数据，必须通过统计检验，方可下结论。（2）通过检验得到的结论，在表述方式上有严格规定。如有显著差异（$P<0.05$；或$P<0.01$；或$P<0.001$）或有显著一致性（*R*系数在0.3—0.99之间，$P<0.05$或$P<0.01$或$P<0.001$）等。（3）从数据收集处理、检验到结论表述，是需要反复训练方可获得的能力。

案例8.23　数据表格与数据图的呼应

有调查数据表明，我国高等教育从1999年扩招开始到2015年，每年高校招生人数以平均36.44万人递增，同时生均经费、硬件投入、专业门类、结构与规模也呈逐年增长趋势。仅从2010年到2015年看，普通高校生均经费、高等教育经费投入、高等教育在学总规模和普通高等学校数等四项指标，也都呈现逐渐上升的趋势（图1），同时毛入学率也逐步递增（图2）：

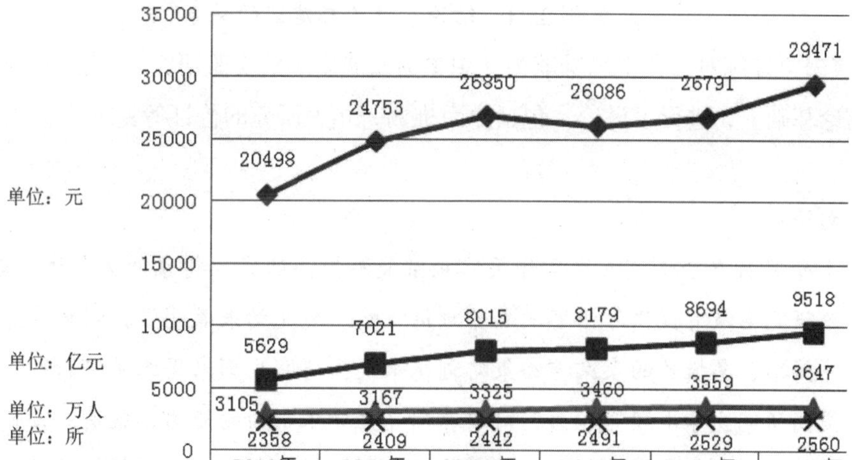

	2010年	2011年	2012年	2013年	2014年	2015年
普通高校生均经费（元）	20498	24753	26850	26086	26791	29471
高等教育经费投入（亿元）	5629	7021	8015	8179	8694	9518
高等教育在学总规模（万人）	3105	3167	3325	3460	3559	3647
普通高等学校数（所）	2358	2409	2442	2491	2529	2560

【案例8.23图1】2010—2015全国高等教育四项指标发展趋势图

注：数据源于教育部网站:《图说高等教育改革发展成就》

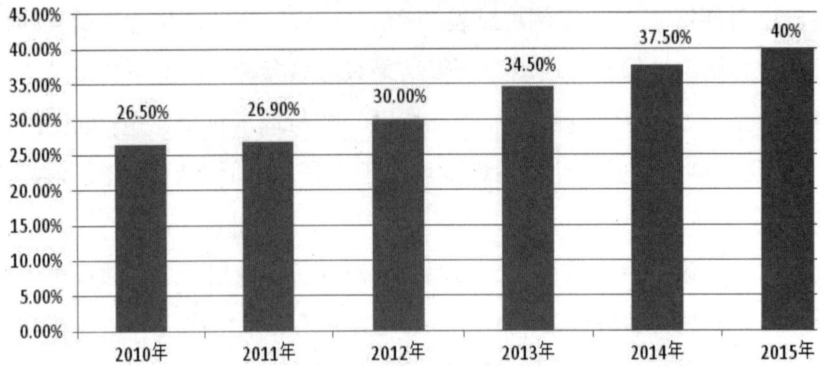

【案例8.23图2】2010—2015年全国高等教育毛入学率

注：数据来源于教育部网站:《图说高等教育改革发展成就》

案例8.23评析：(1）图1和图2，都是数据表和图形统一的表述，可以准确且直观地反映事物的变化趋势和各个阶段上的状况。(2）这是实证文常用的方法。特别要注意的是数据与图形的对应关系，以及论文中语言表述与数据和图形的呼应关系。

案例8.23建议：(1）数据的折线图（图1）和直方图（图2）是在小学数学中就已经学过的统计图，只要用心去做，一点儿不难。(2）看见一连串数据，就要习惯性地考虑到用数据表和图形去表述。仅用文字叙述，烦琐且不直观。

案例8.24　结论、讨论与建议的关系

《表象训练对研究生思维能力和想象力发展影响的实验研究》，得到两条结论，并在结论基础上，进行了讨论，包括原因推测，相关研究的佐证等：

讨论：

本研究旨在验证“表象重组策略训练能够提高研究生想象能力”这一理论假设，同时给研究生教育提供可借鉴的思维训练策略。研究结果表明了，对研究生进行基本的程序简单、易操作的表象重组策略训练来提高研究生形象思维是可行的。研究生教育要提高研究生学术研究能力，要培养研究生学术创新的能力，就有必要提高研究生的思维能力，而表象思维（或者说形象思维）是想象力和创新思维不可缺少的因素之一。同时，想象力所要求的流畅性、合理性、奇特性和变通性也都是进行创新活动所必不可少的思维要求，这些在思维训练过程中得到提高的思维品质必将会在学术活动中体现出来。因此提高想象力是提高研究生的学术创新能力的基础，而且两者同等重要。

结论：

表象重组训练对研究生想象力发展总体有极显著影响（$P<0.001$），且对想象力的“流畅性”、“合理性”、“变通性”、“奇异性”和“审美性”等五个指标的提高，也都有很显著作用（$P<0.01$）。

对策：

表象重组策略训练前后表象加工改造能力的变化使我们对教育中普遍存在的策略缺失问题有了更为深刻的认识。何为策略？即有效的，能够加以操作的方法。“应用想象创造，首先要选择信息起点，即在哪方面或者哪个问题上进行想象”，这时就需要策略；即使是给定了材料，在此基础上能进行哪个方面的创造、如何进行，这时也同样需要策略。而教育中通常出现的只是表象重组策略训练前进行的关于表象重组内涵的讲解，而如何操作却只字不提。没有策略，即使明白了其内在含义，同样无所依从。因此策略提供的不仅仅是可供复制的操作方法，在提高想象力的同时也打开了思维的视野。“我们得承认历史上做出过知识创新的科学家无不具有丰富的想象力。”

案例8.24评析：（1）实证文的结论，应该用一个标准的统计语言和判断句简明地表达出来，标准统计语言就是指包括检验结果的表述，如显著（$P<0.05$）、很显著（$P<0.01$），极其显著（$P<0.001$）等。（2）“讨论”通常是在“结论”之前；“对策”或“建议”必须以三个部分内在关联“结论”为据。

案例8.24建议：根据文中对数据的分析，全文“结论”这样写更佳。本项研究结果分析得出结论：（1）审美表象训练对研究生思维和想象力的总体有极其显著影响（$P<0.001$）；（2）对思维和想象力的流畅性、合理性、变通性、审美性、奇异性等，均有很显著提升（$P<0.01$）。（3）影响程度的大小：合理性>流畅性>审美性>奇异性>变通性。

8.3.7 期刊应用文

应用文，指用一定理论指导实践而获得的研究成果撰写的学术文本。简单说，是用一定理论提炼经验而写成的论文。“应”就是与理论相呼应，相对应之意。

应用文也有大小之分。大应用文，是指应用性学位论文及大型应用性项目研究的成果文本，特点是有较为深厚或系统的理论依据，有丰富经验事实，是严格按照大论文学术规范撰写的，对经验进行归纳、提炼或应用而撰写的论文。包括专业学位研究生和博士生（如教育专业硕士、博士；农学专业硕士、博士；医学专业硕士、博士；艺术专业硕士、博士。有时简称“专硕”“专博”）的学位论文，都提倡应用性学术文本。

另一类是小应用文，特指发表在期刊上直接针对实践中存在的某个具体问题，在一定理论指导下进行研究，且遵循学术规范撰写出来的学术论文。篇幅通常2500—5000字。最适合实践一线研究者，例如教育领域的教研员、中小幼教师、教育教学管理者等。

没有任何理论支持和不遵守学术规范撰写的“经验论文”，属于经验总结或工作报告，学术含量很低甚至为无，因此不属于学术论文。

期刊应用文的基本框架与大应用文（学位论文）本质和主要思路相当，但容量小很多，写作起来也容易许多。但对于理论学习不足的实践者来说，也有不小的困难。期刊应用文一般格式要求不严，但思维和内容逻辑也有基本框架，如图8-8：

标题：×××（要切实，忌大而泛而空）

1.提出问题	（可直接提问，也可以案例提问）
2.确立论点与核心概念	（针对问题提出论点，定义核心概念，提出理论依据等）
3.据核心概念或理论导出解决问题方略	（办法、策略、模式）
4.问题解决的效果	（事实证明、案例证明、数据证明）
5.结语	（价值、价值拓展、新问题等）

【图8-8】期刊应用文基本思路与内容结构

小应用文在写作格式上，虽然没有太严格规定。但目前已有一些应用性期刊开始有如学术性论文的“摘要”“关键词”的要求，“参考文献”也规范了许多。期刊应用文内容有专门的要求：立足实践问题，依据一定理论（阅读理解经典理论十分重要），提出解决问题的办法，并用一定事实、案例如数据证明解决了问题，或者一定程度上解决了问题。**基本标准是：**问题要明确，理论要对路（同样需要严格注释），解决问题的方法有独特的创意和可操作性，如果还有确凿证据，或者通过小调查、小测量、小实验获得了数据和统计分析结果，那就是一篇优质的应用文。例如用某种理论结合经验而创建的教学模式去教学（x），学生成绩（y）有了显著提高（$P<0.05$），并按照规范撰写成文，那就是一篇优质的应用性实证教研论文。

案例8.25　针对实践问题，凭理论依据写应用文

对中国教育来说，一种政策，一种说法影响巨大。由教育部考试中心颁布的2019年全国统考总纲和9门科目考试大纲，各媒体和网站旋即出现了来自媒体、公司、社会培训机构的解读、辅导、指南，且说法不一。这无疑也是导致学生学习路向错误，效率不高的重要原因。及时抓住这些问题，对应理论分析，撰写成文以正视听，是应用性研究者的责任、价值和优势所在。为了较完整展示应用文样态，同时也尽量节约篇幅，以下全文有删减：

理性思维与鉴赏评价的有机统一

——从2019高考语文大纲，看中小学语文教学改革指向①

高考大纲，是高考命题的规范性文件和标准，是考试评价、复习备考的依据，更是各级教学重心调整和改革的指挥棒。教育部考试中心于2019年2月2日发布了2019年高考全国统考大纲，包括语文、数学、外语、物理、化学、生物、思想政治、历史、地理等9大学科考试的目标（考试目标与要求）与基本知识内容（考试范围与要求）等。各媒体和网站旋即出现了五花八门的解读、辅导、指南。

…………

本文有5000多字，发表在《江苏教育》2019年第25期上，根据杂志社调查，反响很好。在此仅将全文的最后一个段落“问题的解决”登出。读者有兴趣可在网上检索全文。

问题的解决，最后归结到职前职后教师教育体系乃至培训体系的系统改革上。仅从“理性思维”与“审美鉴赏”统一这个角度，职前职后语文教师培养培训系统中，都要明确补充如下课程或教学内容：（1）逻辑学，解决什么是理性思维与逻辑，理性思维与语言（和书面语言）的关系问题；（2）语文教材的逻辑结构分析，解决所有课文、语文知识、知识单元包括逻辑知识单元之间的内在逻辑联系问题；（3）美、美育与语文教学，解决语言文章的美及与学校美育之间的关系，语文教学的内在逻辑美和外在形式美的有机统一问题；（4）语文有效教学法，解决如何让语文教师在坚持“以德树人”价值取向基础上，具备使学生理性思维力与审美鉴赏力交融发展的精准精美、有效高效的教学方法。

案例8.25评析：（1）本文在2019年1月30日高考大纲发出10天后写成。论文开端直接以某名师对新颁布的高考大纲中语文大纲的解读为案例，提出问题（案例提问

---

① 赵伶俐. 理性思维与鉴赏评价的有机统一[J]. 江苏教育，2019(25).

法），用“语言是思维的外壳”，“理性思维与鉴赏评价”或者“逻辑与审美”是有机统一的理论，或用语言学、逻辑学和美学理论，对这一现实问题进行分析和解释，对优点和缺点（问题）逐一揭示和判定。重点针对其中如重视理性思维，让学生考前赶紧训练自己的理性思维，并告诫大家不要像过去那样重视鉴赏评价等说法，给予纠正。（2）论文本发表（4月）后，受到一线教研人员和教师的很好反馈，这就是应用性论文应有的作用和学者的责任。

案例8.25建议：（1）目前学术界有一种不便言说的潜规则，在应用性期刊上发表的应用性论文，不被认可也算是学术成果。但是，学术研究的目的是追求真理和用真理解决实际问题。正是在实际中发现了问题，力图去解释和解决这些问题，真理才能被证实是真理，真理才会为现实服务并得到现实的检验。（2）因此，硕博研究生在读期间，不应该总是为了功利目的去写空洞的论文，没有深厚的理论功底（阅读大量理论著述和对这些理论深透的综合的理解）发表不了。即使发表了也难有理论价值，对实践也没有意义。建议在研博学习期间，也学习写一些应用文，特别能训练发现问题、提出问题、用理论分析问题和提出解决问题办法的能力，这也是学位论文撰写非常重要的基础。

案例8.26　思维逻辑训练：理论与模式创新

计算机课程，是中小学各科教学与信息化、智能深度融合的最前沿领域。然其本身就面临着学生思维混沌，逻辑不清，理解和作业普遍感到困难等难以突破的瓶颈。某中学计算机教师莫婷认为，计算机课程与教学本身就应该借助知识本身的结构，结合智能化技术，对学生进行理性思维训练和提升其逻辑思维水平。那么，具体该如何去做呢？她阅读了有关理论后写道：

理论基础

程序教学是美国心理学家斯金纳1953年提出来的一种提升学生学习效果的教学理论。指程序编制者根据学习者学习过程发展的特点设想，把教材分解为许多小的项目，按一定的顺序加以排列，以填空或选择的问答方式等通过程序教材或教学机器呈现出来，要求学习者做出反应，然后提供正确答案以便核对。他编写了相应的程序教材，根据知识点相互结构关系，以及学生接受加工信息的思维过程，来分解、仔细安排和组织教材序列。有三种不同模式（如案例8.26图1）：

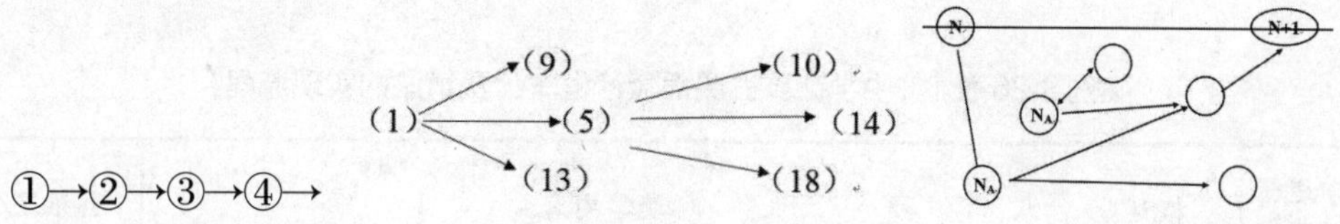

（1）直线式程序模式图　　（2）分支程序模式图　　（3）莫菲尔德体系模式图

【案例8.26图1】美国斯金纳“程序教学”和“程序教材”的三种模式

为快速准确判断学生学习的正确性，并提供及时反馈，斯金纳还创制了相应的程序教学机器。这应该就是早期的“人工智能教学”。

赵伶俐提出了“视点结构教学”（英文缩写：TVS，2002）。并解释说，程序教学的“程序”，其实就是理性思维逻辑的结构和知识之间的大小结构关系；每一小项都可以看成是理性思维的一个一个步骤；知识的一个一个“点”或知识小“点”，这些步骤点和知识点相互对应，并按一定逻辑顺序加以排列便是“结构”。“视点结构教学”（TVS），即指以一个清晰的点为起始，根据内在逻辑关系而延点成线，延线成面，延面为体的基本理论思想和系统架构；由视点结构教学理论浓缩而形成的教学内在各因素各环节的较为稳定的逻辑结构和过程，称为“视点结构教学基本模式”①（赵伶俐，2002），同时提出了视点结构教学逻辑与美感的结合，提出了A-TVS。并提出了视点结构教学在各个学科教学中的通用逻辑步骤：

导入：案例；新旧知识联系（相关概念），复习、提示、结构

揭示：新概念（视点）、定义、关键词分解、举例

强化：新例、反复训练、肯定或矫正

延伸：概念组合、定律、定律分解、结构、定律训练，肯定或矫正

检测：课堂作业；课外作业；概念与定律理解检测；应用检测

回归：新知识；作业批改点评、反馈、学生讨论、归纳

上述TVS模式，使得斯金纳所言的“程序”不仅是思维和知识结构，且是以思维逻辑起点和知识逻辑起点一以贯之构成的教师教学与学生学习的多维体系。两种理论有机联系起来，并结合目前一些智能化新技术，对中学计算机课程的教学进行相应改造，合并提出了“新程序教学”概念与模式。

新程序教学法案例

第一，对计算机课程的知识与教学内容和目标，进行全局规划。

第二，是每节课堂教学设计：基于知识点（视点），内容与教学结构化。如以《计程车计费算法的实现流程》为例，逻辑程序是TVS模式（案例8.26表1）：

---

① 赵伶俐. 视点结构教学技术原理[M]. 上海：百家出版社，2002.

案例8.26表1　中学计算机课程《计程车计费算法的实现流程》

教学逻辑（环节）	概述	教学内容	思维逻辑
导入（案例）	展示图片引发思考	1. 展示清洁、建筑、购物三方面信息技术给我们的生活带来的变化，引导学生一起讨论信息技术的重要性 2. 提出问题：(1)信息技术改变我们的生活，还有哪些方面？(2)是谁赋予计算机如此强大的功能？(3)人们是怎样将这些功能赋予计算机的？	从生活实际引入知识
揭示（案例）	概念讲解	1. 程序：事情进行的步骤、次序。例：早上起床顺序（顺序不唯一） 2. 计算机程序：为解决问题编写的一系列机器指令(逻辑和顺序) 3. 算法：解决问题的具体方法，方法要具体到一系列的步骤。(例：去重庆大剧院) 4. 计算机解决问题的过程：分析问题、设计算法、编写程序、调试运行	视点：算法概念 线：计算机解决问题的逻辑过程
强化（案例）	根据概念内涵（关键词）分析问题	1. 问题。重庆主城区出租车营运价格：(1)起租价：10元/3公里；(2)公里运价，超过3公里后，每公里运价2元；(3)返空费，每车次超过25公里（不含25公里）后，每公里运价3元 2. 分析算法。寻找关键点：两个公里数，3，25(0–3，3–25，>25)，三种收费项目公里数与公里运价的关系。算法最常用的两种方法。 任务一：用语言表达算法	解决问题亲历思维过程训练学生逻辑思维 问题→抽象
延伸（作业）	设计算法	任务二：流程图表达算法 分析问题找出关键点与关系，绘制流程图	抽象→流程
检测（作业）	程序实现	任务三：编辑代码，运行结果， 编写程序，调试运行，显示结果	流程→机器完成
回归（作业）	总结（反馈）	归回与强化重点：1. 本节课的概念； 2. 计算机解决问题的流程； 3. 引导学生理解人类智能(思维为核心)与人工智能(信息加工为核心)之间的关系； 4. 布置作业； 5. 实时反馈：利用希沃教学互动软件，对课堂作业进行智能化评价	面：通过计算机解决问题的流程，归纳用计算机解决生活中问题的普遍方法

【案例8.26图3】回归、反馈与强化：实时掌握学生学习效果，及时评价

通过上述智能化软件的课堂作业环节，即时判断对错，小步骤及时评价学生学习效果，包括知识点概念理解、概念应用于案例，案例（程序设计）分析、思维逻辑、设计步骤与结果等。

“TVS：视点结构教学”是本书系的总称。全书系五本著作（见“书系总序”）都贯有“TVS”，即视点结构教学这一共同要素。视点结构教学（TVS）是TVS哲学的基础研究领域，首先在幼、小、中、大各级教学和多门学科教学中应用，并进行效果实证。下文，是成都大弯小学发表的有关TVS应用于小学教学的一篇应用文：

案例8.27　小学数学视点结构教学（TVS）理论应用文①

在传统观念里，数学教学与审美、与美育似乎相隔甚远，但我们研究发现，审美化视点结构教学与数学擦出了精彩火花。

从一"点"展开一个美丽世界

文｜程　辉　王廷志　赖冬梅

四川省成都市青白江区大弯小学的美育实践已走过20年的发展历程，一步步走向深入。

起初，基于"大美育五圈课程系统"[1]理论，我们在审美教育实践中开设了"综合美育课程"，参与了美育实验教材的编写，通过美育课程培养学生对自然、社会、艺术、科学的综合审美能力。然后，我们在学科中进行美育渗透，挖掘发现各学科中的审美点，进行学科审美教育。

在新一轮课程改革的背景下，我们开始用审美化的思维去审视学校的课程建设，借鉴视点结构教学等多种理论，搭建了大弯小学独有的美育课程体系，实现了从单一美育实验到学科审美渗透，再到基于视点的审美化教学的又一次跨越。

有逻辑地形成一个由点出发、层层展开的跨学科知识"结构"

大弯小学的办学理念体现了两个"一以贯之"：第一是将美育渗透学校教育的全过程；第二是以"视点结构教学"思维贯穿整个学校课程建设。在以往的美育课程建构探索中，最大的问题是很难在不同圈层课程内容中找到内在逻辑联系，让课程与课程之间建立有机联系，形成一定序列，持续推进美育教学。视点结构教学则解决了这一难题。

视点结构教学指"以一个清晰的点为基点（视点），将客观事物普遍联系（结构）移入学生大脑，形成相应知识架构和思维方式的教学。"[2]视点结构教学的最终目标是让学生"由'视点'向学科内部和其他学科的相关知识点延伸，就会有逻辑地形成一个由点出发、层层展开的跨学科知识'结构'，从而形成一个广阔的、开放的知识视野和思维视野"。因此，我们把这种基本的思维贯穿于整个"一体三维"的美育系统课程建设之中，最终达到"大幅度提高教学质量，减轻学习负担，使师生身心愉悦的一种教育思想、理论、操作模式"[3]的审美化教学境界。

2013年，我校对学科课程进行了视点结构教学培训与操作，重点选取语文与数学学科进行改革试点。我们对课堂备课、教学设计、教学操作和教学评价等各个环节都进行了审美化视点结构教学技术培训，让"视点结构"理论、结构化、审美化的思维方式深刻融入教学设计之中。当前，我校学科教学的课堂备课、教学设计、教学操作基本形成了基于视点的"导入、揭示、强化、延伸、检测、回归"六环节教学常模。

在此基础上，学校还鼓励教师们按照"视点结构教学六环节+"的思路再去创生新的内容，让这种基本模式更具适用性和有效性。教

① 程辉，王廷志，赖冬梅. 从一点展开一个美丽世界[J]. 人民教育，2015(15).

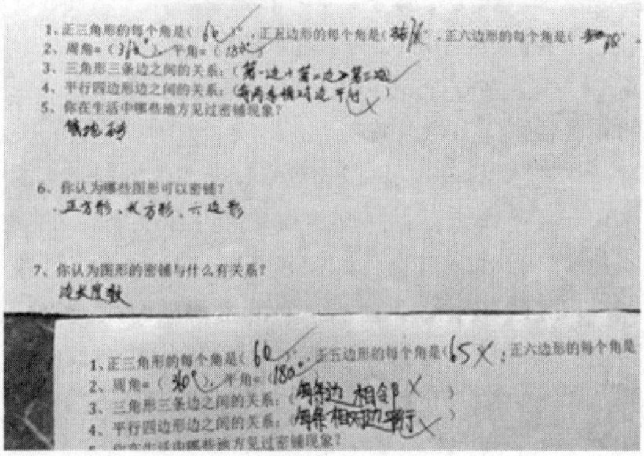

教师通过前测充分了解学生知识视点的经验状况

师们普遍反映，这样的教学模式可以大大改善教学思路，提升教学有效性，特别是在对待问题的思维方式上，是一次全新的革命。在后续工作中，我们还将利用视点结构教学思维推进课堂教学指标检测与评价的研究。

将长期以来隐性的学习思维逻辑美显性化

在传统观念里，数学教学与审美、与美育似乎相隔甚远。但我们研究发现，审美化视点结构教学与数学教学擦出了精彩火花。例如，在北师大版教材四年级下册《密铺》一课的教学中，我们运用"审美化视点结构6+1教学模式"（6个环节+1个数学方法），实现数学知识结构的和谐美、数学思维的逻辑美、数学方法的统一美和数学表述的简洁美。具体操作过程如下：

教师在课前对学生进行前测，充分了解学生知识视点的经验状态，确定"密铺的概念"为知识视点，"多边形的内角和"为相关视点。

前测结果如表1所示。

教学第一环节"视点导入"，指向教学目标——通过微课《密铺》的播放，将学生已有"密铺"的生活经验认识，转化为数学知识，整个环节也充分体现了数学从自我经验到抽象再认识的逻辑过程。

第二环节"视点揭示"，接近教学目标——通过一系列同一种图形的密铺和图形无法密铺的图片展示，学生进行分析判断，逐步让学生将"密铺"的概念归纳为三要素：无缝隙、不重叠、能成片。整个揭示过程就是一个知识信息的整理和提炼过程，而这些知识信息的展示都是运用生活中漂亮的图案，在美中寻找数学的信息，最终让学生感受到数学概念的简洁美。

第三环节"视点强化"，逼近教学目标——教师给出指定的六种不同图形，学生以小组活动为载体，动手操作密铺过程，发现哪些图形能密铺，哪些图形不能密铺，并用简洁、准确的数学语言表述出来。在展示汇报中，学生往往会在"任意四边形是否能密铺"这个问题上产生矛盾点，引起质疑。教师引导学生通过猜测、验证、交流、质疑、反思的数学化过程，探究出密铺和角、边的联系，总结出方法，形成学生数学

第八章 论文

表1

	1	2	3	4	5	6	7
正确率	92.8%	88.9%	89%	86%	92%	46%	11%
分析	这一类型的题目学生掌握情况较好，对于本节课的学习已具有较好的知识基础。				5：回答瓷砖、铺砖、游泳池、天花板、地板。说明学生对密铺的直观经验是较为充足的，但是他们所见到的密铺图形，方式较为单一。 6：回答正方形、长方形的学生较多，还有部分学生认为三角形、正六边形、正八边形、平行四边形也能密铺。说明学生对于哪些图形能够密铺是靠直观感觉。 7：完成率较差，只有3名学生认为与角有关，9名学生认为与边有关，更多的学生无法回答。说明学生对于密铺的诀窍基本不知道。		
措施	学生已有的知识经验能够解决本节课的学习内容，所以本节课应该给予学生充分交流、质疑、反思的空间，体现学生数学探究过程中思维的逻辑美。				本节课的教学重点需要解决知识视点"什么是密铺"，并运用这一视点探究哪些图形能够密铺，再运用"多边形内角和"这一视点解决密铺的诀窍这一难点。		

探究方法的模型，达到对视点由感性到理性的强化认识。

而这一环节的教学过程则充分体现了探究思维之美：对未知事物的探究是从发现问题、提出问题、分析问题、解决问题的层层递进。学生认知过程从直观的动手操作入手，通过漂亮的学习素材创造、和谐的小组合作学习、简洁的数学语言表述、抽象的知识提取过程、矛盾和质疑的凸显、反思后的思维发展，将整节课推入了美的境界。

第四环节“视点延伸”，拓展教学目标——以正五边形不能密铺为素材，延伸介绍多种图形的密铺，将视点由一个图形的密铺提升为多种图形的密铺，建立起前后期知识间的联系，搭建知识结构。教师调取相关知识素材，让学生走出课堂中的密铺，走进密铺的历史和文化，了解密铺在生活中的运用，感受密铺在艺术领域的魅力，建立数学与艺术的联系，提升对美的欣赏水平。

第五环节“视点回归”，整合教学目标——利用教学板书，通过学生的交流、反思、总结，经由教师引导性语言的提炼，在板书中展现知识探究的过程，发现知识间的关系，完成整合，整个课堂体现出数学知识结构的和谐美。而在此过程中教师的板书也能向学生展示出图形与文字的搭配美。

第六环节“视点检测”，教学目标的评价——运用后测题单的方式，让学生完成与本课视点相关的题目，教师再将后测数据和前测数据进行对比测算出学生达成度，检验教学效果。在此完成一个学习的完整过程，此过程在其他数学知识点的学习中具有可迁移性。

在这个教学设计中，六个环节围绕“密铺”这一视点循序渐进，以“猜测、验证、交流、质疑、反思”的数学探究方法发展学生的数学能力，在达到新课标“三维目标”的同时，实现美育目标。正是有了这种逻辑性极强的环节组合，使学习的资源随时生成，资源开放且可编辑，将长期以来隐性的数学学习思维逻辑美显性化，并加以更多形式的体现和解读。

（作者单位系四川省成都市青白江区大弯小学）

责任编辑　冀晓萍

参考文献：

[1] 赵伶俐主编．大美育系统论．重庆：西南师范大学出版社，1996.

[2] 赵伶俐著．视点结构教学技术原理．上海：百家出版社，2002：39.

[3] 赵伶俐等主编．审美化教学原理与实践．长春：吉林人民出版社，2000;35.

案例8.27评析：（1）本文简明提出了视点结构教学（TVS）理论来源（赵伶俐《视点结构教学技术原理》2002等），以及该校应用其进行小学数学课程与教学系统改革的概况。然后根据视点结构教学（TVS）的逻辑环节，详述了如何对数学知识进行视点提炼，如何以重要数学知识视点（亦即教学重点）为逻辑起点，重建小学数学课程知识和教学体系；以具体教学案例表述了TVS的实施过程，且对学生学习成绩的提升，有数据统计和实证。（2）这是一篇质量较高的小应用兼实证文，且有比较规范的注释。（3）但是全文缺问题的提出，或提出一个明确的需要解决的问题；图表的显示，还不规范。

案例8.27建议：（1）写好一篇应用性兼实证的小论文，除了经验与理论外，还需要一个相当时间与过程的小实证研究，才能完成。其是学者综合能力训练的很好路径。(2)以此类推，可以应用视点结构教学理论（TVS）或其他理论，对小学、中学的语文等文科课程、数理化生等理科课程、音乐和美术等艺术课程及其教学，进行研究、改造、重组；并用学生成绩的变化，为该理论的应用效率和价值提供实证。

8.3.8 课题故事

课题故事指将学术研究过程中经历的各种事件和细节，用生动语言记录下来的一种学术文本。这种文本，内容直接与研究活动相关，形式随意，语言却比较日常化，具有较高可读性。无论是杰出的科学家，还是硕士、博士研究生，还是实践一线的探索者例如基础教育的教师们，只要是真正投入过学术研究的真实过程的，都会有各种独特且生动有趣的经历。将之写成文本，是真实而生动的研究者成长和学术探索过程与思想的记录，也是实实在在的课题证据，可反映学术活动过程，彰显学术精神，呈现学术成果形成过程和细节，也是对学术研究经历的纪念。

这样的学术文本成果，似乎很难得到正式承认，被认为没有什么学术含量，因此常常作为“科学家的逸闻趣事”，或茶余饭后的学术趣谈或“花边新闻”而存在。事实上，正是这些活生生的课题故事，才使得学术研究具有了日常生活气息，才充满了追求真理的风趣、乐趣和诱惑力，也为很抽象的学术成果增添了几分感性色彩和可理解性。

案例8.28　DNA的发现和建模的过程

遗传分子DNA的发现，不仅让生物学家发现了人类遗传及许多性状和病理存在的奥秘，还将整个生物学推进到了分子层面，创建了分子生物学这门新兴的生物学基础学科。但DNA的发现过程都充满了想象力和浪漫色彩：

1951年11月，沃森听了富兰克林关于DNA结构的较详细的报告后，深受启发，具有一定晶体结构分析知识的沃森和克里克认识到，要想很快建立DNA结构模型，只能利用别人的分析数据。他们很快就提出了一个三股螺旋的DNA结构的设想。1951年底，他们请威尔金斯和富兰克林来讨论这个模型时，富兰克林指出他们把DNA的含水量少算了一半，于是第一次设立的模型宣告失败。

有一天，沃森又到国王学院威尔金斯实验室，威尔金斯拿出一张富兰克林最近拍制的“B型”DNA的X射线衍射的照片。沃森一看照片，立刻兴奋起来、心跳也加快了，因为这种图像比以前得到的“A型”简单得多，只要稍稍看一下“B型”的X射线衍射照片，再经简单计算，就能确定DNA分子内多核苷酸链的数目了。

克里克请数学家帮助计算，结果表明嘌呤有吸引嘧啶的趋势。他们根据这一结果和从查加夫处得到的核酸的两个嘌呤和两个嘧啶数量两两相等的结果，形成了碱基配对的概念。

他们苦苦地思索4种碱基的排列顺序，一次又一次地在纸上画碱基结构式，摆弄模型，一次次地提出假设，又一次次地推翻自己的假设。

有一次，沃森又在按照自己的设想摆弄模型，他把碱基移来移去寻找各种配对的可能性。突然，他发现由两个氢键连接的腺嘌呤—胸腺嘧啶对竟然和由3个氢键连接的鸟嘌呤—胞嘧啶对有着相同的形状，于是精神为之大振。因为嘌呤的数目为什么和嘧啶数目完全相同这个谜就要被解开了。查加夫规律也就一下子成了DNA双螺旋结构的必然结果。因此，一条链如何作为模板合成另一条互补碱基顺序的链也就不难想象了。那么，两条链的骨架一定是方向相反的。

经过沃森和克里克紧张连续的工作，很快就完成了DNA金属模型的组装。从这模型中看到，DNA由两条核苷酸链组成，它们沿着中心轴以相反方向相互缠绕在一起，很像一座螺旋形的楼梯，两侧扶手是两条多核苷酸链的糖–磷基团交替结合的骨架，而踏板就是碱基对。由于缺乏准确的X射线资料，他们还不敢断定模型是完全正确的。

富兰克林下一步的科学方法就是把根据这个模型预测出的衍射图与X射线的实验数据做一番认真的比较。他们请来了威尔金斯。不到两天工夫，威尔金斯和富兰克林就用X射线数据分析证实了双螺旋结构模型是正确的，并写了两篇实验报告同时发表在英国《自然》杂志上。

1953年4月25日，英国的《自然》杂志刊登了美国的沃森和英国的克里克在英国剑桥大学合作的研究成果：DNA双螺旋结构的分子模型。这一成果后来被誉为20世纪以来生物学方面最伟大的发现，标志着分子生物学的诞生。

1962年，沃森、克里克和威尔金斯获得了诺贝尔医学或生理学奖，而富兰克林因患癌症于1958年病逝而未被授予该奖。

案例8.28评析：诺贝尔奖获得者J.D.沃森，以其亲身经历，记叙了怎样发现DNA双螺旋结构的过程，撰写了《双螺旋——发现DNA结构的故事》[①]。这本英文影印版的典藏版“故事书”，由中科院研究员吴家睿教授中文评点导读。上述关于DNA建模过程的内容，有科学知识、科学思维与工作方法，且有动人的故事情节和细节，文笔流畅，通俗易懂，引人入胜。浙江人民出版社2017年出版了《双螺旋》（插图注释本）[②]，作者沃森还专门为中国读者写了一封信，称“这本书讲述了60多年前我和弗

① J.D.沃森. 双螺旋——发现DNA结构的故事[M]. 北京：科学出版社，2006.

② 詹姆斯·沃森. 双螺旋[M]. 贾拥民，译. 杭州：浙江人民出版社，2017.

朗西斯·克里克发现DNA双螺旋结构的故事”，不是以严肃的科学论文形式，而是用生动活泼的故事方式讲述这一伟大的科学发现，别具一格。它更采用图文并茂的手法，表述了这一开创了生命科学新纪元的伟大科学成果，以及多学科领域科学家们联合探索生命最小单位和结构的伟大科学精神与过程和细节。它催生了分子生物学，引发了生物科学各分支学科的革命，被誉为达尔文进化论以后又一无与伦比的生物学发展里程碑。

案例8.28建议：(1) 其实，任何科学探索的过程本身，都是真切而生动的。看牛顿发现万有引力、爱因斯坦发现相对论、狄拉克发现量子运动规律、杨振宇和李政道发现宇称不守恒定律，都经历了这样生动的过程。从某种意义上，科学故事，比严肃、一丝不苟的学术论文，更能引发起人们探索真理的欲望，使各学科的研究者和学习者，阅读后都会受益匪浅。(2) 20世纪的微电子技术和DNA生物技术的崛起，两相结合促进了生物信息与技术的发展，这里面的故事更是精彩纷呈，起伏跌宕。继续阅读这些课题故事，或科学故事，或科普故事，一定会产生很多类似阅读专业学术文本对自己的启示。

案例8.29　没有作业的数学课

下面这个关于数学思维训练和素质教育思考的故事，是一位著名学者讲的。这位学者是谁，忘了他的姓名，很遗憾。但是这个故事却被我记下了，与大家分享：

每每谈到素质教育，我就会想起高中时的数学老师和数学课。那是80年代中期，真正的千军万马过“高考”独木桥时代。不管文科、理科，真正挣分或失分的往往在数学科上。一道题做不出来，往往就差别人十几二十分。我在川南一所山区中学读书，那是当年全县唯一的两年制“戴帽高中”，从两年初中到两年高中，但实际上学了六年的内容，还包括高中才从字母学起的英语课八本书，学习压力之大是可想而知的。但高考下来，我们班36人，居然考上了32人。虽然大部分是一般大学，师专甚至中专，但对几乎清一色农家子弟的学校来讲，的确创造了一个奇迹。这奇迹中，最突出的便是有三名同学数学考了98分，其中包括我。现在想来，正是数学课，让我们得到了真正的思维训练。放大了说，就是素质教育。

数学老师姓陈，五十多岁了，由于声带有问题，每堂只能讲十几分钟，而且是坐着讲，也很少板书。他常说，要向四十五分钟要质量。他的数学课不布置作业，晚自习辅导也让给最吃紧的英语。且看他如何教法：在所有科目中，数学是最讲究逻辑推理的；而就中学教材而言，也较少有人说三道四（不像语文）。中学数学课程都有这样的规律：先是定理或公理，再是例题，再是练习，一章之后就会有总复习。陈老师只讲教材，然而这就够了，他用几分钟时间讲定理，尤其是很风趣地讲定理的来历和作用，然后叫大家看例题。几分钟后，抽一个同学起来背着讲例题，如果讲塞了，他就讲，更多的时候，是继续让另一个同学讲，也可以由讲不下去的同学推荐另一个同学讲，或者某同学自荐上去讲，课堂气氛很轻松。人人都在学做老师，锻炼了胆量，训练了口才甚至规范了板书。接下来，他略作评价，就让大家拿出草稿纸做课后的作业。中学数学一般只看答案，只要答案对了，一般都得全分，他从来不改作业，师生都省事。如果有五道习题，他就在黑板上画五个竖格，抽5名学生上来做。同样，做不来的可以推荐其他同学，下面的人也可以自荐。做完了，让大家判断对错。紧接着他开始指导讲解。

他会分析，第1题是定理的直接运用，第2题是例题中条件变了结果，结果变了条件，第3题又是……就这样把前前后后的知识全都串了起来。他还鼓励大家用另一种方法求解。这样一来，每个人都得到了举一反三的思维训练。还用得着做更多的题吗？45分钟，既轻松又紧张，但更愉快。胜者不骄，败者不脸红。学生、教师交融在一种思维的快乐中。

数学课节约了我们的时间，我们才有可能去背历史、地理、政治，才有可能硬生生将外语八本书学完。现在想来，数学课更重要的是锻炼了我的思维，我们学会了思考，也学会了做题。应试技巧，不用讳言，也应该是一种素质教育。

如果我们的老师都能这样探索一下，不仅中学生的书包将明显地变轻。连父母的神经也会轻松些吧!当然，那些出版课外读物的书商们要紧张了。

案例8.29评析：这是一个很生动的数学教学故事。因为，作者带着思考和研究的色彩讲述这个教学故事，因此也就有了一定的学术研究色彩，不再是一个纯经验的故事。

案例8.29建议：（1）实践领域有很多这样的生动甚至很深刻的实践故事，但是如果只停留在经验或经历的层面表述，就大大削弱了它本有的研究价值。不是讲经验故事，而是有经验地讲学术思维和学术探讨的故事。（2）系统收集有关实践案例，并以夹叙夹议的方式用一定理论加以解释，并写成文本，讲学术故事，也能训练自己生动表述学位论文等的能力。

案例8.30　教研员日记：追求教研里的精致

2018年的第28期网络教研今晚11点半结束了。回顾这一期网络教研的全过程，滴滴点点都在我不能用语言说出来的感情里。

那段时间，我脑海中有一句话：我在做课件，我在做课件的路上，我在找修饰课件的人。所以我想：所谓精致，就是不舍地追求；所谓精致，就是不懈地努力；所谓精致，就是想方设法地进步。

从她（韩爱华）的讲座里看到，她在买书，百度，查阅，寻找，我觉得2015年的项城课题群的公众号都被她翻得底朝天。

我真的很感动，这些课题成长之路都是我设计的，可我都已经记不得了。她却条分缕析地分好类，做好整理，给我们展示出来。我们都很清楚，查资料其实是一个很费时间的事情，而她的颈椎经常疼得没办法，却坚持查阅了大量资料，只为给我们分享这次的公益讲座。这就是情怀吧！或者这就是觉悟吧！也许是境界吧！

李凤梅，都说她如同央视主持人，气场很大，每次有重大人物来讲课，或者是重要场合的时候，我都邀请她来主持我们的网络教研活动。本次活动的主持人原本并不是她。我们这个团队最好的精神是，大家的事就是自己的事，从不互相推诿，主持人有事，凤梅说："让我来吧！""让我来吧！"这和"我不行，我有事"相比，可能就是成功和平凡的区别吧！也立马上任，立马出招，立刻行动。拉个群，开始和主角们讨论：个人简介，发言时间，发言顺序，调试要求等环节。除此之外，这背后还有很多工作要做，例如直播发起，音乐候场，主持串词，结束总结，课件转换等。每次活动，主持人是最忙的，因为在这里不仅仅是主持，还是整个活动的导演。我仅仅是策划了活动的创意，她却要撑起整个活动的实施。不仅如此，还有一些突发状况，要她及时救场。在今天这期网络教研的结尾，她用轻音乐伴奏，将自己的课题故事分享出去，这样的创意不是谁都可以设计出来的。成长，我们在成长的路上不停地创新，在创新的过程中，我们在疯长。

案例8.30评析：这是河南省项城市教体局教研室化学教研员胡新颖的一篇微信文。曾经在一次讲座后，她加了我微信。因为讲座太多，课题太多，学生太多，朋友太多，所以我尽量不加微信，尽量不看不回复微信。对她，却有例外，因为她对教学研究的执着精神，感动了我。偶然一天跳到我眼前来一条微信文标题《追求教研的精致》。其中的两个关键词，一个是"教研"，一个是"精致"，一下吸引了我。点开一看，一个地区教研员如此投入、认真地带动和指导教师们做课题，还纪实性写了好多课题过程与细节，让人震撼。

案例8.30建议：于是，给这位教研员回复了一些意见：谢谢胡老师，我已下载你的"课题故事"，并将其压缩一下作为一个课题故事案例植入我的著作《学术思维与写作》第八章中。见你常在微信中发布类似短文，可见你以故事或叙事手法写课题日记，已经是习惯。这使得教师们做课题的过程与细节，真实动人地再现出来，你手中肯定还有很多这样的案例，建议你将老师们的这些真实而生动的课题故事汇集成书，书名就叫《课题故事——学者型教师的成长历程》。

案例8.31　到监狱去做审美教育研究

2016年，本书作者在1991年撰写出版的第一本专著《人生价值的弘扬——当代美育新论》再版了。再版前修订过程中，曾去四川省第二监狱做美育实验的情景立即浮现在眼前，于是，把这段故事补入了再版的“卷首语”中：

“附录”是实验报告，为本书理论提供重要实证，实验对象是21岁左右的大学生和犯罪青年各50位。记得那是在一场大雨后，走在泥泞坑洼的路上，终于看到前面是四川省第二监狱的大门。忐忑不安地拿出介绍信说明来意。监狱管教处负责人的神情，从冷淡到惊异到几分怜悯，终于说“好吧，你想怎么做？”那时我29岁，瘦弱幼稚，却心怀偌大理想，坚信美和美育能调动积极的人生价值观，完善人格，拯救灵魂。要知道，从全监狱犯人中随机抽取50位集中起来讲课，这就破规了；且还是讲美，更让人惊诧。监狱为防不测，还派了荷枪实弹的警卫队守卫在教室四周。这绝对是个超级奇妙的课堂！很遗憾，没能记下那位负责人的名字。想起那时候我们一样年轻的张世君（现济南大学文学院教授，博导）、周世斌（现首都师范大学音乐学院教授，博导）、王洛嘉（后在北方工业大学任美术设计教授，很遗憾已因病逝世）和我一起，一边为在校大学生，一边为青年犯人讲什么是美，以及文学美、美术美、音乐美等，前后在监狱待了3个多月。开课后不久，好多未被选入的犯人纷纷申请要加入；课程结束，监狱特许几位学员代表，带上他们雕塑的一对白色仙鹤，亲自送我回家。

不觉间，二十多年就过去了。时过境迁。庆幸的是理想未变，执着未变。

案例8.31评析：（1）本案例是本书作者所著《人生价值的弘扬——当代美育新论》（1991首版）之2016再版[①]卷首语的第二自然段。（2）二十多年前，那时审美教育还没有得到足够重视，准确说是十分忽视。本书作者作为硕士研究生，在导师刘兆吉教授启发和鼓励下，怀揣美好的东西一定会感动和激励大多数人（包括犯人）向真向善向美的理想，到四川省第二监狱去对犯人讲审美与人生，做“审美教育对青年人生价值观影响的实验研究”。真有不食人间烟火的味道。（3）今天的美育，已明确为“德智体美劳”全面发展教育的组成部分，成为促进人格全面发展、社会全面发展和精神文明建设的重要举措，得到国家高度重视。在大跨度的历史演变进程中，回头看当年学习研究的开端，看自己选择的研究方向和坚持至今的理想，无比感慨。（4）这是一个开始于青年时代，而历经数十年坚守和步步逼近深度研究的课题故事，人生故事。这个故事补充在新版的这部美育著作之卷首语中，有别样意味。

① 赵伶俐. 人生价值的弘扬——当代美育新论[M]. 成都：四川教育出版社，1991；北京：北京师范大学出版社，2016.

案例8.31建议：希望自己的学生们，硕士生、博士生们，能够将美育课题故事继续写下去；将自己探索真理的学术故事写出来，写得更为生动而壮美。

8.4 学术论文修辞

8.4.1 定义与功能

各类学术研究、思维和文本构成的所有因素，最终都需要以合乎规范的书面语言表达出来。这种语言表达形式不是随笔、小说、诗歌、散文，而是有理、有据、有逻辑力度的一个推理论证的作品。甚至一篇学位论文就是一个长篇巨幅的推理论证作品。环环相扣的动态逻辑是它的骨架，准确鲜明、生动的语言是它的血肉，互为里外，构成了学术论文的有机整体。对这一整体的用词用句细节的打磨和美化，称为学术修辞。

所谓修辞（rhetoric），“修”，修饰，修改调整的意思；“辞”，本来指辩论的言辞言论，后引申为一切言辞言论，包括内部语言（思维）、外部口头和书面语言以及相关言辞言论。“修饰”，也就是利用各种语言手段，让思维更精准，语言或文章表达更恰适，更具准确简明性、可理解性和感染力。

学术修辞，是一种很特殊、很严谨的修辞。指为了提高学术文本表达的准确性、逻辑性、简明性、审美性等而进行的内外部言辞言论推敲和修改活动，反映了作者思维的逻辑品质，书面语言的修炼水平与功力。

然而，文辞粗糙，言论杂碎，逻辑脱轨，明显缺乏修辞功夫的学术文本，并不少见。一些学位论文或论著，从研究内容看也花了不少工夫，但看文本表述，却潦潦草草，颠三倒四，词不达意。非常遗憾。鲁迅在《书信集·致李桦》说：“正如作文的人，因为不能修辞，于是也就不能达意。”唐白居易：“勤苦修辞，乙不能也，吹嘘附势，丁亦耻之。”清顾炎武《春雨》诗：“平生好修辞，著集逾十卷。”清俞樾《诸子平议·老子》：“自宋以来儒者不以修辞为事，莫窥斯秘矣。”更有唐代著名诗人杜甫的“语不惊人死不休”的信念。这些都表明了修辞的功能。

8.4.2 类别与异同

修辞方法（手法）诸多。仅文学性文体就多达“六十三大类，七十八小类”。

如果以叶圣陶先生为文章语言修辞定下的“准确、鲜明、生动”的标准来看，所有文学性修辞的主要指向在“生动”，但同时也追求“准确、鲜明”；而学术性修辞的主要指向在逻辑清晰“准确、鲜明”，而又不失“生动”。

学术修辞方法，既受制于学术文体的目的、内容和诉诸对象的不同，也受制于语种本身的特点。如拉丁语，本身就是最严苛也最精致的语言，古希腊很多著名的学术著作，都用标准的拉丁语写成；而英语、法语逻辑结构完美，用词用句婉转，自带内紧外松的特点，法语受其绅士文化的影响，还显得特别优雅；古汉语艰涩极简内含丰富，现代汉语则直白又模糊多义。无论什么语种，其学术论文修辞的基本要求，都是相同的。但有侧重，例如，对于用汉语写成的学术论文来说，逻辑修辞功夫，需要做得更多。

学术修辞包括了论文字词句的推敲修改和美化；段落前后衔接语词语句调整；结论表述语言的提炼；注释包括页底详注和文尾通注（参考文献）的标准化（参见第4章4.5.2）；全文各部分版式的标准化和美化等。

8.4.3 修辞与思维的互动

学术修辞，看上去是一个语言问题，其实与学术思维高度相关，是学术思维水平的外观或可视化反映。“语言是思维的外壳”，学术语言就是学术思维的外壳。学术语言修辞就是学术思维逻辑精致化的外显。学术思维品质好的，学术语言表达就可能顺利一些，至少正确、准确或精确些。当然，学术思维好，也未必就能确保用恰当、正确、准确、精确乃至精美而生动的语言表达出来。

因此，学术修辞水平，是学术思维和学术语言双重训练的结果。必须通过专门途径或日积月累，持之以恒的写作、修改的训练，才能获得。除了听有关学术思维和写作的课，阅读经典学术论著和专业水平较高的学术论著，以及仿照这些论著的思维逻辑和语言表述方式写论文，是获得学术修辞能力的一条重要途径。

因此有学术语言修辞能力，首先必须要有良好的学术思维。这正是本书《学术思维与写作》要解决的学术论文内外双修的问题。

8.4.4 修辞水平发展与训练

学术修辞能力绝对不是天生的。夸美纽斯对学者或学术语言的获得阶段进行了划分（图8-9），要经历模糊地、正确地、漂亮地、有表现力地等四个阶段磨砺，才能逐渐成熟。直到能够自如地，准确而漂亮有力地驾驭语言的境界。这正如人生的四个阶段：牙牙学语的婴儿期、日趋成熟的儿童期、比较成熟的青年期，精强力壮的成人期。

第一个	时期是	牙牙学语的婴儿期	学者	模糊地	说话
第二个		日趋成熟的儿童期		正确地	
第三个		比较成熟的青年期		漂亮地	
第四个		精强力壮的成人期		有表现力地	

【图8-9】学者语言发展四阶段——夸美纽斯《大教学论》①

① 夸美纽斯. 大教学论[M]. 傅任敢，译. 北京：教育科学出版社，1999:161.

夸美纽斯关于学者语言发展的四阶段说，也是学术修辞能力或学术语言表达力发展的四个阶段、四个层次、四个水平的学说。

汉语言文学和教育大师叶圣陶先生，为文章写作语言提出的三个标准：准确、鲜明、生动，在此基础上，结合学术语言特征，制定了学术修辞发展几个阶段的基本标准，以供初学者进行自我训练。

从语言是思维的外壳角度看，学术语言修辞标准可分为（1）内在逻辑性，这与思维逻辑性与流畅性直接有关。（2）外在形式感，这与学术用语的准确、鲜明、生动直接相关。（3）学术修辞指向的最高境界，就是内在逻辑精致，即思维精致通畅无阻；外在形式精美，即语言精准、鲜明通透、生动美感；即内在思维逻辑与外在语言形式高度和谐统一，精准而精美。

最终要达到这个标准，可分为三个阶段三级水平来逐步实现：

（1）初级：正确、合乎语言规范，能够被理解

（2）中级：准确鲜明、流畅，有较高的可理解性

（3）高级：精准、鲜明、流畅、形象、灵动。概括为：精准精美。即内在思维逻辑精准（问题表述精准、核心概念表述精准、文献综述精准、理论阐释精准、论证推理精准、证据分析精准）；外在语言形式精美（可读性和可理解性强，形象、生动、富有感染力）。

初级以下，指表述模糊不清，语言逻辑混乱，语句生硬，书写格式及图表、标点符号等不合乎规范等，即使看上去做了大量研究工作，论文也难合格。

前述所言，学者说话即用学术语言表达学术思想，尤其用学术书面语言撰写学术文本的能力，绝非天生具有。即使聪明过人，专业知识和能力极强的人，非经专门训练，诚可获得。正如“通往几何的殿堂，没有王者之路”（欧几里得）。

学习用学术语言说话，比学习用一般日常语言说话难度大得多。获得较高或高级的学术修辞能力，又比获得较低级学术修辞能力，难很多。无论初级、中级、高级学术修辞能力，都需要日积月累的学术阅读、模仿写作、反复修改磨砺等，才能达成。这个过程，既是学术论文写作成熟的过程，也是学术修辞训练与能力形成过程。要成为一位名副其实，得心应手的学者，写得一手严谨而漂亮的学术论文，经过长期艰巨甚至痛苦的、持之以恒的学术写作和修辞训练，是其不可逾越的必经之路。

特别推荐阅读：量子理学家薛定谔的《生命是什么》、费恩曼的《物理学讲义》、杨振宁的《美与物理学》，杨建邺的《物理学之美》等，这些表述逻辑精准，且散发着语言魅力和智慧光芒的科学著作，无论理科还是人文社科的学者和准学者，阅读这些著作都会受益匪浅。

8.4.5 精雕细刻——“语不惊人死不休”

学术修辞，不是专门针对学术新手而言的。即使你已经具备一定水平的学术修辞能力，当撰写一篇学术论文时，无论大论文还是小论文，仍然需要进行精心、反复的逻辑和语言打磨或修辞工作。这是一个非常专业化、标准化、规范化，同时也不失形象生动的，需要花费相当时间和精力着力精雕细刻的过程。

一篇论文初稿成形后，必须放置一段时间，至少一周或半个月后才能跳出前期写作的心境与思维局限，然后能站在客观立场审读和发现很多问题。此时，再来反复推敲，调整修改。然后再放置，再修改，再放置，再……一篇有质量的文章，这样反复至少在5—10遍以上，直到排版甚至定版后，也还会有修改空间。

如果是学位论文，因为篇幅大，大小逻辑层次和语句关系纵横交错，初稿必须提前0.5—1年完成，才有足够时间去反复阅读、推敲、做精心的修改和修辞工作。直至基本满意，满意，才可能出学术精品。然而，不少学位论文当写到最后时，已逼近交稿时间，写作者颇感心力疲惫，已经没有从容的时间和精力来逐字逐句斟酌了。建议即便是答辩通过之后，也要再腾出专门时间来从容精心地修改论文，方可公开上网或正式出版。

有道是“文章不是写出来的，是改出来的”，“语不惊人死不休”。还有一些论文包括学位论文，缺少的不仅是必要的时间，更是这个态度、耐性、韧性与功夫。

案例8.32　逻辑关系与语言细节

某文对自己所在大学的办学定位进行了论证：“到2040年即建校100周年，努力将学校建设成为特色鲜明、西部一流的高水平应用型大学”，对其中“高水平”和“西部一流”两个概念进行了界定和详尽论述后（参见第3章核心概念相关案例）末尾一段文字如此表述：

> 从我校办学定位来看，“高水平”和“西部一流”都是定语，而且“西部一流”修饰的是“高水平应用研究型大学”，也就是说，没有“高水平”就不能达到“西部一流”。

案例8.32评析：（1）案例中对办学定位的解读整体上看，语言干净、清晰、有逻辑力度，对所确定的两个核心概念界定及其关键词的解读也有理有据，但是仍然存在若干语言细节，也就是思维逻辑细节的表述不到位的问题。如从上述最后这段结束语看，其称“‘高水平’和‘西部一流’都是定语，而且‘西部一流’修饰的是‘高水平应用研究型大学’”，但作者都忽略了“西部一流”和“高水平”之前还有一个定语“特色鲜明”。因此，这最后一句“也就是说，没有‘高水平’就不能达到‘西部一流’”，是铿锵有力地表明了这两个概念之间的逻辑关系，但没有顾及这个“西部一流”是“应用型”的“特色鲜明”的“西部一流”。也就是说，如果不能名副其实地办成“特色鲜明”的“高水平”的“应用型”大学，那就不能达到“西部一流”!

案例8.32建议：(1) 将最后一句修改为：“如果没有落实‘特色鲜明’的‘高水平’的‘应用型大学’，那就不能达到‘西部一流’”。(2) 因为末尾语句内容、逻辑关系和语言细节的调整与修改，导致整个文本论证与表述语言有缺漏，故需要进行必要补充，例如文中还需要界定另一个核心概念，即何谓“特色鲜明”，以及结合“特色鲜明”对全文论证逻辑进行调整和语言再度精加工。(3) 以本书为例，这是一本专门论述学术思维和学术写作的著作。本章是专门论述学术修辞的部分，也在修改无数遍乃至将印刷之前，依然发现有很多细节需要继续精加工。这也是本书，及《教学哲学》正式动笔后撰写了十年，至今还没敢全部付印的重要原因。

案例8.33　拓展思维空间，丰富语言表达内容

下述语段，被认为是对巴甫洛夫关于人类高级条件反射信号系统的表述：

信号，是信息的表达形式。语词是客观世界中具体信号（铃声、灯光等，也称为第一信号）的信号，称为第二信号。因为只有人类才有语言文字而动物没有，所以动物只有第一信号系统，而人类才独有第二种信号系统。

案例8.33评析：本案例虽然被认定是对神经心理学家巴甫洛夫关于高级条件反射的信号系统地表述，逻辑简明清晰，但是对于没有阅读过巴甫洛夫原著的作者，理解起来就有困难。“第二信号系统”指的是人类的语言及人对语言的条件反射，但是，比语言更高级的是思维，且思维的最小单元是概念。大多数人对“语言”或“语词”信号有条件反射，但只有少数专业知识很强且理性思维能力强的人，才对“概念”本质信号有条件反射。因此，可以推想，对于人脑还有第三种信号系统，由此思路可以推导出富有新意的见解，并用语言表述出来。写作与修辞，是思维的产物；反之，思维的逻辑进程，也会使写作和修辞富有创意 。

案例8.33建议：将本案例文字，修改和拓展为：

信号，是信息存在的指代符号。(1) 以一个具体事物信息（A’）指代另一具体事物信息（A），如用铃声、灯光等，指代“食物有了”，这称为第一信号。(2) 以语

词（文字）信号指代具体事物信号或（A’）称为第二信号（A’’）。(3) 概念指代具体事物信号（A或A’）或信号（A’’），应该称为第三信号（A’’’）。因为只有人类才有语言文字和概念，而动物没有，所以动物没有第二信号系统（A’’），更没有第三信号（A’’’）。而人类，除有第一信号（A）系统外，还独有第二信号系统，和更高级的第三信号系统。

（1）这一表述是以巴甫洛夫条件反射学说和高级条件反射理论为依据进行推理，而得到的合乎逻辑的创造性补充，也是本书系之一的TVS《教学哲学》之神经机制最重要的理论基础，即对概念的神经反射机制表述。(2) 将“信号，是信息的表达形式”，改为了“是信息存在的指代符号”，也就是对“信息”与“符号”的关系做了解释，且表明某具体事物如果有指代另一具体事物的功能，如铃声、灯光等有指代“食物”的功能时，也都应该看成是符号，这就使A’、A’’、A’’’三级都具有了指代“A”的符号功能，在理论上更合理，也更容易理解，且还有更大拓展性。例如还可能有A’’’’等价值观符号。(3) 在概念和思维，语词和语言的联系与区别层面上，逻辑地创建和增加了“第三信号”这个新概念、新知识，为TVS《教学哲学》聚焦概念和人类思维发展的关系，打下了科学的理论基础和神经学基础。(4) 将“所以动物，只有第一信号系统”改为“所以动物没有第二信号系统，更没有第三信号系统”，在强调第二信号系统重要性的同时，更突显了第三信号系统的高级性和重要性；或许还可以加“动物也永远不会有第四信号系统——价值观”。(5) 将“而人类才独有第二信号系统”，改为“而人类，除有第一信号系统外，还独有第二信号系统，和更高级的第三信号系统”，或“还独有第四信号系统”，在强调人类高于动物的信号系统的同时，补写了人类也有第一信号系统，在逻辑上更完备。(6) 对巴甫洛夫高级条件反射学说的创造性补充，表述了其与TVS哲学和教学理论及操作模式之间的关系，为全书系及本书TVS《学术思维与写作》在理论上以核心概念合并问题为视点，贯穿全书建构的学术思维和写作逻辑（参见第1章图1-5），学校课程与教学理论、各种案例的分析与点评等，打下了坚实的神经科学理论基础。

案例8.34　用语用词精细与余地

有教育著作探讨了遗传与教育两个因素相互作用对人的发展产生的影响，并概括说：

遗传素质为人的身心发展提供了可能性，环境和教育规定了人的身心发展的现实性。

…………

基于以上理由，我们认为“遗传决定论”的观点是完全错误的。美国心理学家桑代克说：“人的智慧80%决定于基因，17%决定于训练，3%决定于偶然因素。”美国斯坦莱·霍尔说：“一两的遗传胜过一吨的教育。”这些说法不适当地夸大了遗传因素的作用，并为“血统论”“宿命论”提供了理论依据。

案例8.34评析：(1) 上述第一段文字中的遗传“提供了可能性”，教育“规定了……现实性”，在用词上不准确，没有准确表达遗传与教育两个因素对人的发展影响之间的关系。(2) 第二段文字，说“遗传决定论”的观点是“完全错误的”，以及对美国学者桑代克和霍尔认为遗传因素的影响远大于教育因素影响的说法，断定其是“不适当地夸大”等，都有很强的绝对性，也有主观夸大或臆断的嫌疑。(3) 学术用语，尤其是评判性用语要谨慎，有证据，留有余地。

案例8.34点评：(1) 第一段文字，应该将教育“规定性”，改为：教育为遗传提供的可能性转化为现实，提供了条件，或者改为：遗传为身心发展提供了先天可能性，教育为身心发展提供了后天条件。“规定性”太生硬和绝对，事实是很多人在相同的教育规定下，并没有按照规定的发展。(2) 第二段文字，对两位美国学者的遗传大于教育影响的论断，应该立即考察两者做出论断的依据何在，然后再诊断其依据和结论，给出客观的评价。如果直接就给予否定，只能是个人见解或者经验，不具有学术性。在没有足够的时间来查询两位美国学者的论断依据的条件下，评价语言就要留有余地，如将表述语言改为：

“遗传决定论”的观点是完全错误的（改为：是存在争议的）。美国心理学家桑代克说：“人的智慧80%决定于基因，17%决定于训练，3%决定于偶然因素。”美国斯坦莱·霍尔说：“一两的遗传胜过一吨的教育。”这些说法不适当地夸大了遗传因素的作用（改为：这些说法或许过于夸大了遗传因素的作用），并为（改为：结果是为）“血统论”“宿命论”提供了理论依据。

案例8.35　学术纪要表述的客观性

学术会议之后，往往需要写学术报道或会议综述，统称学术纪要。因为这不是表达作者个人见解的论文，因此在语言表述上要尽量客观，即便有评价也要有分寸，避免出现过激言辞：

2017年5月13日，华东师范大学和中国教育三十人论坛联合主办了“人工智能与未来教育高峰论坛”，1000多位专家学者参会，主会场之外还设有两个视频分会场，腾讯直播在线人数达56000余人。遗憾的是，在信息化与“互联网+”比任何时候都逼近教育的今天，这一盛况空前的“高峰论坛”却也只是“论谈论谈”。众人眼巴巴期待的是专家们能够提交和交流具体行动方案；而专家们，似乎并没有觉知到这一点。集中反映了理论家和学者们对信息化“互联网+”时代提供的人工智能影响教育发展的高度关注、憧憬，以及裹挟着的无所适从。

案例8.35评析：作为学术会议纪要，前半段是客观的。但从“遗憾的是”开始，作者个人的见解太鲜明，批评得太尖锐，会伤害到本次盛会的积极意义和主办方所做的工作。这不应该是学术纪要类文本的写作思路和语言风格。

案例8.35建议：（1）在肯定大会积极意义的基础上，可以委婉地指出大会存在的不足，为以后类似大会的研讨主题和内容设计，提供积极的参考意见。（2）在加强逻辑性和可理解性的基础上，可以再尽量减少哪怕是些许文字。如修改为：

2017年5月13日，华东师范大学和中国教育三十人论坛联合主办了“人工智能与未来教育高峰论坛”，1000多位专家学者参会，主会场外还设有两个视频分会场，腾讯直播在线人数达56000余人。在信息化、“互联网+”、大数据等人工智能理论和技术，比任何时候都逼近教育的今天，这一盛会无疑具有重大历史意义，集中反映了各领域专家学者们对教育发展前景的高度关注、憧憬，以及裹挟着的几度不安。不过众人或许更期待的是，专家们能够提交和交流一些更具体的行动方案。

案例8.36　追求完美：语感与细节

以下是教育部特别委托本书作者主持研制《高等教育质量指标体系研究》，以下是项目完成后成果文本中某一章的开端语句的各次修改稿：

第3稿：质量是立业、立教、立校之本，这是无须证实的常识。很显然，“高等教育质量”是一种不可否认的存在。否则，无论国外国内，一切提高高等教育质量的想法和行动，就都是不可理喻的。问题在于它究竟是一种怎样的存在？

第4稿：很显然，“高等教育质量”是一种不可否认的存在，是强国立业、强校立教之本。否则，无论国外国内，一切提升高等教育质量的想法和行动，就都是不可理喻的。问题在于，它究竟是一种怎样的存在？

第5稿：尽管困惑重重，学者们依然从不同角度积极探索。美国、欧洲和中国学者的一些有代表性的见解，对"高等教育质量"的最后定义，有非常重要的参考价值。

第6稿：困惑重重，但有关探索并不因此止步。一些有代表性的见解从不同侧面，对"高等教育质量"的最后定义与标准制定，有非常重要的参考价值。

案例8.36评析：本案例文本修改了多遍，某些重要段落例如上述某章开端语，修改了数十遍。第4稿保留了第3稿的批判性，但是更为简洁明了；第5稿和第6稿文字更加简洁，而表述的内容更丰富，语气更恳切。

案例8.36建议：对一个文本的表述修改，几乎是永无止境的。因为我们的思维不可能一步做到天衣无缝，语言表述也不可能一步做到滴水不漏。不到交稿的最后一刻，付印的最后一刻不会停止修改，这是一位学者追求完美的思维和语言惯性使然。尽管已经正式发表，再次回头阅读自己的文本，也会发现还有值得修改的地方。学术写作，也是一种永远遗憾的艺术。

案例8.37　生硬与生动，非问与提问

你正在阅读的本书TVS《学术思维与写作》，是所属书系"TVS：视点结构教学"的第5部。书系的第1部TVS《教学哲学》，是全书系的哲学原理、基本理论和逻辑框架。其第5章开端的提问是"问题：宇宙万物、人类认知、学校教学，三体何以相融?"该提问很重要的目的，就是引发读者对该书前面4章内容关键联系点的思考，整合起来推出第5章，所要阐述的是TVS哲学12大定律；也是对本书系各本著作（共5部）全部主体内容的有机联系的强调。虽不到200字，但几起草稿，修改多遍，以求表述满意。下面两段文稿，一是第三草稿，一是最后定稿，请比较一下两者的内容、文风和文字：

第三草稿：

问题：宇宙万物、人类认知、学校教学，三体何以相融?

宇宙万物是不以人的意志转移的客观存在（"点—点"模式）；所谓人类知识，不过是以人自己的认知方式，力求掌握这一客观存在真实所获的成果（"视点—点"模式）；学校教学传授人类知识，目的远不止于升学、求职和谋生，更在通过人类知识桥梁，去掌握宇宙万物的真实和真理，做一个能从容面对世间一切难题，也当然包

括如何升学、求职、谋生等的智者。因此，教师必须是这样的智者：遵循自然定律、科学定律和教学定律。三者有机融合，就是TVS哲学定律。

最后定稿：

问题："三体"何以相融？

相对于广袤、浩瀚、无垠的宇宙万物客观世界；人类认知和所获知识，只是一片汪洋；学校教学则仅仅是汪洋中一叶扁舟。要将这无比大和无比小的"三体"（刘慈欣《三体》，是指宇宙中的三大星体）有机融为一体，或用一叶扁舟，渡过汪洋，去到那广袤、浩瀚、无边无际的时空平台上，跳一场率性的踢踏舞，或优雅的华尔兹，你会有什么妙技？或者，面对这三体相互作用的复杂"事件"（怀特海有机哲学，过程哲学），作为人，作为学者，作为教师，作为学生的你，是否想过要去探索，去发现"事件"背后决胜的定律？

案例8.37评析：本案例两稿文字相比，（1）第三草稿，正面概述，便于读者了解前各章阐述的内容和该章内容之间的关系，观点鲜明。但似乎并没有提出什么"问题"，写作思路和风格，就像是"本章概述"。（2）最后定稿，巧妙运用刘慈欣的"三体"概念，采用隐喻手法和诗情画意的表述，将宇宙万物、人类认知、学校教学三者联系起来，也将前面各章和该章，乃至整个书系的主要内容联系在了一起；且因为文中对"三体"表述明确，所以标题文字也省略为"问题：三体何以交融?"为读者搭建了丰富的想象空间，也逻辑地提出并明确导向了该章所提出和要解决的"问题"。（3）总之，草稿类似"本章概述"，理性明确也比较生硬，看上去已是定论，并没有提出什么"问题"；定稿感性生动地提出了明确的"问题"，又可诱导读者追看下文。但是，如果没有前面若干理性的草稿，就不会有后面感性兼理性的定稿。

案例8.37建议：不能将学术看成是僵硬枯燥的教条，她是活生生的人对活生生的客观世界的本质和规律的认知与提炼，因此它必然来自活生生的世界，必然有感性成分。但同时也要清晰认知到，学术感性毕竟非日常感性，它必须建立在学术理性基础上，有内在理性逻辑支撑，才有属于学术论文的外在表述形式独特的生动性，也才有学术理性与学术感性融合的美感。

案例8.38　定版稿词句再修改的理由

德育的疼痛与审美救赎

一、德育问题与美育短板

德育投入大而效果不佳，是中国教育的一大难言之痛。我国的教育方针是促进学生“德智体美”全面发展。这与人类2,000多年来一直秉承的“真善美”三大精神世界，再加“身体”发展的完美人格理想，是完全对应的。健全完美的人格教育是广义的德育。中国古人从来都将人的优良品格称为“美德”。从“美就是和谐”，而“和谐就是整体中各个部分各个要素之间的有机匹配，且令人感到身心愉悦的事物”[1]这个定义来看，所谓美德，也就是人格整体中各部分和要素之间的有机匹配，且令人身心感到愉悦的那些品质、品性。德，任何时候都少不了与之相容的美。

美国多元智能理论的创建者加德纳将“真善美”这三者直接归纳为人类公认的世代相传的“异常重要的三项美德”[2]2。三者相互联系，构成了人类精神世界最崇高的金字塔。他认为，尽管现代、后现代和信息化时代物质与功利价值观风行，但是一旦对人性进行严肃的哲学思考，“与‘真’相关的认识论，与‘美’相关的美学，与‘善’相关的伦理学”[2]189，依然是不能放弃的坚定主张。加德纳对其中美和审美之于人类的特殊价值，进行了深度剖析：“坦白地说，与其他两项美德相比，‘美’算不上是生死攸关的重要问题”，“然而‘美’的体验仍然是我们活着，并且想要继续活着，与他人分享生命中的快乐的主要原因”[2]200，“缺少‘美’的生活（或者如果你喜欢的话，也可以说是没有机会获得美的体验），将会是十分空虚而寂寞的”[2]189。一个空虚寂寞的人，不可能是积极求真、乐意求善的人格良好的人。

美，虽与生死不相关，却与如何生存得更有质量、人格如何更完善，紧密相关。教育也是这样，没有美育依然可以进行德育、智育、体育，但是想让各方面教育都更有质量、有活力、有效力，那就非美育不可。德育，如果不让人感到“美德”是令人愉快的，那么“美德”值得人去追求吗？仔细阅读和理解社会主义核心价值观的12个词，国家层面的富强、民主、文明、和谐，社会层面的自由、平等、公正、法治，公民层面的爱国、敬业、诚信、友善，都不仅是当代中国，也是人类社会千百年来共同追求的国家、社会和个人理想，是积极的具有普适性的好人的标准。但是如果德育教师们，讲起课来干巴巴，比教条还教条，自己都不信、不热爱、不践行，怎么可能让学生们确信、热爱和践行？

> 美，虽与生死不相关，却与如何生存得更有质量、人格如何更完善，紧密相关。教育也是这样，没有美育依然可以进行德育、智育、体育，但是想让各方面教育都更有质量、有活力、有效力，那就非美育不可。

蔡元培先生比喻教育的方方面面如同人的生命机体：“军国民主义者（相当体育），筋骨也，用以自卫；实利主义者（即智育），胃肠也，用以营养；公民道德者，呼吸机循环机也，周贯全体；美育者，神经系也，所以传导；世界观者，心理作用也，附丽于神经系，而无迹象之可求。此即五者不

……

可偏废之理也。”这表明，各个教育面都是塑造完整人格不可或缺的。其中，将德育喻为为全身输送氧气和营养的呼吸循环系统，美育喻为贯穿和支配全身的神经系统，别有一番意味。

“短板定理”揭示了一个深刻的道理：木桶的盛水量，由所有木板（维度）的高度共同决定，若其中一块木板很短，则此木桶的盛水量就被短板所限制。长期以来，在人格全面发展教育体系中，“美育仍是整个教育事业中的薄弱环节”[3]。应该说是最薄弱的环节，或者是最短的短板。事实是“忽视美育，就是忽视全面教育。就会影响到教育这个大系统方方面面的实施效果，学生方方面面的发展水平”[4]，也使得我们一直特别看重的德育功效大大降低。

因此，结论一：解决德育问题的办法，不是单纯地加强德育，或者说尽量加长德育板块所能够解决的，而是需要补足美育短板来解决。这就是蔡元培先生20世纪20年代倡导美育时就提出的美德“相辅而行，以图德育之完成者也”。

二、德育单通道与美育多通道

笔者在多次教师培训中，都做过小调查：有A、B两间教室，门口各自贴着讲座题目，A是“如何遵守行为规范”，B是“行为美的鉴赏”，问打算选择进哪个教室听讲座。大多被调查者几乎不假思索地选择B。问为什么，他们笑着回答“因为喜欢美呀”。两个讲座的目的和内容，其实都是行为规范教育，但有“美”无“美”，师生学习前的态度，就已经很不一样。爱美，是人的天性。

案例8.38评析：本案例（因篇幅所限，没有载完，省了后面三页）可见经过三审加工最后的排版定稿，仍有几处需修改的地方，向编辑诚恳道歉后，反复说明了这几处修改的必要性，并将必要性写成了书面说明：

案例8.38建议：现将向编辑写的修改必要性的说明信，登载于下：

（1）"摘要"的末尾一句"此外，学校的所有学科课程的教学，也都需要审美化改造，因为，美学是未来的教育学"。"美学是未来的教育学"是学校教育的一种理论，但不等于是"学校的所有学科课程的教学，也都需要审美化改造"的必然原因，这里用了一个"因为"，使得前后文句成为必然逻辑，看似强调却会受到质疑。故应删掉"因为"，改为目前的"此外，不仅德育，包括学校教育的各方面，学校的所有学科课程与教学，也都需要审美化改造。"（2）文中"木桶的盛水量，由所有木板共同决定"，现改为"木桶的盛水量，由所有木板（维度）的高低共同决定"，仅添加了"（维度）的高低"这五个字，观点就显得比原语句明了许多。其表明了：木桶的每一块板子，相当于教育的"德智体美"每个面或维度，各维度的高低要一般高，教育这个木桶（系统）才具有促进人发展的最大容量（最大有效性）。相应，教育最低的容量（低效性），就是由最低的那块木板（维度）决定的。（3）最初提交的原稿中，正文就有"亦如人体，唯有通畅，才有良好的新陈代谢，才会健康；亦如中医的基本原理，痛则不通，通则不通。"这一段语句，不仅形象、生动地表明了德育与美育在教育教学信息传达（教学方法）上的差异，还巧妙地回应了论文标题"德育的疼痛与审美救赎"。但是现定稿却删除了这句话。要求恢复。（4）正文中的"三、'艺术美育'与美德教育"，"艺术美育"应该去掉引号，写成"艺术美育与美德教育"，这在理论逻辑，语言表达形式上更恰切，视觉上也清爽好看。

案例8.39　加强表述，使内容更确切、鲜明、丰满

学术修辞或语言修改，不仅是要简洁，要删减不必要的词句，还有对必要内容的强调或添加：

A-TVS审美化教学，包含通常所言教学艺术的成分，但不等同。所谓"教学艺术"，强调教学语言、板书、PPT、体态、教具、方法、活动等教学形式因素的形象生动。审美化教学则是指教学内在逻辑与外在形式的有机和谐统一。简单说，是实现了准确、有效、美感三位一体的教学。是在教学准确、有效质量标准基础上，对教学美感的强调。内外两大维度各个构成因素的交织交融，有机建构，就实现了A-TVS审美化教学。审美化教学是学校所有学科教学，无论是人文艺术学科还是自然科学，都应该追求的教学境界。

案例8.39评析：本语段，能够清晰表达想要表达的内容，但是对“A-TVS”审美化教学与一般所言“教学艺术”的区别及优势的表述，似乎还缺乏力度。

案例8.39修改：如下是修改后的文段：

A-TVS审美化教学，包含通常所言教学艺术的成分，但不等同。所谓“教学艺术”，强调教学语言、板书、PPT、体态、教具、方法、活动等教学形式因素的形象生动。审美化教学是指教学内在逻辑与外在形式的有机和谐统一。具体体现为所教学科知识的内在规定性（落实关键词，科学性）和教学思维的逻辑清晰、简明、精致、流畅，以及教学外在形式表征如语言、板书、PPT、体态、教具、方法、活动等生动新颖、多样自由性（丰富美感词，审美性），内外两大维度各个构成因素的交织交融，有机建构。简单说，就是在教学准确、质量标准有效基础上，对教学美感的强调，实现了准确、有效、美感三位一体的教学。审美化教学是学校所有课程，无论人文艺术学科还是自然科学，都应该追求的教学境界。

A-TVS审美化教学的定义和内涵揭示更自然和饱满，与“教学艺术”的相同和不同点的阐述呈现出层层递进关系，语言更有力度、更准确，且内容涵盖性更宽。

本章思考与训练：

1. 学术写作格式、规范、意识。了解各种学术文本的基本写作格式和规范，有明确地遵守这些规范的意识。

2. 分析评价论文质量。选择你所在专业或方向，国内外杂志上发表的论文（SCI、SSCI、CSCI、CSSCI）各一篇，考察其撰写的形式框架和内容逻辑，写下分析和评价短文。

3. 学术文本和学位论文写作交流。请已获学位的往届的硕士生、博士生，就其学习、研究和学术论文撰写过程中产生的各种学术文本，如开题报告、中期报告、学位论文、答辩陈述词等，做一个经验交流报告，并进行交流。

4. 按文本类型特征点评论文。请对自己已经完成或部分完成的一些学术文本（小论文、大论文），判定其文本和论文类型，并按照各类文本的共同要素、不同形式特点、写作规范等，进行自我分析点评和他评。如果能针对问题进行修改，直到完美或能发表的水平，就更为理想。

5. 评价和修改摘要与大小标题。请阅读自己之前发表的小论文的摘要和大小标题，进行自我评价，根据正文内容反复提炼和修改。

6. 推荐1—3篇学位论文的标题、目录和摘要，并说明推荐的理由（逻辑性和语言表述）。

7. 下面两幅图（图9.26），都是用形象方式表达“人类从猿人发展到今天的历史”阶段和内容的。请分析两种形象方法的不同（提示：上为图形、下为图像），并尝试将两幅图合并为一幅图。

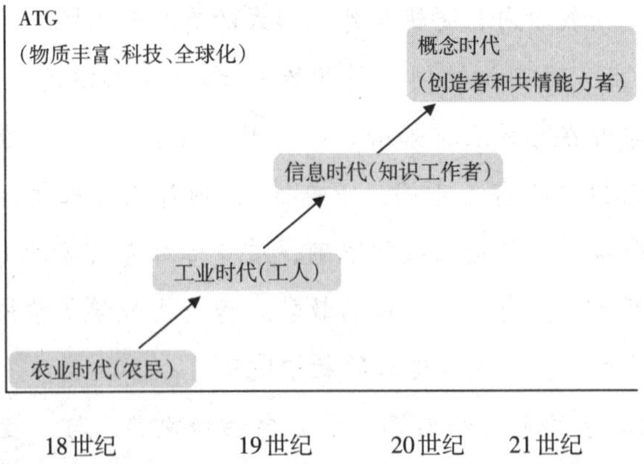

从农业时代到概念时代

【图8-10】人类从猿人发展到今天的历史

（图源：丹尼尔.平克(2005).全新思维.林娜译.北京师范大学出版社.2007:38、39）

8. 请将下文数据，以标准的数据表格式表达出来：

在广州召开的第三届全国伤害预防控制学术会议上有专家表示，伤害已成为我国35岁以下人群的头号死亡原因。有关统计数据表明：每年，我国有7000万人遭遇伤害，其中80万人死亡，200万人产生功能障碍，190万人终身残疾。其中，自杀处于首位，是15—35岁青年的第一大死因，每年有25万—35万人死于自杀。位居第二的车祸每年以10%的速度增加。2003年，我国发生交通事故77万多起，平均每天死亡300人。淹死作为第三大伤害致死原因，是0—14岁儿童的第一大死因。另外，2002年发生职业事故100多万起，死亡139393人。

9. 如果你通过调查、实验、测量等获得过数据，或者检索到了与你目前的研究项目有关的数据，请按照一定指标（核心概念定义的关键词，或者维度），制作数据表，或者调整数据表，并根据数据进一步制作直方图、扇形图或折线图。

10. 请按照注释规范评价一篇学位论文的页下注和文尾参考文献（参见本书第4章，尤其4.5）。

11.阅读借鉴。请阅读你所学专业的经典论著，或学科前沿的论著，指出其在思维逻辑和语言表达或修辞方面的特点和优点。例如本章中已推荐的薛定谔《生命是什么》、费恩曼《物理学讲义》、赫拉利《未来简史》、杨振宁《美与物理学》、杨建邺《物理学之美》等。尽管这是科学论著，但也适合人文学科类学者和研究生们阅读、借鉴。

12.对照修改。请借阅某优秀学位论文的初稿和修改稿，尤其是指导教师的修改之处，理解修改的目的，解析修改的语句和背后的思维逻辑（最好是列一个对照表）。这是学术修辞最好的训练方法。

13.小论文修改。请阅读和修改自己已经写过或发表的论文，或者在专业杂志上选择几篇论文，根据学术修辞的四级水平和标准进行点评，指出其思维逻辑和语言表述的优点、缺点。修改要发表的论文，精心修改后，要达到发表的水平。

14.大论文修改。请腾出半年，至少3个月的时间，集中精力对自己的学位论文或项目成果文本的语言及内容逻辑，进行精加工。

15.请阅读一位硕士研究生在论文答辩以后写下的感想、并借以审视自己：

案例8.40　一位硕士研究生的感慨

本章“第八章论文”，是本书篇幅最大，“思考与训练”题也是最多的一章。因为前面各章，似乎最终都是为本章服务的。写出合乎学术规范，且有创意还有美感的高质量论文，无论小论文还是大论文，都是硕士、博士、学者、一线实践研究者等，学术思维和写作最直接的愿望与目标。故在本章的“思考与训练”最末尾一题，特别选取了一位应用心理学硕士生在答辩后写下的一篇感想作为案例，以窥见硕士生、博士生们在撰写学位论文过程中的心路历程，以及思考、焦虑和感悟：

我的这篇毕业论文，是以男性西装对异性（女性）吸引力为焦点来写的。一篇跨心理学、美学、服饰学多学科的论文。是在体现专业特色的基础上，跨学科深度和广度的，兼容心理学实证、美学哲学理论和服饰实用技术美学等三大学科的论文。题目很小，难度巨大。作为心理学的硕士研究生，容易只关注实证方法，而忽视研究价值、理论基础、实证结果的理论分析和提升；作为美学的学生，容易摘要和拼凑一些现存理论，缺乏方法意识，完全不讲方法，理论缺乏内在逻辑性和创造性建构，老生常谈；而作为服饰学的学生，容易仅就服装谈服装，就服饰设计经营市场技术谈策略，忽视服饰背后实际上是人体、人心、人格的理论问题，或有实证也忽视实证方法的规范性。作为一篇服饰审美心理学的硕士研究生毕业论文，除了规范采用心理学实验的范式（本文采用的是TAT内隐实验）以外，还有好多的理论及实践性研究工作需要去认真对待。这样才能够写出一篇合格的甚至优秀的毕业论文。

时代越来越进步，值得深入研究的问题以及研究的范式、方法、手段越来越先进，但是高等学校研究生的学位论文质量却越来越低。除了研究生扩招、生源、研读价值观偏离、研究生学习和学问管理等问题以外，还存在一些共同的基本的也是致命的问题。我查阅十数年来博士和硕士的毕业论文，发觉这些问题在论文指导过程中虽然被反复提及，研究生们也愿意努力和防患于未然，但到成文的时候才发现，这些问题依然还是存在。这些问题对于每一个学生来说似乎都是必须经历的。我称这种从论文初稿到结束的时候，普遍存在的问题为“学位论文程序问题”。如果不反复听取导师指导、哪怕是完全重复的提示，并精心构思、精心修改，结果就必然是：前期研究包括花了大量力气进行的实证研究，如实验、测量、调查等，都会被埋没在一大堆繁杂的数据和统计难题中，无法进行理论提炼。就像一粒粒金子被埋没在一堆荒草中，或一堆沙丘中，论文最终得不到研究结果，达不到研究目的，无异于几乎前功尽弃。事实上，包括我自己在内的好多研究生的毕业论文都是这样，前期付出不少，后期草草收场的。部分研究生进校后有一段时间颇感轻松悠闲，临到交稿时，学位论文还没有写完，或者初稿写完后连回头看一遍，修改修改的时间都没有，就仓皇外出找工作。不仅可惜了思想、时间和精力，还违背了研究生作为准学者的学术道德和品格。大学4年硕士研究生3年，如果还加上博士几年，如果最终得到的是这样的结果，这值得吗？

第九章 再论创新

笛卡儿是第一位杰出的近代哲学家，是近代生物学的奠基人，他是一流的物理学家，但只偶然是个数学家，他却发明了坐标系，将经典数学的两个分支几何与代数有机地结合在了一起，还用了坐标系画出的心形图来表述自己的爱情。人们普遍认为他是数学家，但他说自己更爱诗。

——克莱因

成功的科学家往往是兴趣广泛的人，他们的独创精神可能来自他们的博学。

——贝弗里奇

人类知识的丰富多样，令人叹为观止，沉迷其间，也给了学者持续创新的可能性、灵感和一浪又一浪愉悦的高峰体验。

——本书作者

9.1 学术创新

创新，一直是人类在所有领域和行业活动，尤其学术活动中令人欣喜又深感纠结的谜题。无论人们为学术活动附加了多少功能，知识创新、探求真理都是学术研究永远不变的本质。

因此，在任何学术成果包括学位论文中，都必有一个专属位置阐明创新之处。编辑和评审专家看到论文也都会或明或暗问到“创新点是什么?”“什么是你原创的、是在你之前是没有研究过的?”若无，论文通过评审的可能性就会大大降低。

因此，任何一位研究者或学术论文作者从选题开始，到研究过程中，至论文撰写结束，也都必须不断自问：“我这篇论文的创新点在哪里?”尽管本书第5章选题，已有如何表述“价值与创新”这一内容，但具体做起来、写起来，不少人依然会感到困惑和困难。本章作为《学术思维与写作》的最后一章，有必要专题再论学术创新问题。

本章中的案例除了人文社科和教育教学类的外，还有不少来自自然科学领域的知识创新，对人文社科学者、教育教学研究者也有重要参考价值。

9.1.1 定义与类型

学术创新，简单说就是通过研究发现了新知识。具体说就是通过研究为人类带来对这个世界的新的认识成果，包括发现了新问题，提出了阐释问题的新概念、新定理、新理论体系，发明或实证了解决问题的有效新方法、技术、模式，提出了新的价值观念、标准与尺度等（图9-1）。

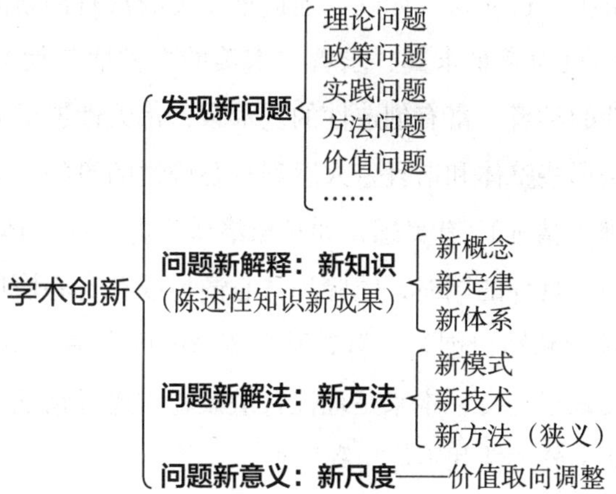

【图9-1】学术创新

所谓“新”，就是在你自己之前无人发现或提出过，或者肯定说，就是你，而不是他人发现和提出的认识成果。包括全新的知识和对已有认知成果加以新的合理调整、补充、修改。

即便“全新”，也是相对的。因为任何一个新知识及新知识的建立，都不可避免包含着原有基本知识的因素。例如：爱因斯坦相对论包含着牛顿力学中能量、质量、光速、时间、空间等概念；量子力学理论包含着爱因斯坦的光电效应、牛顿力学的能量、速度等概念；西方后现代美学理论包含着传统美学的美、美感等基本概念；现代教育理论中包含着中外经典教育理论中教、学、课程等基本概念。提出一个新问题，本身也是一种学术创新，但仅有新问题还不够，还需要寻求到合理解释新问题的新知识（陈述性知识，如新概念、新定律、新理论体系）和有效解决问题的新方法（程序性知识，如新模式、新技术、新策略），提出更适合人类发展的新价值观念与选择尺度。

9.1.2 根本动机——追求完美，臻于完美

人们为什么要从事学术活动，有很多原因或动机，包括功利的理由，例如通过写论文拿学位，更有利找工作、评奖、评职称、升等晋级等。很不幸，当前人类的学术活动已不如早期那么单纯，很多与学术研究并不相关至少不直接相关的领域，都需要项目和论文来做评价标准了。但以这类动机来做学术，写出来的文章等，是很难取得真正有价值的知识和有创新的成果。

一位学者矢志不渝探求真相、真知、真理，直至终身。能够做到这一点，那他必有一个根本原因或动机：追求认知的完善、真理或知识的完美，对事物极完美的解释、问题极完美的解决。这使得一如既往地追求完美的富有创新的学术活动，在主观上必定是超功利的，只为满足求真、求善、求美的精神愿望而为。尽管永远没有完美，但是富有创造性的学者、富有创造性的艺术家，都天性追求完美，近乎达到不符常理的程度。美，是那些整体和谐且令人感到身心愉悦的事物与活动。身心愉悦，就是身体有快感，心理（精神）有美感，如马斯洛所言的“高峰体验”。学者在追求自然和社会真相、真知、真理的同时，体验到身心愉悦或有身心愉悦的高峰体验，这就是他能够长期从事科学和知识创新，引导科学革命的内在最简单，也最强烈的动因、动力或动机。说来真是很神奇，本来是理性含量极高和逼近精准的学术活动，其动机特别是长期动机，却十分感性和不计功利后果。

案例9.1 科学革命的美学动机

人文社会科学领域的学者通常被认为比自然科学家及学者更能被美所激发，但事实好像未必如此：

我和我在基础物理学界的同事们是爱因斯坦的理性的后继人，乐于或自认为我们是在探求美。有些物理方程丑得让人不愿多看一眼，更不用说把它们写下来了。毫无疑问，终极设计者只会用美的方程来设计这个宇宙！我们宣称，如果有两个可以用来描述自然的方程，我们总要选择能激起我们审美感受的那一个。"让我们来关心美吧，真用不着我们操心！"这就是基础物理学家们的呼声。①

在科学活动中，科学审美具有巨大的心理功能、文化功能、认识论和方法论功能。科学审美是科学家从事科学探索的强大动机和动力，科学审美赋予科学以某种文化品位和价值、人性因素和人情味，科学审美是科学发明或科学发现的突破口，科学审美是科学理论评价或科学理论辩护的试金石。②

奇怪的是，每当我偶尔被请去——一处正式场合演奏邦戈鼓的时候，主持人好像从来也不觉得有必要提到我还会做理论物理。……当我们注视这些事物的时候，我们从对它们的观察直接感受到美学的愉悦。在自然界的各种现象之间，也存在着肉眼看不到的，而只能用分析的眼光看到的节奏和样式，我们正是把这些节奏和样式称为物理定律。我要在这一系列的讲座里讨论的就是这些物理定律的一般本性：如果你明白了，就达到了另一个层次，一个比那些定律本身更高的层次。③

达·芬奇的伟大，在于他对知识的渴求和永不停步的精神……当他在解剖学上取得成就以后，他并没有止步不前。他以一个艺术家的身份开始研究解剖，可是却以一个自然科学家的身份继续这种研究。他不停留在把解剖知识应用于艺术上，而他认为它本身就是一门值得研究的科学。达·芬奇觉得顺着解剖学的知识再向前迈进一步，就可以达到全理学的研究领域。④

① 阿·热. 可怕的对称——现代物理学中美的探索[M]. 荀坤，劳玉军，译. 长沙：湖南科学技术出版社，1992：9-10.

② 李醒民. 论科学审美的功能[J]. 自然辩证法通讯，2006(01).

③ P. P. 费曼. 物理定律的本性[M]. 关洪，译. 长沙：湖南科学技术出版社，2005：1.

④ 徐纪敏. 科学美学思想史[M]. 长沙：湖南人民出版社，1987：199.

案例9.1评析：本案例的4段引文，都非常明确而真实地反映了科学家们追求科学真理的美学动机，他们甚至比很多艺术家还要率真地表白自己追求真理的原因，那是因为真理本身太美。科学家对科学之道的深刻审美鉴赏本身，就充满了人情味和理智的美感体验。越有高创造性的科学家，越能体验和享受这种科学美感，并为之而求真到底。

案例9.1建议：（1）曾有机会访问各领域的杰出学者，自然科学家、社会科学家和人文科学家等，亲耳聆听，亲眼面见他们谈到自己探索真知与获得成果时，那种扑面而来的激情和难以抑制的喜悦，深受感染。我们在关注和宣传他们的科学理性成就时，常常忽略了他们这种至高无上的审美体验和动机。（2）推荐大家阅读詹姆斯·W．麦卡里斯特的《美与科学革命》、安德列·库克《生命的曲线》；爱德华·罗特斯坦的《心灵的标符：音乐与数学的内在生命》、詹姆斯《天体的音乐》、约瑟夫·埃格尔《爱因斯坦的小提琴》，徐纪敏《科学美学思想史》、陈大柔《科学审美创造学》、杨建邺《物理学之美》等。

案例9.2　被忽略了的智力美动机

作为学者的美学动机，与作为艺术创造性、作为社会革命者的审美动机有共性，也显然有不同内涵。学者追求真理完善、追求智力美感的动机，是任何领域学术创新、知识创新都不可忽略、不可或缺的品质。

奥斯本（Harold Osbome）在1964年特别提到：我相信，现今智力美的概念与其说遭到普遍否定不如说被完全忽视了；几乎没有哪一本具权威性的美学著作会对智力美只限于口头上顺便提一提，我不知道有哪一本著作，在塑述一般美学概念时要么尝试了对智力美做深入的分析，要么赋予了智力美与感性美以同样的重要性。然而，智力美的研究沦入受漠视的境地，只是最近的事情。在18世纪的美学理论中，智力美曾占据一个重要位置。这里我们首先回顾18世纪最有造诣的探讨智力美的理论家之一哈奇森（Fran-cis Hutcheson）的思想，并以此开始我们对科学家的审美估价问题的考察。

客体的性质是感官知觉的唯一的直接的材料，美就是这样一种由外部客体的某些特定性质在人的头脑中引起的观念。正如哈奇森所写："把美这个词看作在我们头脑中引起的观念，把美感看作我们获取这一观念的能力。"……"我们来比较一下我们在下述两种情况下的不同心情。当我们做出了定理和理论这样的发现的时候，我们的内心感到极大的满足。而当我们所做的试验不能够归结到一般的规范，我们只是在积累起大批的一个个不相容的观察的时候，我们内心感到的是不满足。此时，每一个这样的试验都揭示了一个新的真理，尽管有多样性，但是却没有愉悦或美，这种情况直到我们能够从中发现某种统一性或者能够把它们归进某种一般的规范的时候才会改变。”正是在具伟大普遍性，以具必然性或因“展示一般真理”而为人称道的定理和理论中，哈奇森看出了审美诉求的最伟大的能力：没有什么其他种类的存在，“能够让我们在其中见到这样一种迷人的具统一性的多样性，并由此在我们心中产生非常巨大的愉悦”。之所以会如此，“我们可以以最精确的一致性发现”，在这种构造物中“包容的无限通常还是多方面的”。哈奇森指出，这种高度的美既可以在数学中也可以在经验科学中发现。①

案例9.2评析：（1）学术是高度理性、高级的智力活动，也是充满了智力美和智力美感的活动。十八世纪“苏格兰哲学之父”弗兰西斯·哈奇森，是探讨智力美和美感的理论家之一。他系统阐述了科学美构成的三个层次（篇幅所限，此略），揭示了在丰富的感性基础上进行理性思考、抽象和提炼出来的概念、原理、方法、模式等，也才既有真理之“道”，又有令人可感的形式，（2）理性抽象的高度和感性的多样丰富性的统一，是科学真理最“迷人”之处。也是智力美感最独特的品质。只有真正的学者才能够从理性的规范和逻辑结构中，感受到生动、丰满的感性血肉，体验到、追求到、享受到学术美感的高峰体验。（3）因此，智力美和美感，引人身心愉悦体验的原因，不在表面形式，更在对事物内在本质、规律或结构丰富的感知、流畅联想和自由想象及问题解决的顿悟与巧智等，这些学术探索与创新构成要素，更加强了学术的美学动机、纯粹的价值向量（指有方向的动量，是借助物理学概念对学术创新乃至人的一切创新活动的特殊动力或动机的表达）。（4）表面来看，或许创新的点子也会源于实用需求，但持之以恒、永不停休的知识创新的深层动因，却是来自对事物发展前景的想象和知晓事物最完美状态的美感体验的追求。

案例9.2建议：（1）学者、博士生、研究生，如果能据本案例所指智力美的“审美诉求”来审视自己的学术动机和学术论文，就能够预知自己的学术能够走多远，即便你或许已经找到了一个大学教师或科研机构的职位。（2）倡导不为功利的学术取向，尝试建立学术美感动机，至少能保证你在读研读博，撰写学位论文期间，体验和享受到学术乐趣与智力美感，并因此精致而愉悦地完成学术任务。

9.1.3 学术想象礼赞

学术思维与文本，是严谨的逻辑思维活动与成果。其中，从问题的提出，到影响

① 詹姆斯·W.麦卡里斯特.美与科学革命[M].李为,译.长春:吉林人民出版社,2000.

因素的猜想、推想、假设、预测、预言等，都是基于已有科学理论和方法的一种伴随逻辑的想象。与艺术创作想象有相同之处，都伴随着形象的出现。但艺术想象，可以只凭据感觉和情感展开；学术想象即科学想象，必须根据以往学术研究证明了的理论（定律、定理）、实验或足够的经验成果，对事物特征、影响因素，及其变化方式所做的合理的想象和推想。

德国大诗人歌德说："幻想是诗人的翅膀，假设是科学家的天梯。"列宁说："有人认为，只有诗人才需要幻想，这是没有理由的，这是愚蠢的偏见！甚至在数学上也是需要幻想的，甚至没有它就不可能发明微积分。幻想是极其可贵的品质……"；皮萨列夫说："我们幻想可能超过事变的自然进程始终达不到的地方……这种幻想中间并没有任何会败坏或者麻醉劳动者的东西，甚至完全相反。如果一个人完全没有这样幻想的能力，如果他不能跑到前面去，用自己的想象力来给刚刚开始在他手里形成的作品勾画出完美的图景，那我就真不能设想，有什么刺激力量会驱使人们在艺术、科学和实际生活方面从事广泛而艰苦的工作，并把它坚持到底"。

英国著名科学家牛顿说："没有大胆的猜测就做不出伟大的发现。"英国生物学家赫胥黎说："人们普遍有种错觉，以为科学研究者做结论和概括不应当超过观察到的事实……但是大凡实际接触过科学研究的人都知道，不肯超越事实的人很少有成。"法国微生物学家巴斯德说："如果有人对我说，在做这些结论时我超越了事实，我就回答说：是的，我的确是常常置身于不能严格证明的设想之中。但这就是我观察事物的方法。"英国博物学家达尔文说："我一贯力求保持思想不受约束，这样，一旦某一假说为事实证明为错误时，不论我自己对该假说如何偏爱（在每一题目上我都禁不住要形成一个假说），我都放弃它。"爱因斯坦在十几岁的时候，就看了康德的《纯粹理性批判》，显然，那时的他是不能全部读懂这本书的。事实上，他可能很多内容都读不懂，但重要的是他在学习过程中要经常猜想作者的原意，长此以往就形成了较强的非逻辑思维能力："好像他（爱因斯坦）只从经验世界的一二点暗示就能找到问题的症结及其答案，剩下的事情只不过是加以验证罢了，在相对论的创建中表现了这一点。他提出光量子假说和光电效应方程也是如此，所用的方法只根据极少并且可靠性未定的数据。"

9.2 基本路径

学术创新的路径很多，但如条条道路都通罗马。归纳起来路径主要有：以继承为基础的创新，专业内创新和跨专业创新，革命性创新。如何在继承传统精华和在扎实专业基本知识基础上，超越传统和专业局限，继续探索未知真相，求得真知、真理，最终引发科学革命，是永葆学术生命活力、增加人类知识力量的奥秘所在。

9.2.1 以继承为基础的创新

继承，绝对不意味着守旧，止步不前。恰恰相反，它是继续发现新问题，提出解释和解决新问题的新概念、新定律、新模式、新方法等不可或缺的基础。古代和近代生物学建立了有机体、细胞、遗传、遗传定律、细胞生物学、遗传学等这些基本概念和定律。而现代生物学就是在这些基本概念和定律基础上进一步发现了遗传基因DNA、基因结构、基因图谱，进而发展出基因技术、分子技术，导致整个生物学的革命，创立了以遗传分子（DNA）为基础（核心概念）的新的生物学理论体系——分子生物学。更进一步推进了人类对自身生命和大自然所有生命协同进步的历史进程——生态科学的建立。

再伟大的知识创新，都将成为传统，而所有的传统知识都包含有合理因素，同时也总有缺陷。人，凭借渺小的身体和大脑，要观察如此浩瀚的宇宙世界，如此渺小的微观世界，如此繁复的万事万物，难免总有偏颇。所以在继承传统知识合理性因素或内核，发现所有存在不足的基础上创新知识，这是学术创新的一条基本路径和准则。

案例9.3　产婆术、形式逻辑、几何原本

稍加留心就会发现，当代学校教育教学中的很多内容，甚至思维方法和教学方法，都来自人类早期的知识：

苏格拉底的产婆术教学，就是教师以感性经验和实时为基础，引导学生对一类事物本质特征进行思考、顿悟、概括、形成定义，以深透掌握知识的一种富有逻辑力量的教学方法。这种方法，到了亚里士多德那里，就进一步丰富发展成了系统化的思维方法形式逻辑，不仅可以指导教学，而且可以指导更大范围的理性活动。到了欧几里得那里，就应用到数学学科中，创建了人类第一个逻辑严谨的数学知识体系和数学思维方法体系“几何原本”。而今天中外中小学校普遍开设的数学课中有很大一个板块“几何”的内容，都直接源于“几何原本”。不过，其中也增添了现当代几何学研究取得的新知识。

案例9.3评析：（1）苏格拉底以引导学生明晰概念为核心的推理教学，被称为产婆术。亚里士多德将这种严谨的概念推理方法系统化为一门思维学科“形式逻辑”。欧几里得将“形式逻辑”应用到数学中，建立了系统的几何学，即“几何原本”。这些都是在继承前人传统基础上创新知识的典范。(2)古希腊亚里士多德的“形式逻辑”，发展到今天，已经成为大学的一个专业“逻辑学”；有一门课程“形式逻辑”，它是专门研究和讲授理性思维的基本要素、方式、规则，训练学生理性思维能力的一套方法；在中小学教材中，还有专门的“逻辑基本知识”单元。(3)这种理性思维的基本逻辑范式，对人类思维和知识构成逻辑影响巨大，且至今影响教学理论和实践的创新与发展。(4)直到信息化科技高度高速发展的今天，这样的理性思维传统知识力量，依然发挥着巨大影响。在互联网、大数据、云计算等人工智能中，理性思维包括概念思维、数理思维、深度学习等，都依然是核心结构与骨架。

案例9.3建议：(1)每一个学科和专业的成立与发展，都有自己的历史。历史就是传统，优秀的传统就是经典。因此，任何一位学者、硕士生、博士生，都必须阅读所在学科和专业的经典著作，学习和系统了解传统知识及知识系统，结合新的发展现实，才可能发现新问题，进而研究新问题，更新传统知识，创建新知识。(2)如果你愿意，可以考察一下你所在的学科、专业或方向有哪些正在进行与人工智能深度融合的研究，而这些研究有哪些是传统形式逻辑知识的继承和创造性应用！

案例9.4　康德集大成：再论真善美

德国古典哲学创始人康德是传统集大成和进行系统创新的典范。其学说深深影响近代西方哲学，被认为是继苏格拉底、柏拉图和亚里士多德后，西方最具影响力的思想家之一。他关注笛卡儿、牛顿和莱布尼茨提出的哲学与科学命题，调和笛卡儿的理性主义与法兰西斯·培根的经验主义，对诸多学科领域的知识知晓深厚。康德著作众多，涉及哲学、伦理学、美学等众多领域，核心代表作是“三大批判”：《纯粹理性批判》(1781)、《实践理性批判》(1788)和《判断力批判》(1790)，分别系统阐述了他的知识学（真）、伦理学（善）和美学思想（美）。我国著名哲学家齐良骥对康德“知识学的基本原理”即感性、知性、理性及其相互关系进行了论述[①]：

其实康德的知识观或三大批判，都是在之前学界对人类认识、知识获得与构成的全面审视基础上，对以纯粹理性求真、以纯粹现实标准求善、以纯粹感性判断求美的偏颇认识，进行了批判与纠偏。他在古希腊学者为人类精神世界树立起来的“真善美”三大旗帜基础上，详尽而系统地论述了“真善美”的内涵。求真（合规律性），即科学认知和获得科学知识，发现规律与真理，这需要知性和理性，也需要丰富的感性；求善（合目的性），即道德认知和获得道德知识，发现人性与社会所有现象的根

---

① 齐良骥. 康德的知识学[M]. 北京：商务印书馆，2000：460.

本目的，需要观照现实也应该观照人性伦理；求美（合规律性与合目的性的统一），美学认识和获得美学知识，发现人类审美和美感的本质，即审美判断，需要科学认识和道德认识的有机统一。有学者解释，这是对科学理性与实践理性的中介的补充，或是对前两部批判的补充。“合规律性与合目的性的统一”，是康德《判断力批判》最重要的美学思想，是对古希腊形成的真、善、美统一的哲学思想的高度认可与理论重建。

【图9-2】康德（1724－1804）和他在柯尼斯堡大学被聘为无俸讲师时的签名

案例9.4评析：（1）古希腊为人类精神世界树立起来的“真善美”三大旗帜，到近代哲学家康德这里得到了系统阐释。这一伟大的知识创建，奠定了人类精神世界的丰富性、发展取向和至高境界。（2）到当代社会，有现代和后现代的各种哲学理论，要么重视理性忽视感性；要么重视感性忽视理性，都不同程度导致价值观偏颇及对“真善美”的价值观误解，人们越来越物质化和功利化，精神越来越空虚和缺乏意义感。针对此，美国当代著名学者加德纳撰写了《重塑真善美》①一书，对真、善、美的内涵做了传统意义和当代意义的深刻阐释。明确宣告现当代社会，人类除了像动物那样有本能需求、有物质依赖外，更需要远远超越动物的更高尚的“诗意栖居”、“诗与远方”和“精神家园”的生活。

案例9.4建议：（1）学术论文都应该有人类精神世界的高度，即使本能和物质需要是基础。人类所有的哲学，所有的学科其实都在不同角度谈论真善美的问题，或其中一个部分的问题。请阅读和梳理这一发展逻辑，你会发现：《重塑真善美》这本关于真善美的重塑的新著作，也不过是人类在历史进程中提出的人类自身精神建设的警示录，也无疑是对经典知识的传承和创构。（2）结合自己的专业和论文选题，阅读分

① 加德纳. 重塑真善美[M]. 沈致隆，译. 北京：中国人民大学出版社，2012.

析和确认中国传统文化（人文与科技）中，有哪些重要的知识是值得传承的，整理出其知识系统或概念系统，确定研究和论文中的传承和创构要点、思路、方法。“知识体系是任何一个文明的核心”[①]中国学者和准学者的论文中，理论上说都应该自带中国自己的传统文化意识和知识元素，进而以创新包含中国知识元素在内的人类共同的知识体系和话语体系。

案例9.5　爱因斯坦的继承、创新与再创新

20世纪，是人类对自然事物的物理认知和知识创新的高峰。广义相对论占据了宏观物理学的首席位置，量子力学则占据了微观物理学的首席位置。这两大物理学知识创新体系，都不是孤立的系统，与传统或经典物理学都有千丝万缕的联系：

牛顿力学，从17世纪以来获得的绝对真理地位，退到了传统物理学位置上。这是爱因斯坦在牛顿力学和定律及诸多科学家相关研究的基础上，继续质疑，继续求得探寻新解释而获得的崭新发展。牛顿“万有引力”定律，明确揭示了万物皆有引力，但什么是万有引力？为什么万物皆有引力？数百年后的爱因斯坦，才明确提出这一质疑，并用广义相对论回答了这个问题。提出了大质量物体压迫空间，使得“空间弯曲”，而相对小质量物体被迫在弯曲的空间上运动，看上去就是被大质量物体吸引了，且运动轨迹也较长了。事实上，爱因斯坦相对论与牛顿力学在很多基本知识和方法上是一致的，例如物体、物质、原子、力（相互作用）、运动、能量、守恒等概念和一些相关定律，依然如往。但在这些基础上，又产生了新的概念，如质能统一、四维时空、时空拉伸、弯曲空间、能量子（量子）、粒子、夸克。

案例9.5评析：“创新”绝不是空穴来风，也不是想当然的空中楼阁。任何有价值的创新，都是在继承前人研究成果的基础上进行的。因此，没有对以往相关知识及其获取方式的掌握和理解，就不可能有真正的创新。

案例9.5建议：（1）在教育教学领域有几本重要的经典著作，如柏拉图的《柏拉图对话录》、夸美纽斯的《大教学论》、赫尔巴特的《普通教育学》、布鲁纳的《教育过程》；还有中国的“四书五经”，尤其科举四书中的《大学》《中庸》《论语》《孟子》等，请阅读分析，找出它们与之前有关著作的相同知识点、独创知识点，以及它们与今天层出不穷的教育教学理论或各类知识之间的直接关联。（2）在科技和人文社会科学领域，其实有很多理论与知识在中西方古代音乐美术理论与知识中都找得到历

① 郑永年. 中国的知识重建[M]. 北京：东方出版社，2018.

史的、跨界的关联性，有丰富的传统与创新交融的色彩，如至今在各门学科中仍有生命力的节奏、旋律、和声、色彩、形状、空间、留白、透视、气韵、格律、韵律等。（3）学术论文选题，都不妨与已有传统知识进行广泛的关联，为所选课题或研究内容及方法等铺垫丰厚的已有研究基础，这才可能确定自己的立足点和创新点所在。

9.2.2 以专业知识为基础的创新

凡专业，其形成与发展必有继承性。所以，在此所言以专业知识为基础的创新，其实也是与传统继承相关的话题，只不过继承更在历史的纵向、专业更在空间的横向而已。人类很多专业的知识，都具有相当稳定性，包括已形成的基本稳定的概念、原理、方法和规范体系，也包括学术写作结构与话语体系等。拥有扎实的专业基础知识和功底，也是学术创新不可或缺的条件或前提。

一些研究者或准学者，特别是跨专业考入的硕士、博士生们对自己新进入的专业的知识系统很不熟悉，或专业知识零散，结构破缺，基本功底薄弱，更缺乏多专业知识间纵横交错的知识建构的思维能力。导致写小学数学论文的，只知道小学数学教材上的知识，却对整个数学知识系统，以及小学数学知识在整个数学系统结构中的位置，乃至在整个理科、社会人文学科中的位置和价值毫不知晓。写法律论文的，缺乏系统的法律专业知识，或只依靠一些实践管理经验，就确定了写法律教育改革的论文，其文本内容和行文方式漏洞百出。写学校课程与社会发展相关论文的，一方面对课程领域的基本知识及结构不甚了然，另一方面连对社会学知识体系、社会管理模式及有关基本概念也定义不清，就自创了一个学校课程与社会适应模式等。如此这般，必然导致所言“创新”如无源之水、无本之木、空中浮尘。在文本中写“创新点”的时候，只好绞尽脑汁、牵强附会，无话可说、说非其实。

9.2.3 跨专业、跨学科创新

跨专业，指研究者不只有一个专业的基础知识，还有两个、三个，甚至多个专业的知识，最好是具有多专业的系统知识，并能够在这多个专业领域知识之间自由而富有逻辑性地穿梭，发现和创构各专业知识之间的逻辑关系。跨学科道理同此。一门学科是知识的一个领域构成的知识系统，一个专业是人才培养的知识体系和培养体系，往往由多个学科来支撑。

换句话说，跨专业绝对不是无专业。恰恰相反是有多个专业，且专业间彼此关联。任何学科也不过是对这同一个宇宙世界中的任何事物，在不同角度与层面上的认知和描绘！因此，哪怕看上去很遥远的自然科学与人文艺术之间，也都存在无限多令人惊讶的相通相似之处，只是看我们有否能力去发现罢了。

跨专业跨学科创新就是在几个专业及其学科的知识之间发现了或宏观或微观的联系，在多专业多学科交叉点上发现了新的联系，产生了新概念、新定律和新价值标准。

因此十分有必要建立鼓励跨专业、跨学科的学习机制、学术机制，让“凡是天分特别优良的学生应该各科都研究，使世上永远能有具备百科全书式知识的人。[①]

案例9.6 笛卡儿跨专业创建坐标系

笛卡儿（1596—1650）被称为杰出的近代哲学家、近代生物学奠基人、一流的物理学家，但是，他却在数学领域发明了坐标系，将经典数学的两个分支几何与代数有机结合在一起，创建了不仅影响数学，而且深刻影响物理学等自然学科解决问题的思维方法——解析几何。他还用坐标系画出心形图，以向瑞典公主表达他坚贞的爱情（图9-3）。人们普遍认为他是数学家，而他说自己更爱诗：

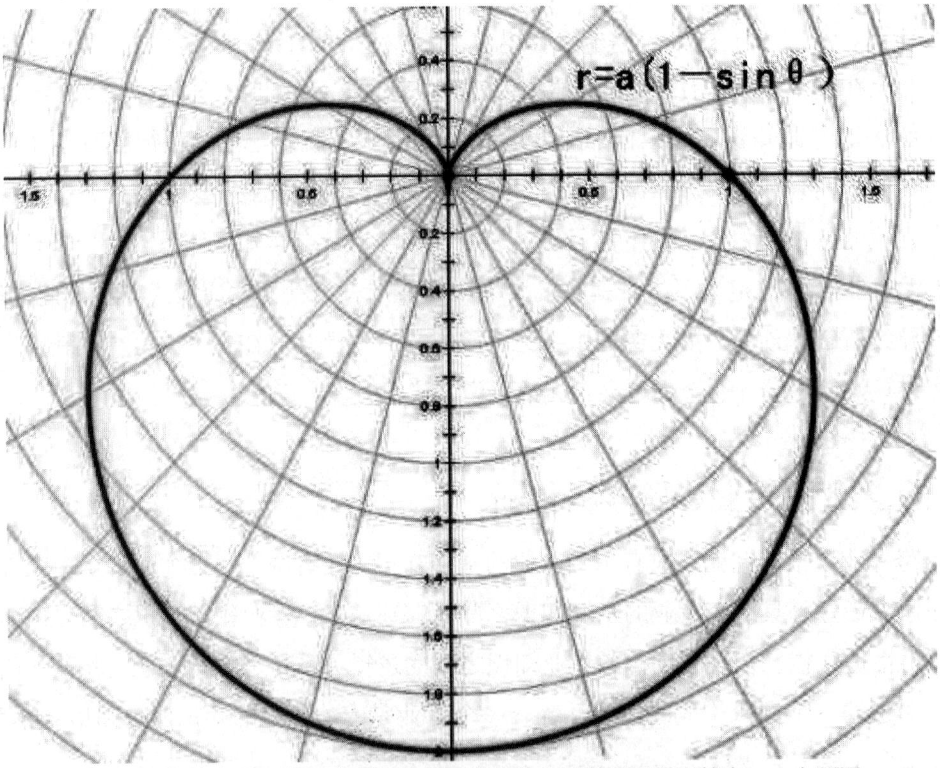

【图9-3】笛卡儿用方程式写的情书，瑞士公主用坐标系解出答案——心形图

① 夸美纽斯. 大教学论[M]. 傅任敢，译. 北京：教育科学出版社，2012:227.

毕业于法律专业，当过军人的“笛卡儿（1596–1650）是第一位杰出的近代哲学家，是近代生物学的奠基人，是一流的物理学家，但只偶然是个数学家。”[①]就是这样一位涉猎多门学科与行业的“偶然的数学家”，却发现了传统数学中的两大分支，几何与代数各自的优缺点，“几何的直观与推理的优势和代数机械化运算的力量。于是他着手解决这个问题，并由此创立了解析几何”[②]，成为了近现代数学发展新趋势的引领者。

案例9.6评析：（1）笛卡儿将代数和几何有机结合发明了解析几何，于是被誉为伟大的数学家。但他作为生物学家、物理学家、哲学家等所具有的多学科专家级的专业知识，无疑在他发明的“坐标系”中，发挥了或显或隐的重要作用。（2）因此，笛卡儿的坐标系，不仅是跨专业的跨学科创新，更是为所有以数学作为工具的自然科学，提供了一种经典而有效的数学表达和研究的语言、工具、方法及思维模式。（3）跨专业、跨学科、跨领域地为诗情画意的爱情表达提供了理性工具。他与16岁的瑞典公主偶然相遇，便以数学为媒介谈起了一场惊世骇俗的爱情。因国王百般阻挠，公主被软禁，笛卡儿写了很多信皆被拦截。其中一封，国王打开一看是数学公式便放行了。公主用坐标系解出这个方程式的答案，就是上面这个表达爱意的心形图（图9–3）。

案例9.6建议：（1）学者，绝对不是一个线性的、单调的、枯燥无趣的名称。杰出的学者们，好多都是跨越多学科和多专业知识的创新大师[③]。且他们的内心都充满了真情和激情。（2）推荐阅读《激情澎湃——科学家的内心世界》[④]，看看该书中英国BBS广播公司采访的二十多位20世纪前沿科学的科学家们（其中有七位诺贝尔奖获得者），是如何跨专业跨学科和充满激情地进行知识创新的（案例9.7表2）。（3）阅读更多自然科学、社会科学、人文科学和教育学的经典著作，收集更多基于专业和跨更多专业进行知识创新的案例，并在自己的研究与论文中使用。

---

① 笛卡儿. 笛卡儿几何[M]. 袁向东，译. 北京：北京大学出版社，2008：导读.3.

② 笛卡儿. 笛卡儿几何[M]. 袁向东，译. 北京：北京大学出版社，2008：1.

③ 赵伶俐. 发展交叉学科：21世纪高等学校创新的主题和难题[J]. 现代大学教育，2003(4)；齐白石、毕加索、爱因斯坦——艺术与科学思维的跨国度、跨学科共鸣[J]. 美育学刊，2015，6(3).

④ 刘易斯·沃尔珀特，艾莉森·理查兹. 激情澎湃——科学家的内心世界[M]. 柯欣瑞，译. 上海：上海科技教育出版社，2000.

案例9.7 发展交叉学科：21世纪高等学校创新的主题和难题[①]

学科交叉，综合发展，是当今科学呈现出的非凡创新的局面。而高等学校则为此提供了人才、知识、设施等方面的巨大支持。以介绍当代科学思想为主题的《哲人石丛书》由四个系列组成，均由当代世界前沿科学家和学者著写。对其中《当代科学思潮系列》和《当代科普名著系列》两个书系中的13本著作的15位作者进行了不完全统计，共涉及专业和学科36个，平均每人2.4个，最多的为5个（见案例9.7表1）：

案例9.7表1 《当代科学思潮系列》和《当代科普名著系列》丛书作者专业情况统计

序	姓名	国别	著作名	职业	主要专业领域	其他专业领域
1	赫尔曼·哈肯（Haken，H.）	德国	《大脑工作原理——脑活动、行为和认知的协同学研究》	斯图加特大学教授	理论物理学	化学反应模型 形态发生论
2	罗杰·G.牛顿（Newton，R.G.）	美国	《何为科学真理——月亮在无人看它时是否在那儿》	印第安纳大学教授	物理学	
3	约翰·施塔赫尔（Stachel.J.）	美国	《爱因斯坦奇迹年——改变物理学面貌的五篇论文》	波士顿大学教授	物理学	
4	弗里德里希·克拉默（Gramer，F.）	德国	《混沌与秩序——生物系统的复杂结构》	达姆施塔特大学教授	有机化学	实验医学 美学、艺术学
5	约翰·布里格斯（Briggs，J.） F.戴维·皮特（Peat，F.D.）	美国 英国	《混沌七鉴——来自易学的永恒智慧》	康涅狄格州立大学教授 利物浦大学教授	美学 物理学	心理学
6	杰里米·里夫金（Rifkin，J.）	美国	《生物技术世纪——用基因重塑世界》	美国华盛顿特区经济趋势基金会总裁	经济学	生物学
7	刘易斯·沃尔珀特（Wolpert，L.） *2000年被皇家科学研究所授予法拉第公众认识科学奖 艾莉森·理查兹（Richards，A.）	英国 英国	《激情澎湃——科学家的内心世界》	伦敦大学教授 英国广播公司科学节目监制	应用生物医学 广播新闻学	生物学 医学
8	约翰·格里宾（Gribbin，J.）	英国	《大爆炸探秘——量子物理与宇宙学》	英国著名专业科学作家	科学作家	天文学 天体物理学

① 赵伶俐. 发展交叉学科：21世纪高等学校创新的主题和难题[J]. 湖南：现代大学教育，2003(4).

续表

序	姓名	国别	著作名	职业	主要专业领域	其他专业领域
9	伊利亚·普利高津（Prigogine，I.）*1977年诺贝尔化学奖	比利时	《确定性的终结——时间、混沌与自然法则》	美国奥斯丁统计力学、热力学和复杂系统伊利亚·普利高津中心主任，比利时布鲁塞尔索尔维物理学和化学研究所主任	热力学(耗散结构理论创立者)	物理学 系统学
10	迪特里希·德尔纳（Dǒrner，D.）*1986年度德国最高科学奖莱布尼兹奖	德国	《失败的逻辑——事情因何出错，世间有无妙策》	班贝格大学教授	认知行为学	心理学 思维学 美学 人类情感学 方法论
11	艾萨克·阿西莫夫（Asimov，I.）	美国	《亚原子世界探秘——物质微观结构巡礼》	波士顿大学教授	生物学	科普作家 科幻作家
12	罗杰·G.牛顿（Newton，R.G.）	美国	《探求万物之理——混沌、夸克与拉普拉斯妖》	印第安纳大学教授	物理学	
13	约翰·L.卡斯蒂（Casti，L.）	美国	《虚实世界——计算机仿真如何改变科学的疆域》	圣菲研究所成员，维也纳理工大学教授	计算机学	科学作家
总计	15人		13本	高校专家12人(80%) 其他3人(20%)	15 （15+21）÷15=2.4，人均涉及2.4个专业学科领域，最多为5个	21

英国广播公司（BBC）第3套节目曾对23位世界著名科学家进行访谈，其中包括7位诺贝尔奖得主霍夫曼、米切尔、贝利多、布莱克、盖尔曼、格拉肖和鲁比亚等，这些科学家所深度涉及的专业或学科领域也大多不止一个，最多达6个，平均3.3个，且不少科学家专业领域跨度极大，他们在极严谨的自然学科和极浪漫的学科如文学艺术之间往复自如（见案例9.7表2）。

案例9.7表2　英国广播公司（BBC）访谈的23位世界著名科学家的专业情况统计①

序	姓名	国别	职业	主要成果	主要专业	其他专业或学科
1	卡尔·杰拉西（Carl Djerassi）	维也纳（美国）	斯坦福大学化学教授	避孕药发明人	化学	诗人 小说家 艺术品收藏家
2	罗德·霍夫曼（Roald Hoffmann）	波兰（美国）	康内尔大学物理学教授	将量子力学应用于化学而荣膺诺贝尔奖	理论化学	量子力学 天文学、考古学 诗人
3	贾里德·戴蒙德（Jared Diamond）	美国	加利福尼亚大学生理学教授	细胞膜的行为研究	生理学家	进化生物学 鸟类学 考古学 野外生物学 探险者 音乐爱好者
4	勒鲁瓦·胡德（Leroy Hood0）	美国	加州理工学院生物学教授	遗传物质和蛋白质的自动分析技术、	生物技术学	免疫生物学 医学 科幻小说作者 教育学家
5	戴维·韦瑟罗尔爵士（S.David Weather-all ）	英国	牛津大学和牛津分子医学研究所，皇家医学教授	血液病、人类基因测定技术	临床医学	分子生物学 音乐爱好者
6	詹姆斯·莱特希尔爵士（Sir James Lighthill）	英国	伦敦大学学院院长，现任该院荣誉研究员	在应用数学许多领域作出重大贡献，特别是对流体力学中液体和气体运动的研究	应用数学	亚音速和超音速飞行研究 流体力学 游泳迷
7	詹姆斯·洛夫洛克（James Lovelock）	英国	居住于康沃尔的独立科学家	探寻盖亚理论，研制气相色谱技术检测仪(意识到臭氧层破坏)	化学家	生物学 医学 科学小说家
8	彼得·米切尔（Peter Mitchell）*诺贝尔化学奖	英国	康沃尔格林研究基金会主任	活细胞内能量的产生和转移。由此获1978年诺贝尔化学奖	生物化学	工程建筑
9	约翰·凯恩斯（John Cairns）	英国	哈佛大学癌症研究教授，现居住于牛津附近	细胞癌论	分子生物学	实验家 临床病理学 临床病毒学
10	理查德·莱万廷（Richard Lewontin）	美国	哈佛大学亚历山大·阿加西斯动物学家和生物学教授	基因研究	进化生物学	遗传学家
11	安东尼奥·加西亚·贝利多（Antonio Garcia Bel-lido）*诺贝尔生物学奖	西班牙	马德里大学分子生物学中心教授	绘制了人脑的神经连接图谱而获诺贝尔奖	发育生物学	遗传学 昆虫生物学

① 本表根据【英】刘易斯·沃尔海珀特，艾莉森. 理查兹. 激情澎湃——科学家的内心世界[M]. 柯欣瑞，译. 上海：上海科技教育出版社，2000版. 所提供的资料整理和统计所得.

续表

序	姓名	国别	职业	主要成果	主要专业	其他专业或学科
12	詹姆斯·布莱克爵士 (Sir James Black) *诺贝尔医学奖	英国	伦敦国王学院医学院分析药物学荣誉教授	发明了β阻断剂和甲氰咪胍(泰格美特)两种药物,由此获1988年诺贝尔医学奖	药理学	分析药理学 医学
13	杰拉尔德·埃德尔 (Gerald Edelman)	美国	斯克里普斯研究院神经生物学系主任和神经科学研究所所长	通过268次实验发现了免疫球	免疫学	神经生物学 小提琴手
14	迈克尔·贝里奇 (Michaeeel Beridge)	英国	剑桥大学巴布拉海姆研究所分子信号传导实验室教授	发现了激素对细胞活动的调控机制	细胞生物学	
15	埃尔温·西蒙斯 (Elwyn Simons)	美国	杜克大学人类学家和解剖学教授	灵长目古生物学之父	古生物学	人类学 解剖学家 绘画者
16	默里·盖尔曼 (Murray Gell-Mann) *诺贝尔物理学奖	美国	加州理工学院R·A·密立根理论物理学教授	提出夸克"奇异性"和"奇异粒子"这一概念于1969年被授予诺贝尔物理学奖	理论物理学	粒子物理学
17	谢尔登·格拉肖 (Sheldon Glashow) *诺贝尔物理学奖	美国	哈佛大学希金斯物理学教授	研究电磁力和弱力而获1979年诺贝尔物理学奖	理论物理学	
18	妮科尔·勒·杜阿兰(女) (Nicoe Le Douarin)	法国	法兰西学院教授,诺让细胞和分子胚胎研究所所长	用小鸡细胞与鹌鹑细胞的某些差异来跟踪细胞的迁移	发育生物学	
19	杰拉尔德·霍尔顿 (Gerald Holton)	美国	哈佛大学杰斐逊物理实验室物理学教授和科学史教授		物理学	实验学 历史学
20	卡罗·鲁比亚 (Carlo Rubbia) *物理学诺贝尔奖	意大利	曾任日内瓦CERN总干事,现为CERN高级物理学家	粒子物理学之父,1983年发现W粒子和Z粒子,即弱核力	粒子物理学	理论物理学
21	戴维·皮尔比姆 (David Pilbeam)	美国	哈佛大学社会科学教授		体质人类学	社会学
22	安妮·麦克拉伦(女) (Anne McLaren)	英国	曾任MRC哺育动物发育研究所所长,现为剑桥韦尔科姆/CRC研究所首席研究助理		哺育动物学	发育生物学
23	阿夫兰·米奇森 (Avrion Mitchison)	德国	曾任伦敦大学学院动物学教授,现为柏林德意志风湿病研究中心主任		免疫学	动物学 病理学
总计	23人 男21(95.4%) 女2人(4.6%)		高校专家20人(92.1%) 其他3人(6.9%)		23 (23+47)÷23≈3.0,平均每人涉及3个专业领域,最多的达6个。	47

案例9.7评析：（1）本案例中的两项文献调查，共涉及了38位科学家，从他们各自的专业和获得的学科知识创新成就来看，可见跨专业背景几乎成为了绝大多数学者的共同特征。（2）跨专业背景，还催生了一些非学者主要专业的创新成果，这看上去像是外行创新，其实是以显性专业为基础，促进了隐性学科的创新而已。

案例9.7建议：（1）如果有可能，对1901年到2018年的112届诺贝尔获奖者的专业背景和获奖成果进行大数据相关分析，或许可以得到一个诺奖和更大范围的科学"跨专业创新定律"。这也可以作为一个博士论文课题来做。（2）高校是多专业、多学科专家学者聚集地，同时还有综合性科研机构、高等教育研究所，以及各种学科协作平台，硕博研究生和学者们应该充分利用这种综合性条件跨学科、跨专业学习和选题；或者以制度保障来鼓励招收跨专业硕博研究生，跨专业配置导师组等。（3）要有意识克服专业和学科局限，不可固守"专业 "围城，害怕跨出专业或学科或方向半步。否则"专业"就成为了知识创新的一大障碍。（4）我国第一所交叉学科研究所诞生在天津师范大学，所长刘仲林教授本人，就是交叉学科及其研究的先行者，物理学专业出生，后研究中国哲学、教育理论、并写诗，1990年始带中国第一批交叉学科研究生，著有中国当代第一本《跨学科教育论》①著作，值得一读。

再推荐《哲人石丛书》（共103册）的珍藏版共14册，大家可从中一窥现当代科学发展的绚丽景象，对自己的学术研究与创新、定有非同凡响的启迪。（案例9.7表3）

案例9.7表3 《哲人石丛书》②珍藏版书名一览

序号	书名	作者
1	数学大师：从芝诺到庞加莱	[美]埃盟克·坦著称·贝尔，宋蜀慧
2	素数之恋：黎曼和数学中最大的未解之谜	[美]约翰·得比希尔
3	确定性的终结：时间、混沌与新自然法则	[比]伊利亚·普里文金
4	失败的逻辑：事情因何出错，世间有无妙策	[德]迪特里希·德尔纳
5	大流感：最致命瘟疫的史神	[美]约翰·上巴里，金力
6	美丽心灵：纳计传	[美]西尔维娅·娜萨，王尔山
7	改变世界的方程：牛顿·爱因斯坦和相对论	[美]哈拉尔德·弗里奇
8	天才的拓荒者：冯·诺伊曼传	[美]诺曼·麦克孟，范秀华、朱朝晖、成嘉华
9	反物质：世界的终极镜像	[比]戈登·弗里泽
10	亚原子世界探秘：物质微观结构巡礼	[美]艾萨克·阿西莫夫
11	千年难题：七个易赏1000000美元的数学问题	[美]基思·德夫林
12	生机勃勃的尘埃：地球生命的起源和进化	[比]克里斯帝安·德迪夫

① 李亚娜. 跨学科教育论[M]. 开封：河南教育出版社，1991.

② 哲人石丛书(共计103册). 上海：上海科技教育出版社，1999–2012.

9.2.4 论文各环节的创新

从选题到学术论文，尤其是学位论文撰写的全程来看，学术创新可能发生在各个环节中。某大学研究生部关于“学术论文的创新性从哪里来?”给硕博研究生们有所提示，值得参考（为层次更清晰，番号有所调整）：

学术论文的创新性从哪里来?

1. 创新的选题才能写出

1.1 如果你个人在某领域进行了多年研究，你觉得某些问题解决的关键应该在于某个方面的深入研究，并且很少有人注意此方面研究而你首先开始，那你的文章就创新。这种方法创新的前提是，你在该领域有多年研究；否则很有可能失败。因为你认为创新的东西可能是人家已经做过的(只是研究失败，所以没有报道)，或者你的思路本身就是错误的。所以这类创新需要多年的累积和睿智的行业眼光。

1.2 二次创新。例如最近三年有不同作者发了两篇文章，一篇报道因素A对提高玉米抗逆性有很大影响，第二篇报道因素B对小麦抗逆性有很大影响。那么你就可以参考以上两种说法，研究因素A和因素B对水稻抗逆性的影响。这样做出来的文章一般也能发在和以上两篇文章档次差不多的杂志。要保证数据的可靠，首先你要选用你的领域中普遍采用的方法，可以找几篇和你的研究类似的SCI文章，参考他们的研究方法。这种方法是站在前人研究的基础上，需要你对某个领域的文献进行深入的阅读和分析。

1.3 经验累积法，实验积累强调要有一定实践经验，在实践中发现问题。日常生活、工作和社会实践过程中，留意观察社会生活，关注某一方面实践成果，不断发现问题提出问题，转化成自己的创新思想，找出论文选题。

1.4 文献分析法，分析他人的研究发现的问题。这需要作者阅读大量的研究文献，找出现有研究未得到相应关注或者是研究不健全的问题做出新的突破。阅读相关文献时，如果在中文期刊搜索就会发现，一个关键词有几千个同类的研究主题出现，把这些都读完那么内容就会显得很散，也难以提出新的问题。所以，阅读相关文献有一定的限度，可将所选定的期刊近几年内发表的相关论文以及权威的期刊、重点核心期刊上发表的相关论文进行阅读，基本上可以得出学术前沿问题的范围了，可在此基础上提出选题。

1.5 联想法，作者寻找选题时不要局限于自身的学科领域，应扩展知识面，跟其他学科领域相关联的研究话题可做出一个介入点。这样往往能突破学科局限探索出新的选题。

2. 从写作上进行创新

2.1 从观点、题目到材料直至论证方法全是新的。这是在新的领域或者新的方向上得到突破，找到新的出路的一类论文。这类论文写好了，价值较高，社会影响也大，但写作难度大。选择这一类题目，作者须对某些问题有相当深入的研究，且有扎实的理论功底和写作经验。由于论文的所有内容基本为新的，所以在撰写论文的时候需要的是详细而清晰的说明方式，让读者能够一目了然，理解你的新理念。

2.2 以新的材料论证旧的课题，从而提出新的或部分新的观点、新的看法。这类论文是通过新的内容去认证旧的课题，并从中提出自己的新观点，所以在撰写的时候，更应该以自己的新观念为主。如职工思想政治工作这个题材，是前些年研究的“热点”问题之一，已出了大量的研究成果，可以说是老题材了。可有的人敏锐地抓住了企业实行股份制后，职工思想出现的波动和变化，收集了大量新的第一手材料，写出了《股份制企业职工思想政治工作的特点及方法》一文，读后使人有耳目一新之感。

2.3 以新的角度或新的研究方法重做已有的课题，从而得出全部或部分新观点。这类论文的撰写十分考验作者对于已有的课题的了解程度，只有在十分熟悉课题的情况下，才能发现新的视角。如同样是职工思想政治工作这个题材，有的学员针对近几年来纺织行业大量使用农民合同工，职工队伍结构发生变化的情况，从自然半自然经济向商品经济的转化，从小生产者向产业工人的转化，从农村向城市的转化等不同的角度，分析论证了农民合同工的思想特征以及对整个职工队伍思想的影响，探索思想政治工作的方法和措施，这样的文章同样具有新意。

2.4 对已有的观点、材料、研究方法质疑。这类论文是以质疑已有的课题为主，虽然没有提出自己新的看法，但能够启发人们重新思考问题，以便人们继续对该课题进行深入的研究和了解。

3. 创新需要注意什么？

3.1 Result部分。将所有的试验结果整理成图和表，尽力挖掘图和表中的信息，越多越好。在这个过程中尽可能和不同的研究人员探讨你的试验结果，因为不同的人对同一张表和图有不同的看法。这样会给你写文章提供很好的思路。

3.2 分析完图表后，寻找你这个试验结果的Key point，一定要保证这个Key point具有较大的新意，或者说这个Key point有一种振奋人心的感觉。然后从所有图表中找出能够论证你这个Key point的图和表。合理安排你的图和表，如果可能的话尽可能用图。

3.2 Result以后是Discussion（一篇文章的精华），可以将discussion分为若干段落，可以是并列关系或者递进关系。但要保证每一段都有一个主题，即每一段讨论一个主要话题。而且每一段中要说明以下几点：

（1）你的研究结果说明什么?有什么意义?

（2）你的研究结果和别人的类似研究有什么异同？如果不同，可以讨论一些产生差异的可能原因。

（3）如果你在研究结果中出现非常新的东西，用旧人的理论很难解释，那么你可以提出你的假设理论来解释试验中非常新的东西，一定要做到能自圆其说。在Discussion的最后要总结一下，告诉别人你这个研究的几个主要结果。

3.4 Materials and Methods：你在试验中得到的数据，都要写出相应方法。写试验方法要尽可能详细，保证别人看了Materials and Methods后能够参考你的方法进行相关研究。看一下你可能要投的刊物中的Materials and Methods是怎么写的，你可以参考。

3.5 Introduction：简介你这个研究领域的意义；介绍该研究领域的一些人所做的工作，指出它们存在的问题；说明你为什么要做这个试验；可在introduction中提出你的hypothesis。

3.6.Reference：最好引用原始文献，不要二次引用；注意文献编排格式，与你要投的刊物要一致；不要漏和多参考文献。Acknowledge：帮助过你做试验，写文章的人；提供资金项目。Title要说明你的研究内容，要有一定吸引力；Abstract包括研究目的，主要研究结果，得出什么重要的结论。

9.3 提出新问题

新问题，指前人尚未注意到或尚未研究过的问题，包括理论问题、方法问题，价值问题等。这是任何学术创新的共同逻辑起点，因为任何学术研究、思维和文本撰写的价值起点都是问题（参见第2章），所以理论上来说，任何学术研究都应当有创新性。但是，如果没有前述对传统知识且系统扎实的专业基础知识的掌握，乃至跨专业知识和思维方式的助力，也就很难发现一个有价值的新的真问题。

案例9.8　发现新问题与理论发展

2000多年前古希腊数学家欧几里得的《几何原本》，提出了5条公理，由此推导出一系列定理，组成几何的演绎体系。这五条公理中有4条使用至今，没有发生意外。但是有一条很重要的“平等公理”却被发现，其并不具有普适性，即只适合二维平面几何。这导致了一系列几何定理被质疑。例如“三角形的内角和等于180°”，就只适合二维平面，在曲面上三角形的内角和或大于或小于180°，不等于180°等。这就是19世纪中期，德国数学家G. F. B.黎曼发现的一个新问题：

黎曼发现，并非任何条件下“三角形的内角和等于180°”都成立，例如在非平面（曲面或马安面）条件下，“三角形的内角和”或大于180°，或小于180°。他继续探索发现，这样的现象并不是一个特例，而是一个庞大的几何现象和定律体系。他把这个新发现加以推广，并特别关注于图形的角度、弧线长度及体积等非欧现象，建立了黎曼几何，即“非欧几何”。黎曼将曲面本身看成一个独立的几何实体，而不是把它看作欧几里得空间中的一个几何实体，特别研究了曲面上的几何角度、弧线及体积特征和定律。

案例9.8评析：（1）“三角形的内角等于180°”，这是在欧几里得《几何原本》中确定的，千百年来大家确信的三角形内角和的铁律，也是所有中小学基础教育教授的正确知识。（2）黎曼发现了这个“铁律”的漏洞，创造性建立了解释曲面非欧几何的理论，为今天的高级几何学提供了主要内容，为近代数学和物理学发展做出了杰出贡献。（3）在现在的中小学平面几何教学中，各种几何图形的定义之前，都加上了“在二维平面上”这个定语。

案例9.8建议：（1）所有学科教学和学术研究，在向传统、向经典致敬和学习，并引经据典的同时，也不能盲从。质疑、批判、提出新问题，不仅是学术创新的一种元素，也是学者必备的基本素养。（2）请阅读你所在专业或学科的经典著作3—5本，例如教育学领域的经典夸美纽斯的《大教学论》、经济学经典亚当·斯密的《国富论》、基督教经典《圣经》、生物学经典达尔文《物种的起源》、心理学经典弗洛伊德《梦的解析》等，提出你的质疑（要有专业系统知识作为前提）。

案例9.9　测不准就意味着无规律吗？

20世纪在物理学领域发生了一场举世闻名的学术争议，这就是“玻尔–爱因斯坦论战”。由此也导致了人们所说的量子力学与相对论的争议：

争议的焦点是“量子测不准”原理（Uncertainty principle）。玻尔，以及海森堡、薛定谔、狄拉克等，用电子偏振光实验（案例9.9图1）及双缝干涉实验（案例9.9图2）、“薛定谔的猫”思想实验（案例9.9图3）等一系列经典实验，证明了量子的动量和位置（时空特征）不可能同时被测到。

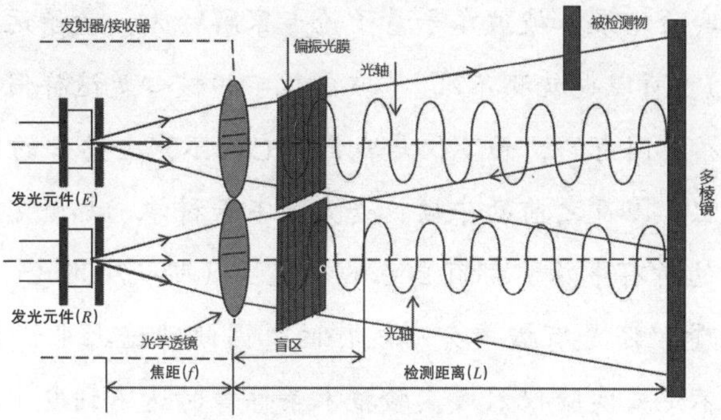

【案例9.9图1】电子偏振光实验

（如果入射光的偏振面平行于偏振片（横缝和竖缝），那么光就完全通过；当偏振片为45°斜角时，透过的光（光子）只有1/2。那么，当只有一个光子入射到45°，会做怎样的选择？这个光子，可能通过，也可能被挡住。这是一个随机过程，不可预测，不可确定。）

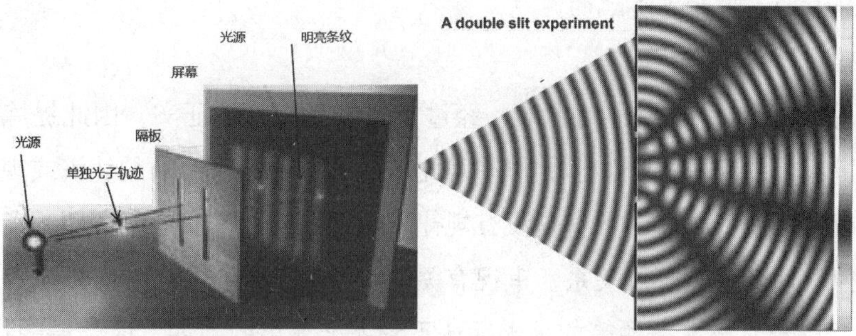

【案例9.9图2】托马斯-杨创设的“双缝干涉实验”

（当光源入射仅当两孔开启时，光波之间才有干涉[才有“合作”]现象。当只有一个空开启的时候，就没有干涉。量子力学家们问：难道这些光子或电子“知道”另一孔开启的情况，于是自动分配进入双缝，然后产生干涉现象？）

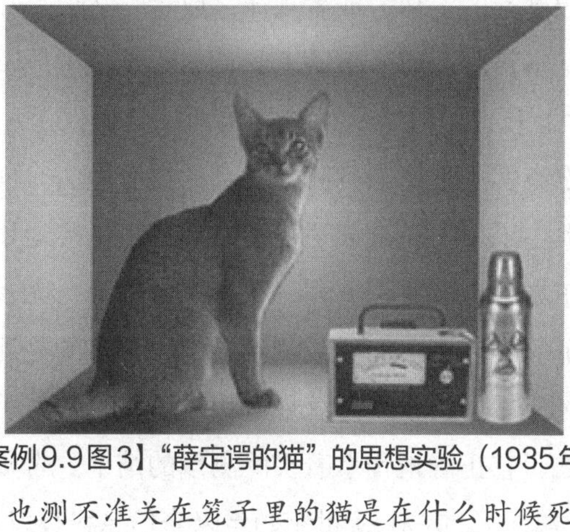

【案例9.9图3】“薛定谔的猫”的思想实验（1935年）

（你永远不知道，也测不准关在笼子里的猫是在什么时候死的。薛定谔进一步证明了他老师海森堡提出的著名的“测不准原理”。）

这一连串的实验结果，被玻尔等量子论专家解释为：量子运动和位置本身就没有定准（是随机的），所以也就测不准。“玻尔哲学的核心是这样假设的，即不确定性和模糊性是量子世界所固有的，而不仅是我们对它的不完全感知的结果。”

但是爱因斯坦，以及之前的牛顿、麦克斯韦等科学家都坚定认为，客观世界包括宏观和微观世界的所有事物，都有自己的确定性（即“决定论”），如光子等粒子运动，当达到一定量，还是有概率分布规律的，因此理论上来说都是测得准的。测不准，是因为信息不足或实验仪器或实验技术条件暂时达不到要求所致。如果条件具备了，原本测不准的，就都能够测准了。“光电磁”统一以及量子现象等，不也是从原子不可再分，到原子中的粒子及粒子运动规律的发现，经历了2000多年的历史，到20世纪科技发展和观测条件具备后，才露出它真相的？换句话说，今天量子的动量和位置不能同时测准，并不意味着永远不能。当然更不能证明因此它的存在及位置和动量是受到人的主观意志支配的。

案例9.9评析：（1）量子测不准，经过多次重复实验被证实，因此提炼成了测不准定律。进一步的问题在于，学界似乎因此形成了一种不言而喻的认识或观念：量子测不准，就意味着量子运动本身是没有规律可循的。（2）其实，量子测不准与量子运动没有规律，两者并非等价关系。审视有关争议就会发现有关破绽。玻尔等的量子论认为信息、仪器或技术条件等，是永远达不到测准要求的，如“薛定谔的猫”（如图9–3），再先进的仪器都不可能测得准猫究竟是什么时刻死的，因为猫的死亡本身就是一个渐近而非某一个时刻的事。仪器测不准，意味着对量子及更多客观事物的真相、真知、真理的探索，必定受制于人的主观条件和工具等。于是，人类千百年来的科学信念——客观性、确定性，就受到了挑战。牛顿、爱因斯坦等的定律，都是建立在宇宙或大自然本身是按照确定的定律，或者规律，或者“轨道”在运行的。这一直是物理学乃至自然科学的基本信念。（3）事实上，玻尔关于量子测不准的解释（哥本哈根解释），已经从物理学上升到了哲学认识论的层面，且还仅是一个哲学理论假设，因为“测不准原理”并没有实质性影响到科学求真的惯有做法。（4）相反，量子力学的生命力还恰恰在于它诞生了很多精准表述、精准计算和精准运用的公式和手段，包括量子论代表人物的玻尔方程、薛定谔方程、狄拉克方程等，无一不是精确表达量子运动规律的漂亮方程。证明：在不可测量或测不准中，更多的是测得准或能够表达准确的。在量子力学的实际应用中，只要系统地应用量子法则，就可以办理一切可以期待它办理的事情！换言之，它正确地预示着实际测量的结果。否则，量子力学不可能成为20世纪伟大的物理学之一，并对21世纪乃至未来信息科技发展做出重要贡献。

案例9.9建议：（1）建立客观世界有自身固有秩序、定律、规律的科学信念，对于一位学者来说，非常必要。这也是对宇宙、自然、社会、人际和谐的科学信念和美学信念。否则科学本身或学术本身就失去了意义。就人类有限的认知和创造力来说，或许永远无法极其精准地找到这个秩序、定律、规律或完美和谐的构成逻辑。但是，这并不影响我们不断质疑，不断追求科学真理与极致的和谐（完美）。（2）可测量、可把握，这一物理学乃至更多自然科学的共性，人类认识自然规律的科学信念等，并没有被动摇。量子力学和相对论之间没有根本冲突，只是人类在某个认知和条件基础上，在表述客观世界的层面和角度上会有缺陷，过程、方法和结论等，也会暂时受制于此而已。（3）与自然科学的这一信念相应，建立社会秩序、教育教学秩序，实现社会和人的全面发展等，也应该是教育和人文社会科学最基本的学术信念。尽管今天在教育教学领域，在人文社会科学领域有很多现象还是远远“测不准”的。300多年前，夸美纽斯就将“遵循自然秩序”这种自然科学认识和信念，迁移到了教育领域，解释人的发展也是遵循自然秩序的，提炼出了按照自然秩序实施教学的“循序渐进”等教学原则。在今天中国教育改革中，仍有学者简单借量子力学“测不准”和“随机性”观念，特别强调教学的“随机性”，坚持“教育质量测评”不可行等。但是伴随科学技术发展，尤其是信息化、互联网、大数据等人工智能方式与所有领域的深度融合，在昨天和今天看上去根本不可控、不可测量的很多教育教学因素，有些已经可以做到，未来或可一一做到。如像一直被认为特别主观、特别复杂的艺术，音乐的节奏、旋律、和声，美术造型、色彩与质地的搭配等，十多年前就已经完全可以用数据精确测量和控制其运行了。这在30年前，就都是“不可测”的，纯属痴人说梦话的妄想。

案例9.10　教学的基本问题是什么？

案例内容详见案例6.26，此处略。

案例9.10评析：（1）如果读者有心，就会发觉上述关于宇宙和教学的各自的四大基本问题，就是本套书系“TVS：视点结构教学”中“书系总序”的开端语。全书系及有关研究，都是带着这些根本问题，寻求对这些根本问题的解释和解决方案而得以成立的。（2）教学问题诸多。什么是最基本的问题？换句话说，所有教学问题都应该看成是由基本问题而派生的问题；所有学科问题，也都应该是由基本问题而派生的一系列问题（如前述案例9.7，黎曼在欧化几何中发现平等公理问题，而引发的系列问题）。准确抓住基本问题，解决了基本问题，其他问题就迎刃而解。这些基本问题是人类教学或其他学科的传统问题，在没得到系统解决之前，也永远是新问题。(3) 本案例借助物理学的四大基本问题，迁移理解和明确教学的四大基本问题，虽然这些问题在过去都提出过且被反复研究过，但是被十分明确地界定为基本问题且有逻辑关联地提出来，却是首次。因此这也属于发现新问题的范畴，是本套书系及其研究的学术创新点之一。

案例9.10建议：(1) 请根据上述四大基本教学问题，对各种教学问题进行系统梳理。梳理过程中提出自己的质疑和问题。(2) 尤其关注中国“文革”后至今大大小小一系列教育教学改革，从理论、政策、实践三大层面，归纳问题，发现新问题，以便提出新的科学的解释系统、政策体系和实践体系。这也可以作为一篇有巨大价值、有深度的博士论文课题。

案例9.11　问题矫正：未来是可以预测的吗？

某市教育局的特别委托重大项目《××市高等教育办学规模发展预测（2015–2020年）》，在开题报告和研究报告初稿完成后，都有专家对这个项目提出相同问题：高等教育办学规模的发展是可以预测的吗？如果到了2018年或者2020年，我市的高等教育发展规模，与项目中的预测不一样，那怎么解释？如果不一样，预测有什么价值？等等。这就意味着本项研究的核心问题“如何预测高等教育办学规模的发展”，有可能是一个假问题。项目组针对专家质疑，对研究报告的相应部分进行了补充论证：

1.对未来的预测是人类从古至今的思维惯习。

2.事物发展有“规律”，就意味着有可预测性；科学探索规律，也就意味着为“预测”探索的依据。

3.迄今为止中外的所有教育规划和政策制定，对教育的未来绘制蓝图，政府在政策包括经济投入政策方面将给予怎样的扶助，也都必然是要建立在一定预测基础上的，例如对“毛入学率”的判定就是典型的例子。只是，以怎样的方式进行预测，才更科学而已。

4.文献检索，综述国际国内已有的主要教育规模预测方法，如：

（1）人力需求法

（2）国际比较法

（3）百分比例法

（4）毛入学率法

（5）拨款预算法

（6）专业就业率法

（7）稳定专业法

（8）地方政策法

（9）容量评定法

（10）基准线法

5.结论：预测未来是人类智力活动的特点、习惯且有必要性，尽管各种预测与未来的现实总会有差距，已有预测方法各有优点和局限，任何教育预测都会有局限（测不准）；但是教育预测依然在各个层面进行着，且发挥着重要功能：基于教育现状掌握发展走势，及时发现问题，调整方向和举措，进行相应改革等，这些才是预测的根本目的，而不是为未来下一个肯定判断。所以教育的未来，规模发展不是可不可以预测的问题，而是如何预测的问题。

案例9.11评析：（1）面对专家们的质疑，本案例继续检索、分析和论证了专家们提出的："高等教育规模发展能够预测吗？"这并不是问题，而"如何更合理地预测？"和"如何使用预测结果？"才是问题，而且是一个对已有相关研究和预测方法提出的新问题。并试图解答和解决这个新问题。（2）一个问题提出来，不能只因为它从来没有人研究过或研究难度很大，那它就是一个值得研究的新问题。有时候，论证这个"问题"是否成立，也是一项艰巨的新的学术任务与学术问题。

案例9.11建议：（1）结合你自己所在学科和专业，力求提出新问题，并力证这个问题是否成立，是否为"新"。（2）不少硕博研究生以参与导师项目的内容直接作为自己学位论文选题，并撰写学位论文。这或许省了选题过程的精力，却完全可能找不到属于自己这篇论文的独立问题或新问题，创新点上就会打折扣。因此，如何在导师课题的问题基础上再提出一个通过自己思考和文献检索阅读分析得到的新问题，是需要特别加以重视的问题。

9.4 发现新知识——理论创新

9.4.1 概念创新，跨界迁移

"每一次科学革命都是伴随着一批天才而来到的，那指的是一些男人和女人，通过他们的能力和想象力迫使科学共同体破除旧有的思想习惯和接纳不熟悉的新概念。"①例如"中世纪哲学家金·布吕丹（Jean Brridan）轻而易举地抓住了推力（impe-

① P. P. 费曼. 物理定律的本性[M]. 关洪，译. 长沙：湖南科学技术出版社，2005.引言：1.

tus）概念，从而有理由被认为开创了现代物理学，而推力概念便是现代动量（momentum）概念的前身”①。而赫胥黎在第一次听说达尔文提出“自然选择”这一新概念的时候，就惊呼“我怎么就没想到！我真蠢！”②

案例9.12　“高峰体验”与“自我实现者”：内涵变化与理论新创建

作为20世纪心理学“第三种力量”的马斯洛人本主义心理学，主要研究对象就是各行业的“成功人士”，也就是他早期界定的“自我实现者”。其核心概念即“自我实现”和与此项匹配的“需要层次论”及最高层次“自我实现”的需要，而自我实现者有一个标志或人格特质，那就是“高峰体验”。但到晚年时，马斯洛发现自己的研究有不足：

几乎所有自我实现者都经常谈起他们曾经经历过的一种神秘体验：这体验可能是瞬时产生的、压倒一切的敬畏情绪，也可能是转瞬即逝却极度强烈的幸福感，甚至是欣喜若狂、如痴如醉、欢乐至极的感觉……自我与非我的区分已不复存在③。（这种极度喜悦的“高峰体验”，他认为是“自我实现者”的一种标志和独具的人格特质。）后来，他逐渐发现事实并不是这样的，高峰体验是普遍存在的。不仅在宗教文献中可以找到类似这一体验的记录，而且在文学中也常见有这类体验的描述，神秘体验、宇宙意识、海洋体验、审美体验、创作体验、爱情体验、父母情感体验、性欲高潮体验、顿悟体验等，全都交叉重叠，具有高峰体验一致的主观感受。现实生活中，高峰体验也不只是僧人、圣徒、瑜伽信徒、禅宗佛教徒等深居简出者的专利，也不只是发生在远方或者某些特定的地区、某些经过特殊训练的人身上。它是全人类的共同感受。它就发生在我们身边、我们自己身上、我们的日常生活中。任何行业的任何普通人都可能在生活中得到这种体验。因此，假如通过适当的方法进行咨询和鼓励，每个人实际上都会承认自己有过高峰体验。④

案例9.12评析：（1）很多学科的创新，都始于概念，即对一类事物共同本质特征的概括。但是，当你所概括的这类事物有局限的时候，换句话说当你发现其他事物也

① 威廉·邓勃斯基. 理智设计论——科学与神学之桥[M]. 卢风，译. 北京：中央编译出版社，2005.前言1.

② 威廉·邓勃斯基. 理智设计论——科学与神学之桥[M]. 卢风，译. 北京：中央编译出版社，2005.前言1.

③ 马斯洛. 马斯洛人本主义哲学. 成明，编译. 北京：九州出版社，2009:358.

④ 马斯洛. 马斯洛人本主义哲学. 成明，编译. 北京：九州出版社，2009:360–367.

有这种特征的时候，概念的外延甚至本质都会发生变化。这样概念的用词或许还与原来的相同，但是内涵和外延已经发生变化，这也是概念的创新，乃至所涉及的定律和理论的创新。（2）本案例显示了马斯洛人本主义心理学和哲学理论中几个核心概念的内涵和外延变化。他虽然很早就提出了“需要层次论”、“自我实现者”和“高峰体验”这些著名的概念，并指出高峰体验对自我实现者，或成功人士所拥有的自我存在感和自我认同、自我完善，具有不可替代的作用。但是他在长期研究中逐步发现，高峰体验并非“成功人士”才有，而是很多普通人都经历过的一种普遍体验。因此，这也导致他一直研究的“自我实现者”，不再可以用早期的“成功人士”来衡量，而是以这个人他是否能够有这种“高峰体验”来判定了，使得“自我实现者”的概念在内涵和外延上也发生了很大变化。这种变化似乎更为合理地解释了“成功者”未必喜悦，非成功者未必不幸福，社会地位上看并不成功的人，却有可能本质上是“自我实现者”的这种现象。换句话说“自我实现者”并不是通常认为的“成功人士”，而是感觉到自己存在价值的，有高度自我认同感的，极度喜悦的那种人。由此，他的人本哲学提升到了一个更为普世的崭新境界。（3）马斯洛去世前一年（1969），他认为应该对自我实现补充一个非常重要的特征就是“高峰体验”，而有这种“高峰体验”的“自我实现者”，并不是原来认为的“成功人士”，而可能是日常生活中的任何一个普通人。

案例9.12建议：（1）勇于创新，更勇于审视和修改自己研究的不足，包括自己认为很有创新价值的部分，使得自己的研究和理论日趋完善，这是学术求真、求善、求美的宝贵品质、理论完善的必由之路。（2）相对于“高峰体验”，应该还有“低峰体验”“高原体验”“低原体验”等，请在“高峰体验”定义基础上，尝试对这些相关概念进行界定，并用于你的选题、课题或论文中，进行相关研究。

案例9.13　“变量”：数学最伟大的发明

“变量”这一概念提出的伟大价值，要从数学发展的四个时期来看。数学发展史大致可以分为四个时期：数学形成初期、初等数学即常量数学时期、变量数学时期、现代数学时期。每一个时期，都与数学概念的发展直接相关：

第一时期，数学形成初期。这是人类建立最基本的数学概念的时期。人类从数数开始逐渐建立了自然数的概念，简单的计算法，并认识了最基本、最简单的几何形式。此期算术与几何还没有分开。

第二时期，初等数学，即常量数学时期。这个时期的基本的、最简单的成果构成了中学数学的主要内容。这个时期从公元前5世纪开始，也许更早一些，直到17世纪，大约持续了两千年。这个时期逐渐形成了初等数学的主要分支：算数、几何、代数。

第三时期，变量数学时期。变量数学产生于17世纪，大体上经历了两个决定性的重大步骤：第一步是解析几何的产生；第二步是微积分（Calculus），即高等数学中研究函数的微分、积分以及有关概念和应用的数学分支。它是数学的一个基础学科。内容主要包括极限、微分学、积分学、方程及其应用。微分学包括求导数的运算，是一套关于变化率的理论。它使得函数、速度、加速度和曲线的斜率等均可用一套通用的符号进行讨论。积分学，包括求积分的运算，为定义和计算面积、体积等提供一套通用的方法。

第四时期，现代数学时期。现代数学时期，大致从19世纪初开始。数学发展的现代阶段的开端，以其所有的基础——代数、几何、分析中的深刻变化为特征①。

案例9.13评析：（1）要理解上述数学史分段，首先要理解“变量”概念。变量“亦称‘变数’。在数学或物理问题的讨论过程中，可以取不同数值的量。如物体运动所经过的距离是一个变量。引进变量的概念，就有可能用数学方法来描述事物的量的变化”②，在数学中惯用x、y、z等表达。相比较而言，常量指“在某一数学或物理问题的讨论过程中（或在某些条件下）保持不变的量、表示常量的数，称为‘常数’。例如，圆周率$\pi=3.14159\cdots\cdots$和自然对数的底$e=2.71828\cdots\cdots$都是常量”③，变量表述的是一个变化着的量，会随着时间和空间（距离）的变化而变化的量，首先是在笛卡儿创建的坐标系（解析几何的重要工具）中就在x轴上或y轴上来表述变化的量。（2）数学在第一、第二阶段都只能表述确定的数量，从第三发展阶段创造或加入了“变量”这个概念后，一跃而成为研究事物运动变化量及变化与变化之间的相互制约关系的“函数”，以及“微积分”（函数的微分和积分）。这才有了现代意义上的“数学”或高等数学。而上述第四阶段的“现代数学”，也不过是“变量”更高级的应用而已。“恩格斯说笛卡儿使变量（这个概念）进入数学，使数学成为了研究运动的武器。而笛卡儿做到这一点的直接原因却归于一个纯粹的几何问题——所谓的帕普斯问题。”④（3）“变量”这个源于解决纯粹几何问题而引入的数学概念，现在已经成为了几乎所有自然学科，用以指代事物“变化”及其“变化程度”的基本概念。相应表述

① 数学的这个发展阶段划分，参考资料源于“百度百科”。与日本数学家H·藤田宏提出来的数学发展的四个高峰不是等价的.

② 辞海（缩印版）[M]. 上海：上海辞书出版社，1980:1910.

③ 辞海（缩印版）[M]. 上海：上海辞书出版社，1980:1663.

④ 笛卡儿. 笛卡儿几何[M]. 袁向东，译. 北京：北京大学出版社，2008：导读.13.

变化规律的函数模型（建模），包括微分模型、积分模型也渗入到所有自然学科、信息科学技术，乃至更广阔的社会科学、人文科学，正在成为人类所有学科的共同数理思维工具和语言。(4) 例如在教育教学中，我们将教师的教学看成一个变量（x），学生的学习看成另一个变量（y），教师教学变量显然与学生学习变量直接相关。研究教与学的效率，其实也就是研究这两个变量（变化）之间的相互制约关系。

案例9.13建议：(1) 根据数学变量及变量间的函数关系：$y=f(x)$，梳理提炼各学科的“变量”，并构建这些变量间的函数方程，例如，在教育教学领域的各种“变量”及相互关系，或数学变量的函数方程。(2) 指出自己所在专业、学科和方向中，还有哪些事物和现象可以称为“变量”，它们之间可以构成哪些变量关系；而所有可以称为变量和建立变量关系的事物，都可以建立数学模型。

案例9.14　“场”概念提出推动多学科概念发展

19世纪英国科学家法拉第（Michael Faraday）提出了一个后来被证明功能十分强大的概念“场”，并用以指电磁运动的“磁场”，将物理学家的科学探索活动转向了原来感官感受不到的微观物质存在及相互作用的方式，并使这种感受不到的相互作用形象化、可视化了。

麦克斯韦则将“场”概念推延到了“电场”，发现并用以表达电与磁的相互依存与转换关系，并统一称为“电磁场”。后来发现光也不过是一种电磁波，是我们的眼睛能够看到的“这种电磁波的浪花”[①]。

20世纪初爱因斯坦提出“引力场”概念，揭示了天体运动是天体自身引力与空间暗能量（微波背景辐射）之间相互作用场的变化使然。20世纪下半叶的量子力学家，“将场的概念和他们对微观世界日新月异的认识，即量子力学结合起来”提出了“量子场”（quantum field theory）概念，并证明了一系列其他场的存在，例如“强核力场、弱核力场，以及电子场、夸克场和中微子场，等等”，还有在宏大宇宙空间中存在的，目前还仅仅是在暴胀宇宙学理论中成立的暴胀场（inflaton field）[②]。量子力学的成果迫使科学家从对巨大物体或星体的关注转移到对极其微小事物细节尺度的关注上。因为我们所在的庞大宇宙“在极早期”“有过一个时刻，那时宇宙是如此之小，以至于人们不能再不管20世纪另一个伟大的理论——量子力学的小尺度效应。

① B. 林格(Brian Greene). 隐藏的现实——平行宇宙是什么[M]. 李剑龙，权伟龙，田苗，译. 北京：人民邮电出版社，2013：56-57.

② B. 林格(Brian Greene). 隐藏的现实——平行宇宙是什么[M]. 李剑龙，权伟龙，田苗，译. 北京：人民邮电出版社，2013：56-57.

20世纪70年代初期，我们被迫从对巨大范围的理论研究转到对极其微小范围的理论研究”[①]……“场”概念的创建，也成为了20世纪人类两大最“伟大的智慧成就”，广义相对论和量子力学的内核所在。[②]

案例9.14评析：（1）一个“场”概念的提出，不仅引发了物理学中电场、磁场、宇宙场、粒子场等一系列重要概念的派生，甚至相对论和量子力学这两个一度被认为不可调和的理论，也以“场”为媒介，搭建起了融通宏观和微观两大世界、两大科学理论有机连接的桥梁；（2）更重要的是，“场”还是对牛顿“力”概念定义中“物体间的相互作用”更深层也更形象的理解。任何运动都是相互作用的效应，而任何“相互作用”必定构成“相互作用场”，因此相互作用就是一个“运动场”的构成，任何相互作用或运动都是在“场”中进行和实现的。“在牛顿时代，物理学家关心的是你能看到的物体的运动——石头、炮弹、行星……牛顿的运动定律从数学上描述了有形的物体被推开、被拉开、被射向天空时的运动程度。”[③]（3）以此类推。有运动，有相互作用，就有场的存在。于是场，就不再只是物质性的场所、场馆的“场”，还有了历史场、社会场、人际关系场、气场、心理场……更进一步形象地指无形的精神场、审美场、生命场、教学场、身心统一场等等。

案例9.14建议：（1）从“场”概念的提出、定义和迁移到各学科的创新性应用，再结合“力”概念的提出、定义和迁移创新应用（案例9.15），就会发现，这两个概念对于解释宇宙万事万物的存在、运动和变化本质有高度关联性。“力”是两个以上物体的相互作用，而场是两个以上物体相互作用形成的“场所”。（2）由此你会豁然开朗，原来所有学科或领域的研究，也都不过是在探讨力与场的问题。例如有教育力[④]和教育数学场。

案例9.15　“力”概念的跨心理学迁移与创新

李宗吾是对科学、社会和人心有深刻感悟和理论见解的自由学者。其代表作有通过历史人物成功事例深刻揭示人际利益博弈之道的，被称为“惊世骇俗”的《厚黑

① 霍金. 时间简史——从大爆炸到黑洞[M]. 许明贤，吴忠超，译. 长沙：湖南科学技术出版社，1995：58.

② 霍金. 时间简史——从大爆炸到黑洞[M]. 许明贤，吴忠超，译. 长沙：湖南科学技术出版社，1995：58.

③ 霍金. 时间简史——从大爆炸到黑洞[M]. 许明贤，吴忠超，译. 长沙：湖南科学技术出版社，1995：58.

④ 斋藤孝. 教育力[M]. 张雅梅，译. 上海：华东师范大学出版社，2011；金子元久. 大学教育力[M]. 徐国天，等译. 上海：华东师范大学出版社，2009.

学》[1]。南怀瑾先生在评价他“这个人学问很好，道德也很好，生活也很严谨”的同时，也因此书而称他为“厚黑学教主”[2]。该书至今充斥通俗读物市场，足以证明其影响深远。他其实也是一位严谨的学者。他的另外一本更为重要的著述《心理与力学》[3]，被当时四川大学物理系江超西教授推崇为“学术上之大发明”[4]，这本书其实是创造性地借用科学概念，对人心和社会人际关系的说明与描写。以下是本书有关论述的摘要（其中括号中的页码，就是《心理与力学》的相应页码）：

人事与物理相通，我们细察己心，种种变化，都是依着力学规律走的。因此“心理依力学规律变化”，有人质疑“人之心理，变幻莫测，哪里会有规律?”，但“物理也是变幻莫测，何以又有规律?”如人持弓箭或事先无法预知射出的方向，然“一射出来，其箭必依抛物线进行，这是力之规律”[5]。

人的心理，不外相推相引两种作用，自己觉得有利的事，就引之使近，自己觉得有害的事，就推之使远，所以人才能够相亲相爱，生出种种福利；（或）相争相斗，生出种种惨祸。(P76)（或）宇宙之内，由离心向心两力相互作用，才生出万有不齐之事事物物。表面上看，似乎参差错乱，其实有一定不移之轨道（P73)。

人人有一心，即人人有一力线（P81)，（如电磁力线）我们把物体加以分析，就是原子，把原子加以分析，就得电子。电子是一种力，这是科学家业已证明了的。人是物中之一，我们的身体，是电子集合而成，身心本是一物，所以我们的心理，不能逃脱磁电学的规律，不能逃脱力学的规律。心理的现象，与磁电的现象是很相似的。人有七情，大别之，只有好恶二种。心所好的东西，就引之使近；心所恶的东西，就推之使远，这种现象，岂不与磁电相似吗?（P7)（因此）人之心灵从地球之磁电转变而来。(P8)（如磁电线是有形无体的直线）人的思想情感，本是以直线进行，但表现出来，却有许多弯弯曲曲、奇奇怪怪的状态。其原因是人群众多，力线交互错综，相推相引，又加以境地时时变迁，各人立足点不同，观察点不同，所以明明是直线，转变成曲线……我们如果把爱因斯坦的相对论运用到人事上，就可把这个道理解释明白。(P81)

人人有一心，即人人有一力线。各力线俱向外发展，宜乎处处冲突……有力与力不相交的：此人做甲事，彼人做乙事，各不相涉。有力与力相消的：例如有人起心，

① 李宗吾. 厚黑学[M]. 武汉：武汉出版社，2009.

② 南怀瑾. 南怀瑾谈历史与人生[M]. 上海：复旦大学出版社，2005：283.

③ 李宗吾. 心理与力学[M]. 北京：中国档案出版社，2006.

④ 江超西. 心理与力学[M]. 序. 李宗吾. 心理与力学. 北京：中国档案出版社，2006.

⑤ 李宗吾. 心理与力学[M]. 北京：中国档案出版社，2006：11.

想害某人，然而对方的本事太大，怕敌不过，因而中止。有力与力相合的：例如抬轿的人，举步快慢，自然一致。有力与力相需的：例如卖布的和缝衣匠，有布无人缝，有人缝无布卖，都是不行，相需为用，自然彼此相安。又有大力制止了小力的：例如小孩玩得正高兴的时候，父母命他做某事，他心中虽是不愿，仍不能不做，是父母之力把他的反对力制服了。又如交情深厚的朋友，小有冲突，能够容忍，因为彼此间的凝聚力很大，小小冲突之力，不能表现。诸如此类，我们下细考察，即知人与人相接，力线相互错综，如网一般（P81）……人类能够维系，以生存于世界，就是这个原因（P82）。

案例9.15评析：（1）有人规诫“李宗吾，你讲你的厚黑学好了，切不可涉及科学范围”，言下之意是你不是科学家却涉足科学问题，有不务正业之嫌。但如果你细读了《心理与力学》，便不得不为其深刻、严谨的科学态度、逻辑推论力和创新能力折服。（2）李宗吾《心理与力学》，借助“力”概念，透视人心人性，极富创新性。李宗吾认为力的概念、要素、定律及各个派生的概念，都可迁用以表述人类身心行为和所有社会现象之间的相互作用。他以自然的力学定律，表述“人事变化之轨道”（第6章）、“世界进化之轨道”（第7章）、“心理依力学规律而变化”（第5章）等命题，深刻且幽默地揭示了这些“人的心理及其行为和人际关系演化的背后就是一个字——‘力’”，即“利”与“利”之间的相互作用。（3）李宗吾的《厚黑学》（1912）和《心理与力学》（1934）这两本相距20多年的著作，都共同体现了他“思想独立、崇尚自由，富有怀疑和批判精神，敢于质疑和颠覆已有的结论和定见”，而后者更彰显了他独特的学术思维与理论功力，以及概念和定律（定律是概念之间关系的判断，或事物之间关系的判断）的迁移创新能力。动力也表明他的学术功力绝不是一朝一夕的功夫。

案例9.15建议：（1）“力”是物理学中一个非常专业、非常基础的概念。也是一切事物运动的动力源。以此作为视点，可以观察和解释所有事物、所有系统的因素相互作用和运动，依其定理而产生不同创新思想、新概念、新定律和新成果。例如，迁移到生物领域，有了生物力学①、生命力等概念；迁移到心理学领域，有了能力、心理力这个概念；迁移到社会学领域，有了影响力、人际吸引力和魅力等概念；迁移到教育领域，有了“教育力”②的概念和理论体系创建。（2）再用力概念定义的核心关键词“相互作用”，就可以向更广泛领域迁移，以表达事物之间普遍存在的相互依存和动态关系，乃至相互作用“场”。庞大的宇宙，是所有宏观星体星系和所有微观原

① 姜宗来、樊瑜波. 生物力学——从基础到前沿[M]. 北京：科学出版社，2010.

② 金子元久. 大学教育力[M]. 徐国兴，等译. 上海：华东师范大学出版社，2009.

子、粒子的相互作用；复杂的社会，是所有国家经济政治文化和人际因素的相互作用；完美的人格是身体与心理各种因素的最佳相互作用；完美教学是以促进学生发展为目的，以传授与获取知识为焦点，师生及各种相关因素间的最佳相互作用……迄今为止，"相互作用"已成为一个普适性极高的哲学概念，表达着这个宇宙世界一切事物之间复杂的联系，以及在复杂联系中的互动建构，动态平衡，互为助长，当然也可能互为损毁的关系。这也是本套书系"TVS：视点结构教学"贯穿全书的核心概念与定律。(3) 此外，因为物体之间相互作用的方式不同，力还可以分为不同种类，如摩擦力、拉力、推力；动力、阻力；重力、压力、弹力、浮力、支持力；引力、斥力、向心力、合力、平衡力；惯性力；万有引力、电磁力、弱力、强力等。所有这些大大小小力的种类概念，也都具有广泛迁移性和创新运用的价值。(4) 伴随人类科技进步，这个由牛顿力学明确定义的十分简明的"力"概念，不仅揭示了万物联系的本质，更适于解释包括人类社会和精神世界在内的一切现象的共同本质，释放出巨大创新能量。仅此，也可见出牛顿力学伟大和永恒的价值与魅力所在。

案例9.16 "街头智慧"：从社会学到教育学的概念迁移

前述各例已经看到，在概念层面上的创新，不只有提出或提炼出一个新概念这条路径，还有借用其他学科概念迁移运用到自己所在学科所在专业这条路。这种概念迁移的方法，也是创造学科新概念常用的思路和手法。这在人文社会科学和教育教学领域也是同理。

任何一个教师在和他人进行交往或者进行某个大家都看得到的行动的时候，他所持的立场其实代表了他所处圈子的利益，其立场也必定得到这个圈子的支持，但同时也可能伤害其他圈子的利益而受到抵制。这个时候，就需要行动者保持清晰的街头智慧，尽量避免可能出现的对立或者伤害，尤其在自己所代表的圈子势力（或者权力）比较微弱的情况下。以AI教师为例，她曾斥责一个英语教师出的试题严重违反了新课程的思想，结果遭到了校长的严厉批评，感到非常委屈。其实，这就是缺乏街头智慧的表现。在过去一段时间，她与校长的关系因英语教学改革而走得颇近，她也自认是少数几个能理解校长话语的教师之一。在很多情况下校长表示支持她进行改革，对她也很器重。可以说，他们同属于改革这一圈子。但与此同时，英语组内部出现了一些矛盾，而那个出题的英语教师，又显然是经过校长的许可。在这种场景下，AI教师指责试卷问题的时候，校长已经与她不处于同一圈子，而成为维护英语试题权威圈子里的人。也就是说，校长一方面和那个英语教师站在了同一立场上，因为这有助于树立他的威信。另一方面，作为一所学校掌控全局的领导者，校长并不希望教师队伍里的分歧继续扩大。在这样的情况下，不管AI老师的观点正确与否，她受到批评都是非常自然的事情了。

显然，能够辨别谁是圈内人，谁是圈外人（也就是人们常说的是否是自己人），同时也要能够辨认出圈内人和圈外人对自己期望的是什么，以及自己所代表的力量能否抗衡相对的力量，这就是所谓的“街头智慧”。这错综复杂的关系引发了种种故事，也决定了学校的结构。①

案例9.16评析：（1）本案例借用美国社会学家创建的“街头智慧”和“圈子”概念，以概括教师在课程改革参与中的态度、决策和行为，使得一系列现象分析拥有了理论聚焦点，并上升到本质认知的水平。（2）而“街头智慧”和“圈子”又是美国伊里嘉·安德森在她的《街头智慧：一个城市社区的种族、阶级和变迁》②中创造的新概念。她描述到“一个人在面对别人的时候，能否根据一定的信息对自己对别人的期望，以及别人可能对自己的期望产生清晰的感知，以此来采取恰当的行动，以避免伤害。”这就是“街头智慧”。比如在安德森看来，没有街头智慧的白人不能识别不同类型黑人之间的差异（如中产阶级青年与帮派成员之间的差异）。美国吉姆·罗杰斯则将这个社会学概念，引入到经济和投资领域，来对他的投资市场经验、见解及对经济、政治和社会发展变化的洞见进行概括③。

案例9.16建议：（1）所谓“街头智慧”，在中国民间话语体系中也有类似概念，如“民间智慧”或“审时度势”等，只是我们没有借用到学术研究中来分析相应的现象而已。（2）意识到这一点，在撰写论文或选题时，就不要墨守成规，限于使用旧有概念，可以有意识地从中西传统文化和当今社会流行语中，提炼出新概念来表述经验现象。

9.4.2 发现新定律

理论的基石是概念，概念提示了一类（或一个）事物内在的本质特征。概念之间关系的建立，也就是事物之间的本质联系，或概念间的本质联系，就构成了定律，或定理或规律或原理等。所谓定律，即指各概念或事物间或因素之间的基本逻辑关系及变化的规律。一般来说，通过实验得到的，并能用数学公式表达出来的，称为严格的科学定律，如自然科学中牛顿的三大运动定律、欧姆定律、电磁定律、质能转化定

① 于泽元. 课程变革中的学校课程领导[M]. 北京：人民出版社，2014:138-139.

② Elijah Anderson ,Streetwise: Race,Class,and Change in an Urban Community , Chicago, London: University of Chicago Press, 1990.

③ 吉姆·罗杰斯. 街头智慧[M]. 杨青，译. 北京：机械工业出版社，2014.

律、生物遗传定律；心理学的感觉阈限定律、感觉恒常定律、记忆高原曲线定律、概念迁移模型等；美学的，如德国科学美学家通过实验得到的美学定律：审美阈限律、审美加强律、多样统一律、和谐律、清晰律、审美联想律、审美对比律、整体律、审美顺序律、审美调和律、持久刺激律、用力最小律等；社会组织学的彼得定律、帕金森定律、墨菲定律与霍桑效应等。

案例9.17　$E=MC^2$：发现了能量、质量、光速之间的内在联系

能量、质量、光速、时间和空间等，都是牛顿力学中的重要概念、现代物理学的最基本概念。牛顿建立了这些概念及一些相关的方程式，但并没有发现上述这些概念（事物）之间内在更微小、更深刻的相互联系：

“光速”，这一宇宙中最快的自然速度，是一个非常奇妙的概念。爱因斯坦从光速，到光，到光与电的互转关系，使发现了“光电效应”定律（获得诺贝尔奖），进而其著名的狭义相对论公式$E=MC^2$，就是发现和揭示了在光速条件下，质量和能量互转和统一的定律。爱因斯坦在日本京都大学题为“我是怎样创立相对论的”（1922）演讲中说道：“我的思想曾受到那么多神秘而复杂的事物的启发，每种思想的影响，在生活幸福论概念的发展过程中的不同阶段都不一样……我第一次产生发展相对论的念头是在17年前，我说不准这个想法来自何处，但是我肯定，它包含在运动物体光学性质问题中，光通过以太海洋传播，地球在以太中运动，换句话说，即以太对地球运动。”创建狭义相对论公式以后，他进一步在光速条件下，统一了牛顿提出的时间和空间概念，以及时空与质能概念，建立了“四维时空”概念；提出了引力是宇宙中大质量物体压弯了空间和时间，延长了时间长度；又提出了“时空弯曲”和“空间弯曲”的概念，这就是他创建的广义相对论公式，更伟大的宇宙定律。

案例9.17评析：（1）在爱因斯坦之前，不仅已有牛顿提出的上述这些概念，而且在之前也有科学家已有类似相对论的思想，但都没有像爱因斯坦做出这么肯定而精确的判断。洛伦兹提出的洛伦兹因子离相对论只有一步之遥；法国数学家庞加莱也几乎是独立写出了相对论公式；爱氏的大学导师德国数学家闵可夫斯基也有初步想法。然而“如果没有爱因斯坦，我们今天可能还在等待这个理论”，等待这个定律。因此相对论它“无疑是人类历史上最高的智力成就”[①]。（2）从“狭义”（Special）到“广义”（General），文字上是一小步，但却是人类对宇宙定律认识迈出的一大步，又一大步。“其意义绝不亚于阿姆斯特朗在月球上跨出的那一步”而“这一步，爱因斯坦整

① 汪洁. 时间的形状——相对论史话[M]. 北京：新星出版社，2012：112-113.

整跨了十年”；“如果说狭义相对论是他集各门各派武功之大成的话，那么广义相对论则是爱因斯坦傲视天下的独门秘籍，他是当之无愧的独行英雄”①。

案例9.17建议：（1）请阅读爱因斯坦写给他女儿的一封信：

有一种无穷无尽的能量源，迄今为止科学都没有给它找到一个合理的解释。这是一种生命力，包含并统领所有其他的一切，而且在任何宇宙的运行现象之后，甚至没有被我们定义。这种生命力叫“爱”。当科学家们苦苦寻找一个未定义的宇宙统一理论的时候，他们已经忘了大部分充满力量的无形之力。爱是光，爱能够启示那些给予并得到它的人……为了让爱能够清晰可见，我用最著名的方程式做了个简单的替代法。如果不是$E=MC^2$，我们接受治愈世界的能量可通过爱乘以光束的平方来获得，我们就得出一个结论：爱是最强大的力量，因为爱没有限制。

（2）试用狭义相对论定律$E=MC^2$解释人与社会、改革的质能关系，或教师与学、教学、发展的质能关系；精神与物质、行动的质能关系等可得到更多$E=MC^2$的派生定律。（3）或以此为题，写一篇学术论文或学位论文。

案例9.18　宇宙复调——天体运动定律

德国天文学家开普勒，通过以他老师第谷留下来的方法对天文观测数据进行计算，提出了行星运动的三大定律：椭圆定律、面积定律和调和定律。他还通过这些定律计算出的轨道数据，绘制出了太阳系中的行星（当时只发现了土星、木星、火星、地球、金星，水星六大行星和地球的卫星月球）运行的五线谱，并称之为复调音乐（案例9.18图1）：

【案例9.18图1】宇宙的复调音乐——行星运动的定律（轨迹）②

① 汪洁. 时间的形状——相对论史话[M]. 北京：新星出版社，2012：112.

② 开普勒. 世界的和谐[M]. 张卜天，译. 北京：北京大学出版社，2011:55.

他直率地承认古希腊“毕达哥拉斯和柏拉图为他的理念上的老师，他坚信他们的理想的宇宙图示是被完美的数学音乐统治的”，但是他认为自己的“天体和谐的观点的与众不同之处在于天体的音乐头一次被认为是复调音乐。……他不停地强调，复调音乐是古代人所不知（将伽利略《古代音乐与现代音乐的对话》引为他的经典），他声称，他的新天文学在宇宙哲学中将是一个伟大的进步，就像复调音乐在音乐中一样”①。

（用音乐调式构成类比行星运动规律，他解释说）每颗行星都开始于那个属于它的远日运动的音或音高；土星和地球是G音，木星是b音，它可以转调成较高的G音，火星是升f音，金星是e音，水星是高八度的A音。这里每颗行星的运动都是用传统的记谱法表示出来的。实际上，它们并没有形成居间的音高，就像你在这里看到的那样填满了音……我只能用一系列连续变化的居间的音乐来表达，除此之外我想不到还能有其他什么表达方式。

在传统的调式中，我将赋予土星第七或第八调式，因为如果你把它的主音定在G音，那么它的近日运动就上升到了b音。赋予木星第一或第二调式，因为如果它的远日运动是G音，那么它的近日运动就达到了降b音。赋予火星第五或第六调式，这不是因为火星几乎包含了对于所有调式来说都是共同的纯五度，而且主要是因为如果它和其余的音一起被还原到一个共同的系统，那么它的近日运动就达到了c音，远日运动达到了f音，而这是第五或第六调式的主音。我将赋予地球第三或第四调式，因为它的运动局限在一个半音之内，而那些调式的第一个音程就是一个半音；由于水星的音程很宽，所以所有调式或调都属于它；由于金星的音程很窄，所以显然没有调式属于它，但是由于系统是共同的，所以第三和第四调式也属于它，因为相对于其他行星，它定出了e音。[地球唱MI,FA,MI,所以你甚至可以从音节中推出，在我们在和居所中得到了Miscry（苦难）Famine（饥饿）]。②

案例9.18评析：天文学家开普勒，将行星运动看成是复调音乐，或整个宇宙是天体谱写的“复调音乐”，且用了非常专业的音乐知识进行这首宇宙交响音乐的建构，无疑是他在天文学和音乐两大学科深刻交织中的产物，令人获得理性和感性交织的美感。“我永远无法用语言来描述我从自己的发现中获得的快乐。现在我再也不惋惜失去的时间，再也不厌倦工作，无论有多大困难，我也不回避计算。日日夜夜我不停地从事计算，直到我看见用公式的语言表达的句子与哥白尼的轨道完全吻合……”③。

---

① 开普勒. 世界的和谐[M]. 张卜天,译. 北京:北京大学出版社,2011:导读7.

② 开普勒. 世界的和谐[M]. 张卜天,译. 北京:北京大学出版社,2011:55-56.

③ 开普勒. 世界的和谐[M]. 张卜天,译. 北京:北京大学出版社,2011:导读7.

案例9.18建议：（1）绝大多数著名科学家都具有音乐或艺术审美素养，且用以来理解和探索大自然的规律。如果你多阅读历史上著名科学家的经典著作，定会发现这是毫不夸张的事实。只是他们的显著成就体现在科学领域，所以往往掩盖了他们的这种对宇宙万事万物的审美鉴赏兴趣和能力。如量子力学家费恩曼就直接认为大自然音乐的节奏就是物理定律的本性："在自然界的各种现象之间，也存在肉眼看不到的，而只能用分析的眼光看到的节奏和样式，我们正是把这些节奏和样式称为物理定律"[①]。正是科学家们这种对自然，对科学的深刻的审美能力，使得他们有独特的知识创新能力。再例如继相对论和量子力学之后的，著名的物理学现代统一场"超弦理论"的"弦"概念，也来自音乐：

音乐，当然和一般的声音一样，是波构成的。引力和电磁都是波构成的。在原子核的层面上，强力和弱力，也可以分解成为波。弦和超炫理论也把宇宙中更小的单位说成是由无穷小的振动着的波构成的。在目前的"弦"理论中，这种"弦"的长度，短可至于无限小，长可与宇宙相当。由这种弦产生的声音，必定相应地在几何学上较高或较低。[②]

（2）因此，无论是自然科学技术，还是人文社会科学领域的硕博研究生、初涉学术的学者等，一定不能局限在自己的专业、学科和方向，要关注其他专业、学科和方向的传统和发展前沿，一定会发现很多类似现象与规律，将其他学科发现的定律深刻理解之后，迁移到自己专业、学科和方向中来，就是创新性的成果。

9.4.3 创建新理论体系

理论体系，就是由彼此关联的概念和定律（或原理或规律）构成的知识系统。或者说，所谓理论系统，就是由概念和定律按照内在逻辑关系层层组构起来的一个知识体系。由于定律（或定性或原理或规律）归根结底是由概念及关系构成的，基础还是概念：因此也可以说理论体系归根结底还是由一连串概念，按照逻辑联系由低向高逐级抽象而组织起来的金字塔知识体系或网络知识体系（参见本书系第一部TVS《教学哲学》第3章中结构）。顶级的概念就是这一知识体系的学科概念，如教育学、经济学，社会学、心理学、数学、化学、物理学，学科概念之下是一级概念，二级、三

① R. P. 费曼. 物理定律的本性[M]. 关洪，译. 长沙：湖南科学技术出版社，2005:1.

② 约瑟夫·埃格尔. 爱因斯坦的小提琴[M]. 王祖哲，译. 长沙：湖南科学技术出版社，2010:25.

级、四级概念等。如“物理学”的一级概念，就是“力”与“运动”，再由“力”和“运动”派生出以下的二级、三级、四级等一系列下位概念，就构成了物理学的理论系统。

案例9.19　以“自然秩序”创构《大教学论》理论体系

自然秩序是先于人类经验存在的客观事实和定律。夸美纽斯借用同时代科学家们广泛使用的“自然秩序”这个概念，来表述人的发展规律，并提出了“遵循自然秩序”的教学定律。再以“遵循自然秩序”贯穿全书，建构了教学目标、内容、组织教法和各阶段的教学、各学科教学的方法体系。全书33章，各章都紧扣“严谨的”“自然秩序”（有时简称“自然”；有时简称“秩序”）这一顶级核心概念或逻辑视点，交织自然秩序、成长秩序、教学秩序三层维度及下维的多层多个概念，构建了整个《大教学论》理论系统。也是一个漂亮的TVS构型。

具体内容，详见案例4.14，此处略。

案例9.19点评：（1）“自然循序”是夸氏《大教学论》创新使用的一个重要核心概念，并用以创写了人类第一部系统的教学理论著作。《大教学论》诞生的十七世纪，正是自然科学突飞猛进的一个“天才的世纪”（怀特海），意大利伽利略（Galileo Galilei，1564—1642）、法国笛卡儿（法语：René Des-cartes；1596—1650）、德国开普勒（Johanns Ke-pler，1571—1630）、英国哈雷（Halley，Edmond （1656—1742）英国牛顿（Sir Isaac Newton，1643—1727） 等一系列伟大的科学家，正激情探索和发现“自然秩序”并取得了伟大成果。（2）《大教学论》以“自然秩序”为顶级概念，逻辑地建构了此前没有过的全教学理论体系。而“遵循自然秩序”是全书的基本定律，揭示了人的发展与教学之间的必然关系，全书核心章节“第十三章改良教学的基础应当是万物严谨的秩序”，“第十四章教导的严谨秩序应当以自然为借鉴，并且是不受任何阻碍的”，对“遵循自然秩序”这一定律做了不容置疑的论证。于是所阐述的“有序性原则”即“循序渐进原则”才逻辑地、当然地成为了教学的“主导原则”，“秩序是把一切事物教给一切人们的教学艺术的主导原则，这是应当并且只能以自然的作用为借鉴的。一旦这个原则彻底地被掌握以后，艺术的进行立刻便会同自然的运行一样容易，一样自然”[①]。这便是《大教学论》所言的“教学论（didactic） 是指教学的艺

① 夸美纽斯. 大教学论[M]. 傅任敢，译. 北京：教育科学出版社，2012：65-66.

术”[①]，以及“人是生物之中最复杂和最神秘的”，所以“教育人是一切艺术中的艺术”[②]（致意读者）整个理论体系的灵魂、结构骨架和最深刻的创建性。

案例9.19建议：（1）继续检索有关《大教学论》的研究文献，会发现大多对《大教学论》所言“自然”有所误解，或被误解成了今天学界和实践界热捧的“回归自然”，不受约束、自由自在；或“教学是艺术，不是科学”等。一个优良的理论体系必须有其一以贯之的核心概念、逻辑起点及所有概念之间经得起推敲的逻辑联系，因此没有“严谨秩序”的“自然”(不是自由自在的自然)，就不会有那些与严谨“自然秩序”相匹配的促进人依秩序成长的“便易”“彻底”“简明”“迅速”等教学原则、方法、要领等（第17、18、19章)，也不可能有“教得准有把握”“教得准有结果”“教得彻底”“教起来使人感到愉快”的一种“不肤浅、不铺张、却能使人获得真实的知识、高尚的行谊和深刻的虔诚的艺术”（“致意读者”），也展现不出其“十分准确”“准确地、普遍地培植人的才智”[③]。(2）创建一个新的理论体系不容易，阅读和理解透彻一个新的理论体系也不容易，因此尽可能阅读原著而不是断章取义转引他人摘录和评价，是对理论体系创新者最好的尊重和致敬。

案例9.20　中西医结合：“经络–淋巴系统”理论创新

中医针灸的基础是经络说。经络学说距今已有三千多年历史，有文献记载其最早发现于马王堆，古人绘制的经络“十二经循行路线”网状结构图（案例9.20图1)，这个图是古人虚构的还是真有的？学界一直在寻找而至今仍没有找到其解剖学基础。有人认为针灸还有点用，但经络是据五行说编造出来的；有人猜测，经络或许是神经系统、循环系统、淋巴系统、肌肉组织等功能的集合；还有学者采用电击法用机械探测、皮肤电阻抗测试和橡皮锤医用听诊器等三种方法，以被试的酸、麻、胀感画出敏感线，发现这些敏感线与经络图通道是重合的，以此证实经络是存在的。[④]这些猜想是否合理？有学者提出了以西医的淋巴系统来解释经络的理论：

2012年全国第七届中医药发展论坛上，山东大学淋巴研究中心主任刘执玉教授报告了他的“经络–淋巴学新概念学说”。他从人体解剖学、比较解剖学、显微解剖学与超微解剖学的角度，研究发现经络系统与淋巴系统是一脉相承的“姊妹关系”。

西医的淋巴系统（lymphatic system）是脉管系的组成部分，是分布于全身的，具

① 夸美纽斯. 大教学论[M]. 傅任敢，译. 北京：教育科学出版社，2012. 致意读者.

② 夸美纽斯. 大教学论[M]. 傅任敢，译. 北京：教育科学出版社，2012. 致意读者.

③ 安德累雅. 教学艺术的用途. 大教学论[M]. 北京：教育科学出版社，2012.

④ 中国保健协会. 经络敲打对症疗法[M]. 长沙：湖南美术出版社，2011：12–14.

有抗病毒能力的人体免疫系统，由淋巴、淋巴管道、淋巴结、淋巴器官等构成。淋巴（拉丁文：lympha）也叫淋巴液，是人和动物体内的无色透明液体，内含淋巴细胞（白细胞之一种），由组织液渗入淋巴器官产生，是机体免疫应答功能的重要细胞成分，分有中枢淋巴器官（初级）和周围淋巴器官（次级）两类。淋巴管是与静脉相似结构的管子，淋巴在淋巴管内循环，最后流入静脉血管，是组织液流入血液的媒介。淋巴小结（lmphoid nodule）又称淋巴滤泡（lymphoid follicle），存在于哺乳动物和人体中的一种淋巴结构，分散在全身各处淋巴回流的通路上，如颈、腋下、腹股沟、肘、肠系膜及肺门等处。呈圆形或椭圆形，密集，形态明显，境界清晰，直径常为0.2—1.0mm，并常随生长发育程度和免疫功能状态处于变化之中；与淋巴管相连通，是淋巴回流的重要滤器和机体产生免疫反应的重要场所。具有过滤淋巴液和参与免疫反应的功能。淋巴回流使淋巴结能很快接受侵入机体的抗原刺激，经过一系列复杂的细胞和体液因子作用，发动对此抗原特异性的免疫反应。免疫反应后，淋巴结产生的抗原特异性记忆细胞又通过淋巴细胞的再循环随时对这些有害成分再次入侵进行监视。

刘执玉提出的“经络-淋巴系统”理论认为，经络也是遍及人体全身的淋巴管的组织通道系统，组织间隙由毛细淋巴管相衔接，再通过淋巴系统连接到脉管系统。因此，“经络-淋巴”实际上可以看作一个整体系统，是人体抵抗、杀灭和排除各种致病因子（包括细菌、病毒、癌细胞、异物以及组织内产生的代谢废物等，一般为大分子物质）的具有“免疫防御，清洁，修复”三大功能的“自救系统”。中医角度讲，它的功能是运行气血、津液，调解阴阳；西医角度讲，它是联系淋巴管与血管系统的渠道与平台，通过水和蛋白等大分子物质在管前组织中进行交换、传递、运输，代谢，总之，两者都是保持机体内环境稳定的平衡系统。这被认为是对几千年来有关“经络学说”的首次创造性的论述①。

案例9.20评析：（1）对中西医关联性的研究，是提升医学理论科学研究水平的重要路径。本案例中的刘教授曾留学澳大利亚学习西医，30多年来在解剖学、淋巴学以及中医药学等多学科领域进行研究。他在对比中医经络图和西医淋巴系统图的研究中，发现了两者极其相似的特点，将这两者统整起来并定义和建构了“经络-淋巴系统”理论。（2）在新的理论构建下，他通过动物及人体实验证实，以激活经络-淋巴系统和加强淋巴回流动力的方法可以治疗多种常见病，如心血管、神经、眼耳鼻喉、呼吸、消化、内分泌、淋巴水肿（肿瘤），以及慢性病毒性心肌炎、打呼噜、骨节急

① 凌学红，刘执玉．推动我国经络-淋巴学迈向世界前沿[J]．今日科苑，2012(16).

性运动性损伤等，有良好或一定的治疗效果。（3）“经络–淋巴系统”的新概念、新理论和新技术的建设开发，不仅延伸建构了一个中西医结合的医学领域，而且其发明的负压灸技术，也开辟了中西医跨界深度结合的新思路和新方法。

案例9.20建议：（1）中西医在理论上的隔膜，具有相当代表性。中西方各领域的理论，也都存在某种程度的隔膜和对抗，例如艺术理论、美学理论、社会制度和政治理论、人际道德关系理论、教学理论等等。消除隔膜和对抗的方法，不是简单消除个性，而是找到两者的连接点，实现既保留各自原貌，又可以将几者有机连接起来，形成彼此互为解释互为支撑的新型关系，这应该是中国与世界和谐相融，以及各学科、各专业、各行业理论创新的重要路径。（2）鼓励学者和硕士、博士生们的学位论文做这样的选题。

案例9.21　三个新概念与精神分析心理学体系创建

心理学关于“人格”研究的方法十分复杂，认识和观点颇多且常牵涉到形而上学的哲学。

1923年，弗洛伊德在他的人格动力论中，创造性提出三个人格结构概念，本我（id）、自我（ego）与超我（superego），并由此三个核心概念出发，以解释意识和潜意识的形成和相互关系，建构了他的精神动力学理论体系。“本我”（完全潜意识）代表欲望，受意识遏抑，与生俱来的，亦为人格结构的基础，按照“享乐原则”生活；“自我”（大部分有意识）负责处理现实世界的事情，按照“现实原则”生活；“超我”（部分有意识）是良知或内在的道德判断，按照“理想原则”生活。

“一个人的行为取决于能量在三个系统中的不同分布。如果大部分能量被超我控制，这个人的行为就是很有道德的；如果大部分能量为自我所支配，这个人的行为就显得很实际；如果大部分能量还停留在本我，这个人的行为就表现出原始冲动性。”[①]

案例9.21评析：弗洛伊德创建了“本我”“自我”“超我”三大层面的概念，并由三者之间的关系及有关问题的延展阐述，构成了他的完整的人格动力结构理论，在此基础上完善了他的“精神分析心理学”理论体系。其在人格现象的逻辑结构，为人格中的本能因素、现实因素和超现实理想因素，及其各自的生活原则、彼此的矛盾与协调关系中，对人格特征及其行为取向进行了合理解释，还为心理学研究人格提供了一种范型及临床治疗方法。

① 黄希庭. 人格心理学[M]. 杭州：浙江教育出版社，2002：91–92、93.

案例9.21建议：（1）精神分析心理学是一个庞大的理论体系，包括人格结构、人格动力、人格为己、人格变态和人格矫正等。而人格结构理论是基础。以"本我"、"自我"和"超我"三个核心概念及相互关系为基础的。（2）其实，很多新的学科或者分支学科的诞生，都往往源于一个或多个概念的创新，及其以此概念为视点逻辑展开的理论解析与系列派生概念构成的体系。一篇学术论文，尤其是大篇幅学位论文，更是如此。

案例9.22　借"力"概念关键词创建生物力学理论的逻辑体系

"力"概念的定义诸多，但本质相同，其中一种定义及其关键词被借用到生物学中，用以解释生命体内部运动和变形及其规律，也就产生了《生物力学》这门新兴学科和学科概念体系、定律体系和理论体系：

把"力"定义为使物体变形和运动（或改变运动状态）的一种机械作用。通常把前一种作用称为力的变形效应，由于变形发生在物体内部，又称为内效应。把后一种作用称为力的运动效应，由于是物体的外在表现，故又称为外效应。

在人体内广泛存在力对介质、组织和器官的运动效应，如呼吸将空气带入肌体再将二氧化碳送出肌体；心脏将血输入全身细胞再通过静脉将血送回心脏。同时"在人体内也广泛存在力对组织、细胞的变形效应。如腿部的静脉因血液的重力作用发生扩张变形，手上暴出的青筋在高举时因血压降低而塌陷……活的正常生物体内所有细胞都在应力场的作用下处于一种生理应变状态……应力状态的异常改变如何影响细胞生理、生化状态的改变，这是生物力学中最具生命力的研究课题。"①

案例9.22评析：（1）《生物力学》开篇"第一章：生物力学的力学基础"之"1.1 力的基本概念"，就明确采用了"力，是使物体变形和位移（运动）的一种机械作用"这一定义。然后顺理成章将定义的两个关键词"变形"和"位移"精准迁移到生物学研究中，指出"生物力学，就是研究生命体（因为相互作用而发生）运动和变形的学科"（《生物力学》·前言）。因此，所谓"生物力学"，实质上也就是借助力学中"力"概念及关键词与生命科学中原有若干概念的有机融合，而产生的一门新的生物系统学科，新的分子生物学理论体系。（2）《生物力学》还采纳了关于力的三要素：大小、方向、作用点（牛顿"作用力和反作用力"定律）来解析各个生物单位（细胞、器官、系统）的受力情况，乃至变形与运动方式的常态及变化。

① 姜宗来，樊瑜波. 生物力学[M]. 北京：科学出版社，2010：2.

案例9.22建议：（1）尽管不是生物学专业，认真读此书也会受益良多，而且易懂（因为逻辑清晰、语言干净，且有恰当图文）。（2）如前案例所述，人类生活的各个领域，也都可以用“力”的概念来表述其本质和外延。如压力、活力、生命力、能力、智力、感知力、思维力、判断力、学习能力、理解能力、空间想象力、演算能力、鉴别力、欣赏力、表现力、创造力、道德力、审美能力、经济力、第一推动力（科学）、凝聚力、魅力、影响力、潜力等。（3）不妨结合自己的专业和正在研究的课题，在这些“力”中选择一个，从其定义和关键词出发，按逻辑展开建构一个新的理论体系。

9.5 新方法、新技术、新模式

9.5.1 定义与价值

方法创新，也可以叫程序性知识创新。指在概念和原理支持下，发明了之前尚未有过的一种或一套有效的操作行为系统，包括模式、技术、程序和方法等。例如新的实验技术、观测技术、工程技术、数学模型、教育模式、教学技术、工作策略等等。并通过实验（实证）或引用他人的实验（实证），证明所提出的方法是可以有效解决问题的。

对于科学研究活动而言，科学方法的地位和意义至关重要。难怪庞加莱认为，科学创造“首先需要创造方法”。难怪皮尔逊强调：‘科学方法是通向绝对知识或真理的唯一入口”和“唯一道路”，“科学的统一仅仅于其方法而不在于其材料”。怀特海把方法本身视为“震撼古老文明基础的真正新鲜事物”。萨顿则言之凿凿：“在科学领域，方法至为重要。一部科学史，在很大程度上就是一部工具史，这些工具——无论有形或无形——由一系列人物创造出来，以解决他们遇到的某些问题。每种工具和方法都是人类智慧的结晶。”①

9.5.2 学术方法与科学革命

其实，许多学术或学科的革命，除了理论以外都是方法的革命。面对同样的问题，同样的资料，采用新方法加工，就可能会得到新的结论，发现新的定律（规律）。

物理学引进了实证与数学方法，就使物理学从自然哲学中独立了出来；心理学引进了物理学的方法，就使心理学从哲学中独立出来，产生了科学心理学。有学者把物理学中的系统论、信息论、控制论作为方法引入教育研究中②，引起了中国教育观

---

① 李醒民. 科学方法丛书. 总序// 刘仲林.科学臻美方法[M]. 北京：科学出版社，2002.

② 查有梁. 控制论、信息论、系统论与教育科学[M]. 成都：四川省社会科学院出版社，1986.

念、理论和方法的一场变革。布鲁姆提出了著名的命题："任何一个学科的基本概念与基本结构，如果找到恰当的办法，就可以教给任何年龄段的任何儿童。"实现这一理论假设的关键是找到"恰当的方法"，他提出了"发现法"，只要能让学生发现概念的本质及概念间的结构关系，那么三岁的小孩子也能理解微积分、守恒等这些"高深知识"。

9.5.3 慎用"方法创新"

在学术论文中的"价值与创新"一栏，有不少硕博研究生或学者，会写上自己的创新点是"方法创新"，具体一看，其实根本就没有创新的方法，而只是传统方法换了一个研究项目来运用而已；还有类似这样的表述与逻辑："在本研究范围中，因为没有人运用过实证方法"或者"很少用实证方法"，所以本项研究采用了实证方法，那就是"方法创新"等，这些写法，都是不严谨和不合乎学术规范的。即便你真正全面检索了古今中外的文献，证明在这个领域没有人采用过任何实证方法，那也不能说明这种实证方法，例如调查法、实验法、测量法、临床法等，是你创造的"方法创新"，因为这些方法早就在很多学科领域使用着了。

前面提示过，学术方法没有学科界限，严格来说，任何学科现有的学术方法，都可以在任何一个领域得到运用。例如文献法、理论思辨和质化方法、实证量化与统计法，应用临床与实践方法等，都是各个学科通用方法；而医学研究的实验法、临床法、观察法等，物理学中的测量法、思想实验法等，社会学中的田野法、访谈法等，也都可以在教育教学领域运用。而且这些传统方法的使用，严格来说都不算是"方法创新"。

你也可能确实进行了"方法创新"。例如，建立了一个数学模型，一个评价模型，一个心理测量常模、一个技术体系等，其中包括了理论结构、维度和项目设计、预测、信度效度检验、实践和实证检验等等一系列规范过程。且往往这就是一个专门的研究项目。

因此一般来说，不要轻易在自己的论文中写"方法创新"，除非你肯定自己真的创造了一种新方法，而绝对不是用了某种传统的或常见的方法。

案例9.23　数学符号–数学语言的发展与创新历史

符号，是一种知识门类（参见本书系TVS《教学哲学》第3章），也是一种表征各类知识的方法，是人类理性思维与形象思维结合的智慧的产物。而数学及其符号系统的诞生和发展，更体现了这一特点：

代数上的进步是引用了较好的符号体系，这对它本身和分析的发展比十六世纪技术上的进步远为重要。事实上，采取了这一步，才使代数有可能成为一门科学。在十六世纪以前，自觉运用一套符号以使代数的思路和书写更加紧凑更加有效的人只有Diophantus。记号上的所有其他变动基本上是标准文字的缩写，而且颇为随便，在文艺复兴时代，代数的普遍书写方式仍然是文章式的，就是说用些特殊的字眼、缩写，当然还有数字符号。

十六世纪中引进符号体系的压力无疑来自迅速发展的科学对数学家提出的要求，正如计算方法的改进反映了这种技术的日益增多的应用，不过改进是断续进行的，许多改变是偶然做出的；而且很清楚，十六世纪的人们肯定没有体会到符号体系能对代数起多大作用，甚至在引进符号体系方面迈出了决定性的前进步伐以后，数学家也并不立即采纳。

从十五世纪起，最早的缩写也许就是用p代表plus(加)，用m表minus（减）。但在文艺复兴时代，特别是在十六和十七世纪中，已引用了一些特殊的符号，+和−这两个符号是十五世纪德国人引入的，用来表示箱子重量的超亏，后被数学家所袭用；这些记号出现在1481年以后的手稿中，以符号×代表“乘”是Oughtred首创的；但Leibniz合理地加以反对，因为他易于与x混淆。

=号是1557年剑桥的Robert Recorde (1510−1558)引入的，他写了第一篇英文的代数论文《砺智石》（*The Whetstone of Witte*，1557）,他说他所知道的最相像的两件东西是平行线，所以这两根线应该用来表示相等。Vieta起初书写“aequalts”，以后用∽表示相等，Descartes 用∝ 表示相等……括号是1544年出现的，方括号和花括号是大约从1593年起由Vieta 引入的……①

1591年法国数学家韦达在他的《分析术新论》，这部最早的符号代数著作中，以及17世纪德国数学家莱布尼兹等，大量采用了“=”这一用法，使得以“=”表示等量关系逐渐为人们普遍接受②。莱布尼兹不仅广泛使用“=”号，还在几何学中创用了“～”表示相似［北京人教版初三年级起学到］，用“≌”表示全等③，并创建了微积分符号系统。而所有这些数学符号直到18世纪才真正为大家公认并普遍使用④。

案例9.23评析：（1）数学符号体系的发明和使用“是数学史上的一个重大进展，它使高度抽象的数学材料有专门的合适的表达形式，即数学语言。数学发展经历了：

① M.克莱因. 古今数学思想(第一册)[M]. 张理京，张锦炎，译. 上海：上海科学技术出版社，1979：301−302.

② 宇正新. 精美数学[M]. 北京：北京联合出版公司，2012：24.

③ 宇正新. 精美数学[M]. 北京：北京联合出版公司，2012：24.

④ 宇正新. 精美数学[M]. 北京：北京联合出版公司，2012：25.

数量→数字符号→数量关系、数形关系→数学符号等交错发展的历程，皆体现了与数学符号引入的紧密相关，“回首近几个世纪科学的突飞猛进，我们还真得感谢那些数学符号的创造者。”① 我们从中小学就熟悉的这些代数符号，每一个都是抽象数学内涵尤其是数量关系和图形关系的形象表达（案例9.23图1、图2）：

+ − × ÷ ± / ≌ ∽ ≦ ≧ ≒ < > ≈ ≡ ≠ = ⩽ ⩾

< > ≮ ≯ ∷ ： ∫ ∮ ∝ ∞ ∧ ∨ Σ ∏ ∪ ∩

∈ ∵ ∴ ⊥ // ∠ ∽ ⌒ ⊙ √ ∟ ⊿ log ln % ‰

【案例9-23图1】常用数学语言——符号

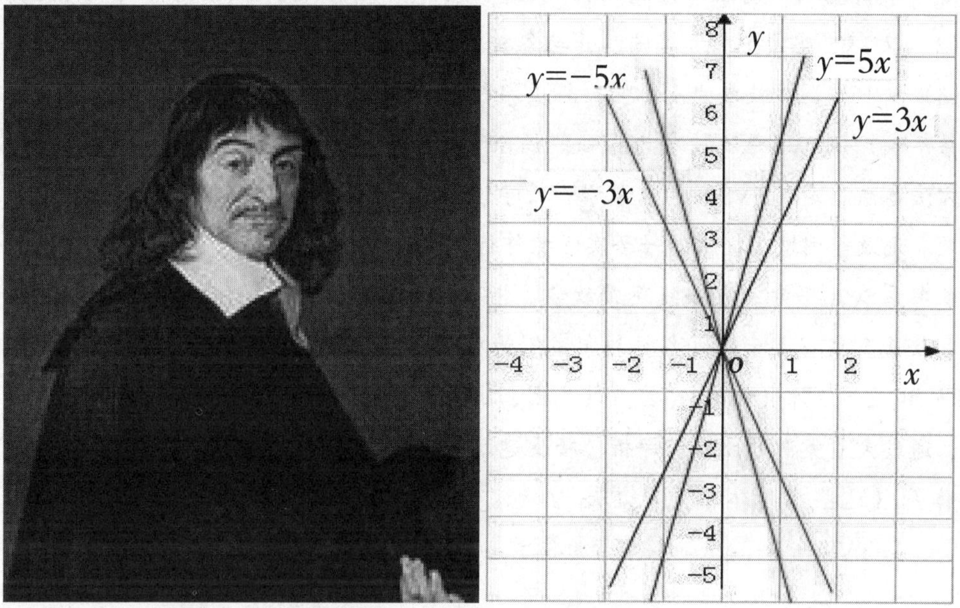

【案例9-23图2】笛卡儿发明的坐标系：解析几何的语言符号与工具

案例9.23建议：（1）然而，所有的数学符号,乃至自然科学中的符号,及所指代的知识或逻辑内涵，都不是一次确定的，各有其发展经历。但是所有符号都为科学表达提供了一个又一个精确的方法和工具。（2）人文社会科学，除经济学和实验心理学外，其他多半是用日常语言文字方法或工具来表达内容的。如果在有关研究中也有意识地使用符号，借用数学符号或创造一些新的符号来表达，一定会为概念、原理或规律的表述，带来新的面貌，也为人工智能的发展提供方法性支撑。（3）可以以人文社会科学或教育理论符号化，或逻辑方法的建立为课题，进行专项研究。

① 宇正新. 精美数学[M]. 北京：北京联合出版公司，2012：25.

案例9.24　TVS：视点结构教学技术体系创新

这是本书系"TVS：视点结构教学"，除了理论创建（概念、定律、哲学和课程、理论）、模式创新外的，另一个创新板块，即让理论和模式成为专业行为操作体系的研究成果：

TVS即"视点结构教学"（Teaching of Viewpoint-Structure）的英文缩写。指以一个学科的基本概念为基点（视点），透视和辐射建构相关知识之间的逻辑关系（结构）的一种哲学理论与定律、教学哲学与教学定律、课程和教学模式，及其教学操作行为体系。在操作层面，TVS教学是一个由教学口语、书面语（板书）、体态语、教学内容和过程逻辑，及教学管理多方面构成的方法（技术）体系，就难度和复杂性来看，是一个由基础到高级四大层次构成的教学技术体系。(1) TVS逻辑技术行为体系；(2) 以TVS逻辑技术为基础，并与各种教学艺元素相关联的，A-TVS审美化教学；(3) 以TVS逻辑技术为基础的，与多学科综合教学相关联的，I-TVS跨界教学方法体系；(4) 以TVS逻辑技术为基础，融合审美与跨界因素的，AI-TVS审美化跨界教学方法体系。是在TVS哲学、课程和教学理论指导下，为解救当今乃至未来学校教学低效、无效等困境，提供的一套实际操作行为体系。

本书系以20多年来在一线观摩教学、指导教学设计、示范操作以及点评教学等，积累和收集到成百上千各级各类教学案例为参照。包括教学设计（备课）、教学操作（上课）和教学点评（评价）；覆盖幼儿园、小学、中学、大学，理科、文科、艺术学科等，通过大量案例的比较、评析、修改建议等，来说明和实证TVS教学技术或行为指标体系（这些指标体系是从TVS哲学定律、TVS教学定律、转化而来的TVS、A-TVS、I-TVS、AI-TVS等教学行为技术与要领）。

案例9.24评析：(1) 本案例在"视点结构教学"（TVS）概念基础上，创构了"TVS教学行为技术系统"，这一教学行为操作体系，适用于各级各类各科教学设计、操作和评价，作为基本标准和较高标准，有普适性或通用性。(2) 从操作技术的使用和训练中，也反过来有助于理解本书系（TVS）所论TVS哲学与教学的理论要义。

案例9.24建议：(1) 根据自己的教学或学习经验，结合一定的理论，提炼和创建有特色的教学方法或学习方法，或者创建有明确程序和行为要领的，经实验证明有效的教学技术或学习技术。(2) 尝试用这一方法或技术，去解决其他领域的问题，看是否有普适性。

案例9.25　洛伦兹曲线、公式与基尼系数的创建

洛伦兹曲线（Lorenz curve），也译“劳伦兹曲线”。是由美国统计学家M.O.洛伦兹（1907或说1905）创建的，用以研究国民总收入与国民分配之间关系问题的曲线图或工具（案例9.25图1）。指在一个总体（国家、地区）内，以“最贫穷的人口计算起一直到最富有人口”的百分比，和对应各人口百分比的收入百分比，这两组线（M和H）上的点对应构成的曲线（*OL*），就可以直观地看到一个国家总收入与分配关系平等或不平等的状况。洛伦兹曲线作为一种简便的图形方法，如今已得到广泛应用。进一步，又有学者根据洛伦兹曲线创建了计算公式$G=A/(A+B)$，可计算出曲线（*OL*）的弯曲度，也就是贫富的差度，这就叫基尼系数（案例9.25图2）。

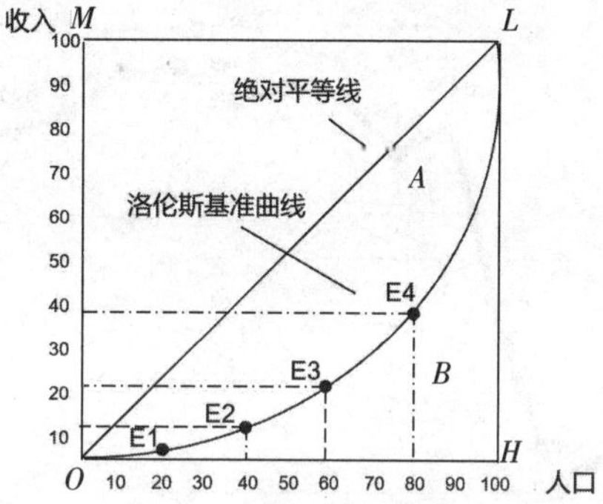

【案例9.25图1】洛伦兹曲线

案例9.25图1中，横轴*OH*表示人口（按收入由低到高分组）的累积百分比，纵轴*OM*表示收入的累积百分比，弧线*OL*为洛伦兹曲线。络伦兹曲线的划分方法是：画一个矩形，矩形的高（纵向），将社会财富的总量设为100%，化为10个等份。矩形的长（横向），将社会家庭总数设为100，从最贫者到最富者自左向右排列，也分为10等份。将每等份家庭所拥有的财富的百分比累计起来，在图中画出相应的点画，便得到了一条曲线，即洛伦兹曲线。曲线变化的一般规律是：

（1）洛伦兹曲线的弯曲程度越大，收入分配越不平等，反之则趋于公平。

（2）当所有收入都集中在一人手中，而其余人口均一无所获时，收入分配达到完全不平等，洛伦兹曲线就成为折线*OHL*。

（3）当任一人口的百分比均等于其收入的百分比，从而人口累计百分比等于收入累计百分比，则收入分配是完全平等的，洛伦兹曲线就成为通过原点的45度线*OL*。

（4）一般来说，一个国家的收入分配，既非完全平等也非完全不平等，而是介于两者之间。相应的洛伦兹曲线，既非折线*OHL*，也非45度线*OL*，而是向横轴方向突出的弧线*OL*（案例9.25图1），只是突出程度有所不同而已。

（5）将洛伦兹曲线与45度线之间的部分*A*叫作“不平等面积”，当收入分配达到完全不平等时，洛伦兹曲线成为折线*OHL*，*OHL*与45度线之间的面积*A*+*B*叫作“完全不平等面积”。不平等面积与完全不平等面积之比，称为基尼系数。这是衡量一国贫富差距的系数。

（6）基尼系数：是20世纪初意大利经济学家基尼，于1922年根据洛伦兹曲线建立的洛伦兹曲线方程，可精确计算出洛伦兹曲线描述的弯曲程度（即总体中的分配比差）（案例9.25图1）。计算基尼系数的公式是$G=A/(A+B)$，也称为洛伦兹曲线方程。洛伦兹方程计算结果与洛伦兹曲线图拟合度越高，计算结果精度也越高。一般来说，基尼系数$G=A/(A+B)$，不会大于1，也不会小于0。因此相应地，洛伦兹曲线也不会变成45°的完全折线。

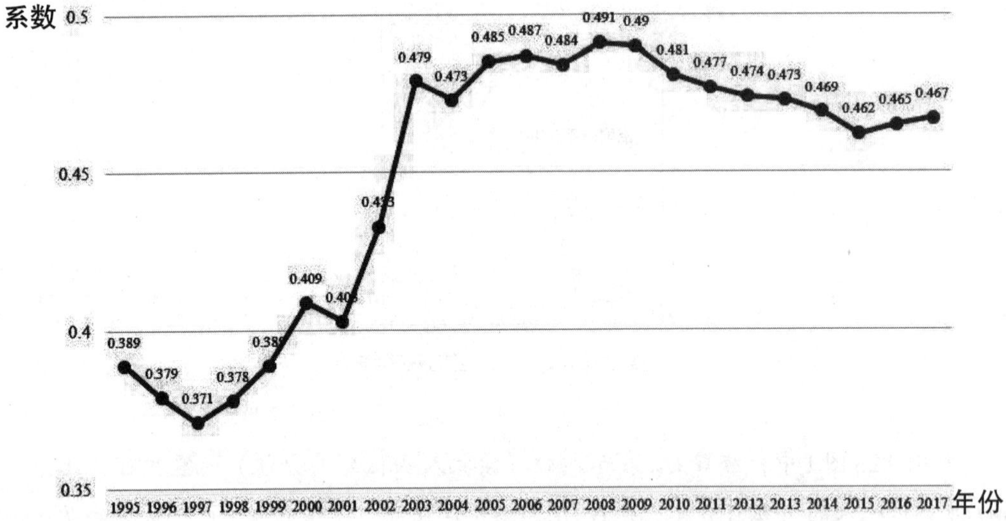

【案例9.25图2】中国居民收入基尼系数变化曲线

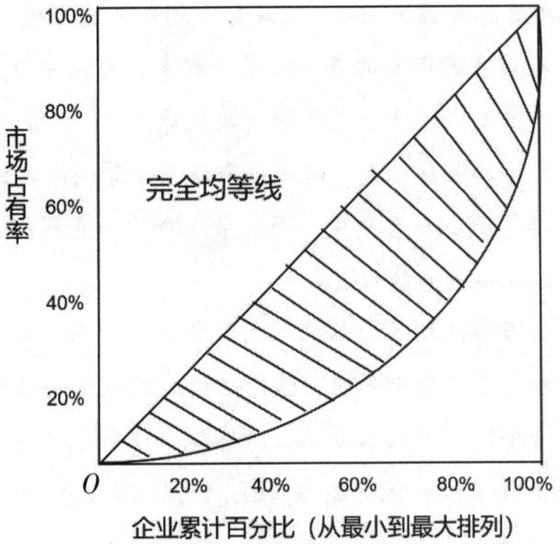

【案例9.25图3】洛伦兹曲线和基尼系数：企业市场占有率和利润率关系

案例9.25评析：（1）一个形象的或理论的模型图（如案例9.25图1和图2）都可以进一步通过数学的方法，将之转化为比较精确的数学模型（如洛伦兹方程）或数学系数（案例9.25图3基尼系数）。使得以某种理论转化而得的理论图像模型，再转化为精确的数学模型和数学工具。这需要研究者有这样的意识和相应数学建模能力。(2) 系数的简洁性。一个国家的社会收入和人口分配比，是一个众多因素诸多数据复杂交织的系统，很难一句话表述清晰。由基尼从洛伦兹曲线进一步分析提炼生成的洛伦兹公式，可以计算出一个系数（基尼系数），就能高度概括地反映社会总收入与分配比的关系，也反映出因分配差异而带来的贫富差异，这是对洛伦兹曲线图的再创造。(3）模型、公式、技术的伸延与创新运用，使洛伦兹曲线和基尼系数，不限于表述社会收入和人口分配之间的关系，还延伸用于了表述很多方面，如表述“企业市场占有率与企业利润率关系”等（案例9.25图3）。

案例9.25建议：（1）洛伦兹曲线和基尼系数，还可以延伸应用到任何领域，例如教育公平、学术贡献率等评价中去。只要是用以表述总体与总体中各部分分配和所占比例，以及各部分占有比是否均衡，或是否合理，或是否在可以容忍程度等，皆可使用。例如用于计算和直观表述教育总体资源和质量与区域资源和质量比，可见教育资源分配公平与差异、教育质量总体与质量分布的公平与差异，乃至一个学校总体学术成就和各级各类科研人员的学术贡献比值，贡献率大小等。(2) 学术成果包括大小论文的撰写，应该尽量考虑创编和使用模型图、数学模型和公式法，不仅美观，还可达精确表述的水平。

案例9.26　模式创建：产业微笑曲线

微笑曲线(Smi ling Curve)，是由台湾宏基电脑集团创办人和董事长施振荣提出的企业竞争战略[①]，后构建成为衡量企业或公司价值及经营态势的一个理论模型或方法，被称为“产业微笑曲线”，以作为施氏各种产业中长期发展的方向指导：

微笑曲线（案例9.26图1）直观表明了产业或企业的价值链：价值最丰厚的区域集中在这一价值链的两端——研发设计和市场销售，处于中间环节的制造附加值最低。因此，只有不断在两端区块上移动与定位，才能持续发展和永续经营。没有研发能力就只能做代理或代工，赚一点辛苦钱；没有市场能力，再好的产品过了周期，都只能作废品处理。

① 施振荣. 再造宏基：开创、成长与挑战. 天下远见出版股份有限公司，1992.

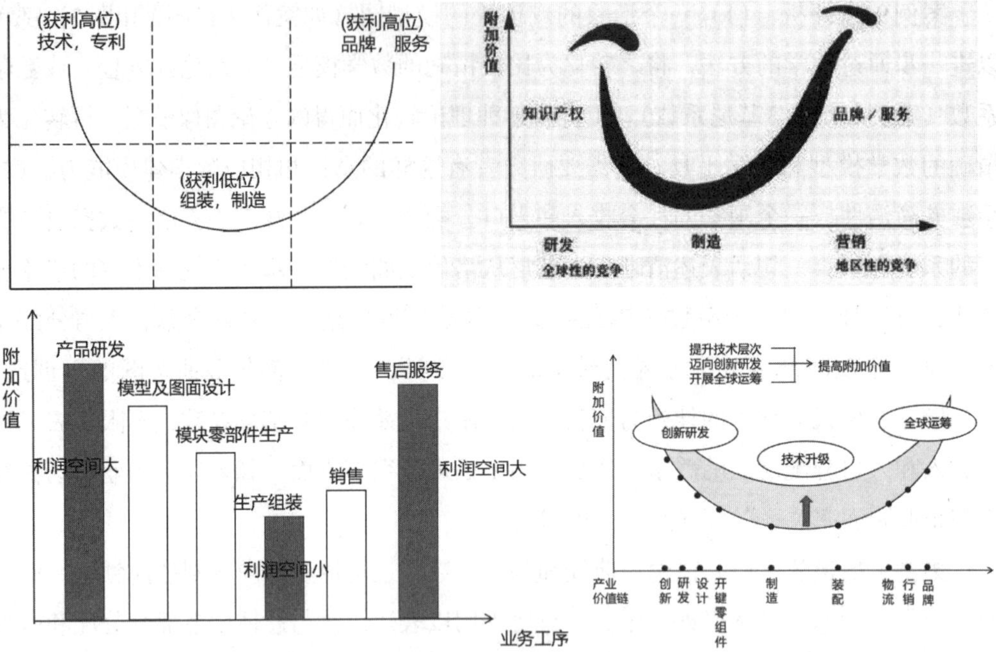

【案例9.26图1】微笑曲线：衡量产业或企业产品价值的模型

事实证明，凡是能够长期保持持续增长态势的企业，都遵循这条曲线定律。例如华为集团和顺时针公司等，也都是“微笑曲线”的成功实践者。中国更多企业，都有待从纯制造型向“微笑曲线”两端延伸的观念。

案例9.26评析：(1) 微笑曲线模型图，以形象的方式表达了价值链上各因素之间的抽象关系，是感性与理性的创造性完美结合，有助于衡量企业、公司或产品的价值，更渗入了该模式创建者对产业企业各主要因素间关系的深透理解，灌注着丰富想象和挚爱情怀。如爱因斯坦、麦克斯韦、量子力学、DNA等的模型建构等（本书第6章方法之6.9等），也都是科学家们日思夜想，梦寐以求，理性思考加想象的巧妙结合顿悟的思维成果。也往往令创造者无比兴奋和欢呼雀跃（案例9.12 高峰体验）。(2) 在此意义上，我们来理解比较深奥的所谓“数学建模”便容易了。就是建立数量（变量）之间的关系和公式，其中也包括对理论和某些经验想法，用形象化且富有数理逻辑的图像表达出来。

案例9.26建议：将本案例的方法迁用到你所在专业或方向的研究中，画出某些因素之间的结构模型图，例如团体价值微笑曲线、教育发展微笑曲线、学生学习微笑曲线等。

案例9.27　教学模式的创建

系统研究教学模式的美国乔以斯和威尔这样定义教学模式：“教学过程的模式，简称教学模式，它作为教学论里的一个特定的科学概念，指的是在一定教育思想指导下，为完成规定的教学目标和内容，对构成教学的诸要素所设计的比较稳定的简化组合方式及其活动程序。”[①] 作为理论和实践对接中间环节的教学模式，模式创建者对某种理论的理解深度和与教学实践经验的逻辑对接，是教学模式创建和运用价值最为重要的基础条件。有某小学数学教师罗建华，为解决小学生数学课堂思维主动性不高问题，根据视点结构教学（TVS）和审美化教学（A-TVS）理论，结合自己的教学经验，创建了“生动数学”教学模式。以下是每一稿在本书作者的“评析建议”后，不断进行修改的模式创建过程：

在当前的小学数学课堂上，学生“不动”或“乱动”的现象很普遍。为改善这一现状，在TVS视点结构教学理论及A-TVS审美化视点结构教学理论指导下，提出了“生动数学”的教学模式。生动，就是要让学生动起来。生动数学，即以美启动，以动促思，以思提效，使学生在获得感性愉悦，理性愉悦和成就愉悦感中，实现减轻学习负担，达到提高学习效率之目的。

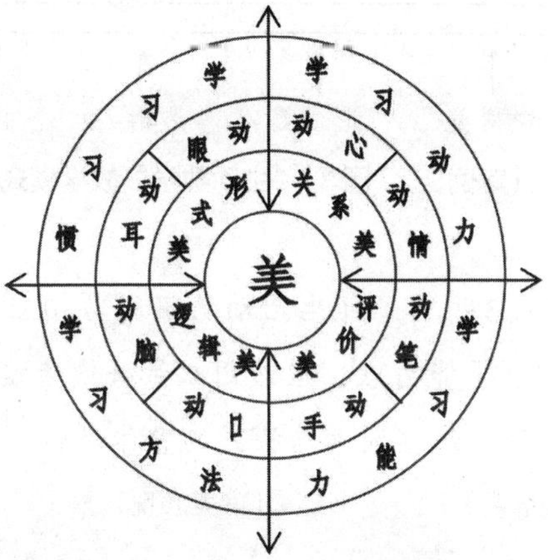

【案例9.27图1】“生动数学”教学模式（1）

评析与建议1：模式（1）因素太复杂，且相互间逻辑关系不明；（2）教学模式，是教学从开端到结束的逻辑过程。这个封闭的圆形图不能反映各教学因素之间的关系，宜改用过程或阶段性、环节性的逻辑结构图。

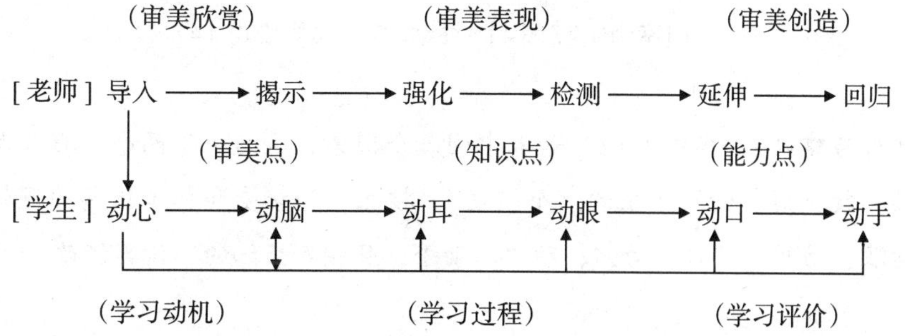

【案例9.27图2】“生动数学”教学模式（2）

① 吴恒山. 教学模式的理论价值及其实践意义[J]. 辽宁师范大学学报(社科版),1989(3).

评析与建议2：模式（1）上面一排是教师视点结构教学（TVS）的逻辑环节，中间一排是学生在教学中的“生动”反应，但是教师教学和学生反应之间没有形成内在关联；（2）下面一排的“科学美”“形式美”“逻辑美”“评价美”，也许代表“审美化教学”（A−TVS）但是，这些也不能反映审美化教学的本质（内在逻辑美与外在形式美的结合），且与上面两排之间，都没有形成内在逻辑关系。（3）学生的六个“动”，逻辑秩序不对，需要调整。（4）请再阅读有关论著，深度理解理论，再结合自己的教学经验，继续修改模式。

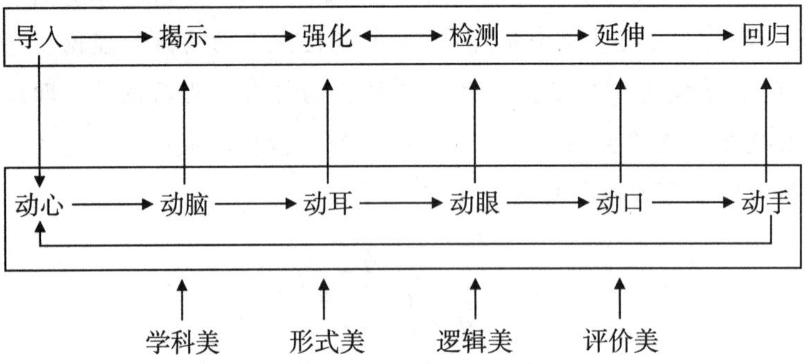

【案例9.27图3】“生动数学”教学模式（3）

评析与建议3：模式3明确了师生活动的不同与相应关系，好多了。但是，中间三个因素审美点、知识点、能力点，应该用双箭头线连接起来，并将其与其他相应因素或环节联系起来。否则，这些因素与模式的整体逻辑，是脱钩的。

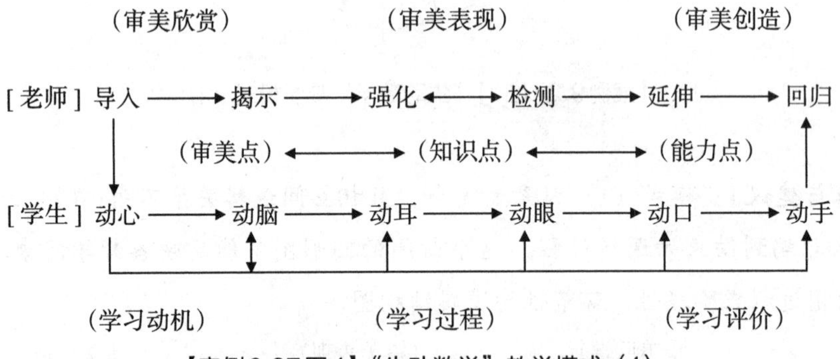

【案例9.27图4】“生动数学”教学模式（4）

评析与建议4：模式4（1）如果中间三个因素，再与上下两个过程及其环进行相应连接，就更好。（2）学生的六个“动”，按照人脑接受和加工信息的逻辑顺序应该是：动眼、动耳、动心、动脑、动口、动手，且相互交织的，请再修改。

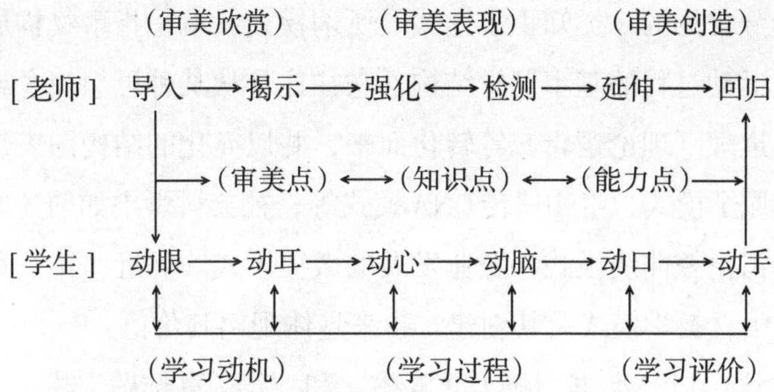

【案例9.27图4】“生动数学”教学模式（5）

评析与建议5：模式5看上去比前面几稿好多了。但是（1）如果再认真看书，透彻理解，一定能精准画出模式图。你看自己所教的学科数学，所有数学模式图，都是形象而精准再现数学概念或定律的。（2）再进一步阅读有关理论著述，并结合自己的数学教学实践，去验证“生动数学”的有效性，或者是否能解决小学数学课堂学生难以真正“动”起来，因此数学教学效果不理想的问题。（3）特别是你自己已经有不少成功教学案例，例如去年10月底第四届全国美育大会上，你执教的现场公开课“重复与规律”，就是典型贯穿了视点结构教学内在逻辑（TVS）和审美化视点结构教学，内在逻辑与外在形式完美统一（A-TVS）的，你自己所创建和实施的“生动数学”的典型案例呀。望继续努力，逼近完美。

案例9.27评析：（1）本案例“生动数学”模式创建，首先遵循了所有教学各个基本要素间内在的相对稳定的逻辑结构（TVS：视点结构教学理论），同时兼顾了教学外在的形象、随机、自由、愉悦等美感动机与动力生成问题（A-TVS：审美化教学理论），并形成了让学生感觉和兴趣动起来，思维动起来，行为动起来的“生动数学”教学模式，并在数学实践中得到了成功运用（学生课堂表现、回答问题和作业等的正确率普遍提高）。这就是在一定教学思想理论指导下的教学模式创新。（2）在教学中是否有模式存在，一直存在争论。反对者认为，教学具有高度随机性，这种随机性被直接看成就是教学的“艺术性”，如果模式化，那就会“使教育教学活动显得生硬和机械化，有碍师生个性和创造性的发挥”[①]，赞同者认为“任何一种教育教学思想和理论，必须有一个中介环节才能最终转化为实际教育教学操作，这一理论与操作的中介环节，就是教育模式或教学模式”，事实上教学模式是以某教学思想理论（道理）为依据的，对教学各个要素的及其逻辑关系的整合建构，对于理论与实践的结合，形

① 赵伶俐.教育教学模式的建构及运用——查有梁教育模式理论述要[J].教育与教学研究，2016：30（02）.

成有理有效的实践操作方式非常重要。(3) 但在自然科学技术，甚至一些人文社会科学中，模式是十分常见的一类知识表达式。所谓模式，就是指事物构成的基本样态和结构，或者事物运动过程的基本逻辑结构，它往往是从某种思想观念或系统理论所提供原理、定律、道理（理论逻辑）等转化而来，并以简化的结构图表达出来。如数学几何模式、物理原子模式、生物遗传DNA模式等；社会科学中如前述案例反映社会分配公平和差异的洛伦兹曲线模式、企业发展的微笑模式等。近些年，在与计算机和智能化的深度结合中，教学模式及其创建，越来越体现出其价值。

案例9.27建议：(1) 本书"第1章概述"和"第5章选题"中，都反复提示过，大学和科研机构的学者，及学术性博士，可以重在基础研究或理论创新，而在实践一线的研究者，例如专业硕士、博士，中小学教研员和教师们等，则应该专注于针对实际问题的，有理论依据（理论指导下）的教学模式、技术、方法、策略等的创新创建。(2) 创建一个能真正解决实践问题的模式，并非易事。从本案例中"生动数学"教学模式从创建和达到基本成熟的过程，也粗略可见：实践模式创新，例如教学模式的创新，不是坐而论道，不是空头理论；也不是仅凭经验，想当然编制出一个模式图，就能完成的。一个能解决实际问题的教学模式的创建，必定是一个反复理解理论，将理论与实践对接，明确两者的逻辑关联点，反复推敲，反复磨合，深度契合，臻于完善的过程。

案例9.28　美育质量公式与变量、系数的创建

不容置疑，必须要全力提高学校教育的质量。然而如何评价学校教育质量的高低，则是一个十分令人头疼的问题。而在"德智体美劳"全面的质量评价中，审美素质发展和美育质量测评，更是难题中之难题。因为审美有共性，更有个性，甚至特别强调个性。那么，用什么工具，能简洁且有效测评学生审美素质发展的水平或学校美育质量呢?

检索和分析历史上相关文献，在诸多测评方法中，最后确定，可以参照美国数学家、心理学家博克霍夫提出的"审美程度公式"(Birkhoff, 1933)，来构建学生审美素质发展水平测评公式；而在学校美育的举措（课程、教学、各种课外活动）影响下学生审美素质的发展水平，就是美育的质量：

$$M=O/C$$ ——公式（1）[博克霍夫美感程度公式，1933]

参照该公式的三个变量（M、O、C）及其相互关系，即公式创建的基本思路针对学校美育（课程和内容）和美育质量（目标）涉及的两大基本面，再进一步分析了两

大面中，又各自包含的两个核心变量和多元变量，于是：(1) 将“美感体验复杂性”作为核心反应变量（因变量，目标核心变量)，设为O；各具体的审美素质目标项的发展，分别设为O1、O2、O3……；(2) 把美育的内容“所有美”，作为核心刺激变量（自变量，内容变量)，设为C；关于美的各个种类，设为C1、C2、C3……；(3) C与O两者的比值（系数）设为M，达标系数值设为1。如此，就得到了以美感体验水平为核心的审美素质发展（M系数)，为美育质量核心的测评公式：

M=*O*/*C* ——公式（2）[美育质量公式，赵伶俐修订博克霍夫美感程度公式而得，2017]

设：“M”为美感体验程度，基础水平为1，在0.1—X之间取系数R值作为水平表达；

“O”为对美的对象和谐性的感知和理解水平，可以在0.1—X区间计分；

“C”为审美对象和体验的复杂度（以专家给予的评分标准与分会为准)，每项在0.1—1之间取值，所有取值项的总和是一个常数[①]。

这样就可以测算学生的美感体验程度了。

例如：(1) C，专家为审美对象自然美（C1)、社会美（C2)、艺术美（C3)、科学美（C4）的复杂程度定标为0.2，0.3，0.4，0.4分，各项值总和为1。(2) ①，而学生A对自然美（O1）社会美（O2)、艺术美（O3)、科学美（O4）的感知和体验分别得0.1，0.2，0.3，0.2分各项总值上线不限；(3) *M*，学生A分别得0.1，0.2，0.3，0.2，学生B分别得0.3，0.4，0.3，0.4分；学生K分别得0.3，0.4，0.0，0.8分；那么，通过*M*=*O*/*C*公式（2）计算就得到（图9-19)：

$$M_A\ \frac{O_1 \quad + O_2 \quad + O_3 \quad + O_4 \ \ (\text{如：}0.1+0.2+0.3+0.2)}{C_{1\text{标}} + C_{2\text{标}} + C_{3\text{标}} + C_{4\text{标}} (\text{如：}0.2+0.3+0.4+0.4)} = \frac{0.8}{1.3} = 0.61$$

$$M_B\ \frac{O_1 \quad + O_2 \quad + O_3 \quad + O_4 \ \ (\text{如：}0.3+0.4+0.3+0.4)}{C_{1\text{标}} + C_{2\text{标}} + C_{3\text{标}} + C_{4\text{标}} (\text{如：}0.2+0.3+0.4+0.4)} = \frac{1.4}{1.3} = 1.07$$

$$M_K\ \frac{O_1 \quad + O_2 \quad + O_3 \quad + O_4 \ \ (\text{如：}0.3+0.4+0.0+0.8)}{C_{1\text{标}} + C_{2\text{标}} + C_{3\text{标}} + C_{4\text{标}} (\text{如：}0.2+0.3+0.4+0.4)} = \frac{1.5}{1.3} = 1.15$$

【案例9.28图1】学生A、B、K的美感体验水平（M_A、M_B、M_K）计算与结果

比较来看，学生A的美感体验水平(M_A)为0.61，还差0.39达标；学生B的美感水

① 赵伶俐. 以目标与课程为支点的美育质量测评[J]. 华东师范大学学报(教育科学版)，2017(05).

平（M_B）和学生美感水平（M_K），虽然各项审美得分不同，但结果都超标。总体结论是：学生B和K的审美素质相当，并高于学生A；但是从O和C的各项指标对比看，学生B的O3为0.3分，O4为0.4分；学生K的O3为0.0分，而O4为0.8分，因此进一步结论是学生B的艺术美（0.3）的水平高于学生K（0.0）；而学生K的科学美（0.8）水平高于学生B（0.4）。

如果是一个学校和另一个学校的全体学生的审美素质相比，用全校学生的$O_{均}/C_{标}$，就可以得出两校各自的总体美感体验水平或和谐系数$M_{总}$，再加以系数大小的比较即可。

审美素质的核心是美感体验。但审美素质不仅是美感体验，而是复杂因素的交织体。上述公式（2）还可以根据需求设置O，并添加审美表现力或表现方法（H）、审美创造力（F），其他人文素质（G）等变量，添加的这三个因素或变量也还可能是H（$h_1+h_2+h_3\cdots\cdots$），F（$f_1+f_2+f_3\cdots\cdots$），G（$g_1+g_2+g_3\cdots\cdots$）等。因此，公式（2）如果用于完整的"审美素质和人文素质"监测，可进一步修改拓展为公式（3）：

$$M=\frac{O(o_1+o_2+o_3+\cdots\cdots)+H(h_1+h_2+h_3+\cdots\cdots)+F(f_1+f_2+f_3+\cdots\cdots)+G(g_1+g_2+g_3+\cdots\cdots)}{C_{标}+B_{标}+Z_{标}+F_{标}}\cdots\text{公式}3$$

[审美素质和人文素养系统测评公式，赵伶俐，2017]

拓展后的公式（3），就能够测评学生总体和个体的审美素质、人文素质了：学校和学生个人均可根据自己的特点、优势和潜力，选择主要发展项目。

且上述公式（3）还可以再进一步添加或链接学生的道德素质（D）、科学素质（X）、身体素质（S）和劳动素质（L）的成绩，拓展构成公式（4）、公式（5）……，以测评学生个体审美素质与德智体美劳人格全面发展程度之和谐系数（$M_{个}$），全校学生审美素质与人格全面发展之和谐系数（全$M_{总}$）①

案例9.28评析：本案例在考察史上已有各种艺术与审美测评方法，并认定博克霍夫美感程度公式，更简明且扩容性更大的基础上，结合现实审美发展和全面教育评价需求，对原公式进行了变量改造，但保留了三大变量M、O、C之间的数理逻辑关系，且所有变量不仅可以上、下、平行添加，可以测量，且都可以根据测量意图进行加权处理。形成了化繁为简、有合理数理基础，且有创建性，有较大灵活适用空间的美育质量测评公式，乃至德智体美劳全面教育质量的测评公式。

案例9.28建议：（1）进一步，还可以结合艺术专业培养目标与课程教学，参照上述思路制定符合高校艺术专业特点的专业艺术教育质量测评公式，并与上述面向全体

① 赵伶俐. 以目标与课程为支点的美育质量测评[J]. 华东师范大学学报（教育科学版），2017(05).（有修改）.

学生的美育质量测评体与全面教育质量测评系相链接，对结果进行各种比较和相关分析，进而建立德智体美劳多维教育质量分析及相关分析的大数据平台。(2) 进一步，还可与学校各学科课程和学科相联系，落实到教师教学和学生学习的变量上，分析其动态联系，构成信息化、"互联网+"、VR和各种APP学习软件、大数据方法等人工智能尝试整合的现代化教育教学新体系。

本章思考与训练：

1. 阅读梳理。请选读反映你所在学科、专业、方向等发展前沿的论著，梳理新概念及派生的系列概念，画出其理论体系结构图。

2. 审视反观。从头阅读自己已写出的论文，评价自己在哪些环节有原创性；回看自己已经发表的论文，是否提出了一些新问题、新概念，发现了新定律，建构了新的理论体系，或提出和应用了哪些新模式、新技术和新方法？

3. 申报课题。主动申报任何一级或某类课题，首先从可能有的创新点出发，从自己的专业学习和实践经验中，概括出与过往不同的特点，提炼出一个新问题、新概念、新模式与方法，围绕新概念或新模式与方法进行选题，确立课题和论证方法，或尝试采用实验或其他实证方法。

本书结语

使命与荣耀

只要你有一件合理的事去做，你的生活就会显得特别美好。我从来不把安逸和快乐看作是生活目的本身——这种伦理基础，我叫它猪栏式的理想。照亮我的道路，并且不断地给我新的勇气去愉快地正视生活的理想，是善、美和真。

——爱因斯坦

我愿用我全部的生命从事科学研究，来贡献给生育我、栽培我的祖国和人民。

——巴甫洛夫

攀登科学高峰，就像登山运动员攀登珠穆朗玛峰一样，要克服无数艰难险阻，懦夫和懒汉是不可能享受到胜利的喜悦和幸福的。

——陈景润

我要把人生变成科学的梦，然后再把梦变成现实。

——玛丽·居里

我好像是在海上玩耍，时而发现了一个光滑的石子，时而发现一个美丽的贝壳而为之高兴的孩子。尽管如此，那真理的海洋才神秘地展现在我们面前。

——牛顿

当你确认自己是在探索、且有能力探索未知，探索真理的时候，你就在主观上成为了名副其实的学者；当你有了较高学术思维能力和能按照学术规范进行学术表达（选题论证、开题报告、撰写大小论文等）的时候，你在客观上也成为了名副其实的学者；当你在主客观统一中体验到学术美感和幸福感的时候，你就成为了“自主、自信、自尊、自强”的“幸福的进取者”[①]！

我读汉语言文学专业二年级时（1980），有幸买到了德国哲学家费希特（Johann Gottlieb Fichte，1762—1814年）的《论学者的使命》（1794）一书。以我的硕士论文（导师刘兆吉先生）为基础写成的著作《人生价值的弘扬——当代美育新论》（1993）之卷首语末段，就引用了《论学者的使命》中的一句话，作为了结语：“在自己的研究中考虑的并不是某种东西令人喜爱或令人讨厌，而是这种东西是否合乎真理；他竭尽自己的所能，说出了他凭自己的良知视为真理的东西。”[②]这段文字曾令我感到无比震撼。历经二三十数年后，已成为了我的一种鲜明人格特质。2009年我重读该书，并应邀在《中国社会科学报》上，连载了三篇读后感（第四篇因事耽误没有刊出）。现在，我决定将这四篇文章，作为本书结语，奉献给各位读者、硕博研究生（包括我的儿子，他正在读博），以及更多学者，与大家分享这些思想与感受。或许这也是我即将从大学教师岗位退休，向自己的学术人生道别的最好庆典。

道别学术人生，是我有时间去实现其他人生理想的崭新开篇。或许，那也是运用学术思维和方法的另一种“学术”创新历程！（下文括注页码，为《论学者的使命》的相应页码）

拿什么热爱你，我所敬仰的真理

——重读《论学者的使命》之一、之二、之三、之四

（《中国社会科学报》[③]）【编者按】学者的使命是追求真理。这一神圣使命在当今过于功利化的社会里和日益世俗化的高校里，正在遭遇重创；学者纯粹、实诚、清高的真我本性与幸福感的源泉正在枯竭。幸运的是，面对如此困境仍然不乏严肃的思考者与行动者，本栏目近来接连刊发了这类文章，以期引起学界高度而深刻的关注。从本期开始将连续4期刊登赵伶俐教授的《拿什么热爱你，我所敬仰的真理——重读<论学者的使命>》一文：之一《拿什么定义你，学者的使命》；之二《拿什么支撑你，学者的自我价值与幸福感》；之三《拿什么捍卫你，学者与学术的尊严》；之四

① 黄希庭. 探究人格奥秘[M]. 北京：商务印书馆，2014：扉页.

② 费希特. 论学者的使命(1794)[M]. 梁志学，沈真，译. 北京：商务印书馆，1980：3.

③ 中国社会科学报，由中国社会科学院主办，地址：北京.

《拿什么将学者与学术进行到底》。作者从自己的切身经历引入，牵引我们重读215年前德国哲学家费希特《论学者的使命》一书，层层递进，情理交融，重新审视学者的价值、生存意义与生存方式。

【作者简介】赵伶俐，文学学士，教育学硕士，心理学博士；西南大学文学院教授，高等教育研究所副所长；高等教育学硕士生导师，美学博士生导师，心理学博士生导师。

之一：拿什么定义你，学者的使命

严格来说，这不是篇学术论文，算是学术散文或杂文吧。在今天许多学者似乎都要靠学术求生谋利的背景下，写这样的文章或许很不合时宜？或者恰恰相反?！在人生走到看上去有些成功有点灿烂之时，还不得不对从年少时就确立的探索真理、做个有建树的学者，这满怀真诚的信念与所爱，进行重新拷问，难免深切疼痛。《拿什么来拯救你，我的爱人》这部电视剧的名称，就是近年来我复杂内心矛盾的写照。

小时候就看到过一本苏联的《心理学》著作，厚厚的，有很多实验图片，写着无数艰深的话语，扉页上作者那博士帽下凝重而深邃的眼神，令人肃然起敬。从此，对学者及所做的事情充满无限敬意和向往，这使我大二时惊喜地发现并毅然买下了《论学者的使命》（商务印书馆，1980）一书，如今扉页上“购于一九八〇年十一月十五日”的字迹还栩栩如生。薄薄的、50多页却思想厚重的著述，是德国哲学家费希特针对当时学术风气败坏、精神堕落的境况而进行演讲的文稿，于1794年集成出版。他的演讲受到了师生们的热烈欢迎，但一开始就遭到反对者的歪曲和诬陷，五次后被迫停止。费希特决定发表这些讲稿，且只字不改。

费希特以“学者的使命”这个中心命题,这个“全部哲学研究最后的课题”(P6)为核心，逐层展开。而“要回答学者的使命是什么，就必须先回答另一个问题，即社会的人的使命是什么”（P5），因此他首先考察了什么是人，人的自我，人的自我本质等基础理论问题，认为人与其他生物和动物不同的“特殊规定性”就在于除了感性外，还有独立自主的理性，在于人是“理性生物”能够致力理性思考活动。而最崇高的理性，就是对真理的探索，这是只有学者才能够达到的高度。因此所谓学者就是被赋予了追求真理这一特殊使命的人，换句话说，追求真理是学者得以独立存在的唯一特殊理由：“我的使命就是论证真理；我的生命和我的命运都微不足道”，但因为真理“我的生命的影响却无限伟大”。（P41）

柏拉图的学生亚里士多德有句名言“吾爱吾师，更爱真理”，哈佛大学将此延伸为校训“以柏拉图为友，以亚里士多德为友，更以真理为友”（拉丁文“AmicusPlato,

AmicusAristotle,SedMagisAmicusVeritas”；英文：Let Plato be your friend, and Aristotle, but more let your friend be truth）。哈佛校徽的图案是深红色盾牌，上面有打开的三本书，分别刻着VE、RI、TAS七个拉丁字母，合起来为“VERITAS”即“真理”。哈佛的校训和校徽都旗帜鲜明地表明了“真理”在这个世界著名大学中，在大学教师、学生和所有员工心目中的绝对崇高、至高无上的地位。正是在这样的精神指引下，哈佛培养出了众多杰出人才，取得了众多影响人类社会进程的科技文化成果，因此而不愧“先有哈佛，后有美利坚合众国”的美誉，不愧为整个人类现代大学精神、大学教育和学术的典范。身为大学教师，即使不可能都成为探索真理的杰出学者，也必须是真理的传播者和捍卫者；身为大学生则必须是真理的学习者、继承者和发扬者。这，正是现代大学的灵魂所在，大学、学者、学术、人才培养的根本意义和价值所在。

笔者的首本专著《人生价值的弘扬——当代美育新论》（四川教育出版社，1991），出版社初审后认为，所谓“人生价值”是资产阶级意识，建议修改书名和相应内容。后来是我导师刘兆吉先生出面保证说，此乃无产阶级“人生价值”非资产阶级“人生价值”等，才得以通过。在本书“卷首语”末我补引了《论学者的使命》前言中的一段话：“这些演讲里有许多见解未必会使所有读者感到满意。但是这些并不能成为指责作者的理由，因为作者在自己的研究中考虑的并不是某种东西令人喜欢或者令人讨厌，而是这种东西是否合乎真理；他竭尽自己的所能，说出了他凭自己的良知视为真理的东西”。每每翻看此书看到这段引言，我都会为当年自己的倔强与坚持、导师的用心保护和出版社最终的理解而深感庆幸和感动。我尽了当时“自己的所能”，说出了凭“良知视为真理的东西”，而且像费希特一样，只字没改。

多年过去了，早期对真理的好奇与兴趣，已转变成必须担当的“使命”。“‘使命’意味着职责、任务和责任，它是人或组织存在的目的、方向与责任，代表着人或组织事业的价值取向与定位，规定着人或者组织存在的目的、方向和奋斗目标”，而学者则是接受了探索真理的特殊使命，因此必须以探索真理为职责、任务和责任的人；“是只有以学术研究的方式展现生活方式的特殊一群人”；是只能够以真理，“以崭新的思想和观念影响和改变社会成员和社会精神状态，推动社会制度的变革与整个社会的进步与发展”（彭泽平、陆有铨，2007）的人。

真理，是纷繁复杂现象背后的本质和规律；探寻本质与规律的活动，就是，也才是科学研究或者学术；探寻这个本质与规律即真理的人，就是，也才是学者。正如费希特激情地说：“你们全部，或者你们之中的大部分，都已经选择了科学为你们生活的职业，而我也是如此。”（P33）所以，追求真理是学者唯一合法存在的理由，是学者不可亵渎的天职与神圣使命。无论自然、社会还是人文科学学者；无论过去、今天、未来的学者，一概如此，不能例外。

之二：拿什么支撑你，学者的幸福感与自我实现

一次在校园散步听到路人对话：“我今天是老老实实坐了一整天，写了400字。”“呀，你还真的数字？”“准确来说是403个字，我边写边数，绝对没有错。”有位朋友好不容易凑齐“成果”通过了教授评审，在请客宴上他高举酒杯说：“来，为我终于解脱了，再也不用写那些××文章了，干杯！”类似话语，其实经常听到。活得如此被迫，如此无奈，如此委屈，如此异化、如此痛苦和压抑，就算是当上一级教授、国家院士又有什么意义？

毫无疑问，追求幸福是全人类所有群体和个体共同遵循的“幸福公理”（赵汀阳：论可能生活。中国人民大学出版社，2004：143），是人类所有生命也当然包括学者生命存在的根本意义和内驱力。只是不同自我，幸福的价值取向即幸福感的来源不同，如同所有人都喜欢美，不过关于美的标准有异而已。费希特很客观地说，事实上“谁也不能只为别人工作，而同时不为自己工作”（P31），学者也不是只为真理而不为其他活着的机械人，这样的人严格来说不是人，也不会有学术创造力。“人具有各种意向和天资，而每个人的使命就是尽可能地发挥自己的一切天资”（P34），社会的各种成员因为天性不同而适合担当不同使命，每个使命和岗位都有他独特的意义，他满怀期待地说当每个人坚守使命并“在自己的岗位上取得胜利”之时，“我会为你谋幸福，也能从你那里得到幸福，到那时那种相互自由给予和自由获取的绝佳纽带也会把我的心同你的心联结在一起”（P22），这种各有使命，相互给予，为自己也为他人造福的逻辑链条的构建，为人类社会每个自我的价值实现和幸福感共同提升提供了重要路径。借此，我们应当感谢当今中国社会越来越开放和包容的局面，为每个人的选择和自我发展，为社会成员相互造福提供了多样可能性。

幸福感作为一种极其个人化的内心积极体验，受自我天性与社会性的双重作用与影响。（1）当天性与社会取向一致的时候，实现自我就是实现了社会性，为社会就是为自己，此时的自我就会体验到高度幸福感。（2）当天性面对社会的矛盾取向，选择与“矛”一致还是与“盾”一致，例如是选择做学问追求真理、还是经商赚钱、还是掌权行政等，只要与自我本性相适，都会体验到满足与幸福感，在这个意义上，任何选择没有高低好坏之分。（3）当天性与选择不相符合，例如天性不适合做学问探索真理，但因为其他功利原因“被”选择做学者；或者既想持“矛”也想掌“盾”，其间必有一面或几面与自己天性违背，自我就会时常体验到被捆绑、被肢解、被否定的痛苦，即使获得短暂满足感，也不会有真正深刻的幸福感。严格来说，目前中国有很多学者处在“被学者”局面，其实按照自我天性，他们做别的什么事情也许更自在，还有创造性，拥有幸福感。假如有一种制度和标准，能够鼓励他们按照天性自由选择、

各司其职、各尽所能，一定会打破目前的僵局，有助于学术水平和教学水平的提高，也必然有助于提高中国学者和教师幸福感，而这，也是提高中国全民幸福感的一个重要基础与主题。为了人类自身的和谐幸福，有什么是不可更改的呢？

本真自我与追求真理的契合，乃学者幸福感最深刻的来源。因为有这种深刻的无与伦比的幸福感的召唤，才使得很多学者迷恋其间，牛顿将手表当鸡蛋煮、爱迪生新婚之夜返回实验室、居里和居里夫人在四壁透风的茅屋里熬沥青千百次寻找元素镭、陈景润边走边想迎面撞上树干等等。这些常人难以理解的现象其实不难理解，仅仅因为那里面有一片任自我心灵徜徉的天空，那片天空能够给探索真理的人无与伦比的幸福体验，“仅仅因为真理是那么美”（赵伶俐：视点结构教学技术原理。上海：百家出版社，2002年，后记）。也仅仅因为学者这种非同常人的自我特质，“上帝”才决定授予他们追求真理的使命；也仅仅因为学者所追求的是常人难以追求的真理，这一“至高无上”的精神产品，才有了非常人能够模拟的“迷人的高贵的气质”。

费希特认为，人作为理性生物的至善境界，就是要实现两个完全自相一致，“一是，意志同永远有效的意志的观念相一致，或者叫作伦理的善，一是我们之外的事物同我们的意志（当然指我们的理性意志）相一致，或者叫作幸福”（P10）。而探索真理，完成使命，就是与学者意志或自我本性相一致的至善，“无限地接近这个目标”（P11）就是学者获得幸福的过程。他肯定“一切有限的理性生命的最终使命，就是绝对自相统一，始终自相统一，完全自相统一。这种绝对统一就是纯粹自我的形式，是纯粹自我的唯一真实的形式”（P5），“不可能使一个理性生物违背自己的意志，而成为有美德的、聪明的或幸福的”人（P20）。

很欣赏《暗算》中黄依依这位天资很好的数学家，她率性声称自己需要爱，否则无法做破解密码这样枯燥的数学，哪怕是在幻想的爱中积极探索直到付出生命。尽管这“爱”另有含义，却从一个生动的侧面表现了学者因为爱而追求真理成就自我的本性。正如费希特赞美真正的学者是深爱真理的“大丈夫”，“这些大丈夫的意中人就是真理；他们至死忠于真理；即使全世界都抛弃她”！（P42）他因此激情宣称：我是真理的献身者；我为它服务；我必须为它承做一切，敢说敢做，忍受痛苦。要是我为真理而死于职守，那又有什么特别的呢？我所做的不就是我完全应当做的吗？（P41）我所做的不就是为自己所爱，为自己幸福吗！

学者因使命的特殊而特殊，因真理的高贵而高贵，因自我本性的自由张扬与真正实现而深感幸福。真理是学者自我价值实现的载体，是学者内心幸福感的根本之源，一如马克思主义美学的基本观念“美是人的本质力量的对象化”，真理，就是学者本质力量的对象化。

之三：拿什么捍卫你，学者与学术的尊严

2009年7月11日这一天，中国学术界同时失去了两位杰出学者，93岁的任继愈教授和98岁的季羡林教授。他们为这个世界留下了丰富的学术思想与成就，却坚决拒绝大师、泰斗、国宝等称号，拒绝个人宣传，拒绝出全集，在学术功利化趋势愈演愈烈的今天，依然坚守以追求真理为己任、为乐趣的学术品格，保有了学者与学术纯净、高尚而高贵的风范，令国人仰止。看着中央电视台新闻频道播报季羡林教授的遗体告别仪式，我的泪潸然落下，不知道自己向这个世界挥手离去的时候，身躯是否也能够这样挺拔！

社会永远是一个在理性与非理性、真理与非真理的矛盾中挣扎进退的复杂系统。当前特别强调“科学发展观”，也许就是因为在今天的社会里，发生着许多不按照科学、不遵循真理办事的事件。遗憾的是，这些事件里的主角，好些是被称为学者甚至高级学者的人。

博士是社会投入巨大精力、物力、财力培养的专门以探索真理为职业的高级精英，2008年我国博士招生已超过美国，成为世界上最大的博士学位授予国家。然而另一方面，博士就读动机却越来越脱离追求真理这一既定轨道。2008年7月28日《中国青年报》发布对3291人调查的结果：读博为评职称和晋升的占59.2%；为获得进高校或科研单位“敲门砖”的占39.2%；推迟就业的占43.5%。一在读博士生直言“读博是我们最后一根‘救命稻草’”。2008年9月中国科协的调查显示：50.6%的人感到现在的博士越来越多，而56.8%的人认为一心搞研究的博士已经很少；29.0%的人对博士的印象或是“书呆子，创新能力较弱”；44.1%的人认为博士论文“抄袭严重，水分很多”，尤其可怕可悲的是，对“学术不端行为”竟然有39%的人表示“值得同情”，23%的人认为“可以原谅”。

更令人震惊的是，研究生导师的垂范与“引领”。仅2009年7—8月有关报道屡见媒体，看着听着真是让人心惊肉跳，毛骨悚然。武汉理工大学校长、中科院2009年院士候选人与其博士合作一篇论文涉嫌抄袭，竟然还大喊冤屈，说是在不知情下挂名的，有评论质问“学术挂名”与剽窃何异？西南交通大学一副校长博士学位论文涉嫌抄袭，该大学宣布取消其博士学位和研究生导师资格，不少议论认为，其实更多“伪博士”还沉在水下。笔者今年有研究生对“研究生学术失范原因”进行调查得出了十数条原因，相关分析表明，其中学术虚假态度、抄袭行为和敷衍行为等与导师显著相关。

高端学术群体的失范行为必然向下辐射扩散，本科生在网上直接或部分移植他人成果，以完成各类作业包括毕业论文，已是“天经地义”之事。学生社团干部以组织

学术活动为名拉赞助、拉关系、洗脚搓背、吃喝玩乐，如鱼得水，为此2009年8月4日的《中国青年报》等呼吁，警惕大学社团正在成为功利与官场的摇篮。

所谓道德规范、学术规范、知识产权、著作权保护法等等，皆可公然蔑视，置之不理，还有什么能够制止这样大面积的群体违规与作案？是什么力量使得这上上下下的学者和准学者皆可忘掉本分，抛弃良知，违背道德，更不在乎什么真理和尊严？导师们、学生们说，其实自己也是心不甘情不愿，被迫的；有人归因是学术评价的论文导向，尤其SCI（科学引文索引）、SSCI（社会科学引文索引）决定一切的过错；有人归因高校管理体制不合理等。其实，无论什么原因，只要将学术与利益直接挂钩，就意味着认可、鼓励、期待，甚至赞赏为名利、唯名利而去追求真理，这岂不是天方夜谭？有哪位诺贝尔奖获得者是瞄着这个奖及其奖金而做研究的？因为天性对探索真理缺乏兴趣且缺乏学术能力，但又想得到由学术和那张文凭带来的利好，出现一系列敷衍、造假和严重丧失尊严的行为，自是必然；因为这样的“学术”“科研”比教学显然更有利可图，因此高校教学质量下降，如雪球滚落下山沉到谷底，也自是必然结果。学者、学术、教师、教学，都被毫无遮掩的功利之心践踏得衣不蔽体，赤裸裸的，还有什么尊严可言？费希特痛心地说：“那些没有尊严的人堕落得很深，以致对于还有什么真理，他们丧失了最后一点预感能力，他们甚至连想一想这些事情的原因都完全无能为力，他们也丧失了最后一点羞耻心理”，他们甚至连真理“也不希望是真实的”，因为他们认为“在这方面什么好处也捞不到”（P46）。

小品《不差钱》令人回味之处在于，一向被认为是社会最低生活水准，最低文化水准的农民，都已经口口声声“不差钱”了！这是以侧写手法对中国社会经济发展的讴歌。然而居于社会中上层生活水准，最高文化水准的高校教师、高校学者们，自古标榜“不为五斗米折腰”的文人们，却纷纷拜倒在了金钱功利的“石榴裙”下。“不差钱”，究竟是差了什么？

常听到研究在背后叫他导师“老板”。我深感委屈而无表情地向自己的学生宣布：“叫老师，什么其他的都不能叫！”心里那种疼无以言表。再下去，我们还有勇气当教师当学者，还有勇气一届届招生，再扩大招收这么多研究生吗？在这场宁愿放弃真理，放弃尊严而追逐名利的权衡与争夺中，受到伤害的其实最终是学者自我。

费希特掷地有声：“就我们迄今所阐明的学者概念来说，就学者的使命来说，学者就是人类的教师”（P30），在探索真理进程中，必然以真诚高尚引领人类道德进步，因此而有“一种对崇高和尊严的强烈感受”（P42）。“你们都是最优秀的分子。如果最优秀的分子丧失了自己的力量，那又用什么去感召呢？如果出类拔萃的人都腐化了，那还到哪里去寻找道德善良的人呢”；学者“应当成为他的时代道德最好的人，他应当代表他的时代可能达到的道德发展的最高水平”，“如果他在关系到全部文化的首要的和最高的方面落后了，他怎么能成为他终归应当成为的那种榜样呢？他又怎么能想象别人都在追随他的学说，而他却在别人眼前以自己生活中的每个行为同他的学说背道而驰呢？”（P41）一个没有科学精神，不敬仰真理，没有学者尊严的国度，还能有值得尊重的国民？

如果学者中“每一个人都能对自己说：我的生活没有虚度，不是漫无目的”，完成了自己的使命，“当我们对自己这样说时，就会提高对我们的尊严和我们的力量的感受”。（P31）。在学位授予仪式上，听到校长庄严致辞：“授予你们这精神世界的无上荣耀”，热血顿时涌上心来，不禁回头去看我的学生们，不知他们是否也意识到了这句话的深刻意义，是否意识到接过学位证书，接受这个荣誉，就是接受了使命，就是承诺了为追求和捍卫真理，付出一生努力?!

坚守使命，捍卫真理，就是坚守和捍卫学者的自我尊严。

之四：拿什么将学者和学术进行到底?

学者通过学术探索真理。“术”就是方法。有对真理的兴趣和坚持力，但缺乏科学方法，也难以胜任和创造性完成使命。“所有人都具有真理感，当然，仅仅有真理感还不够，它还必须予以阐明、检验和澄清，而这正是学者的任务”（P5），亦即探索真理“还需要那种通过锻炼获得和提高的技能”（P9），这也正是费希特《论学者的使命》要解决的最后一个问题：学者“他用什么手段才能够最稳妥地完成自己崇高的使命?”（P5）

科学的学术方法，为科学包括自然科学和人文社会科学的客观性、逻辑性、可验性、理论性与系统性等提供保证。一个没有可靠方法和能力去实现的兴趣，再美好也会最终放弃甚至导致有违初衷；一个仅有简单或落后方法的学者，也难以取得创造性学术成就，因此能够品尝到的乐趣和幸福感也是极其有限的。

当代世界科学技术的跨学科综合发展走势越来越强劲，其中之一就是学术研究方法的跨学科借鉴与综合运用。但是目前中国学术界的学科隔阂依然很坚固，学科本位及方法本位意识依然很强劲，因此学术创新更像是一个漂亮口号。学术方法本来是一个很丰富的领域，自然科学中的观察法、调查法、实验法、量化法、统计法；例如社会与人文科学的枚举论证法、质化法、作品分析法、形象类比法；以及所有学科都必须有的理论逻辑法、系统建构法、分析综合法等。这些方法实际上并非绝对属于哪门学科的，只有是否使用得当的问题。在今天信息科学技术高度发展并试图与各门学科深层结合的情况下，一些方法例如文科的类比法、直觉法；理科的量化法、实验法等，已经在许多学科中显示出了高度的通用性。但是有很多学者除了自己惯用的方法外，坚决拒绝了解和接受其他学科的方法，更不想通过不断学习和训练，掌握和运用更多方法。狭隘死守经验，拒绝方法更新，在日新月异的今天就会显得应对不力，捉襟见肘，在广义上就是拒绝真理。在此意义上我很赞成“我们支持科学，首先支持的是她的精神与方法，其次才是她的内容”的说法。一位学者，在方法上严谨并具有开放精神，能够熟练驾驭多种方法，合理、贯通运用这些方法解决问题，既展开了学术视野，也体现了学者开阔的学术胸襟和学术德性。

每当一个严密推理突然展现出精致的结构时，当复杂的数据运行显现出简明清晰结果时；当你将一个很抽象的理论画成一个漂亮图形时，当跨学科使用多种方法得到同样结论或结论互补时，你都会体验到那种真理在握的惊喜感，真的是美轮美奂，无与伦比。仅此难得的精神快慰，也有了将学术和学者进行到底的充足理由。没有创新性的学术是不值得去做，更不值得用一生去做的，如同没有幸福感的事情不值得用心追求一样。因此学者的学术技能，是探索真理，成就学术事业，实现自我幸福人生的必备条件。为此学者有不断发展和更新自己学术方法技能的理由与责任。“我的阶层是由特别的技能决定的”，因此“我通过自由选择，自愿献身于这种技能的发展”。(P28)（有个别改动）

结语的结语

面对学术界功利化趋向如脱缰野马难以掉头，自己也深陷困惑之中。《论学者的使命》发表在18世纪，200多年前的德国，似乎过去和今天的学者，国外和国内的学者都面临着同样的学术腐败难题，难道追求真理不过是一种精神安慰剂？功利至上才是人性最真实的面目？现在的我还想当学者，还继续做学术吗？还申请项目，还伏案书写夜以继日，即使没有人阅读你的申报书，没有人在意你的研究你的陈述，还会继续吗？该怎样面对学生，如何向他们解释，是唯真理至上，还是告诉他们社会真相，以免他们毫无心理准备到时候无任何招架之功？

但有一点是十分确定的：放弃追求真理，就是放弃本真的自我，放弃作为高校教师与学者的尊严，放弃此生命定的幸福之道。“如果不去或不能追求幸福，生活就毫无意义”，而那种在任何方面都没有意义的生活，“那种几乎在任何一方面都不幸的生活是不值得过的”，这种“过于不幸的人有理由自杀”[①]！突然意识到，电影《士兵突击》“不抛弃，不放弃”这一简单而朴素的语言中，其意义之深，其力量之大。

记得2009年，导师黄希庭先生打来电话，批评我的一篇文稿基本概念和方法有问题，提了一串修改意见，要知道我做他的博士生，毕业至今已有10年了，一直得到先

① 赵汀阳. 论可能生活[M]. 北京：中国人民大学出版社，2004：143.

生的指导和关爱；上海交通大学汪教授打来长途电话，兴奋地谈到联手推进中国美学的科学化进程的想法；还有办公室丁志跃老师送来了刚到的快递包裹，竟然内装一包糖，是教育部《国家中长期教育改革与发展规划纲要（2010—2020年）》编制组的重大项目组长刘大为和朋友们特别寄来的，是对我在那里毫无顾忌说了一大堆实话，提了一大堆意见的奖赏。也就是2009年，在参加这个规划编制讨论期间，我启动了本套书系的撰写。

本书系“TVS：视点结构教学”，这本TVS《学术思维与写作》是其中的最后一本。整整十年了，感谢我的导师、学界友人、朋友们、学生们，是你们的监督、欣赏和保驾，让我在追求真理的路上坦坦荡荡，一路潇洒走来，偶有纠结，但更有阳光明媚，或严肃沉静或波澜壮阔或如诗如画，真是风情万种！

不能说只看到了冷漠
只是我的泪藏在沉默背后
我需要你
爱你是存在的意义
我需要你
爱你是坚持的理由
在离开你的每一个夜晚
就算星空再美再浪漫
心却依然在流浪
在每一个迎着你的方向

走到思念的尽头我终于相信
没有你的世界
爱都无法给予
生命因你而精彩

这是流行歌手满文军在《拿什么拯救你，我的爱人》中演唱的主题曲《我需要你》，还有孙楠在《永不瞑目》中演唱的主题曲《你快回来》，这两首歌曲的歌词的摘要组合，想以这不是学术的语言作为这本《学术思维与写作》的结尾。坚守自己，乃至坚守真理，坚守自己的所爱，该是人生一场多么惬意和幸福的事情！

赵伶俐

2009年9月5日三稿完；2009年11月28日四稿完；2020年3月23日

（中国和全世界共同对抗新冠肺炎期间）

附录

附录

书系结语 EPILOGUE

从教学到宇宙

教学和学生使我的生命得以延续。如果有人给我创造一个很好的环境,但是我不能教学的话,那我永远不会接受。永远不会。

——费曼

真正的哲学是写在那本经常在我们眼前打开着的最伟大的书里面的。这本书就是宇宙,就是自然界本身,人们必须去读它。

——伽利略

只有当教学能够让自己和他人抬望星空,登上宇宙,延续生命的时候,才深知教师为什么是太阳底下最光辉的职业。

——本书作者

在刘慈欣描写宇宙的小说《三体》获得雨果奖（2015）前，他的一系列宇宙科幻小说，就已在中小学生中流传，如当年我们私下传看爱情小说。今天仍然以升学考试为核心目的的教育，岂能容忍学生偷读这些“无用天书”。然而，宇宙时空那些精准定律和神秘光亮，依然穿透云遮雾罩，深深吸引了学生们的目光，启动了他们想象的旅程、猜测与思考、惊心动魄的美感体验。这恰恰是中国未来科技和社会发展成为世界一流的最宝贵的火种。

宇宙中任何事物或事件（怀特海），都是一个时空纵横交织的结构（笛卡儿坐标系），而广义相对论（爱因斯坦）“最终证明了空间和时间的结构决定宇宙的规律”①。

教师的教学，不过也是广袤宇宙中的一类事件。与诸事件最大的不同是：教学不仅必须遵循宇宙的普遍定律，还必须将宇宙的普遍定律、知识真理等传递给学生。今天的信息化和“互联网+”时代，就是充分利用密布在宇宙时空中看不见的电磁波，来重建人与自然、人与社会、人与人之间新型关系的时代。这更需要抬望宇宙，揭示宇宙万事万物共同规律的教学。

TVS（视点结构教学），就是试图通过知识和知识网络结构，通过直觉形象思维与高阶理性思维交织，与宏观宇宙时空和微观宇宙时空接轨的教学。“视点结构”本身就是兼具空间几何性和时间秩序性的概念。由这种概念引领构建的学校课程、学科知识及其教学时空秩序，必将对学生良好的知识结构、认知和思维时空结构的形成，德智体美劳全面发展，创造性与智慧成长，影响深远。

普遍联系是宇宙世界的公理；追求幸福是人类的公理②；使人智慧是教育的公理。尽管人类教育的历史阶段、制度及其教育目的、内容、方法等有所不同，但对“智慧”的追求，无一例外，千古不变。教育的全部目的就是使人具有活跃的智慧③，智慧是人类世世代代追求的目标④，培养德智体美劳全面与个性和谐发展的人，就是培养身心协调、富有智慧的人。一个不重视培养智力的民族注定将被淘汰！

① 托马斯·比尔克. $E=mc^2$——相对论入门[M]. 陈慧，译. 上海：百家出版社，2001：9.

② 赵汀阳.论可能生活———一种关于幸福和公正的理论(修订版)[M].北京：中国人民大学出版社，2004.

③ 怀特海.教育的目的[M].徐汝舟，译.北京：生活·读书·新知三联书店，2002.

④ 余华东.论智慧[M].北京:中国社会科学出版社，2005.

哲学是关于智慧的学问；教学是使人智慧的事业；教师因此必须是智者。这正是苏格拉底、柏拉图、亚里士多德、孔子、孟子、老子等，几乎所有中外古今哲学大家，都同时是教育教学理论家和教师的原因。作为智者的教师，有责任且必须能够，通过教学为学生指引一条通往智慧之路，一条从必然王国走向自由王国之路。而非让学生浮于表面轻松，却越学越迷茫、越狭隘、越沉重、越无奈。

期待有较多教师能够阅读到本书系“TVS：视点结构教学”，或其中任何一本，还有兴趣尝试将之转化为自己的教学行为。这就是我用几乎一半的职业生涯研究教学问题，撰写这些文字的价值实现。“书已经写成了。现代人读或后代读都无关紧要，也许要等一百年才有一个读者。”（开普勒）我不想有这样的结局。

还希望，阅读到“TVS：视点结构教学”书系任何一本书的读者能够理解，支撑TVS的，是一个广袤厚实的宇宙！源于视点结构教学研究，后延展生成的视点结构哲学，不仅适用于教学，还适用于存在于宇宙时空中的所有人类活动领域、所有学科、所有行业……